高等学校教学用书

化工原理解题指南

第二版

阮　奇　叶长燊　编

化学工业出版社

·北京·

图书在版编目（CIP）数据

化工原理解题指南/阮奇，叶长燊编. —2 版. —北京：化学工业出版社，2008.6（2024.1 重印）
高等学校教学用书
ISBN 978-7-122-03390-1

Ⅰ. 化…　Ⅱ. ①阮…②叶…　Ⅲ. 化工原理-高等学校-解题　Ⅳ. TQ02-44

中国版本图书馆 CIP 数据核字（2008）第 105119 号

责任编辑：何　丽　　　　文字编辑：张　艳
责任校对：陈　静　　　　装帧设计：韩　飞

出版发行：化学工业出版社（北京市东城区青年湖南街 13 号　邮政编码 100011）
印　　装：大厂聚鑫印刷有限责任公司
787mm×1092mm　1/16　印张 16¾　字数 436 千字　　2024 年 1 月北京第 2 版第11次印刷

购书咨询：010-64518888　　　　售后服务：010-64518899
网　　址：http://www.cip.com.cn
凡购买本书，如有缺损质量问题，本社销售中心负责调换。

定　　价：45.00 元

第二版前言

本书将第一版《化工原理优化设计与解题指南》中的解题指南部分独立成书，保留其中的大部分内容及主体框架，删去一些不常用、不重要的内容，如不稳定流动、不稳定传热、沉降、两股进料吸收、吸收液部分循环、变干燥条件的干燥时间等计算内容；腾出篇幅，编进了流体流动、流体输送机械、过滤、传热、单效蒸发、吸收、精馏、干燥等单元操作的解题关系图、题型及解法分析、一种问题多种解法，更新了各单元操作的部分典型例题及习题。

其次，将创造性思维方法与化工原理课程教学有机地结合在一起，创新了写法：用发散思维方法，从不同角度、不同途径去探讨同一问题的多种解法，分析比较不同解法的优缺点及适用场合，便于读者解题时选优汰劣，用最好的方法解题；用抽象、概括等收敛思维方法总结各章的解题关系图，从图中的一个关键知识点出发可延伸联想到许多相关知识点以及这些知识点间的相互关系，便于读者复习各知识点及考前准备；用分析、综合等收敛思维方法对各单元操作的主要题型及解法进行分类、总结、分析，题型分类清晰、总结全面，解法分析深入、细致，但仍留下相当部分的题型解法由读者延伸分析，便于读者熟练掌握各单元操作的主要题型及解法，提高解题思维能力和解题实战能力；用联想思维方法介绍相关单元操作的知识点；用逆向思维方法求解典型例题等。总之，将创造性思维方法与化工原理课程的知识点有机地结合在一起编写，是本书编写的创新。

高等教育的最高价值追求是培养创新型人才，以适应建设创新型国家对人才的需求。培养创新型人才的方法固然很多，但把创造型思维方法有机地融入各门课程知识点的讲授无疑是一个很好的方法，对此编者始终坚信不渝，并在化工原理课程教学中身体力行。本书仅是编者对此问题的抛砖引玉，盼望广大读者及同行赐教。

本书由阮奇、叶长燊主编，李玲参编。第 1、2、4 章由阮奇、李玲共同执笔；第 3 章由叶长燊执笔；第 5～7 章由阮奇执笔；第 8 章由叶长燊、阮奇共同执笔；全书由阮奇统稿。特别感谢：浙江大学谭天恩教授、北京化工大学杨祖荣教授、中山大学祁存谦教授长期以来对福州大学化工原理课程建设及编者的大力支持、帮助和指导；福州大学汤德平教授、赵剑曦教授、陈建中教授、吴燕翔教授、李晓教授对化工原理精品课程及教学团队建设的大力支持、帮助和指导；福建省级精品课程（福州大学化工原理课程）及福建省级教学团队（福州大学化学工程与工艺专业教学团队）建设基金的资助；福州大学化工原理教学团队龚琦副教授、张星讲师对本书第一版存在错误的指正；博士生严佐毅，硕士生袁锦瑞、张友华、王延军、苏宁子等为书稿的录入与校对所做的大量工作。

由于编者才疏学浅、水平有限，书中不当之处在所难免，恳请广大读者和同行批评指正，日后本书若有机会再次付梓，定当采纳大家的金玉良言，不胜感激。

编者的联系方式：hys@fzu. edu. cn。

编者

2008 年 5 月于福州大学

第一版序言

化工原理是化学工程与工艺及相近专业的一门主干课，在培养学生的素质与能力方面起着举足轻重的作用。本书编者从事化工原理教学多年，积累了丰富的教学经验，取得了较好的教学效果。编者将最优化技术融入化工原理课程设计教学实践中，在教学内容的改革上有所突破，并经多年教学实践证明对培养学生树立工程最优化的观点，提高学生综合应用知识的能力、数学建模的能力及应用计算机的能力，效果显著，这是本书的一大特色。解题指南部分是编者多年化工原理课程教学经验的结晶，计算题与概念题并重，注意题型分析、归纳，强调解题方法的总结、解题思维的训练、解题思路的开拓、解题能力的提高是本书的另一特色。此外，还应用CAI课件等现代化教学手段提高化工原理课程教学质量。相信本书的出版能对化工原理课程的教与学起到推动作用，对工程技术人员也有所启发。

谭天恩

2001 年 4 月

第一版前言

最优化技术是一门新兴的应用性很强的技术，它是研究在一定条件下如何用最小的代价获得最佳的效果。近年来，随着计算机技术的迅猛发展与普及，最优化技术在化工领域的应用越来越广泛，越来越多的化学工程设计问题希望通过适当的数学方法处理，经由计算机的计算得到最优设计的效果。因此，如何在教学中培养学生的优化意识，使学生初步掌握最优化技术，让学生在走出校门之后能够应用最优化技术去分析和解决工程设计问题是新世纪高等教育面临的重要问题。

为提高人才的培养质量，作者以既传授知识更注重培养和提高学生的科学素质与综合能力的教学思想为指导，从1994年开始引入工程经济观点、工程最优化技术和计算机辅助设计技术，在国内首先进行"化工原理课程优化设计"的教学研究与实践。近四年，作者又运用现代化知识和技术创新设计手段，利用可视化语言 Visual Basic 5.0 和多媒体制作软件 Authorware 5.0，在国内首先开发成功"化工原理课程优化设计多媒体 CAI 课件"，并将课件应用于化工原理课程优化设计教学实践。课程优化设计及 CAI 课件的开发与应用，在教学内容、方法、手段的改革上取得重要突破，经多年的教学实践证明，对培养学生的科学素质与综合能力效果显著。

"化工原理课程优化设计的教学研究与实践"教育改革项目获得2001年国家级高等教育教学成果二等奖。作者将该成果的主要内容加以总结、提炼，编写了本书的第一篇——化工原理优化设计。主要内容包括常用工程数值方法、单变量和多变量最优化方法、列管换热器、多效蒸发系统、吸收塔、精馏塔、干燥器的优化设计和优化设计多媒体 CAI 课件简介等九章。第一篇的主要对象是希望用数值方法和最优化方法解决化工单元过程优化设计问题的有关专业高年级学生和工程技术人员，对他们而言掌握这些方法的应用比了解这些方法的数学理论显得更为重要。因此，第一篇对数学方法不作详细的推导论证而侧重其应用，重点讲述这些方法的基本原理、方法本身的介绍、使用这些方法时应该注意的问题，给出了各种方法的 FORTRAN 程序及部分方法的程序框图，突出主要化工单元优化问题的分析、数学模型的建立、优化方法的具体应用。第一篇的内容可作为高等院校化工类及相近专业学生的化工原理课程设计教材。

本书第二篇的内容是化工原理解题指南，包括流体流动、流体输送机械、机械分离、传热、蒸发、吸收、精馏、干燥等八章。每章由两部分组成，一是知识要点复习，二是典型例题分析。知识要点复习部分不是各章节知识点的简单罗列，而是将作者长期积累的教学经验、体会融合其中进行编写，对各章的重点、难点、学习线索进行分类归纳、整理总结，便于读者对各章主要知识点的复习记忆、加深理解，提高运用知识点去分析和解决问题的能力。典型例题分析部分主要围绕课程的重点、难点来选取题材，设计型与操作型题目并重，定量计算为主，兼顾定性分析。典型例题分析部分不是单纯的题目解答，而是在解答过程穿插分析，探索一题多解，引导一题多变，其中许多解题方法体现了作者独特的见解，是作者多年教学经验的结晶。作者力图通过典型例题的解答分析，使读者能够举一反三，触类旁通，达到训练解题思维、开拓解题思路、提高解题能力的目的。

第二篇各章都附有一定数量的习题供读者练习，习题后附有参考答案，便于读者自行检测。

第二篇的内容可与《化工原理》教材配套使用或作为教学参考书。主要读者对象是高等院校化工类及相关专业本科、专科学生，考研、自学考试、成教专科及专升本考生。

本书由阮奇、叶长燊、黄诗煌编著。第 2、4、5、7、10、11、13、14、15、16 章由阮奇执笔，并负责全书统稿；第 3、8、9、12 和 17 章由叶长燊执笔；第 1、6 章由黄诗煌执笔。十分感谢：浙江大学谭天恩教授为本书作序；福州大学张济宇教授和王良恩教授对本书进行的精心审定和指导；福州大学沈斐敏教授、吴燕翔教授、陈建中教授和董声雄教授的热情支持、帮助和指导；福州大学"教学改革基金"和"学校教材出版基金"的资助；福州大学化工原理教研室李微、李玲、林晓勤、施小芳等老师为书稿的录入与校对所做的大量工作。

鉴于作者的水平及经验有限，书中不足和错误在所难免，欢迎广大读者和同行批评指正。

编　者

2001 年 6 月于福州大学

目　录

第 1 章　流体流动 …… 1
1.1　流体流动知识要点 …… 1
1.1.1　流体静力学基本方程 …… 1
1.1.2　压力的单位与基准 …… 1
1.1.3　压力测量 …… 2
1.1.4　流体的速度、体积流量、质量流量及质量流速之间关系 …… 4
1.1.5　稳定流动时的连续性方程 …… 4
1.1.6　实际流体的柏努利方程 …… 4
1.1.7　流体流过直管的摩擦阻力 …… 5
1.1.8　摩擦系数 …… 5
1.1.9　流体通过非圆形管的摩擦阻力 …… 6
1.1.10　流体通过管件及阀门的摩擦阻力 …… 6
1.1.11　流体输送机械消耗的功率 …… 7
1.1.12　简单管路计算解题关系图 …… 7
1.1.13　简单管路设计型问题题型及解法分析 …… 7
1.1.14　简单管路操作型问题题型及解法分析 …… 9
1.1.15　复杂管路计算 …… 11
1.1.16　流量测量 …… 12
1.2　流体流动典型例题分析 …… 13
1.2.1　流体静力学 …… 13
1.2.2　流体流动基本问题典型例题分析 …… 15
1.2.3　简单管路计算典型例题分析 …… 18
1.2.4　复杂管路计算典型例题分析 …… 24
1.2.5　典型综合例题分析 …… 29
习题 …… 30
第 2 章　流体输送机械 …… 35
2.1　流体输送机械知识要点 …… 35
2.1.1　离心泵的主要性能参数 …… 35
2.1.2　离心泵的特性曲线 …… 36
2.1.3　影响离心泵特性的因素分析 …… 36
2.1.4　离心泵的工作点与流量调节 …… 37
2.1.5　离心泵工作点与流量调节的题型与解法分析 …… 38
2.1.6　离心泵的组合操作 …… 43
2.1.7　组合泵流量调节题型与解法分析 …… 44
2.1.8　离心泵的安装高度 …… 44
2.1.9　离心泵的选择 …… 45
2.1.10　往复泵的性能参数、特性曲线与流量调节 …… 45
2.1.11　离心通风机的性能参数、特性曲线与风机选择 …… 47
2.2　流体输送机械典型例题分析 …… 48

习题 …… 54
第3章 过滤 …… 56
3.1 过滤知识要点 …… 56
3.1.1 过滤物料衡算题型及解法分析 …… 56
3.1.2 过滤基本方程 …… 58
3.1.3 恒压过滤 …… 61
3.1.4 恒速过滤 …… 62
3.1.5 先恒速（升压）后恒压过滤 …… 63
3.1.6 洗涤速率 …… 63
3.1.7 洗涤时间 …… 64
3.1.8 过滤机的生产能力 …… 65
3.1.9 间歇过滤机的最佳操作周期与最大生产能力 …… 68
3.2 过滤典型例题分析 …… 71
3.2.1 过滤计算题型与解法分析 …… 71
3.2.2 过滤设计型计算典型例题 …… 73
3.2.3 过滤操作型计算典型例题 …… 74
习题 …… 79
第4章 传热 …… 82
4.1 传热知识要点 …… 82
4.1.1 热传导知识要点 …… 82
4.1.2 热传导题型与解法分析 …… 83
4.1.3 对流传热知识要点 …… 83
4.1.4 辐射传热知识要点 …… 84
4.1.5 总传热速率方程 …… 85
4.2 传热的几种计算方法及其比较 …… 88
4.2.1 对数平均推动力法 …… 88
4.2.2 消元法 …… 89
4.2.3 传热效率 ε 与传热单元数 NTU 法 …… 89
4.2.4 传热单元长度 H 与传热单元数 NTU 法 …… 90
4.2.5 饱和蒸汽冷凝（有相变）加热冷流体（无相变）传热计算方法 …… 92
4.3 热传导典型例题分析 …… 93
4.4 辐射传热典型例题分析 …… 94
4.5 换热器的设计型计算 …… 96
4.5.1 设计型计算的命题方式 …… 96
4.5.2 设计型问题的计算方法 …… 96
4.5.3 设计型计算中参数的选择 …… 96
4.5.4 设计型计算典型例题分析 …… 97
4.6 换热器的操作型计算 …… 102
4.6.1 操作型计算的命题方式 …… 102
4.6.2 传热过程的调节 …… 102
4.6.3 饱和蒸汽冷凝加热冷流体传热操作型问题解题关系图 …… 103
4.6.4 饱和蒸汽冷凝加热冷流体第一类命题操作型问题题型及解法分析 …… 104
4.6.5 饱和蒸汽冷凝加热冷流体第二类命题操作型问题题型及解法分析 …… 108
4.6.6 饱和蒸汽冷凝加热冷流体换热器校核计算题型及解法分析 …… 108

4.6.7 冷、热流体均无相变传热操作型问题解题关系图 …… 109
4.6.8 冷、热流体均无相变传热操作型问题题型及解法分析 …… 109
4.6.9 操作型计算典型例题分析 …… 111
4.7 换热器操作型问题定性分析法 …… 124
4.7.1 对数平均推动力法 …… 124
4.7.2 传热单元长度 *H* 与传热单元数 *NTU* 法（即 *H-NTU* 法） …… 124
习题 …… 126
第 5 章 单效蒸发 …… 130
5.1 单效蒸发知识要点 …… 130
5.1.1 单效蒸发物料衡算 …… 130
5.1.2 单效蒸发热量衡算 …… 130
5.1.3 蒸发器总传热速率方程 …… 131
5.1.4 蒸发汽液相平衡关系（汽液温度关系） …… 131
5.1.5 单效蒸发计算解题关系图 …… 133
5.1.6 单效蒸发设计型计算题型及解法分析 …… 133
5.1.7 单效蒸发操作型计算题型及解法分析 …… 134
5.2 单效蒸发典型例题分析 …… 135
习题 …… 138
第 6 章 吸收 …… 140
6.1 吸收知识要点 …… 140
6.1.1 亨利定律 …… 140
6.1.2 传质速率方程 …… 140
6.1.3 吸收塔计算基本公式 …… 142
6.1.4 吸收计算若干问题讨论 …… 144
6.1.5 吸收与传热的联想比较 …… 148
6.1.6 解吸塔计算 …… 149
6.2 吸收与解吸设计型问题分析 …… 151
6.2.1 吸收与解吸设计型计算命题 …… 151
6.2.2 吸收与解吸塔设计型计算典型例题分析 …… 152
6.3 吸收与解吸操作型问题分析 …… 159
6.3.1 吸收与解吸操作型计算命题 …… 159
6.3.2 吸收操作型计算解题关系图 …… 159
6.3.3 吸收操作型计算题型及解法分析 …… 160
6.3.4 与操作型问题类似的吸收设计型计算问题题型及解法分析 …… 164
6.3.5 吸收与解吸操作型问题定性分析方法与典型例题 …… 166
6.3.6 吸收与解吸操作型计算典型例题分析 …… 170
习题 …… 180
第 7 章 精馏 …… 183
7.1 精馏知识要点 …… 183
7.1.1 二元理想溶液汽液平衡方程 …… 183
7.1.2 全塔物料衡算关系与回收率的定义 …… 183
7.1.3 操作线方程 …… 184
7.1.4 q 线方程及进料热状况对 q 线和操作线的影响 …… 188
7.1.5 回流比的影响及选择 …… 190

7.1.6　提馏段操作线方程的一种简便求法 …… 193
7.1.7　理论塔板数的求法 …… 194
7.1.8　理论板的增浓度及液气比对理论板分离能力的影响 …… 196
7.1.9　全塔效率与单板效率 …… 196
7.1.10　直接蒸汽加热 …… 197
7.1.11　复杂精馏塔 …… 199
7.2　精馏计算典型例题分析 …… 200
习题 …… 217
第8章　干燥 …… 221
8.1　干燥知识要点 …… 221
8.1.1　湿空气性质 …… 221
8.1.2　湿度图 …… 222
8.1.3　干燥器的物料衡算 …… 223
8.1.4　干燥系统的热量衡算 …… 226
8.1.5　物料衡算与热量衡算的联立求解 …… 227
8.1.6　理想干燥过程废气状态的确定及其图示 …… 228
8.1.7　实际干燥过程废气状态的确定及其图示 …… 230
8.1.8　干燥系统的热效率 …… 232
8.1.9　湿物料中的水分性质 …… 235
8.1.10　恒定干燥条件下的干燥速率与干燥时间 …… 235
8.2　干燥计算典型例题分析 …… 240
8.2.1　湿空气性质定量计算与定性分析例题 …… 240
8.2.2　干燥物料衡算与热量衡算解题关系图 …… 242
8.2.3　干燥物料衡算与热量衡算题型及解法分析 …… 242
8.2.4　干燥物料衡算与热量衡算例题 …… 247
8.2.5　干燥时间计算问题解题关系图 …… 251
8.2.6　干燥时间计算问题题型及解法分析 …… 251
8.2.7　干燥时间计算例题 …… 252
习题 …… 254
参考文献 …… 257

第1章 流体流动

1.1 流体流动知识要点

1.1.1 流体静力学基本方程

$$gz_1+\frac{p_1}{\rho}=gz_2+\frac{p_2}{\rho} \quad 或 \quad gz+\frac{p}{\rho}=常数 \tag{1-1}$$

或

$$p=p_0+\rho gh \tag{1-2}$$

式中 ρ——流体的密度，kg/m^3；

g——重力加速度，m/s^2；

z_1，z_2——分别为截面1-1′和2-2′距基准水平面的垂直距离，m；

p_1，p_2——分别为截面1-1′和2-2′的压力，Pa；

p，p_0——分别为h处液体和液面上方的压力，Pa；

h——距液面的高度，m。

流体静力学基本方程，适用于重力场中静止不可压缩流体（即液体）。应用流体静力学基本方程解题时应特别注意以下几个概念。

（1）静力学基本方程的物理意义　由式(1-1)可知，各项（gz项和p/ρ项）单位均为J/kg。其中，gz项是单位质量流体所具有的位能，而p/ρ是单位质量流体所具有的静压能，二者都是势能。可见，连续静止流体中，有两种形式势能——位能和静压能。流体内各点位能或静压能可能不相等，但二者可以互相转换（位能可以转换为静压能，静压能亦可以转换为位能），其总和保持不变（机械能守恒原理），这就是静力学基本方程的物理意义。

（2）压力大小可以用流体柱高度表示　由式(1-2)可知，当液面上方为绝对真空时，即$p_0=0$，$p=\rho gh$。说明压力大小可以用流体柱高度表示，但必须注明流体柱的名称，如760mmHg、10mH$_2$O等。根据$p=\rho gh$，可将流体柱高度换算成SI制单位表示的压力大小，如760mmHg相当于$p=13600\times9.81\times0.76\text{N/m}^2=1.013\times10^5\text{N/m}^2$（或Pa）$=101.3$kPa。

（3）等压面的概念　式(1-2)是根据静止的、连续的同一种液体柱导出的，所以式中ρ为常数，在液体内部同一水平面上的各点h为常数，则p相等，将压力相等的水平面称为等压面。必须注意等压面必须同时满足静止的、连续的同一种流体、处于同一水平面这三个条件，缺一不可。

静力学基本方程是以液体为例导出的，液体是不可压缩流体，ρ与压力无关仅与温度有关。而气体是可压缩流体，其ρ除随温度变化外还随压力变化（即随h而变），但在一般情况下这种变化可以忽略，静力学基本方程对气体在一般情况仍然适用。

1.1.2 压力的单位与基准

流体的压力p是一个重要的物理量，在解题时要特别注意以下两个问题。

（1）压力的单位与换算　压力p的法定计量单位为N/m^2（SI制），也称为帕斯卡(Pa)。以前曾用非法定计量单位（被废除）如kgf/cm^2、bar（巴）、mmHg、mmH$_2$O、大气压作压力单位。若题目已知条件给定的压力单位是非法定计量单位，解题时均应将其换算成法定计量单位（SI制），因此必须熟悉各压力单位之间的换算关系，即

$$1atm(标准大气压)=1.013bar=1.013\times10^5Pa=101.3kPa=0.1013MPa$$
$$=760mmHg=10.33mH_2O=1.033kgf/cm^2$$

$$1at(工程大气压)=0.9807bar=9.807\times10^4Pa=735.6mmHg=10mH_2O=1kgf/cm^2$$

（2）压力的基准　从流体静力学基本方程可知，位置和静压力都是以差值出现的。因此，为了方便，位置和静压力都可以任选一个基准作为量度的起点。常用的压力的基准有两个，一个是绝对真空，另一个是大气压力（简称大气压）。以绝对真空为基准量得到的压力称为绝对压力（简称绝压）p_{ab}，以大气压 p_a 作为基准量得到的压力称为表压力（简称表压）p_m。图 1-1 表示了绝对压力 p_{ab}、表压 p_m 和真空度 p_{vac} 三者的关系。

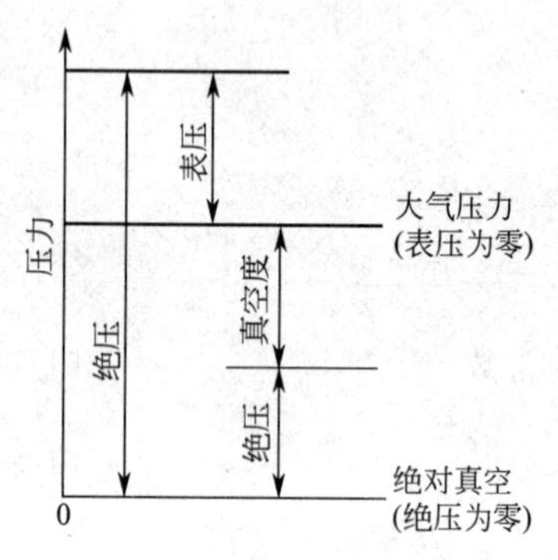

图 1-1　压力基准和量度

① 当被测流体的压力大于当时当地的大气压力 p_a 时，所用的测压表称为压力表。压力表上的读数表示被测流体的绝对压力 p_{ab} 比 p_a 高出的数值，称为表压 p_m，它们之间的关系为：

$$p_m=p_{ab}-p_a \tag{1-3}$$

② 当被测流体的压力小于 p_a 时，所用的测压表称为真空表。真空表上的读数表示被测流体的绝对压力 p_{ab} 低于 p_a 的数值，称为真空度 p_{vac}，它们之间的关系为：

$$p_{vac}=p_a-p_{ab} \tag{1-4}$$

比较式(1-3) 和式(1-4) 可知 p_m 与 p_{vac} 之间的关系为

$$p_{vac}=-p_m \tag{1-5}$$

1.1.3　压力测量

化工中测量压力的装置或仪表很多，如前述的压力表、真空表。下面再简要介绍与流体静力学原理有关的测压装置。

1.1.3.1　U 形测压管

（1）用 U 形测压管测流体的表压　若测量设备或管路中流体的压力大于大气压力，可采用 U 形测压管测流体的表压，其测量装置如图 1-2 所示。U 形管内指示液必须与被测流体不互溶，其密度 ρ_i 必须大于被测流体密度 ρ。常用的指示液有水、汞、四氯化碳等。根据等压面的概念可知，图 1-2 中 1-2 平面为等压面，由 $p_1=p_2$ 可得

$$p_m=p-p_a=\rho_i gR-\rho gh+\rho_a g(h-R)$$

由于空气密度 ρ_a 很小，$(h-R)$ 项也很小，故 $\rho_a g(h-R)$ 项可略去，得

$$p_m=p-p_a=\rho_i gR-\rho gh \tag{1-6}$$

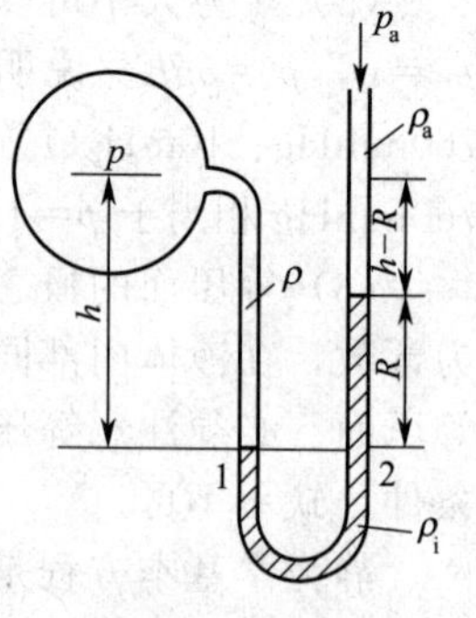

图 1-2　U 形测压管表压测量装置

式中　p，p_m——分别为被测流体的绝对压力和表压，Pa；

p_a——当时当地大气压力，Pa；

ρ，ρ_i——分别为被测流体和指示液密度，kg/m^3；

R——U 形测压管指示液读数，m；

h——U 形测压管指示液液面低的一端距测压口的垂直距离，m。

从式(1-6) 可知，用 U 形测压管进行测量时，应记住，在读取 R 时，必须同时读取 h 值。但若被测流体为气体，由于气体 ρ 很小，式(1-6) 中 ρgh 项可略去，则 $p_m\approx\rho_i gR$，此时不必读取 h 值。

（2）用 U 形测压管测流体的真空度　若容器中被测流体的绝压低于大气压力，此时用

U 形测压管可测得流体的真空度。请读者延伸考虑此时测压管两端液面的情况和真空度的计算式。

1.1.3.2　U 形压差计

若将 U 形测压管的两端分别与两个取压口相连接，则可测得两点的压差或虚拟压力差，该装置称为 U 形压差计。

（1）用 U 形压差计测两截面间的虚拟压力差　若两个测压口不在等高面上，如图 1-3 所示，图中 3-4 面为等压面，由 $p_3=p_4$ 可得

$$(p_1+\rho g z_1)-(p_2+\rho g z_2)=(\rho_i-\rho)gR \tag{1-7}$$

由于 $\rho g z$ 项是压力单位，故 $(p+\rho g z)$ 项可称为虚拟的压力。所以，当管道倾斜或垂直放置，即两个测压口不在等高面上时，U 形压差计测出的是两截面间流体的虚拟压力差。

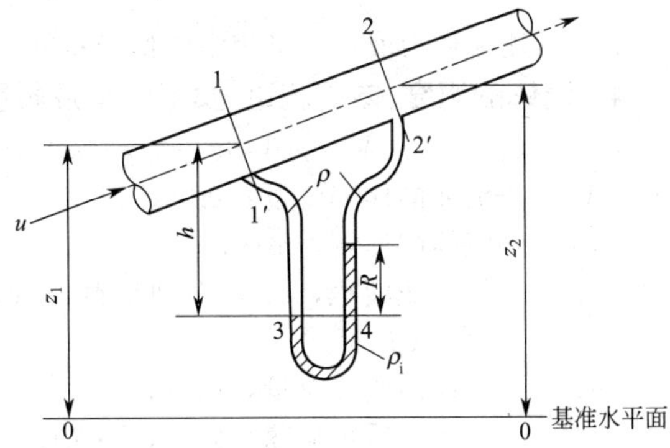

图 1-3　U 形压差计

（2）用 U 形测压管测两截面间的压力差　当管道水平放置，两测压口在等高面上，即 $z_1=z_2$，式(1-7) 简化为

$$p_1-p_2=(\rho_i-\rho)gR \tag{1-8}$$

此时，U 形压差计测出的是两截面间流体的压力差。若被测流体为气体，$\rho_i \gg \rho$，式(1-8) 进一步简化为 $p_1-p_2 \approx \rho_i gR$。

1.1.3.3　微差压力计（双液体 U 形压差计）

若两截面的压差 $\Delta p=p_1-p_2$ 值很小，根据式(1-8)，普通 U 形压差计的读数 R 也很小，难以准确读出 R 值，为了提高读数精度，除了选用 ρ_i 尽可能与 ρ 接近的液体作指示液外，还可用双液体 U 形压差计（装有两种不互溶且密度相近的液体作指示液，又称微差压力计），如图 1-4 所示。

当压力计两端与压力分别为 p_1 和 p_2 的两个取压口相连接而测取压差时，U 形管两端上方扩大室的截面比 U 形管截面大得多，U 形管中指示液的读数变化对两个扩大室中的液面影响不会很大，图 1-4 中 3-4 面为等压面，可以导出

$$p_1-p_2=(\rho_A-\rho_C)gR \tag{1-9}$$

由于两种指示液的密度 ρ_A 和 ρ_C 非常接近，可使读数 R 放大几倍或更大。图 1-4 中 ρ 为

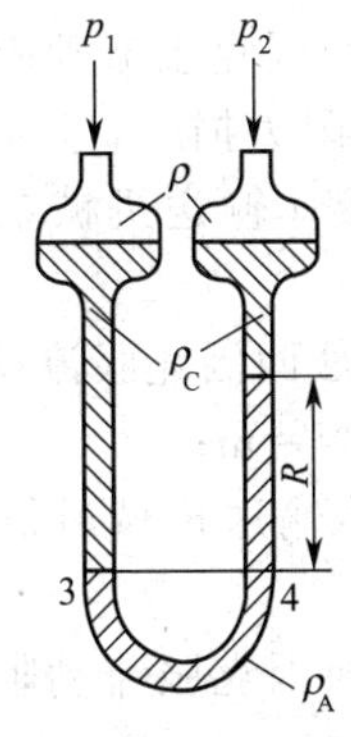

图 1-4　微差压差计

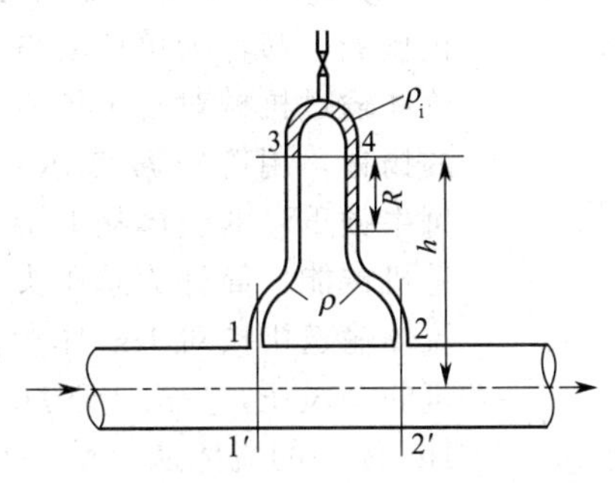

图 1-5　倒 U 形压差计

被测流体密度。

1.1.3.4　倒U形压差计

如果指示液的密度ρ_i小于被测流体的密度ρ，则必须用倒U形管压差计，如图1-5所示。图中3-4面为等压面，同理可导出

$$p_1-p_2=(\rho-\rho_i)gR \tag{1-10}$$

有时被测流体为液体，可用空气作指示剂，则$\rho_i \ll \rho$，$p_1-p_2 \approx \rho g R$。

1.1.4　流体的速度、体积流量、质量流量及质量流速之间关系

$$V_s=uA, m_s=V_s\rho=uA\rho, G=m_s/A=V_s\rho/A=u\rho \tag{1-11}$$

式中　V_s——流体的体积流量，m^3/s；

u——流体的速度，m/s；

A——管道截面积，m^2，对圆形截面管道$A=\pi d^2/4=0.785d^2$，其中，d为管道内径，m；

m_s——流体的质量流量，kg/s；

G——流体的质量流速，$kg/(m^2\cdot s)$。

由于气体体积随温度T、压力p而变，所以气体流速u亦随T、p变化。因此，对于气体在管内流动的计算，采用不随气体状态（T、p）变化的质量流速G计算较为方便。

1.1.5　稳定流动时的连续性方程

$$u_1A_1\rho_1=u_2A_2\rho_2=\cdots=uA\rho=m_s=常数 \tag{1-12}$$

对不可压缩流体（液体），ρ为常数，有

$$u_1A_1=u_2A_2=\cdots=uA=V_s=常数 \tag{1-13}$$

1.1.6　实际流体的柏努利方程

实际流体在流动时存在流动阻力，为了克服流动阻力必须消耗掉一部分机械能。克服流动阻力而消耗掉的机械能因衡算基准不同习惯上分别称为阻力损失$\sum w_f$，J/kg；压头损失$\sum h_f$，m；压力降$\sum \Delta p_f$，Pa。导出柏努利方程的衡算基准有单位质量流体、单位重量流体、单位体积流体三种衡算基准，与这三种衡算基准对应的实际流体柏努利方程分别为

$$gz_1+\frac{p_1}{\rho}+\frac{u_1^2}{2}+w_e=gz_2+\frac{p_2}{\rho}+\frac{u_2^2}{2}+\sum w_f \ (\text{J/kg}) \tag{1-14}$$

和

$$z_1+\frac{p_1}{\rho g}+\frac{u_1^2}{2g}+h_e=z_2+\frac{p_2}{\rho g}+\frac{u_2^2}{2g}+\sum h_f \ (\text{m}) \tag{1-15}$$

及

$$\rho g z_1+p_1+\frac{\rho u_1^2}{2}+p_t=\rho g z_2+p_2+\frac{\rho u_2^2}{2}+\sum \Delta p_f \ (\text{N/m}^2) \tag{1-16}$$

式中　w_e——流体输送机械对1kg质量的流体所做的功，J/kg；

$\sum w_f$——1kg质量的流体从上游1-1′截面流到下游2-2′截面因克服流动阻力而消耗的总机械能，简称为单位质量流体总机械能损失或总阻力损失，J/kg；

h_e——流体输送机械对每牛顿重量流体所做的功（在液体输送机械泵一节中称为泵的扬程，用符号H表示）J/N=m；

$\sum h_f$——每牛顿重量的流体从上游1-1′截面流到下游2-2′截面因克服流动阻力而消耗的总机械能，简称为总压头损失或总阻力损失，J/N=m；

p_t——流体输送机械对$1m^3$体积流体所做的功，在气体输送机械风机一节中称为风机的全风压，$J/m^3=N/m^2=Pa$；

$\sum \Delta p_f$——$1m^3$体积的流体从上游1-1′截面流到下游2-2′截面因克服流动阻力而消耗的总机械能，简称为总压力降或总阻力损失，$J/m^3=N/m^2=Pa$。

式(1-14)～式(1-16)中其他符号意义同前。

流体在管路中的流动阻力分为两类，一类是直管阻力（w_f、h_f 和 Δp_f），另一类是局部阻力（w_f'、h_f' 和 $\Delta p_f'$），总阻力为直管阻力与各种局部阻力之和。

1.1.7　流体流过直管的摩擦阻力

与三种衡算基准的柏努利方程相对应，流体流过直管的摩擦阻力也有三种表达形式，它们可用下面的范宁公式计算：

$$w_f=\lambda\frac{l}{d}\times\frac{u^2}{2},h_f=\lambda\frac{l}{d}\times\frac{u^2}{2g},\Delta p_f=\lambda\frac{l}{d}\times\frac{\rho u^2}{2} \tag{1-17}$$

式中　w_f——单位质量流体在直管中的机械能损失，J/kg；

h_f——直管压头损失，m；

Δp_f——直管压力降，Pa；

λ——摩擦系数，无量纲；

l——直管总长，m；

d——管内径，m。

用范宁公式即式(1-17) 求直管的摩擦阻力的关键是摩擦系数 λ 如何确定。

1.1.8　摩擦系数

（1）层流摩擦系数　摩擦系数 λ 与流型有关，流型可用雷诺数 Re 判别。当雷诺数 $Re\leqslant 2000$ 时，流体在管内作层流流动，其摩擦系数 λ 仅与 Re 有关，即

$$\lambda=64/Re \tag{1-18}$$

$$Re=du\rho/\mu \tag{1-19}$$

式中　μ——流体黏度，$N\cdot s/m^2$，即 $Pa\cdot s$。若题给 μ 为物理单位制的泊（P）或厘泊（cP），解题时需换算成国际单位制，其换算关系为

$$1Pa\cdot s=10P=1000cP$$

将式(1-18) 代入式(1-17) 的 Δp_f 表达式中，可得泊谡叶方程

$$\Delta p_f=\frac{32\mu l u}{d^2} \tag{1-20}$$

式(1-20) 说明层流时的压力降（阻力损失）与流速的一次方成正比。

对于等径（$u_1=u_2$）及无外功（$p_t=0$）的直管（$\sum\Delta p_f=\Delta p_f$），由式(1-16) 结合式(1-20) 可得

$$\Delta p_f=(p_1+\rho g z_1)-(p_2+\rho g z_2)=32\mu l u/d^2 \tag{1-20a}$$

对于水平、等径、无外功的直管，式(1-20a) 中的 $z_1=z_2$。

（2）湍流摩擦系数　当雷诺数 $Re\geqslant 4000$ 时，流体在管内作湍流流动，其摩擦系数与 Re 和管壁相对粗糙度 ε/d 都有关系，Colebrook 方程是得到工程界普遍认可、适用范围广（$Re=4\times10^3\sim10^8$）、精度高的关于 λ 与 Re 及 ε/d 之间关系的方程，但该方程是隐式方程，计算摩擦系数要用迭代或试差的方法求解，很不方便。Moody 把 Colebrook 方程绘制成摩擦系数图，该图直观明了，但查图数据误差大，且不能用于计算机编程求解。为了克服这些缺点，许多研究者提出了各种形式的摩擦系数显式方程，这些方程有着形式简单但误差高、精度高但形式复杂等缺点，笔者将 Colebrook 方程解的结果用智能拟合法拟合成式(1-21)：

$$\lambda=0.1176\left(\frac{\varepsilon}{d}+\frac{73.89}{Re}\right)^{0.306}+0.4034\frac{\varepsilon}{d}+0.005 \tag{1-21}$$

式中　ε——管壁的绝对粗糙度，m。

式(1-21) 形式简单、精度高（Moody 图的上述范围的平均误差为 0.5%，最大误差小于 2%）、适用范围广［Moody 摩擦系数图的整个范围 $3\times10^3\leqslant Re\leqslant 1\times10^8$，包括湍流区、完全湍流区、光滑管区（$\varepsilon/d=0$），适用相对粗糙度范围为：$0\leqslant\varepsilon/d\leqslant 0.05$］，是计算管内湍

流流体摩擦系数的显式新方程，使用方便。对于光滑管可令式中 $\varepsilon/d=0$；对于完全湍流区，Re 对 λ 影响可以忽略，式中 $73.89/Re$ 项可略去。

当流体在光滑管（$\varepsilon\approx0$）内流过且 $Re=3\times10^3\sim1\times10^5$ 时，还可以用如下的柏拉修斯公式计算 λ

$$\lambda=\frac{0.3164}{Re^{0.25}} \tag{1-22}$$

将柏拉修斯公式代入范宁公式可得出光滑管内湍流流动阻力损失与流速的 1.75 次方成正比。

1.1.9 流体通过非圆形管的摩擦阻力

当流体流动为湍流时，仍可用范宁公式计算非圆形管的摩擦阻力，但应将式(1-17) 及 Re 中和相对粗糙度 ε/d 中的圆管直径 d 改用当量直径 d_e 代替，当量直径的定义如下

$$d_e=4\times\frac{\text{流通截面积}}{\text{润湿周边长}}$$

如套管环隙的当量直径 $d_e=4\times\dfrac{\frac{\pi}{4}(D^2-d^2)}{\pi(D+d)}=D-d$

式中 D——外管的内径，m；

d——内管的外径，m。

当流动为层流时，此种方法计算误差较大，还须修正，即要改变式(1-18) 中的常数，如正方形管要将 64 改为 57，环形截面（套管环隙）则将 64 改为 96 等。

需注意的是，用 d_e 计算 Re 判断非圆形管内的流型，其临界值仍为 2000；不能用 d_e 去计算非圆形管的截面积、流速和流量，如套管环隙的流速

$$u=\frac{V_s}{0.785\ (D^2-d^2)}\neq\frac{V_s}{0.785d_e^2}=\frac{V_s}{0.785\ (D-d)^2}$$

1.1.10 流体通过管件及阀门的摩擦阻力

（1）当量长度法　这种方法是把局部阻力折合成相当于一定长度 l_e 的直管阻力，即可采用直管阻力公式计算局部阻力，即：

$$w_f'=\lambda\frac{l_e}{d}\times\frac{u^2}{2},h_f'=\lambda\frac{l_e}{d}\times\frac{u^2}{2g},\Delta p_f'=\lambda\frac{l_e}{d}\times\frac{\rho u^2}{2} \tag{1-23}$$

式中 w_f'，h_f'，$\Delta p_f'$——均简称为局部阻力，它们的单位分别为 J/kg、m、Pa；

l_e——管件与阀门的当量长度，m。

（2）局部阻力系数法　这种方法是把局部阻力表示为流体动压头的倍数，即：

$$w_f'=\zeta\frac{u^2}{2},h_f'=\zeta\frac{u^2}{2g},\Delta p_f'=\zeta\frac{\rho u^2}{2} \tag{1-24}$$

式中 ζ——局部阻力系数，无量纲。

由于各种管件、阀门的构造与尺寸千差万别，在不同的资料中，ζ、l_e/d 的数值可能差别很大，同一种局部阻力用两种不同方法计算所得结果不一定相同。所以，局部阻力的计算只能是一种估算。

柏努利方程中的 $\sum w_f$、$\sum h_f$、$\sum\Delta p_f$ 为管路的总阻力，总阻力为直管阻力与各种局部阻力之和，如 $\sum w_f=w_f+\sum w_f'$。在实际计算过程，局部阻力可用当量长度法、局部阻力系数法、当量长度法与局部阻力系数法相结合等三种方法计算，相应地，总阻力的计算也有三种方法，即

$$\sum w_f=\lambda\frac{l+\sum l_e}{d}\times\frac{u^2}{2}=\left(\lambda\frac{l}{d}+\sum\zeta\right)\frac{u^2}{2}=\left(\lambda\frac{l+\sum l_e}{d}+\sum\zeta\right)\frac{u^2}{2}\quad(\text{J/kg}) \tag{1-25}$$

应用两种方法结合求局部阻力时要注意对同一管件（或阀门）不要重复计算。$\sum h_f = \sum w_f/g$、$\sum \Delta p_f = \rho \sum w_f$，读者可以自行写出它们的计算式。

1.1.11　流体输送机械消耗的功率

$$N = N_e/\eta = m_s w_e/\eta \tag{1-26}$$

式中　N——流体输送机械实际消耗的功率或称轴功率，W；

N_e——流体输送机械的有效功率，W；

η——流体输送机械的效率，$\eta < 1$。

1.1.12　简单管路计算解题关系图

简单管路是指没有分支或汇合的单一管路。在实际计算中碰到的有三种情况：一是管径不变的单一管路；二是由不同管径的管道串联组成的单一管路；三是循环管路。不同的简单管路，计算时式(1-25) 中 $\sum w_f$ 的计算不一样，以下分别介绍。

(1) 等径管路　对于等径管路，整个管路的直径相等，u 相同、λ 相同，$\sum w_f$ 项可根据题给条件按式(1-25) 中三种表达方式任选其中一种计算。

(2) 串联管路　对不同直径的管道组成的串联管路，各管段 d 不同、u 不同、λ 不同，$\sum w_f$ 也不同，应分别计算各管段的阻力损失并将它们相加作为总阻力损失，假设有 n 段不同直径的管子组成，且各管段的直径、管长、流速、摩擦系数分别为 d_i、l_i、u_i、λ_i，则

$$\sum w_f = \sum_{i=1}^{n} \lambda_i \frac{l_i + \sum l_{ei}}{d_i} \times \frac{u_i^2}{2} \tag{1-27}$$

(3) 循环管路　对如图 1-6 所示的循环管路，在管路中任取一截面同时作为上游 1-1′截面和下游 2-2′截面，则 $z_1 = z_2$、$u_1 = u_2$、$p_1 = p_2$，式(1-14) 简化为

$$w_e = \sum w_f \tag{1-28}$$

式(1-28) 说明，对循环管路，外加的能量全部用于克服流动阻力。这是循环管路的特点，解题时常用到。

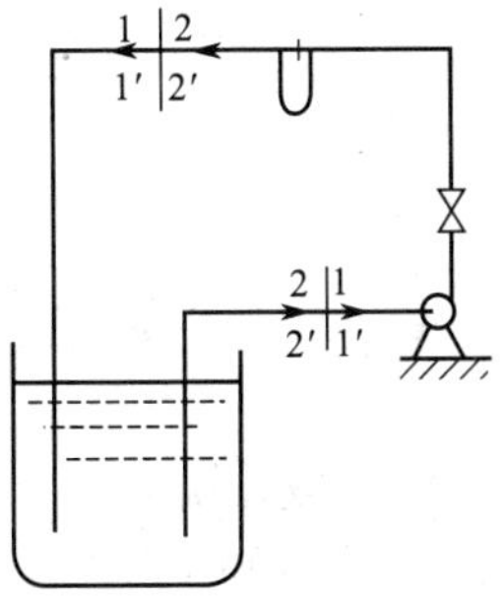

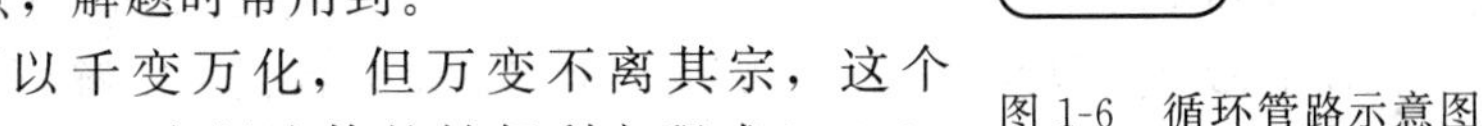

图 1-6　循环管路示意图

简单管路计算题型可以千变万化，但万变不离其宗，这个“宗”就是连续性方程式(1-12)、实际流体的柏努利方程式(1-14)、摩擦系数 λ 与 Re、ε/d 的关系式(1-18)（层流时）或式(1-21)（湍流时），紧紧抓住这个“宗”，把它理解深、理解透，就能解决众多的管路计算问题。为了便于同学们复习、理解、记忆、灵活应用其“宗”，将它形象化概括成图 1-7 所示的解题关系图，从图中流体流动的一个关键知识点出发可延伸联想到许多相关知识点以及知识点间的相互关系，这对熟练掌握流体流动的知识点并灵活应用它们去提高流体流动解题能力有很大帮助。

当被输送的流体已定，其物性 μ、ρ 已知，关系图 1-7 中包含有 12 个变量，它们是：V_s、d、u、z_1、z_2、p_1、p_2、w_e、λ、l、$\sum\zeta$（或$\sum l_e$）、ε。从数学上知道，需给定 9 个独立变量，才能解出 3 个未知量。

管路计算按其目的可分为设计型计算与操作型计算两类，不同类型的计算问题所给出的已知量不同，计算过程都离不开上述的解题关系图，但两类计算问题有各自的特点，以下分别讨论。

1.1.13　简单管路设计型问题题型及解法分析

设计型计算是给定输送任务 V_s，要求设计经济上合理的管路（一般是确定合理的管道尺寸 d）。典型的设计型命题如下：

(1) 已知 V_s、l、z_1、p_1、z_2、p_2、ε、$\sum\zeta$（或$\sum l_e$）8 个量，求 d 及 w_e（或 N_e）；

(2) 已知 V_s、l、p_1、z_2、p_2、w_e（或 $w_e = 0$，如高位槽向低位槽输送液体的情况）、

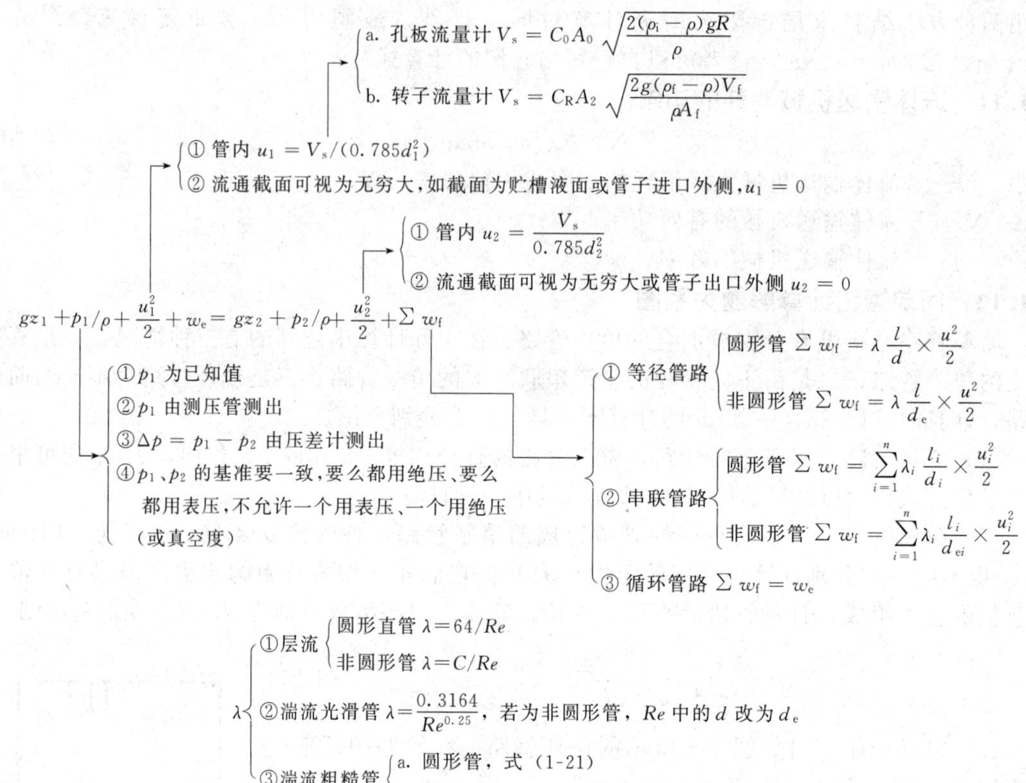

图 1-7　简单管路计算解题关系图

ε、$\sum\zeta$（或 $\sum l_e$）8 个量，求 d 及 z_1；

（3）已知 V_s、l、z_1、z_2、p_2、w_e（或 $w_e = 0$）、ε、$\sum\zeta$（或$\sum l_e$）8 个量，求 d 及 p_1。

在以上命题中只给定了 8 个变量，上述三个方程仍无定解。要使问题有定解，还需设计者另外补充一个条件，这是设计型问题的主要特点。

对以上命题剩下的 4 个待求量是：u、d、λ、w_e（或 z_1、p_1）。工程上往往是通过选择一流速 u，继而通过上述方程组达到确定 d 与 w_e（或 z_1、p_1）的目的。

解法一：最优化法

由于不同的 u 对应一组不同的 d、w_e（或 z_1、p_1），设计者的任务在于选择一组经济上最合适的数据，即设计计算存在变量优化的问题。

对一定 V_s，u 增大，d 减小，设备费用减小，但 u 增大使流动阻力增大，操作费用增加；反之，结果相反。因此，必存在一最佳流速 u_{opt}，使输送系统的总费用（设备费用＋操作费用）最小，如图 1-8 所示。目前对于长距离大流量的输送管路，一般先建立以输送系统总费用最小为优化目标的目标函数，用最优化方法编程求解。

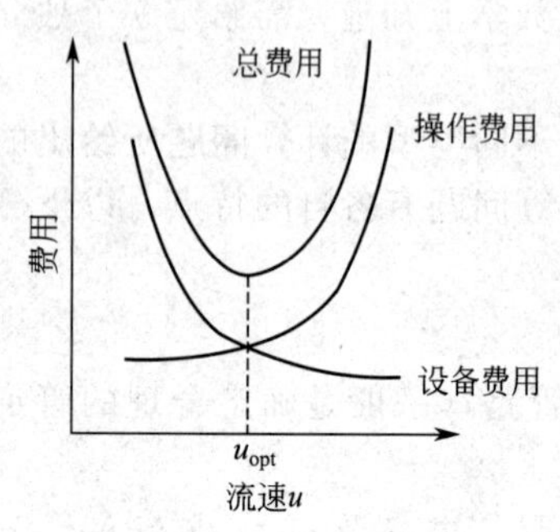

图 1-8　费用与流速关系图

解法二：经验取值法

至于车间内部规模较小的管路设计问题，往往采取选择经验流速 u 以确定管径 d 的方法。教材上列出了工业上常用的流速范围，可供设计时选用。

（4）对于设计型计算还有一种情况，即已知 V_s、l、p_1、

z_1、z_2、p_2、$\sum w_f$（输送过程中允许的摩擦阻力损失）、ε、$\sum\zeta$（或$\sum l_e$）9 个量，求 d。

上述三个方程剩 3 个变量方程有定解，但由于 d 未知，u 也无法求，Re 无法计算，λ 不能确定，须用试差法计算。将已知条件代入 $\sum w_f=\lambda(l/d)(u^2/2)$ 中可整理得 d 与 λ 的关系式 $d=f(\lambda)$，λ 可根据以下几种情况进行假设。

① 若流体的密度比较大，可假设为层流，直接用 $\lambda=64/Re=64\mu/(du\rho)$ 代入即可求 d，但求解完要验证假设为层流（即 $Re<2000$）是否成立。

② 若为光滑管，用 $\lambda=0.3164/Re^{0.25}$ 代入即可求 d，同样要验证是否满足该式的适用条件即 $3\times10^3\leqslant Re\leqslant1\times10^5$。

③ 若为粗糙管湍流时 λ 可用式(1-21) 计算，湍流时 λ 值约为 0.02～0.03，故易于假设 λ 值，而管径 d 的变化范围较大不易假设。所以应假设 λ 进行迭代，由 $d=f(\lambda)$ 求出 d，再由式 Re 的计算式求出，计算相对粗糙度 ε/d，把 ε/d 及 Re 值代入式(1-21) 求 λ'，比较 λ' 与初设的 λ，若两者不符，则将 λ' 作为下一轮迭代的初值 λ，重复上述步骤，直至 $|\lambda'-\lambda|$ 小于精度要求为止。

以上设计型计算求出管径后要根据管子规格进行圆整，圆整后要验证新的管子是否满足要求。

1.1.14　简单管路操作型问题题型及解法分析

操作型计算问题是管路已定，要求核算在某给定条件下管路的输送能力或某项技术指标，或某一操作条件改变时，核算该管路的输送能力、分析某流动参数的变化情况，或为达到某一输送能力应采取的措施等。

请看下面的简单管路操作型问题的题型及解法分析（分析时若某变量如 d 变，则记为 d'；若某变量如 l 不变，即 $l=l'$）。

第一类操作型问题

(1) 已知 d、l、$\sum\zeta$（或 $\sum l_e$）、ε、z_1、p_1、z_2、p_2、w_e 9 个量，求 V_s。

对于这一类操作型问题，给定了 9 个变量，方程组有唯一解，为求得流量 V_s 必须联立求解机械能衡算式(1-14) 和摩擦系数计算式 [式(1-18)、式(1-21) 或式(1-22)]，计算流速 u 和 λ，然后再用 $V_s=0.785d^2u$ 求得 V_s。由于 λ 的计算式与管子的粗糙度、流体的流动形态有关，以下分别讨论不同情况下的解题方法。

① 若流体的黏度 μ 比较大，如油品或管径 d 很小，根据 $Re=du\rho/\mu$ 可预知 Re 很小，可先假设为层流，直接用 $\lambda=\dfrac{64}{Re}=\dfrac{64\mu}{du\rho}=\dfrac{16\mu\pi d}{\rho V_s}$ 代入柏努利方程式中，即可求 V_s，但求解完要验证假设为层流（即 $Re<2000$）是否成立。

② 若为光滑管，用 $\lambda=\dfrac{0.3164}{Re^{0.25}}=\dfrac{0.3164}{[4V_s\rho/(\pi d\mu)]^{0.25}}$ 代入柏努利方程中，即可求 V_s，同样要验证是否满足该式的适用条件即 $3\times10^3\leqslant Re\leqslant1\times10^5$。

③ 若已知阻力损失服从平方（在阻力平方区，λ 只与 ε/d 有关，对一定管路 ε/d 已确定，λ 为常数）定律时，λ 为常数，无需试差可直接求解。

④ 湍流粗糙管时 λ 的计算式(1-21) 或教材上的摩擦系数图是一个复杂的非线性函数，上述求解过程需试差或迭代。由于 λ 的变化范围不大，试差计算时，可将摩擦系数 λ 作为试差变量。通常可取流动已进入阻力平方区的 λ（此时 λ 与 Re 无关只与 ε/d 有关）作为计算初值，即令式(1-21) 中的 $Re\rightarrow\infty$，$\lambda=0.1176(\varepsilon/d)^{0.306}+0.403(\varepsilon/d)+0.005$ 作为初值。

⑤ 若已知管内的 λ，可不用试差直接求解。

(2) 在原操作管路中，开大（或关小）阀门，其他条件不变，求输送量 V_s 变为多少？

(3) 在原操作管路中，管径 d 改变，其他条件不变，求输送量 V_s 变为多少？

(4) 在原操作管路中，输送距离 l 改变，其他条件不变，求输送量 V_s 变为多少？

(5) 在原操作管路中，供液点位置 z_1（或需液点位置 z_2）改变，其他条件不变，求 V_s 变为多少？

(6) 在原操作管路中，供液点压力 p_1（或需液点压力 p_2）改变，其他条件不变，求 V_s 变为多少？

(7) 在原操作管路中，泵提供的能量 w_e 改变，其他条件不变，求 V_s 变为多少？

对于以上几种第一类操作型问题，给定了 9 个变量，有唯一解，但由于流量未知，因此都要用试差，其解法与情况（1）一样，将改变后的 $\sum\zeta$（或 $\sum l_e$）、d、l、z_1、z_2、p_1、p_2 或 w_e 等参数代入柏努利方程，如果是管径 d 改变，要注意图 1-7 中流速 u 要变，$\sum w_f$ 中的流速和管径都变。求解过程也可以分成与（1）类似的四种情况，同时要注意针对于串联管路其阻力损失 $\sum w_f$ 是各管段阻力损失的和。

(8) 在原操作管路中，并联上一根管路，其他条件不变，求输送量 V_s 为多少？

对于这种情况要结合并联管路的特性进行求解，在并联段阻力损失只能取其中的一个支路进行计算，两支路的流量分配符合并联管路的流量分配，其余的计算与前面几种情况一样。

第二类操作型问题

(1) 已知 d、l、$\sum\zeta$（或 $\sum l_e$）、ε、z_1、p_1、V_s、z_2、p_2 9 个量，求 w_e。

(2) 已知 d、l、$\sum\zeta$（或 $\sum l_e$）、ε、p_1、V_s、z_2、p_2、w_e 9 个量，求 z_1。

(3) 已知 d、l、$\sum\zeta$（或 $\sum l_e$）、ε、z_1、V_s、p_2、w_e 9 个量，求 p_1。

对于以上 3 种情况第二类操作型问题，输送量 V_s 已知或可求（如可通过流量计求得），管内流速及 Re 均可计算，λ 可直接求取，通过柏努利方程式(1-14) 可直接求得有关的未知量，同样要注意串联管路阻力损失 $\sum w_f$ 是各管段阻力损失的和。

(4) 在原操作管路中，若 z_2 改变，其他条件不变，求 w_e（或 z_1、p_1）变为多少？

(5) 在原操作管路中，若 p_2 改变，其他条件不变，求 w_e（或 z_1、p_1）变为多少？

对以上两种操作型问题，管路的阻力损失不变，将改变后的 z_2 或 p_2 代入式(1-14) 可直接求新的 w_e（或 z_1、p_1）。

(6) 在原操作管路中，若管径 d 改变，其他条件不变，求 w_e（或 z_1、p_1）变为多少？

(7) 在原操作管路中，若管长 l 改变，其他条件不变，求 w_e（或 z_1、p_1）变为多少？

(8) 在原操作管路中，若阀门开大或关小即 $\sum\zeta$（或 $\sum l_e$）改变，其他条件不变，求 w_e（或 z_1、p_1）变为多少？

(9) 在原操作管路中，若流量 V_s 改变，其他条件不变，求 w_e（或 z_1、p_1）变为多少？

(10) 在原操作管路中，若输送的流体改变，即 ρ、μ 变，其他条件不变，求 w_e（或 z_1、p_1）变为多少？

对以上几种操作型问题，某个操作参数改变，会引起管路中阻力损失 $\sum w_f$ 发生变化，$\sum w_f$ 与操作参数之间的关系可用下式表示：

$$\frac{\sum w_f'}{\sum w_f}=\frac{\lambda'}{\lambda}\times\frac{l'd}{ld'}\times\frac{u'^2}{u^2}=\frac{\lambda' l'}{\lambda l}\left(\frac{V_s'}{V_s}\right)^2\left(\frac{d}{d'}\right)^5=\begin{cases}\dfrac{\mu' V_s' l'\rho}{\mu V_s l\rho'}\left(\dfrac{d}{d'}\right)^4 & \text{（层流）}\\ \left(\dfrac{\mu'\rho}{\mu\rho'}\right)^{0.25}\left(\dfrac{V_s'}{V_s}\right)^{1.75}\dfrac{l'}{l}\left(\dfrac{d}{d'}\right)^{4.75} & \text{（湍流光滑管）}\end{cases}$$

如第（6）种情况，则上式简化为 $\dfrac{\sum w_f'}{\sum w_f}=\dfrac{\lambda'}{\lambda}\left(\dfrac{d}{d'}\right)^5=\begin{cases}(d/d')^4 & \text{（层流）}\\ (d/d')^{4.75} & \text{（湍流光滑管）}\end{cases}$，将改变后的 $\sum w_f'$ 代入式(1-14) 既可求出所需 w_e（或 z_1、p_1）。请读者延伸分析其他情况的操作型问题

的求解。

1.1.15　复杂管路计算

复杂管路是有分支或汇合的管路。常见的有分支管路、汇合管路和并联管路三种，下面分别介绍它们的特点和计算方法。

（1）分支管路与汇合管路计算　图 1-9 为工程上常见的分支管路，分支处是分流。图 1-10 为汇合管路，分支处是合流。不管哪种情况，在交点 O 处的流体都有能量交换与损失问题。如能搞清楚 O 点处的能量损失及转换，则前面简单管路解题关系图 1-7 原则上仍适用于分支管路与汇合管路。工程上对较长的管路（$l/d>1000$）常认为三通局部阻力（把流体通过 O 点能量损失作为一个三通的局部阻力）相对于直管沿程阻力而言很小可以忽略，跨过 O 点进行计算。

以图 1-9 所示用泵由 A 池向 B 槽和 C 槽送液体的分支管路为例，有如下特点。

① 总管流量等于各支管流量之和。

$$\left.\begin{aligned} V_{s1}&=V_{s2}+V_{s3} \\ d_1^2u_1&=d_2^2u_2+d_3^2u_3 \end{aligned}\right\} \tag{1-29}$$

或

② 无论各支管内的流量是否相等，在分支点 O 处的总机械能 E_O 为定值。

$$E_O=gz_O+\frac{p_O}{p}+\frac{u_O^2}{2}=gz_B+\frac{p_B}{\rho}+\frac{u_B^2}{2}+\sum w_{f,OB}=gz_C+\frac{p_C}{\rho}+\frac{u_C^2}{2}+\sum w_{f,OC} \tag{1-30}$$

由 A 分别到 O、B、C 列柏努利方程可得

$$\begin{aligned} gz_A+\frac{p_A}{\rho}+\frac{u_A^2}{2}+w_e &=E_O+\sum w_{f,AO}=gz_B+\frac{p_B}{\rho}+\frac{u_B^2}{2}+\sum w_{f,AO}+\sum w_{f,OB} \\ &=gz_C+\frac{p_C}{\rho}+\frac{u_C^2}{2}+\sum w_{f,AO}+\sum w_{f,OC} \end{aligned} \tag{1-31}$$

分支管路所需的外加能量 w_e 可根据式(1-31)。按由远到近的原则，分别求出满足各支管输送要求的 w_e，然后加以比较，取其中最大的 w_e 作为确定输送机械功率 N 的依据。这样确定的 N 对需要能量较小的支路而言太大，此时可通过该支路上的阀门进行调节，让多余的能量消耗在阀门上。

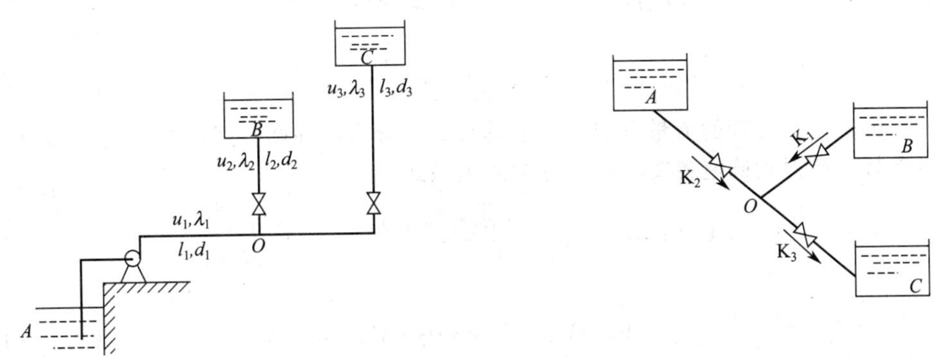

图 1-9　分支管路示意　　图 1-10　汇合管路示意

若分支管路 AO 间没有泵，则式(1-31) 中 $w_e=0$。由高位槽 A 向 B、C 两个设备送液就属于这种情况，此时所需的高位槽的液面高度 z_A（或 p_A）亦按输送要求高的支路确定之。

对图 1-10 所示的汇合管路，与上述讨论类似，读者可自行分析。

（2）并联管路计算　以具有两个并联支路的简单例子说明并联管路的特点及计算方法，如图 1-11 所示。

① 主管的流量等于并联的各支管流量之和。

$$\left.\begin{aligned} &V_s=V_{s1}+V_{s2} \\ \text{或}\quad &d^2u=d_1^2u_1+d_2^2u_2 \end{aligned}\right\} \tag{1-32}$$

② 各支管的阻力损失相等。

对图 1-11 所示的系统，由 O 点和 Q 点的机械能为定值可得：

$$\sum w_{f,OQ}=\sum w_{f,1}=\sum w_{f,2}=g(z_O-z_Q)+\frac{p_O-p_Q}{\rho}+\frac{u_O^2-u_O^2}{2} \tag{1-33}$$

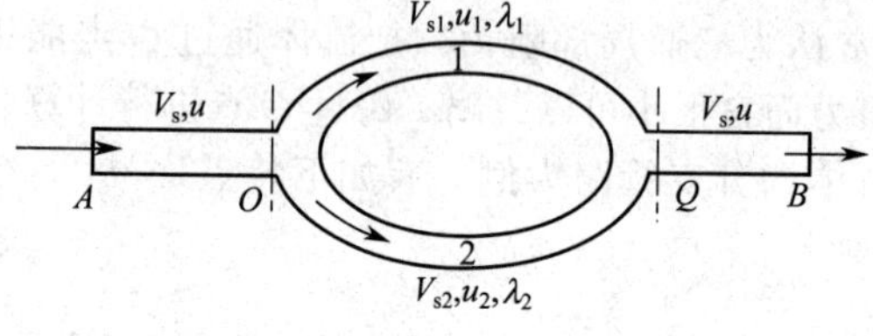

图 1-11 并联管路示意

如果 O、Q 点在同一水平面上，$z_O=z_Q$；O、Q 处管径相等，$u_O=u_Q$，有：

$$\sum w_{f,1}=\sum w_{f,2}=(p_O-p_Q)/\rho \tag{1-34}$$

式(1-33) 或式(1-34) 说明，并联管路各支管流动阻力损失相等，这是并联管路的主要特征。在解题时应特别注意这一问题，否则极易出错。如在图 1-11 中由 A 截面到 B 截面列柏努利方程，方程中总阻力 $\sum w_{f,AB}$ 为

$$\begin{aligned}\sum w_{f,AB}&=\sum w_{f,AO}+\sum w_{f,OQ}+\sum w_{f,OB}\\ &=\sum w_{f,AO}+\sum w_{f,1}+\sum w_{f,QB}\\ &=\sum w_{f,AO}+\sum w_{f,2}+\sum w_{f,QB}\\ &\neq\sum w_{f,AO}+\sum w_{f,1}+\sum w_{f,2}+\sum w_{f,QB}\end{aligned} \tag{1-35}$$

如果并联管路中有 n 个支路，用角码 i 表示任一分支路，则阻力损失可以写作：

$$\sum w_{fi}=\lambda_i\frac{l_i}{d_i}\times\frac{u_i^2}{2} \tag{1-36}$$

式中　l_i——i 支路总管长，包括了 i 支路直管长度和局部阻力的当量长度。

一般各支管的 d_i、l_i 及粗糙度 ε_i 等均不相同，而各支管都具有相同的推动力 $(p_O-p_Q)/\rho$ [以式(1-34) 为例]，则各支管的流速 u_i 也不相同。那么流体在各支管中如何分配呢？下面讨论这个问题。

把关系式 $u_i=V_{si}/\left(0.785d_i^2\right)$代入式(1-35) 经整理得

$$V_{si}=1.11\sqrt{\frac{d_i^5\sum w_{fi}}{\lambda_i l_i}} \tag{1-37}$$

由式(1-37) 可求出各支管的流量分配。对于具有 n 个分支的并联管路，可由式(1-37) 考虑到 $\sum w_{fi}=$常数，而得到确定各支管流量分配的关系式：

$$V_{s1}:V_{s2}:\cdots:V_{sn}=\sqrt{\frac{d_1^5}{\lambda_1 l_1}}:\sqrt{\frac{d_2^5}{\lambda_2 l_2}}:\cdots:\sqrt{\frac{d_n^5}{\lambda_n l_n}} \tag{1-38}$$

同时应有

$$V_s=V_{s1}+V_{s2}+\cdots+V_{sn} \tag{1-39}$$

式(1-38) 和式(1-39) 便是计算并联管路的主要关联式。如果 V_s、l_i、λ_i、d_i 均已知，则可由上面方程组求出 V_{s1}、V_{s2}、…、V_{sn}。当然，如考虑 λ_i 的变化，那么上述问题可能需要试差或迭代求解。

1.1.16 流量测量

(1) 毕托管测速计的读数与流体点速度的关系

$$u_r=\sqrt{\frac{2(\rho_i-\rho)gR}{\rho}} \tag{1-40}$$

式中　u_r——测速管所在位置上流体的点速度，m/s。

利用毕托管可以测得管截面上的速度分布。对于圆形管道，为了测得其流量，可以测出管中心的最大速度 u_{max}，再根据最大流速与平均流速 u 的关系，计算出管截面的平均流速，进而求出流量。若为层流 $u=u_{max}/2$，若为湍流可由教材的图查得 u 与 u_{max} 的关系。

(2) 孔板流量计的读数与流体体积流量的关系

$$V_s=C_0A_0\sqrt{\frac{2(\rho_i-\rho)gR}{\rho}} \tag{1-41}$$

式中　C_0——孔流系数，无量纲，一般取 $C_0\approx0.6\sim0.7$；

A_0——孔口截面积，m^2。

文丘里流量计流量关系式与式(1-41) 类似，只要将该式中 C_0 改为文氏流量系数 C_V 即可，一般可取 $C_V\approx0.98\sim0.99$。

(3) 转子流量计的流量关系式

$$V_s=C_RA_2\sqrt{\frac{2g(\rho_f-\rho)V_f}{\rho A_f}} \tag{1-42}$$

式中　C_R——转子流量系数，无量纲，与转子形状及环隙雷诺数 Re 有关；

A_2，A_f——分别为环隙截面积和转子最大横截面积，m^2；

V_f——转子体积，m^3；

ρ_f——转子材料密度，kg/m^3。

当流量计结构及被测流体已知时，V_f、A_f、ρ_f、ρ 均为已知值，若所选的转子流量计在测量范围内，C_R 近似为常数，从式(1-42) 可知，V_s 取决于环隙截面积 A_2，而 A_2 仅随转子停留高度而变，所以 V_s 只取决于转子的停留高度，即流量 V_s与转子停留高度有一一对应的关系。根据这一原理，可在转子流量计玻璃上刻上刻度，每一刻度标上它所对应的流量值，这样测量流量时即可根据转子停留高度直接读出流体的流量值。

转子流量计的刻度与被测流体的密度有关。通常转子流量计在出厂时，不是提供流量系数 C_R，而是直接用 20℃的水（测量液体的转子流量计）或 20℃、1atm 的空气（测量气体的转子流量计）进行标定，将流量值刻于玻璃管上。当被测流体与上述条件不符时，应作刻度换算。一般在测量范围内，C_R 为常数，且 V_f、A_f 为定值，在同一刻度下环隙面积 A_2 相同，由式(1-42) 可得

$$\frac{V_s'}{V_s}=\sqrt{\frac{\rho(\rho_f-\rho')}{\rho'(\rho_f-\rho)}} \tag{1-43}$$

式中　V_s，V_s'——分别为流量计读数和实际读数，m^3/s；

ρ，ρ'，ρ_f——分别为标定流体、被测流体和转子材料密度，kg/m^3。

转子流量计的刻度还与转子的材料即密度有关。请读者延伸分析若使用时将转子改为一个 V_f、A_f不变，密度变为 ρ_f' 的转子，则刻度该如何换算？

前面介绍的几种流量计按其工作原理，可分为横截面变阻力（变压差）式(如孔板流量计、文丘里流量计）与恒压差变截面式(如转子流量计）两种。变阻力式流量计是人为设置一阻力构件，造成局部阻力（压降)，利用能量守恒原理及连续性方程关联此压降与流速乃至流量的关系。变截面式流量计是根据力平衡原理，设置随流量而变化的流道截面，保证恒定压差的条件，用转子的平衡位置指示流量。

1.2　流体流动典型例题分析

1.2.1　流体静力学

例 1-1　如图 1-12 所示，两容器内盛同一种密度为 $800kg/m^3$ 的液体，U 形管内的指示

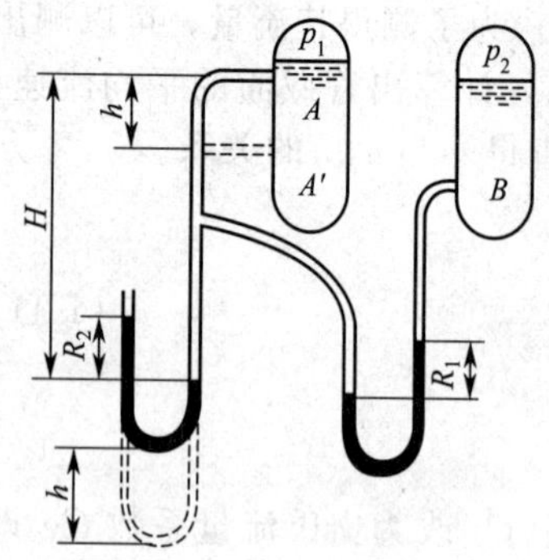

图 1-12　例 1-1 附图

液为水银。当U形管接于 A、B 两点，两U形管的读数分别为 R_1 和 R_2。若将测压点 A 和压力计一起向下移 $h=0.5\text{m}$，问读数 R_1 和 R_2 有何变化？

解　(1) 先判别 R_1 的变化情况。右边的U形管为压差计，且 A、B 两个测压口不在等高面上，故测出的为 A、B 两点的虚拟压力差，可用式(1-7) 表示。将式(1-7) 两边同除 ρ 并将下标 1 改为 A，2 改为 B 得到

$$\left(gz_{\text{A}}+\frac{p_{\text{A}}}{\rho}\right)-\left(gz_{\text{B}}+\frac{p_{\text{B}}}{\rho}\right)=\frac{\rho_{\text{i}}-\rho}{\rho}gR_1 \tag{a}$$

根据式(a)，两测压口不在等高面上时，所测结果亦可理解为是两测压口的总势能（$gz+p/\rho$）之差。本题两容器内液体是静止的，静止流体内各点的位能（gz）和静压能（p/ρ）可以互相转换，其总和保持不变。B 点不动，B 点的总势能不变。A 点往下降至 A'，位能减小但静压能增加，但 A 点的总势能保持不变。既然 A 点下移后两测压点的总势能均不变，其差值也不变，根据式(a)，必有 R_1 不变。

(2) 左边的U形管为压差计，所测得的是 A 点的表压（因为该U形管一端通大气），根据式(1-6)，有

$$p_{\text{A}}(\text{表压})=\rho_{\text{i}}gR_2-\rho gH \tag{b}$$

当测压点 A 向下移 $h=0.5\text{m}$ 至 A'，由静力学原理可知 $p'_{\text{A}}=p_{\text{A}}+\rho gh$，故有 $p'_{\text{A}}>p_{\text{A}}$，U形管的读数也从 R_2 增大至 R'_2，增大的差值 $\Delta R=R'_2-R_2$。此增大的差值可理解为是该压力计指示液液面高的一侧升高 $\Delta R_2/2$、指示液液面低的一侧下降 $\Delta R_2/2$ 所至，故有

$$p_{\text{A}'}(\text{表压})=p_{\text{A}}(\text{表压})+\rho gh=\rho_{\text{i}}gR'_2-\rho g[H+(R'_2-R_2)/2] \tag{c}$$

把式(b) 代入式(c) 得

$$\rho_{\text{i}}gR_2-\rho gH+\rho gh=\rho_{\text{i}}gR'_2-\rho gH-\rho g\ (R'_2-R_2)\ /2$$

整理上式，并把有关数据代入可得

$$\Delta R_2=R'_2-R_2=\frac{\rho h}{\rho_{\text{i}}-\rho/2}=\frac{800\times0.5}{13600-800/2}=0.03\ (\text{m})$$

例 1-2　如图 1-13 所示，已知两小室的压力差（$p_{\text{a}}-p_{\text{b}}$）为 6700N/m^2，小室 a 下方的U形管中的指示液为四氯化碳，小室 b 下方的指示液为水银，且知 $h_1=95\text{cm}$、$h_2=76\text{cm}$、$h_3=66\text{cm}$ 及 $h_4=74\text{cm}$。四氯化碳的密度为 1594kg/m^3，Hg 的密度为 13600kg/m^3。试求两U形管间的连接管内液体的密度。

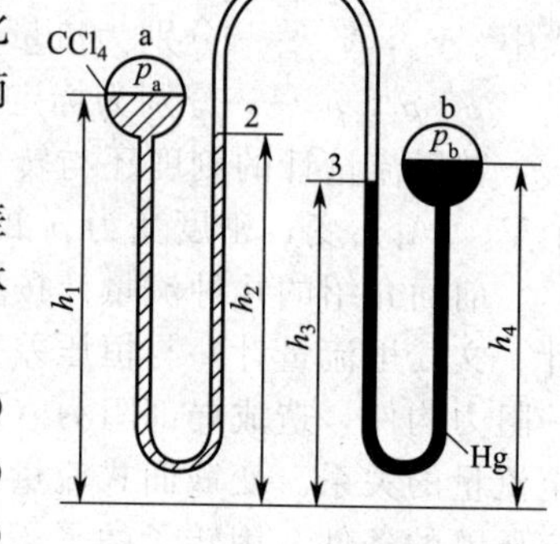

图 1-13　例 1-2 附图

解　本题已知 $p_{\text{a}}-p_{\text{b}}$ 的值，且为两个串联的U形压差计。先要导出计算 $p_{\text{a}}-p_{\text{b}}$ 的公式，再由该式求出待求的液体密度 ρ。根据等压面的原理知

$$p_{\text{a}}+\rho_{\text{CCl}_4}g(h_1-h_2)=p_2 \tag{a}$$

$$p_2=p_3-\rho g(h_2-h_3) \tag{b}$$

$$p_3=p_{\text{b}}+\rho_{\text{Hg}}g(h_4-h_3) \tag{c}$$

式(a) 加上式(c)，得

$$p_{\text{a}}-p_{\text{b}}+\rho_{\text{CCl}_4}g\ (h_1-h_2)\ -\rho_{\text{Hg}}g\ (h_4-h_3)\ =p_2-p_3$$

将式(b) 代入上式并整理成

$$p_{\text{a}}-p_{\text{b}}=-\rho_{\text{CCl}_4}g\ (h_1-h_2)\ +\rho_{\text{Hg}}g\ (h_4-h_3)\ -\rho g\ (h_2-h_3)$$

将已知数据代入上式，得

$6700=-1594\times9.81\times(0.95-0.76)+13600\times9.81\times(0.74-0.66)-\rho\times9.81\times(0.76-0.66)$

解得　$\rho=1021\text{kg/m}^3$

1.2.2　流体流动基本问题典型例题分析

例 1-3　水以 $60\text{m}^3/\text{h}$ 的流量在一倾斜管中流过，此管的内径由 100mm 突然扩大到 200mm，见图 1-14。A、B 两点的垂直距离为 0.2m。在此两点间连接一 U 形压差计，指示液为四氯化碳，其密度为 1630kg/m^3。若忽略阻力损失，试求：(1) U 形管两侧的指示液液面哪侧高，相差多少毫米？(2) 若将上述扩大管道改为水平放置，压差计的读数有何变化？

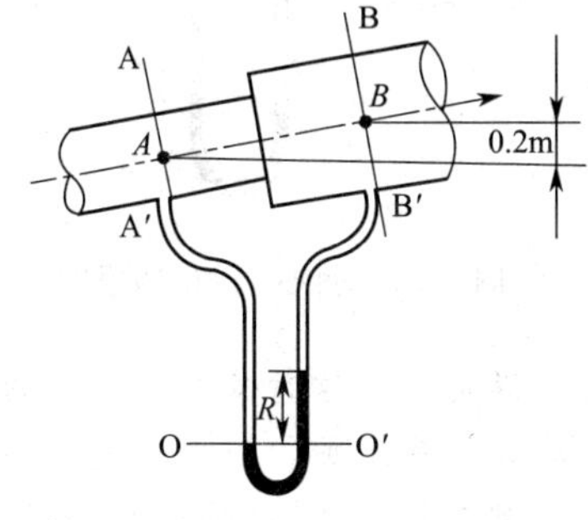

图 1-14　例 1-3 附图

解　(1) 选取 A 点所在的上游截面 A-A′，B 点所在的下游截面 B-B′，基准水平面 O-O′如图所示。注意上、下游截面应与流体流动方向垂直。在上、下游截面之间列柏努利方程得到：

$$gz_A+\frac{p_A}{\rho}+\frac{u_A^2}{2}+w_e=gz_B+\frac{p_B}{\rho}+\frac{u_B^2}{2}+\sum w_{f,AB} \qquad \text{(a)}$$

本题上、下游截面间无外功 $w_e=0$，忽略流动阻力 $\sum w_{f,AB}=0$，两截面间的流速分别为

$$u_A=\frac{V_s}{0.785d_A^2}=\frac{60/3600}{0.785\times0.1^2}=2.12\ (\text{m/s})$$

和

$$u_B=u_A(d_A/d_B)^2=2.12\times(100/200)^2=0.53\ (\text{m/s})$$

注意：本题管道倾斜放置，两侧压口不在等高面上，U 形压差计测出的是两截面的虚拟压力 $(\rho gz+p)$ 差或总势能 $(gz+p/\rho)$ 差，故判别 U 形管两侧指示液面哪侧高，应该用虚拟压力差或总势能差，不能用压力差 (p_A-p_B) 或静压能差 $(p_A/\rho-p_B/\rho)$ 判别，否则将导致错误的结论。

根据上述分析，有

$$(gz_A+p_A/\rho)-(gz_B+p_B/\rho)=(u_B^2-u_A^2)/2=(0.53^2-2.12^2)/2=-2.11\ (\text{J/kg})$$

负号说明指示液液面左侧高右侧低，与图 1-14 所示相反。

此时，U 形压差计测出的为虚拟压力差，即

$$(\rho gz_B+p_B)-(\rho gz_A+p_A)=(\rho_i-\rho)gR$$

即

$$R=\frac{(\rho gz_B+p_B)-(\rho gz_A+p_A)}{(\rho_i-\rho)g}=\frac{\rho[(gz_B+p_B/\rho)-(gz_A+\rho_A/\rho)]}{(\rho_i-\rho)g}$$

$$=-\frac{\rho(u_B^2-u_A^2)}{2(\rho_i-\rho)g}=-\frac{1000\times(-2.11)}{(1630-1000)\times9.81}=0.341\ (\text{m})=341\ (\text{mm})$$

(2) 当管道水平放置时，$z_A=z_B$，U 形压差计测出的为

$$p_B-p_A=(\rho_i-\rho)gR \qquad \text{(b)}$$

将 $z_A=z_B$、$w_e=0$、$\sum w_{f,AB}=0$ 代入式(a)，并将等式两边同乘 ρ 移项整理，得

$$p_B-p_A=-\rho(u_B^2-u_A^2)/2 \qquad \text{(c)}$$

由式(b) 和式(c) 得

$$R=-\frac{\rho(u_B^2-u_A^2)}{2(\rho_i-\rho)g}$$

上式与管道倾斜放置的结果相同，且式中 u_B、u_A 的值与管道放置位置无关，故 R 也与管道放置位置无关，读数 R 不变。

讨论：① 本题（管道倾斜放置，A、B 两截面管径不等且两截面间无外功）若 A、B 两

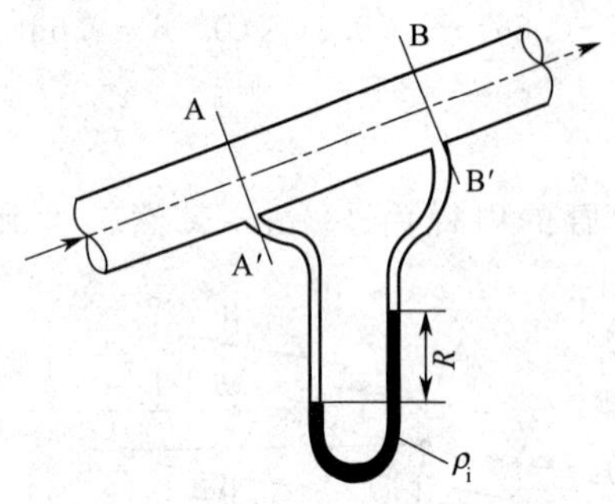

图 1-15 例 1-3 讨论题附图

截面间流动阻力$\sum w_{f,AB}$不能略去不计，则可导出

$$R=\frac{1}{(\rho_i-\rho)g}\left[-\frac{\rho}{2}(u_B^2-u_A^2)-\rho\sum w_{f,AB}\right]$$

由上式可看出，这种情况R的大小与两截面间的动能变化及阻力损失有关。

② 如图 1-15 所示，对于等径（$u_A=u_B$）、无外功（$w_e=0$）直管，不论管道是倾斜放置（$z_A\neq z_B$），还是水平放置（$z_A=z_B$），考虑A、B两截面间有阻力损失$\sum w_{f,AB}$，且指示液液面为左侧低右侧高，均可导出

$$R=\rho\sum w_{f,AB}/[(\rho_i-\rho)g]$$

上式说明，在这种情况下，R的大小实际上反映了A、B两截面间阻力损失的大小，R与管道放置位置无关，阻力损失也与管道放置位置无关。

例 1-4 一敞口高位水槽A中水流经一喉径为 14mm 的文丘里管，将浓碱液槽B中的碱液（密度为 1400kg/m^3）抽吸入管内混合成稀碱液送入C槽，各部分标高如图 1-16 所示。输水管规格为ϕ57mm×3mm，自A至文丘里喉部 M 处管路总长（包括所有局部阻力损失的当量长度在内）为 20m，摩擦系数可取 0.025。试确定：（1）当水流量为 8m^3/h 时，文丘里喉部 M 处的真空度（mmHg）为多少？（2）判断B槽的浓碱液能否被抽吸入文丘里管内（说明判断依据）。如果能被吸入，吸入量的大小与哪些因素有关？

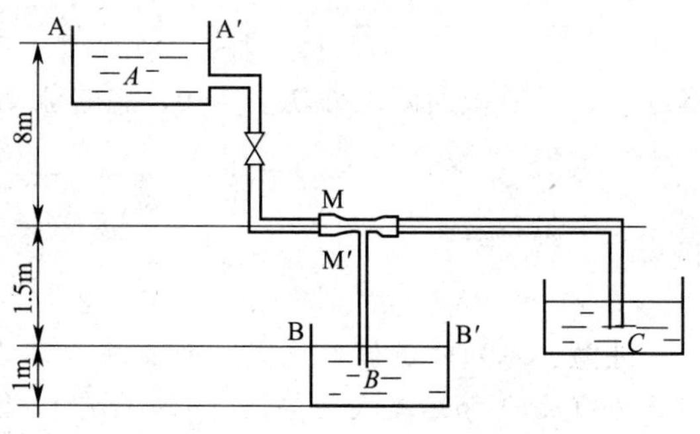

图 1-16 例 1-4 附图

解 （1）要求 M 处的真空度，即求 M 处的压力，此处压力不是用测压计测，流体在管道中流过，且又是简单管路，可以通过简单管路操作型问题解题关系图 1-7 进行求解，以A槽水面作为上游截面 A-A′，文丘里管喉部 M 处截面作为下游截面 M-M′（该截面必须与输水管中水流方向垂直），并以B槽槽底处平面作为基准水平面，在上、下游截面间列柏努利方程得到

$$gz_A+\frac{p_A}{\rho_A}+\frac{u_A^2}{2}+w_e=gz_M+\frac{p_M}{\rho_A}+\frac{u_M^2}{2}+\sum w_{f,AM} \tag{a}$$

本题$w_e=0$，$z_A=8+1.5+1=10.5$（m），$z_M=1.5+1=2.5$（m），$u_A\approx0$，水的密度$\rho_A=$1000kg/m^3，喉部流速

$$u_M=\frac{V_s}{0.785d_M^2}=\frac{8/3600}{0.785\times0.014^2}=14.4\ (\text{m/s})$$

管内流速

$$u=\frac{V_s}{0.785d^2}=\frac{8/3600}{0.785\times0.051^2}=1.09\ (\text{m/s})$$

及阻力

$$\sum w_{f,AM}=\lambda\frac{(l+\sum l_e)_{AM}}{d}\times\frac{u^2}{2}=0.025\times\frac{20}{0.051}\times\frac{1.09^2}{2}=5.82\ (\text{J/kg})$$

提示：柏努利方程中上、下游压力，除了题给不是 SI 制必须换算成 SI 制（Pa）代入以外，还应特别注意上、下游截面的压力或都采用绝压，或都用表压，或都用真空度，否则极易出错。在当时当地大气压力未知的情况下，显然用表压计算方便。

本题 A-A′截面通大气，p_A（表压）$=p_a$（大气压力）$=0$，则由柏努利方程求出的p_M也为表压。将上述已知数据代入式(a)，得

$$9.81\times10.5=9.81\times2.5+\frac{p_M}{1000}+\frac{14.4^2}{2}+5.82$$

解得　$p_M=-3.102\times10^4$ Pa（表压）$=3.102\times10^4$ Pa（真空度）$=233$mmHg（真空度）

（2）对本题若 B 槽的浓碱液能被抽吸入文丘里管，则 B 槽碱液液面的总势能应大于文丘里管喉部 M 处的总势能，即下式应成立

$$gz_B+p_B/\rho_B\geqslant gz_M+p_M/\rho_B \tag{b}$$

因为 $z_B=1$m、p_B（表压）$=p_a=0$，所以

$$gz_B+p_B/\rho_B=9.81\times1+0=9.81\ (\text{J/kg})$$

又因为 $z_M=1.5+1=2.5$（m），p_M（表压）$=-3.102\times10^4$ Pa，碱液密度 $\rho_B=1400\text{kg/m}^3$，所以

$$gz_M+\frac{p_M}{\rho_B}=9.81\times2.5-\frac{3.102\times10^4}{1400}=2.37\ (\text{J/kg})$$

计算结果说明式(b) 成立，所以 B 槽的浓碱液能被抽吸入文丘里管。

又在 B 槽截面 B-B′到 M 处截面 M-M′列柏努利方程

$$gz_B+\frac{p_B}{\rho_B}+\frac{u_B^2}{2}=gz_M+\frac{p_M}{\rho_B}+\frac{u_M^2}{2}+\lambda\ \frac{(l+\sum l_e)_{BM}}{d_{BM}}\times\frac{u_M^2}{2}$$

式中，$z_B=1$m，p_B（表压）$=p_a=0$，$u_B\approx0$，$z_M=2.5$m，将已知量代入上式，并移项整理得

$$u_M=2\left[\frac{-9.81\times1.5-p_M/\rho_B}{1+\lambda\ (l+\sum l_e)_{BM}/d_{BM}}\right]^{\frac{1}{2}}$$

上式说明，在本题条件下，吸入量（与 u_M 成正比）的大小与文丘里管喉部压力 p_M（表压）、碱液密度 ρ_B、吸入管的摩擦系数 λ 和管径 d_{BM} 及管长 $(l+\sum l_e)_{BM}$（包括局部阻力当量长度）等量有关。

本例说明，流体能否流动或流向判断实质上是静力学问题，必须用总势能差判断。一旦流动，流动流体中的能量转换服从柏努利方程。本例因 B 槽中的碱液流入文丘里管，截面 M 处的压力 p_M 将不再为上述的计算值，详细计算应按汇合管路（复杂管路）的计算方法才能解决。

例 1-5　气体以一定流率流过图 1-17 所示的测流量装置。在操作条件下，气体的密度为 0.5kg/m^3、黏度为 $0.02\text{mPa}\cdot\text{s}$。$ab$ 管段的内径为 10mm，锐孔的阻力相当于 10m 长的管路阻力，其他阻力可忽略不计，假定气体通过该装置的密度不变。试求：（1）当水封管中水上升高度 $H=40$mm 时，气体通过 ab 段的流速；（2）若维持气体的质量流率不变，而将气体的压力减为原来的 1/2 时，水封管中水的上升高度 H。

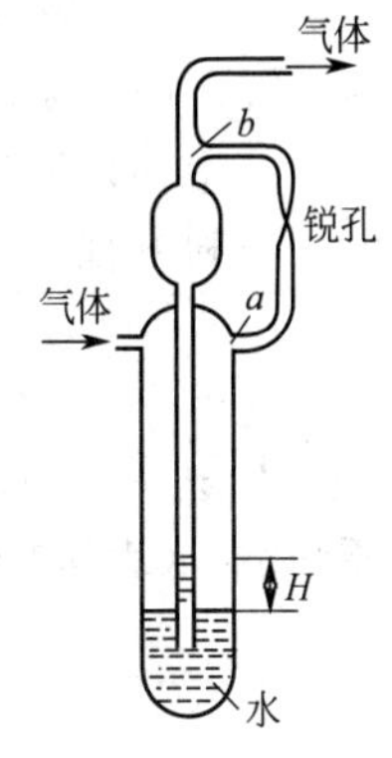

图 1-17　例 1-5 附图

解　（1）本题 ab 段的管径很小，u 未知，属于第一类操作型问题（1）中的情况①，可先假设为层流，以 a 点为上游，b 点为下游列柏努利方程并利用两点截面间的泊谡叶方程式(1-21a) 可得

$$\Delta p_f=(p_a+\rho gz_a)-(p_b+\rho gz_b)=\frac{32\mu lu}{d^2} \tag{a}$$

z_a、z_b 值未知，但可断定它们的位差很小，故计算时可略去。由于管内流动的是气体，气体 ρ 很小且测量装置的高度不会很高，故可认为 a 与 b 之间的压差实际上就体现在水封管中水上升的高度 H，根据静力学基本方程得

$$p_a-p_b=\rho_{H_2O}gH=1000\times9.81\times0.04=392.4\ (\text{Pa})$$

则由式(a) 得 $$u=\frac{(p_a-p_b)d^2}{32\mu l}=\frac{392.4\times0.01^2}{32\times0.02\times10^{-3}\times10}=6.13\ (\text{m/s})$$

核算 $Re=du\rho/\mu=0.01\times6.13\times0.5/(0.02\times10^{-3})=1.533\times10^3$（<2000，为层流）说明假设成立，计算结果正确。

（2）根据（1）的分析可得 $H=(p_a-p_b)/(\rho_{H_2O}g)\approx\Delta p_f/(\rho_{H_2O}g)=32\mu lu/(\rho_{Hg}gd^2)$，$H$ 与 u 有关，求 H 的关键是先求出新工况时气体的流速 u'。若维持气体的质量流率 G 不变，而将气体的压力 p 减为原来的 1/2，则

$$Re=du\rho/\mu=dG/\mu=1.533\times10^3\ \text{不变}$$

但气体 $\rho=pM/(RT)$，有 $\rho'=p'\rho/p=(1/2)\times0.5=0.25\ (\text{kg/m}^3)$

所以 $$u'=\frac{Re\mu}{d\rho'}=\frac{1.533\times10^3\times0.02\times10^{-3}}{0.01\times0.25}=12.26\ (\text{m/s})$$

$$H=\frac{32\mu lu}{\rho_{H_2O}gd^2}=\frac{32\times0.02\times10^{-3}\times10\times12.26}{1000\times9.81\times0.01^2}=0.08\ (\text{m})=80\ (\text{mm})$$

读者应认真掌握本例的解题方法，以后碰到管径很小或黏度很大的液体如油品（μ 大，根据 $Re=du\rho/\mu$ 可预知 Re 很小），均可先假设为层流用泊谡叶方程或用 $\lambda=64/Re$ 代入范宁公式，再将范宁公式与柏努利方程结合解题。这是一大类的题型，希望读者能够举一反三，触类旁通。另外在解题时要学会根据题目的具体情况，进行合理的简化［如前面（1）的简化］，否则可能感到无从下手。

1.2.3 简单管路计算典型例题分析

例 1-6 如图 1-18 所示。槽内水位维持不变。槽底部与内径 100mm 钢管相连，管路上装有一个闸阀，阀前离管路入口端 15m 处装有一个指示液为汞的 U 形压力计，测压点与管路出口端之间距离为 20m。试求：（1）当闸阀关闭时测得 $R=600$mm，$h=1500$mm，当闸阀部分开启时，测得 $R'=400$mm，$h'=1400$mm，管路摩擦系数取 0.02，入口处局部阻力系数取 0.5，每小时从管中流出的水量。（2）当阀全开时（取闸阀全开 $l_e/d=15$，$\lambda=0.018$），测压点 B 处的静压力（表压）。

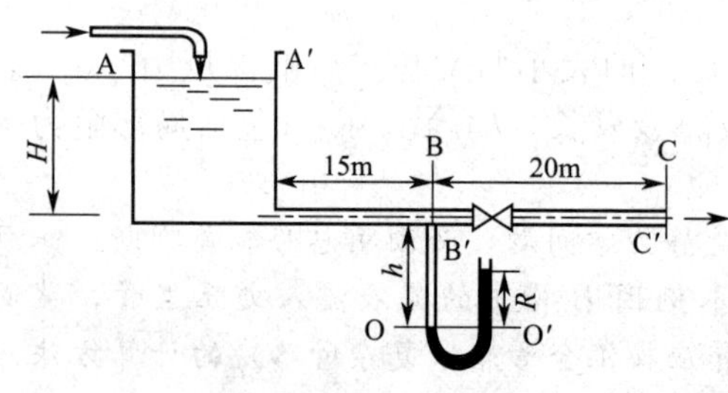

图 1-18 例 1-6 附图

解 （1）本题为简单管路的操作型计算问题，求流量即求管内的流速，要通过列柏努利方程求解，由于 λ 已知，不必试差计算。由于闸阀部分开启时闸阀的局部阻力系数未知，故无法在 A-A′与 C-C′截面间列柏努利方程求流速 u，所以应在上游截面 A-A′，下游截面 B-B′间列柏努利方程，并以水平管中心轴线为基准面，有

$$gz_A+\frac{p_A}{\rho}+\frac{u_A^2}{2}+w_e=gz_B+\frac{p_B}{\rho}+\frac{u_B^2}{2}+\sum w_{f,AB} \tag{a}$$

式(a) 中 $z_B=0$，$w_e=0$，$u_A\approx0$，$u_B=u$（待求量），当时当地大气压未知，以表压计比较方便则 p_A（表压）$=p_a=0$，而

$$\sum w_{f,AB}=\left(\lambda\frac{l_{AB}}{d}+\zeta_c\right)\frac{u^2}{2}=\left(0.02\times\frac{15}{0.1}+0.5\right)\frac{u^2}{2}=1.75u^2$$

式中 ζ_c——管入口处局部阻力系数，取 0.5。

现在由式(a) 求 u 还需知道 z_A、p_B 的值。

① 先由 U 形压差计 O-O′面为等压面求 $H=z_A$，闸阀全关时水静止不动，因而可根据静力学方程由闸阀全关时的 R、h 值求 H 值。

$$p_O = p'_O \text{（表压）}$$

即

$$\rho g(H+h) = \rho_{Hg} g R$$

$$H = \frac{\rho_{Hg} R}{\rho} - h = \frac{13600\times0.6}{1000} - 1.5 = 6.66 \text{（m）}$$

② 由闸阀部分开启时 U 形管压力计 O-O′为等压面与 h'、R'值求 p_B，即

$$p_B + \rho g h' = \rho_{Hg} g R' \tag{b}$$

则 p_B（表压）$= \rho_{Hg} g R' - \rho g h' = 13600\times9.81\times0.4 - 1000\times9.81\times1.4 = 3.96\times10^4$（Pa）

把已知数据与条件代入式(a)，得

$$9.81\times6.66 = \frac{3.96\times10^4}{1000} + \frac{u^2}{2} + 1.75u^2$$

解得

$$u = 3.38\text{m/s}$$

$$V_s = 0.785 d^2 u = 0.785\times0.1^2\times3.38 = 0.0265 \text{（m}^3\text{/s）} = 95.5 \text{（m}^3\text{/h）}$$

（2）当闸阀全开时求 p_B，应以 A-A′为上游截面，B-B′为下游截面列柏努利方程为

$$g z_A + \frac{p_A}{\rho} + \frac{u_A^2}{2} + w_e = g z_B + \frac{p_B}{\rho} + \frac{u_B^2}{2} + \sum w_{f,AB} \tag{c}$$

式中，$z_A = 6.66$m，$z_B = 0$，p_A（表压）$= p_a = 0$，p_B（表压）为待求量，$u_A \approx 0$，u_B 未知，$w_e = 0$，$\sum w_{f,AB}$为

$$\sum w_{f,AB} = \left(\lambda \frac{l_{AB}}{d} + \zeta_c\right)\frac{u^2}{2} = \left(0.018\times\frac{15}{0.1} + 0.5\right)\frac{u^2}{2} = 1.6u^2$$

u_B 未知，$\sum w_{f,AB}$也不可求，因此要先求 u_B。可在 A-A′与 C-C′截面间列柏努利方程求 u_B，因为此时闸阀当量长度 l_e 已知，u_B 可求。在上游 A-A′与下游 C-C′截面间列柏努利方程，得

$$g z_A + \frac{p_A}{\rho} + \frac{u_A^2}{2} + w_e = g z_C + \frac{p_C}{\rho} + \frac{u_C^2}{2} + \sum w_{f,AC} \tag{d}$$

本题 $z_A = H = 6.66$m，$z_C = 0$，p_A（表压）$= p_C = p_a = 0$，$w_e = 0$，$u_A \approx 0$，$u_C = u_B = u$（待求量），$\sum w_{f,AC}$为

$$\sum w_{f,AC} = \left[\lambda\left(\frac{l_{AC}}{d} + \frac{l_e}{d}\right) + \zeta_c\right]\frac{u^2}{2} = \left[0.018\times\left(\frac{15+20}{0.1} + 15\right) + 0.5\right]\frac{u^2}{2} = 3.535u^2$$

将已知数据和条件代入式(d)，得

$$9.81\times6.66 = u^2/2 + 3.535u^2$$

解得

$$u = 4.02\text{m/s}$$

将已知数据及条件代入式(c)，得

$$9.81\times6.66 = p_B/1000 + 4.02^2/2 + 1.6\times4.02^2$$

解得

$$p_B \text{（表压）} = 3.14\times10^4 \text{Pa}$$

解题小结：①本题第（1）小题求流量 V_s 采用了逆向思维解题法，即题目要求 V_s，即要求 u，要通过取截面列柏努利方程，分析方程中哪些变量是题目给定的已知条件（如 z_B、w_e、u_A 等），再分析哪些变量不是题目直接给定的（如 z_A、p_B），并设法利用题目给定的其他参数求出 z_A、p_B，最后求出 V_s；第（2）小题求 B 截面的压力同样也采用了逆向思维解题法。本题若按正向思维解题法（迄今为止，大多数教科书都用此法解题），花大量篇幅先求高度 H［第（1）小题］或先求流速 u［第（2）小题］，最后求流速［第（1）小题］或压力［第（2）小题］，又不讲明为何要先求这些参数（实际上正向思维是很难讲明白这个问题），读者看到最后才恍然大悟，正向思维解题法使人难以看懂或听懂解题过程，不利于培养逻辑思维能力、分析和解决问题能力；逆向思维解题法逻辑严密、条理清晰，易于使人看

懂或听懂解题过程，有利于培养逻辑思维能力，望读者能熟练掌握并应用逆向思维解题法；②本题属于典型的流体静力学与动力学相结合的题型，是很常见的一类题型，解题时应灵活应用流体静力学和动力学的知识，本题U形管压力计指示液左侧液面上方充满水，水的ρ较大，求p_B时式(b)中的$\rho g h'$项不能略去，故本题需h'值才能求解。若管道中流动的是气体，U形管压力计指示液液面上方充满气体，则$\rho g h'$项很小可略去，求解时不需h'值。

例 1-7 如图1-19所示。黏度为30mPa·s，密度为900kg/m^{3}的液体，自A经内径为40mm的管路进入B，两容器均为敞口，液面视为不变。管路中有一阀门，当阀全关时，阀前后压力表读数分别为0.9at和0.45at，现将阀门打至1/4开度，阀门阻力的当量长度为30m，阀前管长50m，阀后管长20m（均包括局部阻力的当量长度）。试求：(1) 管路的流量（m^3/h）为多少？(2) 阀前、后压力表读数有何变化？

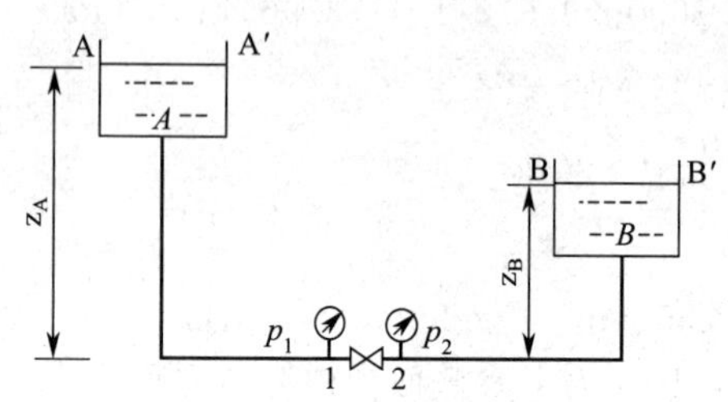

图1-19 例1-7、例1-8附图

解 (1) 本题为简单管路的操作型计算问题。管内流量未知，λ未知，但流体的黏度比较大，属于第一类操作型问题(1)中的情况①，可先假设为层流进行计算。以A槽的液面作为上游截面A-A′，B槽的液面作为下游截面B-B′，以水平管中心轴线为基准水平面，列柏努利方程得到

$$gz_A+\frac{p_A}{\rho}+\frac{u_A^2}{2}+w_e=gz_B+\frac{p_B}{\rho}+\frac{u_B^2}{2}+\sum w_{f,AB} \tag{a}$$

本题p_A（表压）$=p_B=p_a=0$，$u_A\approx 0$，$u_B\approx 0$，$w_e=0$，而

$$\sum w_{f,AB}=\lambda\frac{(l+\sum l_e)_{AB}}{d}\frac{u^2}{2} \tag{b}$$

式(b)中$(l+\sum l_e)_{AB}=30+50+20=100$ (m)，$d=0.04$m，把式(b)代入式(a)即可求出管道内的流速u，然后再求流量。但还需解决两个问题：一是z_A、z_B的值；二是λ的值。分析题给条件，当阀全关时（流体静止），阀前后的压力表读数已知故可利用静力学基本方程求z_A和z_B，求解时应注意压力表读数为表压及压力单位at（工程大气压）必须换算成SI制单位Pa，故有

$$z_A=\frac{p_1}{\rho g}=\frac{0.9\times 9.807\times 10^4}{900\times 9.81}=10 \text{ (m)}$$

$$z_B=\frac{p_2}{\rho g}=\frac{0.45\times 9.807\times 10^4}{900\times 9.81}=5 \text{ (m)}$$

当阀门打开至1/4开度时，z_A、z_B的值仍为上述所求值。

假设流体在管内流动为层流，将$\lambda=64/Re=64\mu/(du\rho)$代入式(b)，再把式(b)代入式(a)，并利用有关条件，得

$$gz_A=gz_B+\frac{64\mu}{d\rho}\times\frac{(l+\sum l_e)_{AB}}{d}\times\frac{u}{2}$$

即

$$9.81\times 10=9.81\times 5+\frac{64\times 30\times 10^{-3}}{0.04\times 900}\times\frac{100}{0.04}\times\frac{u}{2}$$

解得

$$u=0.736\text{m/s}$$

核算 $Re=du\rho/\mu=0.04\times 0.736\times 900/(30\times 10^{-3})=883<2000$ 为层流

所以假设成立，计算的u正确，则管路的流量为

$$V_s=0.785d^2u=0.785\times 0.04^2\times 0.736=9.24\times 10^{-4}\text{ (m}^3\text{/s)}=3.33\text{ (m}^3\text{/h)}$$

(2) 当阀门打开至1/4开度时，求阀前、后压力表读数。在截面A-A′到阀前压力表p_1

所在位置 1-1′截面（该截面须与管内流动方向垂直）间列柏努利方程，得

$$gz_A+\frac{p_A}{\rho}+\frac{u_A^2}{2}+w_e=gz_1+\frac{p_1}{\rho}+\frac{u_1^2}{2}+\sum w_{f,A1} \tag{c}$$

式中，$z_A=10\text{m}$，$z_1=0$，p_A（表压）$=p_a=0$，$u_A\approx0$，$w_e=0$，$u_1=u=0.736\text{m/s}$，p_1 为待求量，而$\sum w_{f,A1}$为

$$\sum w_{f,A1}=\lambda\frac{(l+\sum l_e)_{A1}}{d}\times\frac{u^2}{2}=\frac{64}{Re}\times\frac{(l+\sum l_e)_{A1}}{d}\times\frac{u^2}{2}=\frac{64}{883}\times\frac{50}{0.04}\times\frac{0.736^2}{2}=24.5\ (\text{J/kg})$$

把上述已知条件代入式(c)，得

$$9.81\times10=p_1/900+0.736^2/2+24.5$$

解得　p_1（表压）$=6.60\times10^4\text{Pa}=0.673\text{at}$

同理，以阀后压力表 p_2 所在位置 2-2′截面（该截面也须与管内流动方向垂直）到 B 槽 B-B′截面，列柏努利方程得

$$\frac{p_2}{\rho}+\frac{u_2^2}{2}=gz_B+\sum w_{f,2B} \tag{d}$$

式中，p_2 为待求量、$u_2=u=0.736\text{m/s}$、$z_B=5\text{m}$、$\sum w_{f,2B}$为

$$\sum w_{f,2B}=\frac{64}{Re}\times\frac{(l+\sum l_e)_{2B}}{d}\times\frac{u^2}{2}=\frac{64}{883}\times\frac{20}{0.04}\times\frac{0.736^2}{2}=9.82\ (\text{J/kg})$$

把上述已知条件代入式(d)，得

$$p_2/900+0.736^2/2=9.81\times5+9.82$$

解得　p_2（表压）$=5.27\times10^4\text{Pa}=0.537\text{at}$

计算结果说明，阀门开大（相当于阀门局部阻力减小），阀前压力表读数减小，阀后压力表读数增大。若阀门关小，则结果相反。本例通过具体数据计算得出上述结论，对于简单管路操作型问题的定性分析，没有具体的计算数据，如何进行定性分析呢？下面通过例 1-8 加以说明。

例 1-8　如图 1-19 所示，高位槽 A 内的液体通过一等径管流向槽 B。在管线上装有有阀门，阀前、后 1、2 处分别安装压力表。假设槽 A、B 液面维持不变，阀前、后管长分别为 l_1、l_2。现将阀门关小，试分析管内流量及 1、2 处压力表读数如何变化。

解　(1) 管内流量变化分析　在两槽液面 A-A′与 B-B′间列柏努利方程，可得

$$E_A=E_B+\left[\lambda\frac{(l_1+l_2)}{d}+\lambda\frac{\sum l_e}{d}\right]\frac{u^2}{2} \tag{a}$$

式中　$E_A=gz_A+\frac{p_A}{\rho}+\frac{u_A^2}{2}$，$E_B=gz_B+\frac{p_B}{\rho}+\frac{u_B^2}{2}$

当阀门关小时，z_A、z_B、p_A、p_B 均不变，$u_A\approx u_B\approx0$（因为两槽液面均比管截面大得多），故两截面处的总机械能 E_A、E_B 不变；又管长 l_1、l_2 与管径 d 也不变，摩擦系数 λ 变化不大，可视为常数。但阀门关小时 $l_{e阀}$ 增大，即$\sum l_e$ 增大，故由式(a) 可知 u 减小，即管内流量 V_s 减小。

(2) 阀前 1 处压力表读数 p_1 变化分析　在截面 A-A′和 1 处截面间列柏努利方程，可得

$$\frac{p_1}{\rho}=E_A-gz_1-\left[\lambda\frac{(l_1+\sum l_{e,A1})}{d}+1\right]\frac{u^2}{2} \tag{b}$$

当阀门关小时，式(b) 中等号右边除 u 减小外，其余量均不变，故 p_1 增大。

(3) 阀后 2 处压力表读数 p_2 变化分析　同理，由 2 处截面和截面 B-B′间列柏努利方程，可得

$$\frac{p_2}{\rho}=E_B-gz_2+\left[\lambda\frac{(l_2+\sum l_{e,2B})}{d}-1\right]\frac{u^2}{2} \tag{c}$$

当阀门关小时，式(c) 中等号右边除 u 减小外，其余量均不变，且等号右边括号内的项恒大于零（因为 $\lambda\sum l_{e,2B}/d$ 中至少包含一个出口局部阻力，折算成出口局部阻力系数 $\zeta_o=1$)，故 p_2 减小。

本题分析表明，流体在管道内流动时，各流动参数是相互联系、相互制约的，管内任一局部阻力状况的改变都将影响到整个流动系统的流速和压力分布。通过上述分析，可得出如下结论。

① 在其他条件不变时，管内任何局部阻力的增大将使该管内的流速下降，反之亦然。

② 在其他条件不变时，关小阀门必将导致阀前（或阀上游）静压力上升以及阀后（或阀下游）静压力下降，反之亦然。

本例将 λ 视为常数进行分析得出上述结论，结合上例的计算结果（该例为层流，λ 为变数，所得结论与本例相同）可以认为本例的结论对 λ 为常数及变数均成立。

例 1-9 如图 1-20 所示。油在连接两容器的光滑管中流动。已知油的密度 ρ 为 800kg/m³，黏度 μ 为 0.069Pa·s，连接管内径 d 为 300mm，管长 l 为 30m，两容器的液面差为 3m。试求：(1) 管内流率；(2) 若在连接管道中安装一阀门，调节阀门使管内流率减少到原来的 1/2 时，阀门相应的局部阻力系数及当量长度。

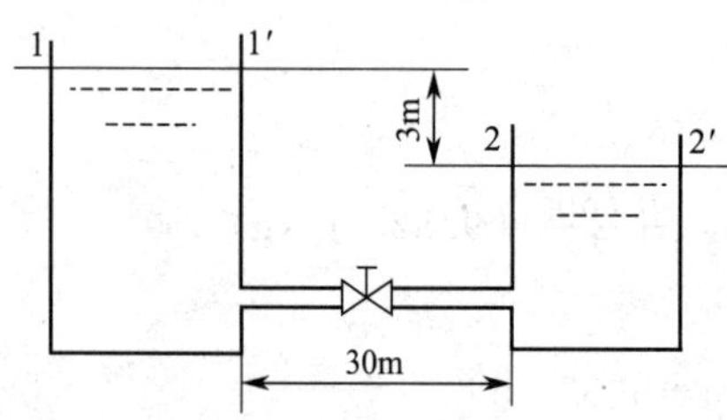

图 1-20 例 1-9 附图

解 (1) 本题为简单管路的第一类操作型问题中 (1) 中的情况②，即光滑管中的流动。在两容器液面 1-1′及 2-2′截面间列柏努利方程，并以 2-2′面为基准面，得

$$gz_1+\frac{p_1}{\rho}+\frac{u_1^2}{2}+w_e=gz_2+\frac{p_2}{\rho}+\frac{u_2^2}{2}+\sum w_{f,12} \tag{a}$$

本题 $z_1=3\text{m}$，$z_2=0$，$p_1=p_2=p_a=0$（表压），$u_1\approx u_2\approx 0$，$w_e=0$，而 $\sum w_{f,12}$ 为

$$\sum w_{f,12}=\left(\lambda\frac{l}{d}+\zeta_c+\zeta_o\right)\frac{u^2}{2} \tag{b}$$

式中 ζ_c，ζ_o——分别为管进、出口局部阻力系数，其值分别为 $\zeta_c=0.5$，$\zeta_o=1$。

$l=30\text{m}$，$d=0.3\text{m}$。λ 与 Re 有关，而 Re 与 u 有关，u 为待求量，故必须试差求解。本题为光滑管，假设管内流动为湍流（$Re=3\times10^3\sim1\times10^5$），则

$$\lambda=\frac{0.3164}{Re^{0.25}}=\frac{0.3164\mu^{0.25}}{(du\rho)^{0.25}} \tag{c}$$

把式(c) 代入式(b)，再把式(b) 及有关已知值代入式(a)，得

$$9.81\times3=\left[\frac{0.3164\times0.069^{0.25}}{(0.3\times u\times800)^{0.25}}\times\frac{30}{0.3}+0.5+1\right]\frac{u^2}{2}$$

简化得

$$u^2+2.747u^{1.75}=39.24 \tag{d}$$

式(d) 为非线性方程，必须用试差法或迭代法求解。由于计算机技术的广泛应用，编程用迭代法在计算机上求解非线性方程是必须重点掌握的方法。用迭代法求解，迭代格式的构造非常重要，若迭代格式构造不当，则可能出现收敛速度慢甚至发散的现象。关于具体迭代方法及敛散性判断问题，可参阅有关计算方法方面的书籍。本例将式(d) 改写成如下的迭代格式

$$u=\left(\frac{39.24-u^2}{2.747}\right)^{\frac{1}{1.75}} \tag{e}$$

选取一个适宜的初值，从右边式子可求得一个新的 u' 值，把此新值再代入右边，再得一个新的 u' 值，直到前后二次 u' 值差别不大（$<0.01\text{m/s}$）时结束。

取初值 $u=3 \to u'=3.94 \to u'=3.42 \to u'=3.73 \to u'=3.56 \to u'=3.66 \to u'=3.60 \to u'=3.63 \to u'=3.62 \to u'=3.62$

所以
$$u=3.62\text{m/s}$$

核算
$$Re=du\rho/\mu=0.3\times3.62\times800/0.069=1.259\times10^4$$

所求 Re 在 $3\times10^3\sim1\times10^5$ 范围内，假设成立，则管内流率为

$$V_s=0.785d^2u=0.785\times0.3^2\times3.62=0.256\ (\text{m}^3/\text{s})$$

讨论：本题按式(e) 迭代，从迭代过程可看出，若假设 u'偏小，则式(e) 右边偏大；若假设 u'偏大，则式(e) 右边偏小。从而有一校正作用，使迭代收敛。因此用迭代法求解，首先要定性分析一下算式能否收敛，否则就要设法改写迭代算式。

(2) 安装阀门调节使管内流量减小到原来的 1/2 时，求阀门的局部阻力系数 ζ 及当量长度 l_e。

当管内流量减小到原来流量的 1/2 时，则管内流速 u 及雷诺数 Re 也为原来的一半，即

$$u=3.62/2=1.81\text{m/s}$$

$$Re=1.259\times10^4/2=6.296\times10^3$$

可见 Re 仍在柏拉修斯公式适用的范围（$Re=3\times10^3\sim1\times10^5$）内，所以

$$\lambda=\frac{0.3164}{Re^{0.25}}=\frac{0.3164}{(6.296\times10^3)^{0.25}}=0.0355$$

安装阀门后，设阀门将流量调节到原流量的 1/2 时，阀门的局部阻力系数为 ζ，则

$$\sum w_{f,12}=\left(\lambda\frac{l}{d}+\zeta_c+\zeta_o+\zeta\right)\frac{u^2}{2}$$

根据 (1) 的有关条件及上式，式(a) 可简化为

$$gz_1=\left(\lambda\frac{l}{d}+\zeta_c+\zeta_o+\zeta\right)\frac{u^2}{2}$$

所以
$$\zeta=\frac{2gz_1}{u^2}-\lambda\frac{l}{d}-\zeta_c-\zeta_o=\frac{2\times9.81\times3}{1.81^2}-0.0355\times\frac{30}{0.3}-0.5-1=12.92$$

若同一局部阻力用两种方式(阻力系数法和当量长度法) 计算，可将 ζ 折算成当量长度 l_e，即

$$\zeta\frac{u^2}{2}=\lambda\frac{l_e}{d}\times\frac{u^2}{2}$$

有
$$l_e=\zeta d/\lambda=12.92\times0.3/0.0355=109.18\ (\text{m})$$

例 1-10　钢管总长为 100m，20℃的水在其中的流率为 27m³/ h。输送过程中允许摩擦阻力为 40J/ kg，试确定管路的直径。

解　本题为简单管路的设计型计算问题，待求量为管径 d，属于简单管路设计型计算题型与解法分析 (4) 中的情况③。根据题给条件，有

$$\sum w_f=\lambda\frac{l}{d}\times\frac{u^2}{2}$$

将 $\sum w_f=40\text{J/kg}$，$l=100\text{m}$，$u=V_s/(0.785d^2)$，$V_s=27/3600=7.5\times10^{-3}\ (\text{m}^3/\text{s})$，代入上式并整理，得

$$d=0.163\lambda^{\frac{1}{5}} \tag{a}$$

20℃水的密度 ρ 为 1000kg/ m³，黏度 μ 为 1.005mPa · s（20℃水的黏度是一个很特殊的数据，许多出题者不会将 20℃水的 μ 作为已知条件给出，读者必须记住，近似计算可将其取为 1mPa · s)。把已知数据代入 Re 表达式，得

$$Re=\frac{du\rho}{\mu}=\frac{dV_s\rho}{0.785d^2\mu}=\frac{7.5\times10^{-3}\times1000}{0.785\times1.005\times10^{-3}d}=\frac{9507}{d} \tag{b}$$

粗糙管湍流时 λ 可用式(1-21)计算

$$\lambda=0.1176\left(\frac{\varepsilon}{d}+\frac{73.89}{Re}\right)^{0.306}+0.4034\frac{\varepsilon}{d}+0.005 \tag{c}$$

本题取管壁绝对粗糙度 $\varepsilon=0.2\text{mm}=0.2\times10^{-3}\text{m}$，湍流时 λ 值约为 0.02～0.03，故易于假设 λ 值，而管径 d 的变化范围较大不易假设。本题设初值 $\lambda=0.028$，按设计型问题题型(4)中情况③的迭代步骤进行迭代，直至 $|\lambda'-\lambda|\leqslant0.001$ 为止，表1-1为迭代结果。

表 1-1　例 1-10 计算结果

λ	d/m	Re	ε/d	λ'	$\lvert\lambda'-\lambda\rvert$
0.028	0.0797	1.193×10^5	2.51×10^{-3}	0.02615	0.0018
0.02615	0.0786	1.209×10^5	2.54×10^{-3}	0.02621	0.0006

经过两轮迭代即收敛，故计算的管道内径 d 为 0.0786m，实际上市场上没有此规格的管子，必须根据标准管子规格选用合适的标准管。本题输送水，题目没有给出水压值，故认为水压不会太高，根据有缝钢管［即水、煤气管，最高承受压力可达 16MPa（16kgf/cm^2）］规格，选用尺寸为 $\phi88.5\text{mm}\times4\text{mm}$ 普通水、煤气管，内径 $d=88.5-2\times4=80.5$（mm）$=0.0805$（m）。由于所选 d 与计算 d 不一致，必须验算采用此管时的摩擦阻力是否超过允许值。

$$u=V_s/(0.785d^2)=27/(3600\times0.785\times0.0805^2)=1.47\ (\text{m/s})$$

$$Re=du\rho/\mu=0.0805\times1.47\times1000/(1.005\times10^{-3})=1.177\times10^5$$

$$\varepsilon/d=0.2\times10^{-3}/0.0805=2.48\times10^{-3}$$

将以上数据代入式(c)得

$$\lambda=0.1176\times[2.48\times10^{-3}+73.89/(1.177\times10^5)]^{0.306}+0.4034\times2.48\times10^{-3}+0.005=0.0261$$

$$\sum w_f=\lambda\frac{l}{d}\times\frac{u^2}{2}=0.0261\times\frac{100}{0.0805}\times\frac{1.47^2}{2}=35.03\ (\text{J/kg})<40\text{J/kg}$$

计算结果说明，采用 $\phi88.5\text{mm}\times4\text{mm}$ 水、煤气管时的摩擦阻力小于允许值 40J/kg，故认为所选的管子合适。

1.2.4　复杂管路计算典型例题分析

例 1-11　如图 1-21 所示。高位水箱下面接一 $\phi32\text{mm}\times2.5\text{mm}$ 的水管，将水引向 1 层楼某车间。其中，ABC 段短管长为 15m。假设摩擦因数 λ 约为 0.025，球心阀全开及半开时的阻力系数分别为 6.4 和 9.5，其他局部阻力可忽略。试问：(1) 当球心阀全开时，1 层楼水管内水的流量为多少？(2) 今若在 C 处接一相同直径的管子（如图中虚线所示），也装有同样的球心阀且全开，以便将水引向离底层 3m 处的 2 层楼。计算：当 1 层楼水管上阀门全开或半开时，1 层、2 层楼水管及总管内水的流量各为多少？

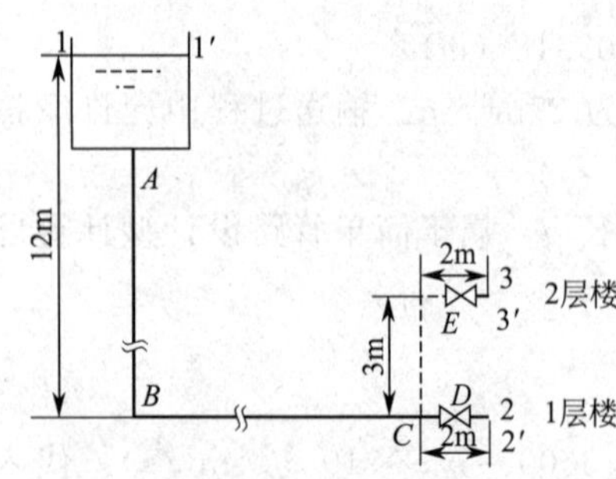

图 1-21　例 1-11 附图

解　(1) 未在 C 处接上另一管路，本题属于简单管路的计算。求 1 层楼水管内水的流量 V_s，λ 已知属于第一类操作型问题 (1) 中的情况⑤，不用试差，可先在水箱 1-1′截面至 1 层楼水管出口截面 2-2′间列柏努利方程求出 u，然后再求 V_s。

$$gz_1+\frac{p_1}{\rho}+\frac{u_1^2}{2}+w_e=gz_2+\frac{p_2}{\rho}+\frac{u_2^2}{2}+\sum w_{f,12} \tag{a}$$

本题 $z_1=12\text{m}$，$z_2=0$，$p_1=p_2=p_a=0$（表压），$u_1\approx0$，$u_2=u$，$w_e=0$ 而 $\sum w_{f,12}$ 为

$$\sum w_{f,12}=\left(\lambda\frac{l_{AD}}{d}+\zeta_{阀全开}\right)\frac{u^2}{2}=\left(0.025\times\frac{15+2}{0.027}+6.4\right)\frac{u^2}{2}=11.07u^2$$

将上述数值代入式（a），得

$$9.81\times12=u^2/2+11.07u^2=11.57u^2$$

解得
$$u=3.19\text{m/s}$$

所以 $V_s=0.785d^2u=0.785\times0.027^2\times3.19=1.826\times10^{-3}\ (\text{m}^3/\text{s})=6.57\ (\text{m}^3/\text{h})$

（2）分别考虑阀门全开与半开时的情况

① 当 1 层楼水管阀门全开时 这是一个典型的分支管路的问题，必然遵循分支管路的两个特点：一是单位质量流体在两支管流动终了时的总机械能与阻力损失之和必相等，且等于分支点的总机械能，即服从式(1-31)；二是主管流量等于支管流量之和。下面根据分支管路（本题图 1-21 中 C 点为分支点）上述特点解题。

对 1 层楼及 2 层楼管出口截面 2-2′、3-3′由式(1-31) 可得

$$gz_2+\frac{p_2}{\rho}+\frac{u_2^2}{2}+\sum w_{f,AC}+\sum w_{f,C2}=gz_3+\frac{p_3}{\rho}+\frac{u_3^2}{2}+\sum w_{f,C1}+\sum w_{f,C3} \tag{b}$$

本题 $z_2=0$，$z_3=3\text{m}$，p_2（表压）$=p_3=p_a=0$，而 $\sum w_{f,C2}$ 及 $\sum w_{f,C3}$ 分别为

$$\sum w_{f,C2}=\left(\lambda\frac{l_{C2}}{d}+\zeta_{阀全开}\right)\frac{u_2^2}{2}=\left(0.025\times\frac{2}{0.027}+6.4\right)\frac{u_2^2}{2}=4.126u_2^2 \tag{c}$$

$$\sum w_{f,C3}=\left(\lambda\frac{l_{C3}}{d}+\zeta_{阀全开}\right)\frac{u_3^2}{2}=\left(0.025\times\frac{3+2}{0.027}+6.4\right)\frac{u_3^2}{2}=5.515u_3^2 \tag{d}$$

把已知数值及式(c)、式(d) 代入式(b)，得

$$u_2^2/2+4.126u_2^2=9.81\times3+u_3^2/2+5.515u_3^2 \tag{e}$$

整理式(e)，得

$$u_3^2=0.769u_2^2-4.893 \tag{f}$$

总管流量 V_s 应为两支管流量之和，设总管流速为 u，由于总管和支管管径相同，有

$$0.785d^2u=0.785d^2u_2+0.785d^2u_3$$

即
$$u=u_2+u_3 \tag{g}$$

待求量为 u_2、u_3，而式(f) 和式(g) 中有 3 个未知量，无法求解，还需再找一个关系式。由 1-1′截面到 2-2′截面列柏努利方程，得

$$gz_1+\frac{p_1}{\rho}+\frac{u_1^2}{2}+w_e=gz_2+\frac{p_2}{\rho}+\frac{u_2^2}{2}+\sum w_{f,1C}+\sum w_{f,C2} \tag{h}$$

式中 $z_1=12\text{m}$、$z_2=0$、p_1(表压)$=p_2=p_a=0$、$u_1\approx0$、$w_e=0$、$\sum w_{f,C2}=4.126u_2^2$，而 $\sum w_{f,1C}$ 为

$$\sum w_{f,1C}=\lambda\frac{l_{1C}}{d}\times\frac{u^2}{2}=0.025\times\frac{15}{0.027}\times\frac{u^2}{2}=6.944u^2$$

将已知数值代入式(h)，得

$$9.81\times12=\frac{u_2^2}{2}+6.994u^2+4.126u_2^2$$

整理上式，得
$$u^2=16.953-0.666u_2^2 \tag{i}$$

联立式(f)、式(g)、式(i) 经试差得 $u=3.49\text{m/s}$，$u_2=2.68\text{m/s}$，$u_3=0.81\text{m/s}$

相应流量为 $V_s=7.19\text{m}^3/\text{h}$，$V_{s2}=5.52\text{m}^3/\text{h}$，$V_{s3}=1.67\text{m}^3/\text{h}$

从计算结果可以看出，接上支管 CE 后，由于其分流降阻作用使总管 AC 流量有所提高（由 $6.57\text{m}^3/\text{h}$ 提高到 $7.19\text{m}^3/\text{h}$），支管 CD 流量则有所下降（由 $6.57\text{m}^3/\text{h}$ 降至 $5.52\ \text{m}^3/\text{h}$）。

② 当 1 层楼水管阀门半开时 将式(c) 中的 $\zeta_{阀全开}$ 改为 $\zeta_{阀半开}$，并代入数据 $\zeta_{阀半开}=$

9.5，整理得$\sum w_{f,C2}=5.676u_2^2$，其他与①同理可得如下3个方程

$$u_3^2=1.027u_2^2-4.893$$

$$u=u_2+u_3$$

$$u^2=16.953-0.889u_2^2$$

联立以上三式经试差得 $u=3.43\text{m/s}$，$u_2=2.41\text{m/s}$，$u_3=1.02\text{m/s}$

相应流量为 $V_s=7.07\text{m}^3/\text{h}$，$V_{s2}=4.97\text{m}^3/\text{h}$，$V_{s3}=2.10\text{m}^3/\text{h}$

与阀全开时相比，总管 AC 及支管 CD 中的流量均下降，而支管 CE 流量增大。本例通过具体数据计算得出上述结论，对于分支管路操作型问题的定性分析，没有具体的计算数据，如何进行定性分析呢？下面通过例1-12加以说明。

例1-12 如图1-22所示，一高位槽通过一总管及两支管 A、B 分别向水槽 C、D 供水。假设总管和支管上的阀门 K_O、K_A、K_B 均处在全开状态，三个水槽液面保持恒定。试分析，当将阀门 K_A 关小时，总管和支管的流量及分支点前 O 处的压力如何变化？

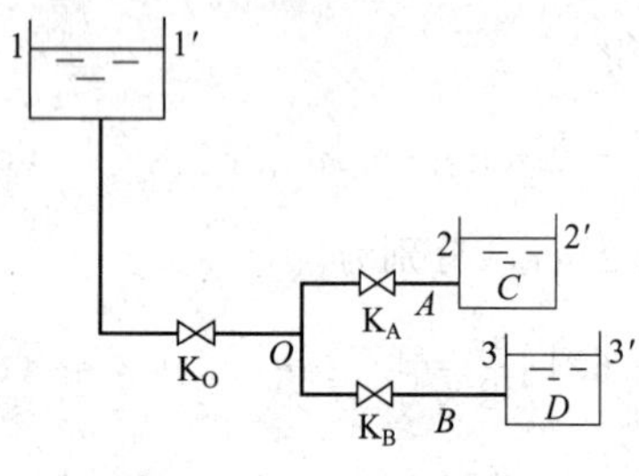

图1-22 例1-12附图

解 （1）总管和支管 A 流量及 O 处压力变化分析

严格的分析可分别在液面1-1′与2-2′间和1-1′与3-3′间列机械能衡算式并结合分支点 O 处的质量衡算式共三个方程，判别总管流量 V_O 和两个支管流量 V_A、V_B 的变化情况。由于各变量之间的关系复杂且相互制约，上述分析要用排除法，比较烦琐，有兴趣的读者可参阅文献［10］。下面利用文献［10］的结论，即例1-8简单管路的结论也可用于分支管路，先分析阀门 K_A 关小时，V_O、V_A 的变化情况，再结合截面1-1′和 O 点所在截面间的机械能衡算式分析 V_B 的变化情况。

将管线1O2看成简单管路，应用例1-8的结论进行分析。当阀门 K_A 关小后，V_O 减小、V_A 减小、p_O 增大，即阀 K_A 上、下游管内流量下降，阀 K_A 上游压力上升。

（2）支管 B 流量变化分析

支管 B 不是阀 K_A 的上游，故支管 B 的流量和压力变化分析不可使用例1-8的结论。在液面1-1′和3-3′间列机械能衡算式得

$$E_1=E_3+\lambda_O\frac{l_O+\sum l_{eO}}{d_O}\times\frac{u_O^2}{2}+\lambda_B\frac{l_B+\sum l_{eB}}{d_B}\times\frac{u_B^2}{2} \tag{a}$$

式中 E_1，E_3——分别为截面1-1′、3-3′处单位质量流体的总机械能，J/kg；

λ_O，λ_B——分别为总管及支管 B 的摩擦系数；

l_O，l_B——分别为总管及支管 B 的直管长度，m；

$\sum l_{eO}$，$\sum l_{eB}$——分别为总管及支管 B 中的所有局部阻力当量长度之和，m；

d_O，d_B——分别为总管及支管 B 的内径，m；

u_O，u_B——分别为总管及支管B内的流速，m/s。

当阀门关小后，式(a)中，E_1、E_3、l_O、$\sum l_{eO}$、d_O、l_B、$\sum l_{eB}$、d_B 均不变，λ_O、λ_B 变化很小可近似视为常数（与例1-8分析类似），由(1)分析知 V_O 减小，则 u_O 也减小，从式(a)可看出 u_B 增大，所以 V_B 增大。

讨论：本题属分支管路问题，虽然仅支管 A 的局部阻力发生了变化，但是分析过程却涉及整个流动系统的流动参数及关系式。定性分析的结果与上例定量计算结果一致。

另外，若总管阻力可以忽略不计（比如流速很小或总管短而粗），则管路系统的总阻力以各支管阻力为主，通过类似上述分析可知，某支管阻力的变化（如该支管上阀门关小或开大）只会对该支管内的流量产生影响，对其他支管无影响。

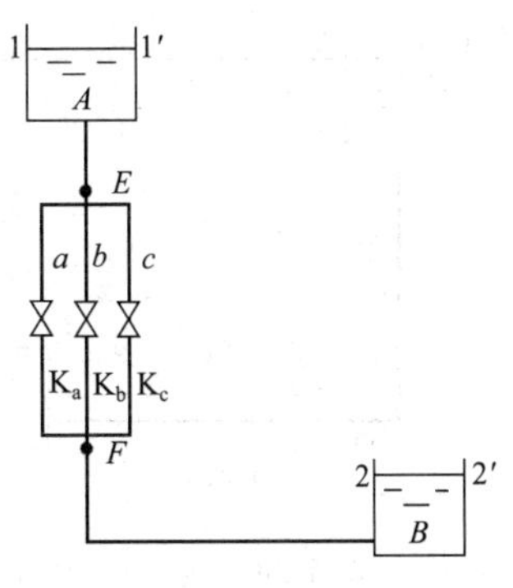

图 1-23 例 1-13 附图

例 1-13 如图 1-23 所示，一高位槽 A 通过并联管路向低位槽 B 输送液体。两槽液面维持恒定，支管 a、b、c 上的阀门 K_a、K_b、K_c 都处在半开状态，且支管 a 流量 V_a 大于 c 支管流量 V_c。现将阀门 K_b 开大，试定性分析：(1) V_a、V_b、V_c 总管流量 V 及点 E、F 处压力的变化情况；(2) 比较 V_a、V_c 的变化幅度；(3) 支管 a 的流体阻力损失 $\sum w_{f,a}$ 的变化情况；(4) 整个管路系统的流体阻力损失 $\sum w_{f,12}$ 的变化情况。

解 (1) 各管流量及点 E、F 处压力变化分析

① 根据文献［10］的介绍，简单管路的结论也适用于并联管路，故将管线 $1EbF2$ 看成简单管路，应用例 1-8 的结论进行分析。支管 b 上的阀门 K_b 开大后，V_b 增大、V 增大、p_E 减小、p_F 增大，即支管 b 及总管流量均增大，而阀 K_b 上游压力 p_E 下降、下游压力 p_F 上升。

② 支管 a、支管 c 不是阀 K_c 的上游，也不是阀 K_b 的下游，故对它们的流量、压力分析不能应用例 1-8 的结论。在液面 1-1′与 2-2′间分别沿支管 a、支管 c 列机械能衡算式得

$$E_1=E_2+\left(\lambda\frac{l+\sum l_e}{d}\right)_{1E}\frac{u^2}{2}+\left(\lambda\frac{l+\sum l_e}{d}\right)_a\frac{u_a^2}{2}+\left(\lambda\frac{l+\sum l_e}{d}\right)_{F2}\frac{u^2}{2} \tag{a}$$

$$E_1=E_2+\left(\lambda\frac{l+\sum l_e}{d}\right)_{1E}\frac{u^2}{2}+\left(\lambda\frac{l+\sum l_e}{d}\right)_c\frac{u_c^2}{2}+\left(\lambda\frac{l+\sum l_e}{d}\right)_{F2}\frac{u^2}{2} \tag{b}$$

当阀 K_b 开大后，式(a)、式(b) 中 E_1、E_2、$[\lambda(l+\sum l_e)/d]_{1E}$、$[\lambda(l+\sum l_e)/d]_a$、$[\lambda(l+\sum l_e)/d]_c$、$[\lambda(l+\sum l_e)/d]_{F2}$ 均不变，由①的分析知总管流量 V 增大，则总管流速 u 也增大，从式(a)、式(b) 可看出支管 a、支管 c 的流速 u_a 及 u_c 均减少，所以支管 a、支管 c 的流量 V_a 及 V_c 也减小。

(2) V_a、V_c 变化幅度大小的比较　支管 a、支管 c 为并联管路，由并联管路各支管内流量分配的关系式(1-38) 可得

$$\frac{V_a}{V_c}=\frac{[d_a^5/(\lambda_a l_a)]^{\frac{1}{2}}}{[d_c^5/(\lambda_c l_c)]^{\frac{1}{2}}} \tag{c}$$

式(c) 中 l_a、l_c 均包括支路直管长度和局部阻力当量长度在内。当阀 K_b 开大时，d_a、d_c、l_a、l_c 均不变，λ_a、λ_c 可近似认为不变，式(c) 仍然成立，即

$$\frac{V_a}{V_c}=\frac{V_a'}{V_c'}=\frac{V_a-V_a'}{V_c-V_c'}=\frac{[d_a^5/(\lambda_a l_a)]^{\frac{1}{2}}}{[d_a^5/(\lambda_c l_c)]^{\frac{1}{2}}}$$

因为
$$V_a>V_c$$
所以
$$(V_a-V_a')>(V_c-V_c')$$

由于 $V_a>V_c$，故 $d_a^5/(\lambda_a l_a)>d_c^5/(\lambda_c l_c)$。结果说明 $d^5/(\lambda l)$ 大的支路 a 在外界影响下，流量变化幅度大。

(3) 支管 a 阻力损失 $\sum w_{f,a}$ 变化分析

$$\sum w_{f,a}=\lambda_a\frac{l_a}{d_a}\times\frac{u_a^2}{2}$$

当阀 K_b 开大时，上式中 λ_a、l_a、d_a 均不变，u_a 减小，故 $\sum w_{f,a}$ 减小。

(4) 整个管路系统阻力损失 $\sum w_{f,12}$ 变化分析

在截面 1-1′与 2-2′间列机械能衡算式，有

$$E_1=E_2+\sum w_{f,12}$$

当阀 K_b 开大时，上式中 E_1、E_2 不变，故 $\sum w_{f,12}$ 不变。

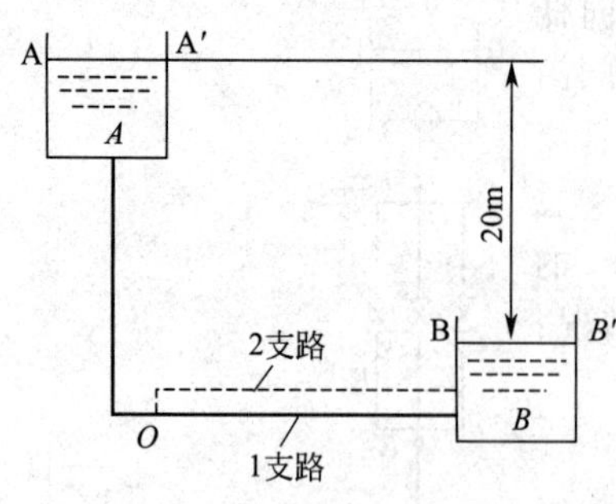

图 1-24　例 1-14 附图

例 1-14　如图 1-24 所示，从水塔向某处供水，液面高度差为 20m，总管长为 100m，管径 100mm，流量为 $100m^3/h$。现需水量增加 20%，决定在管路当中 50m 处并联一条 50m 长的管路（如图中虚线所示），求此管路的直径应为多少？为简化计算，可忽略一切局部阻力，并假定各管的摩擦系数 λ 与单管工作时相同。

解　本题为典型的并联管路的设计型计算问题，可根据并联管路的特点解题。但题目只假定并联后各管的 λ 与单管工作时相同，而 λ 的具体数值未知，故应根据并联前的简单管路情况先求出 λ。并联前，选取 A 槽液面为上游截面 A-A′，B 槽液面为下游截面 B-B′，并以 B-B′截面为基准水平面。在上、下游截面间列柏努利方程得

$$gz_A+\frac{p_A}{\rho}+\frac{u_A^2}{2}+w_e=gz_B+\frac{p_B}{\rho}+\frac{u_B^2}{2}+\sum w_{f,AB} \tag{a}$$

本题 $z_A=20m$，$z_B=0$，p_A（表压）$=p_B=p_a=0$，$u_A\approx u_B\approx 0$，$w_e=0$，$\sum w_{f,AB}=\lambda\frac{l}{d}\times\frac{u^2}{2}$，而 $l=100m$、$d=0.1m$，求得 u 为

$$u=\frac{V_s}{0.785d^2}=\frac{100/3600}{0.785\times 0.1^2}=3.54\ (m/s)$$

将已知数值代入式(a) 得

$$9.81\times 20=\lambda\times\frac{100}{0.1}\times\frac{3.54^2}{2}$$

解得

$$\lambda=0.0313$$

并联后，并联段 1、2 支路如图 1-24 所示，根据并联管路的特点，两支路的阻力损失应相等，即

$$\sum w_{f1}=\sum w_{f2}$$

$$\lambda_1\frac{l_1}{d_1}\times\frac{u_1^2}{2}=\lambda_2\frac{l_2}{d_2}\times\frac{u_2^2}{2}$$

式中，$\lambda_1=\lambda_2=\lambda=0.0313$，$d_1=d=0.1m$，$l_1=l_2=50m$，$d_2$ 为待求量，将已知数值代入上式，整理得

$$u_2=3.162u_1\sqrt{d_2} \tag{b}$$

根据并联管路的另一个特点，总管流量应为各支管流量之和，有

$$V_s'=V_{s1}+V_{s2}$$

即

$$0.785d^2u'=0.785d_1^2u_1+0.785d_2^2u_2$$

式中，$d=d_1=0.1m$，流量增加 20%而 d 不变，则总管流速也增加 20%，$u'=1.2u=1.2\times 3.54=4.25\ (m/s)$，将已知数值代入上式并整理可得

$$0.0425=0.01u_1+d_2^2u_2 \tag{c}$$

式(b)、式(c) 有 3 个未知数，无法求解，还需设法先求出 u_1。

并联后，仍在 A-A′、B-B′截面间列柏努利方程，可得

$$gz_A=\sum w'_{f,AB}$$

应特别注意，并联后整个管路的总阻力 $\sum w'_{f,AB}=\sum w'_{f,AO}+\sum w_{f,OB}$，其中并联段 OB 的阻力损失为 $\sum w_{f,OB}=\sum w_{f1}$ 或 $\sum w_{f,OB}=\sum w_{f2}$，$\sum w_{f,OB}\neq\sum w_{f1}+\sum w_{f2}$，本题要先求 u_1，故取 $\sum w_{f,OB}=\sum w_{f1}$ 则

$$gz_A = \sum w'_{f,AO} + \sum w_{f1}$$

即
$$gz_A = \lambda \frac{l/2}{d} \times \frac{u'^2}{2} + \lambda_1 \frac{l/2}{d_1} \times \frac{u_1^2}{2}$$

式中 $z_A=20m$、$\lambda=\lambda_1=0.0313$、$l/2=100/2=50m$、$d=d_1=0.1m$、$u'=4.25m/s$，将已知数值代入上式，得

$$9.81 \times 20 = 0.0313 \times \frac{50}{0.1} \times \frac{4.25^2}{2} + 0.0313 \times \frac{50}{0.1} \times \frac{u_1^2}{2}$$

解得
$$u_1 = 2.65m/s$$

把 $u_1=2.65m/s$ 代入式(b)，得

$$u_2 = 8.3793\sqrt{d_2}$$

把上式及 u_1 值代入式(c) 得

$$0.0425 = 0.01 \times 2.65 + d_2^2 \times 8.3793\sqrt{d_2}$$

即
$$d_2^{2.5} = 1.909 \times 10^{-3}$$

解得
$$d_2 = 0.082m = 82mm$$

1.2.5 典型综合例题分析

例 1-15 如图 1-25 所示的输送系统，用正位移泵输送敞口贮槽内的高黏度液体，部分液体经直径 $d_1=200mm$ 的主管而排出，余下由管径 $d_2=60mm$ 的支管回流至贮槽，液体密度为 $1260kg/m^3$，黏度 $\mu=100mPa \cdot s$。用测速管 B 测量三通下游主管中心处液体流速，测速管用的压力计内指示液密度 $\rho_b=1570kg/m^3$，读数 $R_B=0.5m$，用压力计 C 测量水平主管 S 截面处压强，压力计内指示液密度 $\rho_C=13600kg/m^3$，读数 $R_C=0.15m$，指示剂左侧液面至水平主管中心线的距离 $h=0.4m$。水平主管中心线至贮槽液面距离为 10m。忽略液体进口至三通间的阻力损失。三通至 S 截面间的全部阻力损失为 9.6J/kg，支管的全部当量长度与直管长度之和为 100m。两管内液体流型相同。泵的效率为 75%，试求：(1) 三通下游主管内的体积流量；(2) 支管内体积流量；(3) 泵的轴功率。

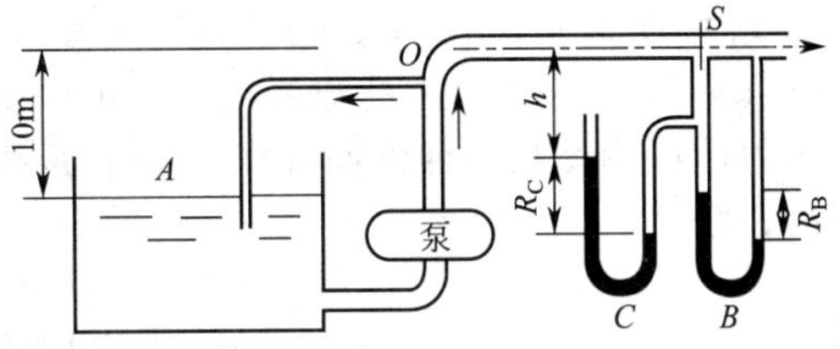

图 1-25　例 1-15 附图

解 本题为很典型的综合题，要综合运用流体力学的知识才能求解。通过本例，训练解题思维，开拓解题思路，提高综合运用知识的能力。

(1) 求三通下游主管内的体积流率　本题用测速管（即皮托管）B 测量三通下游主管中心处液体流速，皮托管放管中心测出的为最大流速 u_{max}

$$u_{max} = \sqrt{\frac{2(\rho_b - \rho)gR_B}{\rho}} = \sqrt{\frac{2 \times (1570-1260) \times 9.81 \times 0.5}{1260}} = 1.554 \text{ (m/s)}$$

求主管体积流率要用平均流速 u，因而必须知道 u 与 u_{max} 的关系。题给为高黏度液体，预计 Re 很小，假设为层流，则

$$u = \frac{1}{2}u_{max} = \frac{1.554}{2} = 0.777 \text{ (m/s)}$$

核算
$$Re = \frac{d_1 u \rho}{\mu} = \frac{0.2 \times 0.777 \times 1260}{100 \times 10^{-3}} = 1958 < 2000 \text{ 为层流}$$

所以假设成立，三通下游主管内的体积流率 V_{s1} 为

$$V_{s1} = 0.785 d_1^2 u = 0.785 \times 0.2^2 \times 0.777 = 0.0244 \text{ (m}^3\text{/s)}$$

(2) 求支管内体积流率 V_{s2}　本题由槽内液面 A 到三通 O，再由 O 经支路到 A 构成一个

循环管路，目标就是求循环支路内的体积流量。根据循环管路的特点，有

$$w_e=\sum w_{f,AOA}=\sum w_{f,AO}+\sum w_{f,OA}$$

题目已知$\sum w_{f,AO}\approx 0$，所以

$$w_e=\sum w_{f,OA}=\lambda_2\ \frac{(l+\sum l_e)_2}{d_2}\times\frac{u_2^2}{2} \tag{a}$$

本题 $(l+\sum l_e)_2=100\text{m}$、$d_2=0.06\text{m}$，已知支管与主管流型相同，故支管也应为层流，则

$$\lambda_2=\frac{64}{Re_2}=\frac{64\mu}{d_2u_2\rho}$$

把 λ_2 的表达式及有关已知数值代入式(a) 得

$$w_e=\frac{64\mu}{d_2u_2\rho}\times\frac{(l+\sum l_e)_2}{d_2}\times\frac{u_2^2}{2}=\frac{64\mu}{\rho}\times\frac{(l+\sum l_e)_2}{d_2^2}\times\frac{u_2}{2}$$

$$=\frac{64\times 100\times 10^{-3}}{1260}\times\frac{100}{0.06^2}\times\frac{u_2}{2}=70.55u_2 \tag{b}$$

由式(b) 可知，求 u_2 还需知道 w_e。为此，在贮槽液面 A-A′与三通下游主管 S 截面间列柏努利方程，得

$$gz_A+\frac{p_A}{\rho}+\frac{u_A^2}{2}+w_e=gz_s+\frac{p_s}{\rho}+\frac{u_s^2}{2}+\sum w_{f,AS} \tag{c}$$

本题 $z_A=0$，$z_s=10\text{m}$，p_A（表压）$=p_a=0$，$u_A\approx 0$，$u_s=u=0.777\text{m/s}$，$\sum w_{f,AS}=\sum w_{f,AO}+\sum w_{f,OS}=\sum w_{f,OS}$（因为已知$\sum w_{f,AO}=0$）$=9.6\text{J/s}$，所以求 w_e 还需知道 p_s（表压）。S 截面处压力计 C 右侧指示液液面处作一水平面到压力计 C 左侧，由静力学原理知该水平面为等压面，则

$$p_s+\rho g(h+R_c)=\rho_c gR_c\text{(取表压},p_a=0)$$

所以

$$p_s(\text{表压})=(\rho_c-\rho)gR_c-\rho gh$$

$$=(13600-1260)\times 9.81\times 0.15-1260\times 9.81\times 0.4$$

$$=1.321\times 10^4\ (\text{Pa})$$

把 p_s 及有关已知数值代入式(c) 得

$$w_e=9.81\times 10+\frac{1.321\times 10^4}{1260}+\frac{0.777^2}{2}+9.6=118.5\ (\text{J/kg})$$

由式(b) 得

$$u_2=\frac{w_e}{70.55}=\frac{118.5}{70.55}=1.68\ (\text{m/s})$$

所以支管体积流速为

$$V_{s2}=0.785d_2^2u_2=0.785\times 0.06^2\times 1.68=4.75\times 10^{-3}\ (\text{m}^3/\text{s})$$

(3) 求泵的轴功率 N

$$N=\frac{w_em_s}{\eta}=\frac{w_eV_s\rho}{\eta}=\frac{w_e(V_{s1}+V_{s2})\rho}{\eta}$$

$$=\frac{118.5\times(0.0244+4.75\times 10^{-3})\times 1260}{0.75}=5803\ (\text{W})\approx 5.8\ (\text{kW})$$

习　题

1-1　采用两个串联 U 形管压力计（如图 1-26 所示）以测量贮水器中心点 C 的压力。压差计内以汞为指示液，其上各部分读数为：$R_1=300$、$R_2=400$、$h_1=600$ 及 $h_2=800$，单位均为 mm。两 U 形管之间的连接管内应该充满水。但由于操作疏忽，测压连接管之间充满了空气。试求测压管中按充满水，计算贮水器中心点 C 的压力与按充满空气计算的相对误差为若干。当地大气的压力为 $9.807\times 10^4\text{Pa}$。

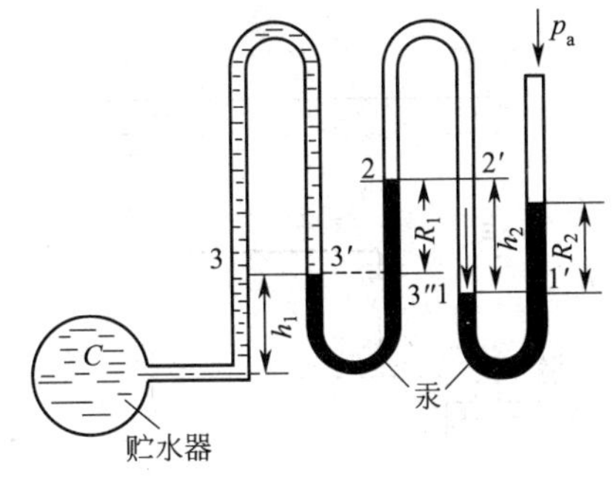

图 1-26　习题 1-1 附图

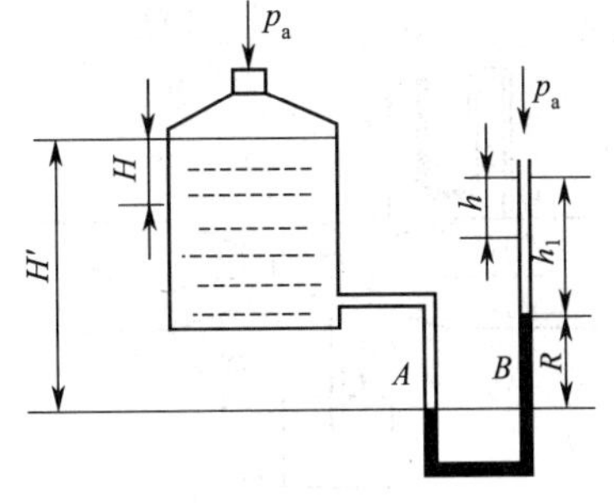

图 1-27　习题 1-2 附图

［答：连接管内充满空气时 $p_C=19.737\times10^4$ Pa（绝压），充满水时 $p_C=18.947\times10^4$（绝压）；相对误差为 4%］

1-2　有一敞口贮油罐，为测定其油面高度，在罐下部装一 U 形管压力计（如图 1-27 所示）。油的密度为 ρ_1，指示液密度为 ρ_2，U 形管压力计 B 侧指示液面上充以高度为 h_1 的同一种油，U 形管指示液面差为 R。试导出：当贮油罐油量减少后，贮油罐内油面下降高度 H 与 U 形管 B 侧液面下降高度 h 之间的关系。

［答：$H=(2\rho_2-\rho_1)h/\rho_1$］

1-3　图 1-28 为一毛细管黏度计，刻度 a 至 b 间的体积为 3.5×10^{-3}L，毛细管直径为 1mm。若液体由液面 a 降至 b 需要 80s，求此液体的运动黏度。（提示：毛细管两端 b 和 c 的静压力都是 1atm，a 和 b 之间的液柱静压及毛细管表面张力的影响均忽略不计。）

［答：$\nu=5.5\times10^{-6}\text{m}^2/\text{s}$］

1-4　如图 1-29 所示。精馏塔塔顶列管式冷凝器壳程的冷凝液体经 AB 管线流至塔顶，管路系统的部分参数如附图所示。已知管径为 ϕ22mm×2mm，AB 管路总长与所有局部阻力（包括进、出口）的当量长度之和为 25m。操作条件下液体的密度为 1000kg/m^3，黏度为 25cP。冷凝器壳方各处压力近似相等。求液体每小时的体积流量。摩擦系数可按下式计算：层流时，$\lambda=64/Re$；湍流时，$\lambda=0.3164/Re^{0.25}$。

［答：$V_h=1.27\text{m}^3/\text{h}$］

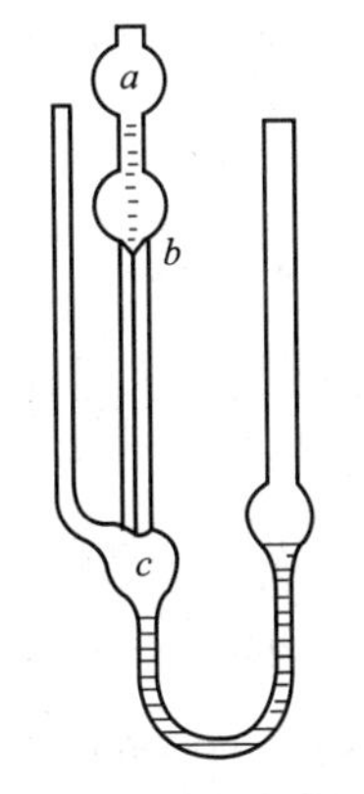

图 1-28　习题 1-3 附图

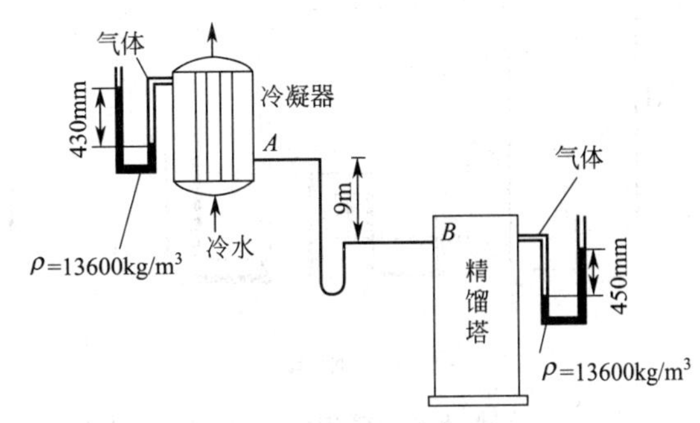

图 1-29　习题 1-4 附图

1-5　气体从如图 1-30 所示的管道中通过。管道内径 D 为 100mm，收缩段管内径 d 为 50mm，气体密度 ρ 为 1.2kg/m^3。容器中水面与管中心线间的距离 H 为 150mm，U 形管压力计的指示液为汞。忽略流动阻力。求：(1) 当上游截面 1-1′的 U 形管压力计读数 $R=25$mm 时，开始将水从水池中吸入水平管内，求此时的气体流量；(2) 当气体流量为 0.15m^3/s 时，上游截面 1-1′的 U 形管压力计读数 $R=15$mm，求此时连接在 2-2′截面上的小管可将水自容器内吸上的高度。

［答：(1) $V_s=0.181\text{m}^3/\text{s}$　(2) $h=131$mm］

1-6　如图 1-31 所示，在管路系统中装有离心泵。管路的管径均为 60mm，吸入管直管长度为 6mm，压出管直管长度为 13m，两段管路的摩擦系数均为 $\lambda=0.03$，压出管装有阀门，其阻力系数为 $\zeta=6.4$，管

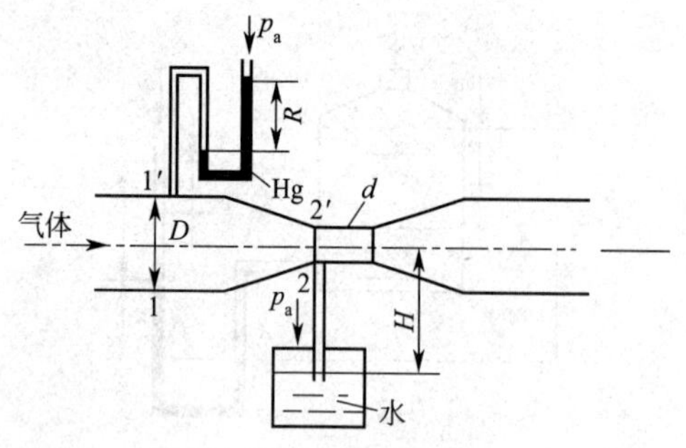

图 1-30　习题 1-5 附图

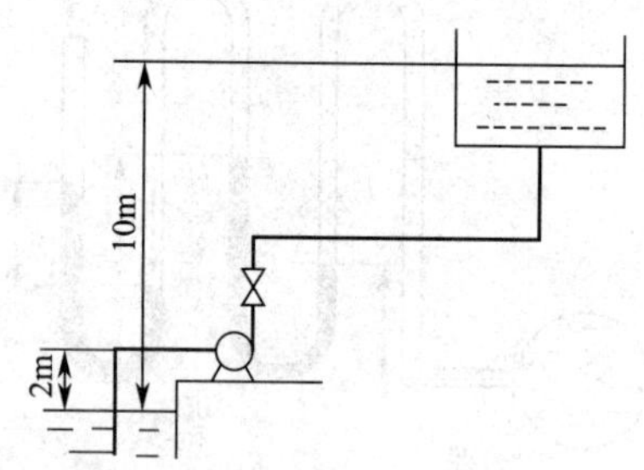

图 1-31　习题 1-6 附图

路两端水面高度差为 10m，泵进出口高于水面 2m，管内流量为 $0.012m^3/s$。试求：(1) 泵的扬程；(2) 泵进口处断面上的压力；(3) 如果是高位槽中的水沿同样管路流回，不计泵内阻力，是否可流过同样的流量(用数字比较)？注：标准弯头的局部阻力系数 $\zeta=0.75$，当地大气压力为 760mmHg，高位槽水面维持不变。

[答：(1) $H=28.1m$；(2) $6.70\times10^4 N/m^2$（真空度）；(3) $V'=8.93\times10^{-3} m^3/s<0.012m^3/s$]

1-7　如图 1-32 所示，用泵将水由低位槽打到高位槽（均敞口，且液面保持不变）。已知两槽液面距离为 20m，管路全部阻力损失为 5m 水柱，泵出口管路内径为 50mm，其上装有 U 形管压力计，AB 长为 6m，压力计指示液为汞，其读数 R 为 40mm，R' 为 1200mm。H 为 1m。设摩擦系数为 0.02。求：(1) 泵所需的外加功 (J/kg)；(2) 管路流速 (m/s)；(3) A 截面压力 (MPa)。

[答：(1) $w_e=245J/kg$；(2) $u=2.03m/s$；(3) p_A（表压）$=0.155MPa$]

1-8　某液体密度 $800kg/m^3$，黏度 73mPa·s，在连接两容器间的光滑管流动，管径 300mm，总长为 50m（包括局部当量长度），两容器液面差 3.2m（如图 1-33 示）。求：(1) 管内流量为多少？(2) 若在连接管口装一阀门，调节此阀的开度使流量减少为原来的一半，阀的局部阻力系数是多少？(3) 按该管折算的当量长度是多少？层流：$\lambda=64/Re$；湍流：$\lambda=0.3164/Re^{0.25}$。

[答：(1) $V_s=0.248m^3/s$；(2) $\zeta=14.3$；(3) $l_e=118m$]

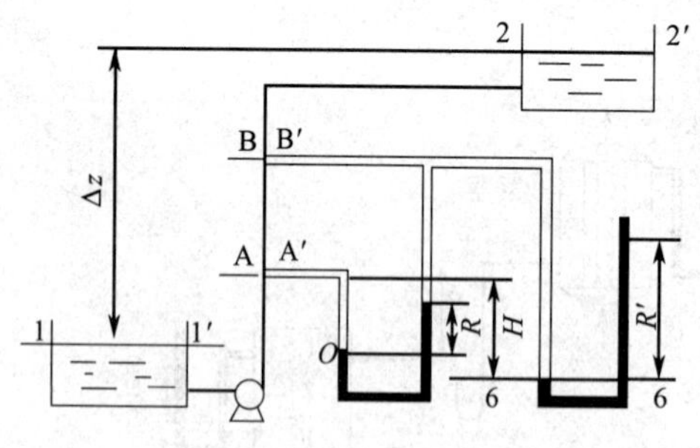

图 1-32　习题 1-7 附图

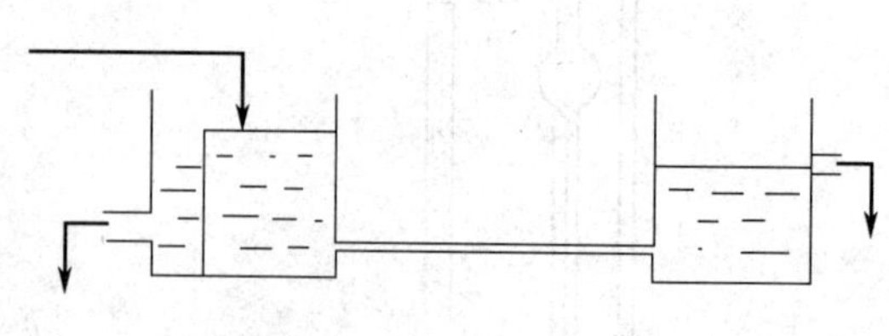
图 1-33　习题 1-8 附图

1-9　某流体在圆形光滑直管内作湍流流动。试求：(1) 若管长和管径不变，仅将流量增加到原来的 2 倍，因摩擦阻力而产生的压降为原来的几倍？(2) 若管长和流量不变，仅将管径减小为原来的 2/3，因摩擦阻力而产生的压降为原来的几倍？(设在两种情况下，雷诺数 Re 均在 $3\times10^3\sim1\times10^5$ 范围内。)

[答：(1) 3.36 倍；(2) 6.86 倍]

1-10　如图 1-34 所示，常温水流过倾斜变径的管段 AB。已知 A 处管径 $d_A=100mm$，B 处管径 $d_B=240mm$，A、B 两点间的垂直距离 $h=0.3m$，水流量为 $120m^3/h$，U 形管压力计的读数 $R=20mm$。试求：(1) A、B 两点间的压力为多少？(2) 每千克水流经 AB 管段时的机械能损失为多少？(3) 若管路改为水平放置，流量不变，试分析压力计读数及 A、B 两点压力变化情况。

[答：(1) $\Delta p_{AB}=5415Pa$；(2) $\sum w_{f,AB}=11.2J/kg$；(3) R 不变，Δp_{AB}变小]

1-11　如图 1-35 所示，水以 1m/s 的流速稳定流过内径为 0.025m，长为 2m（AB 段）的光滑管，A、B 两端接一 U 形管压力计，B 端接一压力计，指示液密度均为 $1590kg/m^3$，已知水的黏度为 1cP，管路摩擦

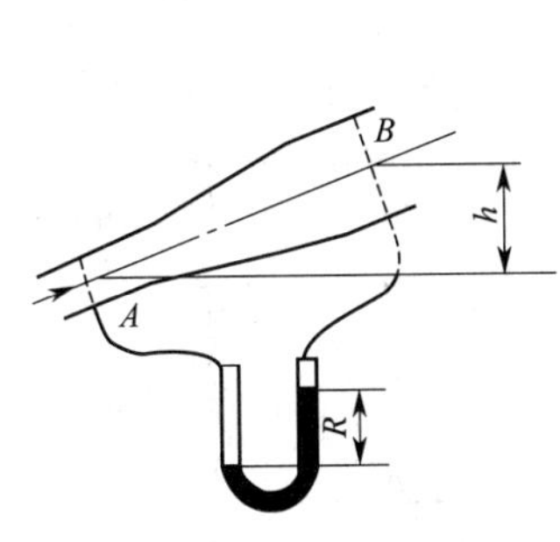

图 1-34　习题 1-10 附图

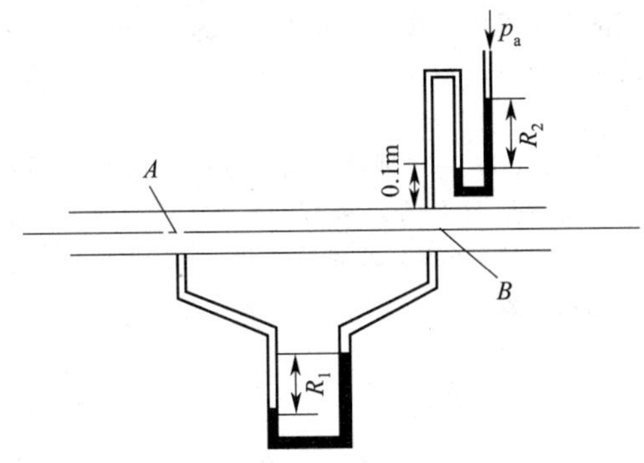

图 1-35　习题 1-11 附图

系数可以下式计算：$\lambda=0.3164/Re^{0.25}$（当 $2.5\times10^3<Re<10^5$ 时）求：(1) 管路 AB 段的阻力；(2) 压力计读数 R_1 及 B 点的压力（$R_2=0.2$m）。当 A、B 两截面的表压均升高到原来的 1.4 倍时，问：(3) 流量变为多少？(4) R_2 变为多少？

[答：(1) $\sum w_{f,AB}=1.01$J/kg；(2) $R_1=0.175$m，p_B（表压）$=4.1\times10^3$Pa；(3) $V_s'=5.94\times10^{-4}\mathrm{m^3/s}$；(4) $R_2'=0.354$m]

1-12　如图 1-36 所示，用离心泵将水从贮水池输送到敞口高位槽中，已知高位槽的水面离贮水池的水面高度保持为 10m，输送水量用孔板流量计测得。孔板安装在离高位槽水面 0.8m 处，孔径为 20mm，孔流系数为 0.61。管路为 ϕ57mm×3.5mm 的钢管，直管长度和局部阻力当量长度之和（包括孔板局部阻力当量长度）为 250m，其中贮水池至孔板前测压点 A 的直管长度和局部阻力当量长度之和为 50m。水的密度为 1000kg/m^3，水的黏度为 1mPa·s，摩擦系数近似为 $\lambda=0.3164/Re^{0.25}$。U 形管中指示液均为水银，其密度为 13600kg/m^3。当水的流量为 6.86m^3/h 时，试确定：(1) 水通过泵所获得的外加能量为多少？(2) 在孔板前测压点 A 处安装的 U 形管压力计中指示液读数 R_1 为多少？孔板流量计的 U 形管压力计中指示液读数 R_2 为多少？

[答：(1) $w_e=148.3$J/kg；(2) $R_1=0.43$m；(3) $R_2=0.4$m]

1-13　如图 1-37 所示，用离心泵将密闭贮槽中 200℃ 的水通过内径为 100mm 的管道送往敞口高位槽。两储槽液面高度差为 10m。密闭槽液面上有一真空表 p_1 读数为 600mmHg。泵进口处真空表 p_2 读数为 294mmHg。出口管路上装有一孔板流量计，其孔口直径 $d_0=70$mm，流量系数 $C_0=0.7$，U 形管水银压力计读数 $R=170$mm。已知管路总能量损失为 44J/kg，试求：(1) 出口管路中水的流速；(2) 泵出口处压力表 p_3（与图 1-37 对应）的指示值为多少？（已知 p_2 与 p_3 相距 0.1m）。

[答：(1) $u=2.23$m/s；(2) 表压 $p_3=1.819\times10^5$Pa]

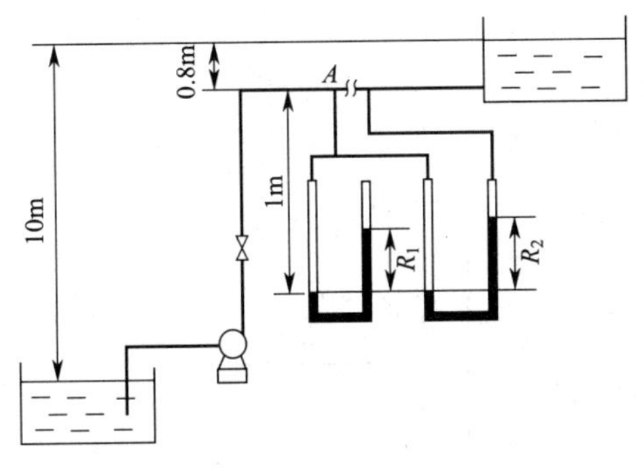

图 1-36　习题 1-12 附图

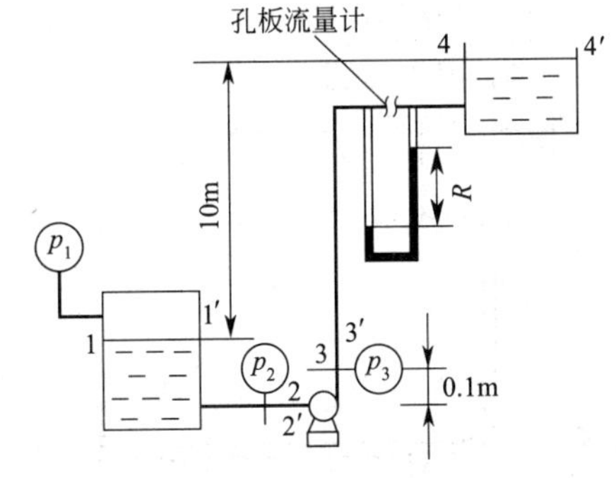

图 1-37　习题 1-13 附图

1-14　用效率为 85% 的往复泵将黏稠液体从敞口贮槽送至密闭的容器内，两者液面均维持恒定，容器液面上方压力表读数为 150kPa。用旁路调节流率，如图 1-38 所示。主管 OA 流率为 14m^3/h，管径为 ϕ66mm×3mm，管长为 80m（包括所有局部阻力当量长度）。旁路 OB 的流率为 5m^3/h，管径为 ϕ38mm×3mm，管长为 40m（包括除阀门外的局部阻力当量长度）。两管路的流型相同，忽略贮槽液面至分支点 O

之间的压头损失。被输送液体黏度为 50mPa·s，密度为 $1100kg/m^3$。试求：(1) 泵的轴功率；(2) 旁路阀门的阻力系数。

[答：(1) $N=1.9kW$；(2) $\zeta\approx121$]

1-15 如图 1-39 所示。将重油由高位槽 A 沿着有分支的管道流入低位槽 B，两槽液面均保持不变，两槽液面高度差 $H=4m$，从高位槽到 C 点的两条支路的管长均为 50m，从 C 点到低位槽的管长为 60m，所有管子内径均为 50mm，重油的黏度为 0.06Pa·s，密度为 $890kg/m^3$，若忽略局部阻力，问：每小时流入 B 槽的流量为多少？

[答：$V_s=1.048\times10^{-3}m^3/s$]

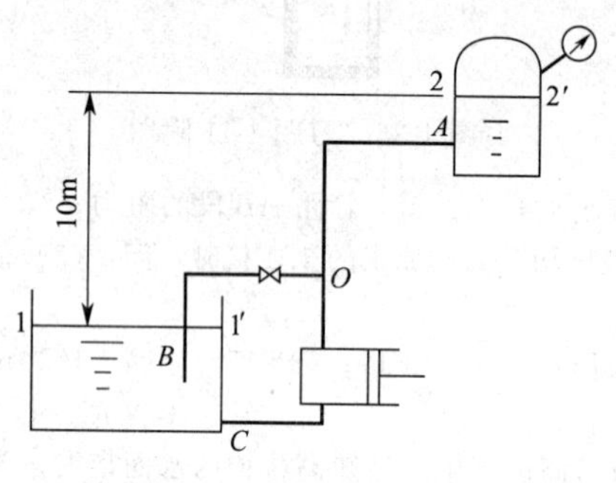

图 1-38 习题 1-14 附图

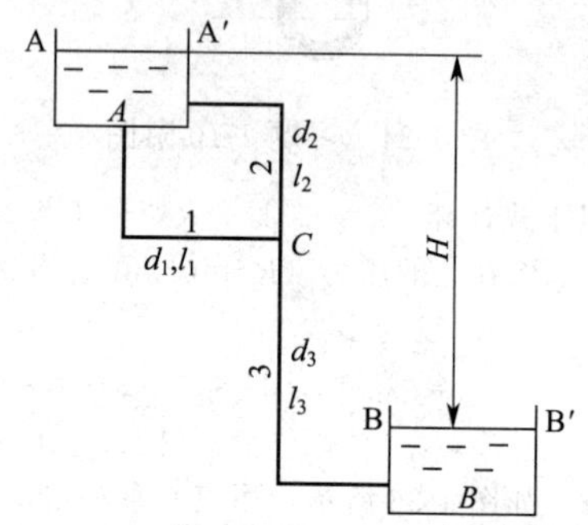

图 1-39 习题 1-15 附图

1-16 如图 1-40 所示的管路系统，高位槽水面与水平主管中心的垂直距离 $z_1=15m$、总管长 $L=150m$（包括所有局部阻力当量长度），管内径 $d=50mm$，$\lambda=0.025$。现因水量增加为原供水量的 20%，为满足此要求，在原管路上并联一根同样直径的水管。高位槽液面保持不变，水在管路中流动已进入阻力平方区即摩擦系数与雷诺数无关，保持不变。求新并联管路的长度 l。

[答：$l=62.2m$]

1-17 如图 1-10 所示，用汇合管路将高位槽 A、B 中的某液体引向低位槽 C 中。设三槽液面维持恒定。试分析，当将阀门 K_2 开大时，各支管、总管的流量及汇合点 O 处的压力如何变化。

[答：支管 AO 流量 V_2 增大、总管 OC 流量 V_3 增大、p_O 增大、支管 BO 流量 V_1 减小]

1-18 如图 1-41 所示，水位恒定的高位槽从 C、D 两支管同时放水。AB 段管长 6m，内径 41mm。BC 段长 15m，内径 25mm。BD 段长 24m，内径 25mm。上述管长均包括阀门及其他局部阻力的当量长度，但不包括出口动能项。分支点 B 的能量损失可忽略，设全部管路的摩擦系数 λ 均可取 0.03，且将 λ 视为不随流量变化。试求：(1) D、C 两支管的流量及水槽的总排水量；(2) 当 D 阀关闭，求水槽由 C 支管流出的水量。

[答：(1) $V_D=1.19\times10^{-3}m^3/s$，$V_C=1.50\times10^{-3}m^3/s$，$V_A=2.69\times10^{-3}m^3/s$；(2) $V'_C=1.1\times10^{-3}m^3/s$]

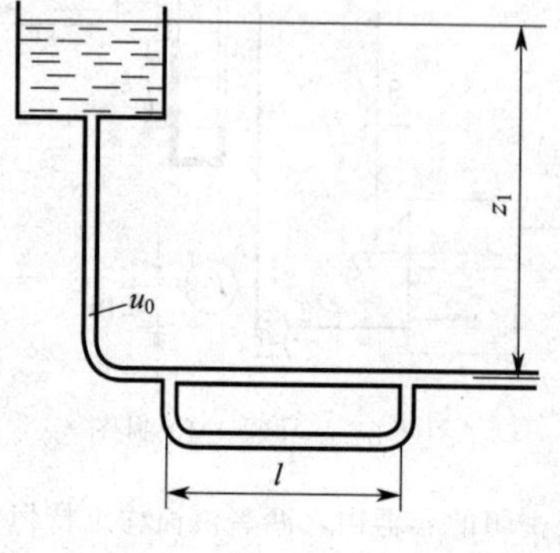

图 1-40 习题 1-16 附图

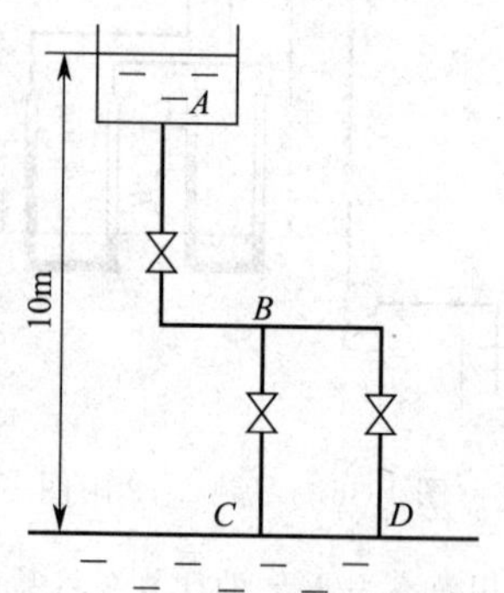

图 1-41 习题 1-18 附图

第 2 章　流体输送机械

2.1　流体输送机械知识要点

输送液体的机械称为泵，按工作原理的不同，分为离心泵、往复泵、旋转泵与旋涡泵等几种，其中以离心泵在生产上的应用最为广泛。输送气体的机械主要有风机、压缩机等。

2.1.1　离心泵的主要性能参数

（1）离心泵的流量　离心泵的流量是指泵在单位时间内排出的液体体积，本章用符号 Q 表示泵的流量，单位常用 m^3/h 或 m^3/s。

（2）离心泵的扬程　离心泵的扬程（又称泵的压头）是指单位重量（每牛顿）液体流过泵后其机械能的增加值（即泵对单位重量液体所提供的有效能量），本章用符号 H 表示泵的扬程，其 SI 制单位为 m。与 H 对应，常以单位重量流体为衡算基准的柏努利方程解题。H 与 Q 的关系通常由实验测定。

（3）离心泵的轴功率　液体流过泵实际得到的功率称为泵的有效功率，用符号 N_e 表示

$$N_e = QH\rho g \tag{2-1}$$

式中　N_e——泵的有效功率，W；

H——泵的扬程（压头），m；

Q——泵的流量，m^3/s；

ρ——流体的密度，kg/m^3；

g——重力加速度，m/s^2。

电动机给予泵轴的功率称为轴功率 N，由于泵在运转时不可避免地存在各种能量损失，Q 不可能全部被液体得到，即 $N_e < N$，以离心泵的效率 η 反映其能量损失，则

$$N = \frac{N_e}{\eta} = \frac{QH\rho g}{\eta} \tag{2-2}$$

式中　N——泵的轴功率，W；

η——离心泵的效率，$\eta < 1$。

（4）离心泵的效率　离心泵的效率 η 反映了泵在工作时的各种能量损失。这些损失包括泵的泄漏造成的容积损失，液体在泵内叶片间的环流损失、液体在泵内的摩擦阻力及冲击损失造成的水力损失，泵在运转时泵轴与轴承、轴封之间的机械摩擦而引起的机械损失。第 1 章在解题时曾说明，柏努利方程中的能量损失（阻力损失）均指液体在管路内的流动阻力损失，而液体在泵内的各种阻力损失是在泵的效率中考虑。因此，解题时若需要在泵的进、出口截面间列柏努利方程，由于泵进、出口离泵很近，泵进、出口截面间管路阻力 $\sum w_f$（或 $\sum h_f$）很小可略去。

一般小型离心泵的效率 $\eta = 50\%\sim70\%$，大型离心泵效率可达 90%。

（5）离心泵的转速　离心泵的转速用符号 n 表示，其 SI 制单位为 1/s 即 Hz（赫兹），工程上习惯用 r/min 单位。离心泵常用转速为 2900r/min、1450r/min、960r/min、750r/min。泵出厂时规定的转速通常是最高转速，使用时可降低转速，但提高转速时一般不得超过 4%，否则会把电动机烧掉。若电动机是变速电动机，用变频仪改变转速，则不受此提高

转速范围限制。

2.1.2 离心泵的特性曲线

由于离心泵的种类很多，前述各种泵内损失难以估计，使得离心泵的实际特性曲线关系 H-Q、N-Q、η-Q 只能靠实验测定，在泵出厂时列于产品样本中以供参考。

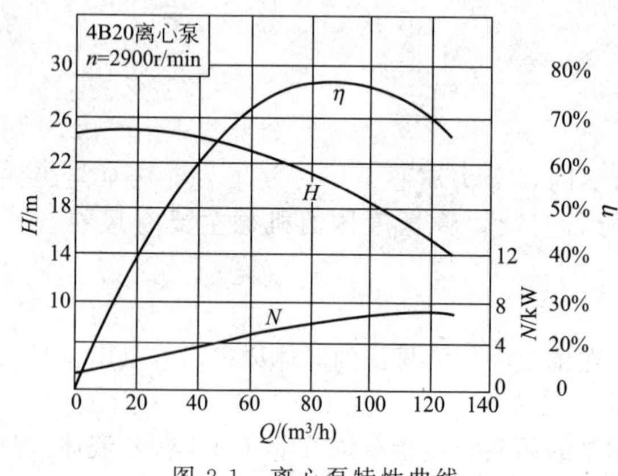

图 2-1 离心泵特性曲线

实验测出的特性曲线如图 2-1 所示，图中有三条曲线，在图左上角应标明泵的型号（如 4B20）及转速 n，说明该图特性曲线是指该型号泵在指定转速下的特性曲线，若泵的型号或转速不同，则特性曲线将不同。借助离心泵的特性曲线可以较完整地了解一台离心泵的性能，供合理选用和指导操作。由图可见如下几点。

① 一般离心泵扬程 H 随流量 Q 的增大而下降（Q 很小时可能例外）。当 $Q=0$ 时，由图可知 H 也只能达到一定数值，这是离心泵的一个重要特性。

② 轴功率 N 随流量 Q 增大而增大，当 $Q=0$ 时，N 最小。这要求离心泵在启动时，应关闭泵的出口阀门，以减小启动功率，保护电动机免因超载而受损。

③ η-Q 曲线有极值点（最大值），在此点下操作效率最高，能量损失最小。与此点对应的流量称为额定流量。泵的铭牌上标注额定值。泵在管路上操作时，应在此点附近操作，一般不应低于 $92\%\eta_{max}$。

2.1.3 影响离心泵特性的因素分析

泵的生产部门所提供的离心泵特性曲线，一般都是在一定转速下，以 20℃的清水为实验介质测得的。若泵使用时所输送的液体密度 ρ 和黏度 μ 与水差异较大，泵的性能会发生变化。此外，改变泵的转速或叶轮直径，泵的性能也会发生变化。因此必须了解上述因素对离心泵的特性是如何影响的。

（1）液体密度 ρ 的影响

① 对理论扬程 H_∞（理论压头）有影响的诸因素（除推导方程时作假定者外）在教材上导出的离心泵理论扬程基本方程中可看出，但是液体重要物性 ρ 却没有在该方程中出现，可见理论扬程 H_∞ 与 ρ 无关，实际扬程 H（实际压头）也与 ρ 无关。这是由于泵的压头是离心力对液体做功所致，而单位质量流体的离心力 $F_C=\omega^2 r$（式中 ω 为旋转的角速度；r 为旋转半径）与 ρ 无关，因此同一台泵不论输送何种液体，所能提供的扬程（或压头）是相同的，即泵的 H 与 ρ 无关。但是，泵进、出口的压差 $\Delta p=\rho gH$，即在同一压头下，泵进、出口的压差与 ρ 成正比。

上面的结论提示：在启动离心泵时，应先灌泵再启动，否则泵内为空气，启动时产生的压头虽为定值，但空气的密度太小，造成吸液面与泵入口间的压差或泵入口的真空度很小，而不能使泵吸入液体，发生“气缚”现象。

② 由教材上导出的离心泵理论流量 Q_T 计算式与 ρ 无关，故泵的实际流量 Q（体积流量）也与 ρ 无关，但质量流量 $m_s=Q\rho$ 与 ρ 成正比。

③ 根据式(2-2)，离心泵的轴功率 N 与 ρ 成正比。因此，若被输送的液体密度比清水密度大，须按式(2-2) 先核算轴功率。根据核算的轴功率 N'，查看泵所配的电动机功率 $N_电$，若 $N'>N_电$，则说明泵所配电动机功率太小，必须更换一台功率大于 N'的电动机，否则电

动机会烧掉。

（2）液体黏度 μ 的影响　用离心泵输送黏度比清水大的液体时，液体通过泵内的摩擦阻力损失增大，泵的压头 H、流量 Q、效率 η 均减小，而轴功率却增大（根据 $N=QH\rho g/\eta$，Q、H 减小，但 η 减小的幅度远超过 QH 乘积减小的幅度，故 N 增大）。若泵用于输送黏度较大的液体（如运动黏度 $\nu=\mu/\rho>20\times10^{-4}\,\mathrm{m^2/s}$）时，需对泵的特性曲线进行修正，修正方法可查阅有关手册。

（3）泵转速 n 的影响　离心泵的特性曲线是在一定转速下测得的，在实际使用时，有时会遇到转速改变的情况，此时泵的特性曲线也会发生变化。如转速变化不太大，则可对特性曲线进行换算。换算的条件是：假设转速改变前后，液体离开叶轮的速度三角形相似，泵的效率相等。实验证明：此假设在转速变化不大时是符合的。根据以上假设，可得离心泵的比例定律如下

$$\frac{Q'}{Q}=\frac{n'}{n},\ \frac{H'}{H}=\left(\frac{n'}{n}\right)^2,\ \frac{N'}{N}=\left(\frac{n'}{n}\right)^3 \tag{2-3}$$

根据式(2-3) 离心泵的比例定律，可以从某转速 n 下的特性曲线换算到另一转速 n' 下的特性曲线，但转速的变化不能超过±20%，否则，前面的假设会产生很大误差，此时的特性曲线只能通过实验测定。

（4）叶轮直径 D_2 的影响　离心泵的特性曲线是针对某一型号的泵（例如图 2-1 中的 4B20）测定的，泵的型号一定，叶轮的直径 D_2 也确定。一个过大的泵，若将其叶轮略加切削而使直径变小，可以降低流量 Q、压头 H、从而节省轴功率 N，此时泵的特性曲线也会发生变化。如叶轮切削不超过 5%，即切削后叶轮直径 $D_2'\geqslant0.95D_2$，则可认为速度三角形相似，泵的效率基本不变，如下的离心泵切削定律成立：

$$\frac{Q'}{Q}=\frac{D_2'}{D_2},\ \frac{H'}{H}=\left(\frac{D'_2}{D_2}\right)^2,\ \frac{N'}{N}=\left(\frac{D'_2}{D_2}\right)^3 \tag{2-4}$$

根据上式离心泵的切削定律，可以从切削前叶轮直径 D_2 下的特性曲线 $H=C-DQ^2$ 换算到切削后叶轮直径 D'_2 下的特性曲线，但叶轮切削不能超过 5%，否则，会产生很大的误差。

2.1.4　离心泵的工作点与流量调节

（1）管路特性曲线方程　当离心泵安装在特定的管路系统中工作时，泵所提供的流量和扬程应与管路系统需要的数值一致，如不一致，就要通过调节来改变这些量，到满意为止。可见，实际工作情况是由泵和管路特性共同决定的。这组流量与扬程数值必然同时满足管路特性曲线方程与泵特性曲线方程。泵的特性曲线前已述及，下面讨论管路的特性曲线。

如图 2-2 所示的管路，为将液体由低能位向高能位输送，管路中设置了泵。在上游截面 1-1′和下游截面 2-2′间列以单位重量流体为衡算基准的柏努利方程，可得

$$h_e=(z_2-z_1)+\frac{p_2-p_1}{\rho g}+\frac{u_2^2-u_1^2}{2g}+\sum h_{f,12}=\Delta z+\frac{\Delta p}{\rho g}+\frac{\Delta u^2}{2g}+\sum h_{f,12} \tag{2-5}$$

式中符号意义及单位见第 1 章的说明。

对图 2-2 所示的管路，式(2-5) 中的动能变化项 $\Delta u^2/(2g)$ 可以略去不计，令

$$A=\Delta z+\frac{\Delta p}{\rho g} \tag{2-6}$$

而
$$\sum h_{f,12}=\lambda\frac{l+\sum l_e}{d}\times\frac{u^2}{2g}=\lambda\frac{l+\sum l_e}{d}\times\frac{1}{2g}\left(\frac{Q}{\frac{\pi}{4}d^2}\right)^2 \tag{2-7}$$

将 λ 视为基本与 Q 无关的常数（即流动处于阻力平方区，λ 与 Re 无关），又令

$$B=\frac{8\lambda}{\pi^2 g}\times\frac{l+\sum l_e}{d^5} \tag{2-8}$$

则式(2-5) 可以写成

$$h_e=A+BQ^2 \tag{2-9}$$

式中 h_e——管路所需的压头，m；

A——管路两端的总势能差，$A=\Delta z+\Delta p/(\rho g)$，m；

B——管路特性曲线系数，s^2/m^5；

Q——管路流量，m^3/s。

式(2-9) 即为管路特性曲线方程，可用图 2-3 的曲线表示。由图可见，对低阻力管路（B 较小），曲线较平坦（线 1)，高阻力管路（B 较大)，曲线较陡（线 2)。

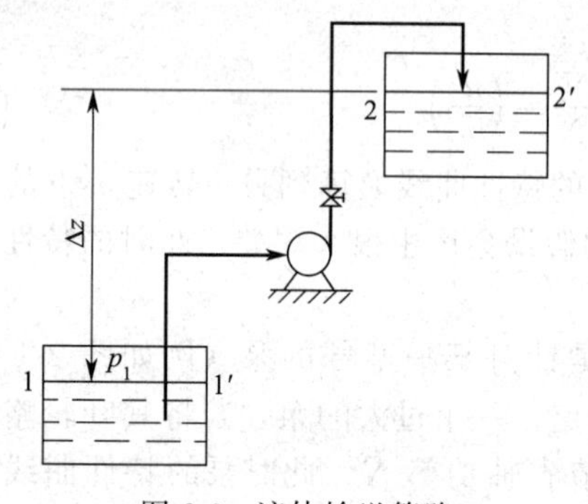

图 2-2　液体输送管路

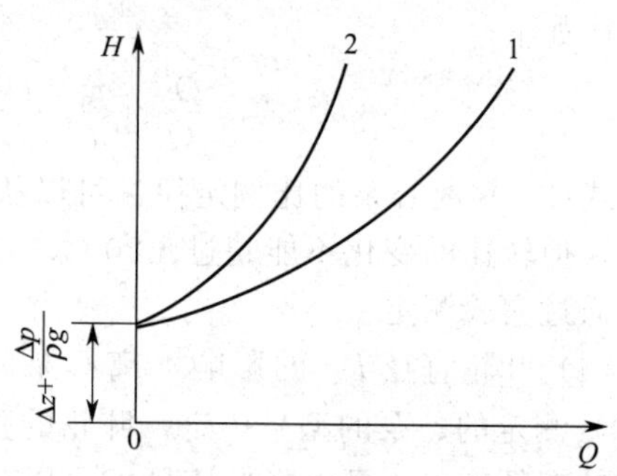

图 2-3　管路特性曲线

(2) 离心泵工作点　前已述及，带泵管路的实际流量和扬程是由泵和管路的特性共同决定。将泵的 H-Q 线和管路的 h_e-Q 线画在同一张图上，得到两条曲线的交点，如图 2-4 所示 M 点，称为泵在管路上的工作点。此时，$H=h_e$，该点所对应的流量和压头（扬程）既能满足管路系统的要求，又是离心泵所提供的。因此，交点 M 所对应的流量和压头就是泵在此管路中工作的实际流量和压头。当工作点 M 对应的流量和扬程是在高效区（η 不低于 $92\%\eta_{max}$)，则该工作点是适宜工作点，说明泵选择的较好。

(3) 流量调节　改变流量即进行流量调节，是生产中常进行的操作。从上面工作点的概念知道，调节流量的过程就是改变工作点的位置到满意点的过程。工作点 M 的位置是由泵及管路特性共同决定的，因此，改变两条特性曲线中的任一条特性曲线都可以改变工作点 M 的位置，达到流量调节的目的。

2.1.5　离心泵工作点与流量调节的题型与解法分析

2.1.5.1　离心泵工作点

求离心泵工作点的题型一般是已知离心泵的特性曲线和管路的情况，在解题过程中，由于离心泵的 H-Q 关系可用曲线或方程表示，因此求离心泵的工作点经常用到以下两种方法。

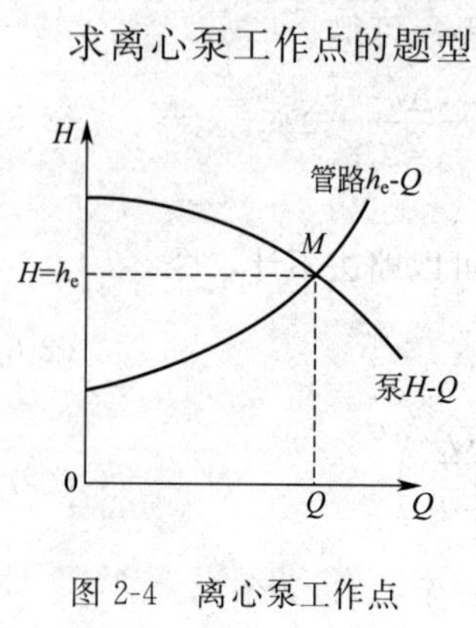

图 2-4　离心泵工作点

方法一：图解法

如果题目给出泵的 H-Q 关系是如图 2-4 所示的曲线，则只能用图解法求工作点。解题时先根据具体的输送管路情况列柏努利方程，求出式(2-9) 所示形式的管路特性曲线方程，然后将管路 h_e-Q 关系绘在所给定的泵 H-Q 关系图上，两条曲线的交点即为泵的工作点 M，由点 M 读出工作点的 Q、H 值（此时 $h_e=H$)。

方法二：解析法

如果题目给出泵的 H-Q 关系为曲线方程，则应根据管路情况求出管路特性曲线方程，然后用解析法，即联立求解泵和管路特性曲线方程得到工作点。

$$\left.\begin{aligned}&\text{管路特性曲线方程} \qquad h_e=A+BQ^2\\&\text{泵特性曲线方程} \qquad H=C-DQ^2\end{aligned}\right\} \tag{2-10}$$

式中　C，D——分别为泵特性曲线方程中的常数。

联立求解方程组（2-10）即可得到泵的工作点 $M(Q,H=h_e)$。

无论用图解法还是解析法求泵的工作点，首先应根据输送管路的具体情况，求出管路特性曲线方程。由于不同的管路，Δz、Δp、ρ、λ、$(l+\sum l_e)$、d 不同，则管路特性方程中的常数项 A、B 因具体情况不同而异，应准确求出 A、B 值，这是保证正确求解的第一步。特别提示读者注意以下几点。

① 若题给泵 H-Q 曲线方程（或泵 H-Q 线图）中 Q 的单位为 m^3/h、H 的单位为 m，要联立方程组式(2-10) 求解时，管路 h_e-Q 曲线方程中的 Q 也应该用 m^3/h 的单位代入，算出的 h_e 单位仍然为 m，这样两个方程的单位一致才能联立求解（图解法求解时两条曲线的单位也要一致才能画在同一张图上），因此式(2-7) 要进行如下变形

$$\sum h_{f,12}=\lambda\frac{l+\sum l_e}{d}\times\frac{u^2}{2g}=\lambda\frac{l+\sum l_e}{d^2}\times\frac{1}{2g}\left(\frac{Q}{\frac{\pi}{4}d^2 3600}\right)^2 \tag{2-11}$$

则管路特性曲线方程中的系数 B 为

$$B=\frac{8\lambda}{\pi^2 g}\times\frac{l+\sum l_e}{3600^2 d^5} \tag{2-12}$$

式中，B 的单位为 h^2/m^5。现在管路特性曲线方程式(2-9) 中的 B 改用式(2-12) 的表达式，则取 Q 的单位为 m^3/h 代入式(2-9)，求出的 h_e 的单位为 m，与题给的泵 H-Q 曲线方程单位一致，两个方程可直接联立求解了。

② 若题给泵 H-Q 曲线方程（或泵 H-Q 线图）中 Q 的单位为 m^3/min，则管路 h_e-Q 曲线方程中的 Q 也应该用 m^3/min 为单位，此时将上式 B 表达式中的 3600^2 改为 60^2 即可。

③ 若题给管路局部阻力不是当量长度 $\sum l_e$ 而是局部阻力系数 $\sum\zeta$，则式(2-9) 中的 B 应为

$$B=\frac{8\ (\lambda l/d+\sum\zeta)}{\pi^2 d^4 g} \tag{2-13}$$

以上讨论不同情况 B 的表达式，主要的目的是提示读者解题时要注意物理量的单位，若物理量的单位不一致时要懂得如何处理得到 B 的表达式。另外，我们不提倡读者死记硬背 B 的表达式，实际上 B 的表达式是很难记住的，且很容易记错。正确的学习方法应该是记住 $\sum h_{f,12}$ 的计算式(2-7)，从该式出发可导出各种情况 B 的表达式。式(2-7) 中 Q 的单位为 m^3/s、u 的单位为 m/s，算出的 $\sum h_{f,12}$ 单位为 m。若 Q 不用 m^3/s 的单位代入，但要求算出的 $\sum h_{f,12}$ 的单位仍为 m，结合前面讨论的理由，就会懂得如何得到相应的 B 的表达式了。

2.1.5.2　流量调节

由前面分析可知，可通过改变管路特性曲线或泵的特性曲线来调节流量，即改变工作点的位置。下面分别进行讨论。

(1) 改变管路特性曲线　这种方法是通过改变离心泵出口阀门开度实现。改变阀门开度，即改变管路特性曲线方程中 B 的值，使管路特性曲线位置发生变化，使两曲线交点（即工作点）移至合适处。如图 2-5 所示，当泵出口阀门关小时，$\sum l_e$（或 $\sum\zeta$）增大、B 值增大、管路特性曲线变陡，工作点由 M_1 移到 M_2，流量由 Q_1 变为 Q_2，使流量减小，反之

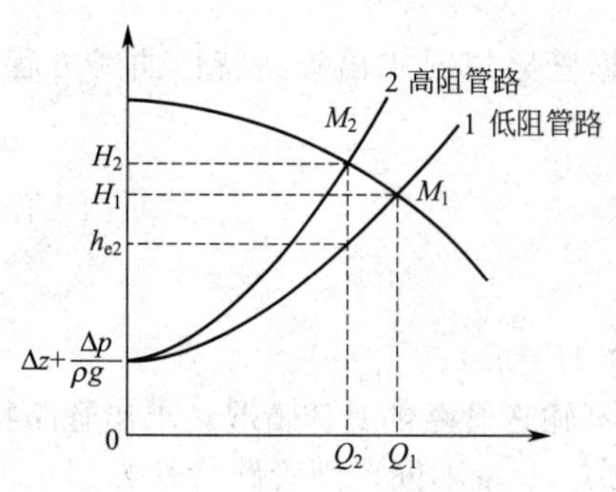

图 2-5 改变管路特性曲线的调节

亦然。求新工作点 $M_2(Q_2, H_2)$ 可用类似于 2.1.5.1 中介绍的图解法或解析法求解，不同的是要先求出改变后的管路特性曲线方程。

这种调节方法不仅增加了阻力损失（阀门关小时），而且可能使泵在低效率下工作，经济上并不合理。但它有操作方便、灵活的优点。故对调节幅度不太大，且需经常改变流量的场合，此法较合适被广泛采用。

如图 2-5 所示，泵出口阀门关小后，管路特性曲线由低阻管路 1 变为高阻管路 2，在同一流量 Q_2 下管路所需的压头由 h_{e2} 增大至 H_2 和泵所提供的压头正好相等。因阀门关小，将流量由 Q_1 调小至 Q_2，对 Q_2 而言原管路仅需泵提供 h_{e2} 压头，在新管路中却要求泵提供 H_2 的压头，所增加的压头 $\Delta H=H_2-h_{e2}$ 即用于克服因阀门关小而增加的阻力，故阀门关小多消耗的功率为

$$\Delta N=\frac{Q_2\Delta H\rho g}{\eta}=\frac{Q_2(H_2-h_{e2})\rho g}{\eta} \tag{2-14}$$

式中 ΔN——关小阀门调节流量多消耗的功率，W；

Q_2——调节后的流量，m^3/s；

h_{e2}——Q_2 流量下原管路所需的压头，m；

H_2——关小阀门将流量调节到 Q_2 时管路所需压头，m。

（2）改变泵的特性曲线　根据前述比例定律、切削定律可知，改变泵的转速或切削叶轮都可以达到改变泵特性曲线的目的。如图 2-6 所示，原转速为 n，工作点为 M_1。当转速降低到 n'，泵特性曲线（H-Q 线）下移，工作点由 M_1 移到 M_2，流量由 Q_1 降到 Q_2，反之亦然。由比例定律知，当转速的变化率不超过±20%时，可基本保持效率 η 不变，图 2-6 中也示意画出新转速 n'下的 η-Q 线，由图可看出，新工作点 M_2 所对应的效率仍在高效区。所以，改变泵的特性曲线的调节法在一定范围内可以保持泵在高效区工作，能量利用较经济，但调节不方便，一般只有在调节幅度大、时间又长的季节性调节中才使用。

有关流量调节（即改变工作点）的题型及解法分析如下。

① 已知转速为 n 的泵在旧工作点时提供的流量和扬程分别为 Q_1、H_1，现将泵的转速变为 n'（n 的变化率不超过±20%），求转速为 n'的泵在原管路中能够提供的流量 Q_2 与扬程 H_2 分别为多少（即求新工作点）？

分析：已知转速变化率不超过±20%，故可将比例定律式(2-3) 即 $Q=Q'n/n'$ 和 $H=H'(n/n')^2$ 其代入原泵特性曲线方程即式(2-10) 中的 $H=C-DQ^2$ 中可得

$$\left(\frac{n}{n'}\right)^2H'=C-D\left(\frac{n}{n'}Q'\right)^2$$

整理上式得到泵在新转速 n'时的特性曲线方程为

$$H'=\left(\frac{n'}{n}\right)^2C-DQ'^2 \tag{2-15}$$

将式(2-15) 中 H、Q 的上标“′”略去后与管路特性曲线方程式(2-9) 联立解得 Q、H（此时 $h_e=H$）就是泵在原管路中转速为 n'时的新工作点的流量 Q_2 和扬程 H_2。

② 已知叶轮直径为 D_2 的泵在旧工作点时提供的流量与扬程分别为 Q_1、H_1，现将泵的叶轮切削后其直径为 D_2'（D_2 的变化率不超过 5%），求叶轮直径为 D_2'的泵在原管路中能够提供的流量 Q_2 与扬程 H_2 分别为多少（即求新工作点）？

分析：本题型的解法与题型①的解法类似，不同的是要先将切割定律代入原泵特性曲线

方程并整理得到叶轮直径为 D_2' 的新泵特性曲线方程，然后再与管路特性曲线方程联立解得新工作点的 Q_2 和 H_2。具体解法读者可参照题型①的解法进行延伸分析。

③ 已知泵在旧工作点的转速 n、流量 Q_1、压头 H_1 及新工作点的流量 Q_2、压头 H_2（或 H_2 可由其他条件求出），用改变泵转速的方法将流量调节到 Q_2，求泵在新工作点时的转速 n'。该题型有两种解法，分析如下。

解法一：利用新转速下泵的特性曲线方程求 n'

分析：本题型已知新工作点的 Q_2、H_2，反求 n'。Q_2 和 H_2 当然满足新转速 n' 时泵的特性曲线方程式(2-15)，将 $Q_2=Q'$、$H_2=H'$ 和 n 代入式(2-15) 即可求出 n'。须注意的是导出式(2-15) 时应用了比例定律（n 变化率不超过±20%），故求出 n' 后必须核算转速变化率是否超过±20%。若没有超过，则计算结果正确；若超过则说明所求 n' 无效，不能将流量调节到 Q_2。

提醒读者注意的是，有些初学者常将 Q_1、Q_2 和 n 或 H_1、H_2 和 n 代入比例定律式(2-3)求 n'，即 $n'=n(Q'/Q)$ 或 $n'=n\sqrt{H_1'/H}$。对同一问题用这两种方法求出的 n' 不相等（详见例 2-1），说明上述两种解法是错误的。这是因为比例定律只适用于等效率条件下的泵（即泵在等效率条件范围内不同转速下的 Q、H 满足比例定律），而不能用于由泵和管路特性曲线共同决定的工作点（即 Q_2 和 Q_1 或 H_2 和 H_1 分别是新旧两个工作点的流量和压头，当然不能将它们代入比例定律去求 n'，但当管路特性曲线过坐标原点时除外，其原因等介绍完解法二再说明）。

解法二：利用等效率曲线方程求 n'

分析：解法二先要导出泵的等效率曲线方程，为此利用等效率条件下的比例定律式(2-3)，即

$$\frac{Q'}{Q''}=\frac{n'}{n''},\ \frac{H'}{H''}=\left(\frac{n'}{n''}\right)^2,\ \frac{Q''}{Q'''}=\frac{n''}{n'''},\ \frac{H''}{H'''}=\left(\frac{n''}{n'''}\right)^2$$

求得

$$\frac{H'}{Q'^2}=\frac{H''}{Q''^2}=\frac{H'''}{Q'''^2}\cdots=\frac{H}{Q^2}=k\ 为常数$$

或

$$H=kQ^2 \tag{2-16}$$

式 (2-16) 为离心泵在转速变化不超过±20%范围内的各种转速下的等效率曲线方程。将上式标绘在 H-Q 图上为如图 2-7 中所示的 $0M_2M_1'$ 曲线，该曲线过坐标原点并分别与转速为 n 的原泵特性曲线、转速为 n' 的新泵特性曲线交于点 M_1' 和点 M_2 两点。

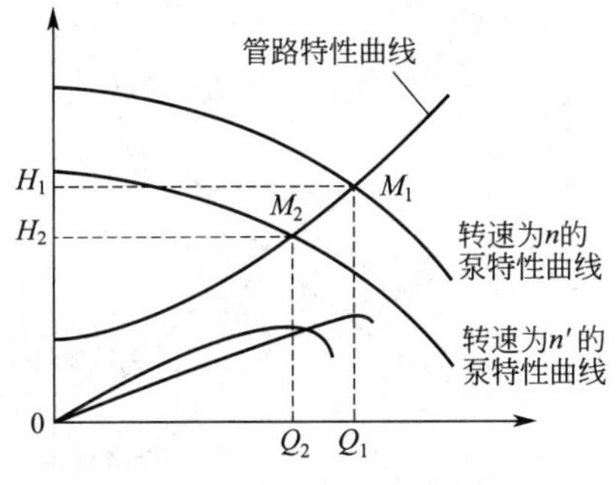

图 2-6　改变泵特性曲线的调节

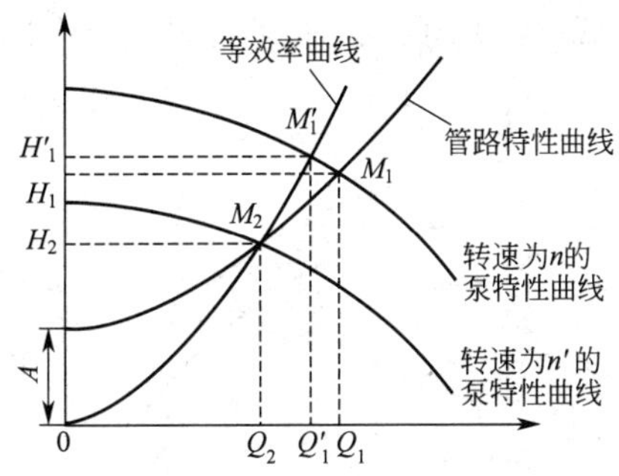

图 2-7　等效率曲张法

利用等效率曲线求 n' 可按以下步骤进行。首先，点 $M_2(Q_2, H_2)$ 是新转速 n' 下的新泵特性曲线、管路特性曲线及等效率曲线的交点，故 Q_2、H_2 同时满足上述三条曲线，可将 Q_2、H_2 代入等效率曲线方程式(2-16) 中求得系数 k，k 求出后式(2-16) 即确定。其次，点 $M_1'(Q_1', H_1')$ 既满足等效率曲线方程式(2-16) 又满足转速为 n 的原泵特性曲线方程 $H=C-$

DQ^2，故 k 确定后可联立以上两个方程求出 Q'_1 和 H'_1 。最后，点 M'_1（Q'_1，H'_1，n）和点 M_2（Q_2，H_2，n'）都在等效率曲线上，而等效率曲线是由比例定律导出的，故它们必满足比例定律式(2-3)，可由 $n'=n(Q_2/Q'_1)$ 求出 n' 或由 $n'=n\sqrt{H_2/H'_1}$ 求出 n'，且这两种方法求出的 n' 相同（详见例 2-1)。与解法一同理，求出 n' 后也必须核算转速变化率是否超过±20%。

当管路特性曲线方程过坐标原点，即式（2-9）中的 $A=0$，该式简化为 $h_e=BQ^2$，前已述及点 $M_2(Q_2，H_2)$ 满足此式，将 Q_2，$H_2=h_e$ 代入此式求得的系数 B，必然与前述将 Q_2，H_2 代入式(2-16）求得的系数 k 相等，这说明当管路特性曲线过坐标原点即 $A=0$ 时该线与等效率曲线重合。此时管路特性曲线必然通过点 $M_2(Q_2，H_2，n')$ 和点 $M'_1(Q'_1，H'_1，n)$ 两点，这两点既在等效率曲线上又分别是新、旧两个工作点，故可将这两点的坐标值代入比例定律式(2-3）求 n'，即 $n'=n(Q_2/Q'_1)$ 或 $n'=n\sqrt{H_2/H'_1}$（与前述利用等效率曲线求 n' 的结果相同)，这就是解法一中提到的当管路特性曲线过坐标原点时除外的原因。

点评：求 n' 的问题解法一比解法二简便，故推荐使用解法一，但解法二可跟等效率概念相联系，不容易犯解法一中提到的错误。

④ 已知泵在旧工作点时的叶轮直径为 D_2、流量为 Q_1、压头为 H_1 及新工作点的流量 Q_2、压头 H_2（或 H_2 可由其他条件求出)，用切削叶轮的方法将流量调节到新工作点的流量 Q_2，求切削后的叶轮直径 D'_2。

分析：本题型的解法与题型③的解法类似也有两种，即解法一利用切削叶轮后泵的特性曲线方程求 D'_2，解法二利用满足切削定律的等效率曲线求 D'_2，这两种解法都利用了切削定律，故求出 D'_2 后也要核算叶轮切削是否超过5%。具体解法请读者延伸分析。

⑤ 先切削泵的叶轮后改变泵的转速调节流量的题型。此题型已知泵的叶轮直径为 D_2、转速为 n 时在旧工作点的流量 Q_1、压头 H_1 及新工作点的流量 Q_2、压头 H_2（或 H_2 可由其他条件求出)，用先切削叶轮（已知 D'_2 且叶轮切削不超过5%）再改变转速 n（n 可增大亦可减小）的方法将流量调节到 Q_2，求改变后泵的转速 n'。

本题型有解法一即利用切削叶轮后再改变转速的新泵特性曲线方程求 n' 和解法二即利用等效率曲线方程求 n' 这两种解法，它们与题型③中的两种解法既有相似之处亦有不同之处。请读者在认真领会题型③两种解法的基础上，结合本题型的特点导出前述的两种解法，并思考 n' 求出后如何核算所求 n' 是否有效的问题。另外，图 2-8 中的曲线 2 是切削叶轮后的特性曲线，曲线 3 是切削叶轮后再减小转速的新泵特性曲线，此时工作点由旧工作点 M_1（Q_1，H_1，n）改变到新工作点 $M_2(Q_2，H_2，n')$。请读者在推导本题两种解法时可结合图 2-8 及题型③中的图 2-7 进行思考，有助于加深对问题的理解。

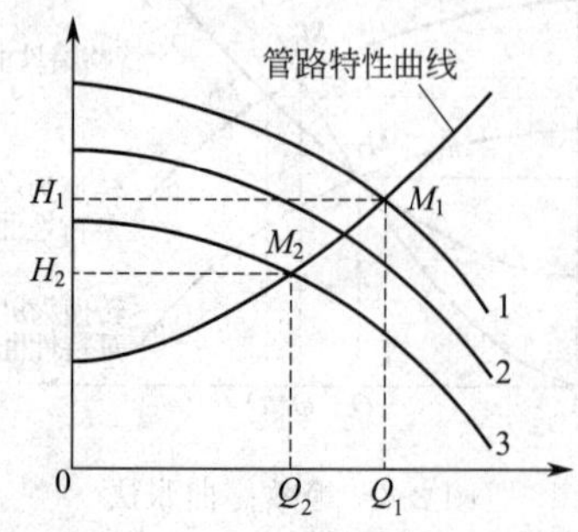

图 2-8 叶轮直径与转速同时改变的泵特性曲线

1—转速为 n、叶轮直径为 D_2 的泵特性曲线；

2—转速为 n、叶轮直径为 D'_2 的泵特性曲线；

3—转速为 n'、叶轮直径为 D'_2 的泵特性曲线

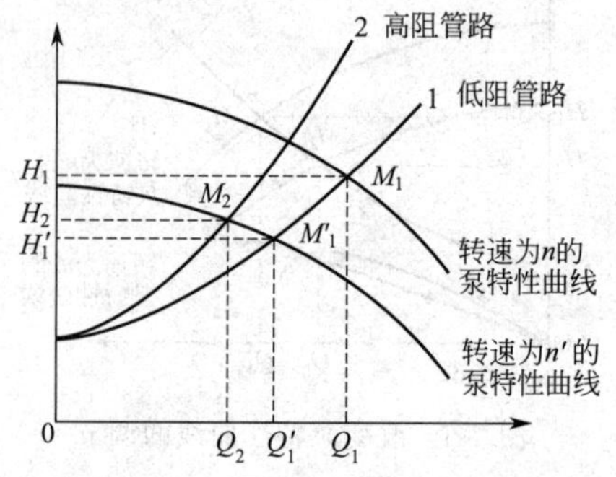

图 2-9 转速与阀门同时改变的调节

(3) 同时改变管路特性曲线与泵特性曲线　如图 2-9 所示，先将转速由 n 变为 n' 使工作点由 M_1 变为 M_1'，再辅之以减小阀门调节流量，使工作点由 M_1' 变为所要求的 M_2。若已知改变后的转速 n'，可以结合 (1)、(2) 中的分析，即通过求新的管路特性曲线和新的泵特性曲线的方程，联立两个方程求出交点即点 M_2 的流量 Q_2 与压头 H_2；若已知 Q_2、H_2，则可通过比例定律，将 Q_2、H_2 代入新的泵特性曲线方程即式(2-15)，则方程只有一个未知数 n' 可求，求出 n' 后要判断转速变化率是否小于±20%。

2.1.6　离心泵的组合操作

在实际工作中，如单台离心泵不能满足输送任务的要求，有时可将几台泵加以组合。组合方式原则上有两种：并联和串联。下面以两台特性相同的泵为例，讨论离心泵组合操作问题。

(1) 并联操作　将两台型号相同的泵并联工作，而且各自的吸入管路相同，则两泵的流量和压头必相同。因此，在同样的压头下，并联泵的流量为单台泵的两倍。如图 2-10 所示，并联泵的特性曲线（H-Q 线）可用单台泵特性曲线在纵坐标不变、横坐标加倍的方法合成。若单泵的特性曲线为：

$$H_{单}=C-DQ_{单}^2$$

则同型号两台泵并联的特性曲线为：

$$H_{并}=C-DQ_{并}^2/4 \tag{2-17}$$

图 2-10 中，线 1 为单泵的特性曲线，线 2 为并联泵的特性曲线，线 3 为管路特性曲线。

并联泵的工作点（$Q_{并}$，$H_{并}$）由并联泵特性曲线与管路特性曲线的交点 $M_{并}$ 决定。由于并联组合中两台泵的压头相等均等于 $H_{并}$，而 $H_{并}$ 为单泵在 M 点的压头，故并联泵的总效率与单泵在 M 点的效率相同。由图可知：$Q_{并}<2Q_{单}$，$H_{并}>H_{单}$。并联以后，管路中的流量与扬程均可增加，但流量达不到单泵时的两倍。

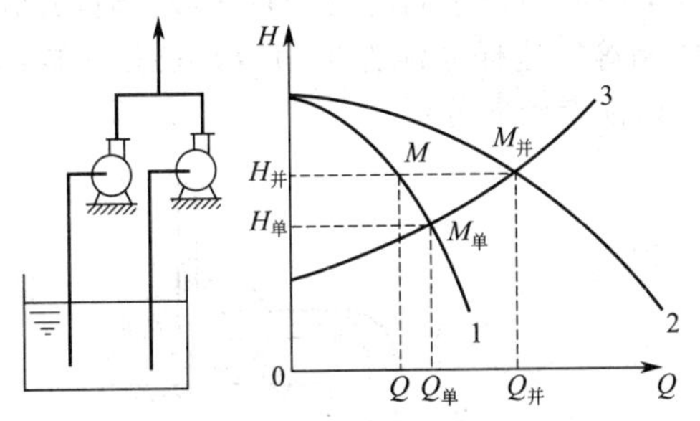

图 2-10　离心泵的并联操作

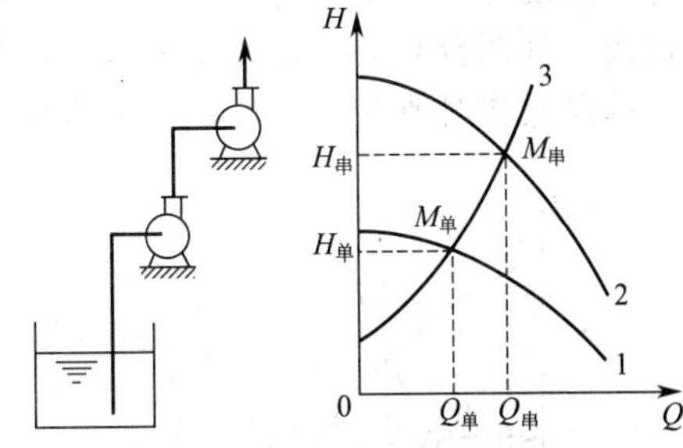

图 2-11　离心泵的串联操作

(2) 串联操作　两台型号相同的泵串联工作时，每台泵的压头和流量也是相同的。因此，在同样的流量下，串联泵的压头为单台泵的两倍。如图 2-11 所示，串联泵的特性曲线（H-Q 线）可用单台泵特性曲线在横坐标不变、纵坐标加倍的方法合成。若单泵的特性曲线为：

$$H_{单}=C-DQ_{单}^2$$

则同型号两台泵串联的特性曲线为：

$$H_{串}=2C-2DQ_{串}^2 \tag{2-18}$$

图 2-11 中，线 1 为单泵的特性曲线，线 2 为串联泵的特性曲线，线 3 为管路特性曲线。

串联泵的工作点（$Q_{串}$，$H_{串}$）由串联泵特性曲线和管路特性曲线的 $M_{串}$ 决定。由于串联组合中两台泵的流量相等均等于 $Q_{串}$，故串联泵的总效率为 $Q_{串}$ 时的单泵效率。

(3) 组合方式的选择

① 若管路两端的$A=\Delta z+\Delta p/\rho g$大于单台泵所能提供的最大扬程$H_{\max}$，则只能采用串联操作。

② 若单泵可以输液，只是流量达不到指定要求。此时可针对管路的特性选择适当的组合方式，以增大流量。如图 2-12 所示，线 1 为单泵的特性曲线，线 2 为串联泵的特性曲线，线 3 为并联泵的特性曲线，线 a 为低阻管路特性曲线，线 b 为高阻管路特性曲线。由图 2-12 可见，对于低阻输送管路 a，$Q_{并}>Q_{串}$、$H_{并}>H_{串}$，所以并联组合优于串联组合；对于高阻输送管路 b，$Q_{串}>Q_{并}$、$H_{串}>H_{并}$，所以串联组合优于并联组合。

2.1.7 组合泵流量调节题型与解法分析

泵组合操作的流量调节也有两种方法，即改变管路特性曲线和改变泵特性曲线，下面分别讨论。

(1) 改变管路特性曲线

① 并联泵组合。同单泵操作是一样，这种方法通过改变离心泵出口阀门开度实现。改变阀门开度，即改变管路特性曲线。如图 2-10 所示，两泵并联工作时，设并联的总流量为$Q_{并}$，则并联段每个支路的流量为$Q_{并}/2$，注意根据并联管路的特点可知，并联段的阻力等于其中每个支路的阻力而不等于两个支路的阻力之和。对于并联泵如图 2-12 所示，当出口管路的阀门关小，管路特性曲线由原来的低阻管路 a 变为高阻管路 b，与并联泵的交点由$M_{并1}$变为$M_{并2}$，流量由$Q_{并1}$变为$Q_{并2}$使流量减小，反之亦然。

② 串联泵组合。如图 2-11 所示，两泵串联工作时，串联的流量为$Q_{串}$，则每个串联段流量为与之相等，根据串联管路的特点可知，串联段的总阻力等于其中每个支路的阻力之和。如图 2-12 所示，当出口管路的阀门关小，管路特性曲线由原来的低阻管路 a 变为高阻管路 b，与串联泵的交点由$M_{串1}$变为$M_{串2}$，流量由$Q_{串1}$变为$Q_{串2}$使流量减小，反之亦然。

(2) 改变泵特性曲线　同单泵操作一样，也可以通过改变转速和切削叶轮的直径来改变泵的特性曲线，但对于泵的组合操作，要将并联或串联的两台泵同时改变转速或同时切削叶轮的直径，且两台泵的转速改变率或叶轮切削率要相等，这样才能保证两台泵还是一样的，可通过单泵操作时改变泵特性曲线的方法来求解，请读者延伸分析。

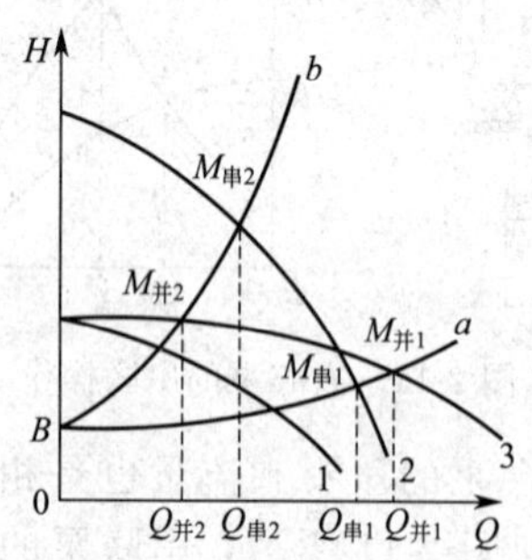

图 2-12　组合方式的选择

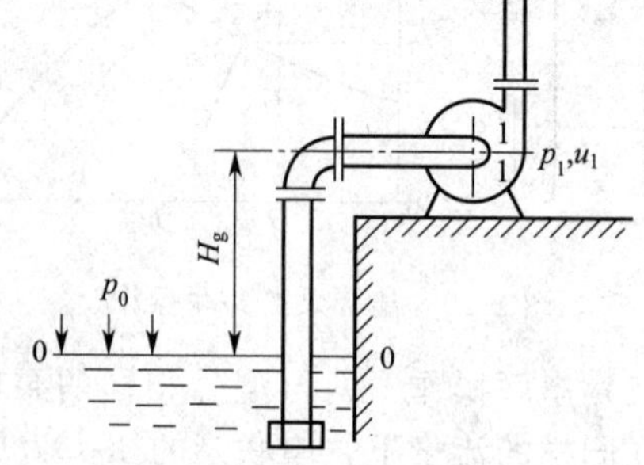

图 2-13　离心泵的安装高度

2.1.8 离心泵的安装高度

离心泵的安装高度 H_g 是指离心泵吸入口与液源液面间的垂直距离。为了避免汽蚀现象（关于汽蚀现象的说明详见教材，此处略去）的发生，泵的安装高度有一定限制。我国的离心泵样本中采用允许汽蚀余量 Δh［文献［3］用必须汽蚀余量 $(NPSH)_r$］来表示泵的吸上性能。下面讨论如何根据 Δh 来确定泵的安装高度，使泵能够正常运行。

$$H_{g允许}=\frac{p_0-p_v}{\rho g}-\sum h_{f,01}-\Delta h \tag{2-19}$$

式中　p_0——液源液面压强（绝压），Pa；

p_v——操作温度下被输送液体的饱和蒸气压，Pa；

Δh——泵样本上列出的离心泵允许汽蚀余量，m。

根据式(2-19) 求出允许安装高度 $H_{g允许}$后，考虑安全因素，泵的实际安装高度 H_g 还应比 $H_{g允许}$低（0.5～1）m，即

$$H_g = H_{g允许} - (0.5 \sim 1) \tag{2-20}$$

式中，H_g 为离心泵的实际安装高度（即泵吸入口 1-1 截面到液源液面 0-0 间的垂直距离），m。

确定 H_g 时还应注意下面几个问题。

(1) 允许汽蚀余量的校正。泵性能表上列出的 Δh 值也是按输送 20℃的清水测定出来的，当输送其他液体时，Δh 值应按下式校正。

$$\Delta h' = \varphi \Delta h \tag{2-21}$$

式中　$\Delta h'$——输送其他液体时的允许汽蚀余量，m；

φ——校正系数，为输送温度下液体的密度与饱和蒸气压的函数，其值小于 1。

φ 值可由有关手册查得，但通常 $\varphi<1$，$\Delta h'<\Delta h$，则按 $\Delta h'$计算的允许安装高度 $H'_{g允许}>H_{g允许}$，故为简便起见，Δh 也可不校正，而把它作为外加的安全因数。

(2) Δh 值也与流量有关，流量 Q 增大，Δh 值增大，$H_{g允许}$值减小。因此在计算 $H_{g允许}$时，必须以使用过程可能达到的最大流量进行计算。

(3) 当进口管路无阻力，液面压力为标准大气压，$u_e=0$，不考虑饱和蒸气压影响时，$H_g=10.33$m 是泵安装高度的极限，所以离心泵在安装时并不是想装多高就装多高。在确定安装高度时，也应采取前述的各种措施使$\sum h_{f,01}$尽可能小。

(4) 若输送的是沸腾的液体，根据物理化学知识，液体沸腾时其饱和蒸气压 p_v 与釜中液面上方的绝压 p_0 相等，则式(2-19) 中的 $p_0=p_v$，$H_{g允许}=-\sum h_{f,01}-\Delta h$。

(5) 循环管路中离心泵提供的能量全部用于克服流动阻力，离心泵同样存在汽蚀现象，请读者延伸考虑在循环管路中防止汽蚀现象的措施。

2.1.9　离心泵的选择

选择离心泵的基本原则是能满足液体输送的工艺要求。其基本步骤如下。

① 根据所输送液体的理化性质及操作条件，先确定泵的类型。如输送清水及理化性质类似于水的液体，则可选水泵（B 型、Sh 型、D 型）；若输送石油产品，则可选 Y 型油泵；若输送酸、碱等腐蚀性液体，则可选 F 型耐腐蚀泵；若输送悬浮液，则可选 P 型杂质泵。

② 确定输送系统的流量 Q 与所需的压头 H。流量一般为生产任务所决定，若生产中流量在一定范围内变化，选泵时应按最大流量为准。根据输送系统的管路安排，用柏努利方程计算在最大流量下管路所需压头 H。

③ 根据最大流量 Q_{max}和所需的压头 H 确定泵的型号。若没有一种型号的泵其 Q 和 H 与所要求的刚好相符，则在邻近型号中选用 Q 和 H 都稍大的一种；若是有几种型号的泵都能满足要求，则应进行比较，选择工作点下效率最高的泵。

④ 校算泵的轴功率。若输送的液体密度大于水的密度时，必须核算轴功率，以便决定是否要更换功率大的电动机。

2.1.10　往复泵的性能参数、特性曲线与流量调节

(1) 往复泵的流量 Q　往复泵的流量是由泵缸尺寸、活塞冲程和泵缸数决定的，其实际流量为

单动泵
$$Q=\eta_v ASn=0.785\eta_v D^2 Sn \tag{2-22}$$

双动泵
$$Q=\eta_v(2A-a)Sn=0.785\eta_v(2D^2-d^2)Sn \tag{2-23}$$

式中　Q——往复泵的流量，m^3/min；

η_v——往复泵的容积效率，可由实验测定；

A，a——分别为活塞、活塞杆的截面积，m^2；

D，d——分别为泵缸内径、活塞杆直径，m；

S——活塞冲程，m；

n——活塞每分钟往复次数，min^{-1}。

(2) 往复泵的轴功率与效率　往复泵轴功率计算与离心泵相同，即

$$N=\frac{QH\rho g}{60\eta} \tag{2-24}$$

式中　N——往复泵轴功率，W；

H——往复泵的扬程（压头），m；

η——往复泵的总效率，其值由实验测定，一般 $\eta=0.65\sim0.85$。

(3) 往复泵的特性曲线　理论上（容积效率 $\eta_v=1$ 时），由式(2-22) 和式(2-23) 可看出，往复泵的理论流量 Q_T 只与活塞每次扫过的体积和活塞往复次数有关，而与管路情况无关。因此，往复泵的理论特性方程式为 $Q_T=$常数，Q_T 与压头 H 无关，其理论特性曲线如图 2-14 线 Q_T 所示。实际上 $\eta_v<1$，且 η_v 随压头升高而略微减小，因此实际特性曲线略为向左偏离（如图 2-14 所示 Q 线）。

往复泵的流量只取决于活塞扫过的体积，与管路情况无关；而往复泵提供的压头则只决定于管路情况。这种特性称为正位移特性，具有这种特性的泵称为正位移泵。除往复泵外，教材上介绍的计量泵、隔膜泵、螺杆泵等均属于正位移泵。

(4) 往复泵的工作点　往复泵的工作点也是由管路特性和泵的特性共同决定，系两特性曲线的交点。但是，由于往复泵的正位移特性，实际工作点只能在这条垂直线上移动，而输送的流量不会变化。泵所提供的压头在原电机功率和泵的机械强度允许范围内视管路特性而定，如图 2-15 所示。

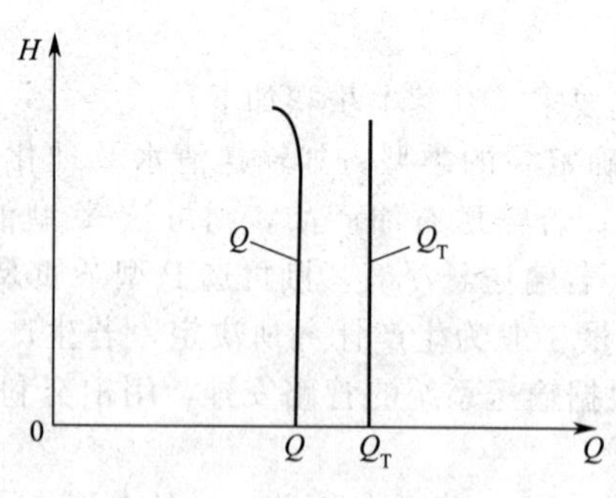

图 2-14　往复泵特性曲线

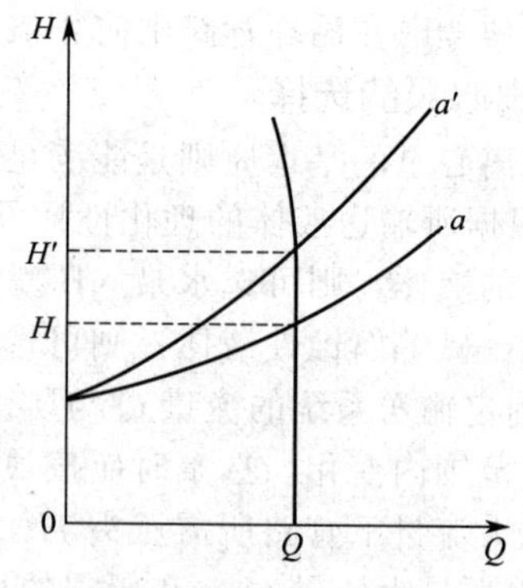

图 2-15　往复泵的工作点

离心泵可用出口阀门来调节流量，但往复泵却不能用此方法来调节流量。因为往复泵属于正位移泵，其流量与管路特性无关，用出口阀调节非但不能改变流量，而且还会造成危险。一旦出口阀门关闭，泵缸内的压强将急剧上升，导致机件破损或电机烧毁。

往复泵的流量调节方法如下。

① 旁路调节。旁路调节如图 2-16 所示。因往复泵的流量一定，通过阀门调节旁路流量，便可以达到主管流量调节的目的。旁路调节的实质是通过改变管路特性曲线来改变工作点。旁路调节并没有改变总流量，只是改变了总流量在主管和旁路之间的分配而已。旁路阀调节流量时损失的功率为

$$\Delta N=\frac{Q_c H\rho g}{60\eta} \tag{2-25}$$

式中　ΔN——因旁路调节流量而损失的功率，W；

Q_c——旁路流量，m^3/min。

这种调节方法虽然简单但很不经济，只适用于变化幅度较小的经常性调节。

② 改变曲柄转速和活塞行程。由式(2-22) 和式(2-23) 可知，改变曲柄转速（往复次数 n）和活塞行程长度（冲程 S），可以改变泵的流量，即改变泵的特性曲线（图 2-17 所示为改变 n 特性曲线变化情况）。这种调节法能量损失小，比较经济，但是需要变速装置，结构比较复杂，不如旁路调节方便。

2.1.11　离心通风机的性能参数、特性曲线与风机选择

(1) 离心通风机的风量　通风机在单位时间内输送的气体体积称为风机的风量 Q，习惯用 m^3/h 作为 Q 的单位，计算时应换算成 m^3/s。

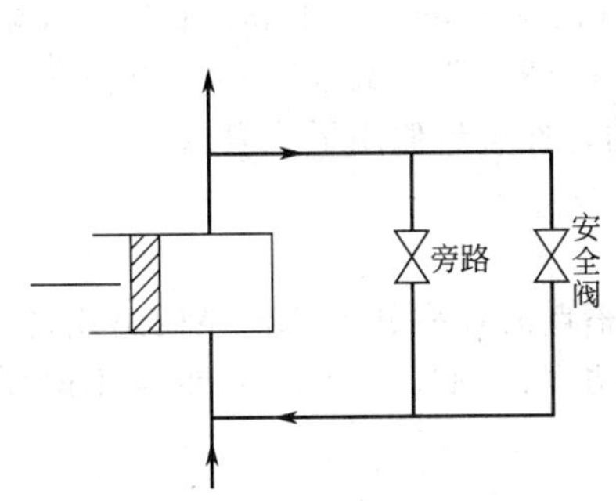

图 2-16　往复泵旁路调节流量示意

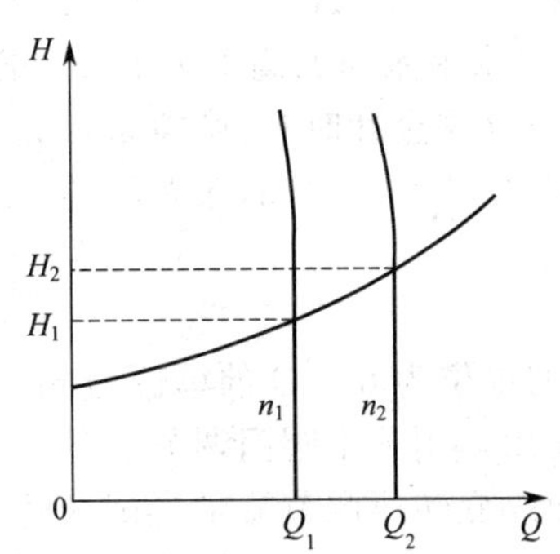

图 2-17　改变往复泵的特性曲线调节流量

(2) 离心通风机的全风压 p_t　离心通风机出口气速很大，进出口静压差较小，即动压头相对于静压头不能忽略。于是通风机的性能参数除了反映进出口静压能之差的静风压以外，还有一个反映静压能与动能之和的全风压，即

$$p_t = p_{st} + p_{kt} \tag{2-26}$$

式中　p_t——风机的全风压，Pa；

p_{st}——风机的静风压，$p_{st}=p_2-p_1$，若风机进口直接通大气，则风机进口压力 p_1(表压)$=p_a=0$，风机出口压力 p_2 就等于 p_{st}，即 $p_{st}=p_2$（表压），Pa；

p_{kt}——风机的动风压，$p_{kt}=\rho u_2^2/2$，(u_2 为风机出口气速，m/s)，Pa。

(3) 离心通风机的轴功率 N

$$N=\frac{Qp_t}{\eta} \tag{2-27}$$

式中　N——风机的轴功率，W；

Q——风机的风量，m^3/s；

η——风机的效率，因按全风压确定，故又称全压效率，一般 $\eta=0.40\sim0.70$，其值可由实验测定。

(4) 离心通风机的特性曲线　与离心泵相仿，一定型号的离心通风机在转速一定时，各性能参数也可用特性曲线来表示，所不同的是离心通风机比离心泵多了一个性能参数动风压，故特性曲线也多了一条 p_{st}-Q 线。离心通风机的特性曲线详细情况可参见教材。

(5) 离心通风机的选择　选择离心通风机的步骤与选择离心泵的步骤相类似，不再详述。此处提示读者注意如下几点。

① 离心通风机的特性曲线或性能表是用 20℃、101.3kPa 的空气（该状态空气密度 $\rho_0=1.2kg/m^3$）做实验测出的。因为全风压 p_t 与 ρ 有关，故在实际使用时，若气体的 ρ 与 ρ_0 不

同，先将实际所需的 p_t 按下式换算成实验状态下的 p_t^0，然后按 p_t^0 与 Q 去选型。

$$p_t^0 = p_t\left(\frac{\rho_0}{\rho}\right) = p_t\frac{1.2}{\rho} \tag{2-28}$$

式中　p_t^0，p_t——分别为实验状态、使用状态下的风机全风压，Pa；

ρ——实际输送的气体密度，kg/m^3。

② 选择离心通风机要根据 p_t-Q 线，不能用 p_{st}-Q 线选。

③ 比例定律对风机仍适用，只要将式(2-3) 中的 H' 改为 p_t'、H 改为 p_t 即可。

2.2 流体输送机械典型例题分析

例 2-1 需将 $30m^3/h$、20℃的水由敞口水池送至塔顶，塔顶压力（表压）为 $0.5kgf/cm^2$，与取水池水面的高差为 10m。输水管管径为 ϕ89mm×4mm，长 18m，管线局部阻力系数 $\sum\zeta=13$（阀全开时），摩擦系数 $\lambda=0.01227+0.7543/Re^{0.38}$。试求：(1) 求输送所需的理论功率（kW）；(2) 若泵在转速 $n=2900r/min$ 时的特性可近似用下式表示

扬程 $$H=22.4+5Q-20Q^2 \tag{a}$$

效率 $$\eta=2.5Q-2.1Q^2 \tag{b}$$

式中 H 的单位为 m，Q 的单位为 m^3/min。求最高效率点的效率并评价此泵的适用性；(3) 若此泵适用，用关小阀门调节流量，求调节阀消耗的功率；(4) 若 (2) 中的泵不改变阀门的开度而改变转速调节流量，试求转速应变化多少？

解 (1) 求输送所需的理论功率 N_e

$$N_e=QH\rho g$$

式中，Q、ρ 已知，要求 N_e 还需知道工作点的扬程 H。本小题泵的特性曲线未知，只能求出管路所需的压头 h_e，在工作点 $h_e=H$。所以

$$H=h_e=A+BQ^2$$

p_1、p_2 均取表压计算，则管路两端的总势能差为

$$A=\Delta z+\frac{\Delta p}{\rho g}=\Delta z+\frac{p_2-p_1}{\rho g}=10+\frac{(0.5-0)\times 9.807\times 10^4}{1000\times 9.81}=15\ (m)$$

$$B=\frac{8(\lambda l/d+\sum\zeta)}{3600^2\pi^2 d^4 g}$$

由于题给 Q 的单位为 m^3/h，且已知阀全开时管线局部阻力系数 $\sum\zeta$，则管路特性曲线系数将式(2-13) 除以 3600^2 即可计算，但计算 B 需知道 λ，故先求 λ。20℃水的黏度为 1.005cP。

$$u=\frac{Q}{0.785d^2}=\frac{30/3600}{0.785\times 0.081^2}=1.62(m/s)$$

$$Re=\frac{du\rho}{\mu}=\frac{0.081\times 1.62\times 1000}{1.005\times 10^{-3}}=1.306\times 10^5$$

$$\lambda=0.01227+0.7543/(1.306\times 10^5)^{0.38}=0.0209$$

所以 $$B=\frac{8\times(0.0209\times 18/0.081+13)}{3600^2\times 3.14^2\times 0.081^4\times 9.81}=2.62\times 10^{-3}\ (h^2/m^5)$$

$$H=h_e=A+BQ^2=15+2.62\times 10^{-3}\times 30^2=17.4\ (m)$$

理论功率 $N_e=QH\rho g=(30/3600)\times 17.4\times 1000\times 9.81=1422\ (W)=1.42\ (kW)$

(2) 评价此泵是否适用，应根据此泵在 $Q=30m^3/h$ 时的效率 η 是否大于 $92\%\eta_{max}$，若是，说明该泵在高效区工作，适用。由数学知识知道要求 η_{max}，求极值可通过求导并令导数为零，因为

$$\eta=2.5Q-2.1Q^2$$

所以
$$\frac{d\eta}{dQ}=2.5-2\times2.1Q=0$$

解得 $Q=0.595\text{m}^3/\text{min}$（此即最高效率点下的流量）

则
$$\eta_{\max}=2.5\times0.595-2.1\times0.595^2=0.744$$

当 $Q=30\text{m}^3/\text{h}=0.5\text{m}^3/\text{min}$ 时，该泵的效率为

$$\eta=2.5\times0.5-2.1\times0.5^2=0.725$$

$$\eta/\eta_{\max}=0.725/0.744=0.974=97.4\%>92\%$$

计算结果说明该泵适用。

（3）如图 2-18 所示，原管路（阀门全开）$Q_2=30\text{m}^3/\text{h}$ 时所需的压头 $h_{e2}=17.4\text{m}$，此泵在原管路中的工作点 M_1 下的流量 $Q_1>Q_2$，所以要关小阀门，$\sum\zeta$ 增大，管路特性曲线变陡，工作点由 M_1 变到 M_2，流量调到 Q_2，此时管路所需压头即为泵在新工作点的压头 H_2，H_2 必满足泵的特性曲线方程，即 $Q_2=30\text{m}^3/\text{h}=0.5\text{m}^3/\text{min}$ 时由式(a) 得

$$H_2=22.4+5\times0.5-20\times0.5^2=19.9\ (\text{m})$$

则调节阀消耗的功率为

$$\Delta N=\frac{Q_2(H_2-h_{e2})\rho g}{60\eta}=\frac{0.5\times(19.9-17.4)\times1000\times9.81}{60\times0.725}=282\ (\text{W})\ =0.282\ (\text{kW})$$

（4）求转速应变化多少，有以下两种解法。

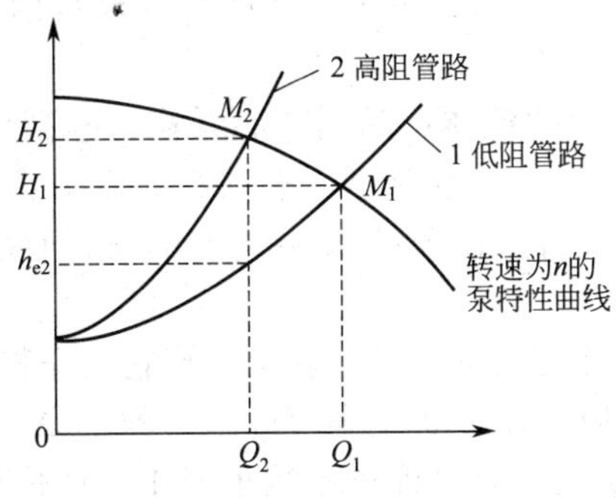

图 2-18 改变阀门开度调节流量

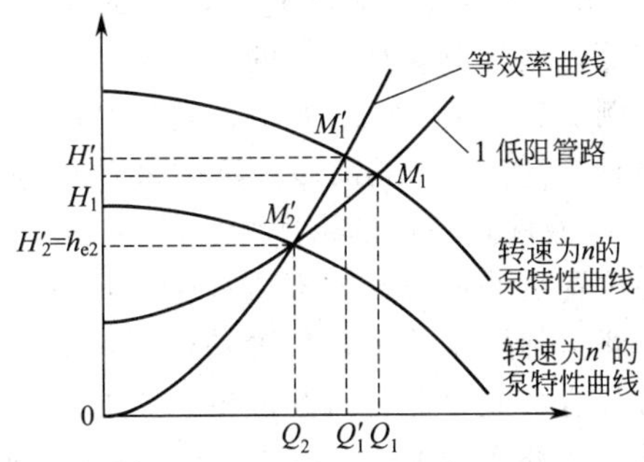

图 2-19 改变转速调节流量

解法一 利用新转速下泵的特性曲线方程求 n'

本小题改变泵的转速，使工作点从 M_1 变到 M'_2（如图 2-19 所示），$Q_2=30\text{m}^3/\text{h}=0.5\text{m}^3/\text{min}$，$H_2'=h_{e2}=17.4\text{m}$。为了求工作点 M_2' 的离心泵转速 n'，由 2.1.5.2 节（2）中情况③知，可根据比例定律先确定转速改变后泵的特性曲线，再与管路特性曲线联立求解转速。将比例定律代入转速为 n 时的泵特性曲线得转速为 n' 的特性曲线方程为

$$H'=22.4\left(\frac{n'}{n}\right)^2+5\left(\frac{n'}{n}\right)Q'-20Q'^2$$

当流量为 $0.5\text{m}^3/\text{min}$ 时，由管路特性曲线得管路所需压头为 17.4m。所以

$$17.4=22.4\left(\frac{n'}{n}\right)^2+5\times0.5\times\left(\frac{n'}{n}\right)-20\times0.5^2$$

整理上式得
$$22.4\left(\frac{n'}{n}\right)^2+2.5\left(\frac{n'}{n}\right)-22.4=0$$

求解该方程得 $n'/n=0.945$ 即 $n'=0.945\times2900=2743\ (\text{r/min})$

从图 2-19 可看出点 M_2'（Q_2，H_2'，n'）和点 M_1'（Q_1'，H_1'，n）在等效率曲线上，故它们满足比例定律式(2-3)。由式(2-3) 求得 $n'=n(Q_2/Q_1')=2900\times(0.5/0.5287)=2743\ \text{r/min}$，

或 $n'=n\sqrt{H'_2/H'_1}=2900\times\sqrt{17.4/19.45}=2743\text{r/min}$，可见两者求得的 n' 值相等。转速变化率 $=\Delta n/n=(2900-2743)/2900=0.054=5.4\%$（$<20\%$，在允许范围）

解法二　利用等效率曲线方程求 n'

由 2.1.5.2 节（2）中情况③知，为求工作点 M'_2 的离心泵转速 n'，可利用等效率方程(2-16)，将式(2-16) 标绘在 H-Q 图上如图 2-19 中 $0M'_2M'_1$ 曲线

$$H=kQ^2 \tag{c}$$

将 $H'_2=17.4\text{m}$，$Q_2=0.5\text{m}^3/\text{min}$，代入式(c)，求得系数 $k=H'_2/Q_2^2=17.4/0.5^2=69.6\text{min}^2/\text{m}^5$，通过 M'_2 点的等效率方程为

$$H=69.6Q^2 \tag{d}$$

式(a) 与式(d) 联立求解，整理得如下一元二次方程

$$Q^2-0.0558Q-0.25=0$$

解此一元二次方程得 $n=2900\text{r/min}$ 时泵特性曲线上 M'_1 点的 $Q'_1=0.5287\text{m}^3/\text{min}$（另一解不合题意舍去），将 Q'_1 代入式(a) 或式(d) 求得 M'_1 点扬程 $H'_1=19.45\text{m}$。利用式(2-3)，即 $n'/n=Q_2/Q'_1$ 求得 $n'=nQ_2/Q'_1=2900\times0.5/0.5325=2743\text{r/min}$，转速变化率 $\Delta n/n=(2900-2743)/2900=0.054=5.4\%<20\%$，在允许范围。

从图 2-19 可看出点 M'_2（Q_2，H'_2，n'）和点 M_1（Q_1，H_1，n）不在等效率曲线上，故它们不满足比例定律式(2-3)。若用式(2-3) 求得 $n'=n(Q_2/Q_1)=2900\times(0.5/0.594)=2441\text{r/min}$，或 $n'=n\sqrt{H'_2/H_1}=2900\times\sqrt{17.4/18.33}=2825\text{r/min}$，可见两者求得的 n' 值不相等，这种解法是错误的。

例 2-2　如图 2-20 所示，要将某减压精馏塔塔釜中的液体产品用离心泵输送至高位槽，釜中真空度为 550mmHg，釜中液体处于沸腾状态。泵位于地面上，吸入管路阻力损失为 0.87 m 液柱，液体的密度为 986kg/m^3，已知该泵的允许汽蚀余量 $\Delta h=4.2\text{m}$，试问该泵的安装位置是否适宜？如不适宜应如何重新安排？

解： 判别泵的安装位置是否适宜或泵能否正常操作之类的题型，就是核算它的安装高度是否合适，能否避免汽蚀现象。本题已知 Δh 值，可用式(2-19) 计算 $H_{g允许}$。泵的 Δh 值也是用 20℃的清水做实验测定的，输送其他液体本应校正，通常校正系数小于 1，可不校正，把它作为外加的安全因素。

$$H_{g允许}=\frac{p_0-p_v}{\rho g}-\sum h_{f,01}-\Delta h$$

式中，$\sum h_{f,01}$、Δh 值已知，题给条件是釜中液体处于沸腾状态，由 2.1.8 节（4）可知 $p_0=p_v$，所以题目已知釜中真空度 550mmHg 的条件解题时没有用。

所以
$$H_{g允许}=0-0.87-4.2=-5.07\text{（m）}$$

为安全起见，实际安装高度 H_g 应比 $H_{g允许}$ 再降低 0.5m。从图 2-20 可知，本题泵的安装高度为 -3.5m，故

$$H_g=H_{g允许}-0.5=-5.07-0.5=-5.57\text{（m）}（<-3.5\text{m}）$$

所以此泵的安装位置太高，会发生汽蚀现象。原泵位于地面上，且精馏塔的位置不能变（精馏塔的操作压力为工艺条件所定）。因此，唯一的办法就是将泵至少置于地下 $5.57-3.5=2.07$（m），才能使泵正常操作。

例 2-3　如图 2-21 所示。某液体由一敞口贮槽经泵送至精馏塔，管道入塔处与贮槽液面的垂直距离为 12m，液体流经换热器的压力损失为 0.3kgf/cm^2（29.4kPa），精馏塔压力（表压）为 1kgf/cm^2（98.1kPa），排出管路为 $\phi114\text{mm}\times4\text{mm}$ 的钢管，管长为 120m（包括局部阻力的当量长度），液体流速为 1.5m/s、相对密度为 0.96、其他物性均与水极为接近，

摩擦系数 $\lambda=0.03$。泵吸入管路压头损失为 1m 液柱，吸入管径为 $\phi 114\text{mm}\times 4\text{mm}$。试通过计算，从表 2-1 几种型号的离心泵中选出较合适的离心泵。

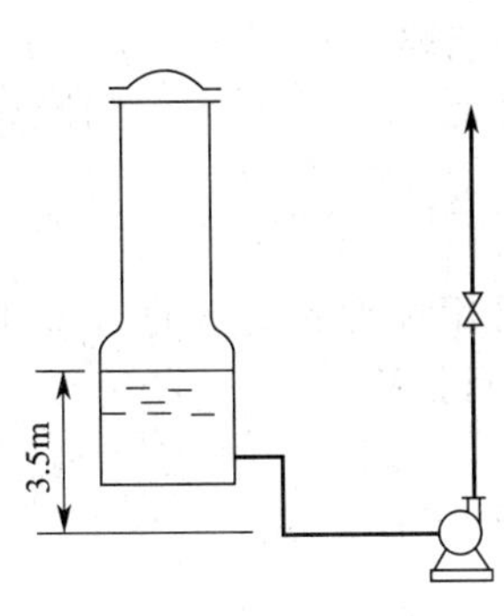

图 2-20　例 2-2 附图

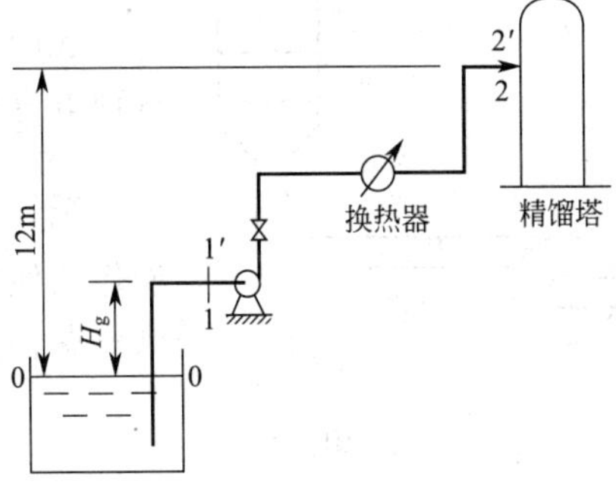

图 2-21　例 2-3 附图

表 2-1　几种型号的离心泵

型号	Q/(m^3/h)	H/m	n/(r/min)	N/kW	η	H_s/m
2B19	22	16	2900	1.66	66%	6.0
3B57A	50	37.5	2900	7.98	64%	6.4
4B91	90	91	2900	32.8	68%	6.2

解　本题为泵的选型问题。输送的液体物性与水接近，故题给的 B 型水泵适用。然后，应根据输送流量 Q 及管路所需压头 h_e 确定泵的具体型号。

$$Q=0.785d^2u=0.785\times 0.106^2\times 1.5=0.0132\ (\text{m}^3/\text{s})\ =47.6\ (\text{m}^3/\text{h})$$

管路所需压头

$$h_e=\Delta z+\frac{\Delta p}{\rho g}+\frac{\Delta u^2}{2g}+\sum h_{f,02}$$

式中

$$\Delta z=12\text{m},\frac{\Delta p}{\rho g}=\frac{p_2-p_0}{\rho g}=\frac{(1-0)\times 9.807\times 10^4}{960\times 9.81}=10.4\ (\text{m})$$

$$\frac{\Delta u^2}{2g}=\frac{u_2^2-u_0^2}{2g}=\frac{1.5^2-0}{2\times 9.81}=0.11\ (\text{m})$$

管路系统的阻力损失应包括液体流经吸入管路、排出管路及换热器的阻力损失。题给液体流经换热器阻力损失的单位为 kgf/cm^2，计算时要换算成 m 液柱。

$$\sum h_{f,02}=\sum h_{f吸入}+\sum h_{f排出}+\sum h_{f换热器}=\sum h_{f吸入}+\lambda\frac{(l+\sum l_e)_{排出}}{d}\frac{u^2}{2g}+\frac{\sum \Delta p_{f换热器}}{\rho g}$$

$$=1+0.03\times\frac{120}{0.106}\times\frac{1.5^2}{2\times 9.81}+\frac{0.3\times 9.807\times 10^4}{960\times 9.81}=8.02\ (米液柱)$$

则

$$h_e=12+10.4+0.11+8.02=30.5\ (米液柱)$$

根据 $Q=47.6\text{m}^3/\text{h}$、$h_e=H=30.5\text{m}$ 液柱，从题给各型号泵的性能可知，选 3B57A 离心泵较适合，该泵 Q、H 均满足要求，Q 稍大，可通过阀门调节流量。

例 2-4　某塔板冷模实验装置如图 2-22 所示，其中有三块塔板，塔径 $D=1.5\text{m}$，管路直径 $d=0.45\text{m}$，要求塔内最大气速为 2.5m/s，已知在最大气速下，每块塔板的阻力损失为 $120\text{mmH}_2\text{O}$，孔板流量计的阻力损失为 $400\text{mmH}_2\text{O}$，整个管路的阻力损失约为 $300\text{mmH}_2\text{O}$。设空气温度为 30 ℃，大气压为 740mmHg，试选择一台适用的风机。

解　本题为风机选型的题目，风机选型应根据风机的风量 Q 和全风压 p_t。风机产品目录中全风压是以 mmH_2O 为单位，且是指实验条件（输送 20℃，0.1MPa 的空气）下的值，因此，应先求出使用条件下的全风压，然后将其换算成实验条件下的全风压再选型。

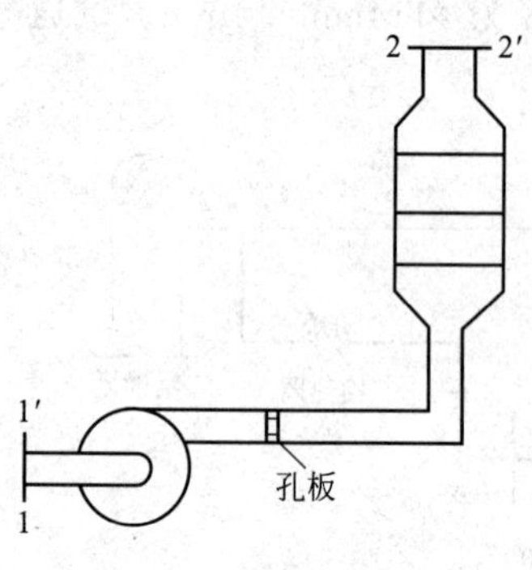

图 2-22　例 2-4 附图

在本题使用条件下，对通风机入口截面 1-1′和塔出口截面 2-2′列以单位体积流体为衡算基准的柏努利方程，得

$$p_t=(z_2-z_1)\rho g+(p_2-p_1)+\rho(u_2^2-u_1^2)/2+\sum\Delta p_{f,12} \quad (a)$$

式中，$(z_2-z_1)\rho g$ 可忽略、$p_2=p_1=p_a$、$u_1=0$（1-1′截面取进口外侧，该截面很大，$u_1\approx0$），u_2 可计算如下

$$u_2=\frac{Q}{0.785d_2^2}=\frac{0.785D^2u}{0.785d^2}=\frac{1.5^2\times2.5}{0.45^2}=27.8\ (\mathrm{m/s}) \quad (b)$$

操作条件下空气的密度 ρ 可用标准状态（0℃，0.1MPa）空气密度 $\rho_N=1.293\mathrm{kg/m^3}$ 进行换算

$$\rho=\rho_N\frac{T_N}{T}\times\frac{p}{p_N}=1.293\times\frac{273}{303}\times\frac{740}{760}=1.13\ (\mathrm{kg/m^3})$$

整个输送系统的阻力损失 $\sum\Delta p_{f,12}$ 为

$$\sum\Delta p_{f,12}=(400+300+120\times3)\times1.013\times10^5/10330=1.04\times10^4\ (\mathrm{Pa})$$

将以上各值代入式(a) 得

$$p_t=1.13\times27.8^2/2+1.04\times10^4=1.08\times10^4\ (\mathrm{Pa})$$

把 p_t 值换算成实验条件（20℃、0.1MPa 的空气，其密度 $\rho_0=1.2\mathrm{kg/m^3}$）下的 p_t^0，即

$$p_t^0=\frac{p_t\rho_0}{\rho}=\frac{1.08\times10^4\times1.2}{1.13}=1.15\times10^4\ (\mathrm{Pa})=1173\ (\mathrm{mmH_2O})=11.5\ (\mathrm{kPa})$$

所需的风量 Q 为

$$Q=0.785D^2u=0.785\times1.5^2\times2.5=4.42\ (\mathrm{m^3/s})=1.59\times10^4\ (\mathrm{m^3/h})$$

根据 p_t^0 和 Q，从风机样本中查得 9-27-101No.7（$n=2900\mathrm{r/min}$）型离心通风机可满足要求，该风机性能如下

$$p_t^0=1210\mathrm{mmH_2O}=11.87\mathrm{kPa},\ Q=1.71\times10^4\mathrm{m^3/h},\ N=89\mathrm{kW}$$

例 2-5　如图 2-23 所示。用电动往复泵从敞口贮水池向密闭容器供水，容器内压力（表压）为 10at，容器与水池液面高度相差 10m。主管线长度（包括局部阻力的当量长度）为 100m，管径为 50mm。管壁粗糙度为 0.25mm。在泵的进出口处设一旁路，其直径为 30mm。设水温为 20℃，试求：(1) 当旁路关闭时，管内流量为 $0.006\mathrm{m^3/s}$，泵的理论功率为多少？(2) 若所需流量减半，采用旁路调节，旁路的总阻力系数和泵的理论功率为多少？(3) 若改变活塞的行程实现上述流量调节，行程应作如何调整？相应的理论功率为若干？

图 2-23　例 2-5 附图

解　(1) 求泵的理论功率 N_e 必须先求在工作点的压头 H（H 即为管路在工作点所需的压头 h_e），求 h_e 要知道 λ。

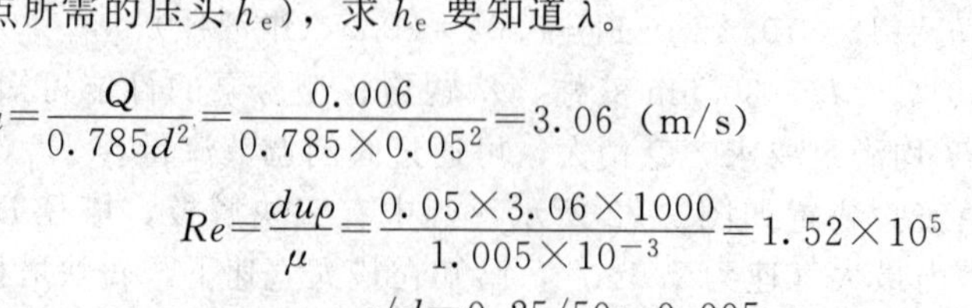

$$u=\frac{Q}{0.785d^2}=\frac{0.006}{0.785\times0.05^2}=3.06\ (\mathrm{m/s})$$

$$Re=\frac{du\rho}{\mu}=\frac{0.05\times3.06\times1000}{1.005\times10^{-3}}=1.52\times10^5$$

$$\varepsilon/d=0.25/50=0.005$$

查得 $\lambda=0.031$，则管路所需压头为

$$H=h_e=\Delta z+\frac{\Delta p}{\rho g}+\lambda\frac{l+\sum l_e}{d}\times\frac{u^2}{2g}$$

$$=10+\frac{(10-0)\times9.807\times10^4}{1000\times9.81}+0.031\times\frac{100}{0.05}\times\frac{3.06^2}{2\times9.81}=139.6\ (\mathrm{m})$$

所需理论功率为　$N_e = QH\rho g = 0.006 \times 139.6 \times 1000 \times 9.81 = 8217\ (\mathrm{W}) = 8.22\ (\mathrm{kW})$

（2）因为流量减半，流速 u 及 Re 也减半，即

$$u' = u/2 = 3.06/2 = 1.53\ (\mathrm{m/s}),\ Re' = Re/2 = 1.52 \times 10^5/2 = 7.6 \times 10^4$$

查得 $\lambda' = 0.032$，则管路所需压头为

$$H' = h_e' = \Delta z + \frac{\Delta p}{\rho g} + \lambda' \frac{l + \sum l_e}{d} \times \frac{u'^2}{2g}$$

$$= 10 + \frac{(10-0) \times 9.807 \times 10^4}{1000 \times 9.81} + 0.032 \times \frac{100}{0.05} \times \frac{1.53^2}{2 \times 9.81} = 117.6\ (\mathrm{m})$$

所需理论功率为　$N_e' = 0.006 \times 117.6 \times 1000 \times 9.81 = 6922\ (\mathrm{W}) = 6.92\ (\mathrm{kW})$

旁路可视为一循环回路，液体所获得的全部能量消耗于阻力损失，即

$$H' = \sum \zeta \frac{u_1^2}{2g}$$

在旁路内的流速为　$u_1 = \dfrac{Q_1}{0.785 d_1^2} = \dfrac{0.006/2}{0.785 \times 0.03^2} = 4.25\ (\mathrm{m/s})$

旁路的总阻力系数为　$\sum \zeta = \dfrac{H' 2g}{u_1^2} = \dfrac{117.6 \times 2 \times 9.81}{4.25^2} = 127.7$

（3）因流量减半，活塞行程也应缩短一半。此时所需压头不变，故泵的理论功率为

$$N_e = (0.006/2) \times 117.6 \times 1000 \times 9.81 = 3461(\mathrm{W}) = 3.46\ (\mathrm{kW})$$

刚好为旁路调节的一半。

正位移泵的流量与管路特性无关，不能简单地通过阀门调节流量。正位移泵的流量调节方法有两种，一种是安装旁路，一种是改变泵特性曲线，即改变曲柄转速和活塞行程。从本例计算结果可知，后一种调节方法在经济上是合理的。

例 2-6　某型号离心泵的特性曲线方程为 $H = 35.4 - 44Q^2$（式中，H 单位为 m，Q 单位为 $\mathrm{m^3/min}$)，该泵单独安装在管路中如图 2-24(a) 所示，其流量为 Q。现将一台型号与原泵相同的泵并联操作［如图 2-24(b) 所示］，并联的两泵其操作状态相同，请推导并联操作的流量 $Q_{并}$ 与单泵操作的流量 Q 之间的关系。设在两种情况下，0～1 段及 1～2 段管路的阻力（包括沿程及局部阻力，但不包括流过泵的阻力）可用 BQ^2 表示，其中 B 为常数，且两段有 $B_1 = B_2$。

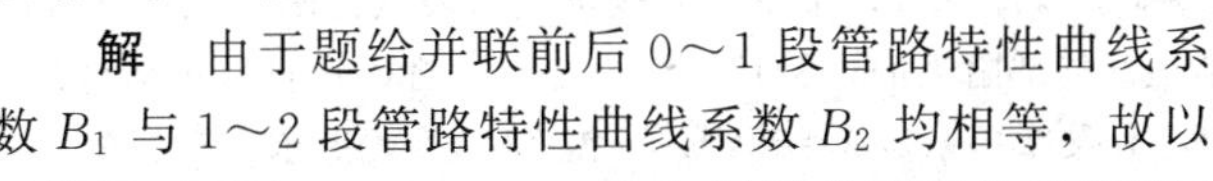

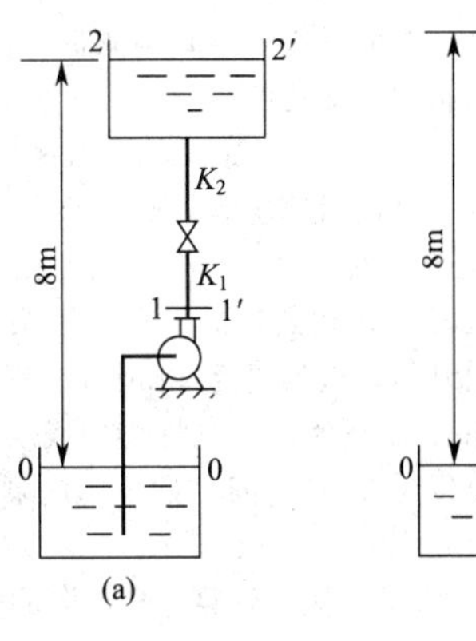

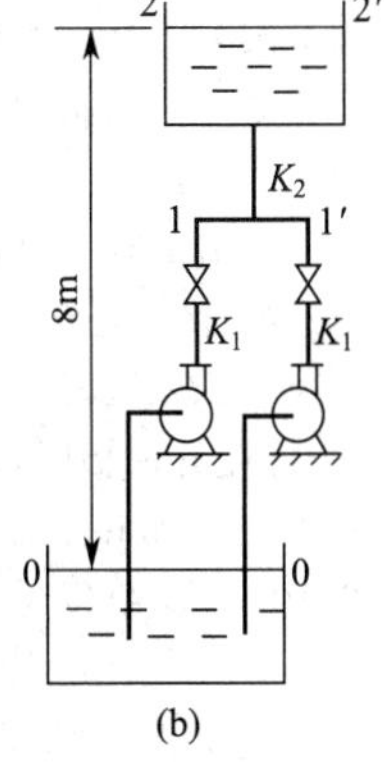

图 2-24　例 2-6 附图

解　由于题给并联前后 0～1 段管路特性曲线系数 B_1 与 1～2 段管路特性曲线系数 B_2 均相等，故以下推导时取 $B = B_1 = B_2$，并先根据单泵工作的情况求出 B 的表达式。

对图（a)，单泵工作时，管路特性曲线方程

$$h_e = 8 + B_1 Q^2 + B_2 Q^2 = 8 + 2BQ^2 \tag{a}$$

泵特性曲线方程

$$H = 35.4 - 44Q^2 \tag{b}$$

联立式(a)、式(b)（即在工作点 $H = h_e$）解得

$$B = \frac{35.4 - 8 - 44Q^2}{2Q^2} = \frac{13.7 - 22Q^2}{Q^2} \tag{c}$$

对图（b)，两泵并联工作时，0～1 段为并联段。设并联的总流量为 $Q_{并}$，则并联段每个支路的流量为 $Q_{并}/2$，根据并联管路的特点可知，并联段的阻力等于其中每个支路的阻力而

不等于两个支路的阻力之和，则并联操作管路特性曲线方程为

$$h_{e并}=8+B_1(Q_{并}/2)^2+B_2Q_{并}^2=8+125BQ_{并}^2 \tag{d}$$

两泵并联后，流量加倍，压头不变，故并联泵的合成特性曲线为

$$H_{并}=35.4-44(Q_{并}/2)^2=35.4-11Q_{并}^2 \tag{e}$$

联立式(d)、式(e)（即在工作点 $H_{并}=h_{e并}$）解得

$$Q_{并}=\sqrt{27.4/(11+1.25B)}$$

把式(c) 代入上式，并整理得

$$Q_{并}=Q/\sqrt{0.625-0.602Q^2}\ (\mathrm{m^3/min})$$

习　题

2-1　由水库将水打入一水池，水池水面比水库水面高 50m，两水面上的压力均为常压，要求的流量为 $90\mathrm{m^3/h}$，输送管径为 156mm，在阀门全开时，管长和各种局部阻力的当量长度的总和为 1000m，对所使用的泵在 $Q=65\sim135\mathrm{m^3/h}$ 范围内属于高效区，在高效区中，泵的性能曲线可近似地用直线 $H=124.5-0.392Q$ 表示，此处 H 为泵的扬程，单位是 m；Q 为泵的流量，单位是 $\mathrm{m^3/h}$；泵的转速为 2900r/min；摩擦系数 $\lambda=0.025$；水的密度 $\rho=1000\mathrm{kg/m^3}$。试确定：（1）此泵能否满足要求？（2）如泵的效率在 $Q=90\mathrm{m^3/h}$ 时可取为 68%，求泵的轴功率，如用阀门进行调节，由于阀门关小而损失的功率为多少？（3）如将泵的转速调为 2600r/min，并辅以阀门调节使流量达到要求的 $90\mathrm{m^3/h}$，比第（2）问的情况节约能量（比率）多少？

［答：（1）$H=89.2\mathrm{m}>h_e=64\mathrm{m}$ 能满足要求；（2）$N=32.2\mathrm{kW}$，$\Delta N=9.09\mathrm{kW}$；（3）82.2%］

2-2　某离心泵工作转速为 $n=2900\mathrm{r/min}$ 时，其特性曲线可用 $H=30-0.01Q^2$ 表示，当泵的出口阀门全开时，管路系统的特性曲线为 $h_e=10+0.04Q^2$，以上两式中 H 和 h_e 的单位为 m，Q 的单位为 $\mathrm{m^3/h}$。试求：（1）泵的最大输水量；（2）当所需供水量为最大输水量的 75%时，泵的效率为 0.6，若用出口阀调节流量，由于阀门关小而损失的功率为多少？若采用变速调节，泵的转速应为多少？（3）分析当泵的出口处的调节阀关小后，阀前（阀上游）与阀后（阀下游）的压力以及泵进口处的真空表读数将如何变化？当泵的转速减小，又将如何变化？

［答：（1）$Q=20\mathrm{m^3/h}$；（2）$\Delta N=0.60\mathrm{kW}$，$n'=2440\mathrm{r/min}$；（3）阀门关小，阀前压力增大、阀后压力下降、泵进口真空表读数减小。泵转速减小，阀前压力减小、阀后压力减小、真空表读数减小］

2-3　有一管路系统，将 $70\mathrm{m^3/h}$ 的水由敞口低位槽输送到位置较高的压力容器中，容器的压力（表压）为 $1.2\mathrm{kgf/cm^2}$，求得所需的扬程（压头）为 36.5m，如将此系统改为输送密度为 $1200\mathrm{kg/m^3}$ 的液体（其余特性与水相同），流量仍为 $70\mathrm{m^3/h}$。现有一泵，为某标准泵将叶轮直径车削 5%而成。已知车削之前当 $n=1450\mathrm{r/min}$ 并输送水时，泵性能曲线（H-Q）有关线段可近似写为 $H=40-7.2\times10^{-4}Q^2$。式中，H 单位为 m，Q 单位为 $\mathrm{m^3/h}$。问：如采用此泵，泵的转速至少为多少？

［答：$n'=1490\mathrm{r/min}$］

2-4　如图 2-25 所示循环管路，离心泵的安装高度 $H_g=3\mathrm{m}$，泵特性曲线可近似表示为 $H_e=23-1.43\times10^5Q^2$。式中，Q 单位为 $\mathrm{m^3/s}$。吸入管长（包括全部局部阻力的当量长度）为 10m，排出管长（包括全部局部阻力的当量长度）为 120m，管径均为 50mm，假设摩擦系数 $\lambda=0.02$，水温为 20℃。试求：（1）管路内的循环水量为多少？（2）泵进、出口压力各为多少？

［答：（1）$Q=5.26\times10^{-3}\mathrm{m^3/s}$；（2）进口压力（真空度）为 $4.74\times10^4\mathrm{Pa}$，出口压力（表压）为 $1.4\times10^5\mathrm{Pa}$］

2-5　在海拔 1000m 的高原上（大气压力为 $9.16\mathrm{mH_2O}$），使用一台允许汽蚀余量为 5.5m 的离心泵，已知该泵吸入管路中的全部阻力与速度头之和为 2.5m。现需将泵安装于水面之上 3m 处，则此泵能否正常操作（设水温最高时为 20℃）？

［答：不能］

2-6　如图 2-26 所示，一往复泵将某种液体（密度 $\rho=1100\mathrm{kg/m^3}$，黏度 $\mu=100\mathrm{cP}$），由低位槽打入高位槽，往复泵用旁路调节流量。已知：主管内径 $D=0.06\mathrm{m}$，旁路支管直径 $d=0.032\mathrm{m}$，泵送至高位槽的流量为 $13.1\mathrm{m^3/h}$，$a\to b\to c\to d\to e\to f$ 的阻力损失为 80J/kg，$\Delta z=10\mathrm{m}$，试求：（1）泵给液体的有效功 w_e

(J/kg)；(2) 如果循环回路中主管（即 b 至 c）的阻力损失可以忽略不计，支管（$c \to g \to b$）的管长（包括局部阻力的当量长度在内）为 50m，求通过支管的流量以及由于循环多消耗的功率（设泵的效率为 75%）。

[答：(1) 178.1 J/kg；(2) 支管的流量为 3.62m^3/h，多消耗功率 263W]

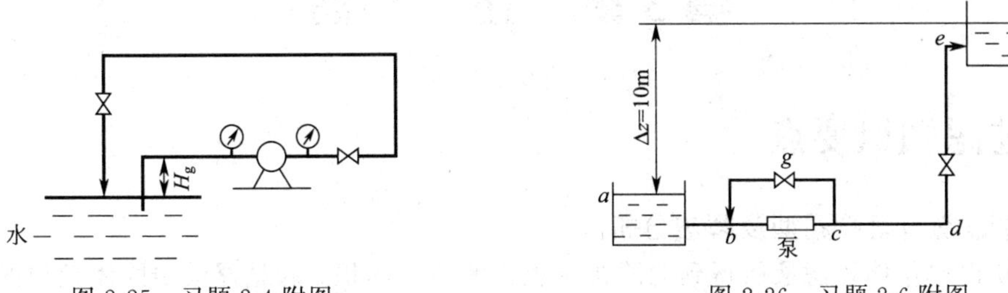

图 2-25　习题 2-4 附图　　　图 2-26　习题 2-6 附图

2-7　要将 20℃的氮气经气柜送至设备内，气柜内的表压为 600Pa，设备内的表压为 730Pa。当送气量为 10000m^3/h（在风机入口状况下）时，吸入与排出管路中因摩擦阻力所引起的压强降分别为 196Pa 和 440Pa，吸入与排出管路中氮气的平均流速均为 11m/s。当地大气压强为 100 kPa，在输送过程中温度的变化可忽略。试选择一适合的离心式通风机。

[答：4-72-11No6D 型离心通风机]

2-8　如图 2-27 所示。用清水泵将池中水打到高位槽中，泵的特性曲线可用 $H=25-0.004Q^2$ 表示。式中，Q 单位为 m^3/h；H 的单位为 m。吸入管路的阻力损失为 4m（水柱），泵出口处装有压力表，图中 C 为文氏管，其进口处直径为 75mm，喉管直径为 25mm（均指内径）。流体流经文氏管阻力可忽略不计，两 U 形管压力计读数 $R_1=800$mm，$R_2=700$mm，指示液为汞，连通管水银面上充满水，求：(1) 管路中水的流量为多少（m^3/h）？(2) 泵出口处压力表读数为多少（kgf/cm^2）？(3) 并联一台相同型号离心泵，写出并联后泵的特性曲线方程；(4) 管路特性曲线方程 $h_e=13.5+0.006Q^2$。并联后输水量为多少（m^3/h）？(5) 高位槽处出口管离地面高度 z 为多大？

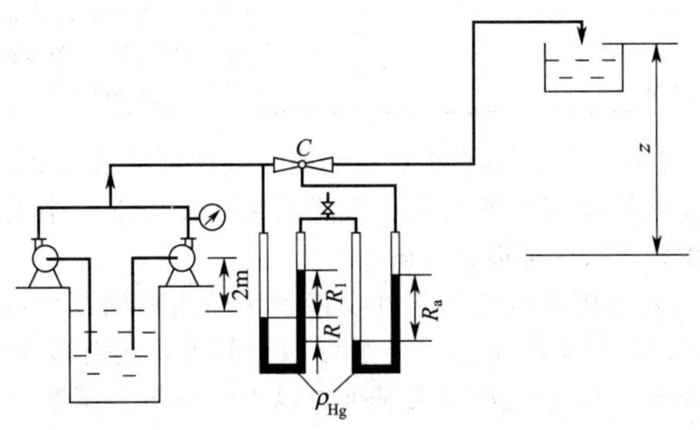

图 2-27　习题 2-8 附图

[答：(1) Q=34.2m^3/h；(2) 1.41kgf/cm^2；(3)；$H_{并}=25-0.001Q^2$；(4) $Q_{并}$=40.5m^3/h；(5) z=11.5m]

第3章 过 滤

3.1 过滤知识要点

3.1.1 过滤物料衡算题型及解法分析

过滤获得单位体积滤液所得到的滤饼（也称滤渣）体积 c 和悬浮液中固体颗粒的体积分数 ϕ 这两个参数是过滤计算中十分重要的参数，这是因为有的化工原理[1]教材定义过滤常数 K 及滤饼厚度 L 与 c 有关，并且当滤饼体积已知时可由参数 c 求得相应的滤液体积，还有的教材[3]则定义 K 和 L 与 ϕ 有关。过滤计算最简单的情况是题目已知 c 或 ϕ 的值，K 和 L 可直接求出；复杂的情况是 c 或 ϕ 的值未知，但已知有关悬浮液、滤液及滤饼的一些参数，此时需先利用这些参数通过物料衡算将 c 或 ϕ 求出，然后才能求 K 和 L。本节应用收敛思维方法总结求 c 或 ϕ 的题型，分析它们的解法。为总结、分析方便起见，先定义 c、ϕ 及有关参数如表 3-1 所示。

表 3-1 过滤物料衡算若干参数

参数	定义及单位	参数	定义及单位
c	单位体积滤液所得到的滤饼体积，m^3 滤饼/m^3 滤液	ε	滤饼的空隙率，因滤饼空隙中充满液体，故其单位为 m^3 液体/m^3 滤饼
ϕ	悬浮液中固体颗粒的体积分数，m^3 固体/m^3 悬浮液		
w	悬浮液中固体颗粒的质量分数，kg 固体/kg 悬浮液	w_c	滤饼中固体颗粒的质量分数，kg 固体/kg 滤饼
ρ	滤液密度，kg 滤液/m^3 滤液	X	悬浮液中固体颗粒体积与液体体积之比，m^3 固体/m^3 液体
ρ_s	固体颗粒密度，kg 固体/m^3 固体	c_s	单位体积悬浮液中固体颗粒的质量，kg 固体/m^3 悬浮液
ρ_c	滤饼密度，kg 滤饼/m^3 滤饼	c'	单位体积滤液所得到滤饼中固体的质量，kg 固体/m^3 滤液

物料衡算是过滤计算的难点，初学者对此问题往往感到无从入手，大多教材对此问题介绍甚少。实际上解决过滤的物料衡算问题，若能紧紧抓住以下三个关键问题，把它们理解深、理解透，则物料衡算问题便可迎刃而解。

关键问题之一是深入分析题给已知条件及待解决的衡算问题特点后确定适合的衡算基准。一般而言，最常用的衡算基准是以 1kg 悬浮液为基准，还有以 $1m^3$ 悬浮液为基准、以悬浮液中 $1m^3$ 液体为基准、以 $1m^3$ 滤液为基准、以 1kg 滤饼为基准、以 $1m^3$ 滤饼为基准等几种。

关键问题之二是深入分析题给已知条件亟待解决的衡算问题特点后确定适合的衡算原则。通常衡算原则是质量加和原则，对固体颗粒在液体中不发生溶胀的物系，且滤饼中只含固体与液体而不含气体。亦可按体积加和原则进行衡算。归纳起来，体积或质量加和有以下四种原则。

① 悬浮液中的液体体积（或质量）等于过滤得到的滤液体积（或质量）与滤饼中的液体体积（或质量）加和。

② 悬浮液的体积（或质量）等于悬浮液中的固体体积（或质量）与液体体积（或质量）加和。

③ 滤饼的体积（或质量）等于滤饼中的固体体积（或质量）与液体体积（或质量）加和。

④ 悬浮液中的固体体积（或质量）等于滤饼中的固体体积（或质量）。

关键问题之三是如何根据具体问题的题意将已知的物理量和待求的物理量组合成符合由物料衡算和衡算（加和）原则所确定的关系。

过滤物料衡算的题型很多，不同的问题有不同的衡算基准、衡算（加和）原则及变量组合形式。下面先分析两种典型问题的解法。

(1) 已知 w、ε、ρ_s 和 ρ，求 c。

分析：① 衡算基准的确定。要利用已知量 w（kg 固体/kg 悬浮液）求 c，从 w 的单位的分母得到启发，可确定衡算基准为 1kg 悬浮液。

② 衡算（加和）原则的确定。已知量 w 为过滤前悬浮液的参数，已知量 ε 及待求量 c 均为过滤后的参数，且已知 ρ_s 和 ρ，故题意已经暗示要对过滤前后的液体体积或质量进行衡算。对固体颗粒在液体中不发生溶胀的物系，按体积加和（衡算）比较方便。从待求量 c 的单位 m^3 滤饼/m^3 滤液也可得到启发，可按体积加和原则进行衡算。综上所述本题衡算（加和）的原则确定按关键问题之二中的第①种体积加和原则，结合本题分析①中确定的衡算基准，可得

$$\frac{\text{悬浮液中的液体体积}(m^3)}{\text{悬浮液的质量}(kg)}=\frac{\text{滤液体积}(m^3)}{\text{悬浮液的质量}(kg)}+\frac{\text{滤饼中的液体体积}(m^3)}{\text{悬浮液的质量}(kg)} \tag{a}$$

③ 将已知量和待求量组合成符合式(a) 的关系。w 为单位质量悬浮液中的固体质量，则$1-w$为单位质量悬浮液中的液体质量，$(1-w)/\rho$ 即为式(a) 等号左边的项；w/ρ_s 为处理单位质量悬浮液所得的固体体积，ε 为空隙率，即单位体积滤饼中的液体体积，$1-\varepsilon$ 为单位体积滤饼中的固体体积，则 $w/[\rho_s(1-\varepsilon)]$ 为处理单位质量的悬浮液所得的滤饼体积，$w/[\rho_s(1-\varepsilon)c]$ 为所得的滤液体积，即为式(a) 等号右边第一项；$\varepsilon w/[\rho_s(1-\varepsilon)]$ 为所得滤饼中的液体体积，即为式(a) 等号右边第二项。若对此分析还不理解，将各物理量的单位代入各表达式消去相同的单位，则一目了然，如式(b) 所示。

$$\frac{(1-w)\left(\frac{\text{kg 液体}}{\text{kg 悬浮液}}\right)}{\rho\left(\frac{\text{kg 液体}}{m^3\text{ 液体}}\right)}=\frac{w\left(\frac{\text{kg 固体}}{\text{kg 悬浮液}}\right)}{\rho_s\left(\frac{\text{kg 固体}}{m^3\text{ 固体}}\right)(1-\varepsilon)\left(\frac{m^3\text{ 固体}}{m^3\text{ 滤饼}}\right)c\left(\frac{m^3\text{ 滤饼}}{m^3\text{ 滤液}}\right)}+\frac{\varepsilon\left(\frac{m^3\text{ 液体}}{m^3\text{ 滤饼}}\right)w\left(\frac{\text{kg 固体}}{\text{kg 悬浮液}}\right)}{\rho_s\left(\frac{\text{kg 固体}}{m^3\text{ 固体}}\right)(1-\varepsilon)\left(\frac{m^3\text{ 固体}}{m^3\text{ 滤饼}}\right)} \tag{b}$$

由式(b) 解得

$$c=\frac{\dfrac{w}{\rho_s(1-\varepsilon)}}{\dfrac{1-w}{\rho}-\dfrac{\varepsilon w}{\rho_s(1-\varepsilon)}}=\frac{\rho w}{\rho_s(1-\varepsilon)(1-w)-\varepsilon\rho w} \tag{3-1}$$

(2) 已知 w、ρ_s 和 ρ，求 ϕ。

分析：① 衡算基准的确定。要利用已知量 w（kg 固体/kg 悬浮液）求 ϕ，从 w 的单位的分母得到启发，可确定衡算基准为 1kg 悬浮液。

② 衡算（加和）原则的确定。已知量 w、ρ_s、ρ 和待求量 ϕ 均为悬浮液本身的性质，且 ϕ 的单位为 m^3/固体/m^3 悬浮液，故可确定按关键问题之二中的第②种体积加和原则进行衡算。结合本题分析①中确定的衡算基准，可得

$$\frac{\text{悬浮液的体积}(m^3)}{\text{悬浮液的质量}(kg)}=\frac{\text{悬浮液中的固体体积}(m^3)}{\text{悬浮液的质量}(kg)}+\frac{\text{悬浮液中的液体体积}(m^3)}{\text{悬浮液的质量}(kg)} \tag{a}$$

③ 将已知量和待求量组合成符合式(a) 的关系。$w/(\rho_s\phi)$ 为单位质量悬浮液所具有的体积，即为式(a) 等号左边的项；w/ρ_s 为单位质量悬浮液中的固体体积，即为式(a) 等号右边第一项；$(1-w)/\rho$ 为单位质量悬浮液中的液体体积，即为式(a) 等号右边第二项。若将各物理量的单位代入各表达式并消去相同的单位，则一目了然，如式(b) 所示。

$$\frac{w\left(\frac{\text{kg 固体}}{\text{kg 悬浮液}}\right)}{\rho_s\left(\frac{\text{kg 固体}}{\text{m}^3\ \text{固体}}\right)\phi\left(\frac{\text{m}^3\ \text{固体}}{\text{m}^3\ \text{悬浮液}}\right)}=\frac{w\left(\frac{\text{kg 固体}}{\text{kg 悬浮液}}\right)}{\rho_s\left(\frac{\text{kg 固体}}{\text{m}^3\ \text{固体}}\right)}+\frac{(1-w)\left(\frac{\text{kg 液体}}{\text{kg 悬浮液}}\right)}{\rho\left(\frac{\text{kg 液体}}{\text{m}^3\ \text{液体}}\right)} \tag{b}$$

由式(b) 解得

$$\phi=\frac{\frac{w}{\rho_s}}{\frac{w}{\rho_s}+\frac{1-w}{\rho}}=\frac{\rho w}{\rho w+\rho_s(1-w)} \tag{3-2}$$

以上介绍了求 c 和 ϕ 的两种题型，当然还有其他题型。求 c 或 ϕ 的不同题型其解题步骤基本上与以上两例相同，但不同的问题可能有不同的衡算基准、衡算原则和变量组合方式。现将求 c 或 ϕ 的一些其他题型及求解结果列在表 3-2 中，这些题型的求解过程请读者自行分析。

表 3-2　求 c 或 ϕ 的其他题型及求解结果

题型及衡算基准与原则	结果	题型及衡算基准与原则	结果
①已知：c_s、ρ_s、ρ_c、ρ，求 c 基准：1m³ 悬浮液（或 1m³ 滤饼） 原则：关键问题之二中的第③种体积加和原则，先求空隙率 $\varepsilon=(\rho_s-\rho_c)/(\rho_s-\rho)$；再由关键问题之二中的第①种体积加和原则求 c	$c=\dfrac{\frac{\rho_c-\varepsilon\rho}{\rho_s}+\varepsilon}{\frac{\rho_c-\varepsilon\rho}{c_s}-\frac{\rho_c-\varepsilon\rho}{\rho_s}-\varepsilon}$	⑤已知：c_s、ρ_s，求 ϕ 基准：1m³ 悬浮液 原则：已知参数 c_s 为单位体积悬浮液中固体质量，而 ϕ 为单位体积悬浮液中固体体积，所以根据 ϕ 的定义可直接求得 ϕ，无需衡算	$\phi=\dfrac{c_s}{\rho_s}$
②已知：w、w_c、ρ_c、ρ，求 c 基准：1kg 悬浮液 原则：关键问题之二中的第①种体积加和原则	$c=\dfrac{\frac{w}{\rho_c w_c}}{\frac{1-w}{\rho}-\frac{w(1-w_c)}{\rho w_c}}$	⑥已知：w、w_c、ρ_c、ρ，求 ϕ 基准：1kg 悬浮液（或 1kg 滤饼） 原则：关键问题之二中的第③种体积加和原则，先求 ρ_s；再代入式(3-2)求 ϕ	$\rho_s=\dfrac{w_c}{\frac{1}{\rho_c}-\frac{1-w_c}{\rho}}$ $\phi=\dfrac{\rho_w}{\rho_w+\rho_s(1-w)}$
③已知：c'、w_c、ρ_s、ρ，求 c 基准：1m³ 滤液 原则：关键问题之二中的第③种体积加和原则	$c=\dfrac{c'}{\rho_s}+\dfrac{c'}{\rho}\times\dfrac{1-w_c}{w_c}$	⑦已知：c'、w_c、ρ_s、ρ，求 ϕ 基准：1m³ 滤液 原则：关键问题之二中的第①、④种体积加和原则	$\phi=\dfrac{\frac{c'}{\rho_s}}{1+\frac{c'}{\rho_s}+\frac{c'}{\rho}\times\frac{1-w_c}{w_c}}$
④已知：X、ε，求 c 基准：悬浮液中 1m³ 液体 原则：关键问题之二中的第①种体积加和原则	$c=\dfrac{\frac{X}{1-\varepsilon}}{1-\frac{X}{1-\varepsilon}}$	⑧已知：X，求 ϕ 基准：悬浮液中 1m³ 液体 原则：关键问题之二中的第②种体积加和原则	$\phi=\dfrac{X}{1+X}$

注意：① 在过滤物料衡算中所求参数 c 的单位为 m³ 滤饼/m³ 滤液，ϕ 的单位为 m³ 固体/m³ 悬浮液，它们的单位均是以体积来衡量的，因此在物料衡算中应用体积加和原则要比质量加和原则方便。

② 从以上解题分析和表 3-2 可知，在众多的已知参数中，根据 w、c_s、c'、X 等参数的单位的分母就可启发我们确定衡算基准。已知条件中有参数 w 选取 1kg 悬浮液为衡算基准的理由已在题型（1）和（2）的解题分析中作了说明。若已知条件中有参数 c_s（单位为 kg 固体/m³ 悬浮液），那么不论是求 c 还是求 ϕ，均可以 1m³ 悬浮液作为衡算基准；若已知条件中含有参数 c'（单位为 kg 固体/m³ 滤液），则可以 1m³ 滤液作为衡算基准；若已知条件中含有参数 x（单位为 m³ 固体/m³ 液体），则可以悬浮液中 1m³ 液体作为衡算基准。

3.1.2　过滤基本方程

过滤操作所涉及的颗粒尺寸一般都很小，由这些颗粒堆积而成的滤饼中的空隙通道直径亦很小，且是网络状的弯曲空隙，液体在这样的滤饼空隙中流动，其阻力很大，流速很小，多处于康采尼公式(描述在低流速、床层雷诺数 $Re'<2$ 时，流体通过由固体颗粒堆积成的固定床的流速和压降的关系式）适用的低雷诺数范围内。将康采尼公式应用于过滤过程，得过滤基本方程为：

$$u=\frac{dV}{A\,d\theta}=\frac{\Delta p}{\mu r(L+L_e)}=\frac{\Delta p^{1-s}}{\mu r_0(L+L_e)}=\frac{\text{过滤推动力}}{\text{过滤阻力}} \tag{3-3}$$

式中 u——过滤速率，即单位过滤时间从单位过滤面积上得到的滤液体积，m/s；

V——滤液体积，m^3；

A——过滤面积，m^2；

θ——过滤时间，s；

Δp——过滤推动力，即悬浮液侧压力 p_1 与滤液侧压力 p_2 之差，$\Delta p=p_1-p_2$，Pa；

μ——滤液黏度，Pa·s；

r，r_0——分别为滤饼的比阻和单位压力差 $\Delta p=1\text{Pa}$ 下滤饼的比阻，两者的关系为 $r=r_0\Delta p^s$，$1/m^2$；

s——滤饼的压缩性指数，无量纲；对不可压缩滤饼 $s=0$，$r=r_0$；对可压缩滤饼一般 $0<s<1$，滤饼压缩性越强，s 值越大，如压缩性很强的活性污泥 $s\approx 1.1\sim1.19$；

L，L_e——分别为滤饼厚度和过滤介质的当量滤饼厚度，m。

滤饼的比阻 r 定义为

$$r=\frac{2K_0a^2(1-\varepsilon)^2}{\varepsilon^3} \tag{3-4}$$

式中 K_0——比例常数，其值约为 2.5，则 $2K_0=5=K'$（K'即为文献［3］中定义的康采尼常数）；

a——颗粒的比表面积，m^2/m^3；

ε——滤饼的空隙率，m^3/m^3。

加快过滤速率以提高过滤机的生产能力是工程技术人员必须解决的重要问题。从过滤基本方程式(3-3) 可知，过滤速率 u 与过滤推动力 Δp 成正比，与过滤阻力 $\mu r(L+L_e)$ 成反比，故增大 Δp 或减小 $\mu r(L+L_e)$ 均可加快过滤速率 u。

增大 Δp 可加快过滤速率 u，但 Δp 增大使能耗增大，且 Δp 的增大受到过滤设备机械强度的限制，或受到操作方式的限制（如转筒真空过滤机其推动力为真空度，Δp 的极限值为大气压力）。另外，对可压缩滤饼 $r=r_0\Delta p^s$，其比阻 r 随推动力 Δp 的增大而变大，原因在于 Δp 增大使可压缩滤饼的空隙率 ε 变小，从式(3-4) 可看出 r 变大，故可压缩滤饼的过滤速率 u 不是与 Δp 成正比，而是与 Δp^{1-s} 成正比，若滤饼压缩性强，s 大，则 Δp 显著增大时 u 增大很少，若是压缩性很强的活性污泥（$s\approx1.1\sim1.19$），Δp 增大时 u 反而减小。所以，一般情况下，增大 Δp 可加快过滤速率 u，但增大 Δp 不是提高 u 的主要途径。

将悬浮液加热使滤液黏度 μ 减小亦可加快过滤速率 u，但加热要消耗热能，故该法也不是提高 u 的主要途径。

减小滤饼比阻 r 可加快过滤速率 u，从式(3-4) 可知 r 主要取决于滤饼空隙率 ε，若 ε 增大，r 显著减小，u 明显加快。增大 ε 的途径有两种：一是改变滤饼结构，即使用助滤剂，使形成的滤饼较为疏松，空隙率 ε 大而且是不可压缩的；二是改变悬浮液中的颗粒聚集状态，即在悬浮液中加入电解质（絮凝或凝聚剂），使分散的细小颗粒聚集成较大颗粒，过滤时大颗粒堆积成的滤饼空隙率较大从而易于过滤，但颗粒凝聚变大的同时增加了滤饼的可压缩性而难以过滤，故絮凝或凝聚剂的加入量对不同的物料而言都有某个最佳值，须由实验决定。

减薄滤饼厚度 L 可显著加快过滤速率 u。在传统的过滤装置中，滤饼不受搅动并不断增厚，其过滤阻力随滤饼的增厚显著增大，推动力 Δp 一定时过滤速率 u 显著减小。为了保持初始阶段薄层滤饼的高过滤速率，可采用机械的、水力的或电场的人为干扰方法限制滤饼增长。这种有别于传统的过滤称为动态过滤。

综上所述，加快过滤速率的三种主要途径是：改变滤饼结构、改变悬浮液中的颗粒聚集状态以及限制滤饼厚度增长。这三种途径的详细介绍见文献 [3]。

过滤速率表达成式(3-3) 的形式符合任何过程的速率均与该过程的推动力成正比而与该过程的阻力成反比这一规律，便于分析过滤推动力和阻力的变化对过滤速率的影响。但该式是微分式，必须经过积分处理才能用于过滤过程计算。分析式(3-3) 可知积分变量是过滤时间 θ 和滤液体积 V，但式中滤饼厚度 L 也是随 θ 而变的量，随着过滤时间 θ 延长，滤饼厚度 L 越厚，得到的滤液体积 V 也越多，故 L 与 V 有关系，找到这个关系代入式(3-3) 后才能积分。根据 3.1.1 节中定义的参数 c 可得滤饼体积$=AL=Vc$。同理，过滤介质的当量滤饼厚度 L_e 与当量滤液体积 V_e 亦有 $AL_e=V_ec$ 的关系，再定义 $q=V/A$ 和 $q_e=V_e/A$。由上述关系及定义可得

$$L=\frac{cV}{A}=cq \tag{3-5}$$

$$L_e=\frac{cV_e}{A}=cq_e \tag{3-6}$$

式中　V_e——过滤介质的当量滤液体积，m^3；

　　q——单位过滤面积上得到的滤液体积，$q=V/A$，m^3/m^2；

　　q_e——单位过滤面积上得到的当量滤液体积，$q_e=V_e/A$，m^3/m^2。

将式(3-5) 和式(3-6) 代入式(3-3)，并令

$$K=\frac{2\Delta p}{\mu rc}=\frac{2\Delta p^{1-s}}{\mu r_0 c} \tag{3-7}$$

可得

$$\frac{dV}{d\theta}=\frac{KA^2}{2(V+V_e)} \quad 或 \quad \frac{dq}{d\theta}=\frac{K}{2(q+q_e)} \tag{3-8}$$

式中　K——过滤常数，m^2/s。

式(3-8) 是过滤基本方程的另一种表达形式，后面对不同操作方式的过滤过程，均是从式(3-8) 出发，结合不同过滤过程各自的特点，经过积分等处理得到适用于不同过滤过程的计算式，故须特别注意不同的过滤过程各自有什么特点。

讨论几个问题：

(1) 过滤推动力 Δp 是悬浮液侧压力 p_1 与滤液侧压力 p_2 之差，即 $\Delta p=p_1-p_2$。若 p_1 和 p_2 均取表压力计算，对间歇操作的过滤机（如板框压滤机和叶滤机）滤液排出的一侧通常为大气压力即 $p_2=p_a$(大气压力)$=0$（表压），此时 $\Delta p=p_1-p_2=p_1-0=p_1$（表压），故推动力就是悬浮液侧的表压力 p_1，有的教材习惯上称之为过滤压力（表压），用 p 表示，碰到这种表达方式，读者应该要理解这个过滤压力 p（表压）实际上还是 Δp。对连续操作的转筒真空过滤机，悬浮液侧的压力 p_1 通常为大气压力 p_a，滤液排出侧的压力 p_2（绝压）通常小于大气压力 p_a，则 $\Delta p=p_1-p_2=p_a$(大气压力)$-p_2=$真空度，故转筒真空过滤机的过滤推动力 Δp 习惯上称为真空度。间歇操作的叶滤机亦可以真空度为推动力进行吸滤操作。

(2) 有些教材或教辅书定义 $k=\frac{1}{\mu r_0 c}$，其单位为 $m^2/(s\cdot Pa^{1-s})$。k 仅与过滤物料本身的性质参数 μ、r_0、c 有关，而与推动力 Δp 无关，k 与 K 的关系为 $K=2k\Delta p^{1-s}$。但在有些

书中 k 与 K 均被称为过滤常数，初学者若不注意区别 k 与 K，将 k 当作 K 解题，结果当然是错误的。为避免犯此错误，解题时应根据题给物理量的单位来判断是 k 还是 K。

（3）不同的教材在推导过滤基本方程时都是从康采尼公式出发，且最终的推导结果都与式(3-8）一样，但推导过程对滤饼比阻 r 的定义有所不同，引起 K 和 L 的计算式不同。式(3-4）是文献［1］定义的 r，与此定义相应的 L 和 K 的计算式分别为式(3-5）和式(3-7)，可见文献［1］定义的 L 和 K 均与 c 有关。文献［3］导出的过滤基本方程与式(3-8）相同，但其定义的 r、L、K 不同，即

$$r=\frac{K'a^2(1-\varepsilon)}{\varepsilon^3}=\frac{2K_0a^2(1-\varepsilon)}{\varepsilon^3} \tag{a}$$

$$L=\frac{\phi}{1-\varepsilon-\phi}q=\frac{\phi}{1-\varepsilon}q \quad \text{（因为过滤操作一般 } \phi\ll\varepsilon\text{）} \tag{b}$$

$$L_e=\frac{\phi}{1-\varepsilon-\phi}q_e=\frac{\phi}{1-\varepsilon}q_e \tag{c}$$

$$K=\frac{2\Delta p}{\mu r\phi}=\frac{2\Delta p^{1-s}}{\mu r_0\phi} \tag{d}$$

可见文献［3］定义的 L 和 K 均与 ϕ 有关。因过滤操作所处理的悬浮液中固体颗粒的含量通常较小，故 $\phi\ll\varepsilon$，比较式(3-5）和式(b）可得 $c\approx\dfrac{\phi}{1-\varepsilon}$。再比较 r 的定义，可知式(3-4）的分子比式(a）的分子多了（$1-\varepsilon$）。根据上述比较结果，可很容易导出式(3-7）分母中 rc（或 r_0c）与式(d）分母中的 $r\phi$（或 $r_0\phi$）相等（但要注意两式中比阻用同一符号 r 表示，但 r 的定义不同)，因而对同一过滤问题，按式(3-7）或式(d）计算的过滤常数 K 是相同的（详见例3-5的计算结果)。

作上述不同教材对 r、L、K 定义的比较以及3.1.1节中介绍求 c 和 ϕ 的方法，目的在于引导读者弄明白这样一个事实：过滤过程的本质是一样的，因而不同的教材对过滤过程描述的最终结果即过滤基本方程式(3-8）是一样的，但不同的教材在推导式(3-8）的过程中对某些参数如 r、L、K 的定义可能不同（表面现象）。学习时若被这些表面现象所迷惑，则使用哪本教材就只能做该教材的过滤习题，而其他教材的过滤习题就不会做，这显然不是教学的目的。我们提倡学习时应多看几本教材及参考书，不同的教材有各自的特点，应该吸取不同教材中的精华，应该透过现象看本质，这样会开拓思路，提高学习能力。

（4）从式(3-5）或式(b）可看出滤饼厚度 L 与单位过滤面积上得到的滤液体积 q（$q=V/A$）有关，也就是说以上两式定义的 L 是单位过滤面积上形成的滤饼厚度。对板框压滤机，悬浮液进入框内后是往框的左右两面进行过滤，一个框的过滤面积为框面积的两倍，过滤至滤饼满框时滤饼层的厚度 L 为框厚度的一半；对叶滤机，悬浮液是由左右两个方向往滤叶中间进行过滤，一片滤叶的过滤面积为滤叶面积的两倍，过滤结束时的滤饼层厚度 L 为单侧滤叶上的滤饼层厚度；对转筒真空过滤机，过滤面积为转筒的表面积，转筒表面滤饼的厚度即为滤饼层厚度 L。

3.1.3　恒压过滤

恒压过滤的特点是恒压差、变速率，即在过滤过程中保持过滤推动力 Δp 恒定不变。随着过滤的进行，滤饼厚度增加，过滤阻力增大，过滤速率下降。由式(3-7）可知过滤常数 K 与 Δp、s、r_0、c、μ 有关，当 Δp 恒定，过滤一定的悬浮液且悬浮液的浓度和温度不变时，s、r_0、c、μ 均恒定，K 也恒定为常数，积分时可将 K 提到积分号外。从过滤开始（$\theta=0$，$V=0$ 或 $q=0$）到过滤结束（$\theta=\theta$，$V=V$ 或 $q=q$），积分式(3-8）得到恒压过滤方程为

$$V^2+2V_eV=KA^2\theta \quad \text{或} \quad q^2+2q_eq=K\theta \tag{3-9}$$

当过滤介质阻力可以忽略，即 $V_e=0$、$q_e=0$ 时，恒压过滤方程简化为

$$V^2=KA^2\theta \quad 或 \quad q^2=K\theta \tag{3-10}$$

使用恒压过滤方程应注意以下几个问题。

① 恒压过滤方程是由过滤基本方程式(3-8) 在 K 恒定条件下积分得到的，根据高数的知识可知式(3-9) 和式(3-10) 中的 V、q、θ 均是恒压过滤过程连续累计的量。在过滤实验数据是分时间段记录的数据时，应特别注意这个问题（详见例 3～6 或习题 3-5）。

② 工业过滤机若采用恒压过滤操作方式，则上述恒压过滤方程可用于其设计，但设计时所需的过滤常数 K、V_e（或 q_e）等一般是在实验室小型过滤装置中测得的。实验测定时用同一种悬浮液，且悬浮液的浓度和温度、过滤推动力等保持和工业过滤机的过滤条件相同，则实验测定的 K 就是工业过滤机设计所需的 K；实验所用的过滤介质与工业过滤机所用的过滤介质相同，则实验测定的 V_e（或 q_e）就是工业过滤机设计所需的 V_e（或 q_e）（实际上 V_e 和 q_e 还与过滤压差有关，过滤压差不同时，V_e 和 q_e 也不同；但是文献［3］中例 4-5 的实验数据表明：不同过滤压差下，V_e 和 q_e 接近为一常数，故过滤压差变化时 V_e 与 q_e 可视为基本不变，后面的例题和习题均如此处理）。若实验条件（过滤推动力为 Δp、滤液黏度为 μ）下测定的过滤常数为 K，工业过滤条件（过滤推动力为 $\Delta p'$、同种悬浮液因温度不同滤液黏度变为 μ'）下的过滤常数为 K'，则需按由式(3-7) 导出的式(3-11) 将 K 换算成 K'才能用于工业过滤机设计：

$$\frac{K'}{K}=\frac{\mu}{\mu'}\left(\frac{\Delta p'}{\Delta p}\right)^{1-s} \tag{3-11}$$

若为不可压缩滤饼，上式中的 $s=0$。若实验条件与工业过滤条件的 c 不同，则 K 如何换算？对同种悬浮液，哪些量变会引起 c 变？这些问题请读者思考。

③ 恒压过滤方程中的 V 是指在全部过滤面积 A 上，在过滤时间 θ 内得到的滤液体积。对间歇过滤机（板框压滤机和叶滤机）过滤阶段全部面积都在进行过滤，故恒压过滤方程可直接用于间歇过滤机恒压过滤生产能力的计算。对连续过滤机（转筒真空过滤机）只有转筒表面的部分面积在进行过滤，故恒压过滤方程不能直接用于其生产能力的计算，必须进行一定的转换后才能用于其生产能力的计算，在后面会详细讨论如何转换的问题。

3.1.4 恒速过滤

板框压滤机内部空间的容积是一定的。用排液量固定的正位移泵（如隔膜泵）将悬浮液打入板框压滤机而未打开旁路阀，当悬浮液充满过滤机内部空间后，向过滤机供料的体积流量就等于滤液流出的体积流量，过滤速率便维持恒定，这种过滤操作称为恒速过滤。恒速过滤的特点是恒速率、变压差，即随着过滤过程的进行，滤饼厚度不断增加，过滤阻力不断增大，为了保持恒速过滤，则必须不断提高过滤压差。根据过滤速率保持不变为常数这一特点，由式(3-8) 可得

$$\frac{dV}{d\theta}=\frac{KA^2}{2(V_1+V_e)}=\frac{V_1}{\theta_1}=常数 \quad 或 \quad \frac{dq}{d\theta}=\frac{K}{2(q_1+q_e)}=\frac{q_1}{\theta_1}=常数 \tag{3-12}$$

整理式(3-12) 可得恒速过滤方程

$$V_1^2+V_eV_1=KA^2\theta_1/2 \quad 或 \quad q_1^2+q_eq_1=K\theta_1/2 \tag{3-13}$$

当过滤介质阻力可忽略（即 $V_e=0$、$q_e=0$）时，式(3-13) 简化为

$$V_1^2=KA^2\theta_1/2 \quad 或 \quad q_1^2=K\theta_1/2 \tag{3-14}$$

式中 V_1——恒速过滤得到的滤液体积，m^3；

q_1——恒速过滤过程单位过滤面积得到的滤液体积，m^3/m^2；

θ_1——恒速过滤时间，s。

注意：① 恒速过滤方程中的 V_1、q_1、θ_1 均为过滤时间从 0 到 θ_1 时间段内连续累计的量；② 恒速过滤方程中的过滤常数 K 在过滤过程随过滤压差 Δp 的增大而增大，在式(3-

13）和式(3-14) 中的 K 应为过滤终了 θ_1 时刻的过滤常数值，要用 θ_1 时刻的 Δp 求 K。

3.1.5　先恒速（升压）后恒压过滤

若整个过滤过程都保持恒速过滤，则到了过滤末期，为克服较大的过滤阻力使得过滤压力上升得很高，造成过滤机产生泄漏，同时增加了泵等动力装置的负荷。若整个过滤过程保持恒压过滤，则因过滤初期过滤介质表面无滤饼，过高的压差会使较细的颗粒穿越介质而致滤液浑浊；或堵塞介质的孔隙，增大过滤阻力。所以工业上过滤操作并不宜于整个过程都在恒速或恒压下进行。常用的操作方式是在向板框压滤机供料的正位移泵的出口装旁路，旁路上有泄压阀，过滤初期旁路阀关闭，维持一较短的升压阶段进行较低的恒速过滤；当过滤压力升到一定数值时，旁路泄压阀被顶开从旁路泄去一部分悬浮液，此后过滤便大体上在恒压下进行。这种操作方式称为先恒速（升压）后恒压过滤，其特点是在后面的恒压过滤阶段过滤推动力 Δp 恒定（等于恒速阶段终了 θ_1 时刻的 Δp），因而过滤常数 K 恒定（等于 θ_1 时刻的 K），积分时可将 K 提到积分号外。从恒压过滤开始（$\theta=\theta_1$，$V=V_1$ 或 $q=q_1$）到过滤结束（$\theta=\theta$，$V=V$ 或 $q=q$），积分式(3-8) 得到先恒速（升压）后恒压过滤方程为

$$(V^2-V_1^2)+2V_e(V-V_1)=KA^2(\theta-\theta_1) \quad 或 \quad (q^2-q_1^2)+2q_e(q-q_1)=K(\theta-\theta_1) \tag{3-15}$$

当过滤介质阻力忽略不计（即 $V_e=0$、$q_e=0$）时，先恒速后恒压的过滤方程简化为

$$(V^2-V_1^2)=KA^2(\theta-\theta_1) \quad 或 \quad (q^2-q_1^2)=K(\theta-\theta_1) \tag{3-16}$$

注意：先恒速（升压）后恒压过滤方程中的 q_1、V_1、θ_1 分别为恒速阶段的单位过滤面积得到的滤液体积、过滤时间；q、V、θ 分别为整个过滤过程（包括恒速过滤和恒压过滤两个阶段）连续累计的单位过滤面积得到的总滤液体积、总滤液体积、总过滤时间。

3.1.6　洗涤速率

某些过滤过程需要回收滤饼中残留的滤液或除去滤饼中的可溶性盐，则在过滤过程结束时用清水或其他液体通过滤饼流动，称为洗涤。在洗涤过程中滤饼不再增厚（洗涤阻力不变），若洗涤推动力也不变，则洗涤速率为一常数，从而不再有恒速和恒压的区别。虽然洗涤时滤饼厚度（为过滤终了时刻的滤饼厚度）不变，洗涤速率亦可写成类似于过滤速率的表达形式，但不同的过滤机洗涤液走的路径与滤液走的路径、洗涤面积与过滤面积不一定相同，洗涤推动力（压差）与过滤推动力（压差）、洗涤液黏度与滤液黏度不一定相同，因而洗涤速率与过滤终了时刻的速率也不一定相同。终了过滤速率及相关参数加下标 E 表示，可表达为

$$\left(\frac{\mathrm{d}V}{\mathrm{d}\theta}\right)_E=\frac{A\Delta p^{1-s}}{\mu r_0(L+L_e)_E}=\frac{KA^2}{2(V+V_e)} \tag{3-17}$$

式中，$(L+L_e)_E$ 为过滤终了时刻的滤饼厚度和介质当量滤饼厚度之和；V 为过滤终了时刻的累计滤液量；Δp 为过滤终了时刻的推动力；K 为过滤终了时刻的过滤常数。对恒压过滤而言；Δp 和 K 在整个过滤过程保持恒定。

洗涤速率及相关参数加下标 w 表示，可表达为

$$\left(\frac{\mathrm{d}V}{\mathrm{d}\theta}\right)_w=\frac{A_w\Delta p_w^{1-s}}{\mu_w r_0(L+L_e)_w}=\frac{K_w A_w^2}{2(V+V_e)_w} \tag{3-18}$$

洗涤常数 K_w 可定义为类似于式(3-7) 过滤常数 K 的表达式，因洗涤时洗涤液是通过滤饼层流动，故式(3-7) 中的 s、r_0、c 在洗涤时不变，但洗涤推动力 Δp_w 与过滤终了时的推动力 Δp、洗涤液黏度 μ_w 与滤液黏度 μ 不一定相同，造成 K_w 与 K 也不一定相同，两者有如下的关系

$$\frac{K_w}{K}=\frac{\mu}{\mu_w}\left(\frac{\Delta p_w}{\Delta p}\right)^{1-s} \tag{3-19}$$

讨论洗涤速率是为了计算洗涤时间 θ_w，计算 θ_w 是为了求过滤机的生产能力 Q。后面会导

出间歇过滤机的生产能力 Q 的计算式与 θ_w 有关，而连续过滤机的生产能力 Q 的计算式与 θ_w 没有直接关系，所以下面仅介绍叶滤机和板框压滤机这两种典型间歇过滤机洗涤速率和洗涤时间的计算方法。要特别注意 K_w 与 K（相应于 μ_w 与 μ、Δp_w 与 Δp）、A_w 与 A、$(L+L_e)_w$ 与 $(L+L_e)_E$ 或 $(V+V_e)_w$ 与 $(V+V_e)$ 是否相等，若不相等它们之间关系如何确定等问题。

（1）叶滤机的洗涤速率　叶滤机的洗涤方式为置换洗涤，洗涤面积 A_w 与过滤面积 A 相同，即 $A_w=A$；洗涤液走的路径 $(L+L_e)_w$ 与过滤终了时刻滤液走的路径 $(L+L_e)_E$ 相同，即 $(L+L_e)_w=(L+L_e)_E$，因而

$$(V+V_e)_w=\frac{A_w}{c}(L+L_e)_w=\frac{A}{c}(L+L_e)_E=(V+V_e)$$

若洗涤推动力 Δp_w 与过滤终了时刻的推动力 Δp 相同即 $\Delta p_w=\Delta p$，洗涤液黏度 μ_w 与滤液黏度 μ 相同即 $\mu_w=\mu$，由式(3-19) 可得 $K_w=K$。将上述关系代入式(3-18) 整理并与式(3-17) 比较，得

$$\left(\frac{dV}{d\theta}\right)_w=\frac{K_wA_w^2}{2(V+V_e)_w}=\frac{KA^2}{2(V+V_e)}=\left(\frac{dV}{d\theta}\right)_E \tag{3-20}$$

式(3-20) 表明，若满足 $K_w=K$（即同时满足 $\Delta p_w=\Delta p$ 和 $\mu_w=\mu$）的条件，叶滤机（置换洗涤）的洗涤速率与过滤终了时刻的过滤速率相等。

（2）板框压滤机的洗涤速率　板框压滤机的洗涤方式为横穿洗涤，洗涤面积 A_w 为过滤面积 A 的一半即，$A_w=A/2$，洗涤液走的路径 $(L+L_e)_w$ 为过滤终了时刻滤液走的路径 $(L+L_e)_E$ 的两倍，即 $(L+L_e)_w=2(L+L_e)_E$，因而

$$(V+V_e)_w=\frac{A_w}{c}(L+L_e)_w=\frac{A/2}{c}\times 2(L+L_e)_E=(V+V_e)$$

若 $K_w=K$（即同时满足 $\Delta p_w=\Delta p$ 和 $\mu_w=\mu$），将上述关系代入式(3-18) 整理并与式(3-17) 比较，得

$$\left(\frac{dV}{d\theta}\right)_w=\frac{K_wA_w^2}{2(V+V_e)_w}=\frac{K(A/2)^2}{2(V+V_e)}=\frac{1}{4}\times\frac{KA^2}{2(V+V_e)}=\frac{1}{4}\left(\frac{dV}{d\theta}\right)_E \tag{3-21}$$

式(3-21) 表明，若满足 $K_w=K$（即同时满足 $\Delta p_w=\Delta p$ 和 $\mu_w=\mu$）的条件，板框压滤机（横穿洗涤）的洗涤速率为过滤终了时刻的过滤速率的 1/4。

为了后面导出洗涤时间 θ_w 计算式方便起见，将式(3-20) 和式(3-21) 写成如下的通式

$$\left(\frac{dV}{d\theta}\right)_w=\alpha\left(\frac{dV}{d\theta}\right)_E=\alpha\frac{KA^2}{2(V+V_e)} \tag{3-22}$$

使用式(3-22) 必须注意以下三个问题。

① 对叶滤机（置换洗涤）$\alpha=1$，对板框压滤机（横穿洗涤）$\alpha=1/4$。

② 虽然式(3-22) 是计算洗涤速率的通式，但在前面的推导过程中已将其转换成与过滤终了时刻的过滤速率有关的量，故式(3-22) 第二个等号右边中 V 是过滤终了时刻累计得到的滤液体积 V 而不是洗涤液体积 V_w，A 是过滤面积而不是洗涤面积 A_w。

③ 使用式(3-22) 必须满足 $K_w=K$（即同时满足 $\Delta p_w=\Delta p$ 和 $\mu_w=\mu$）的条件。若 $\Delta p_w\neq\Delta p$ 或 $\mu_w\neq\mu$，则 $K_w\neq K$，此时必须将式中的 K 改为 K_w，而 K_w 的值可由 K 的值通过式(3-19) 换算得到。

3.1.7 洗涤时间

将洗涤时所用掉的洗涤液体积 V_w 除以洗涤速率式(3-22) 即可得洗涤时间 θ_w 为

$$\theta_w=\frac{V_w}{\left(\frac{dV}{d\theta}\right)_w}=\frac{V_w}{\alpha\frac{KA^2}{2(V+V_e)}} \tag{3-23}$$

根据 3.1.6 节注意①的讨论可知，洗涤速率已转换成与过滤终了时刻的过滤速率有关的

量，故式(3-23) 分母中 V 的是过滤终了时刻累计得到的滤液体积，所以式(3-23) 分子中的 V_w 也要转换成与 V 有关。通常令 $J=V_w/V$，则 $V_w=JV$，将其代入式(3-23) 并整理可得洗涤时间 θ_w 的计算式为

$$\theta_w=\frac{2J}{\alpha}\times\frac{(V^2+V_eV)}{KA^2}=\frac{2J}{\alpha K}(q^2+q_eq) \tag{3-24}$$

若过滤介质阻力可忽略，即 $V_e=0$、$q_e=0$，则式(3-24) 简化为

$$\theta_w=\frac{2J}{\alpha}\times\frac{V^2}{KA^2}=\frac{2J}{\alpha K}q^2 \tag{3-25}$$

式中　θ_w——洗涤时间，s；

J——洗涤液体积 V_w 与过滤终了时刻累计得到的滤液体积 V 之比，即 $J=V_w/V$。

在 3.1.6 节中强调的使用式(3-22) 应该注意的三个问题，在使用式(3-24) 和式(3-25) 时也有同样的问题，也应该加以注意，这是因为导出以上两式时应用了式(3-22)，请读者回过头去看 3.1.6 节的有关内容，以便加深理解，此处不再赘述。这里再强调两个问题。

① 导出求洗涤时间 θ_w 的式(3-24) 和式(3-25) 时应用了洗涤速率与过滤终了时刻的过滤速率之间的关系即式(3-22)，而过滤终了时刻的过滤速率就是过滤基本方程式(3-8)，它是微分式，并没有经过积分处理，故无论间歇过滤操作方式是恒压过滤还是恒速过滤或是先恒速后恒压过滤，式(3-8) 都是相同的，由它推导出的求洗涤时间 θ_w 的式(3-24) 和式(3-25) 不管洗涤之前的间歇过滤是何种操作方式都能用，但要记住式中涉及 K、V 等均是过滤终了时刻的值。

② 若洗涤之前的过滤操作是恒压过滤（这种过滤方式最常见)，且过滤介质阻力可略去不计，恒压过滤方程为 $q^2=K\theta$，再满足 $\Delta p_w=\Delta p$、$\mu_w=\mu$ 的条件，则 $K_w=K$，由式(3-25) 得 $\theta_w=2Jq^2/(\alpha K)=2J\theta/\alpha$，此时 θ_w 与 θ 直接有关；若 $\Delta p_w\neq\Delta p$ 或 $\mu_w\neq\mu$，则 $K_w\neq K$，此时可将式(3-25) 中的 K 改为 K_w 求 θ_w，即 $\theta_w=2Jq^2/(\alpha K_w)\neq 2J\theta/\alpha$。

作上述分析讨论的目的在于提示读者，在平时的学习过程中一定要掌握正确的学习方法，注重思维能力的培养与训练，对一个问题要追根究底，搞清其来龙去脉，千万不要死记硬背，这样应用起来才会得心应手。

3.1.8　过滤机的生产能力

3.1.8.1　间歇过滤机（板框压滤机、叶滤机）的生产能力

间歇过滤机的一个操作周期包括过滤时间 θ、洗涤时间 θ_w 和卸饼、清洗滤布、重装等辅助时间 θ_R，所以间歇过滤机一个操作周期的总时间 θ_c 为

$$\theta_c=\theta+\theta_w+\theta_R \tag{3-26}$$

式中　θ_c——间歇过滤机一个操作周期的总时间，s；

θ_R——间歇过滤机的辅助操作时间，s。

间歇过滤机的生产特点是过滤、洗涤、辅助（包括卸饼、清洗滤布、重装等）等操作是依次分阶段进行的，在过滤时间 θ 内全部面积 A 都在进行过滤得到滤液量 V，过滤阶段以外的洗涤时间 θ_w 和辅助时间 θ_R 里虽然都没有滤液得到，但仍要计入生产时间之内，故间歇过滤机的生产能力 Q 定义为一个操作周期总时间 θ_c 内得到的滤液量，即

$$Q=\frac{V}{\theta_c}=\frac{V}{\theta+\theta_w+\theta_R} \tag{3-27}$$

式中　Q——间歇过滤机的生产能力，m^3/s。

简言之，间歇过滤的特点是一个操作周期时间 θ_c 内仅部分过滤时间 θ 在进行全部面积 A 的间歇过滤，求其生产能力 Q 时要以一个操作周期为基准，用式(3-27) 计算 Q。式

(3-27) 中滤液体积 V 是已知量或通过物料衡算等关系可求出；辅助时间 θ_R 由生产需要确定；过滤时间 θ 依过滤操作方式是恒压过滤还是恒速过滤或是先恒速后恒压过滤，分别选相应的过滤方程计算；洗涤时间 θ_w 用式(3-24) 或式(3-25) 计算，据 3.1.7 节中强调的问题①可知，这两个公式不管洗涤前的间歇过滤是何种操作方式都能用，但要记住式中的 K、V 均是过滤终了时刻的值，式中的 A 是过滤面积而不是洗涤面积，若 $K_w \neq K$ 则要用 K_w 取代式中的 K。以上求 θ 和 θ_w 的公式里涉及的 A 都是指过滤机的全部过滤面积，这与全部面积的间歇过滤特点是一致的，故上述公式能够直接用于求间歇过滤的 θ 和 θ_w。另外，间歇过滤存在一最佳操作周期使生产能力最大，此问题将在后面详细讨论。

3.1.8.2　连续过滤机（转筒真空过滤机）的生产能力

转筒真空过滤机都是恒压差操作（推动力为真空度 Δp），其生产特点是连续过滤，即过滤、洗涤、去湿、卸饼、滤布再生等操作是在过滤机内分区域同时进行的，其生产能力的计算也要以一个操作周期即转鼓旋转一周所经历的时间 θ_c 为基准。如图 3-1 所示，转鼓转一周的过程中，时刻都在进行过滤即过滤时间为 θ_c，但全部转鼓侧面积 A 中只有浸入悬浮液的那部分面积 φA 有滤液通过，属于过滤面积。简言之，转筒真空过滤机是在一个操作周期时间内进行部分面积的全部时间连续过滤，这与间歇过滤机在一个操作周期内进行全部面积的部分时间间歇过滤不同，故转筒真空过滤机虽然是恒压过滤，但适用于全部面积过滤的恒压过滤方程式(3-9) 不能直接用于计算转筒真空过滤机的生产能力。必须将转筒真空过滤机转换成与间歇过滤机的情况类似，才能应用恒压过滤方程计算其生产能力。下面进行转换，先定义转筒真空过滤机的操作周期 θ_c 和转鼓浸没分率 φ 分别为

$$\theta_c = \frac{1}{n} \tag{3-28}$$

$$\varphi = \frac{\text{浸没角度}\ \beta}{360°} = \frac{\text{转筒浸入悬浮液中的面积}}{\text{转筒全部外侧表面积}\ A} = \frac{\theta}{\theta_c} \tag{3-29}$$

式中　θ_c——转筒真空过滤机的操作周期，即转筒旋转一周所经历的时间，s/r；

n——转筒真空过滤机的转速，r/s；

φ——转筒浸没分率，无量纲；

θ——转筒真空过滤机转一周即一个操作周期内的过滤时间，s/r；

A——转筒真空过滤机转筒全部外侧表面积，m^2。

转筒全部外侧表面积 A 的计算式为

$$A = \pi D l \tag{3-30}$$

式中　D——转筒直径，m；

l——转筒长度，m。

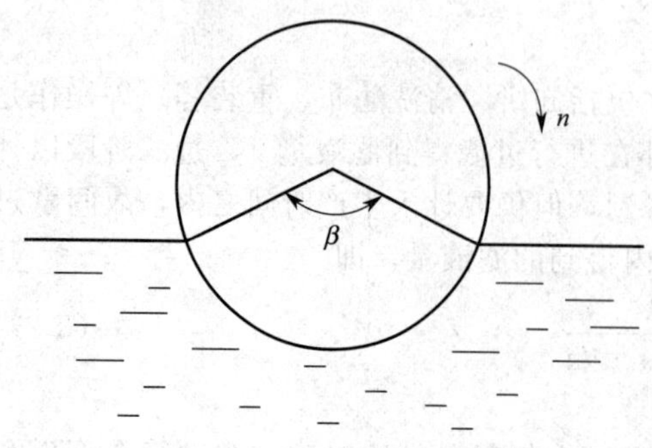

图 3-1　转鼓浸入情况示意

由式(3-29) 和式(3-28) 可得 $\theta = \varphi\theta_c = \varphi/n$，此 θ 就是图 3-1 中所示的转筒从开始浸入悬浮液到离开悬浮液所经历的时间即过滤时间，它是一个周期（转筒转一周）时间 θ_c 中的部分时间。另外，在转筒转一周 θ_c 时间里，转筒表面任一点即转筒表面全部面积都要经历 θ 时刻进行过滤。经过上述转换，就把转筒真空过滤机原来在一个操作周期 θ_c 时间内进行部分面积 φA 的全部时间 (θ_c) 连续过滤转换成全部面积 A 的部分时间 (θ) 间歇过滤，转换前后的参数及与间歇过滤机的对比情况见表 3-3。

表 3-3　转筒真空过滤机过滤面积与过滤时间转换表

项　目	转筒真空过滤机		间歇过滤机
	转换前	转换后	
操作周期	θ_c(s/r)	θ_c(s/r)	θ_c(s)
过滤时间	θ_c	$\theta=\varphi\theta_c=\varphi/n$	θ
过滤面积	φA	A	A

从表 3-3 可知，转换后的转筒真空过滤机（连续过滤机）与间歇过滤机一样，都是一个操作周期时间内进行全部面积的部分时间间歇过滤，且转筒真空过滤机都是恒压差操作，故适用于全部面积过滤的恒压过滤方程式(3-9)，可用于计算其生产能力。将式(3-9) 两边加 V_e^2 得

$$V^2+2V_eV+V_e^2=(V+V_e)^2=KA^2\theta+V_e^2$$

将上式第二个等号两边开平方后移项整理，并把转换后的过滤时间 $\theta=\varphi/n$ 代入，可得

$$V=\sqrt{KA^2\theta+V_e^2}-V_e=\sqrt{KA^2\varphi/n+V_e^2}-V_e \quad (\mathrm{m^3/r}) \tag{3-31}$$

式(3-31) 中，V 为转筒真空过滤机一个操作周期（转筒转一周）得到的滤液体积，将 V 乘以转筒转速 n，单位为 r/s，即得转筒真空过滤机的生产能力 Q 为

$$Q=nV=n\left(\sqrt{KA^2\varphi/n+V_e^2}-V_e\right)=nA\left(\sqrt{K\varphi/n+q_e^2}-q_e\right) \quad (\mathrm{m^3/s}) \tag{3-32}$$

将式(3-31) V 代入式(3-5) 即得转筒真空过滤机一个操作周期（转筒转一周）形成的滤饼厚度 L 为

$$L=cq=c\,\frac{V}{A}=c\,\frac{\sqrt{KA^2\varphi/n+V_e^2}-V_e}{A}=c\left(\sqrt{K\varphi/n+q_e^2}-q_e\right) \quad (\mathrm{m/r}) \tag{3-33}$$

若过滤介质阻力可忽略不计，即 $V_e=0$、$q_e=0$，则式(3-32) 和式(3-33) 分别简化为

$$Q=A\sqrt{K\varphi n} \tag{3-34}$$

$$L=c\sqrt{K\varphi/n} \tag{3-35}$$

由式(3-32) 和式(3-34) 均可看出，转筒真空过滤机的生产能力主要与转筒外侧表面积 A、过滤常数 K、转筒浸没分率 φ 及转速 n 四个参数有关，具体影响分析如下。

① 增大转筒外表面积 A，生产能力 Q 提高。由式(3-30) $A=\pi Dl$ 可知，增大转筒直径 D 或增大转筒长度 l 均可使 A 增大，从而使 Q 提高。这实际上属于设计型的问题，等于设计一台大尺寸的转筒真空过滤机去完成大的生产任务，它使设备体积增加，投资费用变大，且使设备重量增加，转筒旋转的动力消耗（操作费用）变大，因而增大 A 并不是提高 Q 的主要措施。在 A 基本够用的前提下，要适当提高 Q 主要应设法改变 K、φ、n 等操作参数。另外，转筒真空过滤机的长径比 $l/D=0.5\sim1.6$，在设计时应注意这个问题。

② 增大过滤常数 K，生产能力 Q 提高。由式(3-7) $K=2\Delta p/(\mu rc)=2\Delta p^{1-s}/(\mu r_0 c)$ 可知，增大过滤推动力 Δp、降低滤液黏度 μ 及滤饼比阻 r 均可使 K 增大，从而使 Q 增大。在上述增大 K 的措施中最主要、最重要的措施是降低滤饼比阻 r（如在悬浮液中加入助滤剂或絮凝剂等可使 r 显著降低），其理由已在 3.1.2 节详述，此处不再赘述。

③ 增大转筒浸没分率 φ，生产能力 Q 提高。由式(3-29) 及图 3-1 可知 φ 增大，转筒浸入悬浮液中的面积（即转换前转筒表面的过滤面积）增大，但转筒表面洗涤、去湿、卸饼、滤布再生等操作所占的区域便相应减小，φ 过大时会导致操作上的困难如来不及洗涤、卸饼，滤布没有得到再生，转筒又转入悬浮液中。所以转筒真空过滤机适宜的 $\varphi=30\%\sim40\%$，若滤饼不洗涤则 φ 最大可提高至 60%。

④ 增大转筒转速 n，生产能力 Q 提高。由式(3-32) 和式(3-34) 均可看出 n 增大使 Q 增大，由式(3-33) 和式(3-35) 则可看出 n 增大使滤饼厚度 L 减小。滤饼太薄，不易从转筒滤布表面刮下（经验证明一般滤饼厚度 $L \geqslant 3 \sim 5\text{mm}$ 才易刮下），且 n 增大也使转筒转动功率增大（操作费用增大）。合适的转速 n 需根据具体情况由实验决定，一般 $n=0.1 \sim 0.3\text{r/min}$ 比较适宜。

再次提示读者注意，求转筒真空过滤机生产能力 Q 的计算式(3-32) 和式(3-33) 中的 A 是转换后的过滤面积即转筒外侧表面的全部面积 $A=\pi Dl$，而不是转筒浸入悬浮液中的面积即转换前的过滤面积 φA。初学者若不注意在这个问题上经常会犯错误，请一定要正确理解并掌握这个问题。

3.1.9 间歇过滤机的最佳操作周期与最大生产能力

3.1.9.1 间歇过滤机恒压过滤时的最佳操作周期与最大生产能力

恒压过滤方程式(3-9) 表明 V-θ 成抛物线关系，若以恒压过滤累计的滤液体积 V 为纵轴，以累计的过滤时间 θ 为横轴，将式(3-9) 标绘成如图 3-2 所示的曲线。若洗涤时间 θ_w 和辅助时间 θ_R 已确定，在横轴的负轴上将它们（$\theta_w+\theta_R$）标出，即确定了 A 点。对任一累计过滤时间 θ（图中横轴上 C' 点），累计得到的滤液体积为 V（图中曲线上 B' 点），则线段 AC' 的长度即为操作周期 $\theta_c=\theta+\theta_w+\theta_R$，线段 $B'C'$ 的长度即为累计的滤液体积 V，A 点与 B' 点连线的斜率即为恒压间歇过滤机的生产能力 $Q=B'C'/AC'=V/\theta_c=V/(\theta+\theta_R+\theta_w)$。显然从图 3-2 可直观地看出，恒压间歇过滤时，对一定的洗涤和辅助时间（$\theta_w+\theta_R$），即图中 A 点一定，必存在一个最佳的过滤时间 θ_{opt}（图中 C 点），过滤至此停止，可使过滤机的生产能力最大，即图中 A 点与切点 B（B 点与 C 点即 θ_{opt} 相应）的连线即切线 AB 的斜率最大，曲线上任一偏离切点 B 的点（即过滤时间 $\theta>\theta_{opt}$ 或 $\theta<\theta_{opt}$ 的点）与 A 点连线的斜率，即生产能力 Q 均小于最大生产能力 Q_{max}。

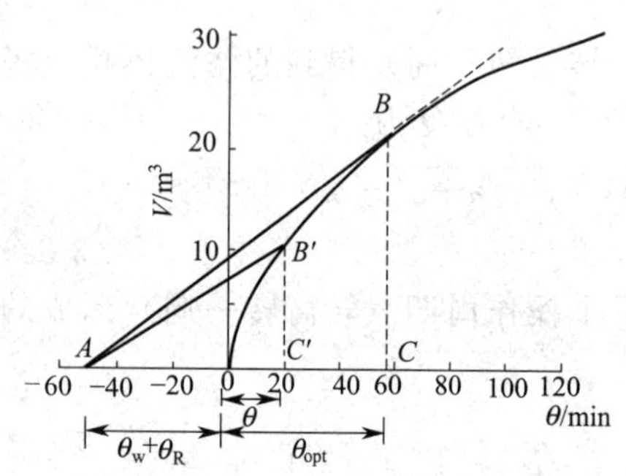

图 3-2 间歇过滤机 V-θ 关系

综上所述，恒压间歇过滤在（$\theta_w+\theta_R$）一定时，必存在一最佳过滤时间 θ_{opt}，亦即存在一最佳操作周期 $\theta_{c,opt}$ 使生产能力达最大值 Q_{max}。用前述图解法求 Q_{max} 和 θ_{opt}（或 $\theta_{c,opt}$）形象直观，但作图不方便，下面用解析法求。为求解方便，将求 Q_{max} 的问题转化为求（A/Q）$_{min}$ 的问题，把式(3-27) 改写为

$$\frac{A}{Q}=\frac{\theta+\theta_w+\theta_R}{V/A}=\frac{\theta+\theta_w+\theta_R}{q} \tag{3-36}$$

对恒压过滤，θ 与 q 的关系符合式(3-9)，将其改写为

$$\theta=\frac{q^2+2q_eq}{K} \tag{a}$$

若 $K_w=K$（即 $\Delta p_w=\Delta p$ 和 $\mu_w=\mu$ 同时满足），则 θ_w 与 q 的关系符合式(3-24)。为导出间歇过滤机达到最大生产能力 Q_{max} 时应满足的通用条件，考虑一般情况即 $K_w \neq K$，将式(3-24) 中的 K 改为 K_w 后改写为

$$\theta_w=\frac{2J}{\alpha K_w}(q^2+q_eq) \tag{b}$$

把式(a) 和式(b) 代入式(3-36) 得

$$\frac{A}{Q}=\frac{\dfrac{q^2+2q_eq}{K}+\dfrac{2J}{\alpha K_w}(q^2+q_eq)+\theta_R}{q}=\frac{q+2q_e}{K}+\frac{2J}{\alpha K_w}(q+q_e)+\frac{\theta_R}{q}$$

将上式对 q 求导并令其等于零，得

$$\frac{\mathrm{d}(A/Q)}{\mathrm{d}q}=\frac{1}{K}+\frac{2J}{\alpha K_{\mathrm{w}}}-\frac{\theta_{\mathrm{R}}}{q^2}=0$$

整理上式可得

$$\frac{q^2}{K}+\frac{2J}{\alpha K_{\mathrm{w}}}q^2-\theta_{\mathrm{R}}=0 \tag{3-37}$$

为了使式(3-37) 能与过滤时间 θ 和洗涤时间 θ_{w} 相联系，由式(a) 解出 q^2/K 的表达式、由式(b) 解出 $2Jq^2/\alpha K_{\mathrm{w}}$ 的表达式后代入式(3-37)，可得

$$\theta-\frac{2q_{\mathrm{e}}q}{K}+\theta_{\mathrm{w}}-\frac{2J}{\alpha K_{\mathrm{w}}}q_{\mathrm{e}}q-\theta_{\mathrm{R}}=0 \tag{3-38}$$

式(3-37) 或式(3-38) 为间歇过滤机恒压过滤要达到最大生产能力 $Q_{\max}$ 时应满足的通用条件，这两个公式实际上是一样的，但式(3-38) 直接与 θ、θ_{w}、θ_{R}、K_{w}、q_{e} 等参数关联，便于分析讨论。之所以称其为通用条件，是指它们适用于间歇过滤机恒压过滤操作的最普遍（一般）情况，即过滤后又进行洗涤 $\theta_{\mathrm{w}}\neq0$、$K_{\mathrm{w}}\neq0$，过滤和洗涤时均存在介质阻力 $q_{\mathrm{e}}\neq0$，洗涤时 $\Delta p_{\mathrm{w}}\neq\Delta p$ 或 $\mu_{\mathrm{w}}\neq\mu$ 或同时 $\Delta p_{\mathrm{w}}\neq\Delta p$ 和 $\mu_{\mathrm{w}}\neq\mu$，因而 $K_{\mathrm{w}}\neq K$，在上述普遍（一般）操作情况下，间歇过滤机恒压过滤一个操作周期 θ_{c} 内的过滤时间 θ、洗涤时间 θ_{w} 和辅助时间 θ_{R} 满足式(3-38) 时其生产能力达最大值 $Q_{\max}$。其他操作情况均是上述普遍（一般）操作情况的简化，即特殊操作情况。

在上述普遍（一般）操作情况下求间歇过滤机恒压过滤的最大生产能力 $Q_{\max}$ 仍可用式(3-27)，式中的辅助时间 θ_{R} 不是计算得到的，而是根据生产实际需要（取决于操作状况及操作人员的熟练程度）确定的，式中的 V（$V=qA$）及 q、θ、θ_{w} 必须符合通用条件式(3-37) 或式(3-38)。普遍（一般）操作情况下求 $Q_{\max}$ 的具体方法是先由式(3-37) 求出 q，次由 $V=qA$ 求出 V，再把 q 代入式(a) 及式(b) 分别求出 θ 和 θ_{w}，最后把 V、θ、θ_{w}、θ_{R} 代入式(3-27) 求出 $Q_{\max}$。其他特殊操作情况下生产能力达最大值 $Q_{\max}$ 时应满足的条件及与 $Q_{\max}$ 相关的 V（$V=qA$）及 q、θ、θ_{w} 等参数的求法均是上述普遍（一般）操作情况下相关公式的简化，详见表 3-4。

表 3-4　间歇过滤机恒压过滤各种操作情况达 $Q_{\max}$ 应满足的条件及相关参数的求法

操作情况		达 $Q_{\max}$ 应满足的条件	求 $Q_{\max}$ 时相关参数的求法		
			q 的求法	θ 的求法	θ_{w} 的求法
$q_{\mathrm{e}}\neq0$ $\theta_{\mathrm{w}}\neq0$	$K_{\mathrm{w}}\neq K$	$\frac{q^2}{K}+\frac{2J}{\alpha K_{\mathrm{w}}}q^2-\theta_{\mathrm{R}}=0$ 或 $\theta-\frac{2q_{\mathrm{e}}q}{K}+\theta_{\mathrm{w}}-\frac{2J}{\alpha K_{\mathrm{w}}}q_{\mathrm{e}}q-\theta_{\mathrm{R}}=0$	$q=\sqrt{\frac{\theta_{\mathrm{R}}}{\frac{1}{K}+\frac{2J}{\alpha K_{\mathrm{w}}}}}$	$\theta=\frac{q^2+2q_{\mathrm{e}}q}{K}$	$\theta_{\mathrm{w}}=\frac{2J}{\alpha K_{\mathrm{w}}}(q^2+q_{\mathrm{e}}q)$
	$K_{\mathrm{w}}=K$	以上两式中的 K_{w} 改为 K	上式中 K_{w} 改为 K	同上	上式中 K_{w} 改为 K
$q_{\mathrm{e}}=0$ $\theta_{\mathrm{w}}\neq0$	$K_{\mathrm{w}}\neq K$	$\frac{q^2}{K}+\frac{2J}{\alpha K_{\mathrm{w}}}q^2-\theta_{\mathrm{R}}=0$ 或 $\theta+\theta_{\mathrm{w}}-\theta_{\mathrm{R}}=0$	$q=\sqrt{\frac{\theta_{\mathrm{R}}}{\frac{1}{K}+\frac{2J}{\alpha K_{\mathrm{w}}}}}$	$\theta=\frac{q^2}{K}$	$\theta_{\mathrm{w}}=\frac{2J}{\alpha K_{\mathrm{w}}}q^2$
	$K_{\mathrm{w}}=K$	上面第一个式中的 K_{w} 改为 K	上式中 K_{w} 改为 K	同上	上式中 K_{w} 改为 K
$\theta_{\mathrm{w}}=0$ $J=0$	$q_{\mathrm{e}}\neq0$	$\frac{q^2}{K}-\theta_{\mathrm{R}}=0$ 或 $\theta-\frac{2q_{\mathrm{e}}q}{K}-\theta_{\mathrm{R}}=0$	$q=\sqrt{K\theta_{\mathrm{R}}}$	$\theta=\frac{q^2+2q_{\mathrm{e}}q}{K}$	$\theta_{\mathrm{w}}=0$
	$q_{\mathrm{e}}=0$	$\frac{q^2}{K}-\theta_{\mathrm{R}}=0$ 或 $\theta-\theta_{\mathrm{R}}=0$	同上	$\theta=\frac{q^2}{K}$	$\theta_{\mathrm{w}}=0$

间歇过滤机恒压过滤各种操作情况下达最大生产能力 Q_{max} 应满足的条件及求 Q_{max} 时相关参数的求法均可从表 3-4 查得。q 求出后即可求出 V（$V=qA$）、θ、θ_w，把 V、θ、θ_w 代入式(3-27）即可求出 Q_{max}，上述所求 θ 和 θ_w 实际上就是生产能力达最大时相应的最佳过滤时间 θ_{opt} 和最佳洗涤时间 $\theta_{w,opt}$，因而最佳操作周期 $\theta_{c,opt}=\theta_{opt}+\theta_{w,opt}+\theta_R$ 即可求出。

值得特别指出的是，板框压滤机恒压过滤时，能否达到表 3-4 中所列条件下的 Q_{max}，必须核算后才能确定。以表 3-4 中最后一种操作情况（$\theta_w=0$，$J=0$）为例讨论设板框压滤机过滤至滤饼满框时单位过滤面积上得到的滤饼体积为 q^*（q^* 可用过滤至滤饼满框时的有关条件求出），若 $q=\sqrt{K\theta_R}>q^*$，则达不到与 $q=\sqrt{K\theta_R}$ 相应的 Q_{max}，此时的 Q_{max} 只能是与 q^* 相应即过滤至滤饼满框时的值，这个问题详见例 3-3。

对间歇过滤恒压过滤时的最大生产能力 Q_{max} 和最佳操作周期 $\theta_{c,opt}$ 的问题，教材只研究过滤介质阻力可忽略，即 $q_e=0$ 和洗涤时 $K_w=K$ 这种特殊的操作情况，因而所得的结论不能推广到其他更一般的操作情况。本节应用创造性思维方法中的一种收敛思维法，即归纳演绎法，先从所研究的间歇过滤机恒压过滤最大生产能力 Q_{max} 的问题中，经过归纳、概括推出此类问题的普遍（一般）结论即式(3-37）和式(3-38)，然后由一般演绎到特殊，得出此类问题在各种特殊操作情况下的结论（见表 3-4)。归纳演绎法是一种重要的收敛思维方法，在教学中有着广泛的应用，望读者在学习中要重视训练和应用这种思维方法。

3.1.9.2　间歇过滤机先恒速后恒压过滤时的最佳操作周期与最大生产能力

间歇过滤若采用恒速操作，由式(3-12）可知其过滤速率为常数等于 V_1/θ_1，将恒速过滤得到的滤液体积 V_1 与恒速过滤时间 θ_1 的关系标绘在图 3-2 中为一条通过原点的直线，该直线上任一点与横轴上 A 点（$\theta_w+\theta_R$）的连线的斜率即为间歇过滤机恒速过滤时的生产能力 Q，显然该直线上对应于越大的 V_1 和 θ_1 的点与 A 点的连线的斜率即生产能力就越大。换句话说，在过滤机能够承受的最大压力 p_{max} 或供料的正位移泵能够提供的最大压力 p_{max} 范围内，恒速过滤时间越长其生产能力越大，不存在最佳操作周期和最大生产能力，最大生产能力取决于 p_{max}。

间歇过滤若采用先恒速后恒压操作，虽然前面恒速段的 V_1 和 θ_1 的关系为一通过原点的直线，但后面恒压段的 V 和 θ（注意 V 和 θ 均是两个阶段累计的量）的关系由式(3-15）可知是抛物线的关系，因此与间歇过滤机恒压过滤操作类似，间歇过滤机先恒速后恒压过滤操作亦存在最大生产能力 Q_{max} 和最佳操作周期 $\theta_{c,opt}$（请读者画图延伸分析此问题），亦可将求 Q_{max} 的问题转化为求（A/Q）$_{min}$ 的问题。

考虑最普遍（一般）的操作情况，即先恒速后恒压过滤后有对滤饼进行洗涤操作 $\theta_w\neq 0$，过滤和洗涤时均存在介质阻力 $q_e\neq 0$，且洗涤时 $\Delta p_w\neq\Delta p$ 或 $\mu_w\neq\mu$ 或同时 $\Delta p_w\neq\Delta p$ 和 $\mu_w\neq\mu$ 因而 $K_w\neq K$。由式(3-15）解出

$$\theta=\frac{q^2}{K}-\frac{q_1^2}{K}+\frac{2q_eq}{K}-\frac{2q_eq_1}{K}+\theta_1 \tag{a}$$

洗涤时不管前面的过滤操作是何种方式，其方程是一样的，且考虑 $K_w\neq K$，故洗涤时间 θ_w 用 3.1.9.1 中的式(b）计算，即

$$\theta_w=\frac{2J}{\alpha K_w}(q^2+q_eq) \tag{b}$$

将式(a）和式(b）代入式(3-36）后求导，并令其等于零，整理后可得

$$\frac{q^2}{K}+\frac{q_1^2}{K}+\frac{2q_eq_1}{K}-\theta_1+\frac{2J}{\alpha K_w}q^2-\theta_R=0 \tag{3-39}$$

将上式中的 q^2/K 用式(a）的关系、$2Jq^2/(\alpha K_w)$ 用式(b）的关系代入，并利用恒速过滤 θ_1 与 q_1 的关系式(3-13)，可将式(3-39）改写为与 θ_w 和 θ 有关的关系式，即

$$\theta-\frac{2q_eq}{K}+\frac{2q_eq_1}{K}-\theta_1+\theta_w-\frac{2J}{\alpha K_w}q_eq-\theta_R=0 \tag{3-40}$$

式(3-39)和式(3-40)是针对间歇过滤机先恒速后恒压过滤的最普遍（一般）操作状况，经过归纳、概括推导出的该过滤过程生产能力达最大值 Q_{max} 时应满足的通用条件，即一般结论。请读者采用演绎推理法，从一般即式(3-39)和式(3-40)演绎到特殊，得出该过滤过程各种特殊操作情况下达 Q_{max} 时应满足的条件以及各种操作情况下求 Q_{max} 时相关的 q、θ、θ_w 等参数的求法（用类似表 3-4 的方式表达），并简要说明 Q_{max} 和 $\theta_{c,opt}$ 如何求。

一个有趣的现象是，若没有恒速段，过滤自始至终都维持恒压过滤，令式(3-39)和式(3-40)中的 $q_1=0$、$\theta_1=0$，则以上两式分别简化为式(3-37)和式(3-38)，这说明式(3-39)和式(3-40)才是间歇过滤机求最大生产能力 Q_{max} 时应满足的最通用条件或得到的最一般结论，其他操作情况的结论均可视为是它们的简化。现在回过头去联想一下先恒速后恒压过滤方程式(3-15)和恒压过滤方程式(3-9)，你又发现了什么有趣的现象？学完本节的内容你是否体会到归纳演绎思维法的魅力？

3.2　过滤典型例题分析

3.2.1　过滤计算题型与解法分析

过滤过程的计算可以分为设计型计算（求过滤面积 A）与操作型计算（A 已知反求其他量）两种类型。操作型计算又可分第一类操作型计算（A 已知并给定操作条件求生产能力）和第二类操作型计算（A 已知并给定生产能力求相应的操作条件）两种题型。不管是设计型计算还是操作型计算，对不同的过滤机及不同的过滤操作方式，其计算方法和计算内容又有各自的特点。下面主要以板框压滤机（间歇过滤机）和转筒真空过滤机（连续过滤机）为例进行分析。

3.2.1.1　设计型计算

（1）板框压滤机和叶滤机的设计型计算

已知条件：滤液体积 V（或已知悬浮液、颗粒和滤饼的有关参数，框的尺寸及框数等，用物料衡算等方法可将 V 求出），过滤时间 θ，过滤推动力 Δp（对设计型问题有时 Δp 须由设计者选择），过滤常数 K、V_e 或 q_e（K 和 V_e 一般是在小型过滤实验装置上通过恒压过滤实验测定得到的，有的题目可能要用 3.1.1 节介绍的物料衡算方法求出 c 或 ϕ 后才能算出 K）。

计算目的：求过滤面积 A。

计算方法：板框压滤机和叶滤机可以采用恒压过滤、恒速过滤和先恒速后恒压三种过滤操作方式，根据所选择的过滤操作方式（最常用的是恒压过滤）选取相应的过滤方程，将已知条件代入即可求出 A。

注意：① 在板框压滤机设计型计算中，有时并非直接求过滤面积，而是给出滤框的尺寸，求所需滤框的数目，这与求过滤面积的实质是一样的，由过滤方程求得过滤面积后再由滤框的尺寸即可确定框的数目。但需特别注意的是，若滤框的长和宽已知，则框的数目可由过滤面积、滤框的长与宽来确定，框的厚度由滤饼的体积、滤框的长与宽、滤框的数目共同确定；若滤框的长、宽、厚度均已确定的话，那么框的数目不仅可以由过滤面积求得，也可以由滤饼的体积求得，此时最终确定的滤框数目应当取其大值。

② 在 3.1.3 节中已强调要使 K 和 q_e（或 V_e）为常数必须满足的条件，若测定过滤常数 K 和 q_e 的实验条件与工业过滤机的设计条件不一样，比如过滤推动力 Δp 和滤液黏度（悬浮液温度不同滤液黏度也不同）不一样，则需用式(3-11)将实验条件下的 K 换算成设计条

件下的 K 才能用于工业过滤机的设计。

(2) 转筒真空过滤机的设计型计算

已知条件：Q（或 V）、θ、n、φ、K、V_e（或 q_e）。

计算目的：求过滤面积 A。

计算方法：转筒真空过滤机是连续式过滤机，在已知条件中通常给定其生产能力 Q (m^3/s)，故可将 Q 及其他已知条件代入式(3-32) 或式(3-34) 直接求出过滤面积 A；若已知条件给定转筒旋转一周得到的滤液量 $V(m^3/r)$，则可将 V 及其他已知条件代入式(3-31) 求过滤面积 A。

注意：① 式(3-32) 或式(3-34) 中的 A 是转筒真空过滤机转换以后的过滤面积，即转筒外侧表面的全部面积 $A=\pi Dl$。有的题目已知转筒直径 D 需设计转筒长度 l，也要先求出 A 后再根据 $A=\pi Dl$ 求 l，反之亦然。

② 若测定 K 的实验条件与工业过滤机的设计条件不一样，K 也要换算后才能用于设计。

③ 转筒真空过滤机的转速 n 和转筒浸没分率 φ 对生产能力 Q 有影响，设计时需妥善选择，详见 3.1.8.2 中的内容。

3.2.1.2 第一类操作型计算

第一类操作型计算是指对过滤面积已知的过滤机，在给定的操作条件下确定该过滤机的生产能力 Q（对间歇过滤机和连续过滤机而言）或最大生产能力 Q_{max}（仅对间歇过滤机而言）。

(1) 间歇过滤机（板框压滤机和叶滤机）第一类操作型计算

已知条件：A（或板框压滤机的滤框尺寸和数目，或叶滤机的滤叶尺寸和数目）、V（或 θ）、K、V_e（或 q_e）、θ_w [或 $V_w(J)$、Δp_w、Δp、μ、μ_w]、θ_R，操作方式（恒压过滤或恒速过滤或先恒速后恒压过滤）。

计算目的：求间歇过滤机（板框压滤机和叶滤机）的生产能力 Q 或最大生产能力 Q_{max}。

计算方法：求 Q 的方法在 3.1.8.1 中、求 Q_{max} 的方法在 3.1.9 中已经详述，此处不再赘述。提示读者注意两个问题：一是求 Q 和 Q_{max} 时两者 q 的求法不同，二是求 Q_{max} 时必须核算 q 是否大于 q^*（有些题目没有提供 q^* 的必要条件，此时无法进行核算）。

(2) 连续过滤机（转筒真空过滤机）第一类操作型计算

已知条件：A（或转筒的直径 D 和长度 l）、K、V_e（或 q_e）、转速 n、浸没分率 φ。

计算目的：求转筒真空过滤机的生产能力 Q。

计算方法：将已知条件代入式(3-32) 或式(3-34) 可直接求得其生产能力。

3.2.1.3 第二类操作型计算

第二类操作型计算是指对过滤面积已知的过滤机，求完成给定的生产能力所需的适宜操作条件，如过滤时间、过滤压差、转筒转速等。

(1) 间歇过滤机（板框压滤机和叶滤机）第二类操作型计算

已知条件：A（或板框压滤机的滤框尺寸和数目，或叶滤机的滤叶尺寸和数目）、V（或 Q）、V_w（或 J）、V_e（或 q_e）及 K、θ 二者之一，操作方式（恒压过滤或恒速过滤或先恒速后恒压过滤）。

计算目的：求 K、Δp、θ、θ_w、θ_R（求辅助时间 θ_R 需已知生产能力 Q）等参数之一或一个以上。

计算方法：根据已知的过滤操作方式选择相应的过滤方程并将已知条件代入可直接求得 θ 或 K，K 求出后由 K 的定义式可求出 Δp（由 K 求 Δp 还需已知 μ、r_0、s、c 或 ϕ）；不管过滤是何种操作方式，洗涤时间 θ_w 均可由式(3-24) 或式(3-25) 求得（若 $K_w \neq K$，求 θ_w 式

中的 K 要改为 K_w，若 K_w 未知，则还需已知 Δp、μ、Δp_w、μ_w 等参数）；θ 和 θ_w 求出后可由生产能力 Q 的计算式(3-27) 求得 θ_R。

(2) 连续过滤机（转筒真空过滤机）第二类操作型计算

已知条件：A（或转筒的直径 D 和长度 l）、Q、V_e（或 q_e）及 K、n、φ 三个中的两个。

计算目的：求 K、Δp、θ、n、φ、L 等参数之一或一个以上。

计算方法：把 Q 及其他已知条件代入式(3-32) 或式(3-34) 可直接求得 K、n、φ 三个中的任一个，再根据过滤常数 K 的定义式(3-7) 可求出过滤压差 Δp（求 Δp 还需已知 s、μ、r_0、c 或 ϕ），由转筒真空过滤机转换后的过滤时间表达式 $\theta=\varphi/n$ 可求得 θ，在求得 K、n、φ 三个参数后，由式(3-33) 或式(3-35) 可求 L（求 L 时还须已知 c）

3.2.2 过滤设计型计算典型例题

例 3-1 拟用一板框压滤机在 3kgf/cm^2 压力差下过滤某悬浮液，过滤常数 $K=7\times10^{-5}\text{m}^2/\text{s}$、$q_e=0.015\text{m}^3/\text{m}^2$，现要求每一操作周期得到 10m^3 滤液，过滤时间为 0.5h，滤饼不可压缩，且滤饼与滤液体积比 $c=0.03\text{m}^3/\text{m}^3$，求：(1) 需要多大过滤面积？(2) 如果过滤压力差提高至 6kgf/cm^2（q_e 不变），现有一台板框压滤机，每个框的尺寸为 635mm×635mm×25mm，要求每个过滤周期得到的滤液量仍为 10m^3，过滤时间不超过 0.5h，至少需要多少个滤框才能满足要求？

解 (1) 该题为板框压滤机的设计型计算。依题意 q_e 值已知，故利用以下形式的恒压方程计算过滤面积较方便。

$$q^2+2q_eq=K\theta$$

即

$$q^2+2\times0.015q=7\times10^{-5}\times0.5\times3600$$

上式解得

$$q=0.34\text{m}^3/\text{m}^2$$

所以过滤面积应为

$$A=V/q=10\div0.34=29.4\ (\text{m}^2)$$

(2) 过滤压力差提高至 6kgf/cm^2，则过滤常数 K 发生变化，滤液黏度 μ 不变，对不可压缩滤饼 $s=0$，由式(3-11) 可得新操作条件下的过滤常数 K' 应为

$$K'=\frac{\mu}{\mu'}\left(\frac{\Delta p'}{\Delta p}\right)^{1-s}K=\frac{\Delta p'}{\Delta p}K=\frac{6}{3}\times7\times10^{-5}=1.4\times10^{-4}\ (\text{m}^2/\text{s})$$

依题意，过滤时间为 0.5h 时，所需的过滤面积最小。因为滤框结构尺寸已知，所以滤框的数目可根据过滤时间为 0.5h 时所需的过滤面积和滤框的长、宽尺寸来确定。其中过滤面积仍由恒压过滤方程计算。

$$q'^2+2q_eq'=K'\theta$$

即

$$q'^2+2\times0.015q'=1.4\times10^{-4}\times0.5\times3600$$

上式解得

$$q'=0.4872\text{m}^3/\text{m}^2$$

所以过滤面积应为

$$A'=V/q'=10\div0.4872=20.5\ (\text{m}^2)$$

由过滤面积和滤框尺寸求得所需的滤框数目为

$$n=\frac{A}{2\times\text{框长}\times\text{框宽}}=\frac{20.5}{2\times0.635^2}=25.4\quad\text{取 26 个}$$

然而，26 个框是否可以容纳下滤渣呢？需要对滤渣的体积进行核算，得到 10m^3 滤液产生的滤渣量为 $0.03\times10=0.3\text{m}^3$，为容纳这些滤渣压滤机的容积必须不小于 0.3m^3，所以要容纳下滤渣所需滤框的最少个数为

$$n=\frac{V_{\text{饼}}}{\text{框长}\times\text{框宽}\times\text{框厚}}=\frac{0.3}{0.635^2\times0.025}=29.8\quad\text{取 30 个}$$

综合以上结果，至少需要 30 个滤框才能满足要求，此时 30 个滤框的过滤面积一定大于 20.5m^2，其过滤时间也一定小于 0.5h。

解题小结：本题中过滤滤框的长、宽和厚度尺寸均为已知条件，所以正如以上计算所示，滤框的个数不仅可以由过滤面积和滤框的长、宽尺寸来确定，而且也可以由滤饼的体积和滤框的长、宽和厚度尺寸来确定，这两种方法确定的滤框数目应取其中较大者作为最终结果。若滤框尺寸中的已知条件只有滤框的长度和宽度尺寸，而没有厚度尺寸的话，那么滤框的数目由过滤面积和滤框的长、宽尺寸确定，滤框的最小厚度则由滤饼体积和滤框的长、宽尺寸来确定。

例 3-2 某悬浮液在一定压差下，通过小型过滤实验测得 $q_e=0.01\text{m}^3/\text{m}^2$，$K=8\times10^{-4}\text{m}^2/\text{s}$，悬浮液中固体颗粒的质量百分数为6.2%，固体颗粒的密度为2800kg/m³，形成的滤饼空隙率为0.4，滤液为水。拟采用转筒真空过滤机，在相同压差下，完成处理此悬浮液 $5.56\times10^{-3}\text{m}^3/\text{s}$ 的过滤任务，所用的过滤介质（滤布）及悬浮液的浓度和温度均与小型过滤实验相同，已知过滤机转鼓浸没分率为0.35，并要求滤饼厚度不低于5mm，试求转筒真空过滤机的转鼓面积。

解 本题求转筒真空过滤机的转鼓面积（即过滤面积）A，属于设计型计算问题。本题采用逆向思维解题法，思路比较清晰。题目已知的悬浮液处理量即为生产能力 Q，且已知 q_e 说明存在介质阻力，此时 Q 与 A 的关系符合式(3-32)，即

$$Q=nA\left(\sqrt{K\varphi/n+q_e^2}-q_e\right) \tag{a}$$

式中，$Q=5.56\times10^{-3}\text{m}^3/\text{s}$；$\varphi=0.35$；转筒真空过滤机所处理的悬浮液及其浓度、温度，所用的过滤介质（滤布），所用的过滤推动力 Δp 均与小型过滤实验相同，所以 K 与 q_e 也相同，即 $K=8\times10^{-4}\text{m}^2/\text{s}$，$q_e=0.01\text{m}^3/\text{m}^2$。现在从式(a) 可知，要求 A 还须先求转速 n。通过何种途径求 n 呢？分析题给已知条件中滤饼厚度 $L=5\text{mm}=0.005\text{m}$ 尚未利用，由式(3-33) 可知 L 与 q 有关，而 q 与 n 有关，即

$$L=cq=c\left(\sqrt{K\varphi/n+q_e^2}-q_e\right)=0.005 \tag{b}$$

式(b) 中 φ、K、q_e 已知，要求 n 还须先求 c。本题已知 $w=0.062$，$\varepsilon=0.4$，$\rho_s=2800\text{kg/m}^3$，滤液为水 $\rho=1000\text{kg/m}^3$，可用由物料衡算得出的式(3-1) 求 c，即

$$c=\frac{\rho w}{\rho_s(1-\varepsilon)(1-w)-\varepsilon\rho w}=\frac{1000\times0.062}{2800\times(1-0.4)\times(1-0.062)-0.4\times1000\times0.062}$$

$$=0.04\ (\text{m}^3\ \text{滤饼}/\text{m}^3\ \text{滤液})$$

将 c 值及已知的 φ、K、q_e 等代入式(b) 得

$$L=cq=c\left(\sqrt{K\varphi/n+q_e^2}-q_e\right)=0.04\times\left(\sqrt{\frac{8\times10^{-4}\times0.35}{n}+0.01^2}-0.01\right)=0.005$$

解上式得

$$n=0.01545\text{r/s}=0.927\text{r/min}$$

再将 $n=0.01545\text{r/s}$ 及已知的 Q、φ、K、q_e 等代入式(a) 得

$$5.56\times10^{-3}=0.01545\times A\times\left(\sqrt{\frac{8\times10^{-4}\times0.35}{0.01545}+0.01^2}-0.01\right)$$

解得

$$A=2.88\text{m}^2$$

3.2.3 过滤操作型计算典型例题

例 3-3 已知某板框压滤机有26个框（长度×宽度×厚度= 810mm×810mm×45mm），过滤是在恒压下进行，其推动力为0.3MPa，过滤常数为 $5.5\times10^{-5}\text{m}^2/\text{s}$，$c=0.065\text{m}^3$ 滤饼/m³ 滤液，$q_e=0.012\text{m}^3/\text{m}^2$，辅助时间为40min，滤饼不可压缩，$s=0$。试求：(1) 若用0.1倍滤液量的洗涤液进行洗涤，洗涤压差与过滤压差相同、洗涤液黏度为滤液黏度的1.1倍，过滤至滤饼满框时生产能力多大？其最大生产能力又为多少？(2) 若过滤后不洗涤，则最大生产能力为多少？

解　(1) 本题已经给出板框压滤机滤框的结构尺寸和个数，也就能确定该过滤机的过滤面积，要求该过滤机在不同条件下的生产能力 Q 与最大生产能力 Q_{max}，属于过滤第一类操作型计算问题。求间歇过滤机生产能力 Q 或最大生产能力 Q_{max} 均是用式(3-27) 求，即 $Q=V/(\theta+\theta_w+\theta_R)$，式中 V、θ、θ_w 均为待求量，且 θ 和 θ_w 均与 q 也即与 V 有关，要特别注意求 Q 和求 Q_{max} 时 V 或 q 的求法是不同的！

① 求过滤至滤饼满框时的生产能力 Q。此时滤框的容积即为滤饼体积 $V_{饼}$，将 $V_{饼}$ 除以 c 即得过滤至滤饼满框时所得滤液体积 V，把 V 除以 A 即得 q（即满框时的 q^*），因是恒压过滤，把 q 代入恒压过滤方程可求出 θ，把 q 代入洗涤时间计算式可求出 θ_w（注意本题 $K_w\neq K$)，最后由 Q 的计算式可求出 Q。根据以上分析，得

$$V=\frac{V_{饼}}{c}=\frac{框长\times框宽\times框厚\times框数}{c}=\frac{0.81\times0.81\times0.045\times26}{0.065}=11.8\ (\text{m}^3)$$

注意到对板框压滤机，过滤时框的两面都在过滤，即一个框的过滤面积为框面积的两倍，故

$$q=\frac{V}{A}=\frac{V}{框长\times框宽\times2\times框数}=\frac{11.8}{0.81\times0.81\times2\times26}=\frac{11.8}{34.1}=0.346\ (\text{m}^3/\text{m}^2)=q^*$$

因 $q_e\neq0$，把 q 及 K、q_e 代入恒压过滤方程式(3-9) 求得 θ 为

$$\theta=\frac{q^2+2q_eq}{K}=\frac{0.346^2+2\times0.012\times0.346}{5.5\times10^{-5}}=2327.6\ (\text{s})$$

因 $\Delta p_w=\Delta p$，$\mu_w=1.1\mu\neq\mu$，故 $K_w\neq K$，先求出 K_w 后再求 θ_w，本题滤饼不可压缩 $s=0$，由式(3-19) 得

$$K_w=K\frac{\mu}{\mu_w}\left(\frac{\Delta p_w}{\Delta p}\right)^{1-s}=K\frac{\mu}{\mu_w}=5.5\times10^{-5}\times\frac{\mu}{1.1\mu}=5.0\times10^{-5}\ (\text{m}^2/\text{s})$$

因板框压滤机的洗涤方式为横穿洗涤 $\alpha=1/4$，且已知 $V_w=0.1V$，即 $J=V_w/V=0.1$，又因 $K_w\neq K$，将式(3-24) 中的 K 改为 K_w 并把已知条件代入，得

$$\theta_w=\frac{2J}{\alpha K_w}(q^2+q_eq)=\frac{2\times0.1}{(1/4)\times5.0\times10^{-5}}(0.346^2+0.012\times0.346)=1981.9\ (\text{s})$$

所以过滤至滤饼满框时的生产能力为

$$Q=\frac{V}{\theta+\theta_w+\theta_R}=\frac{11.8}{2327.6+1981.9+40\times60}=1.759\times10^{-3}(\text{m}^3/\text{s})=6.33\ (\text{m}^3/\text{h})$$

② 求最大生产能力 Q_{max}。本题 $\theta_w\neq0$、$q_e\neq0$ 且 $K_w\neq K$，这是间歇过滤机恒压过滤操作求 Q_{max} 的最普遍（一般）的操作状况，其 θ、θ_w、θ_R 应满足一般结论，即式(3-38)，而式(3-38) 是从式(3-37) 导出的，故也要满足式(3-37)。先由式(3-37) 求出达 Q_{max} 时的 q，再由此 q 求 θ 和 θ_w，最后求 Q_{max}。根据以上分析，由式(3-37)

$$\frac{q^2}{K}+\frac{2J}{\alpha K_w}q^2-\theta_R=0$$

解得 $q=\sqrt{\dfrac{\theta_R}{1/K+2J/(\alpha K_w)}}=\sqrt{\dfrac{40\times60}{1/(5.5\times10^{-5})+2\times0.1/[(1/4)\times5.0\times10^{-5}]}}=0.265\ (\text{m}^3/\text{m}^2)$

此时得到的滤液量为

$$V=qA=0.265\times34.1=9.04\ (\text{m}^3)$$

当得到滤液量 9.04m^3 时生产能力达到最大，此时的 θ 和 θ_w 均为最佳值，分别为

$$\theta_{opt}=\frac{q^2+2q_eq}{K}=\frac{0.265^2+2\times0.012\times0.265}{5.5\times10^{-5}}=1392.5\ (\text{s})$$

$$\theta_{w,opt}=\frac{2J}{\alpha K_w}(q^2+q_eq)=\frac{2\times0.1}{(1/4)\times5.0\times10^{-5}}(0.265^2+0.012\times0.265)=1174.5\ (\text{s})$$

与 θ_{opt} 和 $\theta_{w,opt}$ 相应的操作周期为最佳操作周期 $\theta_{c,opt}$，因此最大生产能力为

$$Q_{max}=\frac{V}{\theta_{c,opt}}=\frac{V}{\theta_{opt}+\theta_{w,opt}+\theta_R}=\frac{9.04}{1392.5+1174.5+40\times60}=1.82\times10^{-3}\ (m^3/s)$$

以上计算结果表明，对板框压滤机（间歇过滤机）而言，过滤至滤饼满框时的生产能力并不一定能达到最大。换言之，间歇过滤机操作时存在最佳的过滤时间 θ_{opt}（若有洗涤亦存在最佳的洗涤时间 $\theta_{w,opt}$），相应存在最佳的操作周期 $\theta_{c,opt}$，使间歇过滤机的生产能力达到最大。

（2）本题过滤后不洗涤 $\theta_w=0$，求 Q_{max}。这是间歇过滤机恒压过滤操作求 Q_{max} 问题的一种特殊情况，由表 3-4 及 3.1.9 中的相关分析可知，$\theta_w=0$ 时的 Q_{max} 在理论上须满足 $q=\sqrt{K\theta_R}$ 的条件，实际上能否达到满足此 q 的 Q_{max} 值，必须核算后才能确定。若此 $q>q^*$［滤饼满框时的 q 值，在（1）中已求出］，则不能达到。根据以上分析得

$$q=\sqrt{K\theta_R}=\sqrt{5.5\times10^{-5}\times40\times60}=0.363\ (m^3/m^2)>q^*=0.346m^3/m^2$$

$q>q^*$ 这是不可能的，故不洗涤 $\theta_w=0$ 时实际能够达到的最大生产能力只能为过滤至滤饼满框时的生产能力，与 q^* 相应的 $V=11.8m^3$、$\theta=2327.6s$ 在（1）中已求出，此 θ 即为 θ_{opt}，相应的最佳操作周期 $\theta_{c,opt}=\theta_{opt}+\theta_R$，于是

$$Q_{max}=\frac{V}{\theta_{c,opt}}=\frac{V}{\theta_{opt}+\theta_R}=\frac{11.8}{2327.6+40\times60}=2.496\times10^{-3}\ (m^3/s)=8.99\ (m^3/h)$$

例 3-4 某板框压滤机滤框内空间尺寸为 650mm×650mm×20mm，总框数为 30 个。用此压滤机过滤一种含固体颗粒为 28kg/m³ 的悬浮液，在操作压差下，得湿滤饼的密度为 2050kg/m³。已知滤液为水，固体颗粒密度为 3100kg/m³；过滤常数 K 为 $2\times10^{-4}m^2/s$，$q_e=0.03m^3/m^2$。每次过滤到滤饼充满滤框为止，然后用清水洗涤滤饼，洗涤液与滤液的黏度相同，洗涤压差为过滤压差的 1.2 倍，洗涤水体积为滤液体积的 15%，滤饼不可压缩。试求：若要使该压滤机的生产能力达到 10m³/h，则卸渣、清理、组装等辅助时间不应超过多少分钟？

解 本题已知间歇过滤机的 Q 反求 θ_R，为第二类操作型计算，采用逆向思维法解题，思路比较清晰。间歇过滤机的生产能力为 $Q=V/(\theta+\theta_w+\theta_R)$，式中 Q 已知要求 θ_R，必须先求得滤液量 V、过滤时间 θ 和洗涤时间 θ_w。

因已知过滤到滤饼充满滤框，故滤液量可根据满框时滤饼的体积和参数 c 求得，即 $V=V_{饼}/c$。本题已知 c_s、ρ_s、ρ_c、ρ 求 c，这是表 3-2 中总结的题型①，由该表可得

$$c=\frac{\dfrac{(\rho_c-\varepsilon\rho)}{\rho_s}+\varepsilon}{\dfrac{\rho_c-\varepsilon\rho}{c_s}-\dfrac{(\rho_c-\varepsilon\rho)}{\rho_s}-\varepsilon}=\frac{\dfrac{c_s}{\rho_s}}{1-\dfrac{\rho_s-\rho_c}{\rho_s-\rho}-\dfrac{c_s}{\rho_s}}=\frac{\dfrac{28}{3100}}{1-\dfrac{3100-2050}{3100-1000}-\dfrac{28}{3100}}=0.01840$$

滤饼满框时的体积即为框的容积，所以滤液体积 V 为

$$V=\frac{V_{饼}}{c}=\frac{框长\times框宽\times框厚\times框数}{c}=\frac{0.65\times0.65\times0.02\times30}{0.01840}=13.78\ (m^3)$$

求过滤时间 θ 和洗涤时间 θ_w 必须先求 q，注意到板框压滤机一个框的过滤面积为框面积的两倍，得

$$q=\frac{V}{A}=\frac{V}{框长\times框宽\times2\times框数}=\frac{13.78}{0.65\times0.65\times2\times30}=0.5436\ (m^3/m^2)$$

本题 $q_e\neq0$ 且为恒压过滤，将 q、q_e、K 代入恒压过滤方程式(3-9) 解得 θ 为

$$\theta=\frac{q^2+2q_eq}{K}=\frac{0.5436^2+2\times0.03\times0.5436}{2\times10^{-4}}=1640.6\ (s)$$

本题滤饼不可压缩 $s=0$，$\mu_w=\mu$ 但 $\Delta p_w=1.2\Delta p\neq\Delta p$，故 $K_w\neq K$，须先求出 K_w 后再求 θ_w。由式(3-19) 得

$$K_w = K\frac{\mu}{\mu_w}\left(\frac{\Delta p_w}{\Delta p}\right)^{1-s} = K\frac{\Delta p_w}{\Delta p} = 2\times10^{-4}\times1.2 = 2.4\times10^{-4}\ (m^2/s)$$

q_e 主要取决于过滤介质（滤布），同种滤布 Δp 变引起 q_e 的变化很小，可将 q_e 视为不随 Δp 而变的常数[3]。已知 $J=V_w/V=15\%=0.15$，板框压滤机为横穿洗涤 $\alpha=1/4$，将式(3-24) 中的 K 改为 K_w，并将有关的已知条件代入该式求得 θ_w 为

$$\theta_w = \frac{2J}{\alpha K_w}(q^2+q_e q) = \frac{2\times0.15}{(1/4)\times2.4\times10^{-4}}(0.5436^2+0.03\times0.5436) = 1559\ (s)$$

将 Q、V、θ、θ_w 的值代入式(3-27)，注意到该式中 Q 的单位为 m^3/s，要与已知 $Q=10m^3/h$ 的单位一致，须乘 3600，得

$$Q = \frac{V}{\theta+\theta_w+\theta_R} = \frac{13.78\times3600}{1640.6+1559+\theta_R} = 10\ (m^3/h)$$

解得 $\theta_R=1761.2s=29.4min$。

例 3-5　实验测得某悬浮液的比阻为 $7.05\times10^{12}m^{-2}$ [此值为文献 [1] 即式(3-4) 定义的比阻值]，滤饼的空隙率 $\varepsilon=0.529$，$q_e=0.01m^3/m^2$，滤饼不可压缩，同时测得每立方米滤液所带的固体颗粒为 $70kg/m^3$，滤饼含水为 33%（质量分数），颗粒密度为 $2000kg/m^3$。现用一台转筒真空过滤机进行过滤，所用过滤介质与实验相同。已知过滤机转鼓直径为 1.5m，长度为 1.0m，浸入角度为 120°，转速为 0.5r/min，真空度为 80kPa，悬浮液温度为 20℃，试求：

(1) 文献 [1] 即式(3-7) 定义的过滤常数 K 和文献 [3] 即 3.1.2 讨论问题 (3) 中式 (d) 定义的过滤常数 K，并比较两者，结果说明了什么问题？

(2) 生产能力 Q；

(3) 滤饼厚度 L。

解　(1) 先求文献 [1] 即式(3-7) 定义的 K，该 K 与 c 有关，故先求 c。本题已知 c'、w_c、ρ_s、ρ，求 c，是表 3-2 中总结的题型③，由该表可得

$$c = \frac{c'}{\rho_s} + \frac{c'}{\rho}\times\frac{1-w_c}{w_c} = \frac{70}{2000} + \frac{70}{1000}\times\frac{1-0.67}{0.67} = 0.06948$$

本题滤饼不可压缩 $s=0$，滤液为 20℃ 的水其黏度可取 $\mu=1\times10^{-3}Pa\cdot s$，真空度即为转筒真空过滤机的过滤推动力 Δp，将有关已知条件代入式(3-7) 即求得文献 [1] 定义的 K 为

$$K = \frac{2\Delta p^{1-s}}{\mu r_0 c} = \frac{2\Delta p}{\mu r c} = \frac{2\times80\times10^3}{1\times10^{-3}\times7.05\times10^{12}\times0.06948} = 3.266\times10^{-4}\ (m^2/s)$$

再求文献 [3] 即 3.1.2 讨论问题 (3) 中式 (d) 定义的 K，该 K 与 ϕ 有关、且 K 中的比阻 r 的定义与文献 [1] 比阻 r 的定义不同，故须先求 ϕ 和 r 才能求 K。本题已知 c'、w_c、ρ_s、ρ 求 ϕ，是表 3-2 中总结的题型⑦，由该表可得

$$\phi = \frac{c'/\rho_s}{1+\frac{c'}{\rho_s}+\frac{c'}{\rho}\times\frac{1-w_c}{w_c}} = \frac{70/2000}{1+\frac{70}{2000}+\frac{70}{1000}\times\frac{1-0.67}{0.67}} = 0.03273$$

题目已知的比阻 $r=7.05\times10^{12}m^{-2}$ 是文献 [1] 即式(3-4) 定义的比阻，将文献 [3] 即 3.1.2 讨论问题 (3) 中式 (a) 定义的比阻与式(3-4) 比较后可知，把已知的比阻除以 $(1-\varepsilon)$ 即得文献 [3] 定义的比阻 r，即

$$r = \frac{7.05\times10^{12}}{1-\varepsilon} = \frac{7.05\times10^{12}}{1-0.529} = 1.497\times10^{13}\ (m^{-2})$$

则文献 [3] 定义的 K 为

$$K = \frac{2\Delta p^{1-s}}{\mu r_0 \phi} = \frac{2\Delta p}{\mu r\phi} = \frac{2\times80\times10^3}{1\times10^{-3}\times1.497\times10^{13}\times0.03273} = 3.266\times10^{-4}\ (m^2/s)$$

上述计算结果表明，不同的教材对比阻 r 和过滤常数 K 的定义不同，但同一问题最终计算得到的过滤常数 K 的值是相同的。

(2) $q_e \neq 0$ 时转筒真空过滤机的生产能力可用式(3-32) 计算，即

$$Q = nA\left(\sqrt{K\varphi/n + q_e^2} - q_e\right)$$

上式中 $n=0.5\text{r/min}=(0.5/60)\text{r/s}$，$K=3.266\times10^{-4}\text{m}^2/\text{s}$，$q_e=0.01\text{m}^3/\text{m}^2$，$\varphi=\beta/360°=120°/360°$，$A$ 为转换后的转筒真空过滤机的过滤面积，即转筒外侧全部表面积 $A=\pi Dl=3.14\times1.5\times1.0=4.712$ (m^2)。将已知条件代入上式求得 Q 为

$$Q=\frac{0.5}{60}\times4.712\times\left(\sqrt{\frac{3.266\times10^{-4}\times(120/360)}{0.5/60}+0.01^2}-0.01\right)=4.11\times10^{-3}\ (\text{m}^3/\text{s})$$

(3) 滤饼厚度可用式(3-33) 计算，即

$$L=c\left(\sqrt{K\varphi/n+q_e^2}-q_e\right)=0.06948\times\left(\sqrt{\frac{3.266\times10^{-4}\times(120/360)}{0.5/60}+0.01^2}-0.01\right)$$
$$=0.0073\ (\text{m/r})=7.3\ (\text{mm/r})$$

例 3-6 用板框压滤机过滤某悬浮液，该压滤机共有 12 个框，框边长 300mm，厚 25mm，在过滤开始 3min 内恒速过滤，当压力升高到 392kPa（表压）后恒压操作，又经过 15min 滤框被充满，然后在 343kPa（表压）下洗涤 10min，洗涤液黏度与滤液黏度相等，求在每个操作周期内：(1) 收集到的滤液量；(2) 洗涤液用量。

此悬浮液曾在一过滤面积为 0.05m^2 的真空叶滤机内进行试验，试验在 66.66kPa 真空度下进行，5min 获得滤液 250mL，又过了 5min 再得到滤液 150mL。假设滤饼不可压缩，V_e 不随过滤压差而变。

解 (1) 本题为板框压滤机先恒速后恒压过滤，已知过滤面积，求每个操作周期内收集到的滤液量即恒速和恒压两个过滤阶段内累计得到的滤液量 V，本质上属于过滤的第一类操作型计算。下面用逆向思维法解题，思路比较清晰。已知存在 V_e，故先恒速后恒压过滤方程为式(3-15)，即

$$(V^2-V_1^2)+2V_e(V-V_1)=KA^2(\theta-\theta_1) \tag{a}$$

式中，V 为待求量；$\theta-\theta_1$ 为恒压阶段的过滤时间，即 $\theta-\theta_1=15\text{min}=15\times60\text{s}$；$A$ 为过滤面积，A＝框长×框宽×2×框数＝$0.3\times0.3\times2\times12=2.16$ (m^2)。要求 V 还须先求出 K、V_e、V_1 的值。

同种悬浮液在真空度 $\Delta p'=66.66\text{kPa}$ 下，在过滤面积 $A'=0.05\text{m}^2$ 的叶滤机进行真空吸滤实验，得两组恒压过滤实验数据，可将它们代入恒压过滤方程式(3-9)，即

$$V^2+2V_eV=K'A'^2\theta \tag{b}$$

上式中 V 和 θ 均为累计的值，故两组恒压实验数据分别为 $\theta=5\text{min}=5\times60\text{s}$ 时、$V=250\text{mL}=250\times10^{-6}\text{m}^3$、$\theta=5+5=10\text{min}=10\times60\text{s}$ 时，$V=250+150=400\text{mL}=400\times10^{-6}\text{m}^3$。将已知数据代入式(b) 得如下两个方程。

$$(250\times10^{-6})^2+2V_e\times250\times10^{-6}=K'\times0.05^2\times5\times60$$
$$(400\times10^{-6})^2+2V_e\times400\times10^{-6}=K'\times0.05^2\times10\times60$$

联立以上两式解得 $V_e=1.75\times10^{-4}\text{m}^3$，$K'=2\times10^{-7}\text{m}^2/\text{s}$。因题目假设 V_e 不随过滤压差而变，故所求 V_e 可直接代入式(a) 求 V。所求 K' 为 $\Delta p'$ 时的值，而式(a) 中的 K 为恒速阶段终了即后面整个恒压阶段 $\Delta p=392\text{kPa}$（题目已知过滤表压力，说明滤液侧通大气，Δp 即为过滤表压力）时的值，故须先用式(3-11) 将 K' 换算成 K（已知滤饼不可压缩，换算时 $s=0$）后才能代入式(a) 求 V，所以

$$K=K'\frac{\mu'}{\mu}\left(\frac{\Delta p}{\Delta p'}\right)^{1-s}=K'\frac{\Delta p}{\Delta p'}=2\times10^{-7}\times\frac{392}{66.66}=1.176\times10^{-6}\ (\text{m}^2/\text{s})$$

K 和 V_e 求出后要求 V 还须求出恒速过滤阶段得到的滤液量 V_1，由恒速过滤方程式(3-13) 得

$$V_1^2+V_eV_1=KA^2\theta_1/2 \tag{c}$$

式(c) 中 $V_e=1.75\times10^{-4}\text{m}^3$，$\theta_1=3\text{min}=3\times60\text{s}$，$A=2.16\text{m}^2$，$K$ 为恒速过滤终了时刻即后面恒压过滤的 K，即上面所求的 $K=1.176\times10^{-6}\text{m}^2/\text{s}$。将已知条件代入式(c) 得

$$V_1^2+1.75\times10^{-4}V_1=1.176\times10^{-6}\times2.16^2\times3\times60/2$$

解上式得
$$V_1=0.0221\text{m}^3$$

把 K、V_e、V_1、A、$(\theta-\theta_1)$ 的值代入式(a) 得

$$(V^2-0.0221^2)+2\times1.75\times10^{-4}(V-0.0221)=1.176\times10^{-6}\times2.16^2\times15\times60$$

解上式得
$$V=0.0735\text{m}^3$$

(2) 求每个操作周期内洗涤液用量 V_w，亦属于过滤的第一类操作型计算。由洗涤时间 θ_w 的定义式(3-23) 得

$$\theta_w=\frac{V_w}{\left(\frac{dV}{d\theta}\right)_w} \tag{d}$$

上式中的 V_w 为待求量，$\theta_w=10\text{min}=10\times60\text{s}$，若能求得洗涤速率 $(dV/d\theta)_w$ 则 V_w 即可求出。本题 $\mu_w=\mu$，但 $\Delta p_w=343\text{kPa}\neq\Delta p$，故须将 K 换算成 K_w，并将洗涤速率表达式(3-22) 中的 K 改为 K_w 后求 $(dV/d\theta)_w$。用式(3-19) 将 K 换算成 K_w（换算时滤饼不可压缩 $s=0$），即

$$K_w=K\frac{\mu}{\mu_w}\left(\frac{\Delta p_w}{\Delta p}\right)^{1-s}=K\frac{\Delta p_w}{\Delta p}=1.176\times10^{-6}\times\frac{343}{392}=1.029\times10^{-6}\ (\text{m}^2/\text{s})$$

将式(3-22) 中的 K 改为 K_w，并注意到板框压滤机为横穿洗涤 $\alpha=1/4$，将已知条件代入式(3-22) 求得

$$\left(\frac{dV}{d\theta}\right)_w=\alpha\frac{K_wA^2}{2(V+V_e)}=\frac{1}{4}\times\frac{1.029\times10^{-6}\times2.16^2}{2\times(0.0735+1.75\times10^{-4})}=8.15\times10^{-6}\ (\text{m}^2/\text{s})$$

将 θ_w 和 $(dV/d\theta)_w$ 代入式(d) 解得 V_w 为

$$V_w=\theta_w\left(\frac{dV}{d\theta}\right)_w=10\times60\times8.15\times10^{-6}=4.89\times10^{-3}\ (\text{m}^3)$$

习　题

3-1　用一板框压滤机过滤某水悬浮液，滤框空处长、宽均为 1m，滤框厚 30mm，在 2at（表压）下，实验求得过滤方程为：

$$q^2+0.00294q=0.00206\theta$$

式中，q 单位为 m^3/m^2；θ 单位为 h；悬浮液中含固体（质量分数，下同）10%，滤饼中固体 50%，滤饼密度 1500kg/m^3，现要求过滤 3h 需获得 6m^3 滤液，问需要几个滤框。

[答：39]

3-2　用一板框压滤机恒压过滤某悬浮液，过滤压差为 330kPa，与此对应的过滤常数 $K=8.2\times10^{-5}\text{m}^2/\text{s}$、$q_e=0.01\text{m}^3/\text{m}^2$。设计每一操作周期中在 0.8h 内得到 9m^3 的滤液。已知滤饼不可压缩，且每立方米滤液可得滤饼 0.03m^3。试求：(1) 过滤面积；(2) 若操作压差提高到 500kPa，现有一台板框压滤机，框的尺寸为 600mm×600mm×25mm，要求每操作周期仍得到 9m^3 的滤液，至少需要多少个框？过滤时间为多少？

[答：(1) 18.9m^2；(2) 30，0.407h]

3-3　某板框压滤机有 10 个滤框，框的尺寸为 635mm×635mm×25mm，料浆（质量分数）为 13.9% 的 $CaCO_3$ 悬浮液，滤饼含水（质量分数）50%，纯 $CaCO_3$ 固体的密度为 2710kg/m^3。操作条件下的过滤常数为 $1.57\times10^{-6}\text{m}^2/\text{s}$，$q_e=0.00378\text{m}^3/\text{m}^2$，滤饼压缩性指数为 0.2。试求：(1) 该板框压滤机每次过滤

（滤饼充满滤框）所需的时间；（2）在同样操作条件下用清水洗涤滤饼，洗涤水用量为滤液量的 1/10 时的洗涤时间；（3）由于洗涤水温度下降使得洗涤液黏度提高为滤液黏度的 1.2 倍，此时若将洗涤压差提高至过滤压差的 1.1 倍，洗涤水用量不变，则洗涤时间又为多少？

［答：（1）1661s；（2）1238s；（3）1377s］

3-4　某生产过程每天（24h）欲得滤液 $15m^3$，现有过滤面积为 $8m^2$ 的过滤机一台，采用间歇式操作，在恒压下每操作周期为 3.5h，其中过滤时间为 3h。将悬浮液在同样条件下，测得过滤常数为 $4\times10^{-6}m^2/s$，$q_e=2.5\times10^{-2}m^3/m^2$，滤饼不洗涤。问：（1）能否达到工艺条件？（2）若达不到，希望通过增加过滤压差的方法解决，则过滤压差至少应比原来增加多少倍？设滤饼不可压缩；（3）若其他条件不变，维持（1）操作，而每周期为 1h，其中过滤时间 45min，是否能达到工艺要求？

［答：（1）不能；（2）1.04 倍；（3）能］

3-5　采用板框压滤机过滤某水悬浮液，过滤操作温度为 20℃，滤液为水，压滤机有 10 个滤框，框的尺寸为 810mm×810mm×42mm，过滤 10min 得到滤液 $1.3m^3$，再过滤 10min，又得到滤液 $0.7m^3$，已知滤浆中固体体积分数为 5%，过滤所形成滤饼的空隙率为 45%，试求：（1）该条件下恒压过滤方程；（2）滤框充满滤饼时所需的过滤时间；（3）若过滤后用总滤液量 10%的清水洗涤滤饼，洗涤水的温度为 30℃，每批操作的辅助时间为 20min，洗涤压力与过滤压力相同时，该压滤机的生产能力。

［答：（1）$V^2+1.0333V=0.005056\theta$；（2）34.4min；（3）$6.26\times10^{-4}m^3/s$］

3-6　用板框压滤机处理某悬浮液，已知压滤机有 38 个尺寸为 635mm×635mm×25mm 的框，过滤操作压差为 200kPa，每立方米滤液可得滤饼 $0.1m^3$。操作条件下滤饼不可压缩，介质阻力可以忽略，滤饼不需要洗涤。过滤 15min 可得到滤液 $3m^3$。试求：（1）若过滤至满框时要求过滤机的生产能力为 $5m^3/h$，则每个操作周期所需的辅助时间是多少？（2）若操作压差降为 100kPa，每个生产周期所需的辅助时间不变，需将过滤面积增加到多少才能维持生产能力不变？

［答：（1）21.4min；（2）$43.3m^2$］

3-7　某板框压滤机滤框内空间尺寸为 635mm×635mm×25mm，总框数为 26 个。用此压滤机过滤一种含固体颗粒为 $25kg/m^3$ 的悬浮液，在操作压差下，得湿滤饼的密度为 $1950kg/m^3$。已知滤液为水，固体颗粒密度为 $2900kg/m^3$。每次过滤到滤饼充满滤框为止，然后用清水洗涤滤饼，洗水温度与滤浆温度同为 20℃，洗涤压差与过滤压差相同，洗涤水体积为滤液体积的 10%，每次卸渣、清理、组装等辅助时间为 20min。求此板框压滤机的生产能力，并讨论此压滤机是否在最佳状态下操作？

已知过滤压差下的恒压过滤方程为：$q^2+0.06q=2.06\times10^{-4}\theta$

［答：$Q=9.1m^3/h$，$Q_{max}=10.97m^3/h$］

3-8　某板框压滤机滤框内空间尺寸为 650mm×650mm×20mm，总框数为 30 个。用此压滤机过滤一种含固体颗粒为 $28kg/m^3$ 的悬浮液，在操作压差下，得湿滤饼的密度为 $2050kg/m^3$。已知滤液为水，固体颗粒密度为 $3100kg/m^3$；过滤常数 K 为 $2\times10^{-4}m^2/s$，$q_e=0.03m^3/m^2$。每次过滤到滤饼充满滤框为止，然后用清水洗涤滤饼，洗涤液与滤液的黏度相同，洗涤压差为过滤压差的 1.2 倍，洗涤水体积为滤液体积的 15%，每次卸渣、清理、组装等辅助时间为 25min。滤饼不可压缩。试问：（1）板框压滤机的生产能力；（2）该压滤机的最大生产能力。

［答：（1）$10.6m^3/h$；（2）$11.1m^3/h$］

3-9　有一叶滤机，自始至终在某过滤压强下进行恒压过滤某种水悬浮液，经过试验得到如下的过滤方程：$q^2+20q=250\theta$。式中，q 的单位为 L/m^2；θ 的单位为 min。在实际操作中，先在 5min 时间内作恒速过滤，此时过滤压强自零升至上述试验压强，此后即维持此压强不变作恒压过滤，全部过滤时间为 15min。试求：（1）每一循环中每平方米过滤面积可得的滤液体积 q；（2）过滤后再用相当于滤液总量的 1/5 的水以洗涤滤饼，洗涤压差与过滤压差、洗涤液黏度与滤液黏度相同，则洗涤时间为多少？（3）若该叶滤机的过滤面积为 $4m^2$，一个操作周期所需的辅助时间为 20min，则该叶滤机的最大生产能力与最佳操作周期分别为多少？

［答：（1）$48.6L/m^2$；（2）4.55min；（3）$5.04m^3/min$，49.3min］

3-10　某转筒真空过滤机用以过滤含固体 17.6%（质量分数，下同）的悬浮液，悬浮液的处理量为 $8.5m^3/h$，滤饼内最终含水量为 34%，操作真空度为 600mmHg，转鼓旋转一周 32s。实验室用一真空过滤机在真空度为 500mmHg、转速相同条件下过滤，测定得到过滤常数为 $1.12\times10^{-5}m^2/s$，$q_e=0.006m^3/$

m^2。悬浮液的密度为 1120kg/m^3，滤液密度为 1000kg/m^3，转鼓沉浸度为 35%，滤饼不可压缩，试求该真空压滤机所需的过滤面积。

［答：8.1m^2］

3-11　有一转筒真空过滤机每分钟转 2 转，每小时可得滤液 4m^3。若过滤介质阻力可忽略不计，问：每小时欲获得 6m^3 滤液转鼓每分钟应转几周，此时转鼓表面滤饼厚度为原来的多少倍？操作中所用的真空度保持不变。

［答：4.5r/min，2/3 倍］

3-12　现有一直径为 1m，长为 0.9m 的转筒真空过滤机，转筒真空维持在 400mmHg，转速为 1 转/min，浸没角度 120°；用于分离密度为 1200kg/m^3 的悬浮液，过滤常数为 5.15×10^{-6} m^2/s，$c=0.4m^3/m^3$；滤布阻力可忽略不计，滤饼为不可压缩滤饼，试求：(1) 过滤机生产能力；(2) 转筒表面滤饼厚度。

［答：(1) 1.72m^3/h；(2) 4.1mm/r］

3-13　3.1.9.1 中利用归纳演绎法归纳总结了间歇过滤机恒压过滤时最佳操作周期与最大生产能力的计算式，并探讨了间歇过滤机恒压过滤各种情况下最佳操作周期与最大生产能力的计算方法。3.1.9.2 中经过归纳、概括推导出间歇过滤机先恒速后恒压过滤时生产能力达最大值 Q_{max} 应满足的通用条件，即式(3-39) 和式(3-40)。请在复习 3.1.9.1 和 3.1.9.2 内容的基础上，试采用演绎推理法，从一般演绎到特殊，推导出间歇过滤机先恒速后恒压过滤各种特殊操作情况下达 Q_{max} 时应满足的条件以及各种操作情况下最大生产能力 Q_{max}、最佳操作周期 $\theta_{c,opt}$ 和求 Q_{max} 时相关的 q、θ、θ_w 等参数的求解方法（可用类似表 3-4 的方式表示）。

第4章 传 热

4.1 传热知识要点

4.1.1 热传导知识要点

热传导的基本方程是傅里叶定律，据此定律，单位时间内传导的热量与温度梯度以及垂直于热流方向的截面积成正比，即 $dQ=-\lambda dA\dfrac{\partial t}{\partial n}$。式中，负号表示热流 Q 的方向与温度梯度（$\partial t/\partial n$）的方向相反，温度梯度指向温度增加的方向为正，而热流指向温度降低的方向。

（1）多层圆筒壁稳定热传导　对于多层（n 层）长度为 l（若 l 很长）的圆筒壁稳定热传导，沿轴向的导热可略去不计，由傅里叶定律沿径向进行积分可得到多层（n 层）圆筒壁稳定热传导传热速率 Q 的计算式，即

$$Q=\frac{t_1-t_{n+1}}{\sum\limits_{i=1}^{n}\dfrac{\ln(r_{i+1}/r_i)}{2\pi l\lambda_i}}=\frac{t_1-t_{n+1}}{\sum\limits_{i=1}^{n}b_i/(\lambda_i A_{im})}=\frac{\sum\Delta t_i}{\sum R_i}=\frac{\Delta t_1}{R_1}=\frac{\Delta t_2}{R_2}=\cdots=\frac{\Delta t_i}{R_i}=\cdots=\frac{\Delta t_n}{R_n}\tag{4-1}$$

式中　b_i——第 i 层圆筒壁的厚度，$b_i=r_{i+1}-r_i$，m；

A_{im}——第 i 层圆筒壁的平均传热面积，$A_{im}=2\pi r_{im}l$，m^2；

r_{im}——第 i 层圆筒壁的对数平均半径，$r_{im}=(r_{i+1}-r_i)/\ln(r_{i+1}/r_i)$，m；

r_i，r_{i+1}——分别为第 i 层圆筒壁的内、外半径，m；

λ_i——第 i 层圆筒壁的热导率，W/(m·℃) 或 W/(m·K)；

Δt_i——第 i 层圆筒壁的导热推动力（$\Delta t_i=t_i-t_{i+1}$，$t_i>t_{i+1}$），℃或 K；

$\sum\Delta t_i$——总导热推动力（$\sum\Delta t_i=t_1-t_{n+1}$，$t_1>t_{n+1}$），℃或 K；

R_i——第 i 层圆筒壁导热的热阻 $R_i=[\ln(r_{i+1}/r_i)]/(2\pi l\lambda_i)$，℃/W 或 K/W；

$\sum R_i$——总热阻，℃/W 或 K/W。

（2）单层圆筒壁稳定热传导　对单层圆筒壁稳定热传导，令式(4-1) 中 $n=1$，$A_{im}=A_m=2\pi r_m l$，$r_m=(r_2-r_1)/\ln(r_2/r_1)$，$b_i=b$，$\lambda_i=\lambda$，可得

$$Q=\frac{t_1-t_2}{[\ln(r_2/r_1)]/(2\pi\lambda l)}=\frac{t_1-t_2}{b/(\lambda A_m)}=\frac{\Delta t}{R}\tag{4-2}$$

（3）多层平壁稳定热传导　对于多层平壁稳定热传导，各层导热面积相等，则令式(4-1) 中，$A_{im}=A_i=A$，可得

$$Q=\frac{t_1-t_{n+1}}{\sum\limits_{i=1}^{n}b_i/(\lambda_i A_i)}=\frac{t_1-t_{n+1}}{\sum\limits_{i=1}^{n}b_i/(\lambda_i A)}=\frac{\sum\Delta t_i}{\sum R_i}=\frac{\Delta t_1}{R_1}=\frac{\Delta t_2}{R_2}=\cdots=\frac{\Delta t_i}{R_i}=\cdots=\frac{\Delta t_n}{R_n}\tag{4-3}$$

（4）单层平壁稳定热传导　对于单层平壁稳定热传导，式(4-3) 中 $n=1$，$A_i=A$，$b_i=b$，$\lambda_i=\lambda$，可得

$$Q=\frac{t_1-t_2}{b/(\lambda A)}=\frac{\Delta t}{R} \tag{4-4}$$

从式(4-1) 和式(4-3) 可知，对多层壁（不论是平壁还是圆筒壁）的稳定热传导，均有各层的温度差（推动力）Δt_i 与其热阻 R_i 成正比，温度差越大则热阻也越大，总推动力为总温度差，而总热阻为各层热阻之和。

4.1.2　热传导题型与解法分析

热传导的题目主要是多层平壁或多层圆筒壁热传导问题的计算，主要类型如下。

(1) 已知各保温层的热导率 λ_i 及厚度 b_i、管内径（圆筒壁）r_1、内层的温度 t_1、最外层的温度 t_{n+1}，求每米管长（圆筒壁）的热损失 Q/l 或单位面积（平壁）的热损失 Q/A、层与层交界处的温度 t_i。

(2) 已知各保温层厚度 b_i 及各层交界处的温度 t_i、管内径（圆筒壁）r_1、t_1、t_{n+1}，求每米管长（圆筒壁）的热损失 Q/l 或单位面积（平壁）的热损失 Q/A 及各保温层的热导率 λ_i。

(3) 已知各保温层的热导率 λ_i 及各层交界处的温度 t_i、管内径（圆筒壁）r_1、每米管长（圆筒壁）的热损失 Q/l 或单位面积（平壁）的热损失 Q/A、t_1、t_{n+1}，求各保温层的厚度 b_i。

(4) 导热与牛顿冷却定律联合的题型：在以上三种情况的基础上，若已知保温层外面的空气的温度 t_{i+2}，求空气与保温层外表面的对流传热系数 α。

对于以上 (1)、(2)、(3) 三种热传导的题型的解题方法就是应用热传导的计算式(4-1)～式(4-4) 进行求解，第 (4) 种题型是通过热传导和牛顿冷却定律联立求解，即在定态导热情况下

圆筒壁
$$\frac{Q}{l}=\frac{t_1-t_{n+1}}{\sum_{i=1}^{n}\frac{\ln(r_{i+1}/r_i)}{2\pi\lambda_i}}=\frac{t_i-t_{i+1}}{\frac{\ln(r_{i+1}/r_i)}{2\pi\lambda_i}}=2\pi r_{n+1}\alpha(t_{n+1}-t_{n+2})$$

平壁
$$\frac{Q}{A}=\frac{t_1-t_{n+1}}{\sum_{i=1}^{n}b_i/\lambda_i}=\frac{t_i-t_{i+1}}{b_i/\lambda_i}=\alpha(t_{n+1}-t_{n+2})$$

4.1.3　对流传热知识要点

4.1.3.1　牛顿冷却定律

牛顿冷却定律是对流传热的基本方程。该定律认为壁与一侧流体间在单位时间内传递的热量与推动力及传热面积成正比。

流体被加热时
$$Q=\alpha A(t_{\mathrm{w}}-t) \tag{4-5}$$

流体被冷却时
$$Q=\alpha A(T-T_{\mathrm{w}}) \tag{4-6}$$

式中　Q——单位时间内的对流传热量，简称对流传热速率，W；

A——对流传热面积，m^2；

t，T——分别为冷、热流体的平均温度，℃或 K；

t_{w}，T_{w}——分别为冷侧、热侧壁温，℃或 K；

α——比例系数，称为对流传热系数，W/(m^2·℃) 或 W/(m^2·K)。

4.1.3.2　流体在圆形直管内作强制湍流时的对流传热系数 α

流体在管内流动时的对流传热系数 α 的影响因数很多，根据实验整理出来的公式也很多，且不同的公式的使用范围也不一样，读者没有办法也无需一一记住，建议读者记住以下气体或低黏度液体（一般认为 $\mu<2\mu_{20℃水}$ 的液体为低黏度液体）在圆形直管内作强制湍流（$Re>10000$，$Pr=0.6\sim160$，管长与管径之比 $l/d>50$）的 α 即可。流体在管内做

过渡状态流动、在弯管内流动或在非圆形管内流动等情况的 α 可在此基础上进行变化，其关系表示成图 4-1 的形式，这对熟练掌握对流传热系数的知识点并灵活应用它们有很大帮助。λ，ρ，μ，c_p 等流体的物性根据流体的定性温度（定性温度取流体进、出口温度的算术平均值）确定。

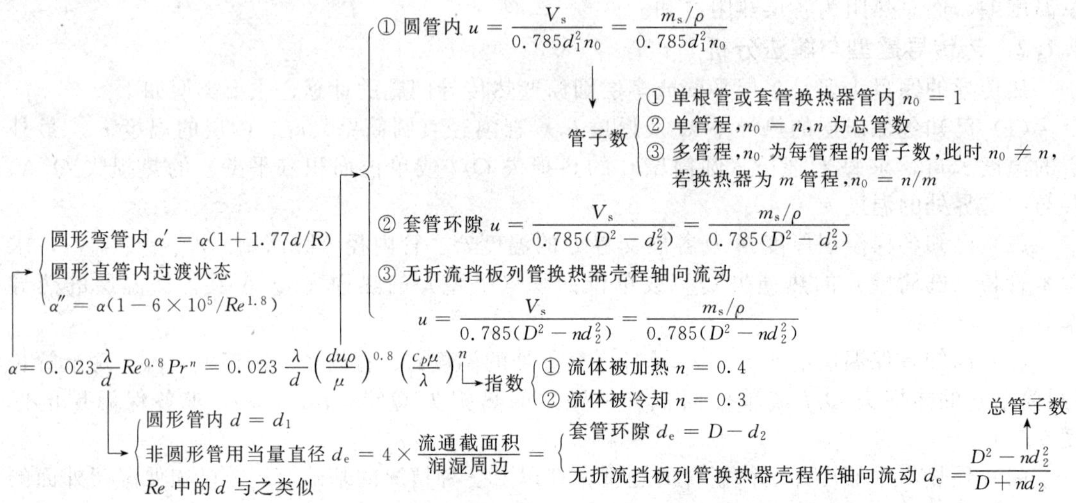

图 4-1　流体在管内流动的 α 的计算关系图

图 4-1 中　λ——流体的热导率，W/(m·℃) 或 W/(m·K)；
ρ——流体的密度，kg/m^3；
d_1——传热管内径，m；
μ——流体主体的黏度，Pa·s；
d_2——传热管外径，m；
c_p——流体的比热容，J/(kg·℃) 或 J/(kg·K)；
Re，Pr——分别为雷诺数、普朗特数，无量纲；
V_s——流体的体积流量，m^3/s；
u——流体在圆管内的流速，m/s；
D——列管换热器壳内径，m

若为高黏度的液体在圆形直管内作强制湍流，其 α 的计算式可以从教材上查得。若流体在圆形直管内作强制层流（$Re<2300$），其 α 的计算式也可从教材上查得，但应注意层流时 α 很小，在换热器的设计或操作时应尽量避免层流传热。

实际生产中，为提高壳程流体的对流传热系数，常常在列管换热器的壳程装折流挡板，最常见的挡板是圆缺形（25%）挡板。装有这种形式挡板的列管换热器，流体在壳程流动的对流传热系数的 α 计算式，可从教材上查得；流体作自然对流、流体发生相变化（如饱和蒸汽冷凝及液体沸腾）时的 α 计算式均可由教材上查得，这些算式都很复杂，读者不必死记硬背，应把主要精力放在能够正确使用这些公式上面。

4.1.4　辐射传热知识要点

对辐射传热，读者应掌握教材上介绍的黑体、白体、灰体、黑度、克希霍夫定律等概念。工程上常遇到的辐射传热，为两灰体（固体）间的相互辐射，其传热速率为

$$Q_{1\text{-}2}=C_{1\text{-}2}\varphi A\left[\left(\frac{T_1}{100}\right)^4-\left(\frac{T_2}{100}\right)^4\right] \tag{4-7}$$

式中　$Q_{1\text{-}2}$——单位时间内由热辐射传递的热量，W；
A——热辐射面积，m^2，当两物体面积不相等时，取辐射面积较小的一个（表 4-1 中的 A_1）；
T_1，T_2——分别为热物体和冷物体的表面温度，K；
φ——角系数，无量纲；
$C_{1\text{-}2}$——总辐射系数，W/(m^2·K^4)。

工程上常见的情况，其辐射面积 A、角系数 φ、总辐射系数 $C_{1\text{-}2}$ 的求取可参见表 4-1。

表 4-1　角系数值与总辐射系数计算式

序号	辐射情况	面积 A	角系数 φ	总辐射系数 $C_{1\text{-}2}$
1	极大的两平行面	A_1 或 A_2	1	$\dfrac{C_0}{\dfrac{1}{\varepsilon_1}+\dfrac{2}{\varepsilon_2}-1}$
2	面积有限的两相等平行面	A_1	$<1$①	ε_1
3	很大的物体 2 包住物体 1	A_1	1	$\varepsilon_1 C_0$
4	物体 2 恰好包住物体 1($A_2 \approx A_1$)	A_1	1	$\dfrac{C_0}{\dfrac{1}{\varepsilon_1}+\dfrac{1}{\varepsilon_2}-1}$
5	在 3、4 两种情况之间	A_1	1	$\dfrac{C_0}{\dfrac{1}{\varepsilon_1}+\dfrac{A_1}{A_2}\left(\dfrac{1}{\varepsilon_2}-1\right)}$

① 此处 φ 值可由教材查得。

注：C_0 为黑体的辐射常数，其值为 5.669W/(m^2 · K^4)；ε_1，ε_2 分别为被包围物体和外围物体的黑度；A_1，A_2 分别为被包围物体和外围物体的辐射面积，m^2。

4.1.5　总传热速率方程

总传热速率方程是描述换热器间壁两侧两种流体之间热量传递现象（以下将此种传热现象简称为传热）的基本方程，其表达式为：

$$Q=KA\Delta t_{\text{m}} \tag{4-8}$$

式中　Q——传热速率，W；

K——总传热系数，W/(m^2 · ℃) 或 W/(m^2 · K)；

A——传热面积，m^2；

Δt_{m}——两流体的平均传热温度差，℃或 K。

用式(4-8) 解题，首先必须知道式中各项如何求，下面分别讨论。

4.1.5.1　传热速率 Q 的计算

设换热器保温良好，热损失可以忽略不计，则热流体放出的热量等于冷流体得到的热量。若冷、热流体均无相变化，由热量衡算式可求出 Q。

$$Q=m_{\text{s1}}c_{p1}(T_1-T_2)=m_{\text{s2}}c_{p2}(t_2-t_1) \tag{4-9}$$

式中　c_{p1}，c_{p2}——分别为热、冷流体的定压比热容，J/(kg · ℃) 或 J/(kg · K)，通常可根据流体进、出口温度的算术平均值确定它们的值，并将其视为常数；

m_{s1}，m_{s2}——分别为热、冷流体的质量流量，kg/s；

T_1，T_2——分别为热流体的进、出口温度，℃或 K；

t_1，t_2——分别为冷流体的进、出口温度，℃或 K。

若换热器中的热流体有相变化，例如饱和蒸汽冷凝，而冷流体无相变化，则

$$Q=m_{\text{s1}}[r+c_{p1}(T_{\text{s}}-T_2)]=m_{\text{s2}}c_{p2}(t_2-t_1) \tag{4-10}$$

式中　m_{s1}——饱和蒸汽（即热流体）的冷凝速率，kg/s；

r——饱和蒸汽的冷凝潜热，J/kg；

T_{s}——饱和蒸汽的温度，℃或 K。

一般换热器中，冷凝水的出口温度 T_2 与饱和温度 T_{s} 接近（以后若题目没有特地说明 T_2 与 T_{s} 不同，均当作 T_2 与 T_{s} 相近)，所放出显热与潜热相比可忽略，则：

$$Q=m_{\text{s1}}r=m_{\text{s2}}c_{p2}(t_2-t_1) \tag{4-11}$$

4.1.5.2　总传热系数 K 的计算

我国换热器系列标准中列出的传热面积是指传热管的外表面积，以传热管的外表面积为基准的总传热系数 K 为：

$$K=\frac{1}{\frac{1}{\alpha_1}\times\frac{d_2}{d_1}+R_{s1}\frac{d_2}{d_1}+\frac{b}{\lambda_w}\times\frac{d_2}{d_m}+R_{s2}+\frac{1}{\alpha_2}} \tag{4-12}$$

式中　α_1，α_2——分别为管内、外侧流体的对流传热系数，W/(m²·℃) 或 W/(m²·K)；

R_{s1}，R_{s2}——分别为管内、外侧污垢热阻，m²·℃/W 或 m²·K/W；

b——管壁厚度，m；

λ_w——管壁热导率，W/(m·℃) 或 W/(m·K)；

d_1，d_2，d_m——分别为传热管的内径、外径和平均直径，m；可取 $d_m=(d_1+d_2)/2$。

总传热系数 K 的倒数（$1/K$）为总的热阻，K 值越大，传热阻力越小，传热速率 Q 越大。另一方面，在生产实际中，流体的进出口温度往往受到工艺要求的制约（即 Δt_m 的提高受制约）。因此，提高 K 值是强化传热的重要途径之一。从式(4-12) 可看出，传热过程的总热阻是各串联热阻的叠加，即该式等号右边分母中五项热阻的加和，其中 $d_2/(\alpha_1 d_1)$、$1/\alpha_2$ 分别为传热管内侧和外侧流体的对流传热热阻；$R_{s1}d_2/d_1$、R_{s2} 分别为传热管内侧和外侧污垢热阻；$bd_2/(\lambda_w d_1)$ 为管壁导热热阻。原则上减小任何环节的热阻都可提高总传热系数 K。但若各个环节的热阻具有不同的数量级时，总热阻由其中数量级最大的热阻所决定。要有效地强化传热，必须着力减小热阻中最大的一个。一般情况下，管壁较薄（b 很小）且金属壁热导率 λ_w 较大，故管壁热阻很小可略去；对于易结垢的流体，换热器使用一段时间后，污垢热阻会增加到使传热速率严重下降，此时污垢热阻成为影响 K 值的主要因素，要提高 K 值，必须定期清洗换热器或加入微量阻垢剂延缓污垢的生成速率；若管壁及污垢热阻均可略去不计，则

$$K=\left(\frac{1}{\alpha_1}\times\frac{d_2}{d_1}+\frac{1}{\alpha_2}\right)^{-1} \tag{4-13}$$

此时，K 值主要取决于管外、管内两侧对流传热热阻。若 α_1 与 α_2 的数量级相差不大（即 $\alpha_1\approx\alpha_2$），要提高 K 值，必须设法同时提高 α_1 与 α_2，提高 α_1 的有效措施是将单管程改为多管程，提高 α_2 的有效措施是在壳程装折流挡板；若 $\alpha_2\gg\alpha_1$（用饱和蒸汽加热空气等气体就属这种情况，因为蒸汽一般走传热管外侧，其相变对流传热系数 α_2 的数量级约为 10^4，而空气等气体走传热管内侧，其对流传热系数 α_1 的值一般只有几十），则

$$K\approx\alpha_1\frac{d_1}{d_2} \tag{4-14}$$

此时，K 主要取决于 α_1，要提高 K 值，必须设法提高 α_1。

若题目没有特地说明，K 都是以传热管外表面积为基准的。若题目指定以传热管的内表面积为基准，则

$$K=\frac{1}{\frac{1}{\alpha_1}+R_{s1}+\frac{b}{\lambda_w}\times\frac{d_1}{d_m}+R_{s2}\frac{d_1}{d_2}+\frac{1}{\alpha_2}\times\frac{d_1}{d_2}} \tag{4-15}$$

4.1.5.3　传热面积 A 的计算

总传热速率方程中的 K 以传热管的外表面积为基准，其相应的 A 为传热管的外表面积。

对套管换热器，有

$$A=\pi d_2 l \tag{4-16}$$

式中　d_2——套管换热器内管外径，即图 4-1 中提到的 d_2，m；

l——套管换热器长度，m。

对列管换热器，有

$$A=n\pi d_2 l \tag{4-17}$$

式中　n——列管换热器总管数（特别提示：n 不是每个管程的管数）；

d_2——列管换热器传热管外径，m；

l——列管换热器管长，m。

若为饱和蒸汽冷凝加热空气（或其他气体），则

$$Q=KA\Delta t_m\approx\alpha_1\frac{d_1}{d_2}n\pi d_2 l\Delta t_m=\alpha_1 n\pi d_1 l\Delta t_m \tag{4-18}$$

此时，必须用传热管内径 d_1 求 Q，但导出上式的基准仍是取传热管的外表面积。若以传热管的内表面积为基准，当管壁及污垢的热阻可略去不计且为饱和蒸汽冷凝加热空气（$\alpha_2\gg\alpha_1$），由以传热管内表面积为基准计算 K 的式(4-15）可得 $K\approx\alpha_1$，则相应地，总传热速率方程中的 A 指传热管的内表面积（$A=n\pi d_1 l$），所以 $Q=KA\Delta t_m\approx\alpha_1 n\pi d_1 l\Delta t_m$。可见，两种计算基准的结果是相同的，在解题过程必须注意 K 与 A 计算基准的对应关系。但是，一般情况下，若题目没有特别说明，都约定以传热管的外表面积为基准。

4.1.5.4　平均传热温度差 Δt_m 的计算

（1）两流体做并流和逆流流动时的平均传热温度差 Δt_m

$$\Delta t_m=\frac{\Delta t_1-\Delta t_2}{\ln(\Delta t_1/\Delta t_2)} \tag{4-19}$$

式中　Δt_1——热流体进口侧的传热温差，℃，逆流 $\Delta t_1=T_1-t_2$，并流 $\Delta t_1=T_1-t_1$；

Δt_2——热流体出口侧的传热温差，℃，逆流 $\Delta t_2=T_2-t_1$，并流 $\Delta t_2=T_2-t_2$。

当热、冷两种流体的进出口温度（即 T_1、T_2、t_1、t_2）均已确定时，逆流 Δt_m 大于并流 Δt_m，若 Q 相同，根据 $Q=KA\Delta t_m$ 可知，逆流所需传热面积 A 小于并流传热面积 A；并流时 t_2 总是小于 T_2，而逆流时 t_2 可以大于 T_2，当 Q 一定时，根据

$$Q=m_{s1}c_{p1}(T_1-T_2)=m_{s2}c_{p2}(t_2-t_1)$$

若热流体被冷却（T_1、T_2 均确定），则逆流冷却剂的温升（t_2-t_1）大于并流冷却剂温升（t_2-t_1），逆流冷却剂用量 m_{s2} 小于并流冷却剂量 m_{s2}；同理，若冷流体被加热（t_1、t_2 均确定），则逆流加热剂温降（T_1-T_2）大于并流加热剂温降（T_1-T_2），逆流加热剂用量 m_{s1} 小于并流加热剂用量 m_{s1}。综上所述，逆流比并流优越，故生产上应尽可能采用逆流传热。但对热敏性物料的加热，并流传热可避免出口温度 t_2 过高而影响产品质量。此外，传热的好坏，除与 Δt_m 的大小有关外，还应考虑影响 K 的多种因素及换热器结构方面的问题，故实际上两流体的流向，有时不是单纯的逆流或并流，而是采用比较复杂的流向。

若采用饱和蒸汽冷凝加热另一侧的冷流体，这种情况属于一侧不变温（蒸汽在饱和温度 T_s 发生冷凝相变），另一侧变温（冷流体由 t_1 被加热到 t_2），其平均传热温差没有逆流和并流之分，均为

$$\Delta t_m=\frac{t_2-t_1}{\ln\dfrac{T_s-t_1}{T_s-t_2}} \tag{4-20}$$

（2）两流体做错流、折流及其他复杂流动时的平均传热温度差 Δt_m　前已述及，逆流时 Δt_m 最大。在很多情况下，换热器常采用错流、折流及其他复杂流动，复杂流动的 Δt_m 比逆流 Δt_m 小，但复杂流动的换热器结构有利于 K 值的提高，且 K 增加的幅度会超过 Δt_m 降低的幅度，因而复杂流动的传热速率 Q 值反而增大。复杂流动 Δt_m 的计算是先根据热、冷流体的进出口温度按逆流流动求出 Δt_m，然后再乘以温度差校正系数 ψ 得到实际平均温度差 Δt_m。

$$\Delta t_m=\psi\Delta t_{m,逆} \tag{4-21}$$

式中　$\Delta t_{m,逆}$——按逆流计算的平均温度差，℃；

ψ——温度差校正系数。

ψ 的值可由教材上的图查得且 ψ 总是小于 1，即复杂流动的 $\Delta t_m < \Delta t_{m,逆}$。在设计时应注意使 $\psi \geqslant 0.9$，至少也不应低于 0.8，否则经济上不合理，同时若操作温度稍有变动，将会使 ψ 值急剧下降，即缺乏必要的操作稳定性。增大 ψ 的一个方法是改用多壳程，即将几台换热器串联使用。

若为一侧饱和蒸汽冷凝加热另一侧冷流体的传热情况，前已述及没有逆流和并流之分，均用式(4-20) 计算 Δt_m。现将该传热过程的换热器由原来的单管程改为双管程，成为 1－2 折流，其 Δt_m 计算式可由教材上查得，令教材上导出的两侧均无相变化 1－2 折流时平均温度差 Δt_m 计算式中热流体进出口温度相等并等于饱和蒸汽温度，即 $T_1 = T_2 = T_s$，则该式简化为式(4-20)，说明一侧为饱和蒸汽冷凝加热另一侧冷流体时没有逆流、并流和 1-2 折流之分，三种情况 Δt_m 的计算式都一样。

4.2 传热的几种计算方法及其比较

工程上最重要的传热过程是换热器间壁两侧两种流体之间热量传递过程（以下简称传热），本节介绍传热的几种计算方法及其比较。对同一种传热问题，为什么要研究不同的解法，其目的何在呢？

创造性思维是创造力的核心。创造性思维发达的人，都具有较强的创新能力。创新是指人们经过对事物的观察、分析、判断、综合、评价、类比、推理、想象，超出原有的知识范畴，激发出新的灵感，发现新现象和新规律，提出新方法，创出新事物、新工艺、新技术、新产品，解决了前人未解决的具有实际价值的问题。整个创新过程就是创造性思维激发和发展的过程，因此，培养创造性思维至关重要。那么在课程教学中如何培养大学生的创造性思维能力呢？

发散思维和收敛思维是创造性思维的两种基本形式，它们的有机结合构成了各种水平的创造性思维。发散思维包括逆向思维、侧向思维、想象、灵感、直觉、系统思维等，发散思维是一种从不同角度、不同途径去设想，探求多种答案，最终力图使问题获得圆满解决的思维方法，它要求我们思路开阔，研究的答案越多越好，以便分析比较，选优汰劣。收敛思维包括抽象概括、分析综合、比较类比、归纳演绎等，收敛思维的思路是把众多信息引入逻辑序列之中，经过思维从而得出一个合乎逻辑的结论，达到解决问题的目的。本节研究传热的几种解法及其比较，就是发散思维在教学中的运用，目的是为了培养学生的发散思维能力。后面 4.6 节中研究传热的题型及解法分析，就是收敛思维在教学中的运用，目的是为了培养学生的收敛思维能力。

无论是哪一种计算方法，最基本的计算式都是总传热速率方程和热量衡算式。先以两侧流体均无相变化逆流传热为例研究不同的计算方法，然后推论出无相变化并流传热及饱和蒸汽冷凝（相变）加热冷流体（无相变）的计算方法。

4.2.1 对数平均推动力法

对数平均推动力法是传热计算最基本的方法，该法要联立求解热量衡算式和总传热速率方程。由冷、热流体均无相变化的热量衡算式(4-9) 得

$$Q = m_{s1} c_{p1} (T_1 - T_2) = m_{s2} c_{p2} (t_2 - t_1) \tag{a}$$

由总传热速率方程式(4-8) 及逆流对数平均推动力（温差）Δt_m 计算式(4-19) 得

$$Q = KA\Delta t_m = KA \frac{\Delta t_1 - \Delta t_2}{\ln \dfrac{\Delta t_1}{\Delta t_2}} = KA \frac{(T_1 - t_2) - (T_2 - t_1)}{\ln \dfrac{T_1 - t_2}{T_2 - t_1}} \tag{b}$$

优点：①对数平均推动力法公式简单、易记；②该法总传热速率 Q 与总传热系数 K 及

总平均推动力直接联系在一起，物理意义明确，KA 的倒数为总的热阻，$Q=\frac{\Delta t_m}{1/(KA)}$，平均推动力 Δt_m 增大、总热阻 $1/(KA)$ 减小（即增大 KA）均可使总传热速率 Q 增大；③对传热的设计型计算（求 A）有时为了提高 K 而选择复杂的流程，此时对数平均推动力法式(b) 中的 Δt_m 乘温差校正系数 ψ 即可［即式(4-21)］，通过 ψ 的大小可看出所选流动型式与逆流间的差距，便于作出是否应修改设计的决定，而后面介绍的其他几种方法不能做到这一点。

缺点：①对传热第一类命题操作型计算问题（T_2 及 t_2 为待求量，在 4.6 节详细介绍此类题型及解法），因待求量 T_2 及 t_2 同时出现在对数符号内、外，联立求解式(a) 和式(b) 时需试差求解，不方便；②对传热第二类命题操作型计算问题（该题型及解法分析在 4.6 节中介绍），也要试差求解；③不便于传热操作型问题的定性分析。

4.2.2　消元法

为了避免用对数平均推动力法解传热第一类命题操作型问题需试差计算的缺点，提出了消元法。其思路是先联立热量衡算式(a) 与总传热速率式(b)，经过数学处理（逆流数学处理过程见例 4-7，并流数学处理过程见例 4-6），消去等式两边的（T_1-T_2），移项整理后可得

$$\ln\frac{T_1-t_2}{T_2-t_1}=\frac{KA}{m_{s1}c_{p1}}\left(1-\frac{t_2-t_1}{T_1-T_2}\right)=\frac{KA}{m_{s1}c_{p1}}\left(1-\frac{m_{s1}c_{p1}}{m_{s2}c_{p2}}\right) \tag{c}$$

优点：①对传热第一类命题操作型计算问题，因待求量 T_2 及 t_2 只出现在式(c) 左边对数符号内，可取 exp 后脱去对数号 ln，得到含 T_2 及 t_2 的一个计算式，将其与含 T_2 及 t_2 的另一个计算式(a) 联立，可解得 T_2 及 t_2，不必试差，简便；②便于分析各变量对传热过程的影响（在 4.6.8 节中分析）。

缺点：①消元时需经过数学处理；②物理意义不明确；③对传热第二类命题操作型计算问题仍需试差求解；④消元时没考虑复杂流动温差校正系数 ψ 的影响，而 ψ 是待求量 T_2 及 t_2 的非线性函数，若考虑 ψ 则无法消元，故消元法对复杂流动的传热计算（包括设计型和操作型计算）不适用；⑤不便于传热操作型问题的定性分析。

4.2.3　传热效率 ε 与传热单元数 *NTU* 法

同样为了避免用试差法求解传热第一类命题操作型计算问题，提出传热效率 ε 与传热单元数 NTU 法（ε-NTU 法）。其思路是在消元法得到式(c) 的基础上进行数学处理，将式(c) 变成 ε 与 NTU 和 C_R 的关系式，为此，先令

$$\frac{KA}{m_{s1}c_{p1}}=\frac{T_1-T_2}{\Delta t_m}=NTU_1\,,\ \frac{m_{s1}c_{p1}}{m_{s2}c_{p2}}=\frac{t_2-t_1}{T_1-T_2}=C_{R1}\,,\ \frac{T_1-T_2}{T_1-t_1}=\varepsilon_1$$

式中，NTU_1 为热流体的传热单元数（无量纲）；C_{R1} 为热流体对冷流体的热容流量比（无量纲）；ε_1 为热流体的传热效率（无量纲），并将式(c) 等号左边对数项内的表达式作下列转换

$$\frac{T_1-t_2}{T_2-t_1}=\frac{(T_1-t_1)-(t_2-t_1)}{(T_1-t_1)-(T_1-T_2)}=\frac{1-\dfrac{t_2-t_1}{T_1-t_1}}{1-\dfrac{T_1-T_2}{T_1-t_1}}=\frac{1-\dfrac{T_1-T_2}{T_1-t_1}\times\dfrac{m_{s1}c_{p1}}{m_{s2}c_{p2}}}{1-\dfrac{T_1-T_2}{T_1-t_1}}=\frac{1-\varepsilon_1C_{R1}}{1-\varepsilon_1}$$

将上述转换关系代入式(c) 左边，并将式(c) 右边应用 NTU_1 和 C_{R1} 的定义，得

$$\ln\frac{1-\varepsilon_1C_{R1}}{1-\varepsilon_1}=NTU_1(1-C_{R1})\quad(C_{R1}\neq1) \tag{d}$$

式(d) 可改写为

$$\varepsilon_1=\frac{1-\exp[NTU_1(1-C_{R1})]}{C_{R1}-\exp[NTU_1(1-C_{R1})]}\quad(C_{R1}\neq1) \tag{e}$$

同理可定义冷流体的传热单元数 NTU_2、冷流体对热流体的热容流量比 C_{R2}、冷流体的传热效率 ε_2，导出 ε_2 与 NTU_2 和 C_{R2} 的关系式（$C_{R2} \neq 1$），ε_2、NTU_2、C_{R2} 的定义式及它们之间的关系式（$C_{R2} \neq 1$）见表 4-2。

参考文献［1］介绍，用 ε-NTU 法解题时，若 $C_{R1} < 1$，则选用与热流体对应的一套公式（ε_1、NTU_1、C_{R1}）计算；若 $C_{R2} < 1$，则选用与冷流体对应的一套公式（ε_2、NTU_2、C_{R2}）计算。

参考文献［1］没有解释为什么要作这样的规定，那么，该如何来理解这个问题呢？而参考文献［3］则介绍要么选 ε_1、NTU_1、C_{R1} 一组方程求解，要么选 ε_2、NTU_2、C_{R2} 一组方程求解，两组方程对同一种传热问题的求解结果是相同的，但不允许相互混淆使用，笔者赞同此观点。对 ε 与 NTU 和 C_R 间的关系式，参考文献［1］规定 C_R 的使用范围为 $C_R \leqslant 1$，而参考文献［3］则没有规定 C_R 的使用范围。笔者认为 ε-NTU-C_R 关系式除 $C_R \neq 1$ 以外都能用，以式(e) 为例，若 $C_{R1}=1$，则 $\varepsilon_1=0$、$T_1=T_2$、$NTU_1=0$，这不可能！请读者思考这个问题该怎样解释及如何解决。

优点：①ε-NTU 法解传热第一类命题操作型问题不必试差，且比消元法略为简便（见后面例 4-7）；②除逆流、并流以外，某些复杂流动如 1-2 折流的 ε-NTU-C_R 关系已导出（见教材），而消元法因 ψ 的函数关系复杂无法消元求解；③对一组串联的换热器，其传热单元数为各换热器之和，易于得到传热效率，从而得到总的温升及温降，比对数平均推动力法要试算各换热器间的中间温度方便很多。

缺点：①ε-NTU 法计算式复杂，不易记忆；②对传热第二类命题操作型计算问题也要用试差法求解；③对复杂流动无法看出所选流动形式与逆流间的差距，不便于做出是否应修改设计的决定；④不便于传热操作型问题的定性分析。

4.2.4 传热单元长度 *H* 与传热单元数 *NTU* 法

为了避免用试差法求解传热第一类命题操作型计算问题，提出了传热单元长度 H 与传热单元数 NTU 法（H-NTU 法）。本书第一版根据传热单元的概念，用积分法导出了 NTU 的表达式，下面则从式(c) 出发导出 NTU 和 H 的表达式。将式(c) 等号左边对数项内的表达式作下列转换［转换时利用了由 C_{R1} 定义式导出的 $t_2=t_1+C_{R1}(T_1-T_2)$ 的表达式］：

$$\frac{T_1-t_2}{T_2-t_1}=\frac{T_1-t_1-C_{R1}T_1+C_{R1}T_2}{T_2-t_1}=\frac{(1-C_{R1})(T_1-t_1)+C_{R1}(T_2-t_1)}{T_2-t_1}=(1-C_{R1})\frac{T_1-t_1}{T_2-t_1}+C_{R1}$$

将上述转换关系代入式(c) 左边，并将式(c) 右边应用 NTU_1 和 C_{R1} 的定义，得

$$\ln\left[(1-C_{R1})\frac{T_1-t_1}{T_2-t_1}+C_{R1}\right]=NTU_1(1-C_{R1}) \tag{f}$$

式(f) 可改写为

$$NTU_1=\frac{1}{1-C_{R1}}\ln\left[(1-C_{R1})\frac{T_1-t_1}{T_2-t_1}+C_{R1}\right] \quad (C_{R1}\neq 1) \tag{g}$$

另外，将 ε-NTU 法中定义的 NTU_1 表达式 $NTU_1=\frac{KA}{m_{s1}c_{p1}}=\frac{Kn\pi d_2 l}{m_{s1}c_{p1}}$改写为

$$l=\frac{m_{s1}c_{p1}}{Kn\pi d_2}\times NTU_1$$

令

$$H_1=\frac{m_{s1}c_{p1}}{Kn\pi d_2}$$

则

$$l=H_1\times NTU_1$$

式中，H_1 为热流体的传热单元长度，m。于是

换热器的管长 l = 热流体的传热单元长度 H_1 × 热流体的传热单元数 NTU_1

同理，也可定义冷流体的传热单元数 H_2 及导出冷流体传热单元数 NTU_2 的表达式，见表 4-2。NTU_1 和 NTU_2 均不适用于 $C_R=1$ 的情况，因为当 $C_{R1}=1$ 时，$NTU_1=\infty$ 无意义；$C_{R2}=1$ 时，$NTU_2=\infty$ 无意义。

优点：①对传热第一类命题操作型计算问题，因待求量 T_2 只出现在式(g) 右边对数符号内（由表 4-2 可知 t_2 也只出现在 NTU_2 式中对数符号内），可脱去对数符号 ln 后直接求出 T_2（或 t_2），再用热量衡算式求出 t_2（或 T_2），不必试差，且解法比消元法和 ε-*NTU* 法更简便；②便于分析各变量对传热过程的影响，特别是用于传热操作型问题定性分析时非常方便（见 4.7.2），而前述三种方法不便于传热操作型问题定性分析；③*H-NTU* 法的计算公式及解题方法与第 6 章吸收的计算公式及解题方法类似，这对以后学习吸收解题方法有帮助。

缺点：①*H-NTU* 法对传热第二类命题操作型计算问题也要试差求解，即使求解此类问题几种方法都要试差，用 *H-NTU* 法试差最简便；②复杂流动的 *H-NTU* 法计算公式未导出，该法对复杂流动传热计算不适用。

讨论：实际上，当 $C_R=1$ 时，对数平均推动力法、消元法、ε-*NTU* 法和 *H-NTU* 法均不能用（无意义）。以 $C_{R1}=1$ 为例解释如下。

如图 4-2 所示，传热平衡线为 $T=t$ 的直线（该直线斜率＝1，即为对角线），$C_{R1}=\dfrac{m_{s1}c_{p1}}{m_{s2}c_{p2}}$为传热操作线[3]的斜率，当 $C_{R1}=1$ 时，操作线与对角线 $T=t$ 平行，两线之间的垂直距离即传热推动力 $\Delta t=T-t$ 处处相等（$\Delta t_1=T_1-t_2=\Delta t_2=T_2-t_1=\Delta t=T-t$），对数平均推动力法 Δt_m 中的分母 $\ln(\Delta t_1/\Delta t_2)=0$，故 $\Delta t_m=\infty$ 无意义，此时对数平均推动力法不能用，以对数平均推动力法为基础导出的消元法、ε-*NTU* 法和 *H-NTU* 法当然也不能用。此时，传热的计算问题如何解决？请读者参照第 6 章吸收中当解吸因数 $S=1$ 时解决总传质单元数 N_{OG} 和 N_{OL} 的计算方法提出解决方法。

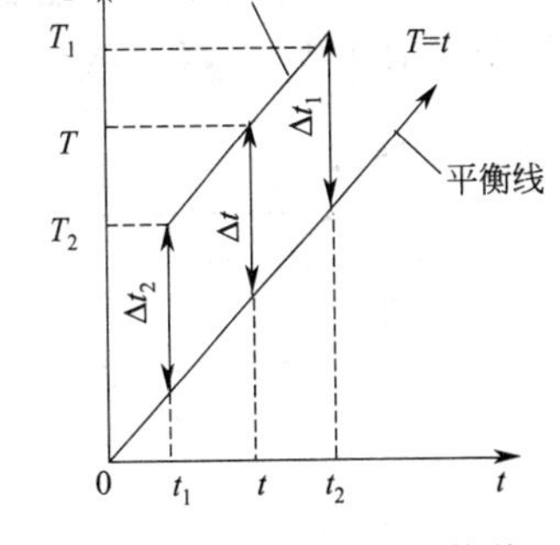

图 4-2　$C_{R1}=1$ 时逆流换热器的操作线和推动力

同理，对并流传热问题也可定义和导出对数平均推动力法、消元法、ε-*NTU* 法和 *H-NTU* 法四种算法有关计算式，见表 4-2。

由于消元法、ε-*NTU* 法和 *H-NTU* 法均是从对数平均推动力法出发导出的，故四种方法中对数平均推动力法是最基本的方法，在传热设计型计算中常用它，而其他三种方法在传热操作型计算中常用。

本节将创造教育有机地融入传热的教学中，以为了解决间壁两侧冷、热两种流体均无相变化传热计算问题为中心，采用从一个点向四面八方想开去的发散思维方法，导出了解决传热计算问题的四种解法，这些方法各有优缺点，从中可以体会发散思维的多向性和多角度性。发散思维是从事创造性工作的人最重要的素质，在教学中应该大力培养学生的发散思维能力，而通过探索一题多解、引导一题多变，就是培养发散思维能力的有效途径。然而，一个创造性活动全过程，要经由发散思维到收敛思维，再从收敛思维到发散思维，即“发散-收敛-再发散-再收敛”，两种思维方式多次循环，才能完成，因而培养学生的收敛思维能力也是至关重要的。下面，先运用收敛思维研究饱和蒸汽冷凝（有相变）加热冷流体（无相变）的传热计算问题，以使读者对收敛思维及其在教学中的应用有初步的了解，而收敛思维在传热教学中的更广泛和深入的应用研究，将在 4.6.3 节至 4.6.8 节中介绍。

4.2.5 饱和蒸汽冷凝（有相变）加热冷流体（无相变）传热计算方法

（1）对数平均推动力法　与冷、热流体均无相变化的情况类似，对数平均推动力法要联立求解热量衡算式和总传热速率方程。由饱和蒸汽冷凝（有相变）加热冷流体（无相变）的热量衡算式(4-11）得

$$Q=m_{s1}r=m_{s2}c_{p2}(t_2-t_1) \tag{h}$$

由总传热速率方程式(4-8）及对数平均推动力 Δt_m 计算式(4-20）得（注意此时没有逆流、并流及折流之分，Δt_m 的计算式只有一个）：

$$Q=KA\Delta t_m=KA\frac{t_2-t_1}{\ln\dfrac{T_s-t_1}{T_s-t_2}} \tag{i}$$

（2）消元法　将热量衡算式(h）的右边即 $Q=m_{s2}c_{p2}(t_2-t_1)$ 代入总传热速率式（i）并消去等号两边（t_2-t_1）项，移项整理后并利用表 4-2 中的 NTU_2 定义，可得

$$\ln\frac{T_s-t_1}{T_s-t_2}=\frac{KA}{m_{s2}c_{p2}}=NTU_2 \tag{j}$$

对饱和蒸汽冷凝（有相变）加热冷流体（无相变）传热第一类命题操作型计算问题，因待求量 t_2 只出现在式（j）左边对数符号内，可取 exp 后脱去对数符号 ln 直接求出 t_2，不必试差。

将式(h）和式(i）联立后（对数平均推动力法）自然就会想到消去（t_2-t_1）项，得到式（j)(消元法），故对饱和蒸汽冷凝加热冷流体这种传热情况，对数平均推动力法和消元法合二为一。实际上，这种传热情况因饱和蒸汽冷凝（相变），冷凝液在饱和温度 T_s 下排出，传热只利用了蒸汽潜热，则换热器中饱和蒸汽冷凝的温度不变，即 $T_1=T_2=T_s$，其操作线和推动力如图 4-3 所示，操作线为与横轴平行的直线，其斜率 C_{R2} 为零，即可将热流体的热容流量视为无穷大（$m_{s1}c_{p1}=\infty$），则 $C_{R2}=m_{s2}c_{p2}/m_{s1}c_{p1}=0$。取 $C_{R2}=0$ 并取 $T_1=T_s$ 代入表 4-2 中 H-NTU 法的 NTU_2 表达式（包括逆流和并流两种情况），该式简化为式（j）；若将 $C_{R2}=0$ 及 $\varepsilon_2=(t_2-t_1)/(T_1-t_1)=(t_2-t_1)/(T_s-t_1)$ 代入表 4-2 中 ε_2-NTU_2-C_{R2} 的表达式（包括逆流和并流两种情况），经过整理后该式亦简化为式（j）。

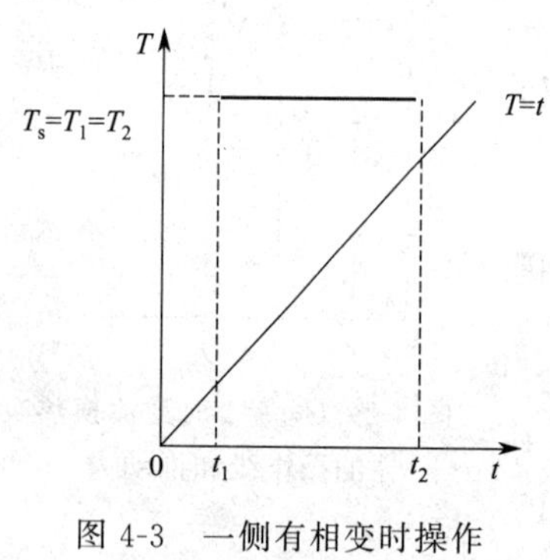

图 4-3　一侧有相变时操作线和推动力

表 4-2　冷、热流体均无相变传热的四种算法关系式

流程			逆流	并流
热量衡算式			$Q=m_{s1}c_{p1}(T_1-T_2)=m_{s2}c_{p2}(t_2-t_1)$	$Q=m_{s1}c_{p1}(T_1-T_2)=m_{s2}c_{p2}(t_2-t_1)$
计算方法	对数平均推动力法	总传热速率方程	$Q=KA\Delta t_m$	$Q=KA\Delta t_m$
		对数平均推动力	$\Delta t_m=\dfrac{\Delta t_1-\Delta t_2}{\ln\dfrac{\Delta t_1}{\Delta t_2}}=\dfrac{(T_1-t_2)-(T_2-t_1)}{\ln\dfrac{T_1-t_2}{T_2-t_1}}$	$\Delta t_m=\dfrac{\Delta t_1-\Delta t_2}{\ln\dfrac{\Delta t_1}{\Delta t_2}}=\dfrac{(T_1-t_1)-(T_2-t_2)}{\ln\dfrac{T_1-t_1}{T_2-t_2}}$
	消元法	消元结果	$\ln\dfrac{T_1-t_2}{T_2-t_1}=\dfrac{KA}{m_{s1}c_{p1}}\left(1-\dfrac{m_{s1}c_{p1}}{m_{s2}c_{p2}}\right)$	$\ln\dfrac{T_1-t_1}{T_2-t_2}=\dfrac{KA}{m_{s1}c_{p1}}\left(1+\dfrac{m_{s1}c_{p1}}{m_{s2}c_{p2}}\right)$

续表

流程				逆流	并流
计算方法	ε-NTU 法	传热单元数 NTU	对热流体	$NTU_1=\frac{KA}{m_{s1}c_{p1}}=\frac{T_1-T_2}{\Delta t_m}$	$NTU_1=\frac{KA}{m_{s1}c_{p1}}=\frac{T_1-T_2}{\Delta t_m}$
			对冷流体	$NTU_2=\frac{KA}{m_{s2}c_{p2}}=\frac{t_2-t_1}{\Delta t_m}$	$NTU_2=\frac{KA}{m_{s2}c_{p2}}=\frac{t_2-t_1}{\Delta t_m}$
		热容流量 C_R	对热流体	$C_{R1}=\frac{m_{s1}c_{p1}}{m_{s2}c_{p2}}=\frac{t_2-t_1}{T_1-T_2}$	$C_{R1}=\frac{m_{s1}c_{p1}}{m_{s2}c_{p2}}=\frac{t_2-t_1}{T_1-T_2}$
			对冷流体	$C_{R2}=\frac{m_{s2}c_{p2}}{m_{s1}c_{p1}}=\frac{T_1-T_2}{t_2-t_1}$	$C_{R2}=\frac{m_{s2}c_{p2}}{m_{s1}c_{p1}}=\frac{T_1-T_2}{t_2-t_1}$
		ε 与 NTU 的关系	对热流体 $C_{R1}\neq1$	$\varepsilon_1=\frac{1-\exp[NTU_1(1-C_{R1})]}{C_{R1}-\exp[NTU_1(1-C_{R1})]}=\frac{T_1-T_2}{T_1-t_1}$	$\varepsilon_1=\frac{1-\exp[-NTU_1(1+C_{R1})]}{1+C_{R1}}=\frac{T_1-T_2}{T_1-t_1}$
			对冷流体 $C_{R2}\neq1$	$\varepsilon_2=\frac{1-\exp[NTU_2(1-C_{R2})]}{C_{R2}-\exp[NTU_2(1-C_{R2})]}=\frac{t_2-t_1}{T_1-t_1}$	$\varepsilon_2=\frac{1-\exp[-NTU_2(1+C_{R2})]}{1+C_{R2}}=\frac{t_2-t_1}{T_1-t_1}$
	H-NTU 法	传热单元数 NTU	对热流体 $C_{R1}\neq1$	$NTU_1=\frac{1}{1-C_{R1}}\ln\left[(1-C_{R1})\frac{T_1-t_1}{T_2-t_1}+C_{R1}\right]$	$NTU_1=-\frac{1}{1+C_{R1}}\ln\left[(1+C_{R1})\frac{T_2-t_1}{T_1-t_1}-C_{R1}\right]$
			对冷流体 $C_{R2}\neq1$	$NTU_2=\frac{1}{1-C_{R2}}\ln\left[(1-C_{R2})\frac{T_1-t_1}{T_1-t_2}+C_{R2}\right]$	$NTU_2=-\frac{1}{1+C_{R2}}\ln\left[(1+C_{R2})\frac{T_1-t_2}{T_1-t_1}-C_{R2}\right]$
		传热单元长度 H	对热流体	$H_1=\frac{m_{s1}c_{p1}}{Kn\pi d_2}$	$H_1=\frac{m_{s1}c_{p1}}{Kn\pi d_2}$
			对冷流体	$H_2=\frac{m_{s2}c_{p2}}{Kn\pi d_2}$	$H_2=\frac{m_{s2}c_{p2}}{Kn\pi d_2}$
		换热器管长 l		$l=H_1\times NTU_1=H_2\times NTU_2$	

上述情况说明，对于饱和蒸汽冷凝（有相变）加热冷流体（无相变）这种传热情况，由冷、热两种流体均无相变传热通过发散思维导出的对数平均推动力法、消元法、ε-NTU 法和 H-NTU 法四种计算方法四法合一，收敛于式(j)。由于式(j)(消元法）是由式(h) 和式(i) 联立（对数平均推动力法）消元得到的，故与冷、热两种流体均无相变传热时一样，一侧有相变传热时对数平均推动力法是基本的方法，在设计型计算时常用它，而式(j)(消元法）在操作型计算时常用。

4.3　热传导典型例题分析

例 4-1　如图 4-4 所示，用定态平壁导热以测定材料的热导率。将待测材料制成厚度 b、直径 120mm 的圆形平板，置于冷、热两表面之间。热侧表面用电热器维持表面温度 $t_1=200$℃。冷侧表面用水夹套冷却，使表面温度维持在 $t_2=80$℃。电加热器的功率为 40W。由于安装不当，待测材料的两边各有一层 0.1mm 的静止气层，气体热导率 $\lambda_g=0.030$W/(m·℃)，使测得的材料热导率 λ' 与真实值 λ 不同。不计热损失，求测量的相对误差，即$(\lambda'-\lambda)/\lambda$。

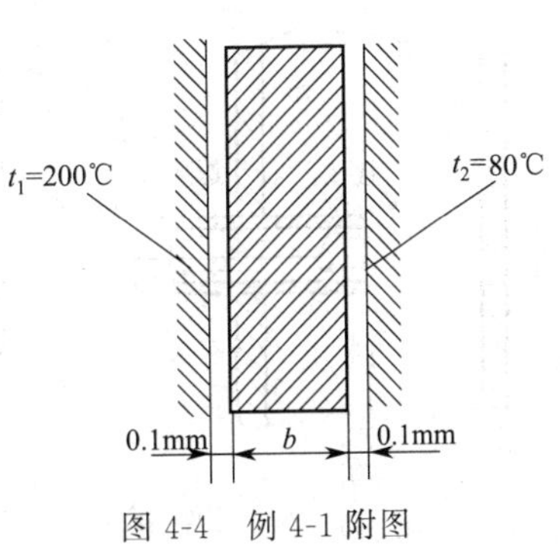

图 4-4　例 4-1 附图

解　本题为圆形平壁的稳定热传导问题，求热导率测

量的相对误差，即

$$\frac{\lambda'-\lambda}{\lambda}=\frac{\lambda'}{\lambda}-1=\frac{b/\lambda}{b/\lambda'}-1=\frac{b/\lambda-b/\lambda'}{b/\lambda'} \tag{a}$$

若能求出 b/λ' 及 $(b/\lambda-b/\lambda')$ 值，则问题得到解决。圆形平壁的热通量 q 为

$$q=\frac{Q}{A}=\frac{Q}{0.785d^2}=\frac{40}{0.785\times0.12^2}=3.54\times10^3\ (\text{W/m}^2)$$

$$q=\frac{t_1-t_2}{b/\lambda'}=\frac{t_1-t_2}{2b_g/\lambda_g+b/\lambda} \tag{b}$$

式(b) 中 b_g 为静止气层的厚度，m。由式(b) 可得

$$\frac{b}{\lambda'}=\frac{t_1-t_2}{q}=\frac{200-80}{3.54\times10^3}=3.39\times10^{-2}\ (\text{m}^2\cdot℃/\text{W})$$

$$\frac{b}{\lambda'}=2\frac{b_g}{\lambda_g}+\frac{b}{\lambda}$$

即
$$\frac{b}{\lambda}-\frac{b}{\lambda'}=-2\frac{b_g}{\lambda_g}=-2\times\frac{0.1\times10^{-3}}{0.030}=-6.667\times10^{-3}\ (\text{m}^2\cdot℃/\text{W})$$

所以
$$\frac{\lambda'-\lambda}{\lambda}=\frac{b/\lambda-b/\lambda'}{b/\lambda'}=-\frac{6.667\times10^{-3}}{3.39\times10^{-2}}=-0.197=-19.7\%$$

例 4-2 有一蒸汽管外径为 25mm，管外包以两层保温材料，每层厚均为 25mm。外层与内层保温材料的热导率之比为 $\lambda_2/\lambda_1=5$，此时的热损失为 Q。今将内、外两层材料互换位置，且设管外壁与外层保温层外表面的温度均不变，其热损失为 Q'。求 Q'/Q，说明何种材料放在里层为好。

解 本题为多层圆筒壁的稳定热传导问题

$$Q=\frac{\Delta t}{\dfrac{\ln(r_2/r_1)}{2\pi l\lambda_1}+\dfrac{\ln(r_3/r_2)}{2\pi l\lambda_2}},\quad Q'=\frac{\Delta t}{\dfrac{\ln(r_2/r_1)}{2\pi l\lambda_2}+\dfrac{\ln(r_3/r_2)}{2\pi l\lambda_1}}$$

蒸汽管外半径 $r_1=25/2=12.5$mm，内层与外层保温层交界处半径 $r_2=r_1+25=37.5$mm，外层保温层外半径 $r_3=r_2+25=62.5$mm，$\lambda_2=5\lambda_1$，则

$$\frac{Q'}{Q}=\frac{\dfrac{1}{\lambda_1}\ln\dfrac{r_2}{r_1}+\dfrac{1}{\lambda_2}\ln\dfrac{r_3}{r_2}}{\dfrac{1}{\lambda_2}\ln\dfrac{r_2}{r_1}+\dfrac{1}{\lambda_1}\ln\dfrac{r_3}{r_2}}=\frac{\dfrac{1}{\lambda_1}\ln\dfrac{37.5}{12.5}+\dfrac{1}{5\lambda_1}\ln\dfrac{62.5}{37.5}}{\dfrac{1}{5\lambda_1}\ln\dfrac{37.5}{12.5}+\dfrac{1}{\lambda_1}\ln\dfrac{62.5}{37.5}}=1.65$$

Q'（λ 大的在里层）大于 Q（λ 小的在里层），说明热导率 λ 小的保温材料放在里层热损失较小，好。

4.4 辐射传热典型例题分析

例 4-3 在一钢管中心装有热电偶以测量管内空气的温度。已知热电偶的指示温度 $t_2=220$℃，管道内壁温度 $t_w=120$℃，热电偶的黑度 ε_2 为 0.8，空气与热电偶之间的对流传热系数 $\alpha=40\text{W}/(\text{m}^2\cdot℃)$。由于热电偶与管壁之间的辐射传热，热电偶的指示温度 t_2 低于空气的真实温度 t_1。(1) 试推导计算测温误差的公式并求空气的真实温度；(2) 讨论减小测温误差的途径；(3) 若采用单层遮热罩抽气式热电偶（如图 4-5 所示），已知遮热罩的黑度为 0.55，且由于抽气的原因，此时空气对热电偶和遮热罩的对流传热系数增至 $\alpha=72\text{W}/(\text{m}^2\cdot℃)$，

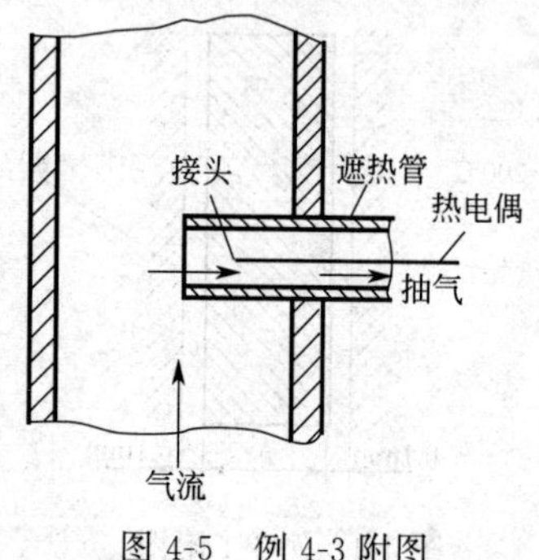

图 4-5 例 4-3 附图

设管壁温度和空气的真实温度不变，求热电偶指示的温度。

解　(1) 以下标 1 代表空气，下标 2 代表热电偶，下标 w 代表管壁。根据牛顿冷却定律，空气与热电偶的对流传热通量 $q_{1\text{-}2}$ 为

$$q_{1\text{-}2}=\frac{Q_{1\text{-}2}}{A_2}=\alpha(t_1-t_2)$$

热电偶与管壁之间的辐射传热通量 $q_{2\text{-w}}$ 为

$$q_{2\text{-w}}=\frac{Q_{2\text{-w}}}{A_2}=C_{2\text{-w}}\varphi\left[\left(\frac{T_2}{100}\right)^4-\left(\frac{T_{\mathrm{w}}{}^4}{100}\right)\right]$$

这种情况相当于一物体被另一物体包围的辐射传热，$\varphi=1$，而 $C_{2\text{-w}}$ 为

$$C_{2\text{-w}}=\frac{C_0}{\dfrac{1}{\varepsilon_2}+\dfrac{A_2}{A_{\mathrm{w}}}\left(\dfrac{1}{\varepsilon_{\mathrm{w}}}-1\right)}$$

由于热电偶的面积 A_2 相对于管壁的面积 A_{w} 来说很小，即 $A_2\ll A_{\mathrm{w}}$，故有

$$C_{2\text{-w}}=C_0\varepsilon_2=5.669\varepsilon_2$$

在传热达到稳定时，热电偶辐射到管壁的热量应等于空气对流传给热电偶的热量，即

$$\alpha(t_1-t_2)=5.669\varepsilon_2\left[\left(\frac{T_2}{100}\right)^4-\left(\frac{T_{\mathrm{w}}}{100}\right)^4\right]$$

所以，测量的绝对误差 Δt 为

$$\Delta t=t_1-t_2=5.669\,\frac{\varepsilon_2}{\alpha}\left[\left(\frac{T_2}{100}\right)^4-\left(\frac{T_{\mathrm{w}}}{100}\right)^4\right] \tag{a}$$

相对误差 E 为

$$E=\Delta t/t_1 \tag{b}$$

热电偶的黑度 $\varepsilon_2=0.8$，热电偶的热力学温度 $T_2=(t_2+273)=220+273=493$ (K)，管壁的热力学温度 $T_{\mathrm{w}}=t_{\mathrm{w}}+273=120+273=393$ (K)，对流传热系数 $\alpha=40\mathrm{W/(m^2\cdot ℃)}$。将上述已知数据代入式(a) 得绝对误差 Δt 为

$$\Delta t=t_1-220=5.669\times\frac{0.8}{40}\left[\left(\frac{493}{100}\right)^4-\left(\frac{393}{100}\right)^4\right]=39.9\ (℃)$$

空气的真实温度 t_1 为　$t_1=220+39.9=259.9$ (℃)

相对误差 E 为　$E=\Delta t/t_1=39.9/259.9=0.154=15.4\%$

(2) 由式(a) 可看出，减小误差的途径有：①减小热电偶的黑度 ε_2，即选用黑度小的材料做的热电偶进行测量；②增大 α，即把热电偶放在管路中空气流速较大和管中心处测量；③将管壁保温以提高壁温 T_{w}；④在热电偶外加一隔热套管减小热电偶与管壁间的辐射传热。

(3) 若以下标 3 表示遮热罩，空气以对流方式传给遮热罩内外表面的传热量（设遮热罩内外表面积为 $2A_3$）为

$$Q_{1\text{-}3}=2A_3\alpha(t_1-t_3)$$

则

$$q_{1\text{-}3}=\frac{Q_{1\text{-}3}}{A_3}=2\alpha(t_1-t_3)$$

遮热罩对管壁的辐射散热量为

$$q_{3\text{-w}}=\frac{Q_{3\text{-w}}}{A_3}=5.669\varepsilon_3\left[\left(\frac{T_3}{100}\right)^4-\left(\frac{T_{\mathrm{w}}}{100}\right)^4\right]$$

在定态时 $q_{1\text{-}3}=q_{3\text{-w}}$，并将 $t_1=259.9℃$、$T_{\mathrm{w}}=393\mathrm{K}$、$\alpha=72\mathrm{W/(m^2\cdot ℃)}$、$\varepsilon_3=0.55$ 等有关数据代入得

$$2\times72\times(259.9-t_3)=5.669\times0.55\left[\left(\frac{t_3+273}{100}\right)^4-\left(\frac{393}{100}\right)^4\right]$$

试差解得遮热罩壁温 $t_3=249℃$

空气对热电偶的对流传热量为

$$q_{1\text{-}2}=\frac{Q_{1\text{-}2}}{A_2}=\alpha(t_1-t_2)$$

热电偶对遮热罩的辐射散热量为

$$q_{2\text{-}3}=\frac{Q_{2\text{-}3}}{A_2}=5.669\varepsilon_2\left[\left(\frac{T_2}{100}\right)^4-\left(\frac{T_3}{100}\right)^4\right]$$

在定态时 $q_{1\text{-}2}=q_{2\text{-}3}$，并将 t_1、α、$\varepsilon_2=0.8$、$t_3=249℃$等有关数据代入得

$$72\times(259.9-t_2)=5.669\times0.8\left[\left(\frac{t_2+273}{100}\right)^4-\left(\frac{249+273}{100}\right)^4\right]$$

试差解得热电偶的指示温度 $t_2=257℃$。此时测量绝对误差 $\Delta t=t_1-t_2=259.9-257=2.9℃$，相对误差 $E=\Delta t/t_1=2.9/259.9=1.12\%$。可见，采用遮热罩抽气热电偶由于 α 大、ε 小使得测温精度大为提高。

4.5 换热器的设计型计算

将间壁两侧两种流体之间的热量传递问题简称为传热。其过程通常在列管换热器、套管换热器、板式换热器及螺旋板式换热器等间壁式换热器中进行，所涉及的传热方式主要有流体与壁面间的对流给热及热量通过管壁导热两种形式。换热器计算可分为设计型和操作型两大类。本节先讨论换热器设计型计算问题。

4.5.1 设计型计算的命题方式

设计任务：将一定流量 m_{s1} 的热流体自给定温度 T_1 冷却至指定温度 T_2；或将一定流量 m_{s2} 的冷流体自给定温度 t_1 加热至指定温度 t_2。

设计条件：可供使用的冷却介质即冷流体的进口温度 t_1；或可供使用的加热介质即热流体的进口温度 T_1。

计算目的：确定经济上合理的传热面积及换热器其他有关尺寸。

4.5.2 设计型问题的计算方法

设计计算的大致步骤如下：

① 首先由传热任务用热量衡算式计算换热器的热负荷 Q；

② 作出适当的选择并计算平均推动力 Δt_m；

③ 计算冷、热流体与管壁的对流传热系数 α_1、α_2 及总传热系数 K；

④ 由总传热速率方程计算传热面积 A 或管长 l。

4.5.3 设计型计算中参数的选择

由总传热速率方程 $Q=KA\Delta t_m$ 可知，为确定所需的传热面积，必须知道平均推动力 Δt_m 和总传热系数 K。

为计算对数平均温差，设计者首先必须：①选择流体的流向，即决定采用逆流、并流还是其他复杂流动方式；②选择冷却介质的出口温度 t_2 或加热介质的出口温度 T_2。

为求得传热系数 K，须计算两侧的给热系数 α，故设计者必须决定：①冷、热流体各走管内还是管外；②选择适当的流速。

同时，还必须选定适当的污垢热阻。

由上所述，设计型计算必涉及设计参数的选择。各种选择决定之后，所需的传热面积及管长等换热器其他尺寸是不难确定的。不同的选择有不同的计算结果，设计者必须作出恰当的选择才能得到经济上合理、技术上可行的设计，或者通过多方案计算，从中选出最优方

案。近年来，利用计算机进行换热器优化设计日益得到广泛的应用。本节后面的例题仅讨论根据题给条件即可进行设计计算，不涉及设计参数的选择问题。

4.5.4　设计型计算典型例题分析

例 4-4　有一套管换热器，由 ϕ57mm×3.5mm 与 ϕ89mm×4.5mm 的钢管组成。甲醇在内管流动，流量为 5000kg/h，由 60℃冷却到 30℃，甲醇侧的对流传热系数 $\alpha_1=1512\text{W}/(\text{m}^2\cdot℃)$。冷却水在环隙中流动，其入口温度为 20℃，出口温度拟定为 35℃。忽略热损失、管壁及污垢热阻，且已知甲醇的平均比热容为 2.6kJ/(kg·℃)，在定性温度下水的黏度为 0.84cP、热导率为 0.61W/(m^2·℃)、比热容为 4.174kJ/(kg·℃)。试求：（1）冷却水的用量；（2）所需套管长度；（3）若将套管换热器的内管改为 ϕ48mm×3mm 的钢管，其他条件不变，此时所需的套管长度。

解　（1）冷却水的用量 m_{s2} 可由热量衡算式求得，由题给的 c_{p1} 与 c_{p2} 单位相同，不必换算，m_{s1} 的单位必须由 kg/h 换算成 kg/s，故有：

$$m_{s2}=\frac{m_{s1}c_{p1}(T_1-T_2)}{c_{p2}(t_2-t_1)}=\frac{(5000/3600)\times 2.6\times(60-30)}{4.174\times(35-20)}=1.73\ (\text{kg/s})$$

（2）题目没有指明用什么面积为基准，在这种情况下均当作是以传热管的外表面积为基准（以后的例题都按这个约定，不另行说明），对套管换热器而言就是以内管外表面积为基准，即 $A=\pi d_2 l$。根据

$$Q=m_{s1}c_{p1}(T_1-T_2)=K\pi d_2 l\Delta t_m$$

得

$$l=\frac{Q}{K\pi d_2\Delta t_m}=\frac{m_{s1}c_{p1}(T_1-T_2)}{K\pi d_2\Delta t_m} \tag{a}$$

建议读者分别先求出 Q、K、Δt_m 的值后再代入式(a) 求 l 不易错。Q 的 SI 制单位为 W，必须将 m_{s1} 的单位化为 kg/s、c_{p1} 的单位化为 J/(kg·℃) 再求 Q，即

$$Q=m_{s1}c_{p1}(T_1-T_2)=(5000/3600)\times 2.6\times 10^3\times(60-30)=1.083\times 10^5\ (\text{W})$$

求 Δt_m 必须先确定是逆流还是并流，题目没有明确说明流向，但由已知条件可知 $t_2=35℃>T_2=30℃$，只有逆流才可能出现这种情况，故可断定本题必为逆流，于是

$$\Delta t_m=\frac{(T_1-t_2)-(T_2-t_1)}{\ln\dfrac{T_1-t_2}{T_2-t_1}}=\frac{(60-35)-(30-20)}{\ln\dfrac{60-35}{30-20}}=16.4\ (℃)$$

由于管壁及污垢热阻可略去，以传热管外表面积为基准的 K 为

$$K=\left(\frac{1}{\alpha_1}\times\frac{d_2}{d_1}+\frac{1}{\alpha_2}\right)^{-1} \tag{b}$$

式中甲醇在内管侧的 α_1 已知，冷却水在环隙侧的 α_2 未知。求 α_2 必须先求冷却水在环隙流动的 Re，求 Re 要先求冷却水的流速 u。

环隙当量直径　$d_e=D-d_2=(0.089-2\times 0.0045)-0.057=0.023\ (\text{m})$

冷却水在环隙的流速

$$u=\frac{V_{s2}}{0.785(D^2-d_2^2)}=\frac{m_{s2}/\rho_{H_2O}}{0.785(D^2-d_2^2)}=\frac{1.73/1000}{0.785\times(0.08^2-0.057^2)}=0.699\ (\text{m/s})$$

$$Re=d_e u\rho/\mu=0.023\times 0.699\times 1000/(0.84\times 10^{-3})=1.91\times 10^4(>10^4\ \text{为湍流})$$

$$Pr=c_p\mu/\lambda=4.187\times 10^3\times 0.84\times 10^{-3}/0.61=5.77$$

注意： 求 Re 及 Pr 时必须将 μ、c_p、λ 等物性数据化为 SI 制方可代入运算，本题 λ 已知为 SI 制不必处理，μ、c_p 不是 SI 制必须转化为 SI 制。提示读者在解题时要特别注意物理量的单位问题。

则冷却水在环隙流动的对流传热系数 α_2 为

$$\alpha_2=0.023\frac{\lambda}{d_e}Re^{0.8}Pr^{0.4}=0.023\times\frac{0.61}{0.023}\times(1.91\times10^4)^{0.8}\times5.77^{0.4}=3271\ [\text{W/(m}^2\cdot\text{℃)}]$$

$$K=\left(\frac{1}{\alpha_1}\times\frac{d_2}{d_1}+\frac{1}{\alpha_2}\right)^{-1}=\left(\frac{1}{1512}\times\frac{57}{50}+\frac{1}{3271}\right)^{-1}=944\ [\text{W/(m}^2\cdot\text{℃)}]$$

$$l=\frac{Q}{K\pi d_2\Delta t_m}=\frac{1.083\times10^5}{944\times3.14\times0.057\times16.4}=39.1\ (\text{m})$$

一般将多段套管换热器串联安装，使管长为39.1m或略长一点，以满足传热要求。

(3) 当内管改为ϕ48mm×3mm后，管内及环隙的流通截面积均发生变化，引起α_1、α_2均发生变化。应设法先求出变化后的α及K值，然后再求l。

对管内的流体甲醇，根据

$$Re=\frac{d_1u\rho}{\mu}=\frac{d_1\rho}{\mu}\times\frac{V_{s1}}{0.785d_1^2}\propto\frac{1}{d_1}$$

可知内管改小后，d_1减小，其他条件不变则Re增大，原来甲醇为湍流，现在肯定仍为湍流，由

$$\alpha_1=0.023\frac{\lambda}{d_1}Re^{0.8}Pr^{0.3}\propto\frac{1}{d_1^{1.8}}$$

得

$$\frac{\alpha'_1}{\alpha_1}=\left(\frac{d_1}{d'_1}\right)^{1.8}=\left(\frac{50}{42}\right)^{1.8}=1.369$$

所以

$$\alpha'_1=1.369\alpha_1=1.369\times1512=2070\ [\text{W/(m}^2\cdot\text{℃)}]$$

对环隙的流体冷却水，根据$d_e=D-d_2$，$u=\dfrac{V_{s2}}{0.785(D^2-d_2^2)}$有：

$$Re=\frac{d_eu\rho}{\mu}\propto\frac{D-d_2}{D^2-d_2^2}\propto\frac{1}{D+d_2}$$

从上式可知，d_2减小，其他条件不变，将使环隙Re增大，原来冷却水为湍流，现在肯定仍为湍流，由

$$\alpha_2=0.023\frac{\lambda}{d_e}Re^{0.8}Pr^{0.4}$$

$$\frac{\alpha'_2}{\alpha_2}=\frac{d_e}{d'_e}\times\left(\frac{D+d_2}{D+d'_2}\right)^{0.8}=\frac{D-d_2}{D-d'_2}\times\left(\frac{D+d_2}{D+d'_2}\right)^{0.8}=\frac{80-57}{80-48}\times\left(\frac{80+57}{80+48}\right)^{0.8}=0.759$$

所以

$$\alpha'_2=0.759\alpha_2=0.759\times3271=2483\ [\text{W/(m}^2\cdot\text{℃)}]$$

$$K'=\left(\frac{1}{\alpha'_1}\times\frac{d'_2}{d'_1}+\frac{1}{\alpha'_2}\right)^{-1}=\left(\frac{1}{2070}\times\frac{48}{42}+\frac{1}{2483}\right)=1047\ [\text{W/(m}^2\cdot\text{℃)}]$$

$$l'=\frac{Q}{K'\pi d'_2\Delta t_m}=\frac{1.083\times10^5}{1047\times3.14\times0.048\times16.4}=41.8\ (\text{m})$$

例4-5 将流量为2200kg/h的空气在列管式预热器内从20℃加热到80℃。空气在管内作湍流流动，116℃的饱和蒸汽在管外冷凝。现因工况变动需将空气的流量增加20%，而空气的进、出口温度不变。问采用什么方法（可以重新设计一台换热器，也可仍在原预热器中操作）能够完成新的生产任务？请作出定量计算（设管壁及污垢的热阻可略去不计）。

分析：空气流量m_{s2}增加20%而其进、出口温度不变，根据热量衡算式$Q=m_{s2}c_{p2}(t_2-t_1)$可知Q增加20%。由总传热速率方程$Q=KA\Delta t_m$可知增大K、A、Δt_m均可增大Q完成新的传热任务。而管径d、管数n的改变均可影响K和A，管长l的改变会影响A，加热蒸汽饱和温度的改变会影响Δt_m。故解题时先设法找出d、n、l及Δt_m对Q影响的关系式。

解 本题为一侧饱和蒸汽冷凝加热另一侧冷流体的传热问题。蒸汽走传热管外侧其α_2的数量级为10^4左右，而空气（走管内）的α_1数量级仅10^1，因而有$\alpha_2\gg\alpha_1$。以后碰到饱和蒸汽冷凝加热气体的情况，均要懂得利用$\alpha_2\gg\alpha_1$。这一结论。

原工况：

$$Q=m_{s2}c_{p2}(t_2-t_1) \quad (Q\text{不必求出})$$

$$\Delta t_m=\frac{t_2-t_1}{\ln\dfrac{T_s-t_1}{T_s-t_2}}=\frac{80-20}{\ln\dfrac{116-20}{116-80}}=61.2℃$$

因为管壁及污垢的热阻可略去，并根据 $\alpha_2 \gg \alpha_1$，由 4.1.5.2 式(4-14) $K\approx\alpha_1\dfrac{d_1}{d_2}$可得

$$Q=KA\Delta t_m\approx\alpha_1\frac{d_1}{d_2}n\pi d_2 l\Delta t_m=\alpha_1 n\pi d_1 l\Delta t_m \tag{a}$$

由于空气在管内作湍流流动，故有

$$\alpha_1=0.023\frac{\lambda}{d_1}Re^{0.8}Pr^{0.4}$$

$$Re=\frac{d_1u\rho}{\mu}=\frac{d_1}{\mu}\times\frac{m_{s2}}{0.785d_1^2n}=\frac{m_{s2}}{0.785d_1n\mu}$$

所以
$$\alpha_1=0.023\frac{\lambda}{d_1}\times\left(\frac{m_{s2}}{0.785d_1n\mu}\right)^{0.8}Pr^{0.4}=C\frac{m_{s2}^{0.8}}{n^{0.8}d_1^{1.8}}$$

式中，C 在题给条件下为常数，将上式代入式(a) 得

$$Q=\frac{Cm_{s2}^{0.8}}{n^{0.8}d_1^{1.8}}n\pi d_1 l\Delta t_m=C\pi\frac{m_{s2}^{0.8}n^{0.2}l\Delta t_m}{d_1^{0.8}} \tag{b}$$

新工况：

$$Q'=m'_{s2}c_{p2}(t_2-t_1)=1.2m_{s2}c_{p2}(t_2-t_1)=1.2Q \tag{c}$$

$$\alpha'_1=0.023\frac{\lambda}{d'_1}\times\left(\frac{m'_{s2}}{0.785d'_1n'\mu}\right)^{0.8}Pr^{0.4}=\frac{Cm'^{0.8}_{s2}}{n'^{0.8}d'^{1.8}_1}$$

$$Q'=\alpha'_1n'\pi d'_1l'\Delta t'_m=\frac{m'^{0.8}_{s2}C}{n'^{0.8}d'^{1.8}_1}n'\pi d'_1l'\Delta t'_m=C\pi\frac{m'^{0.8}_{s2}n'^{0.2}l'\Delta t'_m}{d'^{1.8}_1} \tag{d}$$

式(d)÷式(b) 并利用式(c) 的结果可得

$$\frac{Q'}{Q}=\left(\frac{m'_{s2}}{m_{s2}}\right)^{0.8}\times\left(\frac{n'}{n}\right)^{0.2}\times\frac{l'}{l}\times\left(\frac{d_1}{d'_1}\right)^{0.8}\times\frac{\Delta t'_m}{\Delta t_m}=1.2 \tag{e}$$

根据式(e)，分为以下几种情况计算。

(1) 重新设计一台预热器

① 管数 n、管长 l、Δt_m 不变，改变管径 d。由式(e) 得

$$Q'/Q=1.2^{0.8}\times(d_1/d')^{0.8}=1.2$$

解之得
$$d'_1=0.955d_1$$

即可采用缩小管径 4.5%的方法完成新的传热任务。

② 管径 d、管长 l、Δt_m 不变，改变管数 n。由式(e) 得

$$Q'/Q=1.2^{0.8}\times(n'/n)^{0.2}=1.2$$

解之得
$$n'=1.2n$$

即可采用增加管数 20%的方法完成新的传热任务。

③ 管数 n、管径 d、Δt_m 不变，改变管长 l。由式(e) 得

$$Q'/Q=1.2^{0.8}\times(l'/l)=1.2$$

解之得
$$l'=1.037l$$

即可采用增加管长 3.7%的方法完成新的传热任务。

(2) 仍在原换热器中操作。此时 n、d、l 均不变，只能改变饱和蒸汽温度 T_s 即改变 Δt_m。由式 (e) 得
$$Q'/Q=1.2^{0.8}\times(\Delta t'_m/\Delta t_m)=1.2$$

解之，并将前面得出原工况 $\Delta t_m = 61.2$℃代入，有

$$\Delta t'_m = 1.037\Delta t_m = 1.037 \times 61.2 = 63.5\ (℃)$$

即
$$\frac{t_2 - t_1}{\ln\dfrac{T'_s - t_1}{T'_s - t_2}} = \frac{80-20}{\ln\dfrac{T'_s - 20}{T'_s - 80}} = 63.5$$

$$\frac{T'_s - 20}{T'_s - 80} = \exp(60/63.5) = 2.573$$

$$T'_s = (80 \times 2.573 - 20)/(2.573 - 1) = 118.1\ (℃)$$

即把饱和蒸汽温度升至 118.1℃，相当于用压强为 200kPa 的饱和蒸汽加热即可完成新的传热任务。

例 4-6 在套管换热器中用水冷却煤油。水的流率为 600kg/h，入口温度为 15℃。煤油的流率为 400kg/h，入口温度为 90℃。两流体并流流动。操作条件下的煤油比热容为 2.19kJ/(kg·℃)。已知换热器基于外表面积的总传热系数为 860W/(m^2·℃)。内管为直径 ϕ38mm×3mm、长 6m 的钢管。试求：(1) 油的出口温度 T_2；(2) 其余条件均不变而使两流体作逆流流动，此时换热管长度应为多少？

解 (1) 本题已知热流体煤油的 m_{s1}、c_{p1}、T_1，冷流体水的 m_{s2}、t_1。水的比热容 c_{p2} 未知，但从题给条件可以判断水的平均温度不会很高，可取 $c_{p2}=4.174$kJ/(kg·℃)。虽然套管换热器内管 d、l 已知（相当于 A 已知），K 也已知，但由于 t_2 未知，T_2 为待求量，故总共有两个未知数。理论上可由热量衡算式与传热速率方程联立（即用 4.2.2 中介绍的消元法）求出 T_2 和 t_2，但由于对数平均温差 Δt_m 表达式中对数符号内、外均含未知量，求解较难，要用一些数学技巧处理后方可求解，如用 4.2.2 节介绍的消元法求解。若用本书 4.2.3 节介绍的 ε-NTU 法及 4.2.4 节介绍的传热单元长度与传热单元数法，则求解较方便，但公式比较难记住。

方法一：消元法

由并流总传热速率方程及热量衡算式得

$$m_{s1}c_{p1}(T_1 - T_2) = KA\frac{(T_1 - t_1) - (T_2 - t_2)}{\ln\dfrac{T_1 - t_1}{T_2 - t_2}} = KA\frac{(T_1 - T_2) + (t_2 - t_1)}{\ln\dfrac{T_1 - t_1}{T_2 - t_2}} \tag{a}$$

$$t_2 - t_1 = \frac{m_{s1}c_{p1}}{m_{s2}c_{p2}}(T_1 - T_2) \tag{b}$$

将式(b) 代入式(a) 并消去等式两边的 $(T_1 - T_2)$，移项整理得

$$\ln\frac{T_1 - t_1}{T_2 - t_2} = \frac{KA}{m_{s1}c_{p1}}\left(1 + \frac{t_2 - t_1}{T_1 - T_2}\right) = \frac{K\pi d_2 l}{m_{s1}c_{p1}}\left(1 + \frac{m_{s1}c_{p1}}{m_{s2}c_{p2}}\right)$$

注意：等式右边括号内第二项 $m_{s1}c_{p1}/(m_{s2}c_{p2})$ 是比值的关系，分子与分母各物理量单位一致即可，不必换算成 SI 制。但等式右边第一项分母中 m_{s1}、c_{p1} 两个物理量必须换算成 SI 制方可代入运算。$m_{s1}=400/3600=0.1111$kg/s，$c_{p1}=2.19\times10^3$J/(kg·℃)。

将 m_{s1}、c_{p1} 及题给其他有关数据代入上式得

$$\ln\frac{90-15}{T_2 - t_2} = \frac{860 \times 3.14 \times 0.038 \times 6}{0.1111 \times 2.19 \times 10^3} \times \left(1 + \frac{400 \times 2.19}{600 \times 4.174}\right)$$

解之得
$$T_2 = t_2 + 2.464 \tag{c}$$

把式(c) 及已知数据代入式(b) 得

$$t_2 - 15 = \frac{400 \times 2.19}{600 \times 4.174} \times (90 - t_2 - 2.464)$$

解之得
$$t_2 = 33.8℃$$

将 t_2 代入式(c) 得
$$T_2 = 36.3℃$$

方法二：传热效率 ε 与传热单元数 NTU 法（即 ε-NTU 法）

$$C_{R1}=\frac{m_{s1}c_{p1}}{m_{s2}c_{p2}}=\frac{400\times2.19}{600\times4.174}=0.35$$

说明热流体煤油的热容流量 $m_{s1}c_{p1}$ 较小，故传热单元数、传热效率和热容流量比全部以煤油的数据为准。

$$NTU_1=\frac{KA}{m_{s1}c_{p1}}=\frac{K\pi d_2 l}{m_{s1}c_{p1}}=\frac{860\times3.14\times0.038\times6}{(400/3600)\times2.19\times10^3}=2.53$$

将 C_{R1} 和 NTU_1 的值代入表 4-2 中并流换热器对热流体的 ε_1 计算式得

$$\varepsilon_1=\frac{1-\exp[-NTU_1(1+C_{R1})]}{1+C_{R1}}=\frac{1-\exp[-2.53\times(1+0.35)]}{1+0.35}=0.716$$

根据 ε_1 的定义式得

$$\varepsilon_1=\frac{T_1-T_2}{T_1-t_1}=\frac{90-T_2}{90-15}=0.716$$

解之得

$$T_2=36.3℃$$

方法三：传热单元长度 H 与传热单元数 NTU 法（即 H-NTU 法）

根据表 4-2 中并流 NTU_1 新公式，有

$$NTU_1=-\frac{1}{1+C_{R1}}\ln\left[(1+C_{R1})\frac{T_2-t_1}{T_1-t_1}-C_{R1}\right]$$

将有关数据代入上式得

$$2.53=-\frac{1}{1+0.35}\ln\left[(1+0.35)\frac{T_2-15}{90-15}-0.35\right]$$

解之得

$$T_2=36.3℃$$

（2）其余条件不变，把两流体改为逆流流动，求所需的管长 l'。

这种情况相当于 m_{s1}、c_{p1}、T_1、T_2、m_{s2}、c_{p2}、t_1、t_2 不变，即 Q 不变，重新设计一台逆流操作的换热器（传热面积变，即管长变但管径不变）来完成传热任务。本题仍可用几种方法求解。

方法一：对数平均推动力法

$$Q_{逆}=KA_{逆}\ \Delta t_{m,逆}=K\pi d_2 l_{逆}\ \Delta t_{m,逆}$$
$$Q_{并}=KA_{并}\ \Delta t_{m,并}=K\pi d_2 l_{并}\ \Delta t_{m,并}$$

因为 $Q_{逆}=Q_{并}$，所以有

$$l_{逆}=l_{并}\frac{\Delta t_{m,并}}{\Delta t_{m,逆}}$$

$$\Delta t_{m,并}=\frac{(T_1-t_1)-(T_2-t_2)}{\ln\dfrac{T_1-t_1}{T_2-t_2}}=\frac{(90-15)-(36.3-33.8)}{\ln\dfrac{90-15}{36.3-33.8}}=21.3\ (℃)$$

$$\Delta t_{m,逆}=\frac{(T_1-t_2)-(T_2-t_1)}{\ln\dfrac{T_1-t_2}{T_2-t_1}}=\frac{(90-33.8)-(36.3-15)}{\ln\dfrac{90-33.8}{36.3-15}}=36.0\ (℃)$$

所以

$$l_{逆}=l_{并}(\Delta t_{m,并}/\Delta t_{m,逆})=6\times(21.3/36.0)=3.55\ (\text{m})$$

由上面的计算可看出，在其余条件不变的情况下，将并流改为逆流，就可使管长缩短40%左右。其原因在于逆流的平均推动力大于并流。

方法二：传热效率 ε 与传热单元数 NTU 法（即 ε-NTU 法）

此时 ε_1、C_{R1} 均不变，改为逆流后，由表 4-2 中逆流的传热效率和传热单元数关系式，即

$$\varepsilon_1=\frac{1-\exp[NTU_1(1-C_{R1})]}{C_{R1}-\exp[NTU_1(1-C_{R1})]}$$

将 $\varepsilon_1=0.716$、$C_{R1}=0.35$ 代入上式得

$$0.716=\frac{1-\exp[NTU_1(1-0.35)]}{0.35-\exp[NTU_1(1-0.35)]}$$

解之得

$$NTU_1=1.493$$

由热流体传热单元数的定义式知 $NTU_1=\frac{KA_{逆}}{m_{s1}c_{p1}}=\frac{K\pi d_2 l_{逆}}{m_{s1}c_{p1}}$

所以

$$l_{逆}=\frac{m_{s1}c_{p1}NTU_1}{K\pi d_2}=\frac{(400/3600)\times 2.19\times 10^3\times 1.493}{860\times 3.14\times 0.038}=3.54\ (\mathrm{m})$$

方法三：传热单元长度 *H* 与传热单元数 *NTU* 法（即 *H-NTU* 法）

根据逆流传热单元数新公式，即 4.2.4 节式(g)，有

$$NTU_1=\frac{1}{1-C_{R1}}\ln\left[(1-C_{R1})\frac{T_1-t_1}{T_2-t_1}+C_{R1}\right]$$

将有关数据代入上式得

$$NTU_1=\frac{1}{1-0.35}\ln\left[(1-0.35)\frac{90-15}{36.3-15}+0.35\right]=1.518$$

$$l_{逆}=\frac{m_{s1}c_{p1}NTU_1}{K\pi d_2}=\frac{(400/3600)\times 2.19\times 10^3\times 1.493}{860\times 3.14\times 0.038}=3.54\ (\mathrm{m})$$

4.6 换热器的操作型计算

在实际工作中，换热器的操作型计算问题是经常碰到的。例如，判断一个现有换热器对指定的生产任务是否适用，或者预测某些参数的变化对换热器传热能力的影响等都属于操作型问题。

4.6.1 操作型计算的命题方式

(1) 第一类命题

给定条件：换热器的传热面积以及有关尺寸，冷、热流体的物理性质，冷、热流体的流量和进口温度以及流体的流动方式。

计算目的：求某些参数改变后冷、热流体的出口温度及换热器的传热能力。

(2) 第二类命题

给定条件：换热器的传热面积以及有关尺寸，冷、热流体的物理性质，热流体（或冷流体）的流量和进、出口温度，冷流体（或热流体）的进口温度以及流动方式。

计算目的：求某些参数改变后所需冷流体（或热流体）的流量及出口温度。

(3) 换热器校核计算

给定条件：换热器的传热面积及有关尺寸，传热任务。

计算目的：判断现有换热器对指定的传热任务是否适用。

4.6.2 传热过程的调节

传热过程的调节问题本质上也是操作型问题的求解过程，下面以热流体的冷却为例加以说明。

在换热器中，若热流体的流量 m_{s1} 或进口温度 T_1 发生变化，而要求其出口温度 T_2 保持原来数值不变，可通过调节冷却介质流量来达到目的。但是，这种调节作用不能单纯地从热量衡算的观点理解为冷流体的流量大带走的热量多，流量小带走的热量少。根据传热基本方程，正确的理解是，冷却介质流量的调节，改变了换热器内传热过程的速率。传热速率的改

变，可能来自 Δt_m 的变化，也可能来自 K 的变化，而多数是由两者共同引起的。

如果冷流体的 α 远大于热流体的 α，调节冷却介质的流量，K 基本不变，调节作用主要要靠 Δt_m 的变化。如果冷流体的 α 与热流体的 α 相当或远小于后者，改变冷却介质的流量，将使 Δt_m 和 K 皆有较大变化，此时过程调节是两者共同作用的结果。如果换热器在原工况下冷却介质的温升已经很小，即出口温度 t_2 很低，增大冷却水流量不会使 Δt_m 有较大的增加。此时，如热流体给热不是控制步骤，增大冷却介质流量可使 K 值增大，从而使传热速率有所增加。但是若热流体给热为控制步骤，增大冷却介质的流量已无调节作用。这就提示我们，在设计时冷却介质的出口温度也不宜取得过低，以便留有调节的余地。

对于以冷流体加热为目的的传热过程，可通过改变加热介质的有关参数予以调节，其作用原理相同。

4.6.3　饱和蒸汽冷凝加热冷流体传热操作型问题解题关系图

换热器的操作型问题题型非常多，解法也有对数平均推动力法、消元法、传热效率与传热单元数法（ε-NTU 法）、传热单元长度与传热单元数法（H-NTU 法）四种。四种解法的优缺点在前面已经述及，后面以消元法为例进行分析。换热器的操作型问题题型可以千变万化，但万变不离其“宗”，热量衡算式和总传热速率方程就是传热操作型问题的“宗”，紧紧抓住这个“宗”，把它理解深、理解透，就能做到举一反三、触类旁通，解决众多的操作型问题。

用饱和蒸汽冷凝（相变）来加热冷流体（无相变）的换热器操作型问题在工程上很常见，就考试而言，因其计算量小于冷、热流体均无相变的操作型问题，故考题出现的概率很高。由 4.2.5 节分析可知这种情况的传热无逆流、并流、1-2 折流（单管程和双管程）之分，其求解方法也无对数平均推动力法、消元法、H-NTU 法、ε-NTU 法之分，四法合一收敛于消元的结果即 4.2.5 节式(j)，下面以该式为例进行分析。

原工况：

$$\ln\frac{T_s-t_1}{T_s-t_2}=\frac{KA}{m_{s2}c_{p2}} \tag{a}$$

新工况：T_s、t_1、t_2、m_{s2}、K、A 等均可能变，这些变量加上标“$'$”表示变化后的值（操作型问题 A 是不变的，即 $A'=A$；但有些设计型问题 A 变，其解法与操作型问题类似，写成 A' 方便讨论），c_{p2} 在操作型问题中假设不变，同理消元可得

$$\ln\frac{T_s'-t_1'}{T_s'-t_2'}=\frac{K'A'}{m_{s2}'c_{p2}} \tag{b}$$

式(b)÷式(a) 并整理可得

$$\ln\frac{T_s'-t_1'}{T_s'-t_2'}=\frac{K'}{K}\times\frac{A'}{A}\times\frac{m_{s2}}{m_{s2}'}\times\ln\frac{T_s-t_1}{T_s-t_2} \tag{c}$$

式(c) 中 K' 与 α_1'、α_2' 有关。当用饱和蒸汽冷凝来加热冷流体时，饱和蒸汽一般走壳程（对列管换热器而言，若是套管换热器则走套管环隙），其冷凝对流传热系数 α_2' 与饱和蒸汽温度 T_s、壁温 T_w、饱和蒸汽冷凝潜热 r 及冷凝液的物性 c_p、μ、λ 等参数有关，T_w、r、c_p、μ、λ 等均会随 T_s 改变，若 T_s 变，T_w、r、c_p、μ、λ 也变，α_2' 也变，但 α_2' 一般远大于 α_1'，K' 主要取决于 α_1'，α_2 的改变引起 K 的变化较小，故后面若是 T_s 改变的题型，均将 α_2 视为不变处理，即 $\alpha_2'=\alpha_2$，而 α_2 的值通常是已知的。另外，饱和蒸汽一般比较洁净，故饱和蒸汽侧（管外侧）污垢热阻很小，通常取 $R_{s2}=0$。冷流体一般走管程，其对流传热系数 α_1' 常见的是强制湍流时的 α_1'，又分为列管管程和套管内管两种情况。A' 也分为列管换热器和套管换热器两种情况。将上述分析所涉及的关系式代入式(c)，可将式(c) 形象化表达成图 4-6，该图就是用饱和水蒸气冷凝加热冷流体这种传热情况的操作型问题的“宗”，从图中的一个知识点出发可延伸联想到许多相关知识点以及这些知识点之间的相互关系，这对熟练掌握这

些知识点并灵活应用它们有很大的帮助。

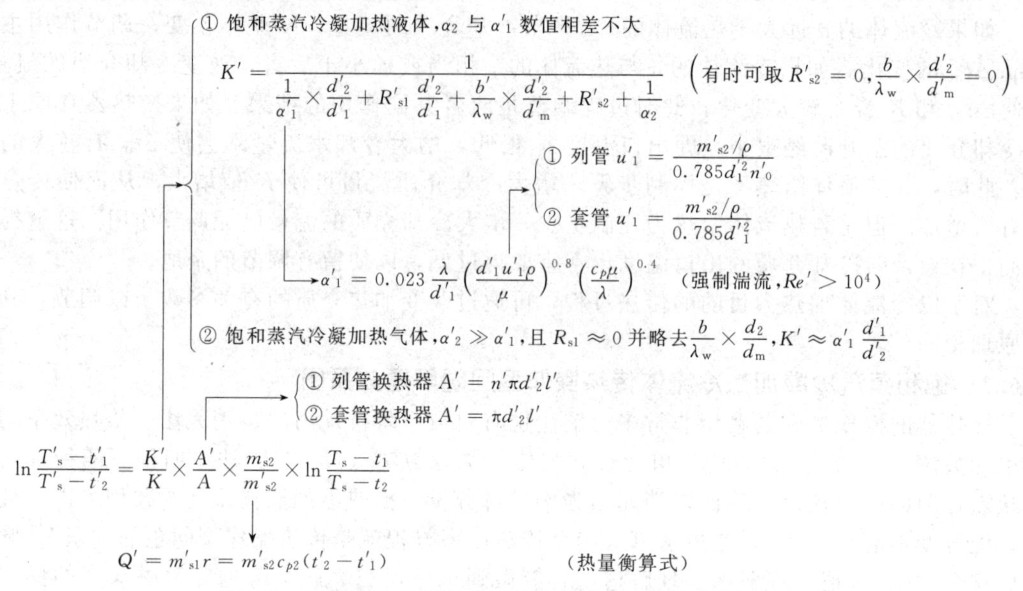

图 4-6　饱和蒸汽冷凝加热冷流体操作型问题解题关系图

4.6.4　饱和蒸汽冷凝加热冷流体第一类命题操作型问题题型及解法分析

（1）m_{s2}变，T_s、t_1、n、d、l 均不变，求 t_2、Q 或 m_{s1} 变为多少？

分析：

① 若为饱和蒸汽冷凝加热气体，$\alpha_2\gg\alpha_1$，且 $R_{s2}\approx0$ 并略去（b/λ_w）（d_2/d_m），则 $K\approx\alpha_1d_1/d_2$，$\alpha_1\propto Re^{0.8}\propto(d_1u_1)^{0.8}$，以列管换热器为例，$u_1\propto m_{s2}/(nd)_1^2$，$n$、$d_1$ 不变，m_{s2}变，引起 u_1、α_1、K 均变，$K'/K=\alpha'_1/\alpha_1=(u'_1/u_1)^{0.8}=(m'_{s2}/m_{s2})^{0.8}$；$A=n\pi d_2l$(列管)，$n$、$d_2$、$l$ 均不变，A 也不变，即 $A'=A$；T_s、t_1、A 不变，m_{s2}、K 变，引起 t_2 变，由图 4-6 中相关公式可得

$$\ln\frac{T_s-t_1}{T_s-t'_2}=\frac{K'}{K}\times\frac{m_{s2}}{m'_{s2}}\times\ln\frac{T_s-t_1}{T_s-t_2}=\left(\frac{m'_{s2}}{m_{s2}}\right)^{0.8}\times\frac{m_{s2}}{m'_{s2}}\times\ln\frac{T_s-t_1}{T_s-t_2}$$

上式中只有一个未知量 t'_2 可直接求出，然后由 $Q'=m'_{s1}r=m'_{s2}c_{p2}(t'_2-t_1)$ 求出 Q'或 m'_{s1}。

② 若为饱和蒸汽冷凝加热液体，此种情况与①相比，仅 K 的表达式不同（见图 4-6），因而 K 的变化结果与①不同，$K'=\left(\dfrac{1}{\alpha'_1}\times\dfrac{d_2}{d_1}+R'_{s1}\dfrac{d_2}{d_1}+\dfrac{b}{\lambda_w}\times\dfrac{d_2}{d_m}+\dfrac{1}{\alpha_2}\right)^{-1}$，其中 α_1 的变化与①相同，即 $\alpha'_1/\alpha_1=(m'_{s2}/m_{s2})^{0.8}$，$\alpha_2$ 为原工况饱和蒸汽冷凝对流传热系数（视 α_2 不随操作条件的改变而改变，理由见前面分析），污垢热阻 R'_{s2}、$R'_{s1}\dfrac{d_2}{d_1}$及管壁热阻$\dfrac{b}{\lambda_w}\times\dfrac{d_2}{d_m}$为已知值或可略去不计（视题目给定的条件确定）。其分析与求法与①类似（注意 K'与①不同）。若为饱和蒸汽加热油品，由于油品的黏度很大，$\alpha_2\gg\alpha_{油}$，则 $K\approx\alpha_1d_1/d_2$，这种情况和①相同。

（2）T_s 变，m_{s2}、t_1、n、d、l 均不变，求 t_2、Q 或 m_{s1} 变为多少？

分析：这种情况无论是饱和蒸汽冷凝加热气体还是加热液体，结合（1）的分析均可知，n、d、m_{s2}不变，u_1、α_1、K 均不变，即 $K'=K$；n、d_2、l 不变，A 不变，即 $A'=A$；m_{s2}、t_1、K、A 不变，T_s 变，引起 t_2 变，由图 4-6 中相关公式可得

$$\ln\frac{T'_s-t_1}{T'_s-t'_2}=\ln\frac{T_s-t_1}{T_s-t_2}$$

上式中只有一个未知量 t'_2 可直接求出，然后由 $Q'=m'_{s1}r=m_{s2}c_{p2}(t'_2-t_1)$ 求出 Q'或 m'_{s1}。

(3) m_{s2}变，T_s 也变，t_1、n、d、l 均不变，求 t_2、Q 或m_{s1}变为多少？

分析：

① 若为饱和蒸汽冷凝加热气体，m_{s2}变的影响同 (1) 的分析，T_s 变的影响同 (2) 的分析，可得

$$\ln\frac{T_s'-t_1}{T_s'-t_2'}=\frac{K'}{K}\times\frac{m_{s2}}{m_{s2}'}\times\ln\frac{T_s-t_1}{T_s-t_2}=\left(\frac{m_{s2}'}{m_{s2}}\right)^{0.8}\times\frac{m_{s2}}{m_{s2}'}\times\ln\frac{T_s-t_1}{T_s-t_2}$$

上式中只有一个未知量 t_2' 可直接求出，然后由 $Q'=m_{s1}'r=m_{s2}'c_{p2}(t_2'-t_1)$ 求出 Q'或 m_{s1}'。

② 若为饱和蒸汽冷凝加热液体，此种情况与①相比，仅 K 的表达式不同，因而 K 的变化结果与①不同 [K'的分析与 (1) 中②相同]，其他分析与求法与①类似（注意 K'与①不同)。

(4) 将列管换热器由单壳程单管程改为单壳程双管程，T_s、m_{s2}、t_1、n、d、l 均不变，求 t_2、Q 或m_{s1}变为多少？

分析：

① 若为饱和蒸汽冷凝加热气体，$\alpha_2\gg\alpha_1$，且 $R_{s2}\approx0$ 并略去$\frac{b}{\lambda_w}\times\frac{d_2}{d_m}$，则 $K\approx\alpha_1 d_1/d_2$，$\alpha_1\propto Re^{0.8}\propto(d_1u_1)^{0.8}$，$u_1\propto m_{s2}/(d_1^2n_0)$，$m_{s2}$、$d_1$ 不变，换热器总管数 n 不变，单管程 ($n_0=n$) 改为双管程 ($n_0\neq n$)，每程管子数 $n_0=n/2$，n_0 变，u_1 变，$u_1'/u_1=n_0/(n_0/2)=2$，u_1 变，α_1 变，$\alpha_1'/\alpha_1=(u_1'/u_1)^{0.8}=2^{0.8}$，$\alpha_1$ 变，K 变，$K'/K=\alpha_1'/\alpha_1=2^{0.8}$；$A=n\pi d_2l$(列管)，$n$、$d_2$、$l$ 均不变，A 也不变，即 $A'=A$；T_s、m_{s2}、t_1、A 不变，K 变，引起 t_2 变，由图 4-6 中相关公式可得

$$\ln\frac{T_s-t_1}{T_s-t_2'}=\frac{K'}{K}\times\ln\frac{T_s-t_1}{T_s-t_2}=2^{0.8}\ln\frac{T_s-t_1}{T_s-t_2}$$

上式中只有一个未知量 t_2' 可直接求出，然后由 $Q'=m_{s1}'r=m_{s2}c_{p2}(t_2'-t_1)$求出 Q'或 m_{s1}'。

② 若为饱和蒸汽冷凝加热液体，此种情况与①相比，仅 K 的表达式不同，因而 K 的变化与①不同，$K'=\left(\frac{1}{\alpha_1'}\times\frac{d_2'}{d_1'}+R_{s1}'\frac{d_2'}{d_1'}+\frac{b}{\lambda_w}\times\frac{d_2'}{d_m'}+\frac{1}{\alpha_2}\right)^{-1}$，其中 α_1 的变化与①相同，即 $\alpha_1'/\alpha_1=2^{0.8}$，$\alpha_2$ 视为原工况的值不变，$R_{s2}'R_{s1}'\frac{d_2}{d_1}$和$\frac{b}{\lambda_w}\times\frac{d_2}{d_m}$为已知值或可略去不计（视题目给定的条件确定)。其他分析与求法与①类似（注意 K'与①不同)。

(5) 原工况单壳程单管程列管换热器传热面积太小不够用，用温度为 T_s 的饱和水蒸气只能将冷流体加热至 t_2，达不到要求的 t_2^0($t_2<t_2^0$)。新工况 m_{s2}、t_1、n、d、l 均不变，问在设备结构上如何改造，同时操作条件上采取何种措施（限于锅炉压力，不能再提高加热蒸汽温度 T_s)，能使冷流体出口温度恰好达到 t_2^0？

分析：作此类题目时题意一定要先弄懂。新工况要求冷流体的出口温度恰好达到 t_2^0，能够采取的措施有两类：一是换热器结构不变，改变操作条件即提高加热蒸汽温度 T_s 使其恰好达到 t_2^0，但题目已知 T_s 不能再提高了；改变另一个操作条件即将冷流体的入口温度预热提高至 t_1'（待求量）使其出口温度恰好等于 t_2^0（已知量)，但题目已知 t_1 不变，此措施也不行，若新工况没有限定 t_1 不变，则可考虑提高 t_1；二是设备结构上将单管程改为多管程，u_1 变大、α_1 变大、K 变大，使冷流体出口温度达到 t_2^0，但若单独采用改为多管程这一种措施可能使 K 提高的幅度太大，使 t_2 超过题目的要求，且管程数越多 K 提高越大，故可采用改为双管程，同时降低 T_s 两种措施使冷流体出口温度恰好达到 t_2^0（实际上是求改为双管程，t_2 恰好达规定值时的 T_s 值)。

① 若为饱和蒸汽冷凝加热气体，单管程改为双管程对 K 的影响与 (4) 的分析相同，

即 $K'/K=2^{0.8}$；n、d、l 不变，A 不变，即 $A'=A$；m_{s2}、t_1、A 不变，t_2^0 为要求的已知值，K 变，T_s 也变，即求 T_s'，由图 4-6 中相关公式可得

$$\ln\frac{T_s'-t_1}{T_s'-t_2^0}=\frac{K'}{K}\times\ln\frac{T_s-t_1}{T_s-t_2}=2^{0.8}\ln\frac{T_s-t_1}{T_s-t_2}$$

上式中只有一个未知量 T_s' 可直接求出。

② 若为饱和蒸汽冷凝加热液体，此种情况与①相比，仅 K 的表达式不同，因而 K 的变化与①不同，$K'=\left(\frac{1}{\alpha_1'}\times\frac{d_2}{d_1}+R_{s1}'\frac{d_2}{d_1}+\frac{b}{\lambda_w}\times\frac{d_2}{d_m}+R_{s2}'+\frac{1}{\alpha_2}\right)^{-1}$，其中 α_1 的变化与（4）的分析相同，即 $\alpha_1'/\alpha_1=2^{0.8}$，$\alpha_2$ 视为原工况的值不变，$R_{s2}'R_{s1}'\frac{d_2'}{d_1'}$ 和 $\frac{b}{\lambda_w}\times\frac{d_2}{d_m}$ 为已知值或可略去不计。其他分析与求法与①类似（注意 K' 与①不同）。

（6）请读者延伸分析以下饱和蒸汽冷凝加热冷流体的第一类命题操作型问题。

① t_1 变，m_{s2}、T_s、n、d、l 均不变，求 t_2、Q 或 m_{s1} 变为多少？

② t_1 变，T_s 也变，m_{s2}、n、d、l 均不变，求 t_2、Q 或 m_{s1} 变为多少？

③ m_{s2} 变，t_1 也变，T_s、n、d、l 均不变，求 t_2、Q 或 m_{s1} 变为多少？

④ m_{s2} 变，单管程改为双管程，T_s、t_1、n、d、l 均不变，求 t_2、Q 或 m_{s1} 变为多少？

⑤ T_s 变，单管程改为双管程，m_{s2}、t_1、n、d、l 均不变，求 t_2、Q 或 m_{s1} 变为多少？

⑥ t_1 变，单管程改为双管程，m_{s2}、T_s、n、d、l 均不变，求 t_2、Q 或 m_{s1} 变为多少？

⑦ m_{s2}、t_1、n、d、l、T_s 和 m_{s1} 均不变，换热器运行一段时间后，由于生成污垢，t_2 变，求污垢热阻 R_{s1} 变为多少？

⑧ 若原换热器因传热面积太小，用温度为 T_s 的饱和蒸汽只能将冷流体加热至 t_2'，达不到其指定的出口温度 t_2^0（$t_2<t_2^0$）。现 m_{s2}、t_1、n、d、l 均不变，换热器的结构也不变，问操作上 T_s 应提高至多少才能使其出口温度恰好达到要求的 t_2^0？［注意是 t_2^0 已知求 T_s'，而题（2）是 T_s' 已知求 t_2］

⑨ 若原换热器因传热面积太小，用温度为 T_s 的饱和蒸汽只能将冷流体加热至 t_2，达不到其指定的出口温度 t_2^0（$t_2<t_2^0$）。现 m_{s2}、n、d、l 均不变，换热器的结构也不变，限于锅炉压力，T_s 不能再提高（T_s 不变），问操作上冷流体入口温度 t_1 应预热提高到多少才能使其出口温度恰好达到要求的 t_2^0？

⑩ 将单壳程单管程列管换热器改为单壳程偶数多管程（2,4,6,8…），T_s、m_{s2}、t_1、n、d、l 均不变，求 t_2、Q 或 m_{s1} 变为多少？

分析提示：用饱和蒸汽冷凝加热冷流体这种传热情况，无并流、逆流、1-2 折流（单壳程双管程）之分，对数平均推动力 Δt_m 的计算式都一样（即式 4-20），1-2 折流在题型（4）中分析过。对其他单壳程偶数多管程（即 1-4、1-6、1-8 折流等），教材告诉我们当冷、热流体均无相变化时的温差校正系数 φ 是一样的，故其 Δt_m 的计算式也是一样的，由此可以推论用饱和蒸汽冷凝加热冷流体的单壳程偶数多管程列管换热器的 Δt_m 计算式均可用式(4-20)，题型（4）中改为双管程的消元法也可推广应用于其他偶数多管程，与（4）不同的是每程管子数 $n_0=n/m$（m 为管程数，例如 4 管程 $m=4$），$u_1'/u_0=n/(n/m)=m$，$\alpha_1'/\alpha_1=(u_1'/u_1)^{0.8}=m^{0.8}$；其他分析及求法与（4）类似［注意 n_0、u_1'、α_1'、K' 等与（4）不同］。

思考题：将单壳程单管程列管换热器改为单壳程奇数多管程情况又怎样？

用饱和蒸汽冷凝加热冷流体，除上述第一类命题的操作型计算问题以外，还有一类计算问题本质上属于设计型问题，但其求解方法类似于第一类命题的操作型问题，故将其与第一类命题操作型问题放在一起讨论。

（7）d 变、n 也变，T_s、m_{s2}、t_1、l 等均不变，求 t_2、Q 或 m_{s1} 变为多少？

分析：

① 若为饱和蒸汽冷凝加热气体，$\alpha_2 \gg \alpha_1$，$K \approx \alpha_1 (d_1/d_2)$，列管换热器，由图 4-6 中的相关公式可知 $\alpha_1 \propto u_1^{0.8}/d_1^{0.2}$，$u_1 \propto 1/(d_1^2 n)$，故 $\alpha_1 \propto d_1^{-1.8} n^{-0.8}$，$A \propto n d_2$，$d$、$n$ 变，引起 u_1、α_1、K、A 均变，l 不变，此时 $K \approx \alpha_1 (d_1/d_2)$，$A = n\pi d_2 l$，将 KA 合在一起可消去 K 表达式分母中的 d_2，方便计算，故 $KA = \alpha_1 (d_1/d_2)\ n\pi d_2 l \propto \alpha_1 n d_1 \propto n^{0.2}/d_1^{0.8}$，$K'A'/(KA) = (n'/n)^{0.2}(d_1/d_1')^{0.8}$；$m_{s2}$、$T_s$、$t_1$ 不变，K、A 变，引起 t_2 变，由图 4-6 中的相关计算式可得

$$\ln\frac{T_s - t_1}{T_s - t_2'} = \frac{K'}{K} \times \frac{A'}{A} \times \ln\frac{T_s - t_1}{T_s - t_2} = \left(\frac{n'}{n}\right)^{0.2}\left(\frac{d_1}{d_1'}\right)^{0.8} \ln\frac{T_s - t_1}{T_s - t_2}$$

上式中只有一个未知量 t_2' 可直接求出，然后由 $Q' = m_{s1}' r = m_{s2} c_{p2} (t_2' - t_1)$ 求出 Q' 或 m_{s1}'。

② 若为饱和蒸汽冷凝加热液体，与①相比，仅 K 的表达式不同，K 的变化也不同。$K' = \left(\frac{1}{\alpha_1'} \times \frac{d_2'}{d_1'} + R_{s1}' \frac{d_2'}{d_1'} + \frac{b}{\lambda_w} \times \frac{d_2'}{d_m'} + R_{s2}' + \frac{1}{\alpha_2}\right)^{-1}$，其中 $\alpha_1' = \alpha_1 (d_1/d_1')^{1.8}(n/n')^{0.8}$；$K$ 与 A 合在一起不会给计算带来方便，故分别求出 K' 与 A'[A 的变化与①相同，即 $A'/A = (n'/n)\ (d_2'/d_2)$] 后再求 t_2'，Q' 或 m_{s1}' 的求法与①相同。

(8) 请读者延伸分析，d 或 n 或 l 单独变，其他条件不变，求 t_2、Q 或 m_{s1} 变为多少？

(9) 原来一台单壳程单管程的列管换热器，用温度为 T_s 的饱和蒸汽可将流量为 m_{s2}、温度为 t_1 的冷流体加热至 t_2，现保持 T_s、m_{s2}、t_1 不变，串联一台传热面积及结构与原换热器相同的换热器，求 t_2、Q 或 m_{s1} 变为多少？

分析：因串联组合每台换热器的流量均等于 m_{s2}，m_{s2} 不变，n、d 也不变，故 u_1 不变、α_1 不变，无论是饱和蒸汽冷凝加热气体还是加热液体 K 均不变；串联后总传热面积为原来的两倍，即 $A' = 2A$；m_{s2}、T_s、t_1、K 不变，A 变，引起 t_2 变，由图 4-6 中的相关计算式可得

$$\ln\frac{T_s - t_1}{T_s - t_2'} = \frac{A'}{A} \ln\frac{T_s - t_1}{T_s - t_2} = 2\ln\frac{T_s - t_1}{T_s - t_2}$$

上式中只有一个未知量 t_2' 可直接求出，然后由 $Q' = m_{s1}' r = m_{s2} c_{p2} (t_2' - t_1)$ 求出 Q' 或 m_{s1}'。

(10) 原工况与 (9) 相同，现保持 T_s、m_{s2}、t_1 不变，并联一台传热面积及结构与原换热器相同的换热器，求 t_2、Q 或 m_{s1} 变为多少？

分析：因总流量 m_{s2} 不变，并联后每台换热器的流量 m_{s2}' 减半，即 $m_{s2}' = m_{s2}/2$；总传热面积为原来的两倍，但每台换热器的 A' 相等且等于原换热器的传热面积 A，即 $A' = A$，每台换热器的结构相同、流量也相等，故可断定每台换热器冷流体的出口温度 t_2' 必相等，故只需按一台换热器计算求 t_2'。对一台换热器 $A' = A$、T_s、t_1、n、d 均不变，m_{s2} 变，$m_{s2}' = m_{s2}/2$，引起 u_1、α_1 变。$u_1 \propto m_{s2}$，$u_1'/u_1 = m_{s2}'/m_{s2} = 1/2$，$\alpha_1 \propto u_1^{0.8}$，$\alpha_1'/\alpha_1 = (u_1'/u_1)^{0.8} = (1/2)^{0.8}$。

① 若为饱和蒸汽冷凝加热气体，$\alpha_2 \gg \alpha_1$，$K \propto \alpha_1$，$K'/K = \alpha_1'/\alpha_1 = (1/2)^{0.8}$，由图 4-6 中的相关公式可得

$$\ln\frac{T_s - t_1}{T_s - t_2'} = \frac{K'}{K} \times \frac{m_{s2}}{m_{s2}'} \times \ln\frac{T_s - t_1}{T_s - t_2} = \left(\frac{1}{2}\right)^{0.8} \times 2 \times \ln\frac{T_s - t_1}{T_s - t_2} = 2^{0.2}\ln\frac{T_s - t_1}{T_s - t_2}$$

上式中只有一个未知量 t_2' 可直接求出，然后由 $Q' = m_{s1}' r = m_{s2}' c_{p2} (t_2' - t_1)$ 求出每台换热器的 Q' 或 m_{s1}'，两台换热器 $Q_{总}' = 2Q'$，$m_{s1总}' = 2m_{s1}'$。

② 若为饱和蒸汽冷凝加热液体，与①相比，仅 K 的表达式不同，K 的变化也不同。$K' = \left(\frac{1}{\alpha_1'} \times \frac{d_2}{d_1} + R_{s1}' \frac{d_2}{d_1} + \frac{b}{\lambda_w} \times \frac{d_2}{d_m} + R_{s2}' + \frac{1}{\alpha_2}\right)^{-1}$，其中 $\alpha_1' = (1/2)^{0.8}$。用与①类似的方法（K' 与①不同）求出 t_2' 后，Q'、m_{s1}'、$Q_{总}'$、$m_{s1总}'$ 的求法与①相同。

(11) 请读者延伸分析以下几个本质上属设计型问题，但解法与第一类命题操作型问题类似的题型。

① m_{s2}变，T_s、t_1、t_2、d、l 等均不变，求 n 变为多少？

② m_{s2}变，T_s、t_1、t_2、n、l 等均不变，求 d 变为多少？

③ m_{s2}变，T_s、t_1、t_2、n、d 等均不变，求 l 变为多少？

④ T_s 变，m_{s2}、t_1、t_2、d、l 等均不变，求 n 变为多少？

⑤ T_s 变，m_{s2}、t_1、t_2、n、l 等均不变，求 d 变为多少？

⑥ T_s 变，m_{s2}、t_1、t_2、n、d 等均不变，求 l 变为多少？

上述题型①～③在设计型例 4-5 中见过，例 4-5 将 n、d、l、Δt_m（与 T_s 有关）几种变化情况合在一起讨论，先导出一个通式，然后再将通式简化为各种特定情况，再分别求出 n、d、l、T_s 的变化值。在本节读者可用消元法分析求解题型①～③，更简便。另外若是 t_2 变，读者可照上述题型④～⑥进行类似分析。

4.6.5 饱和蒸汽冷凝加热冷流体第二类命题操作型问题题型及解法分析

(1) T_s 变，其他条件不变时会使 t_2 变，现保持 t_1、n、d、l 等不变，T_s 变，要求 t_2 不变，求 m_{s2}、Q 或 m_{s1}变为多少？

分析：设 m_{s2}变为原来的 x 倍，即 $x=m'_{s2}/m_{s2}$，n、d 不变，$u_1\propto m_{s2}$，$u'_1/u_1=m'_{s2}/m_{s2}=x$，$\alpha_1\propto u_1^{0.8}$，$\alpha'/\alpha_1=(u'_1/u_1)^{0.8}=x^{0.8}$。

① 若为饱和蒸汽冷凝加热气体，$\alpha_2\gg\alpha_1$，$K\propto\alpha_1$，$K'/K=\alpha'_1/\alpha=x^{0.8}$，$n$、$d$、$l$ 不变，A 不变，t_1、t_2 不变，T_s 的变化值 T'_s 为已知值，由图 4-6 中的相关公式可得

$$\ln\frac{T'_s-t_1}{T'_s-t_2}=\frac{K'}{K}\times\frac{m_{s2}}{m'_{s2}}\times\ln\frac{T_s-t_1}{T_s-t_2}=x^{0.8}\times\frac{1}{x}\ln\frac{T_s-t_1}{T_s-t_2}=\frac{1}{x^{0.2}}\ln\frac{T_s-t_1}{T_s-t_2}$$

上式中只有一个未知量 x、且 x 可直接求出，不必试差。然后由 $Q'=m'_{s1}r=m'_{s2}c_{p2}(t_2-t_1)=xm_{s2}c_{p2}(t_2-t_1)$ 求出 Q'或 m'_{s1}。

② 若为饱和蒸汽冷凝加热液体，与①相比，仅 K 的表达式不同，K 的变化也不同。$K'=\left(\frac{1}{\alpha'_1}\times\frac{d_2}{d_1}+R'_{s1}\frac{d_2}{d_1}+\frac{b}{\lambda_w}\times\frac{d_2}{d_m}+R'_{s2}+\frac{1}{\alpha_2}\right)^{-1}$，其中 $\alpha'_1=x^{0.8}\alpha_1$，此时 K'与 x 的关系复杂，虽然也只有一个未知量 x，但 x 无法直接求出，必须试差求解。Q'或 m'_{s1}的求法与①相同。

(2) 请读者延伸分析以下第二类命题操作型问题。

① t_1 变，其他条件不变时会使 t_2 变，现保持 T_s、n、d、l 等不变，t_1 变，要求 t_2 不变，求 m_{s2}、Q 或 m_{s1}变为多少？

② 将单管程改为双管程，其他条件不变时会使 t_2 变，现保持 T_s、t_1、n、d、l 不变，改为双管程后要求 t_2 不变，求 m_{s2}、Q 或 m_{s1}变为多少？

4.6.6 饱和蒸汽冷凝加热冷流体换热器校核计算题型及解法分析

(1) 题型分析　前已述及换热器校核计算的命题方式是给定换热器的传热面积 A 及有关尺寸（n、d、l 等），给定传热任务，对饱和蒸汽冷凝加热冷流体而言，给定传热任务就是给定 T_s、m_{s2}、t_1、t_2，判断现有换热器对指定的传热任务是否适用。具体的题型有以下三类。

第一类题型是整台换热器的总传热系数 K 可视为常数，如用饱和蒸汽冷凝加热冷流体。

第二类题型是整台换热器的总传热系数 K 不能视为常数，如用饱和蒸汽冷凝（相变）、冷凝液继续冷却（无相变）加热冷流体。

第三类题型是饱和蒸汽冷凝加热冷流体，改变冷流体的质量流量 m_{s2}，但 m_{s2}变化的具体数值未知，只已知其改变的倍数 x($x=m'_{s2}/m_{s2}$，如已知 $1<x<2$)；或已知 x，同时将单管程改为双管程。要求 T_s、t_1、t_2 不变，问上述两种情况换热器（A 不变）能否满足要求？

此类题型校核计算，新工况整台换热器的总传热系数 K'仍可视为常数，但 x 的具体数值未知，求解有其特殊性。

(2) 解法分析　A、T_s、m_{s2}、t_1、t_2^0 为传热任务给定的已知值，根据传热任务要求由热量衡算式求出 $Q_需$，将 $Q_需$ 代入总传热速率方程求出 $A_需$，由总传热速率方程按实际 A 求出Q，分别如下

$$Q_需 = m_{s2} c_{p2} (t_2^0 - t_1)$$

$$A_需 = Q_需 / (K \Delta t_m)$$

$$Q = KA\Delta t_m$$

对第一类命题校核计算，以上两式中 K 为常数，若为饱和蒸冷凝加热气体用式(4-14) 计算 K，若为饱和蒸汽冷凝加热液体根据已知条件分别选式(4-12) 或式(4-15) 计算 K；Δt_m 用式(4-20) 计算，但式中的 t_2 要改为 t_2^0。有以下三种解法。

解法一：若 $Q \geqslant Q_需$，则换热器能完成传热任务，适用；否则不适用。

解法二：若 $A_需 \leqslant A$，则换热器能完成传热任务，适用；否则不适用。

需要强调的是以上两种解法中的 t_2^0（包括 Δt_m 和 $Q_需$ 中的 t_2^0）均是传热任务给定的 t_2^0，而不是该换热器在实际情况下能达到的 t_2。还有一种解法是，按给定的 A 先用消元法求出该换热器实际的t_2，即用下式求 t_2 后再进行判断。

$$\ln \frac{T_s - t_1}{T_s - t_2} = \frac{KA}{m_{s2} c_{p2}}$$

解法三：若 $t_2 \geqslant t_2^0$，则换热器能完成传热任务，适用；否则不适用。

以上三种解法对第一类和第二类题型校核计算均适用，读者可任选一种求解。对第二类题型校核计算，因冷凝段有相变，其 α_2、K、Δt_m 与无相变冷却段的 α_2、K、Δt_m 不同，必须分段计算（详见例 4-11）。此时，解法一与解法三均不适用，只能用解法二求解（详见后面例 4-11）。对第三类题型，因 x 的具体数值未知，求解有其特殊性（详见后面例 4-12）。

4.6.7　冷、热流体均无相变传热操作型问题解题关系图

冷、热两种流体均无相变时的传热流程可分为逆流、并流及复杂流动（折流、错流）等几种情况。复杂流动的温度差校正系数 ψ 与操作型问题的待求量（T_2、t_2）有关，且其函数关系复杂，其操作型问题求解困难（要用试差法），故不讨论。逆流和并流两种情况的操作型问题可用对数平均推动力法、消元法、H-NTU 法、ε-NTU 法四种方法求解，四种方法的公式及步骤不同，但求解结果相同，其各种方法的优缺点在 4.2 节中已详细介绍过。下面以消元法为例讨论，因逆流与并流时对数平均传热温度差 Δt_m 中的 Δt_1 和 Δt_2 不同，故消元的过程及结果不同，并流时的消元过程见前面例 4-6，逆流时的消元过程见后面例 4-7。另外，与饱和蒸汽冷凝加热冷流体相比，冷、热流体均无相变时 Δt_m、热量衡算式、K 的表达式中的 α_2 不同。Δt_m 的不同体现在消元的过程及结果不同，α_2 的不同体现在 α_2 分为流体走套管环隙、无折流挡板的列管换热器壳程及有折流挡板的列管换热器壳程三种情况，且 α_2 可能会随着某些变量的变化而变化，而前面几节讨论中饱和蒸汽冷凝的 α_2 视为不变。将消元的结果及不同的 α_2 形象化表达成图 4-7（为简化，与图 4-6 中相同的公式未在图 4-7 中列出）。

4.6.8　冷、热流体均无相变传热操作型问题题型及解法分析

冷、热流体均无相变传热操作型问题在工程上很常见，应用范围很广。从图 4-6 与图 4-7的比较可看出，冷、热流体均无相变传热操作型问题大部分题型与饱和蒸汽冷凝加热冷流体传热操作型问题题型相同，但是多了几个可以改变的变量，如壳程流体对流给热系数 α_2、热流体的进出口温度 T_1 和 T_2 等，因而其题型更多，计算量更大，求解更困难。就考试而言，因时间限制，这类题目出现的概率较小。但学习不光是为了考试而学，掌握此类传

热操作型问题题型及解法，对提高分析和解决工程实际传热问题的能力很有帮助。从前几节的分析可知：解决操作型问题的关键是首先要弄清楚某一操作或设计条件变化，会引起其他哪些量发生变化，并把这些量变化的定量结果准确求出，然后再用消元法或 H-NTU 法或 ε-NTU 法求解。由于篇幅限制，有关此类传热操作型问题与前几节讨论的题型及解法相同或类似的问题，请读者自行分析总结。下面仅指出与前几节不同的题型，且这些题型及解法的具体分析过程，也请读者自行完成。

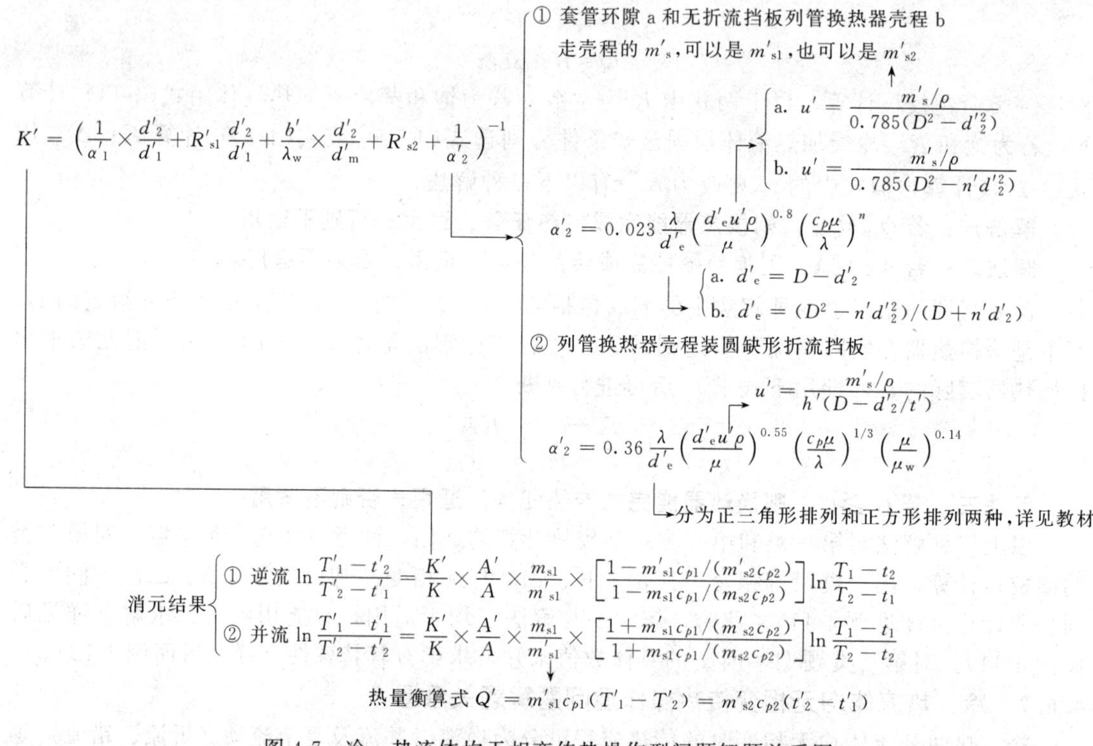

图 4-7　冷、热流体均无相变传热操作型问题解题关系图

(1) α_2 变的题型。前几节讨论的题型均将饱和蒸汽冷凝的 α_2 视为不变（或饱和蒸汽冷凝加热气体，$\alpha_2 \gg \alpha_1$，$K \approx \alpha_1 d_1/d_2$，$K$ 与 α_2 无关），本节多了 α_2 变的题型，且 K 与 α_2 有关，α_2 变，K 变，引起 t_2 等变。关键要弄清楚哪些量变会引起 α_2 变及如何变和变化的准确结果。

① 走壳程的 m_s 变（若是热流体走壳程即 m_{s1}变，若是冷流体走壳程即是 m_{s2}变），引起 α_2 变，分以下几种情况分析。

一是走套管环隙或无折流挡板列管换热器壳程流体的 m_s 变，$\alpha_2 \propto u^{0.8} \propto m_s^{0.8}$，$m_s$ 变，u 变，α_2 变，$\alpha_2'/\alpha_2=(m_s'/m_s)^{0.8}$；$\alpha_2$ 变，K 变，变化后的 K'用图 4-7 中的公式计算。

二是走壳程装圆缺形折流挡板列管换热器壳程流体的 m_s 变，$\alpha_2 \propto u^{0.55} \propto m_s^{0.55}$，$m_s$ 变，u 变，α_2 变，$\alpha_2'/\alpha_2=(m_s'/m_s)^{0.55}$；$\alpha_2$ 变，K 变，变化后的 K'用图 4-7 中的公式计算。

② 减小挡板间距 h 引起 α_2 变。

分析：$u=m_s/(\rho S)$，$S=hD(1-d_2/t)$，$\alpha_2 \propto u^{0.55} \propto 1/h^{0.55}$，减小挡板间距 h，u 会提高，使 α_2 变大，$\alpha_2'/\alpha_2=(h/h')^{0.55}$；$\alpha_2$ 变，K 变，变化后的 K'用图 4-7 中的公式计算。

③ 缩短管中心距 t 引起 α_2 变。

分析：$u=m_s/(\rho S)$，$S=hD(1-d_2/t)$，管成正方形排列时 $d_e=4(t^2-\pi d_2^2/4)/(\pi d_2)$，管成正三角形排列时 $d_e=4\ (\sqrt{3}t^2/2-\pi d_2^2/4)/(\pi d_2)$，$\alpha_2 \propto u^{0.55}/d_e^{0.45}$；缩短管中心距 t，S 变小，u 变大，d_e 变小；u 变大，d_e 变，均使 α_2 变大；α_2 变大，使 K 变大，变化后的 α_2'

和 K' 值要视题给管成正方形排列还是成正三角形排列，再计算确定。

④ 管数 n、管径 d 可以单独变，也可以 n、d 同时变，它们的变化不仅使 α_2 变，也使 α_1 变，情况很复杂，请读者延伸分析。

(2) T_1 变或 T_2 变的题型。T_1 变或 T_2 变引起 Δt_m 变，其影响类似于饱和蒸汽冷凝加热冷流体时 T_s 变的影响，请读者延伸分析。

(3) 单管程改为多管程的题型。单管程改为多管程后将成为复杂流，前已述及，其求解很困难，此处不讨论，有兴趣的读者可自行分析。

(4) 逆流改并流或并流改逆流引起 T_2 及 t_2 均变化的题型，请读者延伸分析。

此外，对冷、热流体均无相变传热的换热器校核计算问题，在 4.6.6 节中介绍的三种解法均可用。但由于无相变传热有逆流和并流之分，且传热任务可以给定热流体被冷却后的出口温度 T_2^0，也可以给定冷流体被加热后的出口温度 t_2^0，故解法一和解法二中 $Q_{需}$、Δt_m 的计算式及解法三中的消元式与 4.6.6 节不同，见表 4-3。

表 4-3　热流体均无相变传热的换热器校核计算方法

解　　法	传热任务给定 T_2^0 时 $Q_{需}$、Δt_m 或 T_2 的求法	传热任务给定 t_2^0 时 $Q_{需}$、Δt_m 或 t_2 的求法
解法一 $Q=KA\Delta t_m$ 若 $Q\geqslant Q_{需}$ 适用	$Q_{需}=m_{s1}c_{p1}(T_1-T_2^0)$ $\Delta t_m=\dfrac{\Delta t_1-\Delta t_2}{\ln(\Delta t_1/\Delta t_2)}$	$Q_{需}=m_{s2}c_{p2}(t_2^0-t_1)$ $\Delta t_m=\dfrac{\Delta t_1-\Delta t_2}{\ln(\Delta t_1/\Delta t_2)}$
解法二 $A_{需}=Q_{需}/(K\Delta t_m)$ 若 $A_{需}\leqslant A_{适}$ 适用	逆流 $\Delta t_1=T_1-t_2,\Delta t_2=T_2^0-t_1$ 并流 $\Delta t_1=T_1-t_1;\Delta t_2=T_2^0-t_2$	逆流 $\Delta t_1=T_1-t_2^0,\Delta t_2=T_2-t_1$ 并流 $\Delta t_1=T_1-t_1;\Delta t_2=T_2-t_2^0$
解法三 ①传热任务给定 T_2^0 若 $T_2\leqslant T_2^0$ 适用 ②传热任务给定 t_2^0 若 $t_2\geqslant t_2^0$ 适用	逆流 $\ln\dfrac{T_1-t_2}{T_2-t_1}=\dfrac{KA}{m_{s1}c_{p1}}\left(1-\dfrac{m_{s1}c_{p_1}}{m_{s2}c_{p_2}}\right)$ 并流 $\ln\dfrac{T_1-t_1}{T_2-t_2}=\dfrac{KA}{m_{s1}c_{p1}}\left(1+\dfrac{m_{s1}c_{p_1}}{m_{s2}c_{p_2}}\right)$ 求出热流体实际出口温度 T_2 后再与 T_2^0 比较	逆流 $\ln\dfrac{T_1-t_2}{T_2-t_1}=\dfrac{KA}{m_{s1}c_{p1}}\left(1-\dfrac{m_{s1}c_{p_1}}{m_{s2}c_{p_2}}\right)$ 并流 $\ln\dfrac{T_1-t_2}{T_2-t_1}=\dfrac{KA}{m_{s1}c_{p1}}\left(1+\dfrac{m_{s1}c_{p_1}}{m_{s2}c_{p_2}}\right)$ 求出冷流体实际出口温度 t_2 后再与 t_2^0 比较

4.6.9　操作型计算典型例题分析

例 4-7　在一套管换热器中，用冷却水将空气由 100℃逆流冷却至 60℃，冷却水在 ϕ38mm×2.5mm 的内管中流动，其进、出口温度分别为 15℃和 25℃。已知此时空气和水的对流传热系数为 60W/(m^2·K) 和 1500W/(m^2·K)，水测的污垢热阻为 6×10^{-4}m^2·K/W，空气侧的污垢热阻忽略不计。试问在下述新情况下，K、Q、Δt_m 的变化比率是多少？(1) 空气的流量增加 20%；(2) 水的流量增加 20%。设空气、水的对流传热系数 α 均与其流速的 0.8 次方成正比，管壁的热阻可忽略。

解　本题为冷、热流体均无相变的情况，(1)、(2) 均属第一类命题的操作型计算问题。分析：空气的 α_2 小，是主要热阻所在，故情况 (1) 能使 K、Q 有较大增加，而情况 (2) 对传热量的影响不大。以下用三种方法求解。

(1) 空气流量增加 20%，逆流操作。

解法一：消元法

① 求 K'/K。由已知条件可求得原工况的 K 为：

$$K=\left(\frac{1}{\alpha_1}\times\frac{d_2}{d_1}+R_{s1}\frac{d_2}{d_1}+\frac{1}{\alpha_2}\right)^{-1}=\left(\frac{1}{1500}\times\frac{38}{33}+6\times10^{-4}\times\frac{38}{33}+\frac{1}{60}\right)^{-1}=55.2\ [\mathrm{W/(m^2\cdot K)}]$$

新工况 m_{s1} 增加，α_2 变大，K 变大。求新工况 K'需先求 α_2'。

因为
$$\frac{\alpha_2'}{\alpha_2}=\left(\frac{u_2'}{u_2}\right)^{0.8}=\left(\frac{m_{s1}'}{m_{s1}}\right)^{0.8}=1.2^{0.8}$$

所以 $\alpha_2'=1.2^{0.8}\alpha_2=1.2^{0.8}\times60=69.4\ [\mathrm{W/(m^2\cdot K)}]$

$$K'=\left(\frac{1}{\alpha_1'}\times\frac{d_2}{d_1}+R_{s1}\frac{d_2}{d_1}+\frac{1}{\alpha_2}\right)^{-1}=\left(\frac{1}{1500}\times\frac{38}{33}+6\times10^{-4}\times\frac{38}{33}+\frac{1}{69.4}\right)^{-1}=63\ [\mathrm{W/(m^2\cdot K)}]$$

$$\frac{K'}{K}=\frac{63}{55.2}=1.14$$

② 求 Q'/Q

求 Q'/Q 可用新、旧工况的总传热速率方程或热量衡算式的比值求，即

$$\frac{Q'}{Q}=\frac{K'\Delta t_m'}{K\Delta t_m}=\frac{m_{s1}'c_{p1}(T_1-T_2')}{m_{s1}c_{p1}(T_1-T_2)} \tag{a}$$

由式(a) 可知若用总传热速率方程求 Q'/Q（即第一个等式）必须先求出新、旧工况的 $\Delta t_m'$ 和 Δt_m，比较繁琐。若用热量衡算式求 Q'/Q 只需先求出新工况的空气出口温度 T_2'，这是 4.6.8 节中介绍的冷、热流体均无相变，且为逆流传热的第一类命题操作型问题，可用消元法求 T_2'。

原工况：
$$m_{s1}c_{p1}(T_1-T_2)=KA\frac{(T_1-t_2)-(T_2-t_2)}{\ln\dfrac{T_1-t_2}{T_2-t_1}}=KA\frac{(T_1-T_2)-(t_2-t_2)}{\ln\dfrac{T_1-t_2}{T_2-t_1}} \tag{b}$$

$$t_2-t_1=\frac{m_{s1}c_{p1}}{m_{s2}c_{p2}}(T_1-T_2) \tag{c}$$

将式(c) 代入式(b) 并消去两边的（T_1-T_2）可得

$$\ln\frac{T_1-t_2}{T_2-t_1}=\frac{KA}{m_{s1}c_{p1}}\left(1-\frac{t_2-t_1}{T_1-T_2}\right)=\frac{KA}{m_{s1}c_{p1}}\left(1-\frac{m_{s1}c_{p1}}{m_{s2}c_{p2}}\right) \tag{d}$$

$$\frac{m_{s1}c_{p1}}{m_{s2}c_{p2}}=\frac{t_2-t_1}{T_1-T_2}=\frac{25-15}{100-60}=0.25$$

新工况：m_{s1} 增加，α_2 变大，属于 4.6.8 中情况（1），K 变大，T_2、t_2、Q、Δt_m 均变，而 A、m_{s2}、α_1 均不变。以下用上标“$'$”表示变化的量，同理可得

$$\ln\frac{T_1-t_2'}{T_2'-t_1}=\frac{K'A}{m_{s1}'c_{p1}}\left(1-\frac{m_{s1}'c_{p1}}{m_{s2}c_{p2}}\right) \tag{e}$$

式(e)÷式(d) 得

$$\ln\frac{T_1-t_2'}{T_2'-t_1}=\frac{K'}{K}\times\frac{m_{s1}}{m_{s1}'}\times\left(\frac{1-m_{s1}'c_{p1}/(m_{s2}c_{p2})}{1-m_{s1}c_{p1}/(m_{s2}c_{p2})}\right)\times\ln\frac{T_1-t_2}{T_2-t_1}$$

$$m_{s1}'=1.2m_{s1}$$

所以
$$\ln\frac{100-t_2'}{T_2'-15}=1.14\times\frac{1}{1.2}\times\left(\frac{1-1.2\times0.25}{1-0.25}\right)\times\ln\frac{100-25}{60-15}=0.4529$$

$$\frac{100-t_2'}{T_2'-15}=\exp(0.4529)=1.5729$$

即
$$t_2'=123.59-1.5729T_2' \tag{f}$$

由热量衡算式得

$$t_2'=\frac{m_{s1}'c_{p1}}{m_{s2}c_{p2}}(T_1-T_2')+t_1=1.2\times0.25\times(100-T_2')+15=45-0.3T_2' \tag{g}$$

联立式(f)、式(g) 解得 $T_2'=61.7℃$，$t_2'=26.5℃$

所以
$$\frac{Q'}{Q}=\frac{K'\Delta t_m'}{K\Delta t_m}=\frac{m_{s1}'c_{p1}(T_1-T_2')}{m_{s1}c_{p1}(T_1-T_2)}=1.2\times\frac{100-61.7}{100-60}=1.15$$

③ 求 $\Delta t_m'/\Delta t_m$

既然 K'/K 和 Q'/Q 均已求出，故由式(a) 求 $\Delta t_m'/\Delta t_m$ 比较方便，即

$$\frac{\Delta t_m'}{\Delta t_m}=\frac{Q'}{Q}\times\frac{K}{K'}=1.15\times\frac{1}{1.14}=1.01$$

计算结果说明，Q 变大主要由于 K 变大引起。

解法二：传热效率 ε 与传热单元数 NTU 法（即 ε-NTU 法）

原工况：根据 $C_{R1}=m_{s1}c_{p1}/(m_{s2}c_{p2})=0.25$（解法一已求出）$<1$，说明热流体的热容流量 $m_{s1}c_{p1}$ 值较小，故传热单元数、传热效率和热容流量比全部以热流体（空气）的数据为准。

$$\Delta t_m=\frac{(T_1-t_2)-(T_2-t_1)}{\ln\dfrac{T_1-t_2}{T_2-t_1}}=\frac{(100-25)-(60-15)}{\ln\dfrac{100-25}{60-25}}=58.7\ (℃)$$

$$NTU_1=\frac{KA}{m_{s1}c_{p1}}=\frac{T_1-T_2}{\Delta t_m}=\frac{100-60}{58.7}=0.681$$

新工况：$m_{s1}'=1.2m_{s1}$，$K'/K=1.14$（解法一已求出），根据表 4-2 得逆流 ε_1-NTU_1 关系式为

$$\varepsilon_1'=\frac{1-\exp[NTU_1'(1-C_{R1}')]}{C_{R1}'-\exp[NTU_1'(1-C_{R1}')]} \tag{h}$$

因为　$$NTU_1'=\frac{K'A}{m_{s1}'c_{p1}}=\frac{K'A}{1.2m_{s1}c_{p1}}=\frac{K'}{K}\times\frac{KA}{1.2m_{s1}c_{p1}}=1.14\times\frac{0.681}{1.2}=0.647$$

$$\frac{C_{R1}'}{C_{R1}}=\frac{m_{s1}'}{m_{s1}}=1.2$$

$$C_{R1}'=1.2C_{R1}=1.2\times0.25=0.3$$

将 NTU_1' 及 C_{R1}' 的值代入式(h) 得

$$\varepsilon_1'=\frac{1-\exp[0.647\times(1-0.3)]}{0.3-\exp[0.647\times(1-0.3)]}=0.45$$

根据热流体传热效率的定义，有

$$\varepsilon_1'=\frac{T_1-T_2'}{T_1-t_1}=\frac{100-T_2'}{100-15}=0.45$$

解之得　$$T_2'=61.8℃$$

$$\frac{Q'}{Q}=\frac{K'\Delta t_m'}{K\Delta t_m}=\frac{m_{s1}'c_{p1}(T_1-T_2')}{m_{s1}c_{p1}(T_1-T_2)}=1.2\times\frac{100-61.8}{100-60}=1.15$$

$$\frac{\Delta t_m'}{\Delta t_m}=\frac{Q'}{Q}\times\frac{K'}{K}=1.15\times\frac{K}{K'}=\frac{1.15}{1.14}=1.01$$

计算结果与解法一相同。

解法三：传热单元长度 H 与传热单元数 NTU 法（即 H-NTU 法）

根据传热单元长度与传热单元数法的有关定义式 $l=H_1NTU_1$、$H_1=\dfrac{m_{s1}c_{p1}}{K\pi d_2}$及

$$NTU_1=\frac{1}{1-C_{R1}}\ln\left[(1-C_{R1})\frac{T_1-t_1}{T_2-t_1}+C_{R1}\right] \tag{i}$$

可得新、旧工况传热单元长度之比为

$$\frac{H_1'}{H_1}=\frac{m_{s1}'}{m_{s1}}\times\frac{K}{K'}=\frac{1.2}{1.14}=1.053$$

新、旧工况传热单元数之比为

$$\frac{NTU_1'}{NTU_1}=\frac{H_1}{H_1'}$$

把原工况的有关数据代入式(i) 可得

$$NTU_1=\frac{1}{1-0.25}\ln\left[(1-0.25)\frac{100-15}{60-15}+0.25\right]=0.681$$

所以新工况的 NTU_1 为

$$NTU_1'=H_1NTU_1/H_1'=0.681/1.053=0.647$$

由于
$$NTU_1'=\frac{1}{1-C_{R1}'}\ln\left[(1-C_{R1}')\frac{T_1-t_1}{T_2'-t_1}+C_{R1}'\right]$$

及
$$C_{R1}'=\frac{m_{s1}'}{m_{s1}}C_{R1}=1.2\times0.25=0.3$$

所以
$$0.647=\frac{1}{1-0.3}\ln\left[(1-0.3)\frac{100-15}{T_2'-15}+0.3\right]$$

整理得
$$0.4529=\ln\left(\frac{59.5}{T_2'-15}+0.3\right)$$

解得
$$T_2'=\frac{59.5}{\exp(0.4529)-0.3}+15=61.7(℃)$$

$$\frac{Q'}{Q}=\frac{K'\Delta t_m'}{K\Delta t_m}=\frac{m_{s1}'c_{p1}(T_1-T_2')}{m_{s1}c_{p1}(T_1-T_2)}=1.2\times\frac{100-61.7}{100-60}=1.15$$

$$\frac{\Delta t_m'}{\Delta t_m}=1.15\times\frac{K}{K'}=\frac{1.15}{1.14}=1.01$$

计算结果也与解法一相同。

本例的计算过程说明，对第一类命题的操作型计算问题，可用消元法（方法一）、ε-NTU法（方法二）及H-NTU法（方法三）三种方法求解。不管用何种方法求解，解操作型问题的关键是首先要弄清楚某一操作条件变化会引起哪些量发生变化，并把这些量变化的定量结果求出。三种解法中方法三（即H-NTU法）较简便，且该法与吸收章节的公式及解法非常类似，希望读者认真掌握，这对今后学习吸收的解题方法有帮助。

（2）水流量增加20%。

本题也可用消元法、ε-NTU法及H-NTU法三种方法求解，前两种方法作为练习题请读者自行求解，下面用H-NTU法求解。水流量增加20%，将使α_1发生变化，则

$$\frac{\alpha_1''}{\alpha_1}=\left(\frac{u_1''}{u_1}\right)^{0.8}=\left(\frac{m_{s2}''}{m_{s2}}\right)^{0.8}=1.2^{0.8}$$

所以
$$\alpha_1''=1.2^{0.8}\alpha_1=1.2^{0.8}\times1500=1736\ [\text{W}/(\text{m}^2\cdot\text{K})]$$

$$K''=\left(\frac{1}{\alpha_1}\times\frac{d_2}{d_1}+R_{s1}\frac{d_2}{d_1}+\frac{1}{\alpha_2'}\right)^{-1}=\left(\frac{1}{1763}\times\frac{38}{33}+6\times10^{-4}\times\frac{38}{33}+\frac{1}{60}\right)^{-1}=55.5\ [\text{W}/(\text{m}^2\cdot\text{K})]$$

根据$C_{R1}=m_{s1}c_{p1}/(m_{s2}c_{p2})$，本题$m_{s1}$不变，$m_{s2}$改变，故

$$\frac{C_{R1}''}{C_{R1}}=\frac{m_{s2}}{m_{s2}''}=\frac{1}{1.2}$$

$$C_{R1}''=C_{R1}/1.2=0.25/1.2=0.208$$

由H_1的定义可得（本题m_{s1}不变）

$$\frac{H_1''}{H_1}=\frac{K}{K''}=\frac{55.2}{55.5}=0.995$$

由$l=H_1''NTU_1''=H_1NTU_1$，并利用前面得出$NTU_1=0.681$，有

$$NTU_1''=\frac{H_1}{H_1''}NTU_1=\frac{0.681}{0.995}=0.684$$

而
$$NTU_1''=\frac{1}{1-C_{R1}''}\ln\left[(1-C_{R1}'')\frac{T_1-t_1}{T_2''-t_1}+C_{R1}''\right]$$

则
$$0.684=\frac{1}{1-0.208}\ln\left[(1-0.208)\frac{100-15}{T_2''-15}+0.208\right]$$

整理得
$$0.5417=\ln\left(\frac{67.32}{T_2''-15}+0.208\right)$$

解得
$$T_2''=\frac{67.32}{\exp(0.5417)-0.208}+15=59.56(℃)$$

所以
$$\frac{Q''}{Q}=\frac{m_{s1}c_{p1}(T_1-T_2'')}{m_{s1}c_{p1}(T_1-T_2)}=\frac{100-59.56}{100-60}=1.011$$

$$\frac{K''}{K}=\frac{55.5}{55.2}=1.005$$

$$\frac{\Delta t_m''}{\Delta t_m}=\frac{Q''K}{QK''}=\frac{1.011}{1.005}=1.006$$

本例结果说明，由于 α_2 比 α_1 小得多，热阻主要集中在空气一侧，因而提高水流量 K 值基本不变，Q 与 Δt_m 也基本不变。所以，为强化一个具体的传热过程，必须首先判断主要热阻在哪一侧，然后针对这一侧采取相应的强化措施。

例 4-8　例 4-7 的结果表明：若空气的流量增加 20%，则空气的出口温度将高于 60℃。现要求空气流量增加 20%后，出口温度仍维持不超过 60℃，则水量应至少增大多少？

解　本题属于第二类命题的操作型计算，无论用何种方法求解，试差法均不可避免。设水量至少应增加为原来的 x 倍，即 $x=m_{s2}'/m_{s2}$。

根据例 4-7 可知，原工况下（空气流量未增加时）：$C_{R1}=m_{s1}c_{p1}/(m_{s2}c_{p2})=0.25$，$NTU_1=KA/(m_{s1}c_{p1})=0.681$，$K=55.2\text{W}/(\text{m}^2\cdot\text{K})$，$\alpha_2=60\text{W}/(\text{m}^2\cdot\text{K})$，$\alpha_1=1500\text{W}/(\text{m}^2\cdot\text{K})$，$R_{s1}=6\times10^{-4}\text{m}^2\cdot\text{K/W}$，$T_1=100℃$，$T_2=60℃$，$t_1=5℃$，$t_2=25℃$，由冷、热流体的进、出口温度按逆流操作可求出 $\Delta t_m=58.7℃$。

解法一：对数平均推动力法试差

新工况变化的量加上标“$'$”表示，本题 m_{s1}、m_{s2}、K、t_2 变，但要求 T_2 不变，有

$$\alpha_1'=x^{0.8}\alpha_1=1500x^{0.8},\alpha_2'=1.2^{0.8}\alpha_2=1.2^{0.8}\times60=69.4\ [\text{W}/(\text{m}^2\cdot\text{K})]$$

$$K'=\frac{1}{\frac{1}{\alpha_1'}\times\frac{d_2}{d_1}+R_{s1}\frac{d_2}{d_1}+\frac{1}{\alpha_2'}}=\frac{1}{\frac{1}{1500x^{0.8}}\times\frac{38}{33}+6\times10^{-4}\times\frac{38}{33}+\frac{1}{69.4}}=\frac{1}{0.0151+\frac{7.68\times10^{-4}}{x^{0.8}}}$$

$$\frac{\Delta t_m'}{\Delta t_m}=\frac{Q'K}{QK'}=\frac{m_{s1}'c_{p1}(T_1-T_2)K}{m_{s1}c_{p1}(T_1-T_2)K'}=\frac{m_{s1}'K}{m_{s1}K'}$$

$$\Delta t_m'=\Delta t_m\times\frac{m_{s1}'K}{m_{s1}K'}=58.7\times1.2\times55.2\times\left(0.0151+\frac{7.68\times10^{-4}}{x^{0.8}}\right)=58.7+\frac{2.99}{x^{0.8}}$$

又
$$\Delta t_m'=\frac{(100-t_2')-(60-15)}{\ln\frac{100-t_2'}{60-15}}=\frac{55-t_2'}{\ln\frac{100-t_2'}{45}}$$

所以
$$\frac{55-t_2'}{\ln[(100-t_2')/45]}=58.7+\frac{2.99}{x^{0.8}} \tag{a}$$

且
$$\frac{m_{s1}'c_{p1}}{m_{s2}c_{p2}}=\frac{1.2m_{s1}c_{p1}}{m_{s2}c_{p2}}=\frac{1.2\times0.25}{x}=\frac{t_2'-t_1}{T_1-T_2}=\frac{t_2'-15}{100-60}$$

得
$$x=12/(t_2'-15)$$

把上式代入式(a)，得

$$\frac{55-t_2'}{\ln[(100-t_2')/45]}=58.7+2.99\left(\frac{t_2'-15}{12}\right)^{0.8}=58.7+0.410(t_2'-15)^{0.8} \tag{b}$$

式(b) 为非线性方程，t_2' 必须用试差法求解。如用迭代法，则宜把式(b) 改写成

$$t_2'=t_2'+\frac{55-t_2'}{\ln[(100-t_2')/45]}-0.410(t_2'-15)^{0.8}-58.7 \tag{c}$$

用迭代法求解：假设 t_2' 的初值（初值可按 $x=1.2$ 时的 t_2' 值来取，$t_2'=15+12/1.2=25℃$)，代入式(c) 右边求得一个新值，以此新值继续代入右边迭代，直到 t_2' 基本不变为止。

$$t_2'=25\to t_2'=22.4\to t_2'=21.5\to t_2'=21.2\to t_2'=21.1\to t_2'=21.0\to t_2'=21.0$$

所以

$$t_2'=21.0℃$$

$$x=12/(t_2'-15)=12/(21.0-15)=2.0$$

即水量至少要增大一倍，才能使空气的出口温度不高于60℃。由于本题传热过程的主要热阻在空气侧，因此水量增大对 K 的影响不大，传热过程的调节主要依靠 Δt_m 的变化来实现（Δt_m 的改变是通过水量增大使水的出口温度下降而获得的），从而所需水量增加较大。

本题用迭代法试差求解时，把式(b) 改写成式(c) 收敛较快，若直接从式(b) 中解出 $t_2'=f(t_2')$，则迭代时不易收敛。又用平均推动力法试差求解温度时，一般不宜把 Δt_m 拆开，否则也不易收敛。此外，若把式(b) 改写成

$$t_2'=t_2'+0.410(t_2'-15)^{0.8}+58.7-\frac{55-t_2'}{\ln[(100-t_2')/45]} \tag{d}$$

式(d) 同样不易收敛。

分析：若所取 t_2' 初值偏大，则 $0.410\ (t_2'-15)^{0.8}+58.7$ 偏大，$(55-t_2')/\ln[(100-t_2')/45]$ 偏小，导致右边值更加偏大，迭代发散；若所取 t_2' 初值偏小，则式(d) 右边更偏小，发散。而式(c) 就不同，若假设 t_2' 偏大，则 $(55-t_2')/\ln[(100-t_2')/45]-0.410(t_2'-15)^{0.8}-58.7$ 偏小，从而有一个校正作用，使迭代收敛。

因此迭代试差时，首先要定性分析一下算式是否能收敛，否则就要设法改写。

本例结果说明，对换热器第二类命题的操作型计算，要用迭代法试差求解，很繁琐。下面改用 *H-NTU* 法试差求解。

解法二：*H-NTU* 法试差

新、旧工况换热器长度 l 是不变的，故有

$$l=H_1NTU_1=H_1'NTU_1'$$

则 $$NTU_1'=\frac{H_1}{H_1'}NTU_1=\frac{m_{s1}}{m_{s1}'}\times\frac{K'}{K}NTU_1=\frac{1}{1.2}\times\frac{1}{55.2\times(0.0151+7.68\times10^{-4}/x^{0.8})}\times0.681$$

$$=\frac{0.681}{1.0+0.0509/x^{0.8}}$$

又

$$\frac{C_{R1}'}{C_{R1}}=\frac{m_{s1}'}{m_{s1}}\times\frac{m_{s2}}{m_{s2}'}=\frac{1.2}{x}$$

$$C_{R1}'=\frac{1.2}{x}C_{R1}=\frac{1.2}{x}\times0.25=\frac{0.3}{x}$$

因为

$$NTU_1'=\frac{1}{1-C_{R1}'}\ln\left[(1-C_{R1}')\frac{T_1-t_1}{T_2-t_1}+C_{R1}'\right]$$

所以

$$\frac{0.681}{1.0+0.0509/x^{0.8}}=\frac{1}{1-0.3/x}\ln\left[(1-0.3/x)\frac{100-15}{60-15}+0.3/x\right]$$

将上式改写为 $$x=\frac{0.3}{1-\dfrac{1.0+0.0509/x^{0.8}}{0.681}\ln[(1-0.3/x)\times1.889+0.3/x]}$$

设 $x=1.2\to x=1.38\to x=1.55\to x=1.69\to x=1.80\to x=1.87\to x=1.92\to x=1.96\to x=$
$1.98\to x=2.0\to x=2.0$

方法二收敛速度也较快，且其迭代格式容易构造，更重要的是其解题方法与吸收解题方法类似，望读者掌握，这对以后学习吸收解题方法有帮助。当然本题也可用 *ε-NTU* 法试差，请读者自行用 *ε-NTU* 法试差求解。

例 4-9 某厂在单壳程双管程列管换热器中，用130℃的饱和水蒸气将乙醇水溶液从25℃加热到80℃，列管换热器由90根 $\phi25\text{mm}\times2.5\text{mm}$，长3m的钢管所构成。乙醇水溶液

处理量为 36000kg/h，并在管内流动。饱和水蒸气在管间冷凝。已知钢的热导率为 45W/(m²·℃)，乙醇水溶液在定性温度下的密度为 880kg/m³，黏度为 1.2Pa·s，比热容为 4.02kJ/(kg·℃)，热导率为 0.42W/(m·℃)，蒸汽的冷凝对流传热系数为 8150W/(m²·℃)，在操作条件下，污垢热阻及热损失可忽略不计，试确定：(1) 此换热器能否完成生产任务？(2) 当乙醇水溶液处理量增加 20%，在溶液进口温度和饱和蒸汽温度不变情况下，仍在原换器中加热乙醇水溶液，则乙醇水溶液的出口温度变为多少？蒸汽冷凝量增加多少？(3) 当乙醇水溶液处理量增加 20%后要求其出口温度保持不变，仍在原换热器中操作，则加热蒸汽温度至少应提高到多少度？

解　(1) 本小题属于 4.6.6 节介绍的饱和蒸气冷凝加热冷流体换热器校核计算题型中的第一类题型，有三种解法。先求出三种解法均需要的 K、A 及前两种解法需要的 $Q_{需}$、Δt_m 等参数的值，然后用三种解法求解。

因为污垢热阻可略去，所以

$$K=\left(\frac{1}{\alpha_1}\times\frac{d_2}{d_1}+\frac{b}{\lambda}\times\frac{d_2}{d_m}+\frac{1}{\alpha_2}\right)^{-1}$$

上式中 λ 为钢的热导率，$\lambda=45\text{W/(m·℃)}$；b 为壁厚，$b=0.0025\text{mm}$；$d_2=25\text{mm}$，$d_1=20\text{mm}$，$d_m=(d_1+d_2)/2=22.5\text{mm}$，传热管外侧饱和蒸气冷凝对流传热系数 $\alpha_2=8150\text{W/(m·℃)}$。为求 K 必须先求传热管内侧乙醇水溶液的对流传热系数 α_1，求 α_1 必须先求管内乙醇水溶液的流速 u 和雷诺数 Re。

$$u=\frac{V_{s2}}{0.785d_1^2n_0}=\frac{m_{s2}/\rho}{0.785d_1^2n/2}=\frac{36000/(3600\times880)}{0.785\times0.002^2\times90/2}=0.804\ (\text{m/s})$$

注意：在 4.1.3 中已强调多管程换热器求管程流速 u 时管数必须用每管程的管数 $n_0=n/m$ (n 为总管数，m 为管程数)，而不能用总管数 n，这是很容易错的问题，希望读者注意。

本题为双管程列管换热器，求 u 用的 n 必须将总管数 90 除 2。

$Re=d_1u\rho/\mu=0.02\times0.804\times880/(1.2\times10^{-3})=1.179\times10^4$ ($>10^4$ 为湍流)

$$Pr=c_p\mu/\lambda=4.02\times10^3\times1.2\times10^{-3}/0.42=11.5$$

注意：求 Re 和 Pr 时，题给的 μ 不是 SI 制必须换算为 SI 制，c_p 必须化为 J/(kg·℃) 代入。

$$\alpha_1=0.023\frac{\lambda}{d_1}\times Re^{0.8}Pr^{0.4}=0.023\times\frac{0.42}{0.02}\times(1.179\times10^4)^{0.8}\times11.5^{0.4}=2320\ [\text{W/(m}^2\text{·℃)}]$$

$$K=\left(\frac{1}{2320}\times\frac{25}{20}+\frac{0.0025}{45}\times\frac{25}{22.5}+\frac{1}{8150}\right)^{-1}=1382.7\ [\text{W/(m}^2\text{·℃)}]$$

换热器实际传热面积为　　$A=n\pi d_2l=90\times3.14\times0.025\times3=21.2\ (\text{m}^2)$

注意：求 A 时的管数为列管换热器的总管数 n，而不是每管程的管数 n_0。

将乙醇水溶液加热到指定的温度 $t_2^0=80℃$ 所需的传热量 $Q_{需}$ 为

$$Q=m_{s2}c_{p2}(t_2^0-t_1)=(36000/3600)\times4.02\times10^3\times(80-25)=2.211\times10^6\text{W}$$

本题为一侧饱和蒸气冷凝加热另一侧冷流体，虽然为双管程的列管换热器，根据 4.1.5 节的分析讨论，其 Δt_m 不用式(4-21) 计算，仍可用式(4-20) 计算，即

$$\Delta t_m=\frac{t_2-t_1}{\ln\dfrac{T_s-t_1}{T_s-t_2^0}}=\frac{80-25}{\ln\dfrac{130-25}{130-80}}=74.1\ (℃)$$

下面用三种解法求解。

解法一

$Q=KA\Delta t_m=1382.7\times21.2\times74.1=2.172\times10^6$ (W) ($<Q_{需}$，不能完成生产任务)

解法二

$$A_{需}=\frac{Q_{需}}{K\Delta t_m}=\frac{2.211\times10^6}{1382.7\times74.1}=21.6\ (m^2)\ (>A,\ 不能完成生产任务)$$

解法三

以上解法中的 t_2^0（包括 Δt_m 和 $Q_{需}$ 中的 t_2^0）均是传热任务给定的 t_2^0，而不是该换热器在实际情况下能达到的 t_2。还有一种解法是，按给定的实际传热面积 A 用消元法求出这台换热器进行换热所能达到的乙醇水溶液的实际出口温度 t_2 来进行判断。由 4.2.5 节可得消元结果为

$$\ln\frac{T_s-t_1}{T_s-t_2}=\frac{KA}{m_{s2}c_{p2}} \tag{a}$$

将有关数据代入上式可得

$$\ln\frac{130-25}{130-t_2}=\frac{1382.7\times21.2}{(36000/3600)\times4.02\times10^3}=0.7292$$

解得 $$t_2=130-\frac{130-25}{\exp(0.7292)}=79.4\ (℃)\ (<t_2^0=80℃,\ 不能完成生产任务)$$

以上三种解法都判断出此换热器不能完成生产任务。本题管壁的热阻占的比较大，若计算时将管壁的热阻略去，可求出 $K=1511.8/(m^2\cdot℃)$、$Q=2.375\times10^6\,W$（$>Q_{需}$）、$A_{需}=19.7m^2$（$<A$）、$t_2=82.7℃$（$>t_2^0$），则三种解法均可判断出相反的结论，即换热器能完成生产任务。提示读者在解题时应认真审题，题目没有告诉可略去的条件，解题时均应计入。

（2）本小题类似于 4.6.4 节中介绍的饱和蒸汽冷凝加热冷流体换热器第一类命题操作型计算问题题型（1）中的情况②，但解法与该题型的解法略有不同。其原因在于 4.6.4 节中介绍的题型（1）是已知原工况冷流体实际出口温度 t_2，用消元法求新工况（m_{s2}变）冷流体的出口温度 t_2'；而本题 $t_2^0=80℃$ 是传热任务给定的，并不是原工况冷流体的实际出口温度 t_2，虽然也可用消元法求新工况（m_{s2}变）冷流体的出口温度 t_2'，但从不同的角度理解这一问题，导致有下面的三种解法。

解法一

在 $A=21.2m^2$ 换热器中操作，新工况：m_{s2}增加 20%，其他条件不变。m_{s2}变大引起 u、Re、α_1、K 均变化，进而 t_2 也发生变化，假设 t_2 由 t_2 变为 t_2'。若解第（1）小题时采用（1）中的解法一或解法二，没有求出 t_2，则求解本小题时直接对新工况传热进行消元求 t_2' 比较方便。新工况 A、T_s、t_1 均不变，m_{s2}变为 m_{s2}'，K 变为 K'，t_2 变为 t_2'，将新工况总传热速率方程式和热量衡算式结合，用 4.5.2 节介绍的方法消元后可得

$$\ln\frac{T_s-t_1}{T_s-t_2'}=\frac{K'A}{m_{s2}'c_{p2}} \tag{b}$$

$$u'=\frac{m_{s2}'/\rho}{0.785d_1^2n_0}=\frac{1.2m_{s2}/\rho}{0.785d_1^2n_0}=1.2u=1.2\times0.804=0.965\ (m/s)$$

$$Re'=d_1u'\rho/\mu=1.2d_1u\rho/\mu=1.2Re=1.2\times1.179\times10^4=1.415\times10^4\ (>10^4\ 为湍流)$$

$$\alpha_1'=0.023\times\frac{\lambda}{d_1}Re^{0.8}Pr^{0.4}=1.2^{0.8}\alpha_2=1.2^{0.8}\times2320=2684\ [W/(m^2\cdot℃)]$$

$$K'=\left(\frac{1}{\alpha_1'}\times\frac{d_2}{d_1}+\frac{b}{\lambda}\times\frac{d_2}{d_m}+\frac{1}{\alpha_2}\right)^{-1}=\left(\frac{1}{2684}\times\frac{25}{20}+\frac{0.0025}{45}\times\frac{25}{22.5}+\frac{1}{8150}\right)^{-1}=1538.2\ [W/(m^2\cdot℃)]$$

将有关数据代入式(b) 得

$$\ln\frac{130-25}{130-t_2'}=\frac{1538.2\times21.2}{(36000\times1.2/3600)\times4.02\times10^3}=0.6760$$

解得 $$t_2'=130-\frac{130-25}{\exp(0.6760)}=76.6\ (℃)$$

解法二

若解第（1）小题时采用（1）中的解法三，原工况冷流体实际出口温度 t_2 已求出，则可将在实际传热面积为 A 的换热器中进行操作的新、旧工况的消元结果相除，即将式(b)÷式(b)得

$$\ln\frac{T_s-t_1}{T_s-t_2'}=\frac{K'}{K}\times\frac{m_{s2}}{m_{s2}'}\times\ln\frac{T_s-t_1}{T_s-t_2} \tag{c}$$

将有关数据代入式(c) 得

$$\ln\frac{130-25}{130-t_2'}=\frac{1538.2}{1382.7}\times\frac{1}{1.2}\times\ln\frac{130-25}{130-79.4}=0.676$$

解得

$$t_2'=76.6\ (℃)$$

解法三

若解第（1）小题时采用（1）中的解法二，达到传热任务指定的冷流体出口温度 t_2 所需的传热面积 $A_{需}$ 已求出，此种情况的消元结果为

$$\ln\frac{T_s-t_1}{T_s-t_2^0}=\frac{KA_{需}}{m_{s2}c_{p2}} \tag{d}$$

将式(d)÷式(b)，得

$$\ln\frac{T_s-t_1}{T_s-t_2'}=\frac{K'}{K}\times\frac{A}{A_{需}}\times\frac{m_{s2}}{m_{s2}'}\times\ln\frac{T_s-t_1}{T_s-t_2^0} \tag{e}$$

将有关数据代入式(e)，得

$$\ln\frac{130-25}{130-t_2'}=\frac{1538.2}{1382.7}\times\frac{21.2}{21.6}\times\frac{1}{1.2}\times\ln\frac{130-25}{130-80}=0.6751$$

解得

$$t_2'=76.5\ (℃)$$

解法三求出的 t_2' 与解法一和解法二求出的 t_2' 的值略有不同，其原因是解法三中的 A 和 $A_{需}$ 的值四舍五入引起误差。

求蒸汽冷凝量 m_{s1} 增加多少可先通过新、旧工况热量衡算式的比值求出 m_{s1}'/m_{s1}，即

$$\frac{m_{s1}'}{m_{s1}}=\frac{m_{s1}'r}{m_{s1}r}=\frac{Q'}{Q}=\frac{m_{s2}'c_{p2}(t_2'-t_1)}{m_{s2}c_{p2}(t_2-t_1)}=1.2\times\frac{76.6-25}{79.4-25}=1.138$$

结果表明，乙醇水溶液处理量增加 20%而其他条件不变，将导致其出口温度由 79.4℃下降至 76.6℃，蒸汽冷凝量为原来的 1.138 倍，增加 13.8%。

以上三种解法中解法一最简单，可直接通过新工况的消元结果求出乙醇水溶液的出口温度。解法二不仅要消元而且还要求出在原工况下乙醇溶液的实际出口温度 t_2。解法三不仅要消元而且还要求出要原工况完成生产任务所需的传热面积 $A_{需}$。

（3）若乙醇水溶液处理量增加 20%，要求其出口温度仍达 80℃不变，且在原换热器中操作，则只能提高饱和蒸汽压强（饱和蒸汽温度 T_s 也相应提高），以增大平均推动力 Δt_m 才能实现。本题是 m_{s2}变引起 K 和 t_2 变，t_2 会降低至 t_2'，但要求 t_2 达到传热任务指定的 t_2^0，求 T_s'。将本题工况（m_{s2}'、K'、t_2^0、t_1、T_s'）的消元结果除以原工况（m_{s2}、K、t_2、t_1、T_s）的消元结果并整理得到

$$\ln\frac{T_s'-t_1}{T_s'-t_2^0}=\frac{K'}{K}\times\frac{m_{s2}}{m_{s2}'}\times\ln\frac{T_s-t_1}{T_s-t_2}$$

把有关数据代入上式，得

$$\ln\frac{T_s'-25}{T_s'-80}=\frac{1538.2}{1382.7}\times\frac{1}{1.2}\times\ln\frac{130-25}{130-79.4}=0.6768$$

解得

$$T_s'=\frac{80\exp(0.6268)-25}{\exp(0.6268)-1}=136.8\ (℃)$$

计算结果说明饱和蒸汽温度提高到 136.8℃即可满足要求。

例 4-10 已设计一台单壳程单管程换热器，其传热管规格为 ϕ19mm×2mm，管长为 2m，管子数目为 900 根。壳程拟用温度为 125℃的饱和水蒸气冷凝将管程的空气由 20℃加热到 120℃，空气的流量为 9000kg/h。空气在其平均温度下的黏度为 2.06×10^{-5}Pa·s。实际操作时发现该换热器只能将空气加热到 114.9℃。若忽略热损失，试求：(1) 在设备结构和操作条件上应同时采取什么措施可使空气的出口温度恰好达到 120℃？试定量计算说明（换热器管数、管径、管长不能变，但其他结构可变；受锅炉压力所限，蒸汽温度不能再提高，但可降低）。(2) 若空气流量及进口温度、饱和水蒸气温度、管长均保持不变，重新设计一台单壳程单管程列管换热器，将管径增大为 ϕ25mm×2.5mm，管数减少 20%，可将空气加热到多少度？作上述计算时不计空气出口温度变化对物性的影响，且忽略热损失、污垢热阻及管壁热阻。

解：(1) 本小题属于 4.6.4 节介绍的题型（5）中的第①种情况，根据本题的提示结合该题型的解法分析可知，同时采取将单管程改为双管程和降低饱和水蒸气温度两种措施，可将空气恰好加热到 120℃。由该题型的解法分析可得

$$\ln\frac{T_s'-t_1}{T_s'-t_2^0}=\frac{K'}{K}\times\ln\frac{T_s-t_1}{T_s-t_2}=2^{0.8}\times\ln\frac{T_s-t_1}{T_s-t_2}$$

将已知数据代入上式得

$$\ln\frac{T_s'-20}{T_s'-120}=2^{0.8}\times\ln\frac{125-20}{125-114.9}$$

解得

$$T_s'=122.4\ (℃)$$

计算结果表明：将单管程改为双管程并将加热蒸汽温度降为 122.4℃，可将空气恰好加热到 120℃。

(2) 本小题属于 4.6.4 节介绍的题型（7）中的第①种情况，管数 n 和管径 d 同时改变，求空气出口温度 t_2'。先判断 n、d 同时改变后空气在列管内是否为湍流（$Re>10^4$），若是，则 $\alpha_1\propto u_1^{0.8}/d_1^{0.2}$，直接可用该题型解法分析导出的公式计算。因本题已知空气的质量流量 m_{s2}，空气的密度 ρ 未知，空气流速 u_1 无法求，用空气质量流速 G_1 计算方便。

$$G_1=\frac{m_{s2}}{0.785d_1^2n_0}=\frac{m_{s2}}{0.785d_1^2n}=\frac{9000/3600}{0.785\times0.015^2\times900}=15.73\ (\text{kg/s})$$

$$\frac{G_1'}{G_1}=\frac{n}{n'}\left(\frac{d_1}{d_1'}\right)^2=\frac{1}{0.8}\times\left(\frac{15}{20}\right)^2=0.7031$$

$$G_1'=0.7031G_1=0.7031\times15.73=11.06(\text{ kg/s})$$

$$Re'=\frac{d_1'u_1'\rho}{\mu}=\frac{d_1'G_1'}{\mu}=\frac{0.02\times11.06}{2.06\times10^{-5}}=1.074\times10^4\ (>10^4\ \text{为湍流})$$

既然空气流动 $Re'>10^4$，故可直接用 4.6.4 节导出的题型（7）的计算式，可得

$$\ln\frac{T_s-t_1}{T_s-t_2'}=\frac{K'}{K}\times\frac{A'}{A}\times\ln\frac{T_s-t_1}{T_s-t_2}=\left(\frac{n'}{n}\right)^{0.2}\left(\frac{d_1}{d_1'}\right)^{0.8}\ln\frac{T_s-t_1}{T_s-t_2}$$

将已知数据代入上式得

$$\ln\frac{125-20}{125-t_2'}=\left(\frac{0.8}{1}\right)^{0.2}\left(\frac{15}{20}\right)^{0.8}\times\ln\frac{125-20}{125-114.9}=1.7789$$

解得

$$t_2'=107.3\ (℃)$$

点评：① 在求解用饱和蒸汽冷凝加热气体的传热操作型问题时，用新、旧工况消元结果相除得到的计算式求解比较方便。这是因为此时 $\alpha_2\gg\alpha_1$，$K\approx\frac{1}{\alpha_1}\times\frac{d_2}{d_1}$，$\alpha_1\propto\frac{u_1^{0.8}}{d_1^{0.2}}$，因而 K'/K 可与 u_1 的变化直接关联［如本题（2）小题及 4.6.4 节中的有关题型］；K'/K 还可以

与 d_1 或 n，$K'A'/(KA)$ 还可以与 n 和 d_1 直接关联［如本题（2）小题及 4.6.4 节中有关题型］，给解题带来很大方便。

② 在求解用饱和蒸汽冷凝加热液体时一般 K 与 α_1 和 α_2 均有关，故用新、旧工况消元结果相除得到的计算式求解不一定方便，可直接利用新工况消元结果求解更方便［如例 4-9 第（2）小题的解法一显然要比解法二和解法三方便］。这就提醒我们解题时要针对具体问题的特点选用简便的方法求解。

③ 在 4.6.4 节和 4.6.5 节中用饱和蒸汽冷凝加热气体［情况①）、加热液体（情况②］的各种题型是放在一起分析，都是利用新、旧工况消元结果相除得到的计算式进行分析，这只不过是为了分析及表达方便起见。今后若碰到用饱和蒸汽冷凝加热液体的传热操作型问题，可直接利用新工况消元结果求解有时更方便。

例 4-11　如图 4-8 所示，单程立式列管换热器（管径为 ϕ25mm×2.5mm），传热面积为 12m^2（按管外径计，下同）。拟将该换热器用于使 80℃的饱和苯蒸气冷凝、冷却到 45℃。苯走管外，流量为 1kg/s；冷却水走管内与苯逆流，其进口温度为 10℃，流量为 5kg/s。已估算出苯冷凝、冷却时的对流传热系数分别为 1500W/(m^2·K)、870W/(m^2·K)；水的对流传热系数为 2400W/(m^2·K)。取水侧的污垢热阻为 0.26×10^{-3}m^2·K/W，并忽略苯侧的污垢热阻及管壁热阻。问此换热器是否合用？已知水、苯（液体）的比热容分别为 4.18kJ/(kg·K)、1.76kJ/(kg·K)；苯蒸汽的冷凝潜热 r=395kJ/kg。

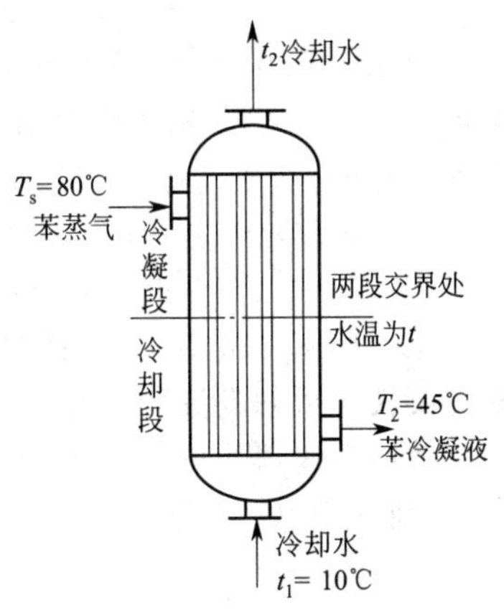

图 4-8　例 4-11 附图

分析：本题属于 4.6.6 节中介绍的换热器的校核计算的第二类题型，其特点：该换热器既作冷凝器又作冷却器，两段的总传热系数不同，需分段计算所需面积，即冷凝段所需面积 $A_{1需}$ 和冷却段所需面积 $A_{2需}$，而求 $A_{1需}$、$A_{2需}$ 又须以 Δt_{m1}、Δt_{m2} 为前提。因此，解决该题的重点在于求出冷凝、冷却段交界处的冷却水温度，即冷却水离开冷却段的温度 t。

解　(1) 冷凝段与冷却段的传热量

冷凝段传热量　$Q_{1需}=m_{s1}r=1\times395\times10^3=3.95\times10^5$ (W)

冷却段传热量　$Q_{2需}=m_{s1}c_{p1}(T_s-T_2^0)=1\times1.76\times10^3\times(80-45)=6.16\times10^4$ (W)

(2) 两段的平均温差

总传热量　$Q_{需}=Q_{1需}+Q_{2需}=3.95\times10^5+6.16\times10^4=4.566\times10^5$(W)

冷却水出口温度　$t_2=t_1+\dfrac{Q_{需}}{m_{s2}c_{p2}}=10+\dfrac{4.566\times10^5}{5\times4.18\times10^3}=31.8$ (℃)

冷却水离开冷却段的温度 t

$$t=t_1+\frac{Q_{2需}}{m_{s2}c_{p2}}=10+\frac{6.16\times10^4}{5\times4.18\times10^3}=12.9\ (℃)$$

或

$$t=t_2-\frac{Q_{1需}}{m_{s2}c_{p2}}=31.8-\frac{3.95\times10^5}{5\times4.18\times10^3}=12.9\ (℃)$$

冷凝段平均温差

$$\Delta t_{m1}=\frac{t_2-t}{\ln\dfrac{T_s-t}{T_s-t_2}}=\frac{31.8-12.9}{\ln\dfrac{80-12.9}{80-31.8}}=57.1\ (℃)$$

冷却段平均温差

$$\Delta t_{m2}=\frac{(T_s-t)-(T_2^0-t_1)}{\ln\dfrac{T_s-t}{T_2^0-t_1}}=\frac{(80-12.9)-(45-10)}{\ln\dfrac{80-12.9}{45-10}}=49.3\ (℃)$$

(3) 两段总传热系数

冷凝段 $K_1=\dfrac{1}{\dfrac{1}{\alpha_1}\times\dfrac{d_2}{d_1}+R_{s1}\dfrac{d_2}{d_1}+\dfrac{1}{\alpha_2}}=\dfrac{1}{\dfrac{1}{2400}\times\dfrac{25}{20}+0.26\times10^{-3}\times\dfrac{25}{20}+\dfrac{1}{1500}}=661\ [\mathrm{W/(m^2\cdot K)}]$

冷却段 $K_2=\dfrac{1}{\dfrac{1}{\alpha_1'}\times\dfrac{d_2}{d_1}+R_{s1}\dfrac{d_2}{d_1}+\dfrac{1}{\alpha_2}}=\dfrac{1}{\dfrac{1}{2400}\times\dfrac{25}{20}+0.26\times10^{-3}\times\dfrac{25}{20}+\dfrac{1}{870}}=501\ [\mathrm{W/(m^2\cdot ℃)}]$

(4) 所需传热面积　先用 4.6.6 节中介绍的解法二即比较传热面积的方法求解。

冷凝段 $$A_{1需}=\frac{Q_{1需}}{K_1\Delta t_{m1}}=\frac{3.95\times10^5}{661\times57.1}=10.5\ (\mathrm{m^2})$$

冷却段 $$A_{2需}=\frac{Q_{2需}}{K_2\Delta t_{m1}}=\frac{6.16\times10^4}{501\times49.3}=2.5\ (\mathrm{m^2})$$

$$A_{需}=A_{1需}+A_{2需}=10.5+2.5=13\mathrm{m^2}\ (>A=12\mathrm{m^2}，不合用)$$

再用 4.6.6 节中介绍的解法一即比较传热速率的方法求解。由解法一知 $A>A_{1需}$，可保证把苯蒸气全部冷凝，故冷凝段实际传热面积 $A_1=A_{1需}=10.5\mathrm{m^2}$，冷却段实际传热面积 $A_2=A-A_1=12-10.5=1.5\mathrm{m^2}$，则换热器总传质速率 Q 为

$$Q=Q_1+Q_2=K_1A_1\Delta t_{m1}+K_2A_2\Delta t_{m2}=661\times10.5\times57.1+501\times1.5\times49.3$$
$$=4.334\times10^5\ \mathrm{W}<Q_{需}=4.566\times10^5\ (\mathrm{W})\ (不合用)$$

最后用 4.6.6 节中介绍的解法一，即比较苯冷凝液出口温度的方法求解。由图 4-8 可知苯冷凝液在换热器壳程冷却段自上往下流动，冷却水走管程由下往上与苯冷凝液呈逆流流动，故冷却段属于两侧流体均无相变的逆流传热过程，由该过程的消元结果 [见例 4-7 式 (d)，将式中 T_1 改为本题 T_s、t_2 改为本题 t 即可] 可得

$$\ln\frac{T_s-t}{T_2-t_1}=\frac{K_2A_2}{m_{s1}c_{p1}}\left(1-\frac{m_{s1}c_{p1}}{m_{s2}c_{p2}}\right)$$

将已知数据代入上式得

$$\ln\frac{80-12.9}{T_2-10}=\frac{501\times1.5}{1\times1.76\times10^3}\times\left(1-\frac{1\times1.76\times10^3}{5\times4.18\times10^3}\right)=0.3910$$

解得 $$T_2=55.4℃\ (>T_2^0=45℃，不合用)$$

点评： 对于既作冷凝器又作冷却器的换热器校核计算问题，解法一最简便，推荐用解法一求解。解法二需求出冷凝段实际传热面积 A_1 和冷却段实际传热面积 A_2 才能求解，比较繁琐。解法三不仅要求出 A_2 还要消元才能求解，更繁琐，但若题目要求求出冷凝液的实际出口温度 T_2，则只能用解法三求解。另外，对此类换热器校核计算问题，若用解法一求解时发现总的实际传热面积 $A<A_{1需}$，说明换热器不能把蒸气全部冷凝，即可判断换热器不合用。此种情况若选用解法二和解法三均无法求解，因为 A_1、A_2 无法求出。

例 4-12　在单管程列管式换热器内，用 130℃ 的饱和水蒸气将某溶液由 20℃ 加热到 60℃，单管程列管换热器由 100 根 ϕ25mm×2.5mm，长 3m 的钢管构成，溶液以每小时 100m³ 的流量在管内流过，蒸汽在管外冷凝。试求：(1) 传热系数 K；(2) 溶液对流给热系数 α_1 和蒸汽冷凝对流给热系数 α_2；(3) 若溶液的质量流量增加到 m_{s2}'，$m_{s2}'/m_{s2}=x$，$1<x<2$ (m_{s2} 为溶液原来的质量流量)，在其他条件不变的情况下，请通过推导说明此换热器能否满足要求 [α_2 可视为与 (2) 的计算值相同]？(4) 若溶液的质量流量增加为原来的 x 倍 ($1<x<2$)，在其他条件不变的情况下，将单管程改为双管程，请通过推导说明此换热器能否满足要求 [α_2 可视为与 (2) 的计算值相同]？

已知在操作条件下溶液的密度为 1200kg/m³，黏度为 0.955mPa·s，比热容为 3.3kJ/(kg·℃)，热导率为 0.465W/(m·℃)，管壁热阻、污垢热阻和热损失均可忽略不计。

解　(1) 求 K 必须先求 Q、Δt_m 和 A。

$$Q=m_{s2}c_{p2}(t_2-t_1)=V_{s2}\rho c_{p2}(t_2-t_1)(t_2-t_1)$$
$$=(100\times1200/3600)\times3.3\times10^3\times(60-20)=4.4\times10^6(W)$$

$$\Delta t_m=\frac{t_2-t_1}{\ln\frac{T_s-t_1}{T_s-t_2}}=\frac{60-20}{\ln\frac{130-20}{130-60}}=88.5\ (℃)$$

$$A=n\pi d_2 l=100\times3.14\times0.025\times3=23.6\ (m^2)$$

$$K=\frac{Q}{A\Delta t_m}=\frac{4.4\times10^6}{23.6\times88.5}=2017\ [W/(m^2\cdot℃)]$$

(2) 先求管内溶液的 α_1，然后再根据 K 与 α_1、α_2 的关系式求 α_2。

$$u=\frac{V_{s2}}{0.785d_1^2n_0}=\frac{100/3600}{0.785\times0.02^2\times100}=0.885\ (m/s)$$

$$Re=d_1u\rho/\mu=0.02\times0.885\times1200/(0.955\times10^{-3})=2.224\times10^4(>10^4,\text{为湍流})$$

$$Pr=c_p\mu/\lambda=3.3\times10^3\times0.955\times10^{-3}/0.465=6.78$$

$$\alpha_1=\frac{\lambda}{d_1}0.023Re^{0.8}Pr^{0.4}=0.023\times\frac{0.465}{0.02}\times(2.224\times10^4)^{0.8}\times6.78^{0.4}=3454\ [W/(m^2\cdot℃)]$$

因为
$$\frac{1}{K}=\frac{1}{\alpha_1}\times\frac{d_2}{d_1}+\frac{1}{\alpha_2}$$

所以
$$\alpha_2=\left(\frac{1}{K}-\frac{1}{\alpha_1}\times\frac{d_2}{d_1}\right)^{-1}=\left(\frac{1}{2107}-\frac{1}{3454}\times\frac{25}{20}\right)^{-1}=8872\ [W/(m^2\cdot℃)]$$

(3) 本题属于 4.6.6 节中第三类题型。当溶液的流量增加到原来的 x 倍，即 $x=m'_{s2}/m_{s2}(1<x<2)$ 时，在其他条件不变的情况下，将使溶液的 u、α_1 发生变化，引起 K、Q 及所需的传热面积 $A_{需}$ 也发生变化。若能求出 $A_{需}$ 与实际传热面积 A 的比值，即 $A_{需}/A$，则根据其比值是>1 或<1 就能作出是否满足要求的判断。本题的特点是 x 的具体数值未知，只能根据推导所得公式定性说明。

$$\frac{\alpha_1'}{\alpha_1}=\left(\frac{u'}{u}\right)^{0.8}=\left(\frac{m'_{s2}}{m_{s2}}\right)^{0.8}=x^{0.8}$$

$$K'=\left(\frac{1}{\alpha_1'}\times\frac{d_2}{d_1}+\frac{1}{\alpha_2}\right)^{-1}=\left(\frac{1}{3454x^{0.8}}\frac{25}{20}+\frac{1}{8872}\right)^{-1}=\frac{8872x^{0.8}}{x^{0.8}+3.211} \tag{a}$$

原工况：
$$m_{s2}c_{p2}(t_2-t_1)=KA\Delta t_m$$

新工况：m_{s2} 变，α_1、K、Q 变，所需 A 变，但 T_s、t_1、t_2 均不变，故 Δt_m 也不变，有

$$m'_{s2}c_{p2}(t_2-t_1)=K'A'_{需}\ \Delta t'_m \tag{b}$$

式(b) ÷式(a)，注意到 $\Delta t'_m=\Delta t_m$，有

$$x=\frac{m'_{s2}}{m_{s2}}=\frac{K'}{K}\times\frac{A'_{需}}{A}=\frac{8872x^{0.8}}{2170(x^{0.8}+3.211)}\times\frac{A'_{需}}{A}$$

$$\frac{A'_{需}}{A}=\frac{2107x(x^{0.8}+3.211)}{8872x^{0.8}}=\frac{x^{0.2}(x^{0.8}+3.211)}{4.211}$$

因为 $1<x<2$，所以 $x^{0.8}>1$，$x^{0.2}>1$

即
$$x^{0.8}+3.211>4.211，\ x^{0.2}\ (x^{0.8}+3.211)\ >4.211$$

所以
$$A'_{需}/A>1$$

计算结果说明此换热器不能满足要求。

(4) 溶液流量增加到原来的 x 倍 $(1<x<2)$ 后，仍在原换热器中操作，在 (3) 中已经证明该换热器不能满足要求。本题要判断将原来的单管程换热器改为双管程换热器，其他条件不变，双管程换热器能否满足要求。与 (3) 同理可得

$$x=\frac{m'_{s2}}{m_{s2}}=\frac{K''}{K}\times\frac{A''_{需}}{A}\times\frac{\Delta t''_m}{\Delta t_m} \qquad (c)$$

原工况：
$$u=\frac{m_{s2}/\rho}{0.785d_1^2 n_0}$$

新工况：改为双管程后，由于一侧为饱和蒸汽冷凝，虽为1-2折流，但此种情况1-2折流 Δt_m 计算式与单管程时 Δt_m 的计算式一样，且 T_s、t_1、t_2 不变，故式(c)中 $\Delta t''_m=\Delta t_m$。而计算流速 u 的管数应该用每个管程的管数，即 $n_0=n/2$，有

$$u''=\frac{m'_{s2}/\rho}{0.785d_1^2(n/2)}=\frac{2m'_{s2}/\rho}{0.785d_1^2 n}$$

$$\frac{\alpha''_1}{\alpha_1}=\left(\frac{u''}{u}\right)^{0.8}=\left(\frac{2m'_{s2}}{m_{s2}}\right)^{0.8}=2^{0.8}x^{0.8}$$

$$K''=\left(\frac{1}{\alpha''_1}\times\frac{d_2}{d_1}+\frac{1}{\alpha_2}\right)^{-1}=\left(\frac{1}{2^{0.8}\times 3454x^{0.8}}\times\frac{25}{20}+\frac{1}{8872}\right)^{-1}=\frac{8872x^{0.8}}{x^{0.8}+1.844}$$

将 K、K'' 代入式(c)，并注意到 $\Delta t''_m=\Delta t_m$，有

$$\frac{A''_{需}}{A}=\frac{2107x(x^{0.8}+1.844)}{8872x^{0.8}}=\frac{x^{0.2}(x^{0.8}+1.844)}{4.211}$$

因为
$$1<x<2$$
$$1<x^{0.2}<1.15,\qquad 1<x^{0.8}<1.75$$
$$x^{0.8}+1.844<4.211,\qquad x^{0.2}(x^{0.8}+1.844)<4.211$$

所以
$$A''_{需}/A<1$$

计算结果说明此换热器能满足要求。

4.7 换热器操作型问题定性分析法

4.7.1 对数平均推动力法

对数平均推动力法的核心是联合利用总传热速率方程 $Q=KA\Delta t_m$ 和热量衡算式 $Q=m_{s1}c_{p1}(T_1-T_2)=m_{s2}c_{p2}(t_2-t_1)$ 或热流体有相变时 $Q=m_{s1}r=m_{s2}c_{p2}(t_2-t_1)$ 来确定操作条件改变后传热效果（Q、T_2、t_2）的变化情况。在分析时，由于 Q、T_2、t_2 间的关系是通过上述二式隐含地联系起来，且相互影响，因此常要用反证法，比较烦琐。

4.7.2 传热单元长度 *H* 与传热单元数 *NTU* 法（即 *H-NTU* 法）

H-NTU 法的主要公式如下

$$l=H_1\times NTU_1=H_2\times NTU_2$$

当热流体的热容流量较小时，即 $C_{R1}<1$，有

$H_1=\frac{m_{s1}c_{p1}}{Kn\pi d_2}$（若为套管换热器，则式中 $n=1$），$C_{R1}=\frac{m_{s1}c_{p1}}{m_{s2}c_{p2}}$

$$NTU_1=\frac{1}{1-C_{R1}}\ln\left[(1-C_{R1})\frac{T_1-t_1}{T_2-t_1}+C_{R1}\right]\qquad (C_{R1}\neq 1) \qquad (a)$$

当冷流体的热容流量较小时，即 $C_{R2}<1$，有

$$H_2=\frac{m_{s2}c_{p2}}{Kn\pi d_2},\ C_{R2}=\frac{m_{s2}c_{p2}}{m_{s1}c_{p1}}$$

$$NTU_2=\frac{1}{1-C_{R2}}\ln\left[(1-C_{R2})\frac{T_1-t_1}{T_1-t_2}+C_{R2}\right]\qquad (C_{R2}\neq 1) \qquad (b)$$

为了读者定性分析方便起见，将式(a)的定性关系绘出如图4-9所示。式(b)也有类似的定性关系，如图4-10所示。

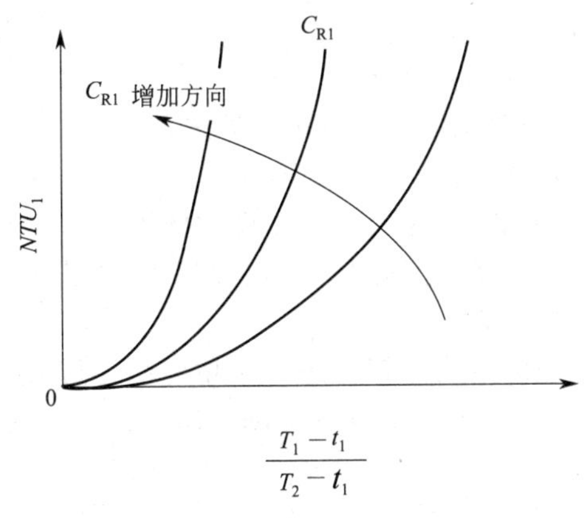

图 4-9　式(a) 示意

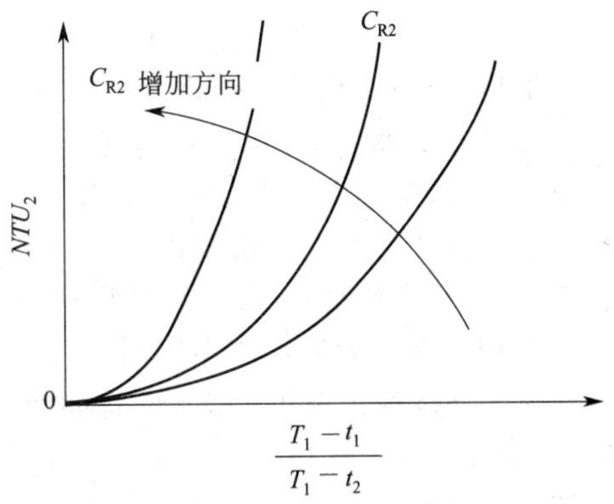

图 4-10　式(b) 示意

利用 H-NTU 法进行换热器操作型问题定性分析的步骤如下。

(1) 根据题给条件，确定 H_1、C_{R1}的变化趋势。

(2) 利用 $NTU_1=l/H_1$，判断 NTU_1 的变化趋势。

(3) 根据图 4-9 确定 $(T_1-t_1)/(T_2-t_1)$ 的变化情况，随之确定 T_2 的变化趋势。

(4) 最后确定 t_2 的变化情况。由于 t_2 的变化趋势较难判断，判断的方法也有多种，以下列出几种方法供读者选择。

① 首先推荐利用热量衡算关系 $m_{s1}c_{p1}(T_1-T_2)=m_{s2}c_{p2}(t_2-t_1)$ 确定 t_2 的变化趋势。

② 有时利用热量衡算关系较难判断 t_2 的变化趋势，此时可利用图 4-10 判别 t_2 的变化趋势，方便快捷。其步骤如下。

a. 根据题给条件，确定 H_2、C_{R2}的变化趋势。

b. 利用 $NTU_2=l/H_2$，判别 NTU_2 的变化趋势。

c. 根据图 4-10 确定 $(T_1-t_1)/(T_1-t_2)$ 的变化情况，随之确定 t_2 的变化趋势。

通常定性分析时 H-NTU 法较简明，因此推荐首先用它。但有时单纯用 H-NTU 法还较难判别换热器结果的变化情况，此时可再联合用平均推动力法。

例 4-13　冷、热流体在套管换热器中进行无相变的逆流传热，管内、外二侧对流传热系数的数量级相近，问当 m_{s1}增加（m_{s2}、T_1、t_1 不变）时 Q、T_2、t_2 将如何变化?

解　(1) $H_1=m_{s1}c_{p1}/(Kn\pi d_2)$，$m_{s1}$增加，$K$ 增加，但 K 增加的幅度不及 m_{s1}增加的幅度大（因为 K 最多与 m_{s1} 的 0.8 次方成正比），所以 m_{s2}/K 增大，H_1 增大，$C_{R1}=m_{s1}c_{p1}/(m_{s2}c_{p2})$ 也增大。

(2) $NTU_1=l/H_1$，H_1 增大，l 不变，则 NTU_1 减小。

(3) NTU_1 减小，C_{R1}增大，由图 4-9 可知 $(T_1-t_1)/(T_2-t_1)$ 减小，因为 T_1、t_1 不变，所以 T_2 增大。

(4) 根据热量衡算式 $m_{s1}c_{p1}(T_1-T_2)=m_{s2}c_{p2}(t_2-t_1)$，等号左边 m_{s1}增加，而 (T_1-T_2) 项由于 T_1 不变 T_2 增大而减小，故无法判别 $m_{s1}c_{p1}(T_1-T_2)$ 是增大还是减小，进而无法判别等号右边 t_2 是增大还是减小。此时可利用图 4-10 判别 t_2 的变化趋势。

a. $H_2=m_{s2}c_{p2}/(Kn\pi d_2)$，$m_{s1}$增加，$K$ 增大，H_2 减小，$C_{R2}=m_{s2}c_{p2}/(m_{s1}c_{p1})$ 减小。

b. $NTU_2=l/H_2$，H_2 减小，l 不变，则 NTU_2 增大。

c. NTU_2 增大，C_{R2}减小，由图 4-10 可知 $(T_1-t_1)/(T_1-t_2)$ 增大，因为 T_1、t_1 不变，所以 t_2 增大。

(5) $Q=m_{s2}c_{p2}(t_2-t_1)$，m_{s2}、t_1 不变，t_2 增大，Q 增大。

本题也可用对数平均推动力法进行分析。

$$Q=KA\Delta t_m \tag{a}$$

$$Q=m_{s1}c_{p1}(T_1-T_2)=m_{s2}c_{p2}(t_2-t_1) \tag{b}$$

由于从式(a)、式(b) 较难直接看出 Q、T_2、t_2 的变化情况，采用反证法。

设 Q 不变，根据式(b) 得 T_2 增大、t_2 不变，从而 $\Delta t_1=T_1-t_2$ 不变，$\Delta t_2=T_2-t_1$ 增大，导致 Δt_m 增大，而 m_{s1} 增大使 K 增大，由式(a) 得 Q 增大，与原设"Q 不变"矛盾。同理可证"Q 减小"也是错误的，所以必有 Q 增大，再联合利用式(a)、式(b) 可得 t_2 增大、T_2 增大（步骤略)。可见平均推动力法的分析过程较复杂。

例 4-14 在一列管换热器中用饱和蒸汽预热某有机溶液（有机溶液无相变)，蒸汽走壳程。问在如下新的情况下，Q、t_2 将如何变化？(1) 饱和蒸汽压力 p_s 增加（m_{s2}、t_2 不变)；(2) m_{s2} 增加（t_1、p_s 不变)。

解 这种情况可将热流体饱和蒸汽的热容流量视为无穷大，即 $m_{s1}c_{p1}=\infty$，而 $C_{R2}=m_{s2}c_{p2}/(m_{s1}c_{p1})=0$，此时 *H-NTU* 法与消元法所得结果相同，有

$$\ln\frac{T_s-t_1}{T_s-t_2}=\frac{KA}{m_{s2}c_{p2}}$$

根据上式并结合 $\varepsilon_2=(t_2-t_1)/(T_s-t_1)$ 的定义，有时还需结合对数平均推动力法，可进行饱和蒸汽冷凝加热另一侧冷流体的操作型问题定性分析。

(1) p_s 增加，T_s 增大，K 不变，由上式可知 $(T_s-t_1)/(T_s-t_2)=1/(1-\varepsilon_2)$ 不变，即 $\varepsilon_2=(t_2-t_1)/(T_s-t_1)$ 不变，由于 T_s 增大而 t_1 不变，所以 t_2 增大，根据 $Q=m_{s2}c_{p2}(t_2-t_1)$ 可知 Q 增大。

(2) m_{s2} 增加，K 增大，但 K 增大的幅度要比 m_{s2} 增加的幅度小（因为 K 最多与 m_{s2} 的 0.8 次方成正比)，所以 $KA/(m_{s2}c_{p2})$ 减小，由式(a) 可知 $(T_s-t_1)/(T_s-t_2)$ 减小，由于 T_s、t_1 不变，所以 t_2 减少。

根据 $Q=m_{s2}c_{p2}(t_2-t_1)$，因为 m_{s2} 增加、t_2 减小，所以无法判别 Q 的变化趋势，此时可结合对数平均推动力法进行分析：$\Delta t_1=T_s-t_1$ 不变，$\Delta t_2=T_s-t_2$ 增大，所以 Δt_m 增大，根据 $Q=KA\Delta t_m$，由于 K、Δt_m 均增大，所以 Q 增大。

从以上两例可看出，换热器操作型问题定性分析，使用 *H-NTU* 法较简便，特别是 *H-NTU* 法的分析步骤与吸收操作型问题的分析步骤很相似，望读者认真领会，这对以后学习吸收有帮助。当 *H-NTU* 法无法分析时可结合对数平均推动力法进行分析。当然，用 ε-*NTU* 法分析也很方便，例 4-13 读者可改用 ε-*NTU* 法并结合平均推动力法进行分析。

习 题

4-1 某平壁炉的炉壁是用内层为 120mm 厚的某耐火材料和外层为 230mm 厚的普通建筑材料砌成的，两种材料的热导率为未知。已测得炉内壁温度为 800℃，外壁面温度为 113℃。后来在普通建筑材料外面又包一层厚度为 50mm 的石棉以减少热损失，石棉的热导率为 0.2W/(m·℃)。包扎后测得的各层温度为：炉内壁温度为 800℃，耐火材料与建筑材料交界面的温度为 686℃，建筑材料与石棉交界面的温度为 405℃，石棉外侧温度为 77℃。试求：(1) 包扎石棉后热损失比原来减少百分之几？(2) 原来两种材料的热导率。

[答：(1) 热损失比原来减少 42.5%；(2) $\lambda_1=1.381$W/(m·℃)；$\lambda_2=1.074$W/(m·℃)]

4-2 已知一外径为 75mm，内径为 55mm 的金属管，输送某一热的物流，此时金属管内表面温度为 120℃，外表面温度为 115℃，导热量为 4545W/m，求该管的热导率。为减少该管的热损失，外加一层石棉层热导率为 0.15W/(m·℃)，此时石棉层外表面温度为 10℃，而导热量减少为原来的 3.87%，求石棉层厚度及钢管和石棉层接触面处的温度。

[答：$\lambda=44.9$W/(m·℃)，$b=30$mm，$t_2'=119.7$℃]

4-3 外径为 100mm 的蒸汽管，外包两层厚度皆为 15mm 的保温材料，外面一层的热导率为

0.15W/(m·℃)，里面一层的热导率为 0.5W/(m·℃)，已知蒸汽管外表面温度 t_1 为 150℃，保温层外表面温度 t_3 为 50℃，试求：(1) 每米管长的热损失 Q/l 及两保温层交界处的温度 t_2；(2) 若蒸汽管外面的空气温度 t_4 为 20℃，空气与保温层外表面的对流传热系数 α 为多大？(3) 若保证每米蒸汽管的热损失不变，而只用一种热导率为 0.15W/(m·℃) 的绝缘材料保温，保温层的厚度应为多少（假定 α 不变）？

［答：(1) $Q/l=329$W/m，$t_2=122.5$℃；(2) $\alpha=21.8$W/(m·℃)；(3) $b=15.3$mm］

4-4　试证明在定态传热过程中，两高、低温（$T_A>T_B$）的固体平行平面间装置 n 片很薄的平行遮热板时（如图 4-11 所示），传热量减少到原来不安装遮热板时的 $1/(n+1)$ 倍。设所有平面的表面积黑度均相等，平板之间的距离很小。

4-5　盛水 2.3kg 的热水瓶，瓶胆由两层玻璃壁组成，其间抽空以免空气对流和传导散热。玻璃壁镀银，黑度 0.02。壁面面积为 0.12m²，外壁温度为 20℃，内壁温度为 99℃。问水温下降 1℃需要多少时间？设瓶塞处的热损失可以忽略。

［答：3.3h］

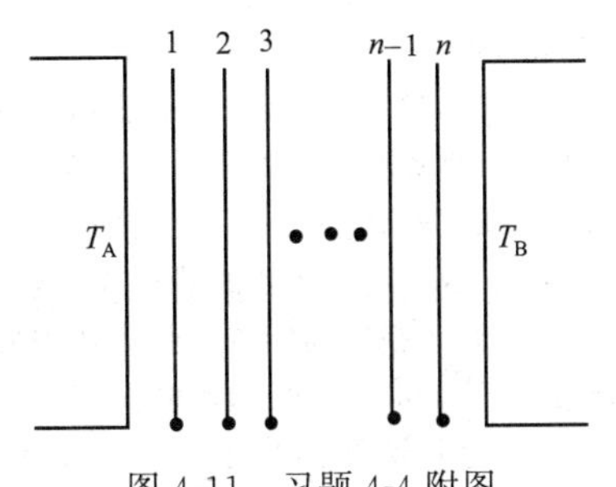

图 4-11　习题 4-4 附图

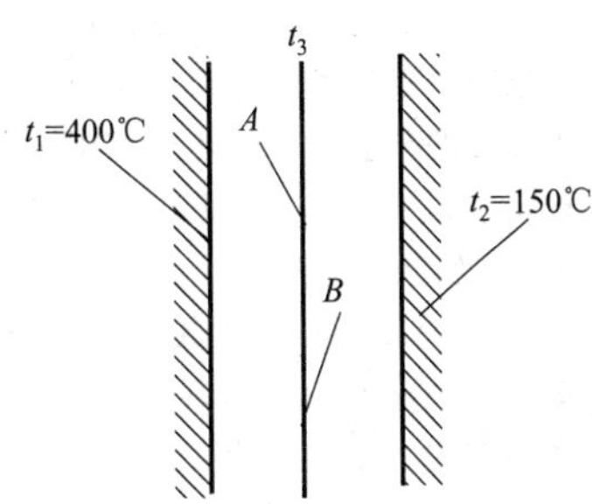

图 4-12　习题 4-6 附图

4-6　如图 4-12 所示。两平行平板的温度分别为 $t_1=400$℃、$t_2=150$℃，黑度分别为 $\varepsilon_1=0.65$，$\varepsilon_2=0.90$。今在两板之间插入第 3 块平行平板，该板厚度极小，两侧面（A、B 面）温度均一，但黑度不同。当 A 面朝板 1，达到定态后板 3 的平衡温度为 327℃。当 B 面朝板 1，达到定态时板 3 的温度为 277℃。设各板之间的距离很小，求板 3 的 A、B 两面的黑度 ε_A、ε_B 各为多少？

［答：$\varepsilon_A=0.68$，$\varepsilon_B=0.40$］

4-7　某气体混合物（比热容及热导率均未知）以 90kg/h 的流量流过套管换热器的内管，气体的温度由 38℃被加热到 138℃。内管内径为 53mm，内管外径为 78mm，壁厚均为 2.5mm，管外为蒸汽冷凝使管内壁温度维持在 150℃。已知混合气体黏度为 0.027mPa·s，普朗特数 $Pr=1$，试求套管换热器的管长。

［答：$l=9.53$m］

4-8　某反应器有一用 ϕ32mm×2.5mm 的钢管绕成的蛇管冷却器，用于取走化学反应所产生的热量，以维持反应器温度为 120℃。蛇管的曲率半径 $R=1$m，蛇管长 50m，冷却水进入蛇管温度为 25℃，出口温度为 55℃，流量为 5.72×10^{-4}m³/s。试求：(1) 反应物对蛇管壁的给热系数 α_2；(2) 当冷却水入口温度及反应器内温度不变时，冷却水流量加倍，求冷却水出口温度（设冷却水进口温度不变）。已知：蛇管壁及污垢热阻可忽略不计，定性温度下冷却水物性为 $\rho=992$kg/m³、$c_p=4.174$kJ/(kg·℃)、$\lambda=0.64$W/(m·℃)、$\mu=0.67$mPa·s、$Pr=4.34$。冷却水侧（走蛇管内侧）的传热系数 α_1 可先按直管公式求，然后乘一校正系数 $f_R=1+1.77d/R$（式中 d 为蛇管内径，R 为曲率半径）。

［答：(1) $\alpha_2=188$W/(m·℃)；(2) $t_2'=41$℃］

4-9　一套管换热器，外管为 ϕ83mm×3.5mm，内管为 ϕ57mm×3.5mm 的钢管，有效长度为 60m。套管中用 393K 的饱和水蒸气冷凝来加热内管中的油。蒸汽冷凝潜热为 2205kJ/kg。已知油的流量为 7200kg/h，密度为 810kg/m³，比热容为 2.2kJ/(kg·℃)，黏度为 5mPa·s，进口温度为 30℃，出口温度为 80℃。试求：(1) 蒸汽的用量；(2) 传热系数；(3) 如油的流量及加热温度不变，加热蒸汽压力不变现将内管直径改为 ϕ47mm×3.5mm 的钢管。求管长为多少？已知蒸汽冷凝传热系数为 12000W/(m²·K)，管壁热阻不计，管内油的流动类型为湍流。

［答：(1) 蒸汽用量为 359kg/h；(2) $K=332$W/(m²·℃)；(3) $l=50.8$m］

4-10　某厂用两台结构完全相同的单程列管换热器（由 44 根 ϕ25mm×2.5mm、长 4m 的管子构成），按并联方式预热某种料液。122℃饱和蒸汽在两换热器管外冷凝，料液以等流量在两换热器管内流过。料液的比热容为4.01kJ/(kg·℃)、密度为1000kg/m^3，当料液总量为1.56×10^{-2}m^3/s时（料液在管内呈湍流流动）料液由22℃被加热到102℃，若蒸汽冷凝传热系数为8kW/(m^2·℃)，管壁及污垢热阻均可忽略不计。试问：(1) 料液对流传热系数为多少？(2) 料液总量与加热条件不变，将两台换热器由并联该为串联使用，料液能否由22℃加热到112℃。(3) 两台换热器由并联改为串联后，在总流量不变的情况下，流经换热器的压力降将增加多少倍（湍流时可按$\lambda=0.3164/Re^{0.25}$考虑）。

[答：(1) $\alpha_1=8357$W/(m^2·℃)；(2) $t_2'=110℃<112℃$；(3) 增加5.73倍]

4-11 有一单程列管式冷凝器，由60根ϕ25mm×2.5mm的钢管组成，管长1.3m，蒸汽在管间冷凝，冷凝温度为90℃，冷却水走管内，流量为34m^3/h，水在管内的流型为湍流，其进出口温度分别为20℃和40℃，试计算此冷凝器的传热系数。为了节约冷却用水，将此单程列管冷凝器改为四程，试问在保证原来的冷凝负荷（即每小时的冷凝量）下，能否使用水量减少一半。假设两侧污垢热阻，管壁热阻和蒸汽冷凝的热阻均可不计。

[答：$K=2154$W/(m^2·℃)；$Q'=9.47\times10^5$W$>Q=7.845\times10^5$W，能使用水量减少一半]

4-12 单壳程单管程的列管式换热器，由38根ϕ25mm×2.5mm的钢管组成，管长3.5m。拟用此换热器将流量为15t/h的苯从30℃加热到70℃，苯走管程，壳程用119.6℃的饱和水蒸气作加热剂，冷凝水在饱和温度下排走。已知苯侧污垢热阻$R_{s1}=8.33\times10^{-4}$m^2·℃/W，苯的密度$\rho=900$kg/m^3，苯的黏度$\mu=0.47$mPa·s，苯的比热容$c_p=1.8$kJ/(kg·K)，苯的热导率$\lambda=0.145$W/(m·℃)，管壁的热导率$\lambda_w=40$W/(m·℃)，蒸汽冷凝给热系数$\alpha_2=10^4$W/(m^2·℃)，蒸汽侧污垢热阻及换热器的热损失可略去不计。试求：(1) 苯在管内的对流给热系数；(2) 换热器的总传热系数；(3) 该换热器能否满足传热需要，苯的实际出口温度是多少？(4) 若将该换热器改为双管程，其他条件不变，可将苯加热到多少度（提示：令$m_{s2}'/m_{s2}=x$，将x作为变量推导出合适的计算式进行试差）？(5) 改为双管程后仍用119.6℃的饱和水蒸气加热，可将多大流量的苯同30℃加热到原工况 (3) 中苯的出口温度？此时蒸汽冷凝量比原工况增加多少？

[答：(1) $\alpha_1=734$W/(m^2·℃)；(2) $K=343$W/(m^2·℃)；(3) $A_{需}=12.9$m^2（$>A=10.4$m^2），或$Q=2.41\times10^5$W（$<Q_{需}=3.0\times10^5$W），或$t_2=63.9$℃（$<t_2^0=70$℃），不能满足传热需要，实际出口温度$t_2=63.9$℃；(4) $t_2'=72.1$℃；(5) $m_{s2}'=2.293\times10^4$kg/h，52.86%]

4-13 在一新的套管式换热器中，冷却水在ϕ25mm×2.5mm的内管中流动，以冷凝环隙间的某蒸汽。当冷却水流速为0.4m/s和0.8m/s时，测得基于内管外表面计算的总传热系数分别为$K=1200$W/(m^2·℃)和$K=1700$W/(m^2·℃)。水在管内为湍流，管壁的热导率$\lambda=45$W/(m·℃)，水流速改变后，可认为环隙间蒸汽冷凝的给热系数不变。试求：(1) 当水流速为0.4m/s时，水对管壁的对流给热系数为多少？(2) 某蒸汽冷凝的对流给热系数为多少？(3) 若操作一时期后，水流速仍保持为0.4m/s，但测得的K值比操作初期下降10%，试分析原因。并论述此时蒸汽的冷凝量是否也下降10%？

[答：(1) $\alpha_1=2171$W/(m^2·℃)；(2) $\alpha_2=5096$W/(m^2·℃)；(3) 原因主要是水侧污垢生成，蒸汽的冷凝量不会下降10%]

4-14 流量为1000kg/h的某气体通过列管换热器的管程，由150℃降至80℃，壳程软水的初温为15℃，出口温度65℃，两流体作逆流流动。已知气体对管壁的对流传热系数远小于管壁对水的对流传热系数。试求：(1) 冷却水用量；(2) 如气体处理量增大50%，冷却水初温不变，仍用原换热器达到原要求的气体冷却程度，此时出口水温将为多少度？冷却水的用量为多少？设管壁热阻、污垢热阻，热损失均可忽略不计。气体的平均比热容为1.02kJ/(kg·K)，水的比热容为4.17kJ/(kg·K)，不计温度变化对比热容的影响。气体均作湍流流动。

[答：(1) $m_{s2}=342$kg/h；(2) $t_2'=50.5$℃，$m_{s2}'=723$kg/h]

4-15 有一单壳程双管程列管换热器，管外用120℃饱和蒸汽加热，干空气以12m/s的流速在管内流动，管径为ϕ38mm×2.5mm，总管数为200根，已知空气进口温度为26℃，要求出口温度为86℃，试求：(1) 该换热器的管长应为多少？(2) 若气体处理量、进口温度、管长均保持不变，而将管径增大为ϕ54mm×2mm，总管数减少20%，此时的出口温度为多少（不计出口温度变化对物性影响，忽略热损失、污垢热阻及管壁热阻）？

已知定性温度下空气的物性数据为$c_p=1.005$kJ/(kg·K)，$\rho=1.07$kg/m^3，$\mu=0.0199$mPa·s，$\lambda=$

$0.0287W/(m \cdot K)$，$Pr=0.697$。

［答：(1) $l=1.08m$；(2) $t_2'=73.2℃$］

4-16　某溶液在新清洗的套管换热器中用冷却水进行冷却，溶液的流量为 2000kg/h，比热容为 $3.34kJ/(kg \cdot K)$，从 150℃被冷却到 80℃，溶液向管壁的对流给热系数为 $1163W/(m^2 \cdot ℃)$，水在内管内与环隙的溶液呈逆流流动，从 15℃升到 65℃，平均温度下水的比热容为 $4.18kJ/(kg \cdot K)$、密度 $\rho=992.2kg/m^3$、热导率 $\lambda=0.634W/(m \cdot ℃)$、黏度 $\mu=0.653\times10^3 Pa \cdot s$，外管直径为 $\phi57mm\times3.5mm$，内管直径为 $\phi32mm\times2.5mm$，忽略热损失及管壁热阻。试求：(1) 套管换热器的总传热系数及管长；(2) 换热管使用六个月后，由于生成水垢而影响传热效果，在测得水的流量不变的情况下，水的出口温度降到 60℃，此时总传热系数 K' 及水垢热阻 R_{s1} 为多少？(3) 若仍希望溶液冷却到 80℃，将冷却水流量增加 50%，问能否达到要求？(4) 若仍在新清洗的套管换热器中进行传热，但将逆流传热改为并流传热，其他条件不变，则溶液及水的出口温度变为多少？(本小题要求用对数平均推动力法、消元法、ε-NTU 法、H-NTU 法四种方法求解)。(5) 若将套管换热器的内管改为 $\phi38mm\times2.5mm$ 的管子，其他条件不变。亦不考虑污垢及管壁热阻，完成原定传热任务所需的套管长度为多少？

［答：(1) $K=916.5W/(m^2 \cdot ℃)$ $l=18.9m$；(2) $K'=764.9W/(m^2 \cdot ℃)$，$R_{s1}=1.825\times10^{-4} m^2 \cdot ℃/W$；(3) $Q=1.25\times10^5 W$ ($<Q_{需}=1.30\times10^5 W$) 或 $A_{需}=1.97m^2$ ($>A=1.90m^2$) 或 $T_2'=81.6℃$ ($>T_2^0=80℃$)，不能达到要求；(4) $T_2'=87℃$，$t_2'=60℃$；(5) $l=13.6m$］

4-17　一列管式换热器，管为 $\phi25mm\times2.5mm$，管外装有割去 25%(直径)的圆缺形折流板，传热面积为 $80m^2$。流量 30000kg/h、温度 170℃的柴油走壳程，以逆流方式将 40000kg/h 的原油从 70℃加热到 110℃。此时柴油侧的对流传热系数为 $800W/(m^2 \cdot ℃)$；原油侧的对流传热系数为 $480W/(m^2 \cdot ℃)$。现因生产要求，希望原油的处理量增加 20%，而其出口温度维持 110℃不变，则柴油量要增大多少？已知柴油的比热容为 $2.48kJ/(kg \cdot K)$，原油的比热容为 $2.2kJ/(kg \cdot K)$；柴油侧 $\alpha_2 \propto Re^{0.55}$，原油侧 $\alpha_1 \propto Re^{0.8}$。

［答：柴油量要比原来增加 37.4%］

4-18　用一单程立式列管换热器将 46℃的 CS_2 饱和蒸气冷凝、冷却至 10℃。CS_2 走壳程，流量为 250kg/h，又其冷凝潜热为 355.9kJ/kg，液相 CS_2 的比热容为 $1.047kJ/(kg \cdot ℃)$；冷却水走管程。由下而上与 CS_2 逞逆流流动，其进出口温度分别为 5℃和 30℃。换热器中有 $\phi25mm\times2.5mm$ 管 30 根，管长 3m。设此换热器中，CS_2 蒸气冷凝和液体冷却时的传热系数分别为 $232.6W/(m^2 \cdot ℃)$ 和 $116.3 W/(m^2 \cdot ℃)$ (均以管外表面为基准)，问此换热器能否满足生产要求？

［答：$A_{需}=5.50m^2$ ($<A=7.07m^2$)，或 $Q=3.032\times10^4 W$ ($>Q_{需}=2.73\times10^4 W$)，或 $T_2=5.48℃$ ($<t_2^0=10℃$)，可以满足要求］

4-19　冷、热流体在套管换热器中进行无相变的逆流传热，管内、外二侧对流传热系数的数量级相近，试分析在下述新的操作条件下(其他条件不变) Q、T_2、t_2 将如何变化：(1) T_1 增加；(2) m_{s2} 增加。

［答：(1) Q 增大，T_2 增大，t_2 增大；(2) Q 增大，T_2 减小，t_2 减小］

4-20　在一单管程单壳程的列管换热器中用饱和蒸汽预热某有机溶液(有机溶液无相变)，蒸汽走壳程。试分析在下述新的操作条件下(其他条件不变)，Q、t_2 将如何变化：(1) t_1 减小；(2) 单管程单壳程改为双管程单壳程。

［答：(1) Q 增大，t_2 减小；(2) Q 增大，t_2 增大］

第5章 单效蒸发

5.1 单效蒸发知识要点

本章主要讨论单效蒸发的计算问题。蒸发计算所涉及的计算式主要是物料衡算式、热量衡算式、汽液相平衡关系式(气、液温度关系式)及传热速率关系式。

5.1.1 单效蒸发物料衡算

对单效蒸发器作溶质的物料衡算，可得

$$Fx_0=(F-W)x \tag{5-1}$$

或

$$W=F(1-x_0/x) \tag{5-2}$$

式中 F——溶液的进料量，kg/s；

W——水分蒸发量，kg/s；

x_0——原料液中溶质的质量分数；

x——完成液中溶质的质量分数。

5.1.2 单效蒸发热量衡算

在忽略浓缩热，并将二次蒸汽近似当作饱和蒸汽处理的条件下，对单效蒸发器作热量衡算，可得

$$D=\frac{F(ct-c_0t_0)+Wr+Q_l}{R} \tag{5-3}$$

式中 D——加热蒸汽消耗量，kg/s；

c_0，c——分别为原料液、完成液的比热容，J/(kg・℃)；

t_0，t——分别为原料液、完成液的温度，完成液温度即为溶液沸点，℃；

r——温度为 T（与蒸发压力 p 对应）的二次饱和蒸汽汽化潜热，J/kg；

Q_l——热损失速率，W；

R——温度为 T_s（与加热蒸汽压力 p_s 对应）的加热饱和蒸汽汽化潜热，J/kg。

在应用式(5-3) 时要注意以下几点。

① 蒸发过程的热负荷或蒸发器中的传热量 Q 为

$$Q=DR \tag{5-4}$$

式中，Q 的 SI 制单位为 W(W=J/s)，Q 经常与后面提到的蒸发器传热速率方程 $Q=KA(T_s-t)$ 结合解题，该式中总传热系数 K 的 SI 制单位为 W/(m^2・℃)。因此，用热量衡算式与传热速率方程结合解题时要特别注意各物理量的单位问题。建议在解题时应先仔细检查题给物理量单位是否是以上各式中规定的各物理量的 SI 制单位，若不是应换算成 SI 制单位然后运算，否则极易出错。目前，许多教材中 D、W、F 的单位用 kg/h 表示，c 的单位用 kJ/(kg・℃) 表示，R 和 r 的单位用 kJ/kg 表示，Q_l 的单位用 kJ/h 表示，用上述物理量单位时将热量衡算式与传热速率方程结合解题，一不小心就会出错，望读者注意这个问题。

② 有的题目热损失 Q_l 不是直接给出具体数值，而是已知热损失占蒸发器传热量（或热负荷）DR 的某个百分数，比如 5%，即 $Q_l=0.05DR$，将其代入式(5-3) 并利用式(5-4) $Q=DR$，经过整理可得

$$Q=DR=\frac{F(ct-c_0t_0)+Wr}{1-0.05}=1.053[F(ct-c_0t_0)+Wr] \tag{5-5}$$

③ 有的题目已知原料液比热容 c_0，但完成液比热容 c 未知，则近似按线性加和原则由水的比热容 c^* 和溶质比热容 c_B 计算溶液比热容 c，即

$$c_0=c^*(1-x_0)+c_Bx_0 \tag{5-6}$$

式中　c^*——水的比热容，可取为 4187J/(kg·℃)；

c_B——溶质的比热容，J/(kg·℃)。

由于 c_0、c^*、x_0 已知，可用式(5-6) 求出 c_B 后再用式(5-7) 求 c，即

$$c=c^*(1-x)+c_Bx \tag{5-7}$$

对稀溶液（$x<0.20$），当 c_0 未知时，c_B 也无法求，此时可用式(5-8) 估算 c，即

$$c=c^*(1-x) \tag{5-8}$$

用式(5-7) 和式(5-8) 求 c 需知道完成液的浓度 x，但有些题型 x 为待求量，故 c 无法求，此时可近似取 $c\approx c_0$ 计算。

5.1.3　蒸发器总传热速率方程

蒸发器的总传热速率方程为

$$Q=KA(T_s-t)=KA\Delta t \tag{5-9}$$

式中　Q——蒸发器的热负荷（传热量），W；

K——蒸发器的总传热系数，W/(m^2·℃)；

A——蒸发器的传热面积，m^2；

T_s——加热饱和蒸汽温度（与加热蒸汽压力 p_s 对应），℃；

t——溶液沸点（即完成液温度，与蒸发压力 p 有关），℃；

Δt——蒸发器的有效传热温度差，℃，$\Delta t=T_s-t$。

上式中 Q 可通过蒸发器热量衡算式计算，K、T_s 通常为已知值，故要计算传热面积 A 还需知道溶液沸点 t。t 有时不是直接给定，而要通过汽液相平衡关系确定。

5.1.4　蒸发汽液相平衡关系（汽液温度关系）

蒸发操作存在各种温度差损失，在蒸发压力 p 下的溶液沸点 t 与相同压力下纯水的沸点（即二次蒸汽的饱和温度）T 之间有如下关系。

$$t=T+\Delta \tag{5-10}$$

$$\Delta=\Delta'+\Delta'' \tag{5-11}$$

式中　t——蒸发压力 p 下的溶液沸点，℃；

T——与蒸发压力 p 相同压力下纯水的沸点，即二次蒸汽的饱和温度，℃；

Δ——总温度差损失，即沸点升高，℃；

Δ'——由于溶液蒸气压下降所引起的温度差损失，℃；

Δ''——由于液柱静压力引起的温度损失，℃。

t 与 Δ 有关，Δ 与 Δ' 和 Δ'' 有关，现在的问题是 Δ' 和 Δ'' 怎么求？

（1）溶液蒸气压下降引起的温度差损失 Δ'　由于不挥发性溶质的存在，溶液的饱和蒸气压下降，使溶液的沸点必然高于同一压力下纯水的沸点，亦即高于蒸发压力下二次蒸汽的饱和温度，此高出的值用 Δ' 表示。

$$\Delta'=t_A-T \tag{5-12}$$

请读者注意以下两个区别。

一是 Δ 与 Δ' 的区别：Δ' 是溶液沸点升高引起的温度差损失；Δ 是总温度差损失，Δ 不仅与 Δ' 有关，还与 Δ''（液柱静压力引起的温度差损失，后面介绍）有关，即 $\Delta=\Delta'+\Delta''$。

二是 t 与 t_A 的区别：t_A 是仅因溶质存在使溶液蒸气压降低而沸点升高时的溶液沸点，

t_A 与 Δ'有关，即 $t_A=T+\Delta'$；t 是蒸发操作时的溶液沸点，t 不仅与 Δ'有关，还与 Δ''有关，即 $t=T+\Delta=T+\Delta'+\Delta''$。

求 Δ'通常有以下两种方法。

方法一： 先确定 t_A 值，再用式(5-12) 计算 Δ'。分以下两种情况讨论 t_A 的确定方法。

① 常压蒸发。此时，可由教材的附录（或有关手册）中查出有关溶液在常压下的沸点 t_A，然后用式(5-12) 计算 Δ'。

② 非常压蒸发。此时可按杜林规则计算 t_A。杜林规则说明，在较宽的压力范围内，某溶液在两个不同压力下的两个沸点之差 $t_A'-t_A^0$ 与标准液体（通常指纯水）在相应的两个压力下的两个沸点之差（$t_w'-t_w^0$）的比值为一常数，即

$$\frac{t_A'-t_A^0}{t_w'-t_w^0}=k \tag{5-13}$$

式中 t_A'，t_A^0——分别为溶液在两个不同压力下的沸点，℃；

t_w'，t_w^0——分别为标准液体（例如纯水）在相应的两个压力下的沸点，℃；

k——决定于溶液浓度的常数，无量纲。

由式(5-13) 求出 k 值后，其他任一压力下溶液的沸点 t_A 为

$$t_A=t_A^0+k(t_w-t_w^0) \tag{5-14}$$

方法二： 用经验公式估算 Δ'。

用经验公式或专门适用于某溶液的实验数据回归式可以估算 Δ'值。下面介绍一个经验公式——吉辛科公式，该式可用于估算某些溶液的 Δ'值，但对有些溶液误差很大。

$$\Delta'=16.2\frac{(T+273)^2}{r}\Delta_a \tag{5-15}$$

式中 T——蒸发压力下纯水的沸点，即二次蒸汽的饱和温度，℃；

r——蒸发压力下纯水（即二次饱和蒸汽）的汽化潜热，J/kg；

Δ_a——常压下溶液由于蒸汽压下降引起的温度差损失，℃。

$$\Delta_a=t_A-100 \tag{5-16}$$

(2) 液柱静压力引起的温度差损失 Δ'' 在单程型（升膜式、降膜式）蒸发器中 Δ''值很小可略去。在循环型蒸发器中操作时，需维持一定的液位，尤其在一些垂直长管蒸发器中，液层深度可达 3～6m，而且溶液在管内还有流动阻力损失。因此，溶液内部的静压力较之液面处要高，静压力增高也导致溶液的沸点升高，由此产生的温度差损失用 Δ''表示。

$$\Delta''=T_{p_m}-T_p \tag{5-17}$$

式中 T_{p_m}——在平均压力 p_m 下纯水的沸点，℃；

T_p——在蒸发压力 p 下纯水的沸点，即蒸发压力 p 下二次蒸汽的饱和温度，℃。

$$p_m=p+\rho gL/2 \tag{5-18}$$

式中 p_m——蒸发器中液面和溶液底层间的平均压力，Pa；

p——蒸发压力，即液面上方二次蒸汽的压力，Pa；

ρ——溶液的密度，kg/m^3；

g——重力加速度，m/s^2；

L——液面高度，m。

(3) 蒸汽流动阻力引起的温度差损失 Δ''' 二次蒸汽在多效蒸发器的效间流动以及单效蒸发、多效蒸发末效的二次蒸汽流到冷凝器都会因流动阻力引起温度差损失，用 Δ'''表示。对单效蒸发，若题给为冷凝器的压力 p_k（其相应的二次蒸汽饱和温度为 T_k），计算时应考虑 Δ'''，其值可取为1℃，且式(5-10) 中的 T 改用冷凝器中的二次蒸汽饱和温度 T_k，即 $t=$

$T_k+\Delta$，其中 $\Delta=\Delta'+\Delta''+\Delta'''$；若题给为蒸发压力 p，则不必计入 Δ'''，用式(5-10) 和式(5-11)计算。

5.1.5　单效蒸发计算解题关系图

单效蒸发过程的计算问题题型很多，可以分为设计型计算问题（蒸发器的结构形式与传热面积 A 未知）和操作型计算问题（蒸发器的结构形式与传热面积 A 已知）两大类。

"回归启发"（亦称归一启发)，是一种收敛性思维形式(主要是抽象和概括）在教学中的应用。教学中的"回归启发"，就是要力透纷纭、理线抓点、捉住"万变不离其宗"的"宗"字，使同学们不会沉溺于烦琐的次要问题上，抓住重点，抓住关键，以"宗"应万变，培养同学们高度的科学概括能力。那么，单效蒸发过程计算问题的"宗"是什么呢?

其"宗"就是前述的对该过程进行抽象的结果，即物料衡算式、热量衡算式、传热速率式和汽液相平衡式！单效蒸发计算题型可以千变万化，但万变不离其宗，紧紧抓住这个"宗"，把它理解深、理解透，就能解决众多的单效蒸发计算问题！为了便于同学们复习、理解、记忆、灵活应用其"宗"，将它形象化概括成图 5-1 所示的解题关系图，从图中蒸发的一个关键知识点出发可延伸联想到许多相关知识点以及这些知识点间的相互关系，这对熟练掌握蒸发知识点并灵活应用它们去提高蒸发解题能力有很大帮助。

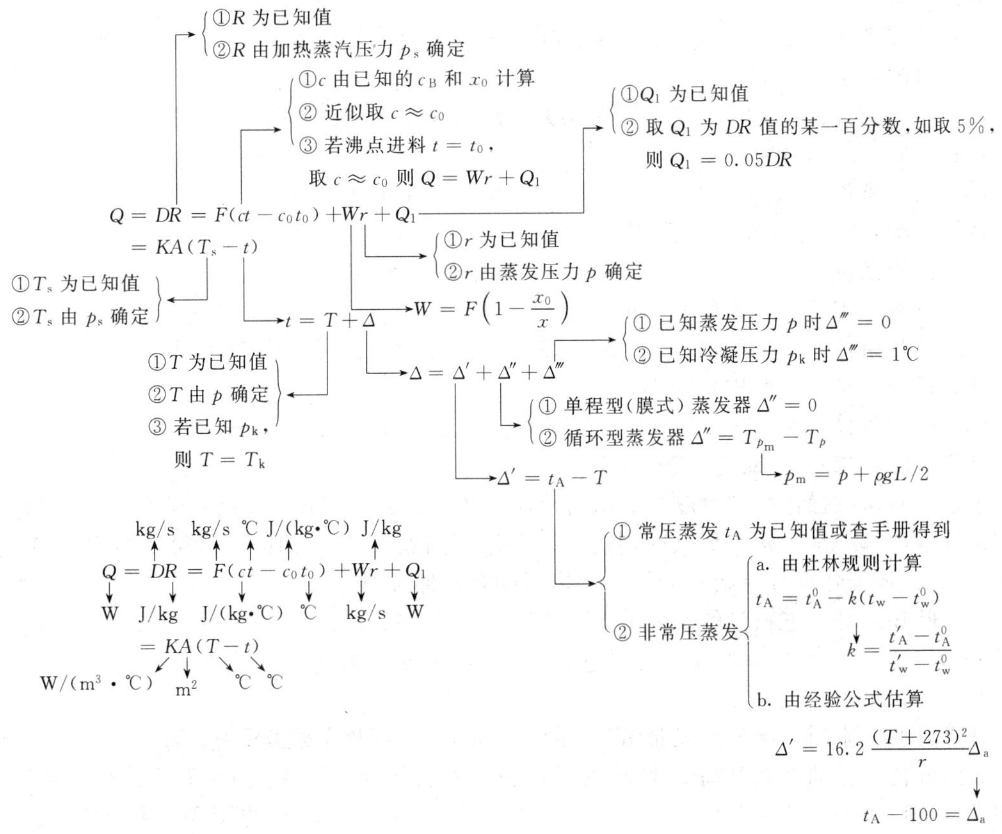

图 5-1　单效蒸发计算解题关系图

5.1.6　单效蒸发设计型计算题型及解法分析

已知条件：料液的流量 F、浓度 x_0、温度 t_0、比热容 c_0 及完成液的浓度 x。

设计条件：加热蒸汽的压力 p_s（或温度 T_s）及冷凝器的操作压力 p_k（或冷凝器中二次蒸汽温度 T_k，p_k 或 T_k 主要由可供使用的冷却水温度决定)、或蒸发室的操作压力 p（或饱

和二次蒸汽温度 T)。

计算目的：根据选用的蒸发器形式确定传热系数 K，计算所需的传热面积 A 及加热蒸汽用量 D。

分析：

(1) 先用热量衡算式求 D。由图 5-1 可看出，求 D 需知 R、F、c、t、c_0、t_0、W、r、Q_1 等变量值，其中 F、c_0、t_0 为已知条件，R、c、t、r、Q_1 根据已知条件或设计条件可确定或计算求出，由已知条件 F、x_0、x 用物料衡算式可求出 W，故 D 可求出。

(2) 再用总传热速率方程求 A。求 A 需知 Q、K、T_s、t 等变量值，其中 $Q=DR$、K 为已知值或由选用的蒸发器形式确定、T_s 为已知值或由 p_s 确定、t 在求 D 时已确定，故 A 可求出。

注意：①溶液沸点 t 的计算是难点，要特别注意 t 的求法，在图 5-1 中各种情况求 t 的方法均已说明；②要特别注意各物理的单位，若题给物理量单位不一致，一定要仔细检查并换算为一致，否则极易出错（参见 5.1.2 节中注意的第①点说明）。

5.1.7 单效蒸发操作型计算题型及解法分析

单效蒸发操作型计算题型很多，其共同特点是蒸发器的结构形式和传热面积 A 已知，大致有以下几类题型。

(1) 已知条件：A、K、t_0、x_0、x、Q_1、p_s（或 T_s）、p_k（或 T_k）或 p（或 T）。

计算目的：求 F 和 D。

(2) 已知条件：A、F、t_0、x_0、x、Q_1、p_s（或 T_s）、p_k（或 T_k）或 p（或 T）。

计算目的：求 K 和 D。

(3) 已知条件：A、K、F、t_0、x_0、x、Q_1、p_k（或 T_k）或 p（或 T）。

计算目的：求 T_s（或 p_s）和 D。

(4) 已知条件：A、K、F、t_0、x_0、x、Q_1、p_s（或 T_s）。

计算目的：求 T（或 t 或 Δ）和 D。

(5) 已知条件：A、K、F、t_0、x_0、Q_1、p_s（或 T_s）、p_k（或 T_k）或 p（或 T）。

计算目的：求 x（或 W）和 D。

(6) 已知条件：A、F、t_0、x_0、t、D、p_s（T_s）、p_k（或 T_k）或 p（或 T）。

计算目的：求 Q_1（或 Q_1/Q）及 K。

上述单效蒸发操作型计算题型的求解所用的关系式仍然是图 5-1 所列的关系式，解法分析与设计型计算解法分析类似（区别仅在于操作型问题 A 是已知的，而设计型问题 A 是未知的)，故上述操作型计算题型的解法分析请读者延伸分析。

(7) 已知条件：进料量的改变值 F'，其他条件如 A、t_0、x_0、K、p_s（或 T_s）、p_k（或 T_k）或 p（或 T）等保持不变，且已知为稀溶液 Δ' 可略去不计，蒸发器为单程型蒸发器 $\Delta''=0$。

计算目的：求新工况的蒸发量 W'、浓缩液量 $F'-W'$ 及完成液浓度 x'。

解法分析：已知沸点升高 Δ' 和 Δ'' 均可略去，若已知 T，则沸点 $t=T+\Delta'+\Delta''=T$（若已知 T_k，则 $t=T_k+\Delta'''$)，$\Delta t=T_s-t=T_s-T$，T_s 和 T 不变，Δt 也不变；由总传热速率方程 $Q=KA\Delta t$ 可知，K、A、Δt 不变，Q 也不变；将 Q 及其他已知条件代入热量衡算式求出 W'，则浓缩液量 $F'-W'$ 即可求出，然后由物料衡算式求出 x'。

(8) 已知条件：加热蒸汽压力的改变值 p_s' 或其饱和温度的改变值 T_s'，其他条件如 A、F、t_0、x_0、K、p_k（或 T_k）或 p（或 T）等保持不变，且沸点升高可忽略不计（即 $\Delta'=0$，$\Delta''=0$)。

计算目的：求 W'、$F'-W'$ 及 x'。

(9) 已知条件：蒸发压力的改变值 p' 或二次蒸汽饱和温度的改变值 T'，其他条件如 A、F、t_0、x_0、K、p_s（或 T_s）等保持不变，且沸点升高可略去不计（即 $\Delta'=0$，$\Delta''=0$）。

计算目的：求 W'、$F'-W'$ 及 x'。

(10) 已知条件：溶液进料温度的改变值 t_0'，其他条件如 A、F、x_0、K、p_s（或 T_s）、p_k（或 T_k）或 p（或 T）等保持不变，且沸点升高可略去不计（即 $\Delta'=0$，$\Delta''=0$）。

计算目的：求 W'、$F'-W'$ 及 x'。

(11) 已知条件：溶液进料浓度的改变值 x_0'，其他条件如 A、F、t_0、K、p_s（或 T_s）、p_k（或 T_k）或 p（或 T）等保持不变，且沸点升高可略去不计（即 $\Delta'=0$，$\Delta''=0$）。

计算目的：求 W'、$F'-W'$ 及 x'。

上述题型（8）～（11）的解法分析与题型（7）类似，请读者延伸分析。

5.2 单效蒸发典型例题分析

例 5-1 某厂用一单效蒸发器将流量为 10000kg/h，温度为 60℃的 10% NaOH 水溶液浓缩至 20%（均为质量分数）。蒸发器内的操作压力 p（绝压）为 49.1kPa，加热蒸汽压力 p_s（绝压）为 202.6kPa，原料液的比热容为 3.77kJ/(kg·℃)，器内液面高度为 1.2m。已知在此操作条件下传热系数 $K=1400\text{W}/(\text{m}^2\cdot℃)$，器内溶液的平均密度为 1176kg/m^3，蒸发器的散热损失为 83700kJ/h，忽略浓缩热，试求：(1) 蒸发水分量 W 为多少？(2) 加热蒸汽消耗量 D 为多少？(3) 蒸发器所需的传热面积 A 为多少？

已知数据如表 5-1 所示。

表 5-1　例 5-1 附表

项　　目	数　　据			
蒸汽压力/Pa	20.26×10^4	10.13×10^4	4.91×10^4	2.94×10^4
汽化潜热/(kJ/kg)	2201.0	2258.4	2305.1	
纯水的沸点/℃	121	100	80.9	68.7
溶液的沸点 t_A/℃		107		74.4

解　本题为 5.1.6 节介绍的蒸发设计型计算题型，其解法分析及注意事项详见该节。

(1)
$$W=F(1-x_0/x)=10000\times(1-0.1/0.2)=5000\ (\text{kg/h}) \tag{a}$$

(2)
$$D=\frac{F(ct-c_0t_0)+Wr+Q_l}{R} \tag{b}$$

式(b) 中 $c_0=3.77\times10^3\text{J}/(\text{kg}\cdot℃)$，$t_0=60℃$ 为已知值；r 和 R 可分别根据已知的 p 和 p_s 从题给数据中查得 $r=2305.1\times10^3\text{J/kg}$，$R=2201.0\times10^3\text{J/kg}$；$F$、$Q_l$ 为已知值，W 在（1）中已求出，但它们均不是 SI 制单位，必须先换算为 SI 制的值才能代入式中求解，故 $F=10000\text{kg/h}=10000/3600=2.78\text{kg/s}$，$W=5000\text{kg/h}=5000/3600=1.39\text{kg/s}$，$Q_l=83700\text{kJ/h}=83700\times10^3/3600=23250\text{W}$。现在由式(b) 求 D 还需知道 c 和 t 的值。

① 先用式(5-6) 求出溶质比热 c_B，再用式(5-7) 求 c

$$c_B=\frac{c_0-c^*(1-x_0)}{x_0}=\frac{3.77\times10^3-4187(1-0.1)}{0.1}=17\ [\text{J}/(\text{kg}\cdot℃)]$$

$$c=c^*(1-x)+c_Bx=4187\times(1-0.2)+17\times0.2=3353\ [\text{J}/(\text{kg}\cdot℃)]$$

② $t=T+\Delta$；$T=80.9℃$（根据已知蒸发压力 p 查题给纯水沸点，就是饱和二次蒸汽温度 T）；本题已知 p 而不是 p_k，故 $\Delta'''=0$，$\Delta=\Delta'+\Delta''$；题给两个不同压力下纯水及溶液的沸点（注意：题给的溶液沸点是 t_A，$t_A\neq t$），且为非常压蒸发，故可用杜林规则先求蒸发压力 p 下溶液的 t_A，再用式(5-12) 计算 Δ'；Δ'' 可根据平均压力 p_m 求。

$$k=\frac{t'_A-t_A^0}{t'_w-t_w^0}=\frac{107-74.4}{100-68.7}=1.042$$

$$t_A=t_A^0+k(t_w-t_w^0)=74.4+1.042\times(80.9-68.7)=87.1\ (℃)$$

$$\Delta'=t_A-T=87.1-80.9=6.2\ (℃)$$

$$\Delta''=T_{p_m}-T_p$$

T_p 为蒸发压力 p（49.1kPa）下纯水的沸点，即蒸发压力下二次蒸汽的饱和温度 T，故 $T_p=T=80.9℃$；T_{p_m} 须由 p_m 决定，p_m 为

$$p_m=p+\frac{1}{2}\rho gL=49.1\times10^3+\frac{1}{2}\times1176\times9.81\times1.2=56.0\times10^3\ (\text{Pa})$$

因题给饱和蒸汽性质中无 $p=56.0\times10^3$ Pa 的数据，故根据 p_m 值用线性内插法可查得 $T_{p_m}=83.4℃$（若不是考试，而是做作业，有饱和水蒸气性质表可查，查表比较准确），则

$$\Delta''=T_{p_m}-T_p=T_{p_m}-T=83.4-80.9=2.5\ (℃)$$

$$t=T+\Delta=T_p+\Delta'+\Delta''=80.9+6.2+2.5=89.6\ (℃)$$

把上述已知数值代入式(b) 得

$$D=\frac{2.78\times(3353\times89.6-3770\times60)+1.39\times2305.1\times10^3+23250}{2201\times10^3}$$

$$=1.56\ (\text{kg/s})=5616\ (\text{kg/h})$$

(3) $$A=\frac{Q}{K(T_s-t)}=\frac{DR}{K(T_s-t)}=\frac{1.56\times2201\times10^3}{1400\times(121-89.6)}=78.1\ (\text{m}^2)$$

解题小结：①本题求 D 时采用了逆向思维解题法，即题目要求 D，就先将求 D 的公式列出。然后列出该式中哪些变量是题目给定的已知条件（如 c_0、t_0、F、Q_1）及前面已求出的（如 W），要特别注意检查已知量的单位是否为 SI 制，若不是则需将它们化为 SI 制（如 F、Q_1、W）。再分析求 D 的式中哪些变量不是题目直接给定的（如 c、t），并设法利用题目给定的其他参数求出 c、t，最后求出 D。迄今为止，大多数教科书均按正向思维解题，如对本题的求解，先花大量篇幅求 c、t，又不讲明为何要先求 c、t，读者看到最后求 D 时才恍然大悟，原来前面求 c、t 都是为了后面求 D 用。这种解题法使人难以看懂解题过程，不利于培养逻辑思维能力、分析和解决问题能力。笔者切身体会到，讲课时按逆向思维解题，逻辑条理清晰，能深深吸引学生的注意力并启发引导他们积极思维，效果很好；写书时用逆向思维法解题，易于使人看懂。望读者在解题时尽量学会用逆向思维法解题，持之以恒，对提高逻辑思维能力效果显著。

② 求溶液沸点 t 是蒸发计算的一个难点，通过本题的求解，读者应该加深对 5.1.4 节中提到的两个区别的理解，即 Δ 与 Δ' 的区别和 t 与 t_A 的区别，并熟练掌握求 t、Δ'、Δ'' 的方法。

③ 解题时要特别注意物理量的单位，若给定的物理量单位不是SI制的，需先化为SI制再代入运算。不注意物理量的单位，往往是初学者最常犯的错误，望初学者引起足够的重视。

例 5-2 浓度为 2.0%（质量分数，下同）的盐水溶液在 25℃连续进入一单效蒸发器被浓缩至 3.0%。蒸发器传热面积为 69.7m²，加热蒸汽饱和温度为 110℃，汽化潜热为 2232kJ/kg，加料量为 4500kg/h，料液比热容 $c_0=4.1$kJ/(kg·℃)，沸点升高可忽略不计，操作在常压下进行，水的汽化潜热为 2260kJ/kg，热损失为蒸发器传热量的 6%，求：(1) 蒸发水分量 W；(2) 加热蒸汽消耗量 D；(3) 当加料量增加至 6800kg/h，其他条件不变（溶液进口温度，传热系数，蒸汽温度及消耗量，蒸发压力，热损失占蒸发器传热量的百分数等均不变），可将溶液浓缩至多少浓度？

解　(1)　$$W=F(1-x_0/x)=\frac{4500}{3600}\times\left(1-\frac{0.02}{0.03}\right)=0.417\ (\text{kg/s})$$

(2) 先设法求 Q 然后再求 D，因已知热损失为蒸发器传热量的6%，参照式(5-5) 的推导，可得

$$Q=\frac{F(ct-c_0t_0)+Wr}{1-0.06}=1.064[F(ct-c_0t_0)+Wr] \tag{a}$$

已知式(a) 中 $F=4500/3600=1.25\text{kg/s}$，$c_0=4.1\times10^3\text{J/(kg·℃)}$，$t_0=25℃$，$W=0.417\text{kg/s}$，水即二次饱和蒸汽的汽化潜热 $r=2260\times10^3\text{J/kg}$。求 Q 还须确定 c 和 t 的值。本题为稀溶液，所以可用式(5-8) 求 c，即

$$c=c^*(1-x)=4187\times(1-0.03)=4061\ [\text{J/(kg·℃)}]$$

本题为常压蒸发，常压下纯水的沸点即二次饱和蒸汽温度 $T=100℃$。因为沸点升高 Δ 可略去不计，则 $t=T+\Delta=T=100℃$。将上述已知值代入式(a)，得

$$Q=1.064\times[1.25\times(4061\times100-4100\times25)+0.417\times2260\times10^3]=1.407\times10^6\ (\text{W})$$

加热蒸汽消耗量　　$D=Q/R=1.407\times10^6/2232\times10^3=0.63\ (\text{kg/s})$

(3) 本题为5.1.7节单效蒸发操作型计算题型 (7)，当加料量变为 $F'=6800\text{kg/h}=6800/3600=1.89\text{kg/s}$，由5.1.7节题型 (7) 的解法分析可知，$\Delta$ 可略去，T_s、T 不变时，t 和 Δt 也不变，K、A、Δt 不变，Q 也不变，且题目已知热损失占蒸发器传热量的百分数不变，由式(a) 可知 W 变，故先求出 W' 再求出 x' (x 变，c 变，但 c 变化很小，求 W' 时近似取 c 不变，对计算结果影响不大)。将式(a) 中 F 改为 F'，W 改为 W'，其他物理量不变，得

$$Q=1.064[F'(ct-c_0t_0)+W'r] \tag{b}$$

把式(b) 改写为求 W' 的形式并将已知数据代入，得

$$W'=\frac{Q/1.064-F'(ct-c_0t_0)}{r}$$
$$=\frac{1.407\times10^6/1.064-1.89\times(4061\times100-4100\times25)}{2260\times10^3}=0.331\ (\text{kg/s})$$

由式(5-1) 得

$$x'=\frac{F'x_0}{(F'-W')}=\frac{1.89\times0.02}{1.89-0.331}=0.024=2.4\%$$

例5-3　现用一个单效蒸发器来浓缩某水溶液。已知蒸发器的加热面积为 30m^2，经测定：当加热蒸汽压力 (表压) 为294.3kPa，冷凝器的真空度为610mmHg，采用沸点进料，经过1.2h可得蒸发水分量3.6t，而蒸发器的散热损失为加热蒸汽放出热量的4%，各项温差损失为：$\Delta'=3.8℃$，$\Delta''=2℃$，$\Delta'''=1℃$。当地大气压力为101.3kPa，试：(1) 估算单位蒸汽消耗量 (冷凝水在饱和温度下排出)；(2) 估算该蒸发器的传热系数。

已知饱和水蒸气的性质如表5-2所示。

表5-2　例5-3附表

项　目	数	据			
压力/(kPa)	20	30	101.3	294.3	395.6
温度/℃	60.1	66.5	100	132.6	143.0
汽化潜热/(kJ/kg)	2354.9	2333.7	2258.4	2170.0	2139.7

解　(1) 求单位蒸汽消耗量 D/W。根据热量衡算式(5-3) 得

$$D=\frac{F(ct-c_0t_0)+Wr+Q_l}{R} \tag{a}$$

本题为沸点进料 $t=t_0$，溶液比热容 c_0 未知，故近似取 $c\approx c_0$，则 $F(ct-c_0t_0)\approx Fc_0(t-t_0)=0$。已知 $Q_l=0.04DR$。将上述关系代入式(a)，并整理得

$$\frac{D}{W}=\frac{r}{0.96R} \tag{b}$$

饱和蒸汽性质表中的压力为绝压，已知加热蒸汽压力 p_s 为表压，将其换算为绝压后查其饱和温度 T_s 和汽化潜热 R。$p_s=294.3\text{kPa}$（表压）$=395.6\text{kPa}$（绝压），根据 p_s 绝压查得 $T_s=143.0℃$，$R=2139.7\text{kJ/kg}=2139.7\times10^3\text{J/kg}$；冷凝器真空度 $p_k=610\text{mmHg}=81.3\text{kPa}$，则

冷凝器绝压 $\qquad p_k=101.3-81.3=20\ (\text{kPa})$

根据 p_k（绝压）查得 $T_k=60.1℃$，则

蒸发室二次饱和蒸汽温度 $\qquad T=T_k+\Delta'''=60.1+1=61.1\ (℃)$

根据 $T=61.1℃$用线性内插法查得二次蒸汽汽化潜热 $r=2351.6\text{kJ/kg}=2351.6\times10^3\text{J/kg}$。把 R、r 值代入式(b) 求得

$$\frac{D}{W}=\frac{2351.6\times10^3}{0.96\times2139.7\times10^3}=1.145$$

(2) 本题为 5.1.7 节介绍的单效蒸发操作型计算题型 (2)，由蒸发器传热速率方程得

$$K=\frac{Q}{A(T_s-t)}=\frac{DR}{A(T_s-t)}=\frac{1.145WR}{A(T_s-t)} \tag{c}$$

已知冷凝器中二次蒸汽温度 T_k，则

溶液沸点 $\qquad t=T_k+\Delta=T_k+\Delta'+\Delta''+\Delta'''=60.1+3.8+2+1=66.9\ (℃)$

W 根据实验数据可得

$$W=\frac{3.6\times10^3}{1.2\times3600}=0.833\ (\text{kg/s})$$

将已知 $A=30\text{m}^2$ 及 R、T_s 值代入式(c)得

$$K=\frac{1.145\times0.833\times2139.7\times10^3}{30\times(143-66.9)}=894\ [\text{W/(m}^2\cdot℃)]$$

习　题

5-1　单效蒸发器中，将 10%（质量分数，下同）的 NaOH 水溶液浓缩到 30%，原料液流量为 900kg/h，温度为 30℃，原料液的比热容为 3.77kJ/(kg·℃)，加热蒸汽的压力（绝压）为 20.26×10^4 Pa，冷凝器的压力（绝压）为 4.73×10^4 Pa，蒸发器内液面高度为 1.5m，溶液平均密度为 1176kg/m³，总传热系数为 1000W/(m²·℃)，热损失为蒸发器热负荷的 5%。试求：(1) 蒸发水分量 W 为多少？(2) 加热蒸汽消耗量 D 为多少及溶液沸点 t 为多少？(3) 蒸发器所需的传热面积为多少？

已知数据如表 5-3 所示。

表 5-3　习题 5-1 附表

项　目	数	据		
蒸汽压力/Pa	20.26×10^4	10.13×10^4	4.91×10^4	4.73×10^4
汽化潜热/(kJ/kg)	2201.0	2258.4	2305.1	2307.5
溶液的沸点 t_A/℃	128.9	107		
纯水的沸点/℃	121	100	80.9	79.9

［答：(1) $W=0.167\text{kg/s}$；(2) $D=0.202\text{kg/s}$，$t=90.3℃$；(3) $A=14.5\text{m}^2$］

5-2　通过连续操作的单效蒸发器，将进料量为 1200kg/h 的溶液从 20%浓缩至 40%（均为质量分数），进料液的温度为 40℃，比热容为 3.86kJ/(kg·℃)，蒸发室的压力（绝压）为 0.03MPa，该压力下水的蒸发潜热 $r=2335\text{kJ/kg}$，蒸发器的传热面积 $A=12\text{m}^2$，总传热系数 $K=800\text{W/(m}^2\cdot℃)$。试求：(1) 溶液的

沸点及因蒸汽压下降而引起的温度差损失（忽略液柱静压力而引起的温度差损失）；(2) 加热蒸汽冷凝液在饱和温度下排出，并忽略热损失和浓缩热时，所需要的加热蒸汽温度。

已知数据如表 5-4 所示。

表 5-4　习题 5-2 附表

项　　目	数　　据		
蒸汽压力/MPa	0.101	0.05	0.03
溶液沸点 t_A/℃	108	87.2	
纯水沸点/℃	100	80.9	68.7

［答：(1) $t=73.9$℃，$\Delta'=5.2$℃；(2) $T_s=118.2$℃］

5-3　在传热面积为 50m^2 的单效蒸发器内将 20%的 $CaCl_2$ 水溶液浓缩到 40%（均为质量分数）加热蒸汽的温度为 120℃，冷凝潜热为 2205kJ/kg，其消耗量 $D=2400$kg/h，冷凝器内二次蒸汽的温度为 60℃（该温度下汽化潜热为 2355kJ/kg），原料液的温度 $t_0=20$℃，流量为 3600kg/h，其比热容 $c_0=3.5$kJ/(kg·℃)。该溶液蒸汽压下降和液柱静压力引起的沸点升高为 23℃，试计算：(1) 蒸发器的热损失 Q_l 占总传热量的百分数；(2) 蒸发器的传热系数 K。

［答：(1) 8.78%；(2) $K=725$W/(m^2·℃)］

第6章 吸　收

6.1 吸收知识要点

吸收是分离气体混合物的单元操作，其分离依据是利用气体混合物中各组分在液体溶剂中溶解度的差异。吸收的逆过程是脱吸或解吸。本章主要讨论低浓度气体吸收过程（一般指进塔混合气中溶质的摩尔分数小于5%～10%），且混合气中只有一个组分被溶剂吸收、汽液相平衡关系符合亨利定律。与吸收计算有关的关系主要是相平衡关系，传质速率方程，物料衡算关系及填料高度计算公式等。

6.1.1 亨利定律

对单组分低浓度气体吸收，溶质A在液相中的浓度很低，其气液相平衡关系大多数均符合亨利定律。亨利定律是吸收计算的基础，必须熟练掌握亨利定律的各种表达方式及其相互之间的关系。各种形式亨利定律及若干关系列在表6-1中供读者查阅。

表6-1　各种形式亨利定律及若干关系

亨利定律	$c_A^* = Hp_A$，　$p_A^* = Ex_A$，　$y^* = mx$，　$Y^* = mX$
若干关系	$E=\frac{c}{H}, c=c_A+c_S=\frac{\rho_L}{M_L}=\frac{\rho_L}{M_S+(M_A-M_S)x_A}\approx\frac{\rho_S}{M_S}$ $m=\frac{E}{p}, X=\frac{x}{1-x}, Y=\frac{y}{1-y}$

注：c，c_A，c_S——分别为液相的总物质的量浓度、溶质物质的量浓度、溶剂物质的量浓度，$kmol/m^3$；

c_A^*——与溶质在气相中的分压 p_A 成平衡的溶质在液相中的物质的量浓度，$kmol/m^3$；

E——亨利系数，其值与 x_A 或 p_A 无关，是体系温度 t 的函数，即 $E=g(t)$，温度升高，亨利系数增大；难溶气体 E 大，易溶气体 E 小，Pa；

H——溶解度系数，其值与 p_A 或 c_A 无关，是体系温度 t 的函数，即 $H=f(t)$，t 升高，H 降低；难溶气体 H 小，易溶气体 H 大，$kmol/(m^3 \cdot Pa)$；

m——相平衡常数，是体系温度 t 与总压 p 的函数，即 $m=\phi(t,p)$；体系温度 t 降低或总压 p 增加均使 m 减小，m 越小越有利于吸收，无量纲；

M_A，M_L，M_S——分别为溶质、溶液和溶剂的摩尔质量，kg/kmol；

p，p_A——分别为总压、溶质在气相中的分压，Pa；

p_A^*——与溶质 A 在液相中的摩尔分数 x_A 成平衡的气相分压，Pa；

x，X——分别为溶质在液相中的摩尔分数、摩尔比；

y，Y——分别为溶质在气相中的摩尔分数、摩尔比；

y^*，Y^*——分别为与溶质在液相中的摩尔分数 x、摩尔比 X 成平衡的气相摩尔分数和摩尔比；

ρ_L，ρ_S——分别为溶液、溶剂的密度，kg/m^3。

表6-1中四种形式的亨利定律，最常用的是 $y^*=mx$ 和 $Y^*=mX$ 两种形式。要用这两种形式亨利定律进行吸收计算，必须已知相平衡常数 m，但有时题目不是直接给定 m，而是给定 p、E 或 H，此时就要利用 $E=c/H$ 和 $m=E/p$ 等式先设法求出 m，然后才能进行计算。如果是用水作吸收剂，$\rho_S=1000kg/m^3$，$M_S=18.02kg/kmol$，稀水溶液总摩尔浓度 $c\approx 1000/18.02=55.5kmol/m^3$，题目一般不会给定这个数字，因而要记住它。

6.1.2 传质速率方程

传质速率方程与填料吸收塔微元填料层物料衡算关系结合，经过积分后即导出吸收塔填料层高度的计算公式。因而，传质速率方程是吸收计算的基础。为方便读者需要时查阅，将各种形式的吸收传质速率方程列入表 6-2 中。

表 6-2　各种形式的吸收传质速率方程

项　目		方　程　式		
相平衡方程		$c_A^*=Hp_A$	$y^*=mx$	$Y^*=mX$
相内传质	气相	$N_A=k_G(p_G-p_i)$	$N_A=k_y(y-y_i)$ $k_y=pk_G$	$N_A=k_Y(Y-Y_i)$ $k_Y=\frac{pk_G}{[(1+Y)(1+Y_i)]}$
	液相	$N_A=k_L(c_i-c_L)$	$N_A=k_x(x_i-x)$ $k_x=ck_L$	$N_A=k_X(X_i-X)$ $k_X=\frac{ck_L}{[(1+X)(1+X_i)]}$
相际传质	用气相组成表示推动力	$N_A=K_G(p_G-p_L^*)$	$N_A=K_y(y-y^*)$	$N_A=K_Y(Y-Y^*)$
		$\frac{1}{K_G}=\frac{1}{k_G}+\frac{1}{Hk_L}$	$\frac{1}{K_y}=\frac{1}{k_y}+\frac{m}{k_x}$ $K_y=pK_G$	$\frac{1}{K_Y}=\frac{1}{k_Y}+\frac{m}{k_X}$ $K_Y=\frac{pK_G}{[(1+Y)(1+Y^*)]}$
		气膜控制时 $K_G\approx k_G$	气膜控制时 $K_y\approx k_y$	气膜控制时 $K_Y\approx k_Y$
	用液相组成表示推动力	$N_A=K_L(c_G^*-c_L)$	$N_A=K_x(x^*-x)$	$N_A=K_X(X^*-X)$
		$\frac{1}{K_L}=\frac{H}{k_G}-\frac{1}{k_L}$	$\frac{1}{K_x}=\frac{1}{mk_y}+\frac{1}{k_x}$ $K_x=cK_L$	$\frac{1}{K_X}=\frac{1}{mk_Y}+\frac{1}{k_X}$ $K_X=\frac{cK_L}{[(1+X)(1+X^*)]}$
		液膜控制时 $K_L\approx k_L$	液膜控制时 $K_x\approx k_x$	液膜控制时 $K_X\approx k_X$
	相互关系	$K_G=HK_L$	$K_x=mK_y$	$K_x=mK_Y$

注：K_G，K_y，K_Y——分别为以 Δp、Δy、ΔY 表示推动力的气相总传质系数，$kmol/(m^2 \cdot s)$；
K_L，K_x，K_X——分别为以 Δc、Δx、ΔX 表示推动力的液相总传质系数，$kmol/(m^2 \cdot s)$；
k_G，k_y，k_Y——分别为以 Δp、Δy、ΔY 表示推动力的气相分传质系数，$kmol/(m^2 \cdot s)$；
k_L，k_x，k_X——分别为以 Δc、Δx、ΔX 表示推动力的液相分传质系数，$kmol/(m^2 \cdot s)$；
N_A——A 组分的传质速率，$kmol/(m^2 \cdot s)$；
i——下标，代表相界面；
*——上标，代表平衡值。

由表 6-2 可见，传质速率方程的形式要比传热速率方程更为多样，使用时要注意以下几点。

（1）传质系数与推动力表示方式之间必须对应。分传质系数 k 要和相内传质推动力对应，总传质系数 K 要和相际传质的总推动力对应。例如，k_G 应和（p_G-p_i）对应，K_X 应和（x^*-x）对应。

（2）弄清各传质系数的单位和对应的基准。传质系数=传质速率/传质推动力，其单位为 $kmol/(m^2 \cdot s)$。当推动力以摩尔分数（或摩尔比）表示时，传质系数的单位与传质速率相同，计算时比较方便，但必须**注意**：$K_Y \neq K_y$，其换算关系见表 6-2；$K_Y \neq K_X$，因为它们对应的推动力与基准并不相同。

（3）传质阻力的表达形式必须与推动力的表达形式对应。例如，用（$y-y^*$）表示总推动力时，相际传质总阻力为 $1/K_y$，气膜阻力为 $1/k_y$，液膜阻力为 m/k_x。当以 (x^*-x) 表示总推动力时，气膜阻力为 $1/mk_y$，液膜阻力为 $1/k_x$。对一定的传质过程，当总推动力的表达形式不同时，气膜阻力或液膜阻力的数值是不同的，但气膜阻力与液膜阻力的比值是不变的。

(4) 实际吸收过程的阻力在气相和液相中各占一定的比例。总传质系数的倒数为总阻力。总阻力＝气膜阻力＋液膜阻力，例如 $1/K_y=1/k_y+m/k_x$。对易溶气体，H 值很大，E 值很小，m 值也很小，若 $k_y \approx k_x$，则 $1/k_y \gg m/k_x$，$1/K_y \approx 1/k_y$（即 $K_y \approx k_y$），吸收阻力主要集中在气膜，称这种情况为“气膜控制”。用水吸收 NH_3、HCl 等气体都属气膜控制。对气膜控制吸收过程，增加气体流率，可降低气膜阻力而有效地加快吸收过程；而增加液体流率则不会对吸收速率有明显的影响。对难溶气体，溶解度小，H 值小，平衡线斜率 m 大，若 $k_y \approx k_x$，根据 $1/K_x=1/(mk_y)+1/k_x$ 可得出 $1/K_x \approx 1/k_x$，吸收阻力主要集中在液膜，称这种情况为“液膜控制”。用水吸收 CO_2、O_2、H_2、Cl_2 等气体基本上属于液膜控制。对液膜控制吸收过程，增加液体流率，可降低液膜阻力而有效地加快吸收过程；而增加气体流率则不会对吸收速率有明显的影响。对中等溶解度气体，气膜阻力与液膜阻力均较显著，任何一个都不能忽略不计，称这种情况为“双膜控制”。用水吸收 SO_2 气体、丙酮蒸气等都属双膜控制。对双膜控制的吸收过程，必须设法同时降低气膜和液膜阻力才能有效地加快吸收过程。

(5) 相内传质速率方程不管平衡关系是直线还是曲线均可用，但其计算要用到相界面组成 p_i、c_i、y_i 和 x_i 等，而相界面组成难求，故尽量不用它，仅在中等溶解度气体吸收相平衡关系为曲线（例如用水吸收 SO_2 气体）时才用它。此时，由它结合微元填料层物料衡算关系导出的填料层高度计算公式中的传质单元数要用图解积分法或数值积分法求。以后常用的是平衡关系符合 $y^*=mx$ 或 $Y^*=mX$ 两种亨利定律形式的相际传质速率方程。

6.1.3 吸收塔计算基本公式

当已根据给定的吸收任务（处理量 G、初始浓度 y_b 及终了浓度 y_a 或回收率 η）选定溶剂，并得知相平衡关系后，吸收计算主要内容有：

① 溶剂的用量（或循环量）及吸收液的浓度；

② 填料塔的填料层高度或板式塔的塔板数目；

③ 塔直径。

完成上述吸收计算内容主要关系有：相平衡关系，物料衡算关系，操作线方程，液气比，填料层高度或塔板数计算公式等。

由于我们采用谭天恩等编写的《化工原理》教材，该教材在吸收一章前部分论述物料衡算、操作线方程、液气比等关系时使用与 Y、X、G_B 及 L_s 等符号相对应的一串公式，在吸收一章后部分论述填料层高度计算时使用与 y、x、G 及 L 一串符号对应的公式。初学者经常感到混淆，不知选用何种公式计算。

建议：既然仅限于讨论低浓度气体的吸收，因而若题给相平衡关系为 $y^*=mx$，则选用与 y、x、G 及 L 一串符号相应的公式；若题给相平衡关系为 $Y^*=mX$，则选用与 Y、X、G_B 及 L_S 一串符号相应的公式。为方便读者需要时查阅，现将与两种形式的亨利定律所对应的吸收计算有关公式均列入表 6-3 中。由于逆流的平均推动力大于并流，故可减少传质面积或减少吸收剂用量，因而吸收塔通常多采用逆流操作。表 6-3 所列均指逆流吸收塔的计算公式，与相平衡关系 $y^*=mx$ 对应的逆流吸收塔及操作线见图 6-1 和图 6-2（相平衡关系为 $Y^*=mX$ 时只要将图中 G 改为 G_B、L 改为 L_S、x 改为 X、y 改为 Y 即可）。

表 6-3　逆流吸收塔计算公式

项　　目	公　　式	
相平衡关系	$y^*=mx$	$Y^*=mX$
全塔物料衡算关系	$G=(y_b-y_a)=L(x_b-x_a)$	$G_B=(Y_b-Y_a)=(X_b-X_a)$ $G_B=G(1-y)\quad L_S=L(1-x)$
吸收率	$\eta=(y_b-y_a)/y_b=1-y_a/y_b$ $y_a=y_b(1-\eta)$	$\eta=(Y_b-Y_a)/Y_b=1-Y_a/Y_b$ $Y_a=Y_b(1-\eta)$
操作线方程	$y=\frac{L}{G}x+\left(y_a-\frac{L}{G}x_a\right)$ $=\frac{L}{G}x+\left(y_b-\frac{L}{G}x_b\right)$	$Y=\frac{L_S}{G_B}X+\left(Y_a-\frac{L_S}{G_B}X_a\right)$ $=\frac{L_S}{G_B}X+\left(Y_b-\frac{L_S}{G_B}X_b\right)$
最小液气比　通式	$\left(\frac{L}{G}\right)_{min}=\frac{y_b-y_a}{x_b^*-x_a}$	$\left(\frac{L_S}{G_B}\right)_{min}=\frac{Y_b-Y_a}{X_b^*-X_a}$
最小液气比　相平衡关系符合亨利定律　$x_a\neq0$ 或 $X_a\neq0$	$\left(\frac{L}{G}\right)_{min}=\frac{y_b-y_a}{\frac{y_b}{m}-x_a}$	$\left(\frac{L_S}{G_B}\right)_{min}=\frac{Y_b-Y_a}{\frac{Y_b}{m}-X_a}$
最小液气比　相平衡关系符合亨利定律　$x_a=0$ 或 $X_a=0$	$\left(\frac{L}{G}\right)_{min}=m\frac{y_b-y_a}{y_b}=m\eta$	$\left(\frac{L_S}{G_B}\right)_{min}=m\frac{Y_b-Y_a}{Y_b}=m\eta$
操作液气比	$L/G=(1.1\sim2.0)(L/G)_{min}$	$L_S/G_B=(1.1\sim2.0)(L_S/G_B)_{min}$
填料层高度 h	$h=H_{OG}N_{OG}=H_{OL}N_{OL}$	$h=H_{OG}N_{OG}=H_{OL}N_{OL}$
气相总传质单元高度 H_{OG}	$H_{OG}=\frac{G}{K_ya},N_{OG}=\int_{y_a}^{y_b}\frac{dy}{y-y^*}$	$H_{OG}=\frac{G_B}{K_Ya},N_{OG}=\int_{Y_a}^{Y_b}\frac{dY}{Y-Y^*}$
液相总传质单元高度 H_{OL}	$H_{OL}=\frac{L}{K_xa},N_{OL}=\int_{x_a}^{x_b}\frac{dx}{x^*-x}$	$H_{OL}=\frac{L_S}{K_Xa},N_{OL}=\int_{X_a}^{X_b}\frac{dX}{X^*-X}$
气相总传质单元数 N_{OG} $S\neq1$ $A\neq1$　对数平均推动力法	$N_{OG}=\frac{y_b-y_a}{\Delta y_m},\Delta y_m=\frac{\Delta y_b-\Delta y_a}{\ln(\Delta y_b/\Delta y_a)}$ $\Delta y_b=y_b-y_a^*=y_b-mx_b$ $\Delta y_a=y_a-y_a^*=y_a-mx_a$	$N_{OG}=\frac{Y_b-Y_a}{\Delta Y_m},\Delta Y_m=\frac{\Delta Y_b-\Delta Y_a}{\ln(\Delta Y_b/\Delta Y_a)}$ $\Delta Y_b=Y_b-Y_b^*=Y_b-mX_b$ $\Delta Y_a=Y_a-Y_a^*=Y_a-mX_a$
气相总传质单元数 N_{OG} $S\neq1$ $A\neq1$　吸收因数法	$N_{OG}=\frac{1}{1-S}\ln\left[(1-S)\frac{y_b-mx_a}{y_a-mx_a}+S\right]$ $S=\frac{mG}{L},A=\frac{1}{S}=\frac{L}{(mG)}$	$N_{OG}=\frac{1}{1-S}\ln\left[(1-S)\frac{Y_b-mX_a}{Y_a-mX_a}+S\right]$ $S=\frac{mG}{L_S},A=\frac{1}{S}=\frac{L_S}{(mG_B)}$
液相总传质单元数 N_{OL} $S\neq1$ $A\neq1$　对数平均推动力法	$N_{OL}=\frac{x_b-x_a}{\Delta x_m},\Delta x_m=\frac{\Delta x_b-\Delta x_a}{\ln(\Delta x_b/\Delta x_a)}$ $\Delta x_b=x_b^*-x_b=\frac{y_b}{m}-x_b$ $\Delta x_a=x_a^*-x_a=\frac{y_a}{m}-x_a$	$N_{OL}=\frac{X_b-X_a}{\Delta X_m},\Delta X_m=\frac{\Delta X_b-\Delta X_a}{\ln(\Delta X_b/\Delta X_a)}$ $\Delta X_b=X_b^*-X_b=\frac{Y_b}{m}-X_b$ $\Delta X_a=X_a^*-X_a=\frac{Y_a}{m}-X_a$
液相总传质单元数 N_{OL} $S\neq1$ $A\neq1$　吸收因数法	$N_{OL}=\frac{S}{1-S}\ln\left[(1-S)\frac{y_b-mx_a}{y_a-mx_a}+S\right]$	$N_{OL}=\frac{S}{1-S}\ln\left[(1-S)\frac{Y_b-mX_a}{Y_a-mX_a}+S\right]$
若干关系	$N_{OL}=SN_{OG},H_{OL}=AH_{OG}$ $H_{OG}=H_G+SH_L$ $H_G=G/(k_ya),H_L=L/(k_xa)$	$N_{OL}=SN_{OG},H_{OL}=AH_{OG}$ $H_{OG}=H_G+SH_L$ $H_G=G_B/(k_Ya),H_L=L_S/(k_Xa)$

续表

项　　目	公　　式	
板式塔理论板数 $N(S\neq1,A\neq1)$	$N=\frac{1}{\ln A}\ln\left[(1-S)\frac{y_b-mx_a}{y_a-mx_a}+S\right]$	$N=\frac{1}{\ln A}\ln\left[(1-S)\frac{Y_b-mX_a}{Y_a-mX_a}+S\right]$
N_{OG}与 N 的关系$(S\neq1,A\neq1)$	$\frac{N}{N_{OG}}=\frac{A-1}{A\ln A}=\frac{S-1}{\ln S}$，$A>1$ 时，$N<N_{OG}$；$A<1$ 时，$N>N_{OG}$	

注：　a——单位体积填料层中的有效传质面积，m^2/m^3；则 k_ya、k_xa 称为体积总传质系数，$kmol/(m^3 \cdot s)$；

A——吸收因数，无量纲；

G，G_B——分别为混合气（A+B）、惰性气体（B）在单位塔截面上的流率，$kmol/(m^2 \cdot s)$；

H_G，H_L——分别为气相、液相（相内）传质单元高度，m；

H_{OG}，H_{OL}——分别为气相、液相（相际）总传质单元高度，m；

L，L_S——分别为溶液（A+S）、纯吸收剂 S 在单位塔截面上的流率，$kmol/(m^2 \cdot s)$；

N——板式吸收塔理论塔板数；

N_G，N_L——分别为气相、液相（相内）传质单元数，无量纲；

N_{OG}，N_{OL}——分别为气相、液相（相际）传质单元数，无量纲；

S——解吸因数，无量纲；

x_a，X_a——分别为以摩尔分数、摩尔比表示的吸收液进塔组成；

x_b，X_b——分别为以摩尔分数、摩尔比表示的吸收液出塔组成；

Δx_a，ΔX_a——分别为以液相摩尔分数、摩尔比表示的塔顶相际传质推动力；

Δx_b，ΔX_b——分别为以液相摩尔分数、摩尔比表示的塔底相际传质推动力；

Δx_m，ΔX_m——分别为以液相摩尔分数、摩尔比表示的全塔平均相际传质推动力；

y_a，Y_a——分别为以摩尔分数、摩尔比表示的气体出塔组成；

y_b，Y_b——分别为以摩尔分数、摩尔比表示的气体进塔组成；

Δy_a，ΔY_a——分别为以气相摩尔分数、摩尔比表示的塔顶相际传质推动力；

Δy_b，ΔY_b——分别为以气相摩尔分数、摩尔比表示的塔底相际传质推动力；

Δy_m，ΔY_m——分别为以气相摩尔分数、摩尔比表示的全塔平均相际传质推动力。

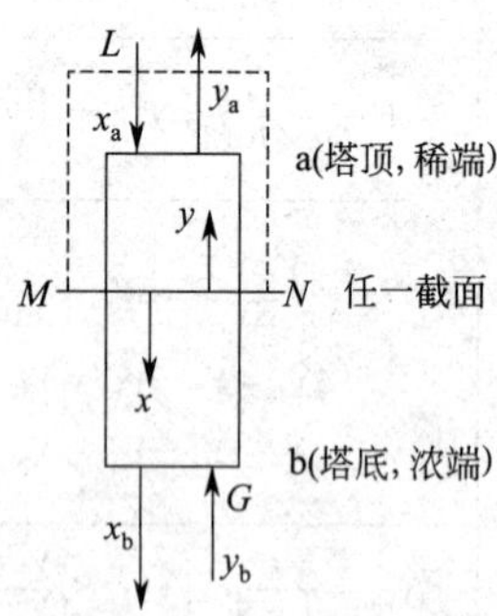

图 6-1　逆流吸收塔示意

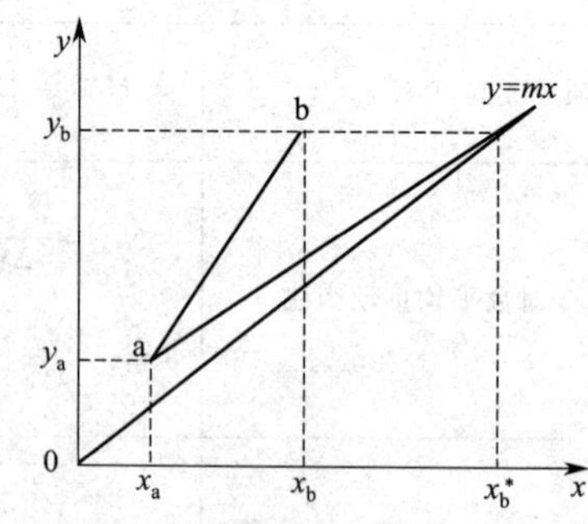

图 6-2　逆流吸收塔操作线示意

考虑到读者可能使用不同版本的《化工原理》教材，因而特别提示读者注意以下几点。

① 有些教材吸收塔塔底（浓端）用 1 表示，塔顶（稀端）用 2 表示，读者只要将表 6-3 中有关公式中变量下标 b 改为 1、下标 a 改为 2 即可。

② 有些教材混合气、惰性气体流率分别用 V、V_B（kmol/s）表示，将表 6-3 中 H_G、H_L、H_{OG}、H_{OL}的计算中 G 改为 V、G_B 改为 V_B，并将上述各变量表达式除以塔截面积 Ω（$\Omega=0.785D^2$，D 为塔径 m）即可，例如，$H_{OG}=V_B/(K_ya\Omega)$。

6.1.4　吸收计算若干问题讨论

6.1.4.1　计算公式的选择

吸收计算所涉及的公式很多，使用时要**注意**两个问题：一是先看题目给定的相平衡关系是 $y^*=mx$ 还是 $Y^*=mX$，然后再决定选用与给定的相平衡关系相应的一套公式进行计算；

二是填料层高度可以用 $h=H_{OG}N_{OG}$ 或 $h=H_{OL}N_{OL}$ 计算，由于 $H_{OL}=AH_{OG}$ 及 $N_{OL}=SN_{OG}$，后者很容易化为前者，实际计算也是用 $h=H_{OG}N_{OG}$ 居多，因而重点应记住 H_{OG} 和 N_{OG} 的计算公式。

6.1.4.2　对数平均推动力法与吸收因数法的比较

填料层高度 $h=H_{OG}N_{OG}$ 计算公式中，气相总传质单元高度 H_{OG} 通常是已知的或很容易由已知条件求出，计算 h 的关键是求气相总传质单元数 N_{OG}。求 N_{OG} 为什么要给出对数平均推动力法和吸收因数法两种方法呢？我们将两种方法作如下比较。

（1）对数平均推动力法

① 对数平均推动力法形式简单，且将气相总传质单元数 N_{OG} 与吸收传质对数平均推动力 Δy_m（或 ΔY_m）直接联系在一起，物理意义明确。如果吸收操作推动力 Δy_m（或 ΔY_m）越大，则 N_{OG} 越小，完成一定吸收任务所需填料层高度 h 越低，反之 h 越高。

② 对数平均推动力法只要求在吸收操作的浓度范围内平衡线为直线，即对服从亨利定律 $y^*=mx$（通过原点的直线）和 $y^*=mx+b$（不通过原点的直线）两种情况均适用，对后一种情况，只要将 Δy_m 表达式中的 Δy_b 改为 $\Delta y_b=y_b-y_b^*=y_b-(mx_b+b)$，$\Delta y_a$ 改为 $\Delta y_a=y_a-y_a^*=y_a-(mx_a+b)$ 即可（对 $Y^*=mX+b$ 时可作类似的处理）。

③ 对数平均推动力法还可以用于并流操作的吸收塔。如图 6-3 所示，仍以 a 代表并流吸收塔塔顶，b 代表塔底，则 $y_a>y_b$，$N_{OG}=(y_a-y_b)/\Delta y_m$，$\Delta y_m=\dfrac{\Delta y_a-\Delta y_b}{\ln(\Delta y_a/\Delta y_b)}$，$\Delta y_a=y_a-mx_a$，$\Delta y_b=y_b-mx_b$，全塔物料衡算关系为 $G(y_a-y_b)=L(x_b-x_a)$，操作线方程为 $y=-\dfrac{L}{G}x+\left(y_a+\dfrac{L}{G}x_a\right)=-\dfrac{L}{G}x+\left(y_b+\dfrac{L}{G}x_b\right)$，如图 6-4 所示，并流吸收塔在 y-x 图上为直线，其斜率为 $-\dfrac{L}{G}$。

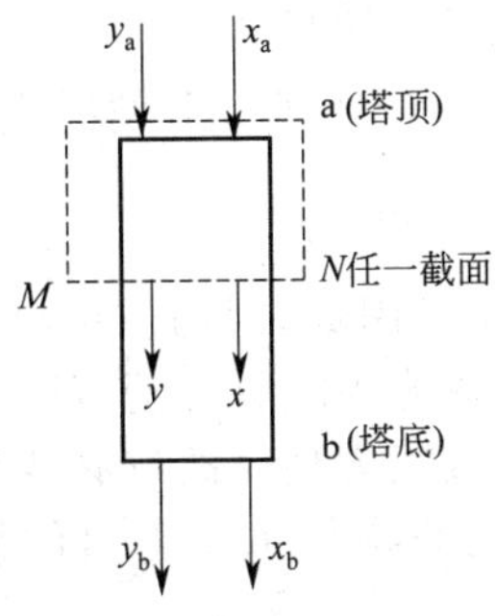

图 6-3　并流吸收塔示意

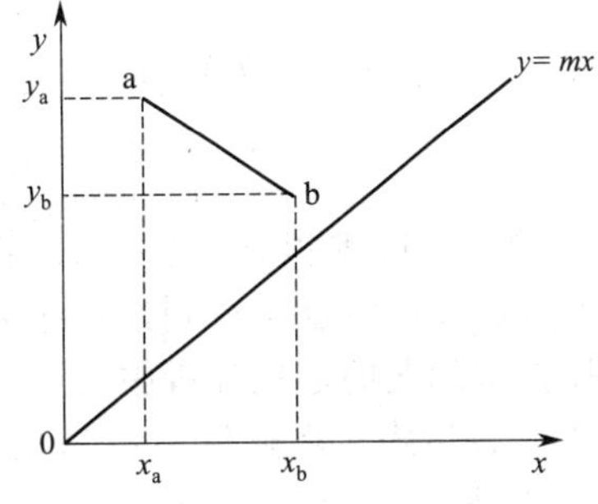

图 6-4　并流吸收塔操作线示意

④ 对数平均推动力法求 Δy_m 时，须知道 y_a、x_a、y_b 和 x_b 4 个组成，故对吸收第一类命题操作型问题计算（如已知 h、m、L、G、x_a、y_b，求 x_b、y_a 或 η），因待求量 y_a 和 x_b（因为 $\Delta y_b=y_b-mx_b$ 与 x_b 有关）同时包括在对数符号内、外，必须用试差法求解，不方便。

（2）吸收因数法

① 吸收因数法要求平衡关系服从亨利定律（因为在推导吸收因数法 N_{OG} 的表达式时使用了亨利定律 $y^*=mx$ 或 $Y^*=mX$）。对相平衡关系为 $y^*=mx+b$ 或 $Y^*=mX+b$ 的形式，也可导出（读者可自行推导）N_{OG} 的类似表达式，说明吸收因数法也可推广应用于平衡线为不通过原点的直线这种情况，其通式为

$$N_{OG}=\frac{1}{1-S}\ln\left[(1-S)\frac{y_b-y_a^*}{y_a-y_a^*}+S\right]\left(y^*=mx\text{ 或 }y^*=mx+b,S=\frac{mG}{L}\neq 1\right)\quad(6\text{-}1)$$

$$N_{OG}=\frac{1}{1-S}\ln\left[(1-S)\frac{Y_b-Y_a^*}{Y_a-Y_a^*}+S\right]\left(Y^*=mX\text{ 或 }Y^*=mX+b,S=\frac{mG_B}{L_S}\neq 1\right)\quad(6\text{-}2)$$

② 吸收因数法特别适用于吸收第一类命题操作型问题的计算，不必试差（因为待求量 y_a 仅在对数符号内，可直接解出 y_a，然后再用全塔物料衡算式求 x_b）。但对吸收第二类操作型问题计算（例如已知 h、m、G、x_a、y_b、η 求 L），由于待求量 L 同时包含在对数符号内、外（因为 S 与 L 有关，即 $S=mG/L$，S 同时包含在对数符号内、外）用吸收因数法仍然要试差求解，此类操作型问题用对数平均推动力法求解肯定也要试差，即使都要试差，建议还是使用吸收因数法试差更方便。

③ 若相平衡关系符合 $y^*=mx$（或 $Y^*=mX$）且用纯溶剂吸收，即 $x_a=0$（或 $X_a=0$），则表 6-3 中 N_{OG} 公式及式(6-1) 和式(6-2) 均简化为

$$N_{OG}=\frac{1}{1-S}\ln\left[(1-S)\frac{1}{1-\eta}+S\right]\quad(S\neq 1)\quad(6\text{-}3)$$

此时 N_{OG} 与吸收率 η 直接关联，给解题带来方便。但对平衡关系为 $y^*=mx+b$（或 $Y^*=mX+b$）的形式，式(6-1) 和式(6-2) 不能简化为式(6-3)。

④ 若相平衡关系符合亨利定律（但 m 没有给定或不能求出），且已知入塔吸收剂不含溶质（$x_a=0$）、操作液气比为最小液气比的 β 倍，求 N_{OG}（或 h）。此时用对数平均推动力法无法求 N_{OG}（求 Δy_m 时要先求 Δy_b，而 $\Delta y_b=y_b-mx_b$，由于 m 不知道，Δy_b、Δy_m、N_{OG} 均无法求），用吸收因数法式(6-3) 可求 N_{OG}，结合表 6-3 中最小液气比的定义式证明如下。

因为

$$\frac{L}{G}=\beta\left(\frac{L}{G}\right)_{min}=\beta m\eta\quad(6\text{-}4)$$

$$S=\frac{mG}{L}=\frac{m}{L/G}=\frac{m}{\beta m\eta}=\frac{1}{\beta\eta}\quad(6\text{-}5)$$

所以

$$N_{OG}=\frac{1}{1-1/(\beta\eta)}\ln\left[\left(1-\frac{1}{\beta\eta}\right)\frac{1}{1-\eta}+\frac{1}{\beta\eta}\right]\quad(\beta\eta\neq 1)\quad(6\text{-}6)$$

现在用式(6-6) 求 N_{OG} 不需知道 m，进而求 h 也不需知道 m。同理可得这种情况理论塔板数为

$$N=\frac{1}{\ln\ (\beta\eta)}\ln\left[\left(1-\frac{1}{\beta\eta}\right)\frac{1}{1-\eta}+\frac{1}{\beta\eta}\right]\quad(\beta\eta\neq 1)\quad(6\text{-}7)$$

⑤ 由表 6-3 可查得 N_{OL} 与 N_{OG} 的关系为 $N_{OL}=SN_{OG}$，因此，将式(6-1) 和式(6-2) N_{OG} 的表达式乘以 S 就可得到适用于两种形式汽液平衡关系的 N_{OL} 计算通式。后面将说明在吸收操作型问题的定性分析中用另一种形式的 N_{OL} 表达式很方便，故有必要推导另一种形式的 N_{OL} 表达式。将逆流吸收塔塔底 b 与任一截面的物料衡算关系得出的操作线方程（可由表 6-3 查得）$y=(L/G)(x-x_b)+y_b$ 代入相平衡方程 $x^*=y/m$ 或 $x^*=(y-b)/m$ 中，然后再将 x^* 代入 N_{OL} 的积分表达式中，同理可证得（有兴趣的读者可自行证明）

$$N_{OL}=\frac{1}{1-A}\ln\left[(1-A)\frac{y_b-y_a^*}{y_b-y_b^*}+A\right](y^*=mx\text{ 或 }y^*=mx+b,A=\frac{L}{mG}\neq 1)\quad(6\text{-}8)$$

式(6-8) 说明吸收因数法 N_{OL} 的计算式也可以推广应用于汽液相平衡关系式为 $y^*=mx+b$ 的情形。若题给相平衡关系为 $Y^*=mX$ 或 $Y^*=mX+b$ 的形式，将上式 y 改为 Y，A 用 $A=L_S/(mG_B)$ 即可。

⑥ 对并流吸收塔也可导出 N_{OG} 的表达式，其形式与第 4 章中导出的并流传热单元数 NTU_1 非常类似，有兴趣的读者可自行推导。

6.1.4.3 操作线与平衡线平行时 N_{OG} 的求法

表 6-3 中及式(6-1) 和式(6-2) 求 N_{OG} 的公式仅适用于 $S\neq 1$，也即 $A\neq 1$ 的情况。由 S

的定义式

$$S=\frac{mG}{L}=\frac{m}{L/G}$$

S 实际代表平衡直线斜率 m 与操作线斜率 L/G 的比值。当$S=1$时，说明平衡线与操作线为互为平行的两条直线，如图 6-5 所示。此时操作线与平衡线之间的垂直距离（代表总推动力 $\Delta y=y-y^*$）及水平距离（代表总推动力 $\Delta x=x^*-x$）处处相等，即

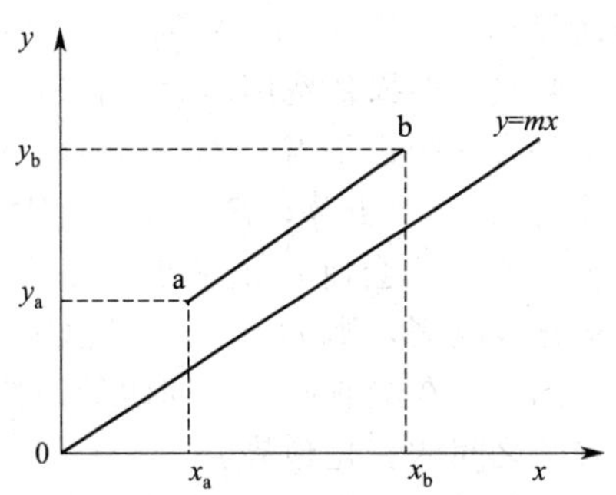

图 6-5　操作线与平衡线平行示意

$$\Delta y=\Delta y_b=\Delta y_a、\Delta x=\Delta x_b=\Delta x_a$$

对数平均推动力 Δy_m 和 Δx_m 表达式中的分母为零，吸收因数法 N_{OG} 和 N_{OL} 表达式中分母（$1-S$）也为零，故两种方法均无意义。既然推动力处处相等（即 Δy 和 Δx 均为常数），对 $y^*=mx$ 和 $y^*=mx+b$ 两种形式平衡关系的总传质单元数可用以下各式计算：

$$N_{OG}=\int_{y_a}^{y_b}\frac{dy}{\Delta y}=\frac{y_b-y_a}{\Delta y}=\frac{y_b-y_a}{y_b-y_b^*}=\frac{y_b-y_a}{y_a-y_a^*} \tag{6-9}$$

$$N_{OL}=\int_{x_a}^{x_b}\frac{dx}{\Delta x}=\frac{x_b-x_a}{\Delta x}=\frac{x_b-x_a}{x_b^*-x_b}=\frac{x_b-x_a}{x_a^*-x_a} \tag{6-10}$$

对 $Y^*=mX$ 和 $Y^*=mX+b$ 两种形式平衡关系当 $S=1$ 时的总传质单元数，只需将式(6-9) 中 y 改为 Y，式(6-10) 中 x 改为 X 即可。表 6-3 若干关系栏中列出 $H_{OL}=AH_{OG}$，由文献［2］的推导过程可知，此式对 A 没有限制，因而当 $S=1$ 时（即 $A=1/S=1$）此式仍然成立，由此推出：当 $S=1$ 时，$H_{OL}=H_{OG}$，再由 $h=H_{OG}N_{OG}=H_{OL}N_{OL}$ 可得出 $N_{OG}=N_{OL}$。

当 $S=1$（即 $A=1$）时，文献［2］导出板式吸收塔理论板数 N 可用下式计算

$$N=\frac{y_b-mx_a}{y_a-mx_a}-1 \tag{6-11}$$

由式(6-9) 可得

$$N_{OG}=\frac{y_b-y_a}{y_a-y_a^*}=\frac{y_b-mx_a-y_a+mx_a}{y_a-mx_a}=\frac{y_b-mx_a}{y_a-mx_a}-1 \tag{6-12}$$

比较式(6-11) 与式(6-12) 可得：$N=N_{OG}$（$S=1$ 时）

6.1.4.4　吸收因数法的图示讨论

在半对数坐标纸上，以 S 为参数，以 N_{OG} 为纵坐标，以 $\frac{y_b-mx_a}{y_a-mx_a}$ 为横坐标，将吸收因数法进行标绘，可得一组曲线，其定性关系如图 6-6 所示。由图可看出以下几点。

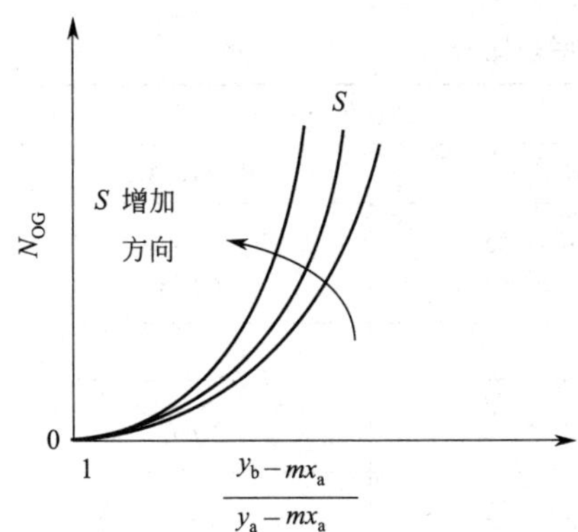

图 6-6　N_{OG}-S-$\frac{y_b-mx_a}{y_a-mx_a}$之间的定性关系

（1）当 S 一定时，吸收要求越高［即 $(y_b-mx_a)/(y_a-mx_a)$ 越大，y_a 越小］，则 N_{OG} 越大，h 越高。

（2）若 $(y_b-mx_a)/(y_a-mx_a)$ 一定，$S=mG/L$，S 越大［即 $A=1/S=L/(Gm)$ 越小］，A 可以理解为操作线斜率（L/G）与平衡线斜率 m 的比值，A 值越小说明操作线和平衡线越靠近，即传质过程的平均推动力越小，所需的传质单元数 N_{OG} 越多。S 值增大对吸收不利而对解吸有利，故称 S 为解吸因数。相反 A 越大，对解吸不利而对吸收有利，故称 A 为吸收因数。$A=L/(Gm)$，G 为吸收任务所定，提高 A

值途径有：①当 m 值一定时，L 增大，L/G 增大，A 值增加，平均推动力增大，N_{OG}减小，有利吸收，但操作费用增大，且所得吸收液浓度低。一般认为，选取 $A=1.25\sim2$ 时，在经济上是合理的；②当 L/G 一定时，m 值减小，A 值增大，平均推动力增加，N_{OG}减小，对吸收有利，$m=E/p$，$E=g(t)$，因而对一定吸收剂，操作温度 t 下降使 E 值减小或操作压强 p 增大，均会使 m 值减小，A 值增加，有利于吸收，此外，也可选择对溶质溶解度大的溶剂作吸收剂，则 H 值大，E 值小，m 值小，使 A 值增大。

图 6-6 在吸收操作型问题的定性分析中非常有用，读者应熟练掌握该图并记住几个变量与参数之间的变化趋势。

尽管吸收过程涉及变量较多，但基本变量为 m、h、G、L、x_a、x_b、y_a（或 η）、y_b、K_ya（或 K_xa）9 个，由于对一定物系 m 是 t、p 的函数，故实际基本变量为 10 个。由于受到全塔物料衡算关系式及填料层高度计算式的约束，因此其自由度为 8（已知 m 时自由度为 7）。即需给出其中 8 个独立变量（已知 m 时包括 m 给出 7 个），才能确定另外两个因变量。

6.1.5 吸收与传热的联想比较

联想就是由一事物的形象和另一事物形象联系起来，从而产生新的设想的心理过程。联想是记忆的生理基础，联想是神经的暂时联系，联想是重要的发散思维形式。简单联想中的相似联想，复杂联想中的意义联想、关系联想、矛盾联想、逆常联想等在启发式教学中有着广泛的应用。它不光对学生加深理解、增强记忆有很大的帮助，而且对学生发散思维和创造能力的培养，都有积极的意义。下面，对逆流吸收和逆流传热进行联想。

将表 6-3 中以对数平均推动力法表达的逆流吸收塔填料层高度 h 的计算式，即

$$h=H_{OG}N_{OG}=\frac{G}{K_ya}\times\frac{y_b-y_a}{\Delta y_m}$$

两边乘以塔截面积 $\Omega(m^2)$，并移项改写为

$$\Omega G(y_b-y_a)=\Omega hK_ya\Delta y_m=K_y(h\Omega)a\Delta y_m \tag{a}$$

式中 $\Omega G(y_b-y_a)$——填料塔的传质速率，以 W 表示，kmol/s；

$(h\Omega)a$——塔截面积为 Ω 填料层高度为 h 的填料塔所具有的传质面积，以 A 表示，m^2。

则式(a) 可写为

$$W=K_yA\Delta y_m \tag{b}$$

式(b) 与已学过的非常熟悉的传热基本方程 $Q=KA\Delta t_m$ 有着惊人的相似之处，两者的进一步联想比较见表 6-4。

表 6-4 逆流吸收和逆流传热的联想比较

比较内容	传热	吸收(传质)	
速率方程	$Q=KA\Delta t_m$	$W=K_yA\Delta y_m$	$W=K_xA\Delta x_m$
衡算方程	$Q=m_{s1}c_{p1}(T_1-T_2)$ $=m_{s2}c_{p2}(t_2-t_1)$	$W=\Omega G(y_b-y_a)$ $=\Omega L(x_b-x_a)$	$W=\Omega G(y_b-y_a)$ $=\Omega L(x_b-x_a)$
比例系数	$K=\dfrac{1}{\dfrac{1}{\alpha_2}+\dfrac{1}{\alpha_1}\times\dfrac{d_2}{d_1}}$	$K_y=\dfrac{1}{\dfrac{1}{k_y}+\dfrac{m}{k_x}}$	$K_x=\dfrac{1}{\dfrac{1}{mk_y}+\dfrac{1}{k_x}}$
对数平均推动力	$\Delta t_m=\dfrac{\Delta t_1-\Delta t_2}{\ln\dfrac{\Delta t_1}{\Delta t_2}}$	$\Delta y_m=\dfrac{\Delta y_b-\Delta y_a}{\ln\dfrac{\Delta y_b}{\Delta y_a}}$	$\Delta x_m=\dfrac{\Delta x_b-\Delta x_a}{\ln\dfrac{\Delta x_b}{\Delta x_a}}$
任一截面推动力	$\Delta t=T-t$	$\Delta y=y-y^*$	$\Delta x=x^*-x$

由表 6-4 的联想比较结果可知，传热与吸收（传质）过程两者有着惊人的相似之处。

① 传热速率 Q 与传热推动力 Δt_m、传热面积 A 成正比，比例系数是总传热系数 K；传质速率 W 也与传质推动力 Δy_m、传质面积 A 成正比，比例系数是总传质系数 K_y。

② 总传热系数 K 等于间壁两侧两流体的传热阻力$\dfrac{1}{\alpha_2}$与$\dfrac{1}{\alpha_1}\times\dfrac{d_2}{d_1}$之和的倒数，总传质系数 K_y 等于相界面两侧气膜和液膜传质阻力$\dfrac{1}{k_y}$与$\dfrac{m}{k_x}$之和的倒数。

③ 传热推动力 Δt_m 与传质推动力 Δy_m 均是对数平均值。

传热与吸收（传质）过程两者也存在巨大的差异，传质过程比传热过程更为复杂。

① 两个过程最终的平衡态不同。参与传热的两流体间最终的热平衡是温度相等，故任一截面处的传热推动力 Δt 是该截面处热流体温度 T 和冷流体温度 t 之差，即 $\Delta t=T-t$；气液两相间传质（吸收）的最终相平衡不是两相的浓度相等，所以任一截面处的传质推动力 Δy 是气相浓度 y 和与液相浓度 x 成平衡的气相浓度 y^* 之差，即 $\Delta y=y-y^*$；

② 传热时的温度单位只有一个，为℃，推动力的表达式只有一个，即 Δt，故传热速率方程形式只有一个；而传质时的浓度单位有多种表示方法，推动力也有多种表示方法，故传质速率方程不止一个，若选用 $\Delta x=x^*-x$ 表示推动力，则用类比法可得到与 Δx 相应的 Δx_m、K_x、W 的表达式见表 6-4。

此外，若联想 4.2 节介绍的从传热对数平均推动力法 $Q=KA\Delta t_m$ 的公式出发导出了传热消元法、传热效率 ε 与传热单元数 NTU 法（ε-NTU 法）、传热单元长度 H 与传热单元数 NTU 法（H-NTU 法），那么从传质（吸收）对数平均推动力法 $W=K_yA\Delta y_m$ 的公式出发也应该能够导出传质消元法、传质效率 ε_{OG} 与传质单元数 N_{OG} 法（ε_{OG}-N_{OG} 法，传质效率 ε_{OG} 的定义可类比传热效率 ε 的定义得出）、传质单元高度 H_{OG} 与传质单元数 N_{OG} 法（H_{OG}-N_{OG} 法，此处导出的 H_{OG}-N_{OG} 法的结果应与本章吸收因素法导出的 H_{OG}-N_{OG} 法结果相同，但推导的途径不同）。上述推导内容作为习题，请读者采用联想思维方法（联想 4.2 节传热的相关内容）自行推导，并讨论各种方法的优缺点及适用场合。

6.1.6　解吸塔计算

教材对解吸的内容讨论甚少，因而读者对解吸计算感到生疏。实际上解吸计算与吸收计算有许多共性，读者只要对吸收问题理解透并紧紧抓住解吸的特点，解吸计算的问题就不难解决。

6.1.6.1　解吸过程的特点

（1）解吸是吸收的逆过程，其推动力与吸收相反。

	气相总推动力	液相总推动力
吸收	$\Delta y=y-y^*$	$\Delta x=x^*-x$
解吸	$\Delta y=y^*-y$	$\Delta x=x-x^*$

（2）仍以 a 代表逆流解吸塔塔顶，b 代表塔底，则解吸塔浓端与稀端刚好与吸收塔相反，如图 6-7 所示。

吸收	a（塔顶，稀端）	b（塔底，浓端）
解吸	a（塔顶，浓端）	b（塔底，稀端）

（3）正由于解吸推动力与吸收相反，故解吸塔操作线位于平衡线下方，如图 6-8 所示。

6.1.6.2　解吸塔物料衡算与操作线方程

全塔物料衡算方程
$$G(y_a-y_b)=L(x_a-x_b) \tag{6-13}$$

操作线方程
$$y=\frac{L}{G}x+\left(y_b-\frac{L}{G}x_b\right)=\frac{L}{G}x+\left(y_a-\frac{L}{G}x_a\right) \tag{6-14}$$

从式(6-14)可看出，解吸塔操作线与吸收塔操作线完全相同，因此解吸塔的计算与收塔的计算原则上并无不同，但应注意到解吸的特点及后面提到的最小气液比等问题。

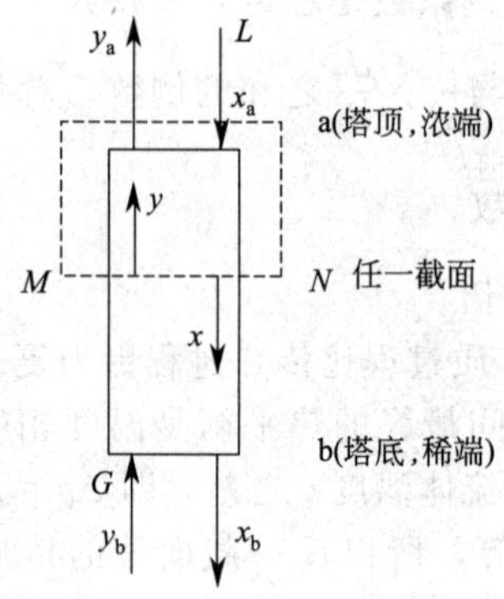

图 6-7 解吸塔物料衡算

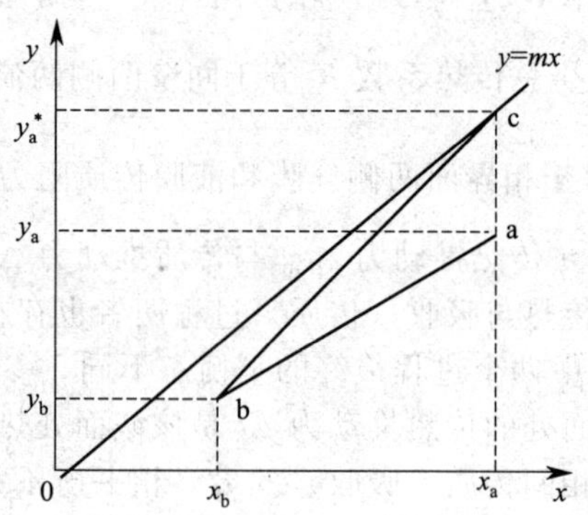

图 6-8 解吸塔操作线与平衡线

6.1.6.3 最小气液比

解吸液量 L 为生产任务所定，所消耗的解吸气量 G 越小，则解吸操作线斜率 L/G 越大，解吸操作线往平衡线靠拢，解吸平均推动力越小。当 L/G 增大至使操作线与平衡线相交于 c 点时（如图 6-8 所示），c 点解吸推动力等于零，所需的解吸塔填料层高度趋向无穷大，此时的操作线斜率即液气比为最大 $(L/G)_{\max}=(y_a^*-y_b)/(x_a-x_b)$，反过来气液比为最小，即

$$\left(\frac{G}{L}\right)_{\min}=\frac{x_a-x_b}{y_a^*-y_b} \tag{6-15}$$

若平衡关系符合亨利定律 $y^*=mx$，代入式(6-15) 得

$$\left(\frac{G}{L}\right)_{\min}=\frac{x_a-x_b}{mx_a-y_b} \tag{6-16}$$

定义解吸率

$$\eta=\frac{x_a-x_b}{x_a} \tag{6-17}$$

采用纯的解吸气，则 $y_b=0$，代入式(6-16) 得

$$\left(\frac{G}{L}\right)_{\min}=\frac{x_a-x_b}{mx_a-0}=\frac{\eta}{m} \tag{6-18}$$

实际气液比 $G/L=(1.1\sim2.0)(G/L)_{\min}$

6.1.6.4 解吸塔填料层高度的计算

解吸塔填料层高度计算式与吸收塔基本相同，但传质单元数计算中推动力相反。积分下限为塔底 b（稀端），积分上限为塔顶 a（浓端）与吸收也相反。

$$h=H_{OG}N_{OG}=\frac{G}{K_y a}\int_{y_b}^{y_a}\frac{dy}{y^*-y} \tag{6-19}$$

或

$$h=H_{OL}N_{OL}=\frac{L}{K_x a}\int_{x_b}^{x_a}\frac{dx}{x-x^*} \tag{6-20}$$

和吸收时一样，总传质单元数的计算应视汽液平衡关系的情况选用不同的方法。实际计算中由于解吸的溶质的量以 $L\mathrm{d}x$ 表示比较方便，故式(6-20) 更多用于解吸计算。

(1) 吸收因数法　当溶液很稀且相平衡关系为 $y^*=mx$ 时，可导出解吸 N_{OL} 为

$$N_{OL}=\frac{1}{1-A}\ln\left[(1-A)\frac{x_a-y_b/m}{x_b-y_b/m}+A\right]\quad(A\neq1) \tag{6-21}$$

式(6-21) 在结构上与表 6-3 中吸收的 N_{OG} 公式相同，只是以 N_{OL} 替换 N_{OG}，A 替换 S，并以液相的脱吸程度 $\frac{x_a-y_b/m}{x_b-y_b/m}$ 替换气相吸收程度 $\frac{y_b-mx_a}{y_a-mx_a}$。因此，只要做以上替换，就仍然可以应用图 6-6 进行解吸塔的操作型问题定性分析。

当解吸气中不含溶质时（即用纯解吸气解吸），$y_b=0$，由式(6-17) 得 $x_a/x_b=1/(1-\eta)$，则式(6-21) 简化为

$$N_{OL}=\frac{1}{1-A}\ln\left[(1-A)\frac{1}{1-\eta}+A\right]\quad (A\neq 1) \tag{6-22}$$

当相平衡关系为 $y^*=mx+b$ 的形式，将逆流解吸塔操作线方程 $y=(L/G)(x-x_b)+y_b$ 代入相平衡方程 $x^*=(y-b)/m$ 中，再将 x^* 代入解吸 N_{OL} 的积分表达式中，可导得

$$N_{OL}=\frac{1}{1-A}\ln\left[(1-A)\frac{x_a-(y_b-b)/m}{x_b-(y_b-b)/m}+A\right]\quad (A\neq 1) \tag{6-23}$$

比较式(6-23) 与式(6-21)，可见两式形式相同，说明了吸收因数法也可推广应用于气液平衡关系为 $y^*=mx+b$ 情形，此时其通式为

$$N_{OL}=\frac{1}{1-A}\ln\left[(1-A)\frac{x_a-x_b^*}{x_b-x_b^*}+A\right]\quad \left(y^*=mx \text{ 或 } y^*=mx+b, A=\frac{L}{mG}\neq 1\right) \tag{6-24}$$

（2）对数平均推动力法　若在解吸过程相平衡关系符合亨利定律 $y^*=mx$ 或在所涉及的组成范围内平衡关系可用直线方程 $y^*=mx+b$ 表示时，也可用对数平均推动力法求 N_{OL}，其通式如下：

$$N_{OL}=\frac{x_a-x_b}{\Delta x_m}\ (A\neq 1),\quad \Delta x_m=\frac{(x_a-x_a^*)-(x_b-x_b^*)}{\ln\left(\frac{x_a-x_a^*}{x_b-x_b^*}\right)} \tag{6-25}$$

关于解吸对数平均推动力法与吸收因数法的比较，读者可参阅吸收部分的讨论自行比较以便加深对解吸的理解。需提示读者**注意**的是：若解吸相平衡关系符合 $Y^*=mX$ 或 $Y^*=mX+b$ 的形式，只要将上述解吸计算公式中 y 用 Y 替换、x 用 X 替换、G 用 G_B 替换、L 用 L_S 替换即可。另外，解吸 $N_{OL}=SN_{OG}$、$H_{OL}=AH_{OG}$ 与吸收完全一样。

上述吸收因数法与对数平均推动力法求解吸 N_{OL} 的公式均不能用于 $A=1$ 的情况。当 $A=1$ 时，意味解吸操作线与相平衡线平行，必须用式(6-26) 求 N_{OL}

$$N_{OL}=\int_{x_b}^{x_a}\frac{dx}{x-x^*}=\frac{x_a-x_b}{\Delta x}=\frac{x_a-x_b}{x_a-x_a^*}=\frac{x_a-x_b}{x_b-x_b^*} \tag{6-26}$$

最后，考虑到读者可能使用不同版本的《化工原理》教材，因而特别提示读者**注意**：①有些教材解吸塔塔底（稀端）用 2 表示、塔顶（浓端）用 1 表示，读者只要将解吸公式中符号下标 b 用 2 替换、下标 a 用 1 替换即可；② 有些教材解吸混合气流量用 V（kmol/s）表示，解吸惰性气体流量用 V_B（kmol/s）表示，解吸混合液流量虽然用 L 表示但其单位为 kmol/s，解吸液中纯溶剂流量虽然用 L_S 表示但其单位为 kmol/s。碰到上述情况，读者只要将本书有关解吸公式中 G 改为 V，G_B 改为 V_B，并将 L、L_S、V、V_B 除以塔截面积 Ω($\Omega=0.785D^2$，D 为塔径)，将上述各变量单位化为 kmol/(m^2·s) 即可。

6.2　吸收与解吸设计型问题分析

吸收塔与解吸塔的计算问题均可分为设计型与操作型两类，两类问题皆可联立全塔物料衡算式、相平衡方程及填料层高度计算式三个关系式进行计算和分析。

6.2.1　吸收与解吸设计型计算命题

吸收与解吸设计型计算命题类似，下面以吸收为例说明。

给定条件：进口气体中溶质的浓度、气体的处理量以及分离要求（出口气体中溶质的浓度或吸收率）。

设计要求：计算达到指定分离要求所需的塔高（填料层高度）。

计算方法：显然，根据上述已知条件，设计型计算问题尚未有定解，设计者必须面临一系列条件的选择。如选择合适的吸收剂并确定吸收剂与溶质组分的相平衡关系；选择填料和适当的操作条件并确定有关的传质系数或传质单元高度；流向的选择；吸收剂进口浓度的选择；吸收剂用量的选择等。这些选择在化工原理教材中有详细的讨论，读者在化工原理课程设计中要面临这些问题。在以下吸收计算的讨论中，相平衡关系、传质系数或传质单元高度、吸收剂的进出口浓度均作为已知量，且除注明外均指逆流操作。联立全塔物料衡算式、相平衡方程及填料层高度计算式三个关系式即可进行设计型计算。设计型计算不难，但公式要记准确并特别要注意物理量单位换算问题。

6.2.2 吸收与解吸塔设计型计算典型例题分析

例 6-1 在一填料塔中，用含苯（摩尔分数，下同）0.00015 的洗油逆流吸收混合气体中的苯。已知混合气体的流量为 $1600\text{m}^3/\text{h}$，进塔气体中含苯 0.05，要求苯的吸收率为 90%，操作温度为 25℃，操作压强为 101.3kPa，塔径 $D=0.6\text{m}$，相平衡关系 $Y^*=26X$，操作液气比为最小液气比的 1.3 倍，$K_Ya=0.045\text{kmol}/(\text{m}^3\cdot\text{s})$，洗油分子质量为 170kg/kmol。试求：(1) 吸收剂用量 L_S（kg/h）；(2) 出塔洗油中苯的含量 x_b；(3) 所需的填料层高度；(4) 每小时回收苯的量（kg/h）；(5) 欲提高苯的吸收率，可采用哪些措施（定性分析）？

解 由本题给定的相平衡关系为 $Y^*=mX$（Y、X 均为摩尔比），且 $y_b=0.05<0.1$ 为低浓度气体吸收，因而选用与 Y、X、G_B 和 L_S 一串符号对应的公式进行计算，故先进行组成及物理量单位换算。

$$y_b=0.05,\ Y_b=\frac{y_b}{1-y_b}=\frac{0.05}{1-0.05}=0.0526$$

因为
$$\eta=(Y_b-Y_a)/Y_b$$

所以
$$Y_a=Y_b(1-\eta)=0.0526\times(1-0.90)=0.00526$$

$$x_a=0.00015,\ X_a=\frac{x_a}{1-x_a}=\frac{0.00015}{1-0.00015}=0.00015$$

将操作状态下混合气的体积流量 V 换算成标态的体积流量 $V^{\ominus}$

$$V^{\ominus}=V\times\frac{T^{\ominus}}{T}\times\frac{P}{P^{\ominus}}=1600\times\frac{273}{273+25}\times\frac{101.3}{101.3}=1465.77\ (\text{m}^3/\text{h})$$

再将标态下混合气的体积流量 $V^{\ominus}$ 换算成单位塔截面积上混合气的摩尔流量 G

$$G=\frac{V^{\ominus}}{22.4\Omega}=\frac{V^{\ominus}}{22.4\times0.785D^2}=\frac{1465.77}{22.4\times0.785\times0.6^2}=231.55\ [\text{kmol}/(\text{m}^2\cdot\text{h})]$$

最后将 G 换算成单位塔截面积上惰性气体的摩尔流量 G_B

$$G_B=G(1-y_b)=231.55\times(1-0.05)=219.97\ [\text{kmol}/(\text{m}^2\cdot\text{h})]$$

(1) 由于汽液平衡关系符合亨利定律，$m=26$，且 $X_a=0.00015\neq0$，则最小液气比为

$$\left(\frac{L_S}{G_B}\right)_{\min}=\frac{Y_b-Y_a}{Y_b/m-X_a}=\frac{0.0526-0.00526}{0.0526/26-0.00015}=25.27$$

实际液气比为
$$\frac{L_S}{G_B}=1.3\left(\frac{L_S}{G_B}\right)_{\min}=1.3\times25.27=32.85$$

吸收剂用量为
$$L_S=32.85G_B=32.85\times219.97=7.23\times10^3\ [\text{kmol}/(\text{m}^2\cdot\text{h})]$$
$$=7.23\times10^3\Omega M_{\text{洗油}}=7.23\times10^3\times0.785\times0.6^2\times170=3.47\times10^5\ (\text{kg/h})$$

（2）根据全塔物料衡算式可求得出塔洗油中苯的含量为

$$X_b=\frac{G_B(Y_b-Y_a)}{L_S}+X_a=\frac{0.0526-0.00526}{32.85}+0.00015=1.59\times10^{-3}[\text{kmol(A)/kmol(S)}]$$

$$x_b=\frac{X_b}{1+X_b}=\frac{1.59\times10^{-3}}{1+1.59\times10^{-3}}=1.587\times10^{-3}[\text{kmol(A)/kmol(S+A)}]$$

（3）所需填料层高度为

$$h=H_{OG}N_{OG}$$

由于题给 K_Ya 单位为 kmol/(m³·s)，而前面求出 G_B 单位为 kmol/(m²·h)，故应将 G_B 单位分母中小时（h）化为秒（s），则

$$H_{OG}=\frac{G_B}{K_Ya}=\frac{219.97}{3600\times0.045}=1.36\ (\text{m})$$

对设计型问题，N_{OG}用对数平均推动力法或吸收因数法求没有难易之分，本题选用吸收因数法求。

$$S=\frac{mG_B}{L_S}=\frac{26\times219.97}{7.23\times10^3}=0.791\ (\text{注意 } G_B \text{ 与 } L_S \text{ 单位应取相同})$$

$$N_{OG}=\frac{1}{1-S}\ln\left[(1-S)\frac{Y_b-mX_a}{Y_a-mX_a}+S\right]$$

$$=\frac{1}{1-0.791}\ln\left[(1-0.791)\frac{0.0526-26\times0.00015}{0.00526-26\times0.00015}+0.791\right]=10.11$$

$$h=H_{OG}N_{OG}=1.36\times10.11=13.75\ (\text{m})$$

（4）每小时回收苯的量 G_A 为

$$G_A=G_B(Y_b-Y_a)\Omega M_{苯}$$

$$=219.97\times(0.0526-0.00526)\times0.785\times0.6^2\times78.1=229.8\ (\text{kg/h})$$

（5）定性分析提高吸收率的措施

① 其他条件不变，增加填料层高度 h。**分析**：h 增加，H_{OG}不变，N_{OG}变大，S 不变。由图 6-6（因为平衡关系为 $Y^*=mX$，故图 6-6 横坐标中组成改为用 Y、X 表示，S 中的 G 改为 G_B，L 改为 L_S）可知，$(Y_b-mX_a)/(Y_a-mX_a)$ 变大，而 Y_b、X_a、m 不变，所以 Y_a 减小，由 $\eta=1-Y_a/Y_b$ 知 η 变大。增加填料层高度 h 会增加设备投资费用，且塔建设好后增加 h 需改变塔的结构，较难实现。

② 其他条件不变，增加吸收剂用量 L_S。**分析**：L_S 增加，h 不变，$S=mG_B/L_S$ 减小。

若为气膜控制，$K_Ya\approx k_Ya$ 不变，$H_{OG}=G_B/(K_Ya)$ 不变，所以 N_{OG}不变，但 S 减小，由图 6-6 知 $(Y_b-mX_a)/(Y_a-mX_a)$ 变大。

若为液膜控制，$K_Ya=k_Xa/m$，而 $K_Xa\propto k_Xa\propto L_S^{0.7}$，所以 $K_Ya\propto L_S^{0.7}$，$H_{OG}=G_B/K_Ya\propto L_S^{-0.7}$，$L_S$ 增加，H_{OG}减小，N_{OG}变大，S 也减小，由图 6-6 知 $(Y_b-mX_a)/(Y_a-mX_a)$ 变大。

若为双膜控制，$1/K_Y=1/k_Y+m/k_X$，L_S 增加，$k_X\propto L_S^{0.7}$ 增加，K_Y 变大，H_{OG}变小，N_{OG}变大，S 也减小，由图 6-6 知 $(Y_b-mX_a)/(Y_a-mX_a)$ 变大。

综上所述，L_S 增加，几种情况 $(Y_b-mX_a)/(Y_a-mX_a)$ 均变大，而 Y_b、X_a、m 不变，所以 Y_a 减小，η 变大。增加吸收剂用量 L_S 会增加吸收操作费用，且塔建好后增加 L_S 还会受到降液管通过能力及液泛等条件的限制。

③ 其他条件不变，减小吸收剂入塔浓度 X_a。**分析**：X_a 减小，h、H_{OG}、N_{OG}、S 均不变，由图 6-6 知 $(Y_b-mX_a)/(Y_a-mX_a)=C$（C 为常数，且 $C>1$）不变，则 $Y_b=CY_a-(C-1)mX_a$ 不变。由于 $C-1>0$、m 不变、X_a 减小，所以 Y_a 只能减小才能使得等式右边

不变等于Y_b。Y_a减小，η变大。减小吸收剂入塔浓度x_a会受到工艺条件的限制，若原工况已在纯溶剂吸收（$x_a=0$）条件下操作，该法就不能实现。

④ 其他条件不变，操作温度降低。**分析**：$m=E/p$，$E=g(t)$，t降低，E变小，m变小，$S=mG_B/L_S$变小，而h不变，$1/K_Y=1/k_Y+m/k_X$，m变小，K_Y变大，$H_{OG}=G_B/(K_Ya)$，G_B不变，K_Y变大引起H_{OG}变小，所以N_{OG}变大，由图6-6知，$(Y_b-mX_a)/(Y_a-mX_a)$变大。由于Y_b、X_a不变，m变小，无法直接看出Y_a的变化趋势，采用以下两种方法判别。

a. 排除法。令$(Y_b-mX_a)/(Y_a-mX_a)=C$（$C>1$且C增大），设Y_a不变，由于m变小，分子(Y_b-mX_a)与分母(Y_a-mX_a)将增加同样的量，其比值C将减小，这与C增大的前提矛盾，原假设有误；再设Y_a增大，则分母(Y_a-mX_a)由于Y_a增大，m减小将比分子(Y_b-mX_a)增加更多，其比值C将减小更多，这与C增大的前提矛盾，原假设也是错误的，所以必有Y_a减小，η变大。

b. 近似法。因为X_a不为零通常也很小，则$(Y_b-mX_a)/(Y_a-mX_a)\approx Y_b/Y_a$变大，$Y_b$不变，所以$Y_a$减小，$\eta$变大。降低操作温度$t$需对吸收系统冷却并保冷，会增加吸收操作费用。

可见，当m发生变化时，判断Y_a的变化趋势用排除法很烦琐，用近似法简便，一般情况下均可选用近似法。

⑤ 其他条件不变，增大操作压强p。**分析**：$m=E/p$，p变大，m变小，S变小，与④类似分析可知Y_a减小，η变大。增大操作压力p需对吸收系统加压，会增加吸收操作费用。

⑥ 其他条件不变，选用对溶质溶解度大的吸收剂。分析：溶解度大，即H大，$E=C/H$变小，$m=E/p$变小，S变小，与④类似分析可知Y_a减小，η变大。选用对溶质溶解度大的吸收剂（溶剂）会受到溶剂其他要求的限制，如还要求溶剂对其他组分的溶解度要小、对温度的变化要敏感，溶剂的蒸气压要低、黏度要低、化学稳定性好，溶剂要价廉、易得、毒性小、不易燃等，很难有溶剂能同时满足这些要求。

⑦ 其他条件不变，改用新型高效的填料，有利于气、液两相接触传质，使传质过程得到强化，则传质系数K_Y及单位体积填料的有效传质面积a均变大，即K_Ya变大，H_{OG}变小，h、S不变，N_{OG}变大，由图6-6知，$(Y_b-mX_a)/(Y_a-mX_a)$变大，而Y_b、X_a、m不变，所以Y_a减小，η变大。

综上所述，提高吸收率最主要的有效措施是采用新型高效的填料强化传质过程。强化传质的另一个有效途径是采用新型高效的传质设备，如旋转填料床，它利用高速旋转的转子产生远大于重力的离心力，使液体在高分散、高湍动、强混合以及界面急速更新的情况下与气体以极大的相对速度在弯曲孔道中逆向接触，极大地强化了传质过程。与一般情况下的蒸馏塔或吸收塔相比，在相同操作工艺条件下，旋转填料床的传质系数比传统塔器提高1～2个数量级，可将塔的体积缩小10倍以上。

例6-2 在逆流操作的填料塔内，用清水吸收焦炉气中的氨。已知混合气体流量（标准状态）为4480$m^3/(m^2\cdot h)$，入塔气体浓度（标准状态）为10g/m^3，要求回收率为95%，吸收剂用量为最小用量的1.5倍，气相体积总传质系数$K_ya=200kmol/(m^3\cdot h)$。操作条件下汽液平衡关系为$y^*=mx$，并测得100kg水中含氨1kg时，液面上方氨的平衡分压为0.80kPa。试求：(1) 水的用量，$m^3/(m^2\cdot h)$；(2) 出塔溶液中氨的浓度（质量分数）；(3) 填料层高度，m；(4) 若改用板式塔，所需的理论塔板数；(5) 若填料层高度无限高，最大吸收率η_{max}可达多少？

解 由于本题给定的相平衡关系为$y^*=mx$（y、x均为摩尔分数），因而选用与y、x、G和L一串符号对应的公式进行计算，但由于相平衡常数m没有直接给出，故先利用实验

数据求出 m 并对气体浓度进行单位换算。

$$x_A=\frac{n_A}{n}=\frac{m_A/M_A}{m_A/M_A+m_S/M_S}=\frac{1/17}{1/17+100/18}=0.0105\ [\mathrm{kmol(A)/kmol(S+A)}]$$

$$E=\frac{p_A^*}{x_A}=\frac{0.80}{0.0105}=76.19\mathrm{kPa},\quad m=\frac{E}{p}=\frac{76.19}{101.3}=0.752$$

$$y_b=10\mathrm{g/m^3}(\text{标准状态})=\frac{10/17)\times10^{-3}}{1/22.4}=0.0132\ (<0.1\ \text{为低浓度气体吸收})$$

$$y_a=y_b(1-\eta)=0.0132\times(1-0.95)=6.6\times10^{-4}$$

(1) 由于平衡关系服从亨利定律，且用清水吸收 $x_a=0$，此时最小液气比为

$$(L/G)_{\min}=m\eta=0.752\times0.95=0.714$$

$$L/G=1.5(L/G)_{\min}=1.5\times0.714=1.071$$

注意：与例 6-1 不同，本题已知的气体流量为标准状态的值，直接将其除以标准状态的摩尔体积 $22.4\mathrm{m^3/kmol}$ 即可。

所以
$$G=\frac{4480}{22.4}=200\ [\mathrm{kmol/(m^2\cdot h)}]$$

$$L=1.071G=1.071\times200=214.2\ [\mathrm{kmol/(m^2\cdot h)}]$$

$$=\frac{214.2M(H_2O)}{\rho(H_2O)}=\frac{214.2\times18}{1000}=3.86\ [\mathrm{m^3/(m^2\cdot h)}]$$

(2) 根据全塔物料衡算式可求得出塔溶液中氨的摩尔分数 x_b 为

$$x_b=\frac{G(y_b-y_a)}{L}+x_a=\frac{0.0132-6.6\times10^{-4}}{1.071}+0=0.0117$$

则质量分数 w 为

$$w=\frac{xM_A}{xM_A+(1-x)M_S}=\frac{0.0117\times17}{0.0117\times17+(1-0.0117)\times18}=0.0111$$

(3) 填料层高度为

$$h=H_{OG}N_{OG}$$

$$H_{OG}=\frac{G}{K_ya}=\frac{200}{200}=1\ (\mathrm{m})$$

N_{OG}采用对数平均推动力法求，则

$$N_{OG}=\frac{y_b-y_a}{\Delta y_m},\quad \Delta y_m=\frac{\Delta y_b-\Delta y_a}{\ln(\Delta y_b/\Delta y_a)}$$

$$\Delta y_b=y_b-y_b^*=y_b-mx_b=0.0132-0.752\times0.0117=4.4\times10^{-3}$$

$$\Delta y_a=y_a-y_a^*=y_a-mx_a=6.6\times10^{-4}-0=6.6\times10^{-4}$$

$$\Delta y_m=\frac{4.4\times10^{-3}-6.6\times10^{-4}}{\ln(4.4\times10^{-3}/6.6\times10^{-4})}=1.971\times10^{-3}$$

$$N_{OG}=\frac{0.0132-6.6\times10^{-4}}{1.971\times10^{-3}}=6.36$$

N_{OG}也可用吸收因数法求，即

$$S=\frac{mG}{L}=\frac{m}{L/G}=\frac{0.752}{1.071}=0.702$$

因为用清水吸收 $x_a=0$，由式(6-3) 得

$$N_{OG}=\frac{1}{1-S}\ln\left[(1-S)\frac{1}{1-\eta}+S\right]=\frac{1}{1-0.702}\ln\left[(1-0.702)\frac{1}{1-0.95}+0.702\right]=6.36$$

可见两种方法求 N_{OG} 的结果相同，但用吸收因数法求更简便。

所以 $$h=1\times6.36=6.36\ (\text{m})$$

(4) 若采用板式塔，因 $x_a=0$，由表 6-3 可知所需的理论塔板数 N 为

$$N=\frac{1}{\ln A}\ln\left[(1-S)\frac{y_b-mx_a}{y_a-mx_a}+S\right]=\frac{1}{\ln A}\ln\left[(1-S)\frac{y_b}{y_a}+S\right]=\frac{1}{\ln A}\ln\left[(1-S)\frac{1}{1-\eta}+S\right]$$

$$A=1/S=1/0.702=1.424,\ \eta=0.95$$

则 $$N=\frac{1}{\ln1.424}\ln\left[(1-0.702)\times\frac{1}{1-0.95}+0.702\right]=5.37$$

讨论：当相平衡关系符合亨利定律，且入塔吸收剂不含溶质（如用纯溶剂吸收 $x_a=0$）时，最小液气比（见表 6-3）、气相总传质单元数［见式(6-3)］、理论塔板数（见本题）等均可直接和吸收率关联起来，会给解题带来方便。

(5) $h=\infty$ 时求 η_{max}。这涉及填料层高度无限高（即传质面积无限大）时，塔内在何处达到平衡的问题，全国化工原理试题库中有许多题目涉及此类问题，本书第一版对此问题作了详细讨论，限于篇幅，仅将讨论结果总结如下：

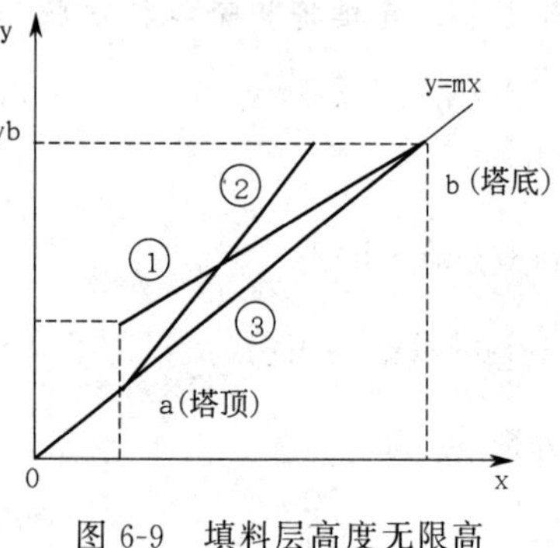

图 6-9　填料层高度无限高时的操作线

吸收因数 $A=\frac{L}{mG}=\frac{L/G}{m}=\frac{\text{操作线斜率}}{\text{平衡线斜率}}$，当填料层高度无限高（$h=\infty$）时，操作线分为①$A>1$、②$A<1$、③$A=1$ 三种情况，分别如图 6-9 中线①、线②、线③所示，讨论结果见表 6-5。本题 $A=\frac{1}{S}=\frac{1}{0.702}=1.425>1$，且 $x_a=0$，由表 6-5 可知 $\eta_{max}=100\%$。

表 6-5　填料层高度无限高时塔内平衡处及最大吸收率

序号	A	平衡处	η_{max}（$x_a\neq0$ 时）	η_{max}（$x_a=0$ 时）
①	$A<1$ 操作线斜率＜平衡线斜率	b(塔底)如图 6-9 中线①所示	$\eta_{max}=\frac{y_b-y_a}{y_b}$ 式中，$y_a=y_b-\frac{L}{G}(x_b^*-x_a)$ $=y_b-\frac{L}{G}\left(\frac{y_b}{m}-x_a\right)$ $=(1-A)y_b+\frac{L}{G}x_a$	$\eta_{max}=\frac{y_b-y_a}{y_b}$ $=\frac{y_b-(1-A)y_b}{y_b}$ $=A<1$
②	$A>1$ 操作线斜率＞平衡线斜率	a(塔顶)如图 6-9 中线②所示	$\eta_{max}=\frac{y_b-y_a^*}{y_b}=\frac{y_b-mx_a}{y_b}$	$\eta_{max}=\frac{y_b-y_a^*}{y_b}=\frac{y_b-0}{y_b}=100\%$
③	$A=1$ 操作线斜率＝平衡线斜率	$\Delta y=0,\Delta x=0$ 操作线 ab 与平衡线 $y=mx$ 重合，塔内处处达到平衡，如图 6-9 中线③所示	$\eta_{max}=\frac{y_b-y_a^*}{y_b}=\frac{y_b-mx_a}{y_b}$	$\eta_{max}=\frac{y_b-y_a^*}{y_b}=\frac{y_b-0}{y_b}=100\%$

例 6-3　采用图 6-10 所示的双塔流程，以清水吸收混合气中的可溶组分，溶质的总回收率为 0.91。两塔的用水量相等，且均为最小用水量的 1.43 倍。两塔的传质单元高度 H_{OG} 均

为 1.2m。在操作范围内物系的平衡关系服从亨利定律。试求两塔的填料层高度并作出其平衡线和操作线的示意图。

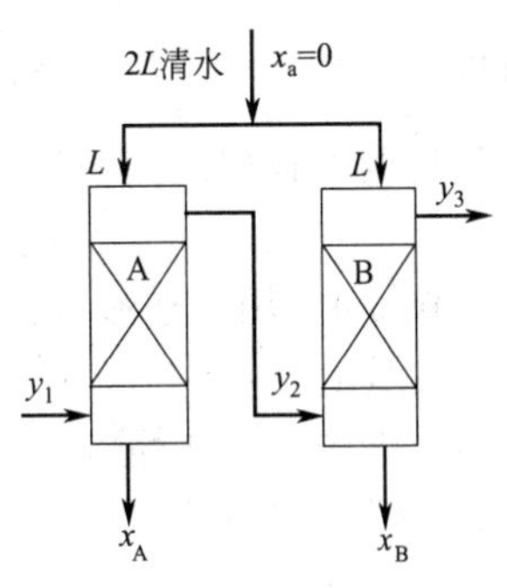

图 6-10　例 6-3 附图

解　本题已知两塔的 H_{OG} 求两塔的填料层高度 h，但两塔的 N_{OG} 均不知道，故应先设法求两塔的 N_{OG}。由于 y_1、y_2、y_3、x_A、x_B 及相平衡常数 m 均不知道，所以无法用对数平均推力法求 N_{OG}。在相平衡关系符合亨利定律且用纯溶剂吸收（$x_a=0$）时，两塔最小液气比可与两塔吸收率联系起来，且在 6.1.4.2 中已说明在这种情况下（m 不知道，$x_a=0$）吸收因数法也可求 N_{OG}，求 N_{OG} 必须知道两塔的吸收率，故先设法求两塔的吸收率。以 $\eta_{总}$ 表两塔总吸收率，η_A、η_B 分别代表 A 塔和 B 塔的吸收率。依题意得

$$\left(\frac{L}{G}\right)_A=1.43\left(\frac{L}{G}\right)_{min,A}=1.43m\eta_A$$

$$\left(\frac{L}{G}\right)_B=1.43\left(\frac{L}{G}\right)_{min,B}=1.43m\eta_B$$

因低浓度气体吸收 $G_A\approx G_B\approx G$，且题目已知 $L_A=L_B=L$，所以 $\left(\frac{L}{G}\right)_A=\left(\frac{L}{G}\right)_B=\frac{L}{G}$，则

$\eta_A=\eta_B=\eta$

根据两塔总吸收率的定义得

$$\eta_{总}=\frac{y_1-y_3}{y_1}=\frac{y_1-y_2}{y_1}+\frac{y_2-y_3}{y_1}=\frac{y_1-y_2}{y_1}+\frac{y_2-y_3}{y_2}\times\frac{y_2}{y_1} \tag{a}$$

$$\eta_A=\frac{y_1-y_2}{y_1},\ \frac{y_2}{y_1}=1-\eta_A,\ \eta_B=\frac{y_2-y_3}{y_2}$$

将上述关系代入式(a) 得

$$\eta_{总}=\eta_A+\eta_B(1-\eta_A)=2\eta-\eta^2=0.91\ (\eta_A=\eta_B=\eta)$$

即

$$\eta^2-2\eta+0.91=0$$

解此一元二次方程得

$$\eta=0.7\ (另一根\ \eta=1.3，不合理舍去)$$

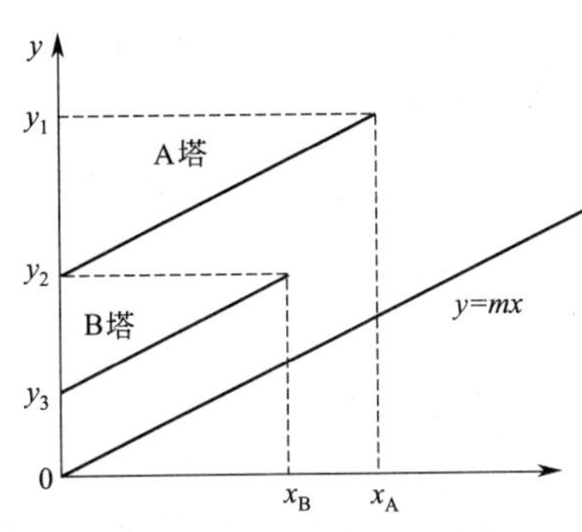

图 6-11　操作线和平衡线示意

所以 $\left(\frac{L}{G}\right)_A=\left(\frac{L}{G}\right)_B=\frac{L}{G}=1.43m\eta=1.43\times0.7m=1.0m$

说明两塔的操作线斜率 L/G 均与相平衡线的斜率 m 相等，即 $S=mG/L=1$，两塔的操作线与平衡线均是互为平行的两条直线（如图 6-11 所示），推动力处处相等，对数平均推动力法和吸收因数法求 N_{OG} 的公式都不能用，应该用式(6-9) 求 N_{OG}，即

$$N_{OG}=\frac{y_b-y_a}{y_b-y_b^*}=\frac{y_b-y_a}{y_a-y_a^*}$$

由于 $y_a^*=mx_a=0$，而 y_b^* 与出塔液相浓度有关无法求，故两塔的 N_{OG}（注意上式中下标 b 代表塔底，a 代表塔顶，以下两塔 N_{OG} 计算式中塔顶、塔底的下标应根据本题附图确定）为

$$N_{OG,A}=\frac{y_1-y_2}{y_2-mx_a}=\frac{y_1-y_2}{y_2-0}=\frac{y_1-y_2}{y_1}\times\frac{y_1}{y_2}=\eta\times\frac{1}{1-\eta}=\frac{\eta}{1-\eta}$$

$$N_{OG,B}=\frac{y_2-y_3}{y_3-mx_a}=\frac{y_2-y_3}{y_3-0}=\frac{y_2-y_3}{y_2}\times\frac{y_2}{y_3}=\eta\times\frac{1}{1-\eta}=\frac{\eta}{1-\eta}$$

所以 $$N_{OG,A}=N_{OG,B}=N_{OG}=\frac{\eta}{1-\eta}=\frac{0.7}{1-0.7}=2.33$$

则两塔的填料层高度均为

$$h_A=h_B=h=H_{OG}N_{OG}=1.2\times2.33=2.8\ (m)$$

例 6-4 用一逆流操作的填料解吸塔，处理含 CO_2 的水溶液，处理量为 40t/h，使水中的 CO_2 含量由 8×10^{-5} 降至 2×10^{-6}（均为摩尔比），塔内水的喷淋密度为 8000kg/(m²·h)，进塔空气中含 CO_2 量为 0.1%（体积分数），空气用量为最小空气用量的 20 倍，塔内操作温度为 25℃，压力为 100kN/m²，该操作条件下的亨利系数 $E=1.6\times10^5$kN/m²，液相体积总传质系数 $K_Xa=800$kmol/(m³·h)。试求：(1) 解吸气（空气）用量（m³/h）（以 25℃计）；(2) 填料层高度。

解 本题给定的液相组成为摩尔比，因而选用与 Y、X、G_B、L_S 一串符号对应的公式求解。已知亨利系数 E 但相平衡常数 m 不知道，因而先求 m 并对气相组成进行单位换算。

(1) 求解吸气（空气）用量

$$m=\frac{E}{p}=\frac{1.6\times10^5}{100}=1600$$

如图 6-7 所示，逆流解吸塔塔底（稀端）仍用 b 表示，塔顶（浓端）仍用 a 表示，则

$$y_b=0.1\%(\text{体积分数})=0.001(\text{摩尔分数})$$

$$Y_b=\frac{y_b}{1-y_b}=\frac{0.001}{1-0.001}\approx0.001(\text{摩尔比})$$

根据式(6-16)（式中 G 改为 G_B，L 改为 L_S，y 改为 Y，x 改为 X）先求最小气液比，再求 G_B，然后求 G，最后求 V，所以

$$\left(\frac{G_B}{L_S}\right)_{min}=\frac{X_a-X_b}{mX_a-Y_b}=\frac{8\times10^{-5}-2\times10^{-6}}{1600\times8\times10^{-5}-0.001}=6.14\times10^{-4}$$

由于水中 CO_2 含量很低，则

$$L_S\approx L=\frac{8000}{M_{H_2O}}=\frac{8000}{18}=444.44\ [\text{kmol/(m}^2\cdot\text{h)}]$$

$$G_B=20\times(G_B/L_S)_{min}\times L_S=20\times6.14\times10^{-4}\times444.44=5.46\ [\text{kmol/(m}^2\cdot\text{h)}]$$

塔截面积 $$\Omega=\frac{40\times10^3}{8000}=5\ (\text{m}^2)$$

空气密度为 $$\rho=\frac{pM}{RT}=\frac{100\times29}{8.314\times(273+25)}=1.17\ (\text{kg/m}^3)$$

则单位塔截面上空气（混合气）的摩尔流量 G 为

$$G=\frac{G_B}{1-y_b}=\frac{5.46}{1-0.001}=5.47\ [\text{kmol/(m}^2\cdot\text{h)}]$$

解吸气（空气）的体积流量 V 为

$$V=\frac{G\Omega M}{\rho}=\frac{5.47\times5\times29}{1.17}=678\ (\text{m}^3/\text{h})$$

(2) 求填料层高度 h，这是解吸设计型计算问题。本题 $Y_b\neq0$，选对数平均推动力法计算需知道 X_a、Y_a、X_b、Y_b 4 个组成，X_a、X_b 为已知值，Y_b 在 (1) 中已求出，故还需用全塔物料衡算式求出 Y_a，比较烦琐。若选吸收因素法计算，根据式(6-21)（式中 x_a 改为 X_a、x_b 改为 X_b、y_b 改为 Y_b）只需知道 X_a、X_b、Y_b 3 个组成，比较方便，故选吸收因数法求 N_{OL}，吸收因数 A 为

$$A=\frac{L_S}{mG_B}=\frac{444.44}{1600\times5.46}=0.0509$$

则
$$N_{OL}=\frac{1}{1-A}\ln\left[(1-A)\ \frac{X_a-Y_b/m}{X_b-Y_b/m}+A\right]$$
$$=\frac{1}{1-0.0509}\ln\left[(1-0.0509)\times\frac{8\times10^{-5}-0.001/1600}{2\times10^{-6}-0.001/1600}+0.0509\right]=4.22$$

液相总传质单元高度为
$$H_{OL}=\frac{L_S}{K_Xa}=\frac{444.44}{800}=0.556\ (\mathrm{m})$$

则填料层高度为
$$h=H_{OL}N_{OL}=0.556\times4.22=2.35\ (\mathrm{m})$$

6.3　吸收与解吸操作型问题分析

6.3.1　吸收与解吸操作型计算命题

在实际生产中，吸收与解吸的操作型计算问题是经常碰到的，其特点是塔设备已给定（对填料塔则 h 已知），求解方法也是类似的，下面以吸收塔为例说明。常见的吸收塔操作型问题有两种类型，它们的命题方式如下。

（1）第一类命题

命题方式：已知填料层高度 h 及其他有关尺寸，气、液两相平衡关系及流动方式，两相总传质系数 K_ya 或 K_xa，改变某一操作条件（t、p、L 或 L_S、G 或 G_B、x_a 或 X_a、y_b 或 Y_b），研究其对吸收效果 y_a（或 Y_a）和 x_b（或 X_b）的影响。

计算方法：第一类命题操作型问题，若用对数平均推动力法的原始形式求解，由于待求量同时出现在对数符号的内外，故要用试差法，可采用类似求解传热第一类命题时用的消元法求出气液两相的出口浓度，但该法烦琐。若平衡关系服从亨利定律，求解第一类命题操作型问题用吸收因数法不必试差且简便，建议读者选用吸收因数法求解。

（2）第二类命题

命题方式：已知填料层高度 h 及其他有关尺寸，气体的流量 G（或 G_B）及进、出口浓度（y_b、y_a 或 η），吸收液的进口浓度 x_a，气液两相的平衡关系及流动方式，两相总传质系数 K_ya 或 K_xa，计算吸收剂用量 L（或 L_S）和吸收剂的出塔浓度 x_b（或 X_b）。

计算方法：第二类命题操作型问题，不管选用吸收因数法还是对数平均推动力法均要试差求解。即使都要试差，仍然是用吸收因数法试差方便。建议读者选用吸收因数法求解。

此外，还有一类吸收计算问题，如其他条件不变，分离要求（η 或 y_a）改变，求填料层高度 h 变为多少？或已知填料层高度 h 的改变值，其他条件不变，求 y_a（或 η）变为多少？诸如此类问题，本质上属于设计型的问题（相当于设计一个新塔），但其求解方法类似于第一类命题的操作型问题，选用吸收因数法简便，故将其与操作型问题放在一起讨论。

6.3.2　吸收操作型计算解题关系图

不论是第一类命题还是第二类命题的吸收操作型计算问题，共同特点是填料层高度 h 及塔径 D 等尺寸不变，用吸收因数法求解比较方便。为了便于分析吸收操作型计算问题的题型及解法，将逆流吸收操作型问题的有关计算式表达成如图 6-12 所示的解题关系。图 6-12 中变量上标“′”表示新工况时的变量、上标“⊖”代表标态，而旧工况 H_{OG}、N_{OG}的关系见表 6-3。另外，图 6-12 中有关公式中的符号是相平衡关系为 $y^*=mx$ 的情况，若题给相平衡关系为 $Y^*=mX$，则将有关公式中 G 改为G_B、L 改为L_S、x 改为 X、y 改为 Y 即可，后面的题型及解法分析、例题等均按此规定处理。

将逆流吸收操作型问题的有关计算式表达成如图 6-12 所示的解题关系图的好处在于：从一个知识点出发可以联想起其他许多的知识点以及这些知识点之间的相互关系，便于对各知识点的理解、复习、记忆和灵活应用。这种学习方法实际上就是收敛性思维方法在教学中的应用，教学实践表明，该法可以大大提高学习成绩，望读者认真掌握。

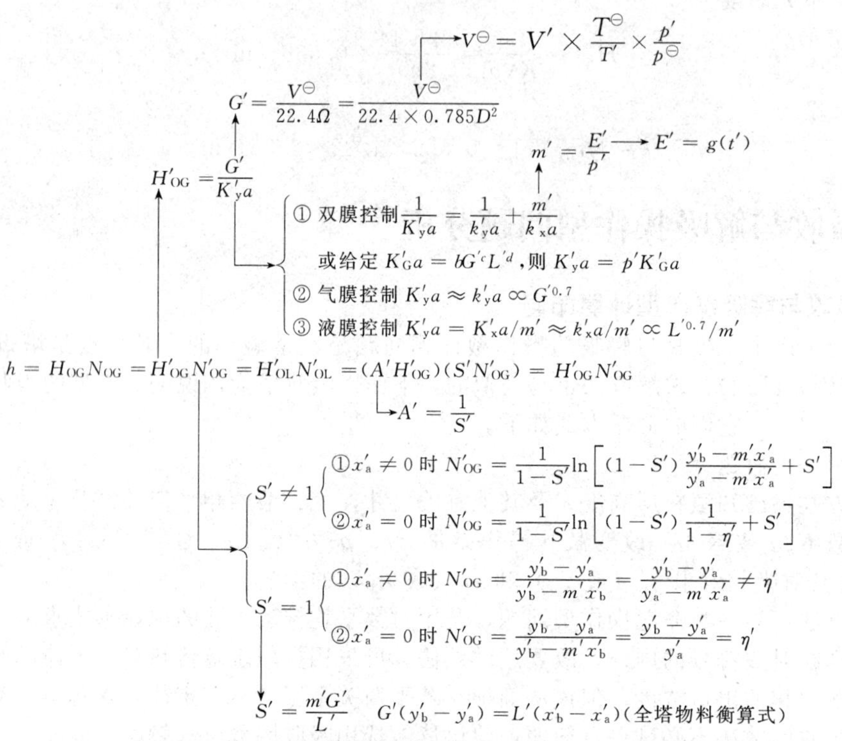

图 6-12　逆流吸收操作型问题解题关系图

6.3.3　吸收操作型计算题型及解法分析

吸收操作型问题题型非常多，题目可以千变万化，但万变不离其“宗”，吸收填料层高度计算式就是吸收操作型问题的“宗”，它实际上是由相平衡方程、传质速率方程和物料衡算方程导出的，可将它们之间的关系形象化表达成图 6-12。紧紧抓住这个“宗”，将它理解深、理解透，就能做到举一反三、触类旁通，就能解决众多的吸收操作型问题。请看下面的题型及解法分析（分析时若某变量如 G 变，则记为 G'，若某变量如 L 不变，即 $L'=L$)，先分析吸收第一类命题操作型问题。

（1）G 变，y_b、x_a、L、t、p、D、h 等不变，求 y_a 或 η 及 x_b 变为多少？

分析：

① 若为气膜控制，$K_ya \approx k_ya \propto G^{0.7}$，$H_{OG}=G/K_ya \propto G^{0.3}$，$G$ 变，K_ya 变，H_{OG} 变，$H'_{OG}/H_{OG}=(G'/G)^{0.3}$；$t$、$p$ 不变，m 不变；$S=mG/L$，m、L 不变，G 变，S 变，$S'/S=G'/G$；h 不变，H_{OG} 变，引起 N_{OG} 变，$N'_{OG}=h/H'_{OG}$；m、y_b、x_a、h 不变，H_{OG}、N_{OG}、S 变，y_a 或 η 及 x_b 必变。以 $S\neq1$、$x_a\neq0$ 为例，根据上述分析，并选择图 6-12 中相应的 N'_{OG} 计算式，可得

$$N'_{OG}=\frac{1}{1-S'}\ln\left[(1-S')\frac{y_b-mx_a}{y'_a-mx_a}+S'\right]=\frac{h}{H'_{OG}}=\frac{h}{(G'/G)^{0.3}H_{OG}}$$

上式中 $S'=(G'/G)S$，故式中只有一个未知数 y'_a 可直接求出。然后由 $\eta'=(y_b-y'_a)/y_b$ 可求出 η'，再由全塔物料衡算式 $G'(y_b-y'_a)=L(x'_b-x_a)$ 求 x'_b。

② 若为液膜控制，$K_ya=K_xa/m\propto k_xa/m\propto L^{0.7}/m$，$L$、$m$ 不变，K_ya 不变，$H_{OG}=G/K_ya\propto G$，G 变，H_{OG}变，$H'_{OG}/H_{OG}=G'/G$；S、N_{OG}的变化和 y'_a或 η'及 x'_b的求法类似①的分析（注意 H_{OG}的变化关系与①不同）。

③ 若为双膜控制，气、液流量 G、L 均对体积总传质系数 K_ya 有影响，故有的题目已知 K_ya 或 K_Ga 与 G、L 的经验式，如已知 $K_Ga=bG^cL^d$（式中系数 b 和指数 c、d 均为已知值）。$H_{OG}=G/K_ya=G/(pK_Ga)\propto G^{1-c}/(pL^d)$，$L$、$p$ 不变，G 变，H_{OG}变，$H'_{OG}/H_{OG}=(G'/G)^{1-c}$；$S$、$N_{OG}$的变化和 y'_a或 η'及 x'_b的求法类似①的分析（**注意** H_{OG}的变化关系与①不同）。

(2) L 变，y_b、x_a、G、t、p、D、h 等不变，求 y_a 或 η 及 x_b 变为多少？

分析：

① 若为气膜控制，$K_ya\approx k_ya\propto G^{0.7}$，$G$ 不变，K_ya 不变，$H_{OG}=G/K_ya$，H_{OG}不变；t、p 不变，m 不变；$S=mG/L$，m、G 不变，L 变，S 变，$S'/S=L/L'$；h 不变，H_{OG}不变，N_{OG}不变，即 $N'_{OG}=N_{OG}$；m、y_b、x_a、h、H_{OG}、N_{OG}均不变，S 变，y_a 或 η 及 x_b 必变。以 $S\neq1$、$x_a\neq0$ 为例，根据上述分析，并选择图 6-12 中相应的 N'_{OG}计算式，可得

$$N'_{OG}=\frac{1}{1-S'}\ln\left[(1-S')\frac{y_b-mx_a}{y'_a-mx_a}+S'\right]=\frac{1}{1-S}\ln\left[(1-S)\frac{y_b-mx_a}{y_a-mx_a}+S\right]=N_{OG}$$

上式中 $S'=(L/L')S$，故只有一个未知数 y'_a可直接求出。然后由 $\eta'=(y_b-y'_a)/y_b$ 可求出 η'，再由全塔物料衡算式 $G(y_b-y'_a)=L'(x'_b-x_a)$求 x'_b。

② 若为液膜控制，$K_ya=K_xa/m\approx k_xa/m\propto L^{0.7}/m$，$m$ 不变，L 变，K_ya 变，$H_{OG}=G/K_ya\propto L^{-0.7}$，$H_{OG}$ 变，$H'_{OG}/H_{OG}=(L/L')^{0.7}$；$S=mG/L$，$m$、$G$ 不变，L 变，S 变，$S'/S=L/L'$；h 不变，H_{OG} 变，引起 N_{OG} 变，即 $N'_{OG}=h/H'_{OG}$；m、y_b、x_a、h 不变，H_{OG}、N_{OG}、S 变，y_a 或 η 及 x_b 必变。以 $S\neq1$、$x_a\neq0$ 为例，根据上述分析，并选择图 6-12 中相应的 N'_{OG}计算式，可得

$$N'_{OG}=\frac{1}{1-S'}\ln\left[(1-S')\frac{y_b-mx_a}{y'_a-mx_a}+S'\right]=\frac{h}{H'_{OG}}=\frac{h}{(L/L')^{0.7}H_{OG}}$$

上式中 $S'=(L/L')S$，故只有一个未知数 y'_a可直接求出。η'及 x'_b的求法与①相同。

③ 若为双膜控制，以题目已知 $K_Ga=bG^cL^d$ 为例分析。$H_{OG}=G/K_ya=G/(pK_Ga)\propto G^{1-c}/(pL^d)$，$G$、$p$ 不变，L 变，H_{OG}变，$H'_{OG}/H_{OG}=(L/L')^d$；S、N_{OG}的变化和 y'_a或 η'及 x'_b的求法类似②的分析（**注意** H_{OG}的变化与②不同）。

(3) x_a 变（如原工况为纯溶剂吸收 $x_a=0$，新工况因故 x_a 变大），G、L、y_b、t、p、D、h 等不变，求 y_a 或 η 及 x_b 变为多少？

分析：t、p 不变，m 不变；m、G、L 不变，H_{OG}和 S 也不变；h、H_{OG}不变，N_{OG}也不变，即 $N'_{OG}=N_{OG}$；以 $S\neq1$ 为例，旧工况 $x_a=0$，$N_{OG}=f[S,1/(1-\eta)]$，新工况 m、y_b、S、N_{OG}不变，x_a 变大，y'_a必变，$N'_{OG}=f[S,(y_b-mx'_a)/(y'_a-mx'_a)]$，因 $N'_{OG}=N_{OG}$，S 相等，按逻辑推理必有$\dfrac{y_b-mx'_a}{y'_a-mx'_a}=\dfrac{1}{1-\eta}$，新工况 x'_a值是已知的，故只有一个未知数 y'_a可求出，然后由 $\eta'=(y_b-y'_a)/y_b$ 可求出 η'，再由全塔物料衡算式 $G(y_b-y'_a)=L(x'_b-x'_a)$ 求 x'_b。若 $S=1$，读者可自行作类似分析。

(4) p 变，y_b、x_a、G、L、t、D、h 等不变，求 y_a 或 η 及 x_b 变为多少？

分析：

① 若为气膜控制，题目通常已知 $k_Ga\propto G^{0.7}$（而不是已知 $k_ya\propto G^{0.7}$），则 $K_ya=pK_Ga\approx pk_Ga\propto pG^{0.7}$，$H_{OG}=G/K_ya\propto G^{0.3}/p$，$G$ 不变，p 变，H_{OG}变，$H'_{OG}/H_{OG}=p/p'$；$m=E/p$，$E=g(t)$，t 不变，E 不变，p 变，m 变，$m'/m=p/p'$；$S=mG/L$，G、L 不变，m 变，

S变，$S'/S=m'/m=p/p'$；h不变，H_{OG}变，引起N_{OG}变，$N'_{OG}=h/H'_{OG}$；y_b、x_a、h不变，m、S、H_{OG}、N_{OG}变，y_a或η及x_b必变。以$S\neq1$，$x_a\neq0$为例，根据上述分析，并选图6-12中相应的N'_{OG}计算式，可得

$$N'_{OG}=\frac{1}{1-S'}\ln\left[(1-S')\frac{y_b-m'x_a}{y'_a-m'x_a}+S'\right]=\frac{h}{H'_{OG}}=\frac{h}{(p/p')H_{OG}}$$

上式中$S'=(p/p')S$，$m'=(p/p')m$，故式中只有一个未知量y'_a可直接求出。然后由$\eta'=(y_b-y'_a)/y_b$可求出η'，再由全塔物料衡算式$G(y_b-y'_a)=L(x'_b-x_a)$求x'_b。

② 若为液膜控制，$K_ya=K_xa/m\approx k_xa/m\propto L^{0.7}/m$，$L$不变，同①分析$p$变使$m$变，$m'/m=p/p'$，$K_ya\propto m^{-1}$，$H_{OG}=G/K_ya\propto Gm$，$G$不变，$m$变，$H_{OG}$变，$H'_{OG}/H_{OG}=m'/m=p/p'$，$H_{OG}$的变化关系与①相同；$S$、$N_{OG}$的变化和$y'_a$或$\eta'$及$x'_b$的求法同①分析。

③ 若为双膜控制，以题目已知$K_Ga=bG^cL^d$为例分析。$K_ya=pK_Ga$，G、L不变，K_Ga不变，p变，K_ya变，$H_{OG}=G/K_ya\propto p^{-1}$，$p$变，$H_{OG}$变，$H'_{OG}/H_{OG}=p/p'$，$H_{OG}$的变化关系与①相同；$S$、$N_{OG}$的变化和$y'_a$或$\eta'$及$x'_b$的求法同①分析。

（5）p变，G也变，y_b、x_a、L、t、D、h等不变，求y_a或η及x_b变为多少？

分析：

① 若为气膜控制，与（4）中①的分析相同可得$H_{OG}=G/K_ya\propto G^{0.3}/p$，$G$变、$p$变，$H_{OG}$变，$H'_{OG}/H_{OG}=(G'/G)^{0.3}(p/p')$；$S=mG/L$，$L$不变，$G$变，$m$变［同（4）中①的分析］，$m'/m=p/p'$，$S$变，$S'/S=(m'/m)(G'/G)=(p/p')(G'/G)$；$h$不变，$H_{OG}$变，引起$N_{OG}$变，$N'_{OG}=h/H'_{OG}$；$y_b$、$x_a$、$h$不变，$m$、$S$、$H_{OG}$、$N_{OG}$变，$y_a$或$\eta$及$x_b$必变。以$S\neq1$、$x_a\neq0$为例，根据上述分析，并选图6-12中相应的$N'_{OG}$计算式，可得

$$N'_{OG}=\frac{1}{1-S'}\ln\left[(1-S')\frac{y_b-m'x_a}{y'_a-m'x_a}+S'\right]=\frac{h}{H'_{OG}}=\frac{h}{(G'/G)^{0.3}(p/p')H_{OG}}$$

上式中$S'=(p/p')(G'/G)S$，$m'=(p/p')m$，故式中只有一个未知量y'_a可直接求出。然后由$\eta'=(y_b-y'_a)/y_b$可求出η'，再由全塔物料衡算式$G'(y_b-y'_a)=L(x'_b-x_a)$求x'_b。

② 若为液膜控制，与（4）中②的分析相同可得$H_{OG}=G/K_ya\propto Gm$，p变使m变，$m'/m=p/p'$，G、m变使H_{OG}变，$H'_{OG}/H_{OG}=(G'/G)(m'/m)=(G'/G)(p/p')$；$S$、$N_{OG}$的变化和$y'_a$或$\eta'$及$x'_b$的求法类似①的分析（注意$H_{OG}$的变化与①不同）。

③ 若为双膜控制，以题目已知$K_Ga=bG^cL^d$为例分析。$H_{OG}=G/K_ya=G/(pK_Ga)\propto G^{1-c}/p$，$G$变、$p$变，$H_{OG}$变，$H'_{OG}/H_{OG}=(G'/G)^{1-c}(p/p')$；$S$、$N_{OG}$的变化和$y'_a$或$\eta'$及$x'_b$的求法类似①的分析（注意$H_{OG}$的变化与①不同）。

请读者延伸分析以下吸收第一类命题操作型问题。

（6）y_b变，G、L、x_a、t、p、D、h等不变，求y_a或η及x_b变为多少？

（7）G变，x_a也变，y_b、L、t、p、D、h等不变，求y_a或η及x_b变为多少？

（8）G变，y_b也变，x_a、L、t、p、D、h等不变，求y_a或η及x_b变为多少？

（9）G变，L也变，y_b、x_a、t、p、D、h等不变，求y_a或η及x_b变为多少？

（10）L变，x_a也变，y_b、G、t、p、D、h等不变，求y_a或η及x_b变为多少？

（11）L变，y_b也变，x_a、G、t、p、D、h等不变，求y_a或η及x_b变为多少？

（12）p变，x_a也变，y_b、G、L、t、D、h等不变，求y_a或η及x_b变为多少？

（13）p变，y_b也变，x_a、G、L、t、D、h等不变，求y_a或η及x_b变为多少？

（14）p变，L也变，y_b、x_a、G、t、D、h等不变，求y_a或η及x_b变为多少？

（15）y_b变，x_a也变，G、L、t、p、D、h等不变，求y_a或η及x_b变为多少？

此外，t可以单独变，也可以与y_b、x_a、G、L、p中的一个量一起变，这样又可以组合

出许多题型，但 $m=E/p$，$E=g(t)$，须知道 $E=g(t)$ 的具体函数表达式才能进行定量计算，故有关 t 变的计算题少见。

以上分析的均属吸收第一类命题操作型问题，选吸收因数法求解不用试差。以下分析吸收第二类命题操作型问题，选对数平均推动力法或吸收因数法求解均要试差，但用吸收因数法试差方便。

(16) G 变，y_b、x_a、t、p、D、h 等不变，要求 y_a 或 η 不变，求 L 及 x_b 变为多少？

分析：

① 若为气膜控制，$K_ya \approx k_ya \propto G^{0.7}$，$H_{OG}=G/K_ya \propto G^{0.3}$，$G$ 变，H_{OG} 变，$H'_{OG}/H_{OG}=(G'/G)^{0.3}$；$m=E/p$，$E=g(t)$，$t$、$p$ 不变，m 不变；$S=mG/L$，m 不变，G 变，L 变，S 变，$S'/S=(G'/G)(L/L')$；h 不变，H_{OG} 变，引起 N_{OG} 变，$N'_{OG}=h/H'_{OG}$；以 $S\neq1$、$x_a\neq0$ 的情况为例分析，此时 N'_{OG} 与 S'、m'、y'_b、y'_a、x'_a 有关，本题 m、y_b、x_a 不变，要求 y_a 或 η 不变，只能 S 变引起 N_{OG} 变，即

$$N'_{OG}=\frac{1}{1-S'}\ln\left[(1-S')\frac{y_b-mx_a}{y_a-mx_a}+S'\right]=\frac{h}{H'_{OG}}=\frac{h}{(G'/G)^{0.3}H_{OG}}$$

上式中只有一个未知量 S'，但 S' 同时包括在对数符号内、外，须先用试差法求出 S'，再由 $S'=mG'/L'$ 即可求出 L'，然后用全塔物料衡算式 $G'(y_b-y_a)=L'(x'_b-x_a)$ 即可求出 x'_b。若为 $S\neq1$、$x_a=0$ 的情况，N'_{OG} 中 $(y_b-mx_a)/(y_a-mx_a)=y_b/y_a=1/(1-\eta)$，$\eta$ 不变，S' 的求法与上面的类似，须试差求解。

② 若为液膜控制，$K_ya=K_xa/m \approx k_xa/m \propto L^{0.7}/m$，$m$ 不变，L 变，K_ya 变，$H_{OG}=G/K_ya \propto G/L^{0.7}$，$G$ 变，L 变，H_{OG} 变，$H'_{OG}/H_{OG}=(G'/G)(L/L')^{0.7}$；$S=mG/L$，$m$ 不变，G 变、L 变，S 变，$S'/S=(G'/G)(L/L')$，则

$$\frac{H'_{OG}}{H_{OG}}=\frac{G'}{G}\left(\frac{L}{L'}\right)^{0.7}=\left(\frac{G'}{G}\right)^{0.3}\left(\frac{mG'}{L'}\times\frac{L}{mG}\right)^{0.7}=\left(\frac{G'}{G}\right)^{0.3}\left(\frac{S'}{S}\right)^{0.7}$$

h 不变，H_{OG} 变，引起 N_{OG} 变，$N'_{OG}=h/H'_{OG}$，与①不同的是本题 H'_{OG} 与已知量 G' 和待求量 S' 均有关，而①中 H'_{OG} 与 S' 无关。与①的分析类似，可用下式试差求出 S'，即

$$N'_{OG}=\frac{1}{1-S'}\ln\left[(1-S')\frac{y_b-mx_a}{y_a-mx_a}+S'\right]=\frac{h}{H'_{OG}}=\frac{h}{(G'/G)^{0.3}(S'/S)^{0.7}H_{OG}}$$

L' 及 x'_b 的求法同①分析。

③ 若为双膜控制，以题目已知 $K_Ga=bG^cL^d$ 为例分析。$H_{OG}=G/K_ya=G/(pK_Ga)\propto G^{1-c}/L^d$，$G$ 变、L 变，H_{OG} 变，$H'_{OG}/H_{OG}=(G'/G)^{1-c}(L/L')^d$；$S=mG/L$，$m$ 不变，G 变、L 变，S 变，$S'/S=(G'/G)(L/L')$，则

$$\frac{H'_{OG}}{H_{OG}}=\left(\frac{G'}{G}\right)^{1-c}\left(\frac{L}{L'}\right)^{d}=\left(\frac{G'}{G}\right)^{1-c-d}\left(\frac{mG'}{L'}\times\frac{L}{mG}\right)^{d}=\left(\frac{G'}{G}\right)^{1-c-d}\left(\frac{S'}{S}\right)^{d}$$

与②相同，本题 H'_{OG} 也与待求量 S' 有关，可用下式试差求出 S'，即

$$N'_{OG}=\frac{1}{1-S'}\ln\left[(1-S')\frac{y_b-mx_a}{y_a-mx_a}+S'\right]=\frac{h}{H'_{OG}}=\frac{h}{(G'/G)^{1-c-d}(S'/S)^{d}H_{OG}}$$

L' 及 x'_b 的求法同①分析。

(17) x_a 变（如原工况为纯溶剂吸收 $x_a=0$，新工况因故 x_a 变大），y_b、G、t、p、D、h 等不变，要求 y_a 或 η 不变，求 L 及 x_b 变为多少？

分析：

① 若为气膜控制，$K_ya \approx k_ya \propto G^{0.7}$，$H_{OG}=G/K_ya \propto G^{0.3}$，$G$ 不变，H_{OG} 不变；t、p 不变，m 不变，$S=mG/L$，m、G 不变，L 变，S 变，$S'/S=(L/L')$；h 不变，H_{OG} 不变，故 N_{OG} 不变，即 $N'_{OG}=N_{OG}$；以 $S\neq1$ 为例，旧工况 $x_a=0$，$N_{OG}=f[S,1/(1-\eta)]$，新工况

m、y_b、h、H_{OG}、N_{OG}不变，x_a 变大，要求 y_a 或 η 不变，L 必变大，S 变，结合图 6-12 中相关计算式可得

$$N'_{OG}=\frac{1}{1-S'}\ln\left[(1-S')\frac{y_b-mx'_a}{y_a-mx'_a}+S'\right]=N_{OG}=\frac{1}{1-S}\ln\left[(1-S)\frac{1}{1-\eta}+S\right]$$

上式中只有一个未知量 S'，可用试差法求出 S'，再由 $S'=mG/L'$ 即可求出 L'，然后用全塔物料衡算式 $G(y_b-y_a)=L'(x'_b-x_a)$ 即可求出 x'_b。

② 若为液膜控制，同（16）中②的分析可得 $H_{OG}=G/K_ya\propto G/L^{0.7}$；$G$ 不变，L 变，H_{OG}变，$H'_{OG}/H_{OG}=(L/L')^{0.7}$；$S=mG/L$，$m$、$G$ 不变，L 变，S 变，$S'/S=L/L'$ 则 $H'_{OG}/H_{OG}=(L/L')^{0.7}=(S'/S)^{0.7}$；$h$ 不变，H_{OG}变，引起 N_{OG}变，$N'_{OG}=h/H'_{OG}$；以 $S\neq 1$ 为例，旧工况 $x_a=0$，新工况 m、y_b、h 不变，x_a、H_{OG}、N_{OG}、S、L 变，要求 y_a 或 η 不变，结合图 6-12 中相关计算式可得

$$N'_{OG}=\frac{1}{1-S'}\ln\left[(1-S')\frac{y_b-mx'_a}{y_a-mx'_a}+S'\right]=\frac{h}{H'_{OG}}=\frac{h}{(S'/S)^{0.7}H_{OG}}$$

上式中只有一个未知量 S'，可用试差法求出 S'，L' 及 x'_b 的求法同①分析。

③ 若为双膜控制，以题目已知 $K_Ga=bG^cL^d$ 为例分析。$H_{OG}=G/K_ya=G/(pK_Ga)\propto G^{1-c}/L^d$，$G$ 不变，L 变，H_{OG} 变，$H'_{OG}/H_{OG}=(L/L')^d$；$S=mG/L$，m、G 不变，L 变，S 变，$S'/S=L/L'$，则 $H'_{OG}/H_{OG}=(L/L')^d=(S'/S)^d$；$h$ 不变，H_{OG} 变，引起 N_{OG} 变，$N'_{OG}=h/H'_{OG}$；以 $S\neq 1$ 为例，旧工况 $x_a=0$，新工况 m、y_b、h 不变，x_a、H_{OG}、N_{OG}、S、L 变，要求 y_a 或 η 不变，结合图 6-12 中相关计算式可得

$$N'_{OG}=\frac{1}{1-S'}\ln\left[(1-S')\frac{y_b-mx'_a}{y_a-mx'_a}+S'\right]=\frac{h}{H'_{OG}}=\frac{h}{(S'/S)^dH_{OG}}$$

上式只有一个未知量 S'，可用试差法求出 S'，L' 及 x'_b 的求法同①分析。

请读者延伸分析以下吸收第二类命题操作型问题。

（18）y_b 变，x_a、G、t、p、D、h 等不变，要求 y_a 或 η 不变，求 L 及 x_b 变为多少？

（19）p 变，y_b、x_a、G、t、D、h 等不变，要求 y_a 或 η 不变，求 L 及 x_b 变为多少？

（20）G 变，x_a 也变，y_b、t、p、D、h 等不变，要求 y_a 或 η 不变，求 L 及 x_b 变为多少？

（21）G 变，y_b 也变，x_a、t、p、D、h 等不变，要求 y_a 或 η 不变，求 L 及 x_b 变为多少？

（22）G 变，p 也变，y_b、x_a、t、D、h 等不变，要求 y_a 或 η 不变，求 L 及 x_b 变为多少？

（23）p 变，x_a 也变，y_b、G、t、D、h 等不变，要求 y_a 或 η 不变，求 L 及 x_b 变为多少？

（24）p 变，y_b 也变，x_a、G、t、D、h 等不变，要求 y_a 或 η 不变，求 L 及 x_b 变为多少？

（25）y_b 变，x_a 也变，G、t、p、D、h 等不变，要求 y_a 或 η 不变，求 L 及 x_b 变为多少？

6.3.4 与操作型问题类似的吸收设计型计算问题题型及解法分析

有一类吸收计算问题，如其他条件不变，分离要求 y_a 或 η 改变，求填料层高度 h 变为多少？或已知填料层高度 h 的改变值，其他条件不变，求 y_a 或 η 变为多少？诸如此类问题，本质上属于设计型的问题（相当于设计一个新塔），但其求解方法类似于第一类命题操作型问题的解法，选用吸收因数法简便，故将其与操作型问题放在一起分析。

（1）G 变，y_b、x_a、y_a 或 η、L、t、p、D 等不变，求 h 及 x_b 变为多少？

分析：

① 若为气膜控制，与 6.3.3 节题型（1）中①的分析相同可知 G 变，H_{OG}变，$H'_{OG}/H_{OG}=(G'/G)^{0.3}$，$S$ 变，$S'/S=G'/G$，m 不变；m、y_b、x_a、y_a 或 η 不变，但 S 变，引起 N_{OG}变；H_{OG}变、N_{OG}变，引起 h 变，以 $S'\neq1$，$x_a\neq0$ 为例，选图 6-12 中相应的 N'_{OG}计算式，可得

$$h'=H'_{OG}N'_{OG}=\left(\frac{G'}{G}\right)^{0.3}H_{OG}\frac{1}{1-S'}\ln\left[(1-S')\frac{y_b-mx_a}{y_a-mx_a}+S'\right]$$

上式中 $S'=(G'/G)S$，故只有一个未知量 h'可直接求出，再由全塔物料衡算式 $G'(y_b-y_a)=L(x'_b-x_a)$ 求出 x'_b。

② 若为液膜控制，与 6.3.3 节题型（1）中②的分析相同可知 G 变，H_{OG}变，$H'_{OG}/H_{OG}=G'/G$；S、N_{OG}的变化及 h'、x'_b的求法类似①的分析（**注意** H_{OG}的变化关系与①不同）。

③ 若为双膜控制，以题目已知 $K_Ga=bG^cL^d$ 为例分析。$H_{OG}=G/K_ya=G/(pK_Ga)\propto G^{1-c}/(pL^d)$，$L$、$p$ 不变，G 变，H_{OG}变，$H'_{OG}/H_{OG}=(G'/G)^{1-c}$；$S$、$N_{OG}$的变化及 h'、x'_b的求法类似①的分析（注意 H_{OG}的变化关系与①不同）。

（2）L 变，y_b、x_a、y_a 或 η、G、t、p、D 等不变，求 h 及 x_b 变为多少？

分析：

① 若为气膜控制，与 6.3.3 节题型（2）中①的分析相同可知 L 变，H_{OG}、m 不变，S 变，$S'/S=L/L'$；m、y_b、x_a、y_a 或 η 不变，但 S 变，引起 N_{OG}变；H_{OG}不变，N_{OG}变，引起 h 变，以 $S'\neq1$，$x_a\neq0$ 为例，选图 6-12 中相应的 N'_{OG}计算式，可得

$$h'=H_{OG}N'_{OG}=H_{OG}\frac{1}{1-S'}\ln\left[(1-S')\frac{y_b-mx_a}{y_a-mx_a}+S'\right]$$

上式中 $S'=(L/L')S$，故只有一个未知量 h'可直接求出，再由全塔物料衡算式 $G(y_b-y_a)=L'(x'_b-x_a)$ 求出 x'_b。

② 若为液膜控制，与 6.3.3 节题型（2）中②的分析相同可知 L 变，m 不变，H_{OG}变，$H'_{OG}/H_{OG}=(L/L')^{0.7}$；$S$ 变，$S'/S=L/L'$；m、y_b、x_a、y_a 或 η 不变，但 S 变，引起 N_{OG}变；H_{OG}、N_{OG}变，引起 h 变，以 $S'\neq1$，$x_a\neq0$ 为例，选图 6-12 中相应的 N'_{OG}计算式，可得

$$h'=H'_{OG}N'_{OG}=\left(\frac{L}{L'}\right)^{0.7}H_{OG}\frac{1}{1-S'}\ln\left[(1-S')\frac{y_b-mx_a}{y_a-mx_a}+S'\right]$$

上式中 $S'=(L/L')S$，故只有一个未知量 h'可直接求出，x'_b的求法与①相同。

③ 若为双膜控制，以题目已知 $K_Ga=bG^cL^d$ 为例分析。$H_{OG}=G/K_ya=G/(pK_Ga)\propto G^{1-c}/(pL^d)$，$G$、$p$ 不变，L 变，H_{OG}变，$H'_{OG}/H_{OG}=(L/L')^d$；S、N_{OG}的变化与②的分析相同；h'的计算方法与②类似，仅 H_{OG}的变化与②略有不同；x'_b的求法与①相同。

请读者延伸分析以下解法与操作型问题类似的吸收设计型问题。

（3）y_a 或 η 变，y_b、x_a、G、L、t、p、D 等不变，求 h 及 x_b 变为多少？

（4）y_b 或 η 变，y_a、x_a、G、L、t、p、D 等不变，求 h 及 x_b 变为多少？

（5）x_a 变，y_b、y_a 或 η、G、L、t、p、D 等不变，求 h 及 x_b 变为多少？

（6）p 变，y_b、x_a、y_a 或 η、G、L、t、D 等不变，求 h 及 x_b 变为多少？

（7）G 变，p 也变，y_b、x_a、y_a 或 η、L、t、D 等不变，求 h 及 x_b 变为多少？

（8）L 变，p 也变，y_b、x_a、y_a 或 η、G、t、D 等不变，求 h 及 x_b 变为多少？

（9）y_a 或 η 变，p 也变，y_b、x_a、G、L、t、D 等不变，求 h 及 x_b 变为多少？

（10）x_a 变，p 也变，y_b、y_a 或 η、G、L、t、D 等不变，求 h 及 x_b 变为多少？

（11）y_a 或 η 变，G 也变，y_b、x_a、L、t、p、D 等不变，求 h 及 x_b 变为多少？

（12）y_a 或 η 变，L 也变，y_b、x_a、G、t、p、D 等不变，求 h 及 x_b 变为多少？

（13）x_a 变，G 也变，y_b、y_a 或 η、L、t、p、D 等不变，求 h 及 x_b 变为多少？

（14）x_a 变，L 也变，y_b、y_a 或 η、G、t、p、D 等不变，求 h 及 x_b 变为多少？

（15）h 变（将原塔加高，新塔填料层高度 h' 已知），y_b、x_a、G、L、t、p、D 等不变，求 y_a 或 η 及 x_b 变为多少？

（16）h 变（如图 6-13 所示，加一个与原塔完全相同的塔，两塔按串联组合逆流操作，每塔的气、液流量均与原塔的气、液流量相同），y_b、x_a、G、L、t、p、D 等不变，求 y_a 或 η 及 x_b 变为多少？

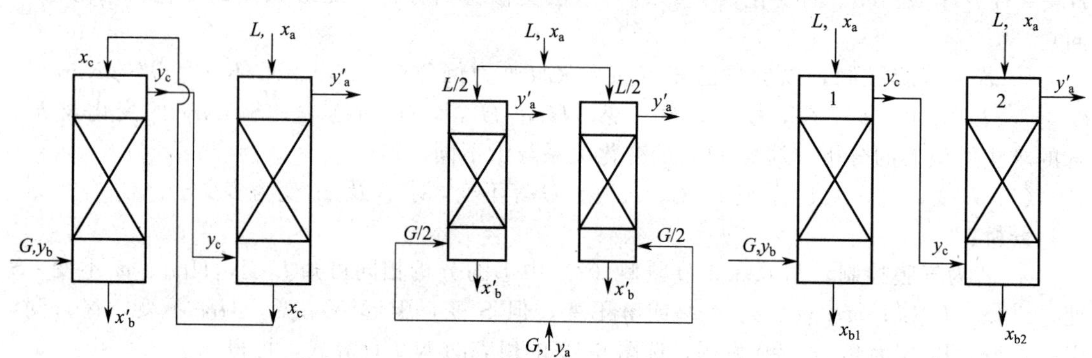

图 6-13　题型（16）附图　　图 6-14　题型（17）附图　　图 6-15　题型（18）附图

（17）h 变（如图 6-14 所示，加一个与原塔完全相同的塔，两塔按并联组合逆流操作，气、液总流量 G、L 不变，且平均分配到每个塔中），y_b、x_a、G、L、t、p、D 等不变，求 y_a 或 η 及 x_b 变为多少？

（18）y_a 或 η 变，y_b、x_a、G、L、t、p、D 等不变，如图 6-15 所示，加一个塔径 D 与填料与原塔 1 相同的塔 2，构成两塔错流组合逆流操作，塔 1 和塔 2 的液相流量均为 L，求新增加的塔 2 的填料层高度 h_2（原塔 1 的填料层高度 h_1 已知）及其 x_{b2} 为多少？

6.3.5　吸收与解吸操作型问题定性分析方法与典型例题

本章的操作型问题分析基于如下的前提条件：操作条件变化前后塔均能正常操作。而且如不作特别说明，则认为塔内气、液逆流操作，温度、压力不变，汽液平衡关系符合亨利定律 $y^*=mx$。

6.3.5.1　吸收操作型问题定性分析法

（1）平均推动力法　此时有

$$L(x_b-x_a)=G(y_b-y_a)=K_y ah\Delta y_m=K_x ah\Delta x_m$$

利用该式原则上可判明 x_b、y_a 的变化情况，不过通常要用反证法很烦琐。

（2）吸收因数法　吸收因数法给出了 N_{OG}-S-$\frac{y_b-mx_a}{y_a-mx_a}$ 三个量之间的函数关系，其定性趋势如图 6-6 所示。由该图可看出：若 N_{OG} 一定，则 S 增加将使 $\frac{y_b-mx_a}{y_a-mx_a}$ 减小；若 S 一定，则 N_{OG} 增加将使 $\frac{y_b-mx_a}{y_a-mx_a}$ 增加。依据图 6-6，可进行定性分析，其步骤如下。

① 根据题给条件，确定 H_{OG}、S 的变化情况。

② 利用 $N_{OG}=h/H_{OG}$，判别 N_{OG}的变化趋势。

③ 根据图 6-16，确定$\frac{y_b-mx_a}{y_a-mx_a}$的变化情况，随之确定 y_a 的变化趋势。

④ 最后确定 x_b 的变化情况。由于 x_b 的变化趋势较难判断，判断的方法也有多种，以下列出几种方法供读者选择。

a. 首先推荐利用全塔物料衡算关系 $L(x_b-x_a)=G(y_b-y_a)$ 确定 x_b 的变化趋势。

b. 有时利用全塔物料衡算关系较难判断 x_b 的变化趋势，此时可利用吸收因数法的另一种形式即式(6-8) 判别 x_b 的变化趋势，方便快捷。若相平衡关系符合亨利定律 $y^*=mx$，则式(6-8) 可写成

$$N_{OL}=\frac{1}{1-A}\ln\left[(1-A)\frac{y_b-mx_a}{y_b-mx_b}+A\right]$$

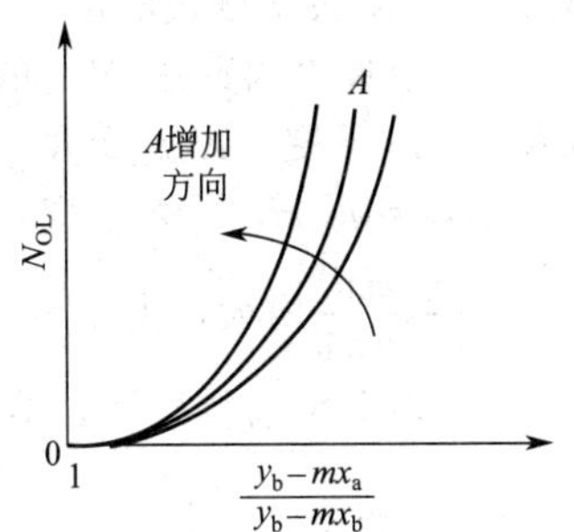

图 6-16　N_{OL}-A-$\frac{y_b-mx_a}{y_b-mx_b}$之间定性关系

上式在结构上与表 6-3 中吸收的 N_{OG}公式相同，只是以 N_{OL}替换 N_{OG}，A 替换 S，并以$\frac{y_b-mx_a}{y_b-mx_b}$替换$\frac{y_b-mx_a}{y_a-mx_a}$。因此，只要做以上替换，上式也可画成类似图 6-6 的形式，以便用于定性分析 x_b 的变化趋势，结果如图 6-16 所示。由该图可看出：若 N_{OL}一定，则 A 增加将使$\frac{y_b-mx_a}{y_b-mx_b}$减小；若 A 一定，则 N_{OL}增加将使$\frac{y_b-mx_a}{y_b-mx_b}$增加。依据图 6-16，可定性分析 x_b 的变化趋势，其步骤如下。

ⅰ. 根据题给条件，确定 H_{OL}、A 的变化情况。

ⅱ. 利用 $N_{OL}=h/H_{OL}$，判别 N_{OL}的变化趋势。

ⅲ. 根据图 6-16，确定$\frac{y_b-mx_a}{y_b-mx_b}$的变化情况，随之确定 x_b 的变化趋势。

c. 在利用全塔物料衡算关系较难判断 x_b 的变化趋势时，也可以联合利用对数平均推动力法判断，只是对数平均推动力法烦琐，通常需要用反证法，建议尽量不用。

d. 在利用全塔物料衡算关系较难判断 x_b 的变化趋势时，分析 x_b 变化趋势最简便的方法是采用下述近似方法。

因为通常 $y_a \ll y_b$（在高吸收率时），所以 $L(x_b-x_a)=G(y_b-y_a)\approx Gy_b$。但此法只是一种近似方法，在低吸收率时 $y_a \ll y_b$ 不成立，因而判断结果不一定准确。

6.3.5.2　吸收操作型问题定性分析典型例题

例 6-5　用逆流填料吸收塔处理低浓度气体混合物，已知过程为双膜控制（即气相阻力及液相阻力均不能略去），试分析在入口气量适度增加的新操作条件下（其余条件不变），出口气液组成 y_a、x_b 的变化情况。

解　入口气量适度增加，其余条件不变，判断 y_a、x_b 的变化趋势，步骤如下。

(1) 根据题给条件，G 增大，而 t、p、L、y_b、x_a、h 保持不变。$m=\phi(t,p)$，t、p 不变，m 不变。通常吸收过程 $k_ya \propto G^{0.7}$，$k_xa \propto L^{0.7}$，因为 L 不变，G 增大，所以 k_xa 不变，k_ya 增大。因为$\frac{1}{K_ya}=\frac{1}{k_ya}+\frac{m}{k_xa}$，$k_ya$ 增大，所以 K_ya 增大。因为 $H_{OG}=G/K_ya$，G 增大，K_ya 增大，但 K_ya 的增加比率比 G 的增加比率要小，从而 G 增大使 H_{OG}增大。因为 $S=mG/L$，m 与 L 不变、G 增大，所以 S 增大。

(2) 根据 $N_{OG}=h/H_{OG}$，h 不变、N_{OG}增大，所以 N_{OG}减小。

(3) 根据 N_{OG}减小，S 增大，从图 6-6 可得$\frac{y_b-mx_a}{y_a-mx_a}$减小。因为 y_b、x_a、m 不变，所以 y_a 增大。

(4) 根据全塔物料衡算式 $L(x_b-x_a)=G(y_b-y_a)$，由于 L、x_a、y_b 不变，G 增大、y_a 增大，暂无法从该式确定 x_b 的变化趋势，下面采用三种方法判别。

① 用吸收因数法 N_{OL}的另一种形式判别。因为 S 变大，所以 $A=1/S$ 变小。$K_xa=mK_ya$，m 不变，K_ya 变大，K_xa 也变大。$H_{OL}=L/K_xa$，L 不变、K_xa 变大，所以 H_{OL}变小。$N_{OL}=h/H_{OL}$，h 不变，H_{OL}变小，所以 N_{OL}变大。根据 N_{OL}增大、A 减小，从图 6-16 可得$\frac{y_b-mx_a}{y_b-mx_b}$增大，由于 y_b、x_a、m 不变，所以 x_b 增大。

② 用全塔物料衡算式结合平均推动力法判别

$$L(x_b-x_a)=G(y_b-y_a)=K_yah\Delta y_m$$

注意到在上述条件（L、x_a、y_b 不变，G 增大、y_a 增大）下较难从上式直接看出 x_b 的变化趋势，采用反证法：设 x_b 减小，则 $\Delta y_b=(y_b-mx_b)$ 增大，又 $\Delta y_a=(y_a-mx_a)$ 增大，从而 Δy_m 增大。由于 K_ya 增大，所以 $K_yah\Delta y_m$ 增大。而此时 x_b 减小将使 $L(x_b-x_a)$ 减小，从而上式不满足，说明原假设有误。同理可证“x_b 不变”也是错误的，所以必有 x_b 增大。

③ 采用近似方法判别。因为 $y_a \ll y_b$（在高吸收率时），所以 $L(x_b-x_a)=G(y_b-y_a)\approx Gy_b$。

因为 G 增大，而 L、x_a、y_b 不变，所以 x_b 增大。

点评：判别 x_b 变化趋势①法准确且较易，②法准确但较烦琐，③法近似但容易。一般情况下均可用③法判别 x_b 变化趋势。

6.3.5.3 解吸操作型问题定性分析方法

解吸操作型问题一般也是给定解吸塔填料层高度 h 及有关尺寸，汽液相平衡关系及流动方式，两相总传质系数 K_xa 或 K_ya，改变某一操作条件（t、p、L、G、x_a、y_b），研究其对解吸效果 x_b 和 y_a 的影响。解吸过程的定性分析类似于吸收过程，可采用对数平均推动力法和吸收因数法，通常也是吸收因数法较简单，简要介绍如下。

解吸的吸收因数法式(6-21) 给出了 N_{OL}-A-$\frac{x_a-y_b/m}{x_b-y_b/m}$三个量之间的关系，该式在结构上与表 6-3 中吸收的 N_{OG}公式相同，只是以 N_{OL}替换 N_{OG}，A 替换S，并以液相的脱吸程度$\frac{x_a-y_b/m}{x_b-y_b/m}$替换气相吸收程度$\frac{y_b-mx_a}{y_a-mx_a}$，其定性趋势如图 6-17 所示。由该图可看出：若 N_{OL}一定，则 A 增加将使$\frac{x_a-y_b/m}{x_b-y_b/m}$减小；若 A 一定，则 N_{OL}增加将使$\frac{x_a-y_b/m}{x_b-y_b/m}$增加。依据图 6-17，可进行定性分析，其步骤如下。

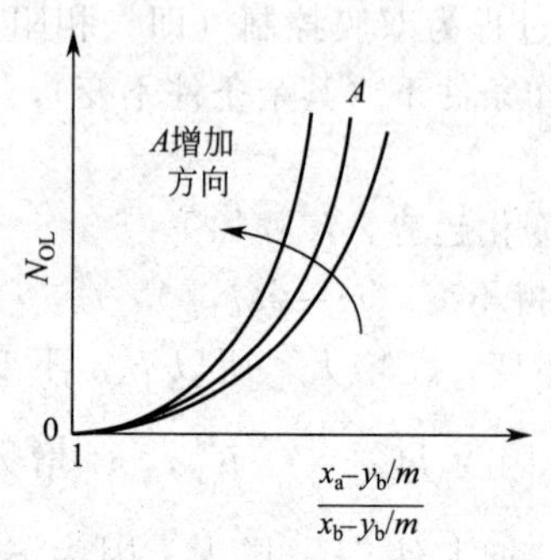

图 6-17 解吸 N_{OL}-A-$\frac{x_a-y_b/m}{x_b-y_b/m}$之间定性关系

(1) 根据题给条件，确定 H_{OL}、A 的变化情况。

(2) 利用 $N_{OL}=h/H_{OL}$，判别 N_{OL}的变化趋势。

(3) 根据图 6-17，确定$\frac{x_a-y_b/m}{x_b-y_b/m}$的变化情况，随之确定 x_b 的变化趋势。

(4) 最后确定 y_a 的变化情况。由于 y_a 的变化趋势较难判断，判断的方法也有多种，以下列出几种方法供读者选择。

① 首先推荐利用全塔物料衡算关系确定 y_a 的变化趋势。但应注意的是如图 6-7 所示，逆流解吸塔塔底 b 为稀端，塔顶 a 为浓端，因此全塔物料衡算式宜写成 $L(x_a-x_b)=G(y_a-y_b)$。若写成 $L(x_b-x_a)=G(y_b-y_a)$，由于等式两边都是负值，因此分析组成的定性变化趋势有时容易搞错。

② 有时利用全塔物料衡算关系较难判断 y_a 的变化趋势，此时可用吸收因数法 N_{OG} 的另一种形式判别 y_a 的变化趋势。解吸 N_{OL} 与 N_{OG}，H_{OL} 与 H_{OG} 同吸收一样，也有如下关系

$$H_{OL}=AH_{OG}，\quad N_{OL}=SN_{OG}$$

再利用解吸 N_{OL} 的式(6-21) 可得

$$N_{OG}=\frac{N_{OL}}{S}=AN_{OL}=\frac{A}{1-A}\ln\left[(1-A)\frac{x_a-y_b/m}{x_b-y_b/m}+A\right]\quad (A\neq1) \tag{6-27}$$

上式与表 6-3 中吸收 N_{OG} 公式在结构上不同，因而得不到类似图 6-17 的形式，且式(6-27) 与要判断的变量 y_a 无关，因而有必要推导解吸 N_{OG} 的另一种表达形式。

将解吸塔塔顶 a 与塔内任一截面之间的物料衡算得出的操作线方程［式(6-14) 中的一个］$y=(L/G)x+[y_a-(L/G)x_a]$ 改写为

$$x=x_a-\left(\frac{G}{L}\right)(y_a-y)$$

将上式代入相平衡方程 $y^*=mx$ 中，然后再将 y^* 代入解吸 N_{OG} 的积分表达式中，可导出(有兴趣的读者可自行推导)

$$N_{OG}=\frac{1}{1-S}\ln\left[(1-S)\frac{x_a-y_b/m}{x_a-y_a/m}+S\right] \tag{6-28}$$

式(6-28) 在结构上与表 6-3 中吸收 N_{OG} 公式相同，只是以 $\frac{x_a-y_b/m}{x_a-y_a/m}$ 替换 $\frac{y_b-mx_a}{y_a-mx_a}$，其定性趋势如图 6-18 所示。由该图可看出：若 N_{OG} 一定，则 S 增加将使 $\frac{x_a-y_b/m}{x_a-y_a/m}$ 减小；若 S 一定，则 N_{OG} 增加将使 $\frac{x_a-y_b/m}{x_a-y_a/m}$ 增加。依据图 6-18，可定性分析 y_a 的变化趋势，其步骤如下。

a. 根据题给条件，确定 H_{OG}、S 的变化情况。

b. 利用 $N_{OG}=h/H_{OG}$，判断 N_{OG} 的变化趋势。

c. 根据图 6-18，确定 $\frac{x_a-y_b/m}{x_a-y_a/m}$ 的变化情况，随之确定 y_a 的变化趋势。

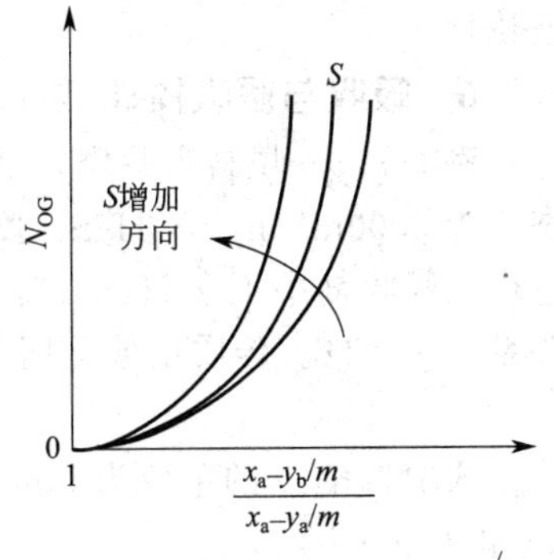

图 6-18　解吸 N_{OG}-S-$\frac{x_a-y_b/m}{x_a-y_a/m}$ 之间定性关系

③ 在利用全塔物料衡算关系较难判断 y_a 的变化趋势时，也可以联合利用对数平均推动力法判断，只是对数平均推动力法繁琐，通常需要用反证法，建议尽量不用。

④ 在利用全塔物料衡算关系较难判断 y_a 的变化趋势时，分析 y_a 变化趋势最简便的方法是采用下述近似方法：

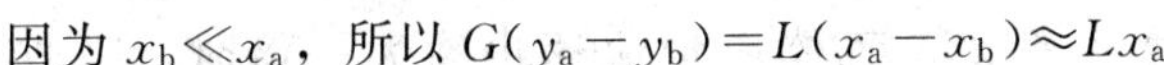
因为 $x_b\ll x_a$，所以 $G(y_a-y_b)=L(x_a-x_b)\approx Lx_a$

例 6-6　如图 6-7 所示的逆流解吸填料塔，若气液均在低浓度区，试分析：解吸液流量 L 增大，其余条件不变，出口气液组成 y_a、x_b 将如何变化？

解 L 增大，其余条件不变，判断 y_a、x_b 的变化趋势，步骤如下。

(1) 根据题给条件，确定 H_{OL}、A 的变化趋势。已知 L 增大，而 t、p、G、y_b、x_a、h 均不变。$m=\phi(t,p)$，t、p 不变，m 不变。因为 $\frac{1}{K_x a}=\frac{1}{mk_y a}+\frac{1}{k_x a}$，一般解吸过程 $k_y a\propto G^{0.7}$，$k_x a\propto L^{0.7}$，G 不变，$k_y a$ 不变，L 增大，$k_x a$ 增大，所以 $K_x a$ 增大。因为 $H_{OL}=L/K_x a$，由于 L 增大，$K_x a$ 增大，但 $K_x a$ 增大的比率比 L 的增加比率要小，从而 L 增大使 H_{OL} 增大。因为 $A=L/(mG)$，m、G 不变，L 增大，所以 A 增大。

(2) 根据 $N_{OL}=h/H_{OL}$，h 不变，H_{OL} 增大，所以 N_{OL} 减小。

(3) 根据 N_{OL} 减小，A 增大，从图 6-17 可得 $\frac{x_a-y_b/m}{x_b-y_b/m}$ 减小。由于 y_b、x_a、m 均不变，所以 x_b 必定增大。

(4) 根据解吸全塔物料衡算式 $G(y_a-y_b)=L(x_a-x_b)$，由于 G、x_a、y_b 不变，L、x_b 增大，暂无法从该式确定 y_a 的变化趋势，采用以下方法判别。

① 用吸收因数 N_{OG} 的另一种形式判别。因为 A 增大，所以 $S=1/A$ 减小。根据 $H_{OG}=H_{OL}/A=SH_{OL}$，由于 S 减小，H_{OL} 增大，故无法判断 H_{OG} 的变化趋势。根据 $H_{OG}=G/K_y a$，$K_y a=K_x a/m$，m、G 不变，L 增大，$K_x a$ 增大，$K_y a$ 也增大，所以 H_{OG} 减小。根据 $N_{OG}=h/H_{OG}$ 得 N_{OG} 增大。根据 N_{OG} 增大，S 减小，从图 6-18 得 $\frac{x_a-y_b/m}{x_a-y_a/m}$ 增大。由于 y_b、x_a、m 均不变，所以 y_a 必定增大。

② 用全塔物料衡算式结合平均推动力法判别

$$G(y_a-y_b)=K_y ah\Delta y_m=L(x_a-x_b)=K_x ah\Delta x_m$$

注意到在上述条件（G、y_b、x_a 不变，L 增大，x_b 增大）下较难从上式直接看出 y_a 的变化趋势，采用反证法：设 y_a 减小，则 $\Delta x_a=x_a-x_a^*=x_a-y_a/m$，$x_a$、$m$ 不变，y_a 减小，则 Δx_a 增大。又 $\Delta x_b=x_b-y_b/m$，y_b、m 不变，x_b 增大，Δx_b 增大，从而 Δx_m 增大。由于 L 增大，$K_x a$ 增大，所以 $K_x a\Delta x_m$ 增大，而此时 y_a 减小将使 $G(y_a-y_b)$ 减小，从而上式不满足，说明原假设有误。同理可证“y_a 不变”也是错误的，所以必有 y_a 增大。

③ 采用近似方法判别。因为 $x_b\ll x_a$，所以 $G(y_a-y_b)=L(x_a-x_b)\approx Lx_a$。因为 L 增大，x_a、G、y_b 不变，所以 y_a 增大。说明近似法也可用于分析解吸塔 y_a 的变化趋势，且简便快捷。

6.3.6 吸收与解吸操作型计算典型例题分析

例 6-7 一填料吸收塔，塔截面积为 1m²，用来吸收煤气中的 H_2S，煤气流量（标准状态）为 5000m³/h，含 H_2S（摩尔分数）为 3%。用三羟基乙胺的水溶液进行逆流操作吸收，进塔的吸收剂中不含 H_2S。要求吸收率为 90%。吸收塔在 100kPa 和 27℃下操作，此时平衡关系为 $y=2x$。传质系数可用下列经验公式求取：

$$K_G a=1.5G^{0.65}L^{0.4}$$

式中，$K_G a$ 的单位为 kmol/(m³·h·atm)；G 的单位为 kmol/(m²·h)；L 的单位为 kmol/(m²·h)。

试求：(1) 当实际液气比为最小液气比的 1.2 倍时，所需填料层高度为多少？(2) 若填料层高度与 (1) 相同，操作时吸收剂用量比 (1) 中吸收剂用量减小 5%，吸收率为多少？(3) 若填料层高度与 (1) 相同，操作时煤气流量增大 5%，吸收率为多少？(4) 若填料层高度与 (1) 相同，操作压强增大一倍，气体质量流速也增大一倍时，吸收率为多少？

解 (1) 本小题为吸收设计型计算，用逆向思维法解题，思路比较清晰。

$$h=H_{OG}N_{OG}$$

式中，$H_{OG}=\dfrac{G}{K_ya}$，$K_ya=pK_Ga=p\times1.5G^{0.65}L^{0.4}$，已知 $p=1\text{atm}$，G 和 L 未知，为求 K_ya 需设法先求出 G 和 L，注意经验式中 K_Ga 的单位为 $\text{kmol/(m}^3\cdot\text{h}\cdot\text{atm)}$，$G$ 和 L 的单位均为 $\text{kmol/(m}^2\cdot\text{h)}$；已知塔径 $\Omega=1\text{m}^2$，煤气体积流量（标准状态）为 $5000\text{m}^3/\text{h}$，将其除以标准状态的摩尔体积 $22.4\text{m}^3/\text{kmol}$ 和 Ω 即可求出 G，即

$$G=\frac{5000}{22.4\Omega}=\frac{5000}{22.4\times1}=223.2\ [\text{kmol/(m}^2\cdot\text{h)}]$$

已知

$$\frac{L}{G}=1.2\left(\frac{L}{G}\right)_{\min}$$

根据上式，求出最小液气比后即可求出 L。因为平衡关系为 $y=2x$，且进塔吸收剂中不含 H_2S，$x_a=0$，所以最小液气比为

$$\left(\frac{L}{G}\right)_{\min}=m\eta=2\times0.9=1.8$$

$$\frac{L}{G}=1.2\left(\frac{L}{G}\right)_{\min}=1.2\times1.8=2.16$$

$$L=2.16G=2.16\times223.2=482.1\ [\text{kmol/(m}^2\cdot\text{h)}]$$

$$K_ya=pK_Ga=p\times1.5G^{0.65}L^{0.4}=1\times1.5\times223.2^{0.65}\times482.1^{0.4}=597.0\ [\text{kmol/(m}^3\cdot\text{h)}]$$

$$H_{OG}=\frac{G}{K_ya}=\frac{223.2}{597.0}=0.374\ (\text{m})$$

$$S=\frac{mG}{L}=\frac{m}{L/G}=\frac{2}{2.16}=0.926$$

因为 $S\neq1$，且 $x_a=0$，故可用式(6-3) 求 N_{OG}，即

$$N_{OG}=\frac{1}{1-S}\ln\left[(1-S)\frac{1}{1-\eta}+S\right]=\frac{1}{1-0.926}\ln\left[(1-0.926)\frac{1}{1-0.9}+0.926\right]=6.90$$

$$h=H_{OG}N_{OG}=0.374\times6.90=2.58\ (\text{m})$$

(2) 本小题为 6.3.3 节中介绍的吸收第一类命题操作型计算题型（2）中双膜控制的情况，由该题型解法分析可知，h 不变，L 变（$L'=0.95L$），H_{OG}、S、N_{OG} 均变，S、N_{OG} 的变化将引起 η 变。先求出 H'_{OG}、S'、N'_{OG}，然后再求 η'。

$$H_{OG}=\frac{G}{K_ya}=\frac{G}{pK_Ga}=\frac{G}{p\times1.5G^{0.65}L^{0.4}}\propto L^{-0.4}$$

$$H'_{OG}=\left(\frac{L}{L'}\right)^{0.4}H_{OG}=\left(\frac{1}{0.95}\right)^{0.4}\times0.374=0.382\ (\text{m})$$

$$S'=\left(\frac{L}{L'}\right)S=\frac{1}{0.95}\times0.926=0.975$$

$$N'_{OG}=\frac{h}{H'_{OG}}=\frac{2.58}{0.382}=6.75$$

$$N'_{OG}=\frac{1}{1-S'}\ln\left[(1-S')\frac{1}{1-\eta'}+S'\right]=\frac{1}{1-0.975}\ln\left[(1-0.975)\frac{1}{1-\eta'}+0.975\right]=6.75$$

解得

$$\eta'=0.880=88.0\%$$

(3) 本小题为 6.3.3 节中介绍的吸收第一类命题操作型计算题型（1）中双膜控制的情况，由该题型解法分析可知，h 不变，G 变（$G'=1.05G$），H_{OG}、S、N_{OG} 均变，S、N_{OG} 的变化将引起 η 变。先求出 H'_{OG}、S'、N'_{OG}，然后再求 η'。

$$H_{OG}=\frac{G}{K_ya}=\frac{G}{pK_Ga}=\frac{G}{p\times1.5G^{0.65}L^{0.4}}\propto G^{0.35}$$

$$H'_{OG}=\left(\frac{G'}{G}\right)^{0.35}H_{OG}=\left(\frac{1.05}{1}\right)^{0.35}\times0.374=0.380\ (\text{m})$$

$$S'=\frac{G'}{G}S=\frac{1.05}{1}\times0.926=0.972$$

$$N'_{OG}=\frac{h}{H'_{OG}}=\frac{2.58}{0.380}=6.79$$

$$N'_{OG}=\frac{1}{1-S'}\ln\left[(1-S')\frac{1}{1-\eta'}+S'\right]=\frac{1}{1-0.972}\ln\left[(1-0.972)\frac{1}{1-\eta'}+0.972\right]=6.79$$

解得

$$\eta'=0.882=88.2\%$$

(4) 本小题为6.3.3节中介绍的吸收第一类命题操作型计算题型(5)中双膜控制的情况，由该题型解法分析可知，h 不变，p 变（$p'=2p$）、G 变（$G'=2G$），H_{OG}、S、N_{OG} 均变，S、N_{OG}的变化将引起 η 变。先求出 H'_{OG}、S'、N'_{OG}，然后再求 η'。

$$H_{OG}=\frac{G}{K_y a}=\frac{G}{pK_G a}=\frac{G}{p\times1.5G^{0.65}L^{0.4}}\propto\frac{G^{0.35}}{p}$$

$$H'_{OG}=\left(\frac{G'}{G}\right)^{0.35}\left(\frac{p}{p'}\right)H_{OG}=\left(\frac{2}{1}\right)^{0.35}\times\frac{1}{2}\times0.374=0.238\text{m}$$

$$S'=\left(\frac{m'}{m}\right)\left(\frac{G'}{G}\right)S=\left(\frac{E/p'}{E/p}\right)\left(\frac{G'}{G}\right)S=\frac{p}{p'}\times\frac{G'}{G}\times S=\frac{1}{2}\times2\times0.926=0.926=S$$

本题 p 增大一倍，G 也增大一倍，对 S 的影响刚好相抵消，S 不变。

$$N'_{OG}=\frac{h}{H'_{OG}}=\frac{2.58}{0.238}=10.84$$

故本题 S 不变，N_{OG}变，引起 η 变。

$$N'_{OG}=\frac{1}{1-S}\ln\left[(1-S)\frac{1}{1-\eta'}+S\right]=\frac{1}{1-0.926}\ln\left[(1-0.926)\frac{1}{1-\eta'}+0.926\right]=10.84$$

解得

$$\eta'=0.943=94.3\%$$

解题**小结**：①本例题(1)小题求 h 时采用了逆向思维解题法，先将待求物理量 h 的计算式写出，然后分析与求 h 有关的物理量中哪些是已知的，哪些要通过其他关系先将它们求出，最后才能求出 h。逆向思维解题法思路清晰、逻辑条理严密，望初学者在解题时尽可能采用逆向思维法解题，持之以恒，对提高逻辑思维能力、分析和解决问题的能力效果显著。

② 本例题(2)、(3)、(4)小题均是6.3.3节中总结的吸收第一类命题操作型计算题型，求解过程使我们再次深刻体会到，吸收操作型题目可以千变万化，但万变不离其宗（这个“宗”体现在6.3.2节和6.3.3节中）。望读者在认真复习6.1节吸收知识要点的基础上，对6.3.2节吸收操作型计算解题关系图及6.3.3节吸收操作型计算题型及解法分析的内容要理解深、理解透，特别是6.3.3节中请读者延伸分析的问题一定要自己动手去分析，再将本节介绍的典型例题分析熟练掌握，今后不管碰到何种吸收操作型计算题，解题时都能做到胸有成竹、下笔有神。

③ 由 $K_y a=pK_G a=p\times1.5G^{0.65}L^{0.4}$ 可知，气、液流量 G、L 及操作压力 p 均对体积总传质系数 $K_y a$ 都有影响。因 G、L 对 $K_y a$ 都有影响，故本题属双膜控制，G 增大、L 减小均对吸收不利，使吸收率下降，但 G 增大的影响略大于 L 减小的影响［其原因请读者参见(2)、(3)小题的求解结果自行分析］。p 增大对吸收有利，如(4)小题 G 增大一倍（对吸收不利）、p 也增大一倍（对吸收有利），两者对吸收的影响抵消后，吸收率还是增大，说明改变 p 的影响大于 G 改变的影响，其原因请读者参见(4)小题的求解结果自行分析。

例 6-8 在逆流操作的填料塔内，用纯溶剂吸收混合气体中的可溶组分。已知操作液气比为最小液气比的 1.5 倍，气相总传质单元高度 $H_{OG}=1.11\text{m}$，操作条件下的平衡关系为 $Y^*=mX$（Y、X 均为摩尔比），吸收过程大致为气膜控制，气相体积传质分系数 $k_Ya\propto G^{0.7}$。试求：(1) 要求溶质组分的回收率为 95%时所需的填料层高度；(2) 在上述填料塔内操作，将气体流量增加 20%，而其他条件不变，溶质的吸收率有何变化？(3) 新、旧工况下单位时间内被吸收的溶质的量及吸收塔的平均推动力有何变化？结果说明什么问题？

解　本题已知相平衡关系为 $Y^*=mX$ 的形式，故选用与 G_B、L_S、Y、X 一串符号对应的公式计算。

(1) 已知 $\eta=95\%$，求 h，这是属于设计型的问题。但本题的特点是相平衡常数 m 不知道，无法用对数平均推动力法求解。本题是用纯溶剂吸收 $X_a=0$，操作液气比是最小液气比的 1.5 倍，即 $\beta=1.5$，这种情况仍可用吸收因数法求解，由式(6-4)、式(6-5)（将两式中的 G 改为 G_B，L 改为 L_S）和式(6-6) 得

$$\frac{L_S}{G_B}=\beta\left(\frac{L_S}{G_B}\right)_{\min}=\beta m\eta=1.5m\times0.95=1.425m$$

$$S=\frac{mG_B}{L_S}=\frac{1}{\beta\eta}=\frac{1}{1.5\times0.95}=0.702$$

$$N_{OG}=\frac{1}{1-S}\ln\left[(1-S)\frac{1}{1-\eta}+S\right]=\frac{1}{1-0.702}\ln\left[(1-0.702)\frac{1}{1-0.95}+0.702\right]=6.364$$

$$h=H_{OG}N_{OG}=1.11\times6.364=7.06\ (\text{m})$$

(2) 本小题是 6.3.3 节中介绍的吸收第一类命题操作型计算题型 (1) 中气膜控制的情况，由该题型解法分析可知，当气体流量增加 20%时，即 G 变，G_B、K_Ya、H_{OG}、S、N_{OG}、Y_a、η 均变，而 L_S、h 不变，用吸收因数法求解。新工况的操作液气比为

$$\frac{L_S}{G'_B}=\frac{L_S}{1.2G_B}=\frac{1.425m}{1.2}=1.188m$$

解吸因数为

$$S'=\frac{mG'_B}{L_S}=\frac{m}{1.188m}=0.842$$

因为吸收为气膜控制，所以 $K_Ya\approx k_Ya\propto G^{0.7}\propto G_B^{0.7}$

则

$$H_{OG}=\frac{G_B}{K_Ya}\propto\frac{G_B}{G_B^{0.7}}=G_B^{0.3}$$

传质单元高度为

$$H'_{OG}=\left(\frac{G'_B}{G_B}\right)^{0.3}H_{OG}=1.2^{0.3}\times1.11=1.172$$

传质单元数为

$$N'_{OG}=\frac{h}{H'_{OG}}=\frac{7.06}{1.172}=6.03$$

因为

$$N'_{OG}=\frac{1}{1-S'}\ln\left[(1-S')\frac{1}{1-\eta'}+S'\right]$$

所以

$$6.03=\frac{1}{1-0.842}\ln\left[(1-0.842)\frac{1}{1-\eta'}+0.842\right]$$

解得

$$\eta'=0.91$$

(3) 新、旧两种工况下单位时间内被吸收的溶质的量之比为

$$\frac{G'_A}{G_A}=\frac{G'_B(Y_b-Y'_b)}{G_B(Y_b-Y_a)}=\frac{G'_B(Y_b-Y'_a)/Y_b}{G_B(Y_b-Y_a)/Y_b}=\frac{G'_B\eta'}{G_B\eta}=1.2\times\frac{0.91}{0.95}=1.149$$

平均推动力之比为

$$\frac{\Delta Y'_m}{\Delta Y_m}=\frac{(Y_b-Y'_a)/N'_{OG}}{(Y_b-Y_a)/N_{OG}}=\frac{\eta'}{\eta}\times\frac{N_{OG}}{N'_{OG}}=\frac{0.91}{0.95}\times\frac{6.364}{6.03}=1.011$$

而
$$\frac{K'_Y a}{K_Y a}=\left(\frac{G'_B}{G_B}\right)^{0.7}=1.2^{0.7}=1.136$$

计算结果说明，当吸收过程为气膜控制时，溶质吸收量的增加主要是由传质系数 $K_Y a$ 增大而引起的，而传质推动力的变化很小。

注意：①本题求新、旧两种工况被吸收的溶质的量之比时设法经过数学处理，将其与前面已求出的吸收率 η 相联系，求解方便；②求新、旧两种工况平均推动力 ΔY_m 之比时也设法经过数学处理，将其与前面已求出的吸收率 η 及吸收传质单元数 N_{OG} 相联系，求解方便。望读者能够灵活运用这种数学处理方法（包括前面例 6-3 中的数学处理方法）解题。

例 6-9 某逆流填料吸收塔，用纯溶剂吸收混合气体中可溶组分。入塔气体中含溶质（摩尔分数，下同）0.05，混合气流量（标准状态）为 1500m³/h，塔径为 1m，要求吸收率为 90%，操作条件下相平衡关系为 $y^*=1.5x$，操作液气比为最小液气比的 1.2 倍，填料层高度为 3m，吸收过程为气膜控制，试求：(1) 吸收剂用量 L，kmol/(m² · s)；(2) 气相体积总传质系数 $K_y a$，kmol/(m³ · s)；(3) 若操作中由于解吸不良导致进入吸收塔的吸收剂中浓度为 0.001，其他条件不变，计算此时的吸收率为多少？

(4) 在 (3) 的情况下若要求保证吸收率为 90%不变，所需吸收剂用量 L 必须增大为多少？

解 本题给定的相平衡关系为 $y^*=1.5x$，所以选用与 G、L、y、x 一串符号对应的公式求解。

(1) 求 L。因为用纯溶剂吸收 $x_a=0$，所以

$$\left(\frac{L}{G}\right)_{\min}=m\eta=1.5\times0.9=1.35$$

$$\frac{L}{G}=1.2\left(\frac{L}{G}\right)_{\min}=1.2\times1.35=1.62$$

$$G=\frac{V_S}{22.4\Omega}=\frac{V_h}{3600\times22.4\times0.785D^2}=\frac{1500}{3600\times22.4\times0.785\times1^2}=0.0237\ [\text{kmol/(m}^2\cdot\text{s)}]$$

$$L=1.62G=1.62\times0.0237=0.0384\ [\text{kmol/(m}^2\cdot\text{s)}]$$

(2) 求 $K_y a$

因为
$$h=H_{OG}N_{OG}=\frac{G}{K_y a N_{OG}}$$

所以
$$K_y a=\frac{GN_{OG}}{h}$$

因为相平衡关系符合亨利定律且用纯溶剂吸收，N_{OG} 可用式(6-3) 求，即

$$N_{OG}=\frac{1}{1-S}\ln\left[(1-S)\frac{1}{1-\eta}+S\right]$$

$$S=\frac{mG}{L}=\frac{1.5\times0.0237}{0.0384}=0.926$$

$$N_{OG}=\frac{1}{1-0.926}\ln\left[(1-0.926)\frac{1}{1-0.9}+0.926\right]=6.898$$

$$K_y a=\frac{0.0237\times6.898}{3}=0.0545\ [\text{kmol/(m}^3\cdot\text{s)}]$$

(3) 当 $x'_a=0.001$ 时，求 η'。这是 6.3.3 节中介绍的第一类命题操作型计算题型 (3)

的情况，用吸收因数法求解较方便，由该题型解法分析可知，x_a 变，h、H_{OG}、S、N_{OG} 均不变，但由于 $x_a \neq 0$，N_{OG} 应该用下式计算

$$N_{OG}=\frac{1}{1-S}\ln\left[(1-S)\frac{y_b-mx_a}{y_a-mx_a}+S\right] \quad (S\neq 1)$$

从上式可看出，当 m、y_b、S、N_{OG} 均不变时，x_a 的变化必定引起 y_a 变，从而 η 变。故应先求出新工况 $x_a'=0.001$ 时对应的 y_a'，然后再求 η'。依题意，x_a 变，h、H_{OG} 均不变，根据 $h=H_{OG}N_{OG}$ 知 N_{OG} 也不变，即 $N_{OG}'=N_{OG}$。由于 $N_{OG}=f\left(S, \frac{y_b-mx_a}{y_a-mx_a}\right)$，现 N_{OG}、S 不变，按逻辑推理必有

$$\frac{y_b-mx_a'}{y_a'-mx_a'}=\frac{y_b-mx_a}{y_a-mx_a}=\frac{y_b-0}{y_a-0}=\frac{1}{1-\eta}=\frac{1}{1-0.9}=10$$

所以

$$y_a'=\frac{y_b-mx_a'}{10}+mx_a'=\frac{y_b+9mx_a'}{10}=\frac{0.05+9\times1.5\times0.001}{10}=6.35\times10^{-3}$$

$$\eta'=\frac{y_b-y_a'}{y_b}=\frac{0.05-6.35\times10^{-3}}{0.05}=0.873=87.3\%$$

（4）当 $x_a'=0.001$ 时，为保证 $\eta=90\%$ 不变，求所需的 L'。

从（3）的计算结果可知，x_a 增大，其他条件不变，导致吸收率降低。为保证 $\eta=90\%$ 不变，采用加大吸收剂用量的办法。L 增大，$S=mG/L$ 减小，此时 h、H_{OG}（本例为气膜控制，$H_{OG}=G/K_ya$，$K_ya\propto G^{0.7}$，L 增大对 H_{OG} 无影响）、N_{OG} 均不变。这属于 6.3.3 节中介绍的吸收第二类命题操作型计算题型（17）中①气膜控制的情况，不管是对数平均推动力法还是吸收因数法都要试差求解，即使都要试差，用吸收因数法试差更方便。

新工况

$$S'=\frac{mG}{L'},\quad N_{OG}'=N_{OG}=6.898$$

$$y_a'=y_b(1-\eta')=y_b(1-\eta)=0.05\times(1-0.9)=0.005$$

$$N_{OG}'=\frac{1}{1-S'}\ln\left[(1-S')\frac{y_b-mx_a'}{y_a'-mx_a'}+S'\right]$$

将有关数据代入上式得：

$$6.898=\frac{1}{1-S'}\ln\left[(1-S')\frac{0.05-1.5\times0.001}{0.005-1.5\times0.001}+S'\right]$$

由于待求量 L' 与 S' 有关，而 S' 同时出现在对数符号的内、外，必须用试差法求解。为求解方便将上式整理后写成下式

$$S'=1-\frac{1}{6.898}\ln[13.857-12.857S']$$

采用迭代法：假设 S' 初值，代入等式右边求得一个新值 S'，以此新值继续代入右边迭代，直到 S' 基本不变为止，由于 L 增大，S' 减小，所以可选比原来 S' 小的值作为 S' 的初值。

$S'=0.8\rightarrow S'=0.815\rightarrow S'=0.824\rightarrow S'=0.829\rightarrow S'=0.831\rightarrow S'=0.833\rightarrow S'=0.834\rightarrow S'=0.834$

所以

$$S'=0.834$$

$$L'=\frac{mG}{S'}=\frac{1.5\times0.0384}{0.834}=0.0691\ [\mathrm{kmol/(m^2\cdot s)}]$$

由本例计算结果可知，吸收剂入塔浓度增加导致吸收率下降，为保证吸收率不变必须加大吸收剂用量。在生产上提高液气比是常用的提高吸收率的操作方法，但出口液体浓度相应降低。本例为气膜控制，提高吸收剂用量主要是由于传质推动力的增加使吸收率提高，而传质系数基本不变。

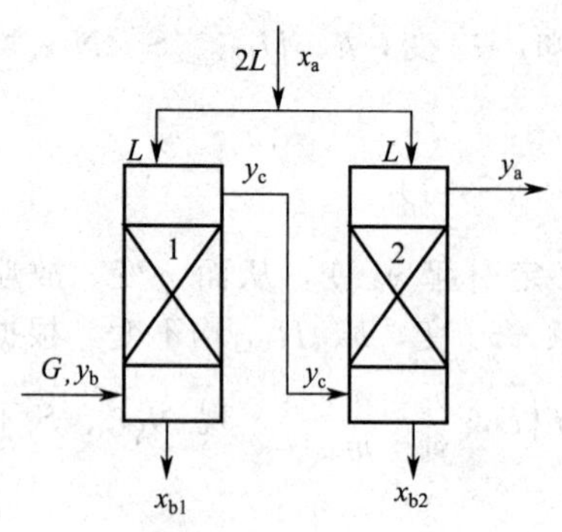

图 6-19　例 6-10 附图

例 6-10　如图 6-19，用两个完全相同的填料吸收塔吸收混合气体中的可溶组分（溶质），每塔的填料高度均为 5m。混合气流速为 0.022kmol/(m^2·s)，含溶质（体积分数）5%，吸收剂为清水。操作条件下的相平衡关系为 $y^*=35x$，吸收过程为液膜控制，$K_xa=0.95L^{0.7}$kmol/(m^3·s)[L 的单位为 kmol/(m^2·s)]，要求溶质 L 的吸收率为 99%，试求：(1) 所需的清水量为多少？(2) 若将清水量减小为原来的 0.9 倍，则吸收率为多少？

解　本题给定的相平衡关系为 $y^*=mx$（y、x 均为摩尔分数），故选用与 G、L、y、x 一串符号对应的公式计算。

(1) 求 L 这是第二类命题的操作型问题，必须用试差法求。选吸收因数法求较方便。对塔 1 有：

$$h=(H_{OG})_1(N_{OG})_1=(H_{OG})_1\times\frac{1}{1-S_1}\ln\left[(1-S_1)\frac{y_b-mx_a}{y_c-mx_a}+S_1\right] \tag{a}$$

$$y_b=0.05,\ x_a=0,\ h=5\text{m}$$

$$(H_{OG})_1=\frac{G}{K_ya}=\frac{G}{K_xa/m}=\frac{0.022}{0.95L^{0.7}/35}=\frac{0.8105}{L^{0.7}}$$

$$S_1=\frac{mG}{L}=\frac{35\times0.022}{L}=\frac{0.77}{L}$$

将以上数据代入式(a) 可看出，未知量 L 同时出现在对数符号内、外，因而必须用试差法求，在试差前还需知道式(a) 中的 y_c 值。

因为通过每个塔的 G、L 视为相同，且两塔的 h 一样，所以每个塔的 H_{OG}、N_{OG}、S 均相同，即 $(N_{OG})_1=(N_{OG})_2$，有如下关系

$$\frac{1}{1-S_1}\ln\left[(1-S_1)\frac{y_b-mx_a}{y_c-mx_a}+S_1\right]=\frac{1}{1-S_2}\ln\left[(1-S_2)\frac{y_c-mx_a}{y_a-mx_a}+S_2\right]$$

因为
$$S_1=S_2,\ x_a=0$$

所以
$$y_b/y_c=y_c/y_a$$

$$y_c=(y_by_a)^{0.5}$$

$$y_a=y_b(1-\eta)=0.05\times(1-0.99)=0.0005$$

$$y_c=(0.05\times0.0005)^{0.5}=0.005$$

所以
$$5=\frac{0.8105}{L^{0.7}}\times\frac{1}{1-0.77/L}\ln\left[\left(1-\frac{0.77}{L}\right)\times\frac{0.05}{0.005}+\frac{0.77}{L}\right]$$

用迭代法（迭代格式的构造与下例求 G_B 的迭代格式类似）试差求解上式可得

$$L=0.903\text{kmol/(m}^2\cdot\text{s)}$$

两塔总的清水用量为
$$2L=2\times0.903=1.806\text{kmol/(m}^2\cdot\text{s)}$$

(2) 依题意将清水量减小为原来的 0.9 倍，其他条件不变，求 η，这是第一类命题的操作型问题，用吸收因数法求。

$$\eta'=(y_b-y_a')/y_b$$

求 η' 的关键是求 y_a'，与 y_a' 直接有关的是塔 2，对塔 2 有

$$h=(H'_{OG})_2(N'_{OG})_2=(H'_{OG})_2\times\frac{1}{1-S_2'}\ln\left[(1-S_2')\frac{y_c'}{y_a'}+S_2'\right] \tag{b}$$

$$h=5\text{m 不变}$$

$$(H'_{OG})_2=\frac{G}{K'_y a}=\frac{G}{K'_x a/m}=\frac{G}{0.95(L')^{0.7}/m}$$

$$L'=0.9L=0.9\times0.903=0.8127\ [\text{kmol}/(\text{m}^2\cdot\text{s})]$$

所以
$$(H'_{OG})_2=\frac{mG}{0.95(L')^{0.7}}=\frac{35\times0.022}{0.95\times0.8127^{0.7}}=0.937\ (\text{m})$$

$$S'_2=\frac{mG}{L'}=\frac{35\times0.022}{0.8127}=0.947$$

$$y'_c=(y_b y'_a)^{0.5}=(0.05\times y'_a)^{0.5}=0.2236(y'_a)^{0.5}$$

将上述数据代入式(b) 得：

$$5=0.937\times\frac{1}{1-0.947}\ln\left[(1-0.947)\frac{0.2236(y'_a)^{0.5}}{y'_a}+0.947\right]$$

解得
$$y'_a=9.73\times10^{-4}$$

$$\eta'=\frac{y_b-y'_a}{y_b}=\frac{0.05-9.73\times10^{-4}}{0.05}=0.981=98.1\%$$

本题为液膜控制，清水量减小使得传质系数和传质推动力均减小导致吸收率下降。

解题小结：① 本题为两个完全相同的填料吸收塔构成两塔错流组合逆流操作，其中 (2) 小题类似于 6.3.3 节单塔吸收第一类命题操作型计算题型 (2) L 变求 η 中②液膜控制的情况，(3) 小题类似于 6.3.3 节单塔吸收第二类命题操作型计算题型 (17) x_a 变求 L 中②液膜控制的情况（该题 x_a 变，本题 x_a 不变），但本题是两塔错流组合逆流操作，与单塔相应的题型相比，解法既有共同点又有不同点。请读者将本题的解法与 6.3.3 节中相应题型 (17) 的解法分析作比较，分析总结它们的异同点，以便加深理解。

② 两个完全相同的填料吸收塔按本题的方法构成两塔错流组合逆流操作（图 6-19）、按 6.3.4 节题型 (16) 的方法构成两塔串联组合逆流操作（图 6-13）及按 6.3.4 节题型 (17) 的方法构成两塔并联组合逆流操作（图 6-14），均可分析总结出类似于 6.3.3 节中的 25 种吸收第一类命题和第二类命题操作型计算题型，请读者延伸分析（包括题型分析和解法分析）。

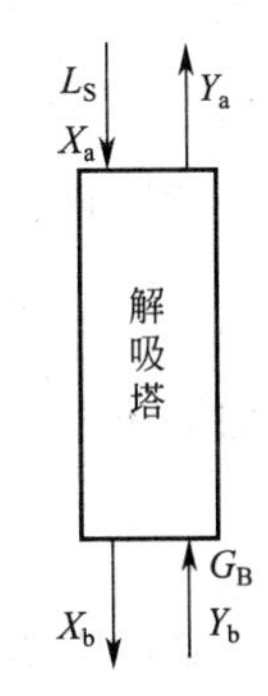

图 6-20　逆流解吸塔

例 6-11　如图 6-20 所示，来自吸收塔的某吸收液在解吸塔内用惰性气体解吸。已知吸收液流量为 0.03kmol/(m² · s)，溶质摩尔分数为 0.06，解吸塔填料层高度为 8m，操作条件下气液相平衡关系为 $Y^*=0.5X$ (Y、X 均为摩尔比)，液相体积总传质系数为 $K_X a=0.04$kmol/(m³ · s)，解吸过程近似为气膜控制，$K_Y a\propto G_B^{0.7}$ 惰性气体中不含溶质，其用量为 0.062kmol/(m² · s)。试求：(1) 解吸率；(2) 若惰性气体用量增加 10%，则解吸率为多少？(3) 新、旧两种工况下单位时间内被解吸的溶质的量及解吸塔的平均推动力有何变化？结果说明什么问题？

解　(1) 求解吸率 η

$$L_S=L(1-x_a)=0.03\times(1-0.06)=0.0282\text{kmol}/(\text{m}^2\cdot\text{s})$$

$$H_{OL}=\frac{L_S}{K_X a}=\frac{0.0282}{0.04}=0.705\text{m}$$

$$N_{OL}=\frac{h}{H_{OL}}=\frac{8}{0.705}=11.35$$

因惰性气体中不含溶质 $Y_b=0$，解吸 N_{OL} 可用式(6-22) 求，即

$$N_{OL}=\frac{1}{1-A}\ln\left[(1-A)\frac{1}{1-\eta}+A\right]$$

$$A=\frac{L_S}{mG_B}=\frac{0.0282}{0.5\times0.062}=0.91$$

所以
$$11.35=\frac{1}{1-0.91}\ln\left[(1-0.91)\frac{1}{1-\eta}+0.91\right]$$

解得
$$\eta=0.952=95.2\%$$

(2) 若惰性气体（解吸气）用量 G_B 增加 10%，求解吸率变为多少？这是解吸塔第一类命题操作型计算题型，且 $K_Ya\propto G_B^{0.7}$ 为气膜控制。该题型与 6.3.3 节介绍的吸收第一类命题操作型计算题型 (1) G 变求 η 中①气膜控制的情况类似，解法分析也类似，仅计算所用的公式不同而已。G_B 变引起 H_{OL}变、A 变；h 不变，H_{OL}变，引起 N_{OL}变；A 变，N_{OL}变，η 必变。

因为
$$H_{OL}=\frac{L_S}{K_Xa}=\frac{L_S}{mK_Ya}\propto\frac{1}{G_B^{0.7}}$$

所以
$$H'_{OL}=\left(\frac{G_B}{G'_B}\right)^{0.7}H_{OL}=\left(\frac{1}{1.1}\right)^{0.7}\times0.705=0.659\ (\text{m})$$

$$A'=\frac{L_S}{mG'_B}=\frac{L_S}{m\times1.1G_B}=\frac{A}{1.1}=\frac{0.91}{1.1}=0.827$$

$$N'_{OL}=\frac{L}{H'_{OL}}=\frac{8}{0.659}=12.1$$

$$N'_{OL}=\frac{1}{1-A'}\ln\left[(1-A')\frac{1}{1-\eta'}+A'\right]=\frac{1}{1-0.827}\ln\left[(1-0.827)\frac{1}{1-\eta'}+0.827\right]=12.1$$

解得
$$\eta'=0.976=97.6\%$$

(3) 新、旧工况下单位时间内被解吸的溶质的量之比为

$$\frac{L'_A}{L_A}=\frac{L_S(X_a-X'_b)}{L_S(X_a-X_b)}=\frac{(X_a-X'_b)/X_a}{(X_a-X_b)/X_a}=\frac{\eta'}{\eta}=\frac{0.976}{0.952}=1.025$$

平均推动力之比为

$$\frac{\Delta X'_m}{\Delta X_m}=\frac{(X_a-X'_b)/N'_{OL}}{(X_a-X_b)/N_{OL}}=\frac{\eta'}{\eta}\times\frac{N_{OL}}{N'_{OL}}=\frac{0.976}{0.952}\times\frac{11.35}{12.1}=0.962$$

体积总传质系数之比为

$$\frac{K'_Xa}{K_Xa}=\frac{mK'_Ya}{mK_Ya}=\left(\frac{G'_B}{G_B}\right)^{0.7}=1.1^{0.7}=1.069$$

计算结果说明，当解吸过程为气膜控制时，解吸气用量的增加使溶质解吸率变大，但解吸推动力有所减小，解吸率的提高是传质系数 K_Xa 增大引起的。

解题小结：① 解吸塔也存在与 6.3.2 节、6.3.3 节及 6.3.4 节介绍的吸收操作型问题解题关系图、题型及解法分析相类似的问题。请读者画出解吸操作型计算解题关系图，延伸分析解吸操作型计算题型及其解法，这对提高解吸塔的解题能力效果显著。

②与吸收例 6-8 中 (3) 小题的数学处理方法类似，在求解吸塔新、旧两种工况下被解吸的溶质的量之比时将其处理成与已求出的解吸率 η 相联系；在求解吸塔新、旧两种工况下的平均推动力之比时将其处理成与已求出的解吸率 η 及解吸传质单元数 N_{OL} 相联系，求解均比较简便。这种数学处理方法须认真掌握并灵活运用。

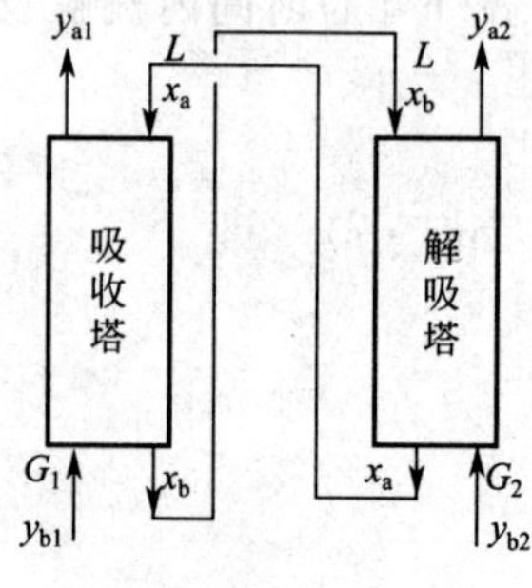

图 6-21 吸收、解吸联合操作

例 6-12 如图 6-21 所示的吸收与解吸联合操作。在吸收塔内用洗油吸收煤气中所含的苯蒸气，相平衡关系为 $y^*=$

0.125x，吸收过程温度低可视为气膜控制。吸收塔底排出液送入解吸塔顶用过热蒸汽解吸，其平衡关系为 $y^*=3.16x$，解吸过程温度较高可视为液膜控制，解吸塔底排出液再返回吸收塔使用。已知进入吸收塔的溶质（摩尔分数，下同）为 0.02，吸收塔操作液气比为 0.16，解吸塔操作液气比为 0.365，此时吸收塔入口液体浓度为 0.005，吸收塔出塔气体浓度为 0.001。试问：若将过热蒸汽量增加 20%（解吸塔仍能正常操作），其他操作条件不变，则吸收塔、解吸塔气、液相出口浓度有何变化？

解　原工况下 $y_{b1}=0.02$，$y_{b2}=0$，$x_a=0.005$，$y_{a1}=0.001$，吸收塔液气比 $(L/G)_1=0.16$，解吸塔气液比 $(G/L)_2=0.365$ 由吸收塔全塔物料衡算式得

$$x_b=x_a+(G/L)_1(y_{b1}-y_{a1})=0.005+(0.02-0.001)/0.16=0.1238$$

由解吸塔全塔物料衡算式得

$$y_{a2}=y_{b2}+(L/G)_2(x_b-x_a)=0+(0.1238-0.005)/0.365=0.3255$$

吸收塔脱吸因数
$$S_1=\frac{m_1G_1}{L}=\frac{0.125}{0.16}=0.781$$

吸收塔气相总传质单元数 $(N_{OG})_1$ 为

$$(N_{OG})_1=\frac{1}{1-S_1}\ln\left[(1-S_1)\frac{y_{b1}-m_1x_a}{y_{a1}-m_1x_a}+S_1\right]$$
$$=\frac{1}{1-0.781}\ln\left[(1-0.781)\frac{0.02-0.125\times0.005}{0.001-0.125\times0.005}+0.781\right]=11.38$$

解吸塔吸收因数
$$A_2=\frac{L}{m_2G_2}=\frac{1}{3.16\times0.365}=0.867$$

解吸塔液相总传质单元数 $(N_{OL})_2$ 为

$$(N_{OL})_2=\frac{1}{1-A_2}\ln\left[(1-A_2)\frac{x_b-y_{b2}/m_2}{x_a-y_{b2}/m_2}+A_2\right]$$
$$=\frac{1}{1-0.867}\ln\left[(1-0.867)\frac{0.1238-0}{0.005-0}+0.867\right]=10.72$$

新工况下，对吸收塔，因为 L、G_1、m_1 不变，所以 K_ya、H_{OG}、N_{OG}、S 均不变，从而 $(y_{b1}-m_1x_a)/(y_{a1}-m_1x_a)$ 不变，即

$$\frac{y_{b1}-m_1x_a'}{y_{a1}'-m_1x_a'}=\frac{y_{b1}-m_1x_a}{y_{a1}-m_1x_a}$$

所以
$$\frac{0.02-0.125x_a'}{y_{a1}'-0.125x_a'}=\frac{0.02-0.125\times0.005}{0.001-0.125\times0.005}$$

化简得
$$y_{a1}'-0.1226x_a'=0.000387 \tag{a}$$

且
$$L(x_b'-x_a')=G_1(y_{b1}-y_{a1}') \tag{b}$$
$$0.16(x_b'-x_a')=0.02-y_{a1}'$$

对解吸塔，由于是液膜控制，$K_xa\approx k_xa\propto L^{0.7}$，因为 L 不变，所以 K_xa 不变。$H_{OL}=L/(K_xa)$，所以 H_{OL}不变。$N_{OL}=h/H_{OL}$，h、H_{OL}不变，所以 N_{OL}不变，即

$$(N_{OL})_2'=(N_{OL})_2=10.72$$

而
$$A_2'=\frac{L}{m_2G_2'}=\frac{L}{m_2\times1.2G_2}=\frac{A_2}{1.2}=\frac{0.867}{1.2}=0.723$$

$$10.72=\frac{1}{1-0.723}\ln\left[(1-0.723)\frac{x_b'-0}{x_a'-0}+0.723\right]$$

解得
$$x_b'=67.718x_a' \tag{c}$$

且
$$G_2'(y_{a2}'-y_{b2})=L(x_b'-x_a')$$
$$1.2\times0.365(y_{a2}'-0)=x_b'-x_a' \tag{d}$$

联立式(a)～式(d) 解得

$$x_a'=0.0018 \quad x_b'=0.1219 \quad y_{a1}'=0.0006 \quad y_{a2}'=0.2742$$

与原工况相比，可知由于解吸用过热蒸汽用量增加，解吸塔 A_2 减小有利于解吸，使得解吸效果变好，吸收塔的吸收率也相应提高。所以，吸收和解吸是一个有机的整体，解吸操作的任何变动，都将使吸收操作发生相应的变化；反之亦然。利用这一定性结论进行吸收与解吸联合操作的系统的操作型问题定性分析很方便。例如对本题，若吸收塔入塔煤气流量增加（其他操作条件不变），则吸收塔的脱吸因数 S_1 由于 G_1 的增加而变大不利于吸收，使得吸收效果变坏，解吸塔的解吸率也相应下降，因而 y_{a1}、x_a、x_b、y_{a2} 均增大。

习　题

6-1　一逆流填料吸收塔，塔截面积为 $1m^2$，用清水吸收某气体混合物中的组分 A，要求吸收率为 89%。气体流量（标准状态）为 $4500m^3/h$，含 A（摩尔分数）4%，在 101.33kPa、25℃下操作，此时平衡关系为 $y=2.2x$。体积总传质系数的经验公式为：

$K_Ga=0.017G^{0.7}L^{0.3}$ kmol/(m^3·h·kPa)，式中 G、L 的单位皆为 kmol/(m^2·h)，试求：(1) 当实际液气比为最小液气比的 1.5 倍时，填料层高度为多少？(2) 若不改变填料层高度，当吸收剂用量减少 10%时，吸收率为多少？

［答：(1) $h=1.88$m；(2) $\eta=0.86$］

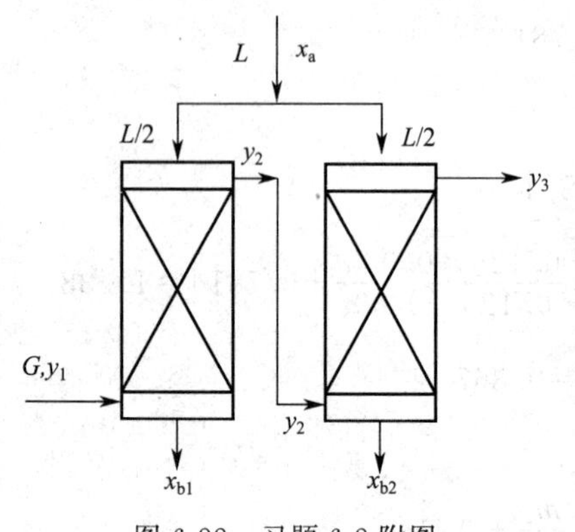

图 6-22　习题 6-2 附图

6-2　如图 6-22 所示为一双塔吸收流程，以清水吸收混于空气中的 SO_2，已知气体经两塔后的总吸收率为 0.96，两塔用水量相等，且均为最小用水量的 1.25 倍，塔的 $H_{OG}=1.4$m，平衡关系为 $y=1.3x$，本题可视为低浓度气体的吸收，试求两塔的填料层高度。

［答：$h=5.6$m］

6-3　欲用填料塔以清水吸收混合气中有害组分 A，已知入塔气体中 A 组分浓度（摩尔分数，下同）$y=0.05$，出塔气体中 A 的浓度为 0.005，操作液气比为最小液气比的 1.5 倍，混合气流率为 30kmol/s，塔径为 1m，填料层高度为 4m，逆流操作，平衡关系 $y=2x$。试求：(1) 出塔液体浓度；(2) 气相总传质系数 K_ya；(3) 塔高 2m 处的气相浓度；(4) 若塔高不受限制时最大吸收率；(5) 若用板式塔，问理论板数为多少？

［答：(1) $x_b=0.0167$；(2) $K_ya=44.33$kmol/(m^3·s)；(3) $y=0.02$；(4) $\eta_{max}=100\%$；(5) $N=4$］

6-4　在逆流操作的填料塔内用清水吸收气体中所含的某可溶组分（溶质），混合气入塔流率 $G=$ 0.015kmol/(m^2·s)，其溶质体积含量为 8%，要求溶质的吸收率为 90%，操作液气比为最小液气比的 1.5 倍，操作条件下的相平衡关系为 $y=33x+0.00198$，气相、液相的体积分传质系数分别为：$k_ya=$ 0.02kmol/(m^3·s)，$k_xa=0.833$kmol/(m^3·s)。试求：(1) 最小液气比；(2) 吸收剂的用量 L［单位为 m^3/(m^2·s)］及吸收液出塔浓度；(3) 所需填料高度。

［答：(1) $(L/G)_{min}=30.45$；(2) $L=0.0123$m^3/(m^2·s)，$x_b=0.00158$；(3) $h=7.08$m］

6-5　在逆流填料吸收塔中，用清水吸收含氨（体积分数）4%的空气-氨混合气中的氨。已知混合气量（标准状态）为 $3600m^3/h$，气体（标准状态）空塔气速为 1.5m/s，填料层高 8m，水的用量比最小用量多了 50%，吸收率达到 98%，操作条件下的平衡关系为 $Y=1.2X$（摩尔比），试求：(1) 液相总传质系数 K_Xa，kmol/(m^3·h)；(2) 若入塔水溶液中含有 0.002（摩尔比）的氨，问该塔能否维持 98%的吸收率？

［答：(1) $K_Xa=306.3$kmol/(m^3·h)；(2) $\eta_{max}=0.942<0.98$，即使填料层无限高也达不到 98%的吸收率］

6-6　某填料吸收塔用清水逆流吸收丙酮与空气混合气中的丙酮。原工况下，进塔气体中含丙酮（摩尔分数，下同）1.5%。操作液气比为最小液气比的 1.5 倍，丙酮回收率可达 99%，现气体入塔浓度降为 1.0%，进塔气量提高 20%，吸收剂用量，入塔浓度，温度等操作条件均不变。已知操作条件下平衡关系满足亨利定律，总传质系数 $K_y \propto G^{0.8}$。试求：(1) 新工况下丙酮回收率；(2) 若仍将回收率维持在 99%，则新工况下所需填料层高度为原工况的多少倍？

[答：(1) $\eta'=0.97$；(2) $h'/h=1.51$]

6-7　某混合气体（标准状态）以 5000m^3/h 进入逆流吸收塔，入口气体浓度（摩尔比，以下同）$Y_1=0.013$，要求的吸收率为 $\eta=0.99$，吸收剂用量为最小吸收剂用量的 1.5 倍，溶剂进口浓度 $X_2=0$。已知操作条件下的平衡关系为 $Y=1.2X$，$K_Y a=200$kmol/(m^3·h)，塔截面积 $\Omega=1.4m^2$，且 $K_Y a \propto u^{0.7}$（此处 u 为空气塔气速）。试求：(1) 求传质单元数 N_{OG}，传质单元高度 H_{OG} 和填料层高度 h；(2) 若将该塔的进塔气体（标准状态）增至 5500m^3/h，要求吸收率不变，在其他条件不变情况下，问吸收剂用量需要增加多少？（设气液量增加后，塔仍能正常操作）。

[答：(1) $N_{OG}=10.7$，$H_{OG}=0.786$m，$h=8.41$m；(2) $\Delta L_S=L_S'-L_S=49$kmol/h]

6-8　一填料吸收塔，填料层高度为 3m，操作压强为 1atm，温度为 20℃。用清水吸收空气-氨混合气中的氨，混合气体的质量速度为 580kg/(m^2·h)，其中含氨（体积分数）6%，要求吸收率为 99%，水的质量速度为 770kg/(m^2·h)。已知该塔在等温下逆流操作，操作条件下的平衡关系为 $y=0.755x$。试求：(1) 出口氨水浓度；(2) 以气相组成表示的平均推动力；(3) 气相总传质单元高度 H_{OG}；(4) 如果 $K_G a$ 与气体质量速度的 0.8 次方成正比，试估算：当操作压强增大一倍，气体质量速度也增大一倍时，为保持原来的吸收率，在塔径和水的质量速度不变的情况下，填料层高度为多少？

[答：(1) $x_b=0.0285$；(2) $\Delta y_m=0.0091$；(3) $H_{OG}=0.46$m；(4) $h=1.72$m]

6-9　在填料层高为 10.5m 的塔内用清水吸收气体中所含的某可溶组分（溶质），混合气入塔流速 $G=0.015$kmol/(m^2·s)，其溶质体积含量为 8%，清水流速 $L=0.543$kmol/(m^2·s)，气相、液相的体积分传质系数分别为：$k_y a=0.02$kmol/(m^3·s)，$k_x a=0.833$kmol/(m^3·s) 操作条件下的相平衡关系为 $y=33x+0.00198$。试求 (1) 溶质的吸收率为多少？(2) 若溶质初始含量升为 9%，则结果又如何？

[答：(1) $\eta=89.6\%$；(2) $\eta'=89.8\%$，吸收程度近似不变]

6-10　在一逆流操作的填料塔中，用过热水蒸气解吸煤油中所含的苯，混合液入塔流量为 0.029kmol/(m^2·s)，含苯（摩尔分数）0.05；要求出塔煤油中苯的含量（摩尔分数）为 0.0046，已知操作条件下的平衡关系为 $y=1.25x$，操作气液比为最小气液比的 1.23 倍，总传质系数 $K_x a=0.013$kmol/(m^3·s)，塔径 $D=0.6$m，试求：(1) 解吸用过热水蒸气的耗用量（kg/h）；(2) 解吸塔填料层高度；(3) 若在上述解吸塔操作中，因故入塔混合液中苯含量变为 0.08（摩尔分数），此时出塔煤油中苯的含量；(4) 若在上述解吸塔（液膜控制）操作中，因故混合液入塔流量 L 增加造成解吸率下降（即出塔液相浓度 x_b 增大），为避免这种情况拟按比例增大过热水蒸气量 G（即 G/L 不变），请定性分析能否达到目的。

[答：(1) $G=474.5$kg/h；(2) $h=15.1$m；(3) $x_b'=0.00736$；(4) 不能达到目的]

6-11　如图 6-23 所示的吸收与解吸联合操作。在吸收塔内用煤油吸收混合气中可溶组分（溶质），相平衡关系为 $y=0.25x$，吸收过程为气膜控制。吸收塔底排出液送入解吸塔顶用过热水蒸气解吸，其平衡关系为 $y=2x$，解吸过程属液膜控制，解吸塔底排出液再返回吸收塔使用，已知进入吸收塔的溶质浓度（体积分数）为 6%，吸收塔操作液气比为 0.8，解吸塔操作液气比为 1，此时吸收塔入口液体（摩尔分数）为 0.004，吸收塔出塔气体浓度（体积分数）为 0.5%，问：若将过热水蒸气量增加 50%（解吸塔仍能正常操作），其他操作条件不变，则吸收塔、解吸塔、液相出口浓度有何变化？

[答：$x_a'=0.00238$，$x_b'=0.0716$，$y_{a1}'=0.00462$，$y_{a2}'=0.0461$]

6-12　用填料吸收塔处理低浓度气体混合物，试分析在下述条件下（其余操作条件不变），出口气体组成 y_a、x_b 的变化：(1) 入口液量减少；(2) 进口液体中溶质浓度增高；(3) 操作温度升高；(4) 操作压力增高。

[答：(1) y_a 增大、x_b 增大；(2) y_a 增大、x_b 增大；(3) y_a 增大、x_b 减小；(4) y_a 减小、x_b 增大]

6-13　在一填料塔中用清水吸收空气-氨混合气中的低浓度氨，若清水量适量加大，其余操作条件不变，则出口气、液相中氨的浓度将如何变化？

[答：y_a 减小、x_b 减小]

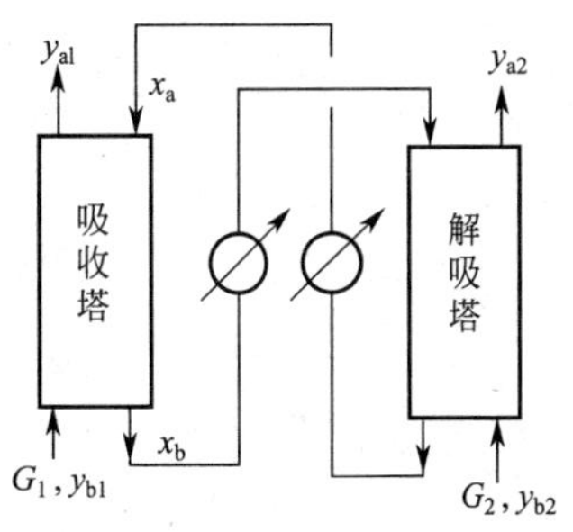

图 6-23　习题 6-11 附图

6-14　如图6-22所示的双塔吸收低浓度气体流程。试分析在下述操作条件下（其余操作条件不变），出口气液组成的变化：(1) 气体处理量G增大；(2) 气体入口浓度y_b增大；(3) 吸收剂量L增大；(4) 吸收剂浓度x_a增大。

[答：(1) y_a增大、x_{b1}增大、x_{b2}增大；(2) y_a增大、x_{b1}增大、x_{b2}增大；(3) y_a减小、x_{b1}减小、x_{b2}减小；(4) y_a增大、x_{b1}增大、x_{b2}增大]

6-15　在一填料塔中用蒸汽解吸洗油中的苯。若气、液均在低浓度区，试分析在下述的操作条件下（其余操作条件不变），出口气、液相组成y_a、x_b的变化趋势：(1) 水蒸气量G增大；(2) 洗油量L增大；(3) 洗油中苯含量x_a增加。

[答：(1) y_a减小、x_b减小；(2) y_a增大、x_b增大；(3) y_a增大、x_b增大]

6-16　在复习6.1.5节吸收与传热的联想比较及4.2节传热的几种计算方法及其比较的基础上，采用联想思维方法，联想传热的相关内容，从传质（逆流吸收）对数平均推动力法$W=K_yA\Delta t_m$的公式出发，导出传质消元法、传质效率ε_{OG}与传质单元数N_{OG}法（即ε_{OG}-N_{OG}法，同理还有ε_{OL}-N_{OL}法）、传质单元高度H_{OG}与传质单元数N_{OG}法（即H_{OG}-N_{OG}法，同理还有H_{OL}-N_{OL}法），并讨论各种方法的优缺点及适用场合。

第7章 精　馏

7.1 精馏知识要点

精馏是分离液体混合物的单元操作，其分离的依据是液体混合物中各组分的挥发度不同。精馏操作既可在板式塔中进行也可在填料塔中进行。本章主要讨论二元连续精馏，所涉及的塔型为板式塔，与精馏计算有关的主要是相平衡关系和物料衡算关系。

7.1.1 二元理想溶液汽液平衡方程

理想溶液在操作的浓度范围内可取一平均的相对挥发度 α 并将其视为常数，这样可利用如下的相平衡方程描述其汽液平衡关系：

$$y=\frac{\alpha x}{1+(\alpha-1)x} \text{或} y_n=\frac{\alpha x_n}{1+(\alpha-1)x_n} \tag{7-1}$$

从式(7-1) 或将该式取不同的 α 标绘在 y-x 相图上均易于看出：α 越大，相同 x（在 $0<x<1$ 范围内）达到平衡时的 y 越大（α 越大，在 y-x 相图上平衡曲线 y-x 越远离对角线），故越有利于精馏分离；当 $\alpha=1$，则 $y=x$，这种溶液就不能用精馏方法分离。因此，α 的大小可作为精馏分离难易的标志。

因理想溶液的 α 可视为常数，故式(7-1) 在理想溶液精馏计算中得到广泛的应用，读者应重点掌握。在用逐板计算法求理想溶液精馏所需的理论板数时，经常用到式(7-1) 中 y 与 x 加下标 n 的表达式，这是因为离开第 n 块理论板的气相组成 y_n 与液相组成 x_n 是成平衡的，用该表达式会给计算带来很大的好处，读者也应该熟练掌握。非理想溶液的 α 随组成的变化较大，不能将 α 视为常数，故不能用式(7-1) 描述其汽液平衡关系。

在精馏计算时还广泛应用一定总压下的 y-x 相图表示汽液平衡关系。y-x 相图对理想溶液和非理想溶液均适用，有关相图的内容详见教材。

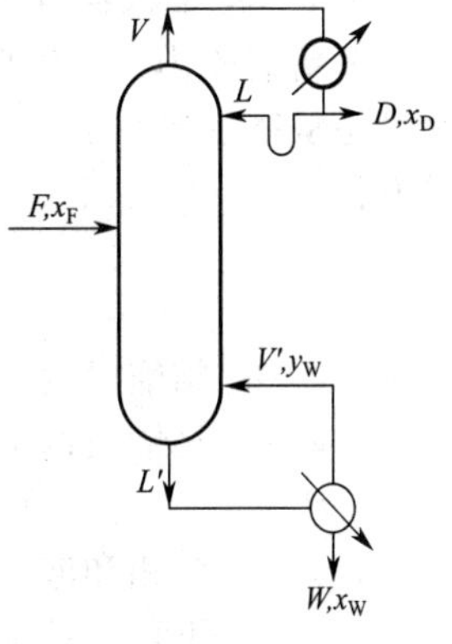

7.1.2 全塔物料衡算关系与回收率的定义

以下的讨论仅限于常规精馏塔，即单股进料，塔顶、塔底各采出一股物料，塔底采用再沸器间接加热的情况，如图 7-1 所示。

图 7-1　二元常规连续精馏塔示意

7.1.2.1 全塔总物料及易挥发组分的衡算

对图 7-1 所示的精馏塔分别进行总物料及易挥发组分的衡算，可得

$$F=D+W \tag{7-2}$$

$$Fx_F=Dx_D+Wx_W \tag{7-3}$$

联立式(7-2) 和式(7-3) 可解得塔顶产品采出率 D/F 及塔底产品采出率 W/F 为

$$\frac{D}{F}=\frac{x_F-x_W}{x_D-x_W} \tag{7-4}$$

$$\frac{W}{F}=1-\frac{D}{F}=\frac{x_D-x_F}{x_D-x_W} \tag{7-5}$$

式中　F，D，W——分别为原料、塔顶馏出液和塔底釜液的摩尔流量，kmol/h；

x_F，x_D，x_W——分别为原料、塔顶馏出液和塔底釜液中易挥发组分的摩尔分数。

进料组成 x_F 通常是给定的，在确定精馏条件时要受式(7-4)、式(7-5) 的约束。

(1) 当规定塔顶、塔底产品组成 x_D、x_W 时，即规定了产品的质量，则可由式(7-4) 和式(7-5) 计算产品的采出率 D/F 及 W/F。换言之，规定了塔顶、塔底的产品组成，产品的采出率不能再自由选择。

(2) 当规定塔顶产品的采出率 D/F 和组成 x_D，则由于式(7-4) 和式(7-5) 的约束，塔底产品的组成 x_W 及采出率 W/F 不能再自由选择；反之，当规定塔底产品的采出率 W/F 和组成 x_W，则塔顶产品的组成 x_D 及采出率 D/F 不能再自由选择。

在规定分离要求时应使 $Dx_D \leqslant Fx_F$，或 $D/F \leqslant x_F/x_D$。如果塔顶产品采出率 D/F 取得过大，即使精馏塔有足够的分离能力，塔顶仍不可能获得高纯度的产品，因其组成必须满足 $x_D \leqslant Fx_F/D$。

7.1.2.2　回收率的定义

在精馏计算中，分离程度除用 x_D、x_W 表示外，有时还用回收率表示。

塔顶易挥发组分回收率
$$\eta_D = \frac{Dx_D}{Fx_F} \tag{7-6}$$

塔底难挥发组分回收率
$$\eta_W = \frac{W(1-x_W)}{F(1-x_F)} \tag{7-7}$$

回收率 $\eta<1$，极限回收率 $\eta_{max}=1$。如果题目有给定回收率，一般要结合回收率的定义式和物料衡算式解题。

7.1.3　操作线方程

由于加料的缘故，常规的精馏塔一般分为两段。加料板以上的塔段完成了上升蒸气的精制，即除去其中的难挥发组分，因而称为精馏段。加料板以下（包括加料板）的塔段完成了下降液体中难挥发组分的提浓，即除去其中的易挥发组分，因而称为提馏段。操作线方程实际上是利用物料衡算关系导出的，下面分别导出精馏段和提馏段的操作线方程。

7.1.3.1　精馏段操作线方程

若精馏段内气、液两相的流量满足恒摩尔流假设，在精馏段第 n 板与第 $n+1$ 板（塔板序号是从塔顶起往下数）之间的塔截面到塔顶全凝器之间进行物料衡算，可导出精馏段操作线方程为

$$y_{n+1} = \frac{L}{V}x_n + \frac{D}{V}x_D = \frac{R}{R+1}x_n + \frac{x_D}{R+1} \tag{7-8}$$

式中　L——精馏段内下降液体的摩尔流量，$L=RD$，kmol/h；

V——精馏段内上升蒸气的摩尔流量，$V=L+D=(R+1)D$，kmol/h；

R——回流比，$R=L/D$；

y，x——气相和液相中易挥发组分的摩尔分数；

n——下标，精馏段内自上而下的塔板序号。

式(7-8) 表示在一定操作条件下，精馏段内自第 n 板下降的液相组成 x_n 与从相邻的下一层板（第 $n+1$ 板）上升的汽相组成 y_{n+1} 之间的物料衡算关系，即精馏段操作关系。再次提示读者注意：式(7-1) 中的 y_n 和 x_n 是离开同一块（第 n 块）理论板的气、液组成之间的相平衡关系，物料衡算关系和相平衡关系有着本质上的不同，以后用逐板计算法（或图解法）求理论板数时要经常使用这两个关系，请认真理解、重点掌握。

如图 7-2 所示，有的精馏塔塔顶第 1 板上升的蒸气 V 先进入分凝器部分冷凝，冷凝液 L 回流入塔，剩下未冷凝的蒸气 V_0 进入全凝器全部冷凝后作为产品 D，故对全凝器有 $V_0=D$、$y_0=x_D$，仍定义回流比 $R=L/D$，分别对全凝器作总物料及易挥发组分的衡算，可得

$$V=L+V_0=L+D=(R+1)D \quad (7\text{-}9)$$

$$Vy_1=Lx_0+V_0y_0 \quad (7\text{-}10)$$

式(7-10) 可改写为

$$y_1=\frac{L}{V}x_0+\frac{V_0}{V}y_0=\frac{R}{R+1}x_0+\frac{x_D}{R+1} \quad (7\text{-}11)$$

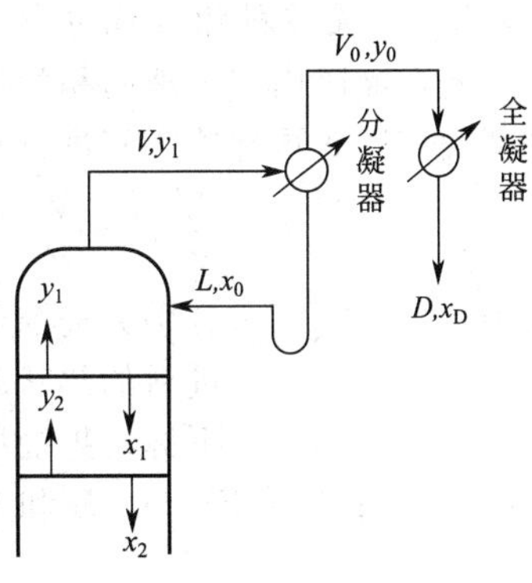

图 7-2　分凝器示意

若取式(7-8) 中 $n=0$、$D=V_0$，则式(7-8) 也化为式(7-11)，所以对塔顶有分凝器的精馏塔，精馏段操作线方程（物料衡算关系）与没有分凝器的塔是一样的。另外，由于分凝器起部分冷凝的作用（相当于一块理论板），故离开分凝器的气、液两相组成 y_0、x_0 是成相平衡关系，符合式(7-1)，即

$$y_0=x_D=\frac{\alpha x_0}{1+(\alpha-1)x_0} \quad (7\text{-}12)$$

式(7-11) 和式(7-12) 两个方程共有 y_1、R、x_0、x_D（即 y_0）、α 5 个变量，若已知其中 3 个变量，将这两个方程联立可解出另外两个变量。与分凝器有关的题型通常有以下几种：

① 已知 y_1、R、α，求 x_0、x_D（即 y_0）；

② 已知 y_1、x_D（y_0）、α，求 R、x_0；

③ 已知 y_1、x_0、α，求 R、x_D（y_0）；

④ 已知 x_0、x_D（y_0）、α，求 R、y_1；

⑤ 已知 y_1、x_0、x_D（y_0），求 R、α；

⑥ 已知 x_D（y_0）、R、α，求 x_0、y_1；

⑦ 已知 y_1、x_D（y_0）、R，求 x_0、α；

⑧ 已知 x_0、x_D（y_0）、R，求 y_1、α；

⑨ 已知 y_1、x_0、R，求 x_D（y_0）、α；

⑩ 已知 x_0、R、α，求 y_1、x_D（y_0）。

从以上与分凝器有关的题型分析再次领略到收敛思维在教学中应用的精髓：题目可以千变万化，但万变不离其“宗”，式(7-11) 和式(7-12) 就是此类问题的“宗”，紧紧抓住这个“宗”，把它理解深、理解透，解此类问题就能以“宗”应万变，培养高度的科学概括能力和敏捷的思维能力。

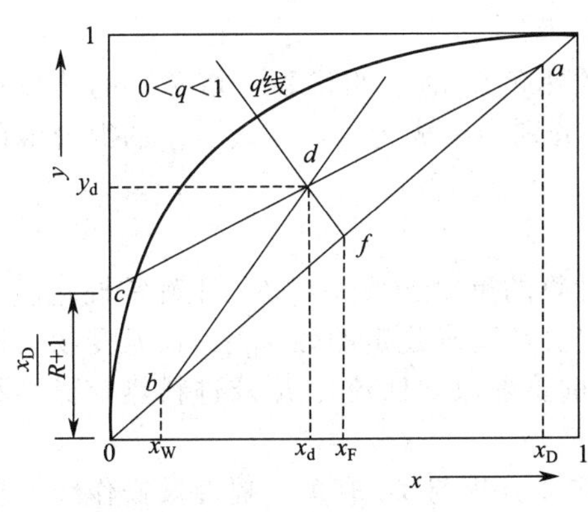

图 7-3　操作线及 q 线示意

精馏计算采用逐板计算法比较准确，在计算机得到普及的今天该法得到广泛应用。精馏计算还经常采用图解法，虽然图解法不够准确，但该法形象直观，便于分析讨论回流比 R 等参数改变对精馏过程的影响。图解法求理论板数时常将式(7-8) 中的 y、x 的下标 $n+1$ 和 n 略去得

$$y=\frac{L}{V}x+\frac{D}{V}x_D=\frac{R}{R+1}x+\frac{x_D}{R+1} \quad (7\text{-}13)$$

如图 7-3 所示，将上式标绘在 y-x 相图上为一条直线，直线的斜率为 $L/V=R/(R+1)$，截距为 $x_D/(R+1)$，直线过对角线（$y=x$）上的点 $a(x_D,x_D)$ 及 y 轴上的点 $c[0,x_D/(R+1)]$，连接 ac 即为精馏段操作线。回流比 R 的改变将使精馏段操作线斜率即液气比 $L/V=R/(R+1)$ 发生变化，对精馏过程有很大影响，这将在后面详细讨论。

7.1.3.2 提馏段操作线方程

若提馏段内气、液两相的流量满足恒摩尔流假设，在提馏段第 m 板与第 $m+1$ 板之间的塔截面到塔底再沸器之间进行物料衡算，可导出提馏段操作线方程为

$$y_{m+1}=\frac{L'}{V'}x_m-\frac{W}{V'}x_W=\frac{R+qF/D}{R+1-(1-q)F/D}x_m-\frac{F/D-1}{R+1-(1-q)F/D}x_W \tag{7-14}$$

式中 L'，V'——分别为提馏段内下降液体和提馏段内上升蒸气的摩尔流量，kmol/h；

q——进料的热状况参数；

m——下标，提馏段自上而下的塔板序号。

式(7-14) 中 $W=F-D$，L'和 V'有如下的关系

$$L'=L+qF=RD+qF \tag{7-15}$$

$$\begin{aligned}V'&=V-(1-q)F=(R+1)D-(1-q)F\\&=L'-W=L+qF-(F-D)=(R+1)D-(1-q)F\end{aligned} \tag{7-16}$$

式(7-14) 表示在一定的操作条件下，提馏段内自第 m 板下降的液相组成 x_m 与从相邻的下一层板（第 $m+1$ 板）上升的气相组成 y_{m+1}之间的物料衡算关系，即提馏段操作关系。图解法求理论板数时常将式(7-14) 中 y、x 的下标 $m+1$ 和 m 略去得

$$y=\frac{L'}{V'}x-\frac{W}{V'}x_W=\frac{R+qF/D}{R+1-(1-q)F/D}x-\frac{F/D-1}{R+1-(1-q)F/D}x_W \tag{7-17}$$

将式(7-17) 标绘在 y-x 图上为一条直线，直线的斜率为提馏段液气比 L'/V'，截距为 $-Wx_W/V'$，直线过对角线（$y=x$）上的点 $b(x_W,x_W)$。由于提馏段操作线在 y 轴上的截距为负值且其绝对值很小（因为 x_W 值通常很小），点 b 与点（0，$-Wx_W/V'$）靠得很近，利用这两点作图不易准确；若利用点 b 与提馏段操作线斜率作图不仅麻烦，且不能在图上直接反映出进料热状况的影响，故通常是先找出两条操作线的交点 d，连接 bd 即为提馏段操作线（如图 7-3 所示）。于是，问题归结为两操作线的交点 d 如何求，这将在后面详细讨论。

注意：物料衡算关系（操作线方程）式(7-8) 和式(7-14) 中 y 与 x 的下标序号不同，且 y 比 x 的下标大一个序号，而相平衡关系式(7-1) 中 y 与 x 的下标序号相同，均为 n。因此，在用逐板计算法求理论板数时，精馏段和提馏段操作线方程分别要用式(7-8) 和式(7-14)，不要用式(7-13) 和式(7-17)，否则很容易出错。

有些题目需要求冷凝器的热负荷 Q_c、分凝器的热负荷 Q_0、再沸器（塔釜）的热负荷 Q_b，则 $Q_c=Vr_c$、$Q_0=Lr_0$、$Q_b=V'r_b$，r_c、r_0、r_b 分别为组成为 x_D、x_0、x_W 的混合液的平均汽化潜热，kJ/kmol。

7.1.3.3 操作线方程的影响因素分析

精馏段操作线方程和提馏段操作线方程是精馏计算的重要关系式，必须正确掌握它们的求法。影响操作线方程的因素主要有两大类：一类是分离要求规定的如 x_D、x_W 及受物料衡算关系制约的如 F/D；另一类是精馏设计或操作的重要参数如回流比 R 及进料热状况参数 q，下面分别讨论它们的影响及求法。

(1) x_D、x_W 及 F/D 的影响及求法 精馏段操作线方程与 x_D 有关，提馏段操作线方程与 x_W、F/D 有关，也与 x_D 有关（因为 F/D 与 x_D 有关）。根据题目的已知条件不同，x_D、x_W 及 F/D 可以是已知量，也可以是待求量。常见的题型及求法见表 7-1。

表 7-1 是应用收敛思维方法总结出的有关 x_D、x_W 及 F/D 的题型及求法，题目可以千变万化，但万变不离其“宗”，物料衡算式及回收率、采出率的定义式就是此类问题的“宗”，紧紧捉住这个“宗”，把它理解深、理解透，解此类问题时就能以“宗”应万变、下笔如有神，还会怕什么问题呢？

(2) 回流比 R 的影响及求法 精馏段操作线方程和提馏段操作线方程均与回流比 R 有

表 7-1　有关 x_D、x_W 及 F/D 的题型及求法

题　型	求　法
①已知 x_D、x_F、x_W，求 $\frac{F}{D}$	已知 x_D、x_F、x_W，相当于已知塔顶产品采出率 $\frac{D}{F}$(式 7-4)，则 $\frac{F}{D}=\frac{x_D-x_W}{x_F-x_W}$
②已知 η_D、x_D(或 x_W)、x_F，求 x_W(或 x_D)、$\frac{F}{D}$	由 $\eta_D=\frac{Dx_D}{Fx_F}=\frac{x_F-x_W}{x_D-x_W}\times\frac{x_D}{x_F}$ 求出 x_W(或 x_D)，则 $\frac{F}{D}=\frac{x_D-x_W}{x_F-x_W}=\frac{x_D}{\eta_D x_F}$
③已知 η_W、x_W(或 x_D)、x_F，求 x_D(或 x_W)、$\frac{F}{D}$	由 $\eta_W=\frac{W(1-x_W)}{F(1-x_F)}=\left(1-\frac{D}{F}\right)\frac{1-x_W}{1-x_F}=\left(1-\frac{x_F-x_W}{x_D-x_W}\right)\frac{1-x_W}{1-x_F}$ 求 x_D(或 x_W)，则 $\frac{F}{D}=\frac{x_D-x_W}{x_F-x_W}$
④已知 η_D、η_W、x_F，求 x_W、x_D、$\frac{F}{D}$	由 $x_F=\frac{D}{F}x_D+\frac{W}{F}x_W=\eta_D x_F+\frac{\eta_W(1-x_F)}{1-x_W}x_W$，求 x_W 由 $\frac{F}{D}=\frac{x_D-x_W}{x_F-x_W}=\frac{x_D}{\eta_D x_F}$ 求 x_D 及 $\frac{F}{D}$
⑤已知 $\frac{D}{F}$、x_D(或 x_W)、x_F，求 x_W(或 x_D)、$\frac{F}{D}$	将已知的 $\frac{D}{F}$ 倒数后即求得 $\frac{F}{D}$，由 $\frac{D}{F}=\frac{x_F-x_W}{x_D-x_W}$ 求 x_W(或 x_D)
⑥已知 $\frac{W}{F}$、x_D(或 x_W)、x_F，求 x_W(或 x_D)、$\frac{F}{D}$	由 $\frac{W}{F}=1-\frac{D}{F}$ 求 $\frac{D}{F}$，将 $\frac{D}{F}$ 倒数后即求得 $\frac{F}{D}$，由 $\frac{D}{F}=\frac{x_F-x_W}{x_D-x_W}$ 求 x_W(或 x_D)
⑦已知 $\frac{D}{W}$、x_D(或 x_W)、x_F，求 x_W(或 x_D)、$\frac{F}{D}$	由 $\frac{D}{W}=\frac{D/F}{W/F}=\frac{x_F-x_W}{x_D-x_F}$ 求 x_W(或 x_D)，则 $\frac{F}{D}=\frac{x_D-x_W}{x_F-x_W}$

关，R 增大时两操作线往对角线靠拢远离相平衡曲线，R 减小时两操作线往相平衡曲线靠拢远离对角线，R 的改变对精馏的设计型和操作型问题均有很大的影响，R 是精馏设计和操作的重要参数，将在后面详细讨论 R 的影响及计算，此处先总结求 R 可能出现的题型及求法。

① 大多数题型的已知条件是回流比 R 为最小回流比 R_{min} 的某一倍数，通常取 $R=(1.2\sim2.0)R_{min}$，于是问题归结为 R_{min} 如何求，这将在后面详细讨论，求 R_{min} 是必须掌握的重要问题。

② 已知精馏段第 n 块实际塔板的气、液相组成 y_n、x_n 和相邻的上层塔板液相组成 x_{n-1} 及下层塔板气相组成 y_{n+1}，将 y_{n+1}、x_n 和 y_n、x_{n-1} 代入精馏段操作线方程式(7-8) 得两个方程并联立可解得 R、x_D 两个未知量，进而可求出精馏段操作线方程（见例 7-7）。

③ 已知提馏段第 m 块实际塔板的气、液相组成 y_m、x_m 和相邻的上层塔板液相组成 x_{m-1} 及下层塔板气相组成 y_{m+1}，还已知 q 及 F/D，将 y_{m+1}、x_m 和 y_m、x_{m-1} 及 q、F/D 代入提馏段操作线方程式(7-14) 得两个方程并联立可解得 R、x_W 两个未知量，进而可求出提馏段操作线方程。

④ 通过分凝器的物料衡算及其他关系求 R（见例 7-3），或由分凝器的液气流量比求 R（见例 7-8），或 R 为已知值（见例 7-6）。

⑤ 已知精馏段操作线方程，由其斜率 $R/(R+1)$ 可反求出 R，由其截距 $x_D/(R+1)$ 可反求出 x_D。

⑥ 已知提馏段操作线方程，由其斜率 $(R+qF/D)/[R+1-(1-q)F/D]$，再已知 R、q、F/D 中的两个，可反求出另一个；由其截距 $-(F/D-1)x_W/[R+1-(1-q)F/D]$，再已知 R、q、F/D，可反求出 x_W。

(3) 进料热状况参数 q 的影响　精馏操作共有五种进料状况（后面介绍），不同的进料状况可用进料热状况参数 q 来表征。由式(7-15) 或式(7-16) 可看出，q 值改变会引起提馏段液、气相流量 L' 和 V' 改变，进而从式(7-14) 或式(7-17) 可看出提馏段操作线也随 q 的改变而改变，故 q 也是影响精馏操作的一个重要参数，将在后面详细讨论其定义和计算问题。

精馏段操作线方程形式简单，当 R 和 x_D 确定后，该方程很容易求出。从式(7-14) 或式(7-17)可知提馏段操作线方程形式复杂，与R、q、x_W及F/D有关，即使R、q已确定，x_W和F/D根据表7-1总结的几种题型及求法求出后，若式(7-14)或式(7-17)记不住或记错，提馏段操作线方程仍然无法正确求出。于是自然会问：有没有求提馏段操作线方程的更简便的方法呢？若有该法是如何导出的？

综上所述，为了简便、快速、准确地求出精馏段和提馏段操作线方程，后面要重点解决R_{min}（R与R_{min}有关）、q的求法及提馏段操作线方程的简便求法三个问题。

7.1.4 q线方程及进料热状况对q线和操作线的影响

7.1.4.1 进料热状况参数q

对加料板进行总物料衡算和热量衡算可导出

$$q=\frac{L'-L}{F}=\frac{i_V-i_F}{i_V-i_L}=\frac{\text{1kmol 物料从进料状况变成饱和蒸气所需的热量}}{\text{1kmol 物料的汽化潜热}}$$

$$=\frac{r_F+c_p(t_S-t_F)}{r_F}\text{（过冷液体进料常用此式求}q\text{）}\tag{7-18}$$

式中 i_F、i_L、i_V——分别为物料、饱和液体及饱和蒸气的焓，kJ/kmol；

r_F——物料的汽化潜热，kJ/kmol；

c_p——物料的平均定压摩尔热容，kJ/(kmol·℃)；

t_F，t_S——分别为进料温度、物料的泡点温度，℃。

进料热状况不同，q值也不同。各种进料热状况的q值应根据具体情况选用不同的方法求，下面将讨论这一问题。

7.1.4.2 进料热状况的分析

在实际生产中，加入精馏塔中的原料液有5种不同的热状况，它们q值也不同，见表7-2。由于不同进料热状况的影响，使得从加料板上升到精馏段的蒸气量及由加料板下降到提馏段的液体量发生了变化，见表7-2。

表7-2 不同进料热状况的对比

进料状况	i_F范围	q值	q线斜率 $q/(q-1)$	精馏段、提馏段的液、气流量关系
过冷液体	$i_F<i_L$	$q>1$	$1\sim\infty$	$L'=L+qF>L+F, V'=V-(1-q)F>V$
饱和液体	$i_F=i_L$	$q=1$	∞（垂直线）	$L'=L+F, V'=V$
气液混合物	$i_L<i_F<i_V$	$0<q<1$	$-\infty\sim0$	$L'=L+qF>L, V'=V-(1-q)F<V$
饱和蒸气	$i_F=i_V$	$q=0$	0（水平线）	$L'=L, V'=V-F$
过热蒸气	$i_F>i_V$	$q<0$	$0\sim1$	$L'=L+qF<L, V'=V-(1-q)F<V-F$

根据$q=(L'-L)/F$，还可以从另一方面来说明q的意义。以F=1kmol/h进料为基准，提馏段中的液体流量较精馏段的液体流量增大的那部分量（$L'-L$）即为q值。因而，对于饱和液体、气液混合物及饱和蒸气三种进料热状况而言，以单位进料量为基准，提馏段液相流量增大的那部分量（即q值）就等于进料中液相所占的百分数。根据q的这一定义，若是气液混合物进料，如题目已知进料中气相与液相的物质的量之比为2∶1，则q=液相的物质的量/进料中总物质的量$=1/(2+1)=1/3$，用这种方法求气液混合物进料的q值很方便；若是饱和液体进料（也称为泡点进料），进料中液相所占的百分数为1，则$q=1$［或$q=(L'-L)/F=(L+F-L)/F=1$］；若是饱和蒸气进料（也称为露点进料），进料中液相所占的百分数为0，则$q=0$［或$q=(L'-L)/F=(L-L)/F=0$］。饱和液体进料（泡点进料）$q=1$和饱和蒸气进料（露点进料）$q=0$这两种情况的q值一定要记住。

7.1.4.3 q线方程（进料方程）

将精馏段操作线方程式(7-13)和提馏段操作线方程式(7-17)分别改写成

$$Vy = Lx + Dx_D$$
$$V'y = L'x - Wx_W$$

以上两式相减得

$$(V'-V)y = (L'-L)x - (Dx_D + Wx_W) \tag{7-19}$$

把 $Dx_D + Wx_W = Fx_F$，$L'-L=qF$，$V'-V=(q-1)F$ 代入式(7-19) 并整理，即可得到 q 线方程

$$y = \frac{q}{q-1}x - \frac{x_F}{q-1} \tag{7-20}$$

q 线方程是联立精馏段操作线方程和提馏段操作线方程导出的，它实际上是代表两操作线交点 d 的轨迹方程。在 y-x 图上 q 线是通过对角线（$y=x$）上点 $f(x_F, x_F)$ 的一条直线，斜率为 $q/(q-1)$。因此，可从对角线上的 f 点出发，以 $q/(q-1)$ 为斜率作出 q 线，找出该线与精馏段操作线的交点 d，连接 bd 即为提馏段操作线（如图 7-3 所示）。

q 线方程由进料组成 x_F 和热状况参数 q 所决定，亦称之为进料方程。若 q 和 x_F 已知，即可求出 q 线方程；反之，若 q 线方程已知，由其斜率 $q/(q-1)$ 即可求出 q，由其截距 $-x_F/(q-1)$即可求出 x_F。特别对气液混合物进料，如果题目已知相对挥发度 α、进料组成 x_F 和 q 值（此时 q 值等于进料中液相所占的百分数），求进料中气相组成 y 和液相组成 x。此时，应将进料组成 x_F 理解为进料中气液两相总的组成，其中气相组成 y、液相组成 x 当然应满足进料方程即 q 线方程。另一方面，气液混合物进料在 t-$x(y)$ 相图上是落在气液共存区内，气液两相是成平衡的也应满足相平衡方程。因此，可以联立相平衡方程式(7-1) 和 q 线方程式(7-20) 解出进料中气液组成 y 和 x。

7.1.4.4　进料状况对 q 线及操作线的影响

进料热状况不同，q 值及 q 线的斜率也就不同（见表 7-2），故 q 线与精馏段操作线的交点也即两操作线的交点 d 因进料热状况不同而变动，从而提馏段操作线的位置也就随之而变化。当进料组成 x_F、回流比 R 以及分离要求 x_D、x_W 一定时，进料热状况对 q 线及操作线的影响如图 7-4 所示。连接对角线上 b 点(x_W, x_W）与不同 q 值时 q 线与精馏段操作线交点 d 即得不同 q 值时提馏段操作线（为避免太多线挤在一起，图 7-4 中仅画出 bd_5、bd_3 两条线）。

7.1.4.5　进料热状况的选择

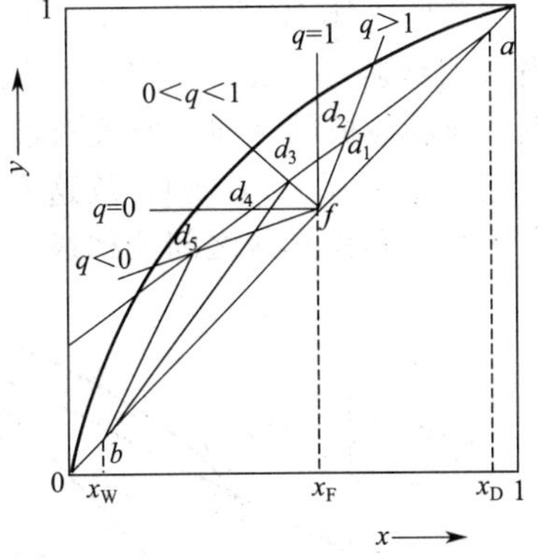

图 7-4　进料热状况的影响

由图 7-4 可看出，在 R、x_F、x_D、x_W 一定的情况下，q 值减小，即进料前原料经过预热或部分汽化，精馏段操作线不变，但提馏段操作线斜率变大更靠近平衡线，所需的理论板数 N 更多。为理解此点，应明确比较的标准。精馏的核心是回流，精馏操作的实质是塔底供热产生部分汽化的蒸气回流，塔顶冷凝造成部分液体回流。由全塔的热量衡算可知，塔底加热量、进料带入热量与塔顶冷凝量三者之间有一定的关系。而以上对不同 q 值进料所作的比较是以固定回流比 R 为基准的，也即以固定塔顶冷凝量 $[V=(R+1)D]$ 为基准的。这样，进料带入热量越多（即 q 值减小），塔底供热量必越少，才能保证塔顶冷凝量不变，这意味着塔釜上升的蒸气量 V'相应地减小，使提馏段操作线斜率 L'/V'增大 $[L'/V'=(V'+W)/V'=1+W/V'$，W 不变，V'减小，L'/V'增大]，提馏段操作线向平衡线靠近，所需理论板数增加。

当然，如果塔釜供热量不变（V'不变），进料带入热量增加（q 值减小），则 $V=V'+(1-q)F$ 变大，塔顶冷凝量必定增大，回流比 R 相应变大 $[V=(R+1)D$，V 变大，D 不变，R

变大]，精馏段操作线斜率 $L/V=R/(R+1)$ 将随 R 变大而增大，该线往对角线靠远离平衡线，所需的理论板数将减小。但须注意，这是以增加热耗为代价的。

所以一般而言，在热耗不变的情况下，热量应尽可能在塔底输入，使所产生的气相回流能在全塔中发挥作用；而冷量应尽可能施加于塔顶，使所产生的液体回流能经过全塔而发挥最大的效能。

根据以上观点，原料不应经预热或部分汽化，前道工序的来料状态就是进料状态。那么为什么工业上有时采用热态甚至气态进料呢？其目的不是为了减少塔板数，而是为了减少塔釜的加热量。尤其当塔釜温度过高，物料易产生聚合或结焦时，这样做更为有利。

7.1.5 回流比的影响及选择

精馏中的回流比 R，在设计中是影响设备费用（塔板数，再沸器及冷凝器传热面积）和操作费用（加热蒸汽及冷却水消耗量）的一个重要因素，应当妥善选择；在操作中，是一个对产品的质量和产量有重大影响而又便于调节的参数。因此，必须对回流比作详细的讨论。

7.1.5.1 全回流（$R=\infty$）与最少理论板数 $N_{\min}$

全回流时精馏塔不加料 $F=0$，也不出料 $D=0$，$W=0$，$R=L/D=L/0=\infty$，两操作线合二为一且与对角线重合，操作线方程即为对角线 $y_{n+1}=x_n$，这是全回流的一个重要特点，即两板之间任一截面上，上升蒸气组成 y_{n+1} 与下降液体组成 x_n 相等。显然，全回流时操作线和平衡线的距离最远，因此达到指定分离程度所需的理论板数最少，以 $N_{\min}$ 表示。最少理论板数 $N_{\min}$ 的求法有以下两种。

(1) 图解法。在 y-x 图上的平衡线和对角线之间画梯级求得。该法烦琐，但对理想溶液和非理想溶液均适用。

(2) 用芬斯克（Fenske）方程（详见教材）计算。该法简便但仅适用于理想溶液。

全回流是回流比的上限。全回流时既不向塔内加料，也不从塔内取出产品，当然不是生产上的正常操作情况。它只在某些特定的情况下才用到，如精馏塔的开工阶段，或操作中因意外而产品纯度低于要求时，进行一定时间的全回流，能较快地达到操作正常以及在实验中测定塔的分离效能（塔板效率）等。

7.1.5.2 最小回流比 $R_{\min}$

当回流比 R 减小时，精馏段操作线截距 $x_D/(R+1)$ 变大，两操作线均向平衡线靠近。当 R 继续减小至某一数值时，两操作线的交点正好落在平衡线上（如图 7-5 中 e 点）时，在点 e 前后各板间（即加料板附近上、下各板间），气液两相组成基本不变，即理论板无增浓作用（$\Delta x=0$，$\Delta y=0$），故这个区域称为恒浓区（或称为挟紧区），点 e 称为挟点。此时若在平衡线和操作线之间绘梯级，就需要无限多梯级才能到达 e 点（即 $N=\infty$），而且无法越

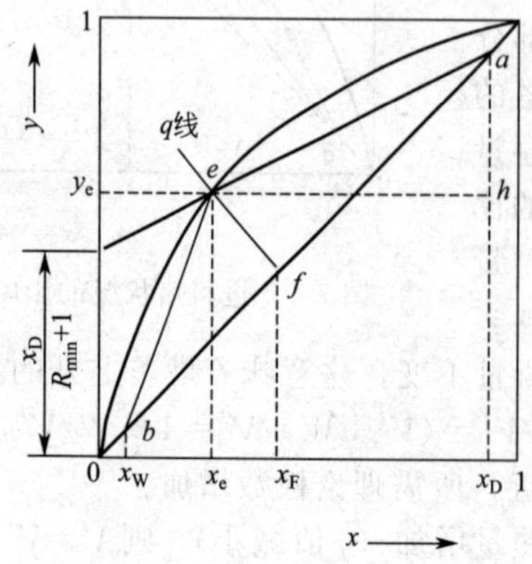

图 7-5 最小回流比图解

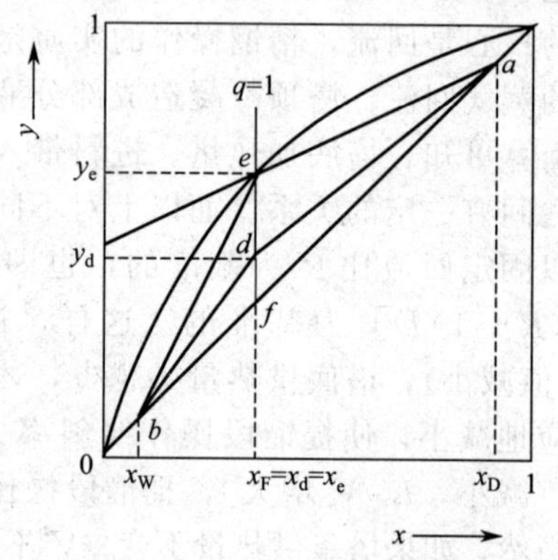

图 7-6 泡点进料图解

过 e 点。这种情况下的回流比称为最小回流比 $R_{\min}$，对于一定的分离要求，$R_{\min}$是回流比的下限。

最小回流比 $R_{\min}$有以下两种求法。

(1) 解析法　最小回流比时精馏段操作线过点 $a(x_D,x_D)$ 和点 $e(x_e,y_e)$，其斜率为

$$\frac{R_{\min}}{R_{\min}+1}=\frac{\overline{ah}}{\overline{he}}=\frac{x_D-y_e}{x_D-x_e}$$

由上式解得

$$R_{\min}=\frac{x_D-y_e}{y_e-x_e} \tag{7-21}$$

式中，y_e、x_e 为最小回流比时两操作线交点坐标，即挟点 e 的坐标，也即 q 线与相平衡曲线的交点坐标。因而对理想溶液可联立相平衡方程和 q 线方程求出 y_e、x_e 值，即

$$\left.\begin{aligned} y&=\frac{\alpha x}{1+(\alpha-1)x} \\ y&=\frac{q}{q-1}x-\frac{x_F}{q-1} \end{aligned}\right\} \tag{7-22}$$

对 $q>1$、$0<q<1$ 和 $q<0$ 三种进料状况，联立以上两式求出 y_e、x_e 的值后代入式(7-21)即可求出 $R_{\min}$。对 $q=1$ 和 $q=0$ 两种进料状况，用以下方法求 y_e、x_e。

① 饱和液体进料（又称泡点进料，$q=1$）。此时由图 7-6 可看出，$x_e=x_F$（x_F 是已知的)，把 x_e 代入相平衡方程即可求出 $y_e=\alpha x_e/[1+(\alpha-1)x_e]$。

② 饱和蒸气进料（又称露点进料，$q=0$）。此时由图 7-7 可看出，$y_e=y_F=x_F$（y_F 或 x_F 是已知的），把 y_e 代入相平衡方程即可求出 $x_e=y_e/[\alpha-(\alpha-1)y_e]$。

注意：教材中导出 $q=1$ 和 $q=0$ 两种情况计算 $R_{\min}$的解析式，当进料为气、液混合物 ($0<q<1$) 时，教材推荐用下式计算 $R_{\min}$

$$R_{\min}=q(R_{\min})_{q=1}+(1-q)(R_{\min})_{q=0}$$

这种方法不太方便：首先，要求记住 $q=1$ 和 $q=0$ 两种情况计算 $R_{\min}$的解析式，而两种情况的 $R_{\min}$解析式均很复杂，经常会记错；其次，这种求法不利于对气、液混合物进料有关概念的理解。前已述及，气、液混合物进料中的气相组成 y 和液相组成 x 既满足进料方程（q 线方程）也满足相平衡方程，因而联立这两个方程求出的 y、x 既是进料中气液组成也是求 $R_{\min}$式中的 y_e、x_e，在 y-x 图上就是 q 线与平衡线交点 e 的坐标（如图 7-8 所示）。

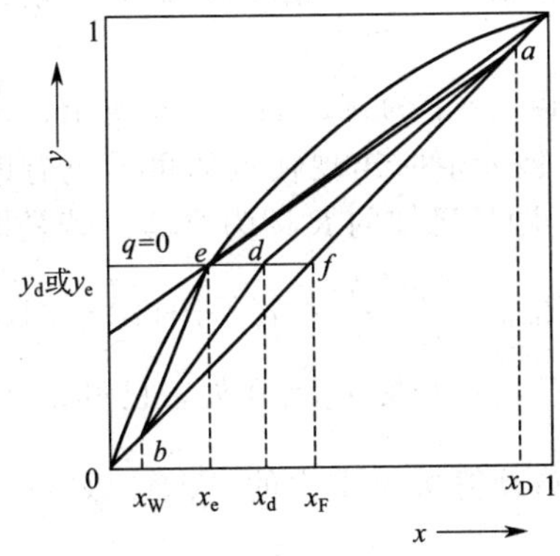

图 7-7　饱和蒸气进料图解

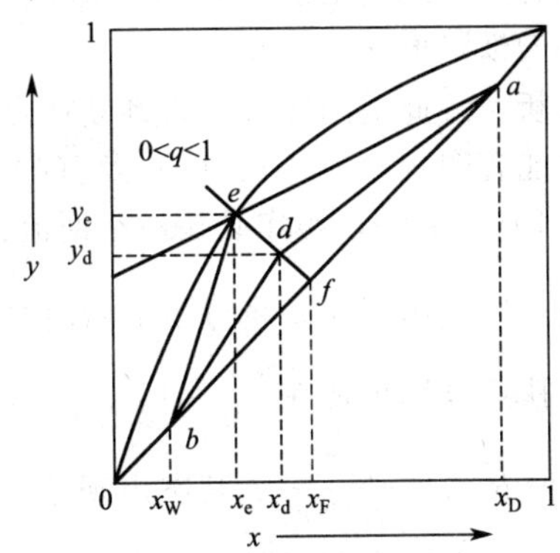

图 7-8　气液混合物进料图解

讨论：

① 相同物系，达到相同的分离要求，若进料热状况参数 q 值越小，y_e、x_e 值也越小（α、x_F、x_D 一定），对应的最小回流比 R_{min} 越大。读者可利用 y-x 图，图解证明这一结论。

② 同一物系，进料组成及热状况相同，x_D 越大，R_{min} 就越大（α、x_F、q 一定，因而 y_e、x_e 一定）。可见最小回流比 R_{min} 的大小是与一定分离要求相联系的。

以上介绍的是理想溶液精馏操作最小回流比 R_{min} 的概念及求法，这是精馏计算须重点解决的问题之一。在精馏计算中有时还会碰到以下两种题型：（1）已知 R_{min}、α、x_D、x_F（对 $q=0$ 及 $q<0$ 两种进料状况 x_F 即为 y_F），求 q；（2）已知 R_{min}、α、x_D、q，求 x_F（或 y_F）。对以上两类题型，其求解步骤一般是先将式(7-21）和式(7-1）联立并把已知条件 R_{min}、α、x_D 代入解出 y_e、x_e 的值，然后根据五种不同进料状况的特点求出 q 或 x_F（或 y_F），见表 7-3 所示。

表 7-3　已知 R_{min} 反求 q 或 x_F（或 y_F）的题型及求法

已知 R_{min}、α、x_D，求 y_e、x_e	y_e、x_e 求出后，已知 x_F（或 y_F），求 q	y_e、x_e 求出后，已知 q，求 x_F（或 y_F）
$R_{min}=\dfrac{x_D-y_e}{y_e-x_e}$	①若 $x_F<x_e$，则 $q>1$，用 $y_e=\dfrac{q}{q-1}x_e-\dfrac{x_F}{q-1}$ 求 q	①若 $q>1$，用 $y_e=\dfrac{q}{q-1}x_e-\dfrac{x_F}{q-1}$ 求 x_F
	②若 $x_F=x_e$，则 $q=1$	②若 $q=1$，则 $x_F=x_e$
$y_e=\dfrac{\alpha x_e}{1+(\alpha-1)x_e}$	③若 $x_e<x_F<y_e$，则 $0<q<1$，用 $y_e=\dfrac{q}{q-1}x_e-\dfrac{x_F}{q-1}$ 求 q	③若 $0<q<1$，用 $y_e=\dfrac{q}{q-1}x_e-\dfrac{x_F}{q-1}$ 求 x_F
	④若 $x_F(y_F)=y_e$，则 $q=0$	④若 $q=0$，则 $x_F(y_F)=y_e$
联立以上两式求出 y_e、x_e	⑤若 $x_F(y_F)>y_e$，则 $q<0$，用 $y_e=\dfrac{q}{q-1}x_e-\dfrac{x_F}{q-1}$ 求 q	⑤若 $q<0$，用 $y_e=\dfrac{q}{q-1}x_e-\dfrac{x_F}{q-1}$ 求 $x_F(y_F)$

表 7-3 是应用收敛思维方法总结出的已知 R_{min} 反求 q 或 x_F（或 y_F）的题型及求法，题目可以千变万化，但万变不离其“宗”，这个“宗”就是 R_{min} 的计算式(7-21)、相平衡方程式(7-1）及 q 线方程式(7-20)。紧紧捉住这个“宗”，把它理解深、理解透，这类问题的求解就不难了。

若题目已知精馏段操作线方程和提馏段操作线方程，将两方程联立即可解得两操作线交点 d 的坐标值 y_D、x_D。前已述及 q 线方程式(7-20）实际上是代表两操作线交点 d 的轨迹方程，故 y_D、x_D 满足式(7-20)，于是 y_D、x_D 求出后亦有类似于表 7-3 中总结的几种题型，请读者延伸分析总结。

除以上讨论的挟点出现在 q 线与相平衡曲线的交点 e 处，此时理论板数 $N=\infty$，所对应的回流比为最小回流比 R_{min}，要求用式(7-21）计算 R_{min} 或已知 R_{min} 反求的 q 或 x_F 的问题外，还有一类问题是已知 R、α、q、x_F、D/F 及理论板数 $N=\infty$（塔无限高），求塔顶或塔釜产品的极限值 $x_{D,max}$ 或 $x_{W,min}$。

分析：解此类问题首先要判断挟点在何处出现。以 $q=1$ 为例，如图 7-9 所示，出现挟点的可能有图（a)、(b)、(c）及（d）四种情况（其他 q 值时出现挟点的可能也有四种情况）。因为 $N=\infty$，操作必在最小回流比 R_{min} 下进行，题目已知的 R 即为 R_{min}。若是图（a）的情况，挟点出现在 q 线与相平衡曲线的交点 e 处，$R_{min}=\dfrac{x_D-y_e}{y_e-x_e}$；若是图(b)～图(d）的情况，挟点分别出现在 $x_D=1$、$x_W=0$ 和同时出现在 $x_D=1$ 及 $x_W=0$ 处，已知的 R 也是 R_{min}，但 $R_{min}\neq\dfrac{x_D-y_e}{y_e-x_e}$。其次出现挟点处应满足由物料衡算关系求出的 $x_D\leqslant1$ 及 $x_W\geqslant0$ 的条件。可按下述步骤解题。

① 先设挟点在 e 处，按式(7-22）将相平衡方程与 q 线方程联立求出 y_e、x_e($q=1$ 和 $q=$

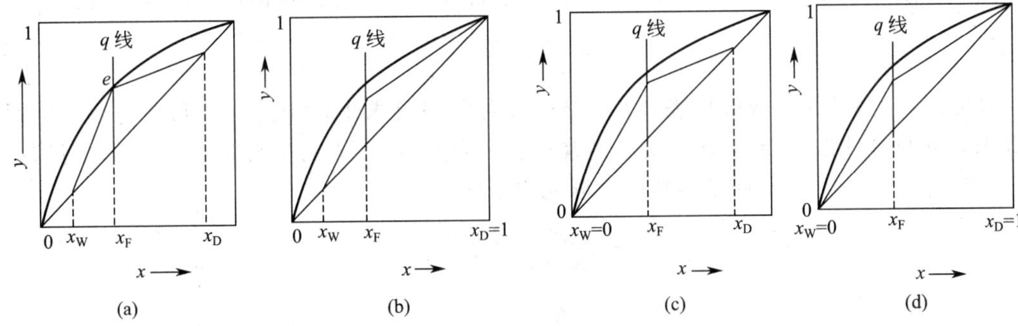

图 7-9　$N=\infty$时可能出现挟点的四种情况示意

0 两种特殊情况，y_e、x_e的求法按前面介绍的方法求），把 $R=R_{min}$及 y_e、x_e代入式(7-21) 求出 x_D。把 x_D、x_F、D/F 代入式(7-4) 求 x_W。若 $x_D<1$ 及 $x_W>0$ 同时满足，则假设 e 为挟点正确，所求 x_D即为 $x_{D,max}$，x_W即为 $x_{W,min}$；若 $x_D\geqslant1$ 或 $x_W\leqslant0$，则挟点不在 e 处，按下面的顺序再判断挟点是否在 $x_D=1$ 处或 $x_W=0$ 处。

② 再设挟点在 $x_D=1$ 处，把 $x_D=1$ 及已知的 x_F、D/F 代入式(7-4) 求 x_W。若 $x_W>0$，则挟点在 $x_D=1$ 处，$x_{D,max}=1$，所求 x_W即为 $x_{W,min}$；若 $x_W=0$，则挟点同时出现在 $x_D=1$ 和 $x_W=0$ 两处，$x_{D,max}=1$，$x_{W,min}=0$；若 $x_W<0$，则挟点不在 $x_D=1$ 处，须再判断挟点是否在 $x_W=0$ 处。

③ 最后设挟点在 $x_W=0$ 处，把 $x_W=0$ 及已知的 x_F、D/F 代入式(7-4) 求 x_D。若 $x_D<1$，则挟点在 $x_W=0$ 处，所求 x_D 即为 $x_{D,max}$，$x_{W,min}=0$；若 $x_D=1$，则挟点同时出现在 $x_D=1$和 $x_W=0$ 两处，$x_{D,max}=1$，$x_{W,min}=0$；若 $x_D>1$，则挟点不可能出现在 $x_W=0$ 处，那么挟点就可能出现在 e 处，也可能出现在 $x_D=1$ 处。

上述判断出现挟点的可能位置实际上就是判断当 $N=\infty$时精馏塔内可能在何处达到平衡。对图 7-1 所示的常规连续精馏塔，出现挟点（平衡处）的可能情况有上述四种。另外，有一类连续精馏塔只有提馏段（如回收塔，为回收料液中的轻组分，对馏出液组成 x_D要求不高，料液直接由塔顶加入）或只有精馏段（如料液直接进料到塔釜），亦有类似的挟点（平衡处）问题。回收塔的挟点分析见例 7-17，只有精馏段塔的挟点分析见习题 7-13 的提示。

请读者延伸分析：若是具有最低恒沸点，且相平衡曲线有下凹的非理想溶液如乙醇-水溶液（其相平衡曲线可查教材得到，其恒沸物组成含乙醇的摩尔分数为 0.894），当理论板数 $N=\infty$时，挟点可能出现在何处？$x_{D,max}$和 $x_{W,min}$又该如何求？

（2）图解法　图解法求 R_{min}对理想和非理想溶液均适用，但很烦琐，故一般情况下只用于非理想溶液求 R_{min}。有关图解法求 R_{min}的内容详见教材。请思考乙醇-水溶液的 R_{min}该如何求？

7.1.5.3　适宜回流比的选取

最适宜回流比应通过经济衡算来决定，即按照精馏操作费用与设备折旧费用之和为最小的原则，用最优化方法确定最佳回流比 R_{opt}。但该法需建立数学模型，其求解也较困难，故设计时一般按经验可取适宜回流比为最小回流比的 1.1～2.0 倍，即

$$R=(1.1\sim2.0)R_{min}$$

7.1.6　提馏段操作线方程的一种简便求法

在 7.1.3.3 中曾提出有无更好的方法求提馏段操作线方程的问题，现在可以明确回答：有的！从图 7-8 可看出提馏段操作线是过对角线上的点 $b(x_W,x_W)$ 及 q 线与精馏段操作线的

交点 $d(x_d, y_d)$ 这两点的直线，由数学上两点求直线的方程可得提馏段操作线方程为

$$\frac{y-x_W}{x-x_W}=\frac{y_d-x_W}{x_d-x_W} \tag{7-23}$$

式中，x_W 是已知的或根据表 7-1 总结的几种题型可求出，于是问题归结为在一定回流比 R 时，两操作线的交点也即 q 线与精馏段操作线的交点 d 的坐标值 y_d、x_d 如何求。对 $q>1$、$0<q<1$ 和 $q<0$ 三种进料状况，联立以下两式

$$\left.\begin{aligned} y&=\frac{R}{R+1}x+\frac{x_D}{R+1} \\ y&=\frac{q}{q-1}x-\frac{x_F}{q-1} \end{aligned}\right\} \tag{7-24}$$

即可求出交点 d 的坐标值 y_d 和 x_d。对 $q=1$ 和 $q=0$ 两种进料状况，用以下方法求 y_d 和 x_d。

① 饱和液体进料（又称泡点进料，$q=1$）。此时由图 7-6 可看出，$x_d=x_F$（x_F 是已知的），把 x_d 代入精馏段操作线方程即可求出 $y_d=Rx_d/(R+1)+x_D/(R+1)$。

② 饱和蒸气进料（又称露点进料，$q=0$）。此时由图 7-7 可看出，$y_d=y_F=x_F$（y_F 或 x_F 是已知的），把 y_d 代入精馏段操作线方程即可求出 $x_d=[(R+1)y_d-x_D]/R$。

请读者自行比较上述两种特殊情况下求 y_d、x_d 与求 y_e、x_e 的异同点，切实掌握其概念与方法。

其他三种进料状况（$q>1$、$0<q<1$ 和 $q<0$）的 x_d 值也可由联立方程式(7-24) 解出

$$x_d=\frac{(R+1)x_F+(q-1)x_D}{R+q} \tag{7-25}$$

然后把 x_d 值代入精馏段操作线方程求出 y_d。由式(7-25) 求 x_d 要记住该式，因此也不是好方法。建议读者还是用联立方程式(7-24) 消去 y 后求出 x_d，这样只要记住精馏段操作线方程和 q 线方程即可求解，这两个方程无论如何是要记住的。

用两点求直线的方程式(7-23) 求提馏段操作线方程显然比式(7-14) 或式(7-17) 简便，望读者认真领会掌握。

精馏计算还有一种题型是求提馏段操作线方程的最大斜率即最大液气比 $(L'/V')_{max}$，亦可用两点求直线斜率的方法计算。从图 7-5 可知，提馏段操作线斜率最大时，该线过挟点 $e(x_e, y_e)$ 及对角线上点 $b(x_W, y_W)$ 两点，所以 $(L'/V')_{max}=(y_e-x_W)/(x_e-x_W)$。从图 7-5 还可知，提馏段操作线斜率最大时（过挟点 e），相应的精馏段操作线斜率最小，此时 $R=R_{min}$，将式(7-14) 或式(7-17) 中的 R 改用 R_{min} 代入，其斜率即是 $(L'/V')_{max}$。另外，$(L'/V')_{max}$ 对应于塔釜的最小汽化量 V'_{min}，而 V'_{min} 是对应于 R_{min} 时的汽化量，所以 $V'_{min}=V_{min}-(1-q)F=(R_{min}+1)D-(1-q)F$。请思考，若 R_{min} 可求出，题目已知 V' 为 V'_{min} 的某一倍数，R 如何求？

7.1.7 理论塔板数的求法

7.1.7.1 逐板计算法

逐板计算法是由塔顶开始交替使用相平衡关系和操作关系进行逐板下行计算直至塔釜组成符合要求为止，计算过程每使用一次相平衡关系，就代表需要一块理论板。为使计算过程不会出错，建议读者将理想溶液的相平衡方程式(7-1) 改写成如下形式

$$x_n=\frac{y_n}{\alpha-(\alpha-1)y_n} \tag{7-26}$$

式(7-26) 用于已知离开第 n 块理论板的气相组成 y_n 求与 y_n 成平衡的离开第 n 块理论板的液相组成 x_n。而精馏段及提馏段相邻两板之间气液组成关系应该分别用带下标的式(7-8) 和式(7-14) 计算（两式中 y 的下标均比 x 的下标大一序号）。逐板计算步骤如下：

塔顶为全凝器且已知 x_D，$y_1 = x_D \xrightarrow{\text{用式（7-26）求}} x_1 \xrightarrow{\text{用式（7-8）求}} y_2 \xrightarrow{\text{用式（7-26）求}} x_2 \xrightarrow{\text{用式（7-8）求}} y_3 \longrightarrow \cdots \longrightarrow y_n \xrightarrow{\text{用式（7-26）求}} x_n \leqslant x_d$，则 $\xrightarrow{\text{改用式（7-14）由 } x_n \text{ 求}} y_{n+1} \xrightarrow{\text{用式（7-26）求}} x_{n+1} \xrightarrow{\text{用式（7-14）求}} y_{n+2} \xrightarrow{\text{用式（7-26）求}} x_{n+2} \longrightarrow \cdots$，直至 $x_{n+m} \leqslant x_W$ 为止。

计算过程总共用了 $n+m$ 次相平衡关系，故全塔所需的理论板数 $N=(n+m)$ 块（包括再沸器）。若塔釜采用再沸器间接加热（如图 7-1 所示），再沸器内进行的过程是部分汽化，离开再沸器的气、液两相组成 y_W、x_W 是成平衡的，对理想溶液即 $y_W = \alpha x_W / [1+(\alpha-1)x_W]$，所以再沸器相当于一块理论板，应当扣去，故全塔所需的理论板数 $N=(n+m-1)$ 块（不包括再沸器）。精馏段所需理论板数 $N_1=(n-1)$ 块，第 n 块是加料板，提馏段所需的理论板数 $N_2=m$ 块（不含再沸器，包括加料板）。

若塔顶采用分凝器（如图 7-2 所示），分凝器内进行的是部分冷凝过程，所以离开分凝器的气、液两相组成 y_0、x_0 是成平衡的，即 $y_0=\alpha x_0/[1+(\alpha-1)x_0]$，分凝器也相当于一块理论板。前已述及，塔顶有分凝器时精馏段操作线方程不变，故若逐板计算从 $y_0=x_D$ 开始，则所得的理论板数必须再减去一块，即 $N=n+m-2$（不含分凝器与再沸器）。

7.1.7.2　图解法

如图 7-10 所示，图解法是在 y-x 图上依次画出相平衡曲线，精馏段操作线、q 线及提馏段操作线，然后从塔顶 a 点开始在平衡线和精馏段操作线之间画梯级，当所画的梯级跨过两操作线的交点 d 后（该梯级就相当于加料板），应及时改为在平衡线和提馏段操作线之间画梯级，直至梯级跨过塔底 b 点为止。梯级数扣去再沸器相当的一块理论板即为所需的理论板数。从图 7-10 可看出共 6 个梯级，所以理论板数 $N=(6-1)$块$=5$ 块（不包括再沸器），第 4 块为加料板。图解法对理想溶液和非理想溶液均适用。

7.1.7.3　捷算法

捷算法仅适用于理想溶液且不够准确，用于需要对理论板数进行初步估算的场合（如多元精馏严格计算法中理论板数初值计算），或在精馏塔优化设计中使用（易于编程）。有关捷算法的内容详见教材。

7.1.7.4　最优加料位置的确定

最优加料板位置是该板的液相组成 x 等于或略低于 x_d（即两操作线交点的横坐标）。在图解法中，当某梯级跨过两操作线交点 d 时（此梯级表示加料板），应及时更换操作线；在逐板计算法中则体现为当 $x \leqslant x_d$ 时以提馏段操作线方程代替精馏段操作线方程，这是因为

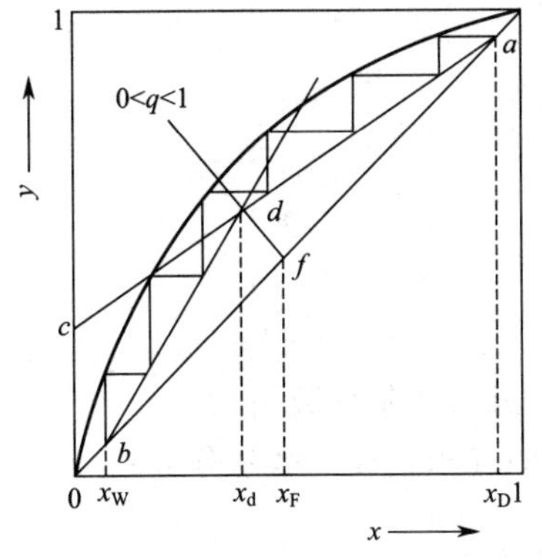

图 7-10　图解法求理论板数

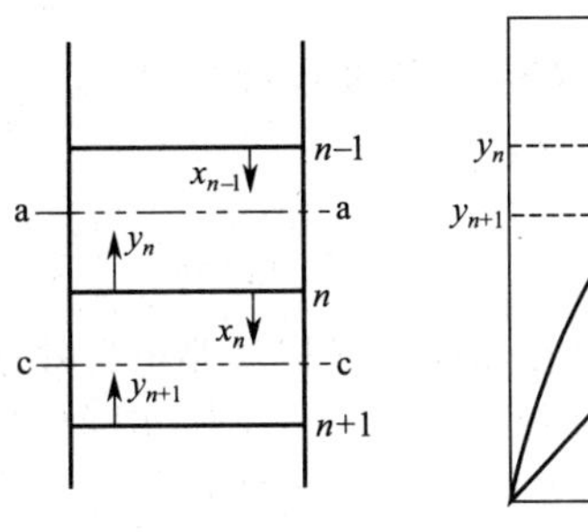

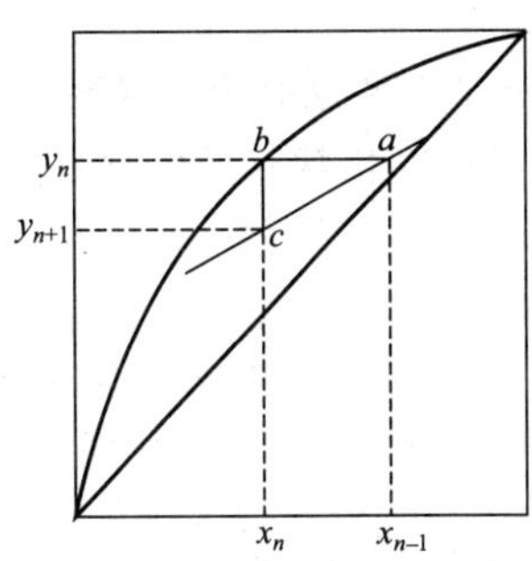

图 7-11　塔板组成的图示

对一定的分离任务而言，这样做所需的理论板数最少。若提前使用提馏段操作线或过了交点仍沿用精馏段操作线（相当于改变了加料板位置），都会因为某些梯级的增浓度（有关梯级或理论板增浓度的概念见后面的分析）减少而使理论板数增加。

7.1.8 理论板的增浓度及液气比对理论板分离能力的影响

7.1.8.1 理论板的增浓度

为什么每一个梯级就代表一块理论板呢？以图 7-11 为例说明。根据理论板的概念，离开第 n 块理论板的气相组成 y_n 与液相组成 x_n 应满足相平衡关系，这样在 y-x 图上表征第 n 块理论板的点必然落在平衡线上，如图 7-11 中平衡线上的 b 点；板间截面（a—a、c—c 截面）相遇的上升蒸气与下降液体组成满足操作线方程，故必落在操作线上，如图 7-11 中操作线上 $a(x_{n-1},y_n)$、$c(x_n,y_{n+1})$ 点。从 a 点出发引水平线与平衡线交于 b 点，b 点坐标是 (x_n,y_n)，反映了 n 板上的平衡关系；由 b 点出发引垂直线与操作线交点于 c 点，表示气液组成满足操作线方程。依次绘水平线与垂直线相当于交替使用相平衡关系与操作线关系，每绘出一个直角梯级就代表一块理论板，总的梯级数目即为理论板数。

从直角梯级 abc 中可以看出，ab 边表示下降液体经过第 n 板后重组分增浓度（即轻组分由 x_{n-1} 减小至 x_n），bc 边表示上升蒸气经第 n 板后轻组分增浓度（轻组分由 y_{n+1} 增大至 y_n）。操作线与平衡线的偏离程度越大，表示每块理论板的增浓度越高，在达到同样分离要求的条件下所需的理论板数就越少。如同人们上楼梯，同样高度的楼层，每级台阶越高，所需的梯级数目就越少一样。

7.1.8.2 液气比对理论板分离能力的影响

影响理论板分离能力的主要因素是精馏段液气比 L/V，即 $R/(R+1)(\leqslant 1)$，提馏段的液气比 L'/V'，即 $(R+qF/D)/[R+1-(1-q)F/D](\geqslant 1)$。由于 L/V 是精馏段操作线的斜率，当 L/V 增大时，精馏段操作线向对角线靠近，即远离平衡线，精馏段每块理论板的增浓度均提高，从而精馏段的分离能力将提高；同理，当 L'/V' 减小时，提馏段操作线向对角线靠近，即远离平衡线，提馏段每块理论板的增浓度均提高，从而提馏段的分离能力将提高。因此利用这个结论及全塔物料衡算关系，可确定操作条件改变后 x_D、x_W 的变化趋势，这在精馏操作型问题定性分析中非常有用。

有时，上述基于塔板分离能力考察的方法还只能定出 x_D、x_W 二者之一的变化趋势，此时则还需根据 x_D（或 x_W）、L/V、L'/V' 的变化情况，利用图解法才能定出 x_W（或 x_D）的变化趋势。

7.1.9 全塔效率与单板效率

7.1.9.1 全塔效率（又称总板效率）E

$$E=\frac{N(\text{理论板数})}{N_e(\text{实际板数})} \tag{7-27}$$

7.1.9.2 单板效率（又称默弗里板效率）

（1）气相默弗里板效率 $E_{mv,n}$

$$E_{mv,n}=\frac{y_n-y_{n+1}}{y_n^*-y_{n+1}} \tag{7-28}$$

式中 $E_{mv,n}$——第 n 块实际板的气相默弗里板效率；

y_n，y_{n+1}——分别为离开第 n、$n+1$ 块实际板的气相组成（摩尔分数）；

y_n^*——与离开第 n 块实际板液相组成 x_n 成平衡的气相组成（摩尔分数）。

（2）液相默弗里板效率 $E_{ml,n}$

$$E_{ml,n}=\frac{x_{n-1}-x_n}{x_{n-1}-x_n^*} \tag{7-29}$$

式中　$E_{ml,n}$——第 n 块实际板的液相默弗里板效率；

x_{n-1}，x_n——分别为离开第 $n-1$、n 块实际板的液相组成（摩尔分数）；

x_n^*——与离开第 n 块实际板气相组成 y_n 成平衡的液相组成（摩尔分数）。

7.1.9.3　单板效率计算题型分析

以 $E_{mv,n}$ 为例，常见的题型有下面几类。

（1）已知 x_{n-1}、x_n，求 $E_{mv,n}$。

分析：因为 y^* 与 x_n 成平衡，所以 $y_n^*=\dfrac{\alpha x_n}{1+(\alpha-1)x_n}$。若题目已知为全回流操作，用 $y_{n+1}=x_n$ 的关系将 x_{n-1}、x_n 代入该式可求出 y_n、y_{n+1}；若题目已知是部分回流操作且在精馏段，则利用 $y_{n+1}=\dfrac{R}{R+1}x_n+\dfrac{x_D}{R+1}$的关系将 x_{n-1}、x_n 代入即可求出 y_n、y_{n+1}。将所求 y_n^*、y_n 及 y_{n+1}代入式(7-28) 即可求出 $E_{mv,n}$。

（2）已知 $E_{mv,n}$、y_n，全回流操作，求 y_{n+1}。

分析：全回流操作，$y_{n+1}=x_n$，所以 $y_n^*=\dfrac{\alpha x_n}{1+(\alpha-1)x_n}=\dfrac{\alpha y_{n+1}}{1+(\alpha-1)y_{n+1}}$，将 y_n^* 代入式(7-28) 得

$$E_{mv,n}=\frac{y_n-y_{n+1}}{y_n^*-y_{n+1}}=\frac{y_n-y_{n+1}}{\alpha y_{n+1}/[1+(\alpha-1)y_{n+1}]-y_{n+1}}$$

上式中 $E_{mv,n}$、y_n、α 均为已知值，只有 y_{n+1}一个未知数，上式经过简化最终是一元二次方程，用一元二次方程求根公式即可求出 y_{n+1}。

除上述两种题型外，尚有其他题型，读者可自行分析归纳，不管是何种题型，解此类问题关键是要弄清平衡关系与操作关系（操作关系要区分是全回流还是部分回流，若为部分回流还应判别是精馏段还是提馏阶段，以便选用相应的操作线方程求解）。与 $E_{ml,n}$有关的题型，读者可作类似的分析。

7.1.10　直接蒸汽加热

若待分离的混合液为水溶液，且水是难挥发组分，釜液接近于纯水，这时可采用如图 7-12 所示的直接加热方式，把加热蒸汽直接通入塔釜，以省掉造价昂贵的再沸器。

与间接蒸汽加热精馏塔相比，直接蒸汽加热时精馏段操作线、q 线均相同，但是由于塔釜中通入蒸汽直接加热，提馏段物料衡算及全塔物料衡算关系变了。

7.1.10.1　全塔物料衡算

总物料衡算　$$F+V_0=D+W^* \tag{7-30}$$

易挥发组分衡算　$$Fx_F+V_0\times 0=Dx_D+W^*x_W^* \tag{7-31}$$

式中　V_0——直接加热蒸汽的摩尔流量，kmol/h；

W^*——直接蒸汽加热时釜液的摩尔流量，kmol/h；

x_W^*——直接蒸汽加热时釜液易挥发组分的摩尔分数。

其他符号意义与间接蒸汽加热相同。

因为加热蒸汽中不含易挥发组分，故直接蒸汽加热时全塔易挥发组分衡算式(7-31) 与间接蒸汽加热的式(7-3) 形式相同，但其全塔总物料衡算式(7-30) 比间接蒸汽加热的式(7-2) 多了一股物料 V_0（即直接加热蒸汽流量），所以联立式(7-30) 和式(7-31) 解得的直接蒸汽加热时的塔顶产品采出率 D/F 及塔底产品采出率 W^*/F 的计算式与间接蒸汽加热的式(7-4) 及式(7-5) 必然不同。直接蒸汽加热时也应满足恒摩尔流假设，故有 $V_0=V'=V-(1-q)F=(R+1)D-(1-q)F$，把 V_0 的表达式代入式(7-30)，然后联立式(7-30) 和式(7-31) 解得 D/F 和 W^*/F 的计算式为

$$\frac{D}{F}=\frac{x_F-qx_W^*}{x_D+Rx_W^*} \tag{7-32}$$

$$\frac{W^*}{F}=1+\frac{V_0}{F}-\frac{D}{F}=\frac{Rx_F+qx_D}{x_D+Rx_W^*} \tag{7-33}$$

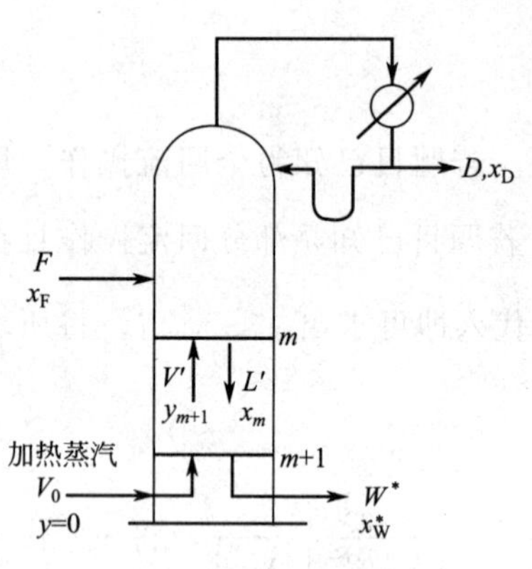

图 7-12　塔釜直接蒸汽加热示意

从式(7-32) 和式(7-33) 可看出，直接蒸汽加热时 D/F 和 W^*/F 除了与 x_F、x_D、x_W^* 有关外，还与 R 和 q 有关，而间接蒸汽加热时的 D/F 和 W/F 仅与 x_F、x_D、x_W 有关，如式(7-3) 和式(7-4) 所示。在解题时一定要注意这一点，否则很容易出错。如许多初学者常将式(7-3) 和式(7-4) 中的 x_W 改为 x_W^*、W 改为 W^* 用于求解直接蒸汽加热的精馏题目，这是非常严重的错误，须坚决杜绝犯此类错误。

直接蒸汽加热时塔顶易挥发组分回收率 η_D 的定义式与式(7-6) 相同，塔底难挥发组分是水，若要定义其回收率 η_W^*，将式(7-6) 中 W 改为 W^*、x_W 改为 x_W^* 即可。故直接蒸汽加热时也有类似于表 7-1 中总结的有关 x_D、x_W^* 及 F/D 的几种题型及求法，这些题型及求法请读者应用收敛思维方法自行总结及分析，这对提高解题思维能力及解题实战能力好处极大。

7.1.10.2　提馏段操作线方程

对图 7-12 所示的直接蒸汽加热精馏塔的提馏段进行物料衡算，并利用恒摩尔流假设成立时 $V_0=V'=V-(1-q)F=(R+1)D-(1-q)F$ 和 $W^*=L'=L+qF=RD+qF$ 的关系式，可得直接蒸汽加热时提馏段操作线方程为

$$y_{m+1}=\frac{L'}{V'}x_m-\frac{L'}{V'}x_W^*=\frac{R+qF/D}{(R+1)-(1-q)F/D}x_m-\frac{R+qF/D}{(R+1)-(1-q)F/D}x_W^* \tag{7-34}$$

将式(7-34) 中 y、x 的下标 $m+1$ 和 m 略去得一直线方程，把该方程标绘在 y-x 图上为一条直线，如图 7-13 所示，该直线（即直接蒸汽加热时的提馏段操作线）通过横轴上的点（x_W^*,0）及 q 线与精馏段操作线的交点（x_d，y_d）两点，因此也可用两点求直线的方法求提馏段操作线方程，即

$$\frac{y-0}{x-x_W^*}=\frac{y_d-0}{x_d-x_W^*} \tag{7-35}$$

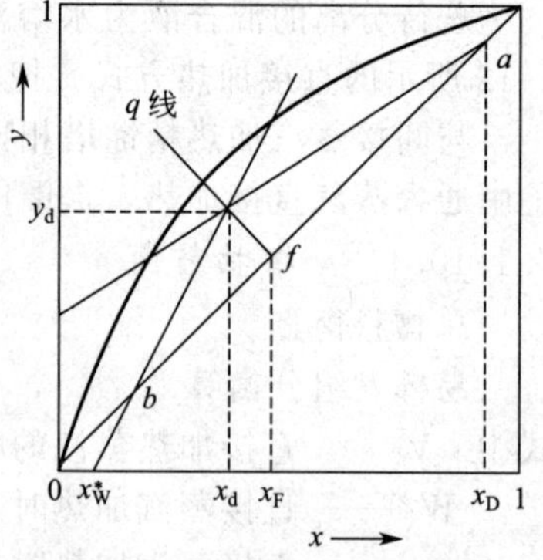

图 7-13　直接蒸汽加热操作线

与前面讨论的求间接蒸汽加热提馏段操作线方程的问题类似，若用式(7-34) 中第二个等号的表达式求直接蒸汽加热提馏段操作线方程，须准确记住该式，以便可以利用 R、q、F/D、x_W^* 的值将其求出。R、q 的求法与间接蒸汽加热的情况一样，F/D、x_W^* 的求法见 7.1.10.1 节中介绍的内容。若记不住该式，则须记住式(7-34) 中第一个等号的表达式，并利用 L' 和 V' 与 R、q、F、D 的关系式导出式(7-34) 第二个等号的表达式才能利用 R、q、F/D、x_W^* 的值将其求出。若用式(7-35) 求，因该式形式简便，容易准确记住不会出错，于是问题归结为式(7-35) 中两操作线的交点坐标 x_d、y_d 如何求。直接蒸汽加热时 q 线及精馏段操作线均与间接蒸汽加热时相同，故可用 7.1.6 中介绍的方法求 x_d、y_d 的值。

7.1.11　复杂精馏塔

复杂精馏塔指有多股进料和多股侧线产品采出的塔。此时整个塔的操作线数目=进出料股数−1。下面仅限于讨论一股进料或有一股侧线出料的情况。

7.1.11.1　两股加料

如图 7-14 所示，此时操作线数目=4−1=3，因而整个精馏塔可分成三段，每段均可按图中所示符号用物料衡算推出其操作线方程。

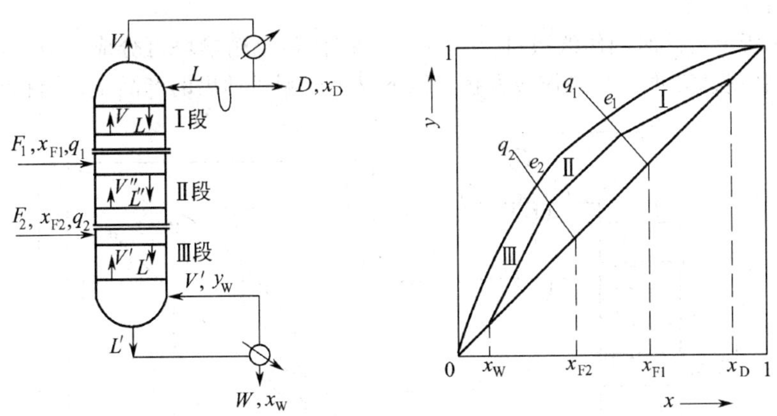

图 7-14　两股加料的精馏塔及操作线示意

(1) 操作线方程

Ⅰ段
$$y=\frac{R}{R+1}x+\frac{x_D}{R+1} \tag{7-36}$$

Ⅱ段
$$y=\frac{L''}{V''}x+\frac{Dx_D-F_1x_{F_1}}{V''} \tag{7-37}$$

式中
$$L''=L+q_1F_1=RD+q_1F_1 \tag{7-38}$$
$$V''=V-(1-q_1)F_1=(R+1)D-(1-q_1)F_1 \tag{7-39}$$

特别，当 F_1 为泡点进料（$q_1=1$），则Ⅱ段操作线可写成
$$y=\frac{R+F_1/D}{R+1}x+\frac{x_D-x_{F1}F_1/D}{R+1} \tag{7-40}$$

Ⅲ段
$$y=\frac{L'}{L'-W}x-\frac{W}{L'-W}x_W \tag{7-41}$$

式中
$$L'=L''+q_2F_2=L+q_1F_1+q_2F_2=RD+q_1F_1+q_2F_2 \tag{7-42}$$
$$W=F_1+F_2-D \tag{7-43}$$

无论何种进料热状况，操作线斜率必有Ⅲ>Ⅱ>Ⅰ。

(2) 全塔物料衡算

总物料衡算
$$F_1+F_2=D+W \tag{7-44}$$

易挥发组分衡算
$$F_1x_{F1}+F_2x_{F2}=Dx_D+Wx_W \tag{7-45}$$

联立以上两式可得
$$\frac{D}{F_1}=\frac{F_2}{F_1}\times\frac{x_{F2}-x_W}{x_D-x_W}+\frac{x_{F1}-x_W}{x_D-x_W} \tag{7-46}$$

回收率
$$\eta=\frac{Dx_D}{F_1x_{F1}+F_2x_{F2}}=\frac{(D/F_1)x_D}{x_{F1}+(F_2/F_1)x_{F2}} \tag{7-47}$$

(3) q 线方程

q 线方程数与进料股数相同，两股进料 q 线方程有两个，即

$$y=\frac{q_1}{q_1-1}x-\frac{x_{F1}}{q_1-1},\ y=\frac{q_2}{q_2-1}x-\frac{x_{F2}}{q_2-1} \tag{7-48}$$

(4) 最小回流比 R_{min}

回流比 R 减小，三条操作线均向平衡线靠拢。当 R 减小至某个值时，挟点可能出现在Ⅰ-Ⅱ两段操作线的交点 e_1 处，也可能出现在Ⅱ-Ⅲ两段操作线的交点 e_2 处。对非理想性很强的物系，挟点也可能出现在某个中间位置，先出现挟点时的回流比为最小回流比。

7.1.11.2　侧线出料

如图 7-15 所示，此时操作线数目=4−1=3，因而整个精馏塔可分成三段，每段均可按图中所示符号用物料衡算推出其操作线方程。以下仅讨论侧线抽出的产品 x_{D2} 为泡点液体的情况。

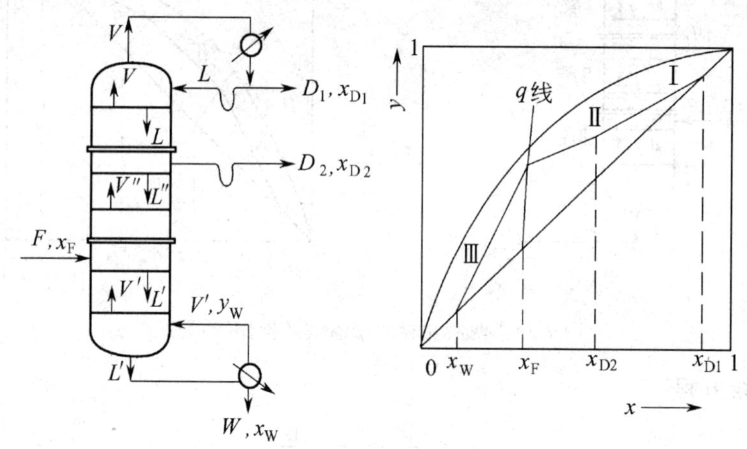

图 7-15　侧线出料的精馏塔及操作线示意

操作线方程

Ⅰ段
$$y=\frac{R}{R+1}x+\frac{x_D}{R+1} \tag{7-49}$$

Ⅱ段
$$y=\frac{R-D_2/D_1}{R+1}x+\frac{x_{D1}+(D_2/D_1)x_{D2}}{R+1}\text{(泡点采出)} \tag{7-50}$$

以上两式中 R 定义为 $R=L/D_1$。

Ⅲ段
$$y=\frac{L'}{L'-W}x-\frac{W}{L'-W}x_W \tag{7-51}$$

式中
$$L'=L''+qF=L-D_2+qF=RD_1-D_2+qF \tag{7-52}$$
$$W=F-D_1-D_2 \tag{7-53}$$

有侧线出料时操作线斜率通常Ⅱ＜Ⅰ，在最小回流比 R_{min} 时，挟点一般出现在 q 线与平衡线交点处。

7.2　精馏计算典型例题分析

例 7-1　理想溶液简单蒸馏时，某时刻釜残液量 W_2 与易挥发组分组成（摩尔分数）x_2 之间有如下关系式

$$\ln\frac{W_1}{W_2}=\frac{1}{\alpha-1}\ln\left[\frac{x_1(1-x_2)}{x_2(1-x_1)}\right]+\ln\left(\frac{1-x_2}{1-x_1}\right)$$

式中，W_1 为初始料液量；x_1（摩尔分数）为初始浓度；α 为平均相对挥发度。对苯-甲苯溶液，$x_1=0.6$，$W_1=10$kmol，$\alpha=2.5$，在 1atm 下进行简单蒸馏。试求：(1) 蒸馏到残液浓

度 $x_2=0.5$ 为止，馏出液的量 W_D 和平均浓度 x_D；(2) 若蒸馏至残液量为原加料的一半时，残液的浓度。

解　(1) 将已知数据代入题给方程得

$$\ln\frac{10}{W_2}=\frac{1}{2.5-1}\ln\left[\frac{0.6\times(1-0.5)}{0.5\times(1-0.6)}\right]+\ln\left(\frac{1-0.5}{1-0.6}\right)=0.4934$$

解得

$$W_2=\frac{10}{\exp(0.4934)}=6.11\ (\mathrm{kmol})$$

$$W_D=W_1-W_2=10-6.11=3.89\ (\mathrm{kmol})$$

$$x_D=\frac{W_1x_1-W_2x_2}{W_D}=\frac{10\times0.6-6.11\times0.5}{3.89}=0.7571$$

(2) 依题意　$W_2=W_1/2$，将有关数据代入题给方程

$$\ln\frac{W_1}{W_1/2}=\frac{1}{2.5-1}\ln\left[\frac{0.6\times(1-x_2)}{x_2\times(1-0.6)}\right]+\ln\left(\frac{1-x_2}{1-0.6}\right)$$

整理后得

$$2.5\ln(1-x_2)-\ln x_2+0.7402=0$$

上式为非线性方程，可用试差法求 x_2，但收敛速度慢。采用牛顿迭代法求可快速收敛，为此将上式写成

$$f(x_2)=2.5\ln(1-x_2)-\ln(x_2)+0.7402$$

将上式求导得

$$f'(x_2)=-2.5/(1-x_2)-1/x_2$$

取初值

$$x_2^0=0.4，则\ f(0.4)=0.3794，f'(0.4)=-6.6667$$

$$x_2^1=x_2^0-f(x_2^0)/f'(x_2^0)=0.4-0.3794/(-6.6667)=0.4569$$

再次迭代

$$f(x_2^1)=0.0003，f'(x_2^1)=-6.7919$$

$$x_2^2=x_2^1-f(x_2^1)/f'(x_2^1)=0.4569-0.0003/(-6.7919)=0.45694$$

取精度 $\varepsilon=10^{-4}$，则 $x_2=0.45694$ 即满足精度要求。

由本题结果可知，当非线性方程一阶导数可求时，采用牛顿迭代法求根收敛速度快。

例 7-2　苯-甲苯溶液的初始料液量和初始浓度均与上题相同，在 1atm 下进行平衡蒸馏（闪蒸），试求：(1) 汽化率 $\nu=0.389$ 时离开闪蒸塔的气相组成 y_D 和液相组成 x_W，并与例 7-1(1) 的结果进行比较，说明什么问题？(2) 定性分析，其他条件不变，原料加热温度 t 升高时 y_D、x_W、D 及闪蒸后气液两相的平衡温度 t_e 的变化趋势。

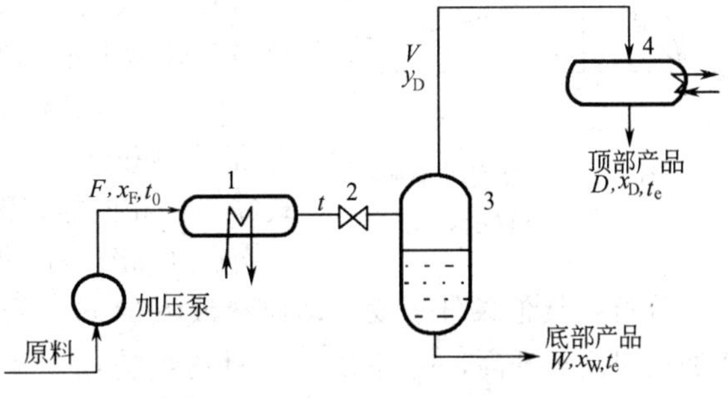

图 7-16　例 7-2 附图

1—加热器；2—节流阀；3—分离器；4—冷凝器

解　(1) 如图 7-16 所示，离开闪蒸塔的气相组成 y_D、液相组成 x_W 既要满足物料衡算关系又要满足相平衡关系。

总物料衡算

$$F=D+W \tag{a}$$

易挥发组分衡算

$$Fx_F=Dx_D+Wx_W \tag{b}$$

塔顶为全凝器，则 $V=D$，$y_D=x_D$，将以上关系和由式(a) 解出的 W 一并代入式(b) 并整理，得

$$\frac{V}{F}=\frac{D}{F}=\frac{x_F-x_W}{y_D-x_W} \tag{c}$$

令 $q=W/F$ 表示液相的残留率，则汽化率 $\nu=V/F=D/F=(F-W)/F=1-q$。将上述关系代入式(c) 整理得

$$y_D=\frac{q}{q-1}x_W-\frac{x_F}{q-1} \tag{d}$$

相平衡方程
$$y_D=\frac{\alpha x_W}{1+(\alpha-1)x_W} \tag{e}$$

将 $q=1-\nu=1-0.389=0.611$，$x_F=0.6$，$\alpha=2.5$ 分别代入式(d) 和式(e) 得

$$y_D=\frac{0.611}{0.611-1}x_W-\frac{0.6}{0.611-1}=-1.5707x_W+1.5424$$

$$y_D=\frac{2.5x_W}{1+(2.5-1)x_W}=\frac{2.5x_W}{1+1.5x_W}$$

联立解以上两式得一元二次方程

$$x_W^2+0.7458x_W-0.6546=0$$

解一元二次方程得

$$x_W=0.5180，x_W=-1.2638\ (舍去)$$

所以

$$y_D=\frac{2.5\times0.5180}{1+1.5\times0.5180}=0.7288$$

本题结果与例 7-1 简单蒸馏的结果比较如下。

(1) 简单蒸馏馏出率(相当于闪蒸汽化率) 为 $W_D/W_1=3.89/10=0.389$ 与本题汽化率 ν 相同，但简单蒸馏馏出液平均浓度（$x_D=0.7571$）大于平衡蒸馏气相组成（$y_D=0.7288$），简单蒸馏残液浓度（$x_2=0.45694$）小于平衡蒸馏液相组成（$x_W=0.5180$），说明在汽化率相同的情况下，简单蒸馏分离效果比平衡蒸馏好。其原因在于简单蒸馏的气相组成多是与开始阶段较高的液相组成（在 $0.6\leqslant x\leqslant0.5180$ 范围内简单蒸馏 $x\geqslant x_W$，只在 $0.45694\leqslant x<0.5180$ 范围内 $x\leqslant x_W$）成平衡的，而平衡蒸馏气相组成只能与最终较低的液相组成 $x_W=0.5180$ 成平衡。

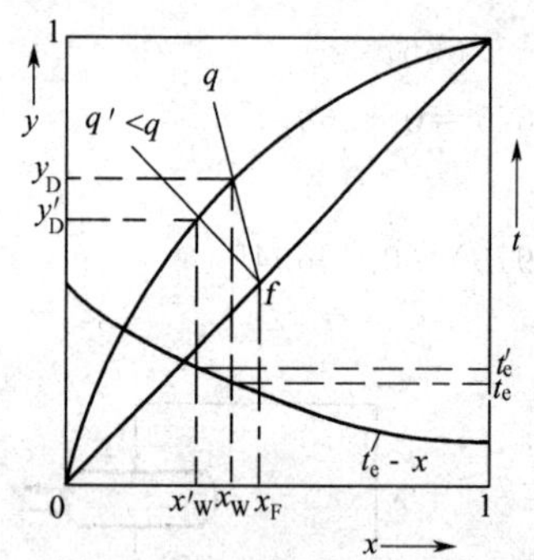

图 7-17　t 改变时平衡蒸馏图解示意

(2) 定性分析采用图解法比较方便，且图解法对非理想溶液也适用。将式(d) 中 y_D、x_W 的下标略去得到与连续精馏 q 线方程式(7-20) 相同的方程，将该方程标绘在 y-x 图上与相平衡曲线有一交点（如图 7-17 所示），交点坐标即为 y_D、x_W。

分析：其他条件不变，即原料液流量 F，原料液组成 x_F，闪蒸塔压强 p 均不变，原料液加热温度 t 升高，x_F 不变，与对角线交点 f 不变，p 不变，相平衡曲线不变。t 升高，料液在闪蒸塔内放出的显热增加，因而汽化量 V（即 D）增加，汽化率 ν 变大，液相残留率 q 变小。由图 7-17 可看出 y_D、x_W 均减少。平衡温度 t_e 与液相组成 x_W 应满足泡点方程，图 7-17 示意画出了泡点线 t_e-x，由图 7-17 可看出 t_e 升高为 t'_e。

结论：其他条件不变，t 升高，则 y_D、x_W 均减小，D 增加，t_e 升高。

讨论：式(d) 中 $0<q<1$，显然，将组成为 x_F 的原料液分为气、液两相时，其组成 y、x 必满足物料衡算式(d) 也应满足相平衡方程。式(d) 与连续精馏 q 线方程的形式相同。当连续精馏为气液混合物进料时，即 $0<q<1$，q

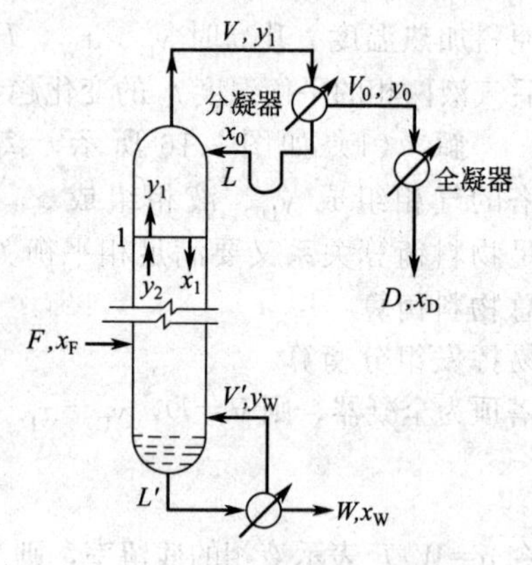

图 7-18　例 7-3 附图

线方程实际上就是平衡蒸馏的物料衡算方程式(d)，故连续精馏气、液混合物进料其组成 y、x 既满足 q 线方程也应满足相平衡方程。

例 7-3　某精馏塔流程如图 7-18 所示。塔顶设置分凝器和全凝器。已知 $F=500\text{kmol/h}$，$q=1$，$x_F=0.5$（摩尔分数，下同），$x_D=0.95$，$x_W=0.05$，$V=0.8L'$，$y_W=0.08$。设全塔挥发度恒定，物系符合恒摩尔流假定。试求：(1) 回流比 R；(2) 离开塔顶第一块理论板的液体组成 x_1。

解　(1) 本题是在 7.1.3.3 中总结的通过分凝器的物料衡算及其他关系求 R 的题型。
因为 $q=1$，所以 $L'=L+F$
则 $V=0.8L'=0.8(L+F)$
又因为 $V=L+V_0=RD+D=(R+1)D$

所以

$$R+1=0.8\left(\frac{L}{D}+\frac{F}{D}\right)=0.8\left(R+\frac{F}{D}\right) \tag{a}$$

$$\frac{F}{D}=\frac{x_D-x_W}{x_F-x_W}=\frac{0.95-0.05}{0.5-0.05}=2$$

将 $F/D=2$ 代入式(a) 可解得 $R=3$

(2) 采用前面多次提到的逆向思维法解题，思路比较清晰。因为题给的是理论板，则离开塔顶第一块理论板的气液组成 y_1、x_1 应满足相平衡方程式(7-1)，解得

$$x_1=\frac{y_1}{\alpha-(\alpha-1)y_1} \tag{b}$$

于是，求 x_1 的问题归结为 α、y_1 如何求。本题只设 α 恒定其值未知，但已知离开再沸器的气、液组成 y_W、x_W，前已述及，再沸器也相当于一块理论板，故 y_W、x_W 应满足相平衡关系，可由相平衡方程求式(7-1) 求得 α 为

$$\alpha=\frac{y_W(1-x_W)}{x_W(1-y_W)}=\frac{0.08(1-0.05)}{0.05(1-0.08)}=1.65$$

前已证明，塔顶设分凝器时精馏段操作线不变，故 y_1 与 x_0 应满足精馏段操作线方程。而离开分凝器（相当于一块理论板）的气、液组成 y_0、x_0 应满足相平衡方程，且 $y_0=x_0$，即

$$x_0=\frac{y_0}{\alpha-(\alpha-1)y_0}=\frac{x_D}{\alpha-(\alpha-1)x_D}=\frac{0.95}{1.65-(1.65-1)\times0.95}=0.920$$

则

$$y_1=\frac{R}{R+1}x_0+\frac{x_D}{R+1}=\frac{3}{3+1}\times0.920+\frac{0.95}{3+1}=0.928$$

所以

$$x_1=\frac{0.928}{1.65-(1.65-1)\times0.928}=0.887$$

例 7-4　连续精馏分离双组分理想混合液，原料液中含易挥发组分 0.40，馏出液中含易挥发组分 0.95（以上均为摩尔分数），溶液的平均相对挥发度为 2.8，最小回流比为 1.50，说明原料液的进料热状况，求出 q 值。

分析：本题是在表 7-3 中总结的已知最小回流比 $R_{\min}$ 反求 q 的题型，若能求出 q 线与平衡线的交点 e 的坐标值 y_e、x_e，即可断定进料热状况并求出 q 值。

解

$$R_{\min}=\frac{x_D-y_e}{y_e-x_e}=\frac{0.95-y_e}{y_e-x_e}=1.5 \tag{a}$$

式中，y_e、x_e 应满足相平衡方程，即

$$y_e=\frac{\alpha x_e}{1+(\alpha-1)x_e}=\frac{2.8x_e}{1+(2.8-1)x_e} \tag{b}$$

将式(b) 代入式(a) 并整理得

$$x_e^2-1.404x_e+0.352=0$$

解一元二次方程得　　　　$x_e=0.327$，$x_e=1.077$（舍去）

把 $x_e=0.327$ 代入式(b) 求得　　　　$y_e=0.576$

因为　　　　$x_e<x_F=0.40<y_e$

所以此原料液的进料热状况为气、液混合物。

把 y_e、x_e 及 x_F 代入 q 线方程式(7-20) 得

$$0.576=\frac{q}{q-1}\times 0.327-\frac{0.4}{q-1}$$

解得

$$q=0.707$$

例 7-5　原料组成 $x_F=0.45$，进料时为气液混合物，气相物质的量与液相物质的量之比为1∶2，塔顶 $x_D=0.95$，易挥发组分回收率为 95%，回流比 $R=1.5R_{\min}$，相对挥发度 $\alpha=2.5$，试求：(1) 原料中气相和液相组成；(2) 列出提馏段操作线方程。

解　(1) 前已述及，气液混合物进料中的气相组成 y 和液相组成 x 既要满足相平衡方程又要满足 q 线方程，气液混合物进料的 q 值应等于进料中液相所占的百分数，即 $q=2/(1+2)=2/3$。则

$$y=\frac{\alpha x}{1+(\alpha-1)x}=\frac{2.5x}{1+1.5x} \tag{a}$$

$$y=\frac{q}{q-1}x-\frac{x_F}{q-1}=\frac{2/3}{2/3-1}x-\frac{0.45}{2/3-1}=-2x+1.35 \tag{b}$$

联立解以上两式并整理得

$$x^2+0.825-0.45=0$$

解上述一元二次方程得　　$x=0.375$，$x=-1.2$（舍去）

把 $x=0.375$ 代入 q 线方程式(b) 得　　　$y=0.6$

(2) 采用逆向思维法解题，思路比较清晰。本题已知 x_F、x_D，而 x_W、F 不知道，对这种情况利用两点求直线的方法求提馏段操作线方程较方便，即

$$\frac{y-x_W}{x-x_W}=\frac{y_d-x_W}{x_d-x_W} \tag{c}$$

问题归结为两操作线的交点也即 q 线与精馏段操作线的交点 d 的坐标 y_d、x_d 以及釜液组成 x_W 如何求。y_d 和 x_d 可联立解 q 线与精馏段操作线得到。但 $R=1.5R_{\min}$ 未知，精馏段操作线无法求，故应先求 $R_{\min}$ 再求 R。

$$R_{\min}=\frac{x_D-y_e}{y_e-x_e}$$

式中，y_e、x_e 为挟点 e 的坐标，也即 q 线与平衡线的交点坐标，其值就是 (1) 中求出的进料中的气液相组成，所以

$$R_{\min}=\frac{x_D-y_e}{y_e-x_e}=\frac{0.95-0.6}{0.6-0.375}=1.556$$

$$R=1.5R_{\min}=1.5\times 1.556=2.334$$

所以精馏段操作线方程为

$$y=\frac{R}{R+1}x+\frac{x_D}{R+1}=\frac{2.334}{2.334+1}x+\frac{0.95}{2.334+1}=0.7x+0.285$$

将上式与 q 线方程式(b) 联立可解得

$$x_d=0.394 \qquad y_d=0.561$$

本题已知 η_D、x_F、x_D 求 x_W，这是表 7-1 中总结的题型②，由回收率的定义及采出率的关系可得

$$\eta_D=0.95=\frac{Dx_D}{Fx_F}=\frac{x_F-x_W}{x_D-x_W}\times\frac{x_D}{x_F}=\frac{0.45-x_W}{0.95-x_W}\times\frac{0.95}{0.45}$$

解得

$$x_W=0.0409$$

将已知值代入式(c) 得
$$\frac{y-0.0409}{x-0.0409}=\frac{0.561-0.0409}{0.394-0.0409}$$

化简得
$$y=1.473x-0.0193$$

例 7-6　在一精馏塔中分离二元混合物，塔顶装有全凝器，塔底为间接加热的再沸器，原料流量为 1000kmol/h，其组成（摩尔分数）为 0.4，气液混合物进料，进料时蒸气量占一半，相对挥发度 $\alpha=5$，塔顶产品组成为 0.95，塔顶易挥发组分的回收率为 92%，回流比 R 为 5，试求：(1) 所需理论塔板数；(2) 本题设计所取回流比在经济上是否合理？

分析：因题中未给平衡相图，只可考虑用逐板计算法求理论板数。气液混合物进料 q 等于进料中液相所占分率，对本题 $q=1/2$

解　(1) 逐板计算必须先求操作线方程

精馏段操作线方程
$$y=\frac{R}{R+1}x+\frac{x_D}{R+1}=\frac{5}{5+1}x+\frac{0.95}{5+1}x=0.833x+0.158 \tag{a}$$

q 线方程
$$y=\frac{q}{q-1}x-\frac{x_F}{q-1}=\frac{0.5}{0.5-1}x-\frac{0.4}{0.5-1}=-x+0.8 \tag{b}$$

联立式(a) 和式(b) 解得两操作线交点 d 的坐标为：$x_d=0.350$，$y_d=0.450$。用两点求直线方法求提馏段操作线方程比较方便，但还必须求出釜液组成 x_W。本题求 x_W 仍属表 7-1 中总结的题型②，由回收率定义及采出率的关系得
$$\eta_D=0.92=\frac{Dx_D}{Fx_F}=\frac{x_F-x_W}{x_D-x_W}\times\frac{x_D}{x_F}=\frac{0.4-x_W}{0.95-x_W}\times\frac{0.95}{0.4}$$

解得
$$x_W=0.052$$

把 y_d、x_d、x_W 的值代入两点求直线的提馏段操作线方程式(7-23) 得
$$\frac{y-0.052}{x-0.052}=\frac{0.45-0.052}{0.35-0.052}$$

化简上式得提馏段操作线方程
$$y=1.336x-0.0174 \tag{c}$$

相平衡方程（写成已知 y 求 x 的形式）
$$x_n=\frac{y_n}{\alpha-(\alpha-1)y_n}=\frac{y_n}{5-4y_n} \tag{d}$$

为了逐板计算过程不出错，建议读者将式(a) 和式(c) 改写成如下形式

精馏段操作线方程
$$y_{n+1}=0.833x_n+0.158 \tag{e}$$

提馏段操作线方程
$$y_{m+1}=1.336x_m-0.0174 \tag{f}$$

已知塔顶为全凝器，则 $y_1=x_D=0.95$，下面用逐板计算法求理论板数 N。

$y_1=0.95\xrightarrow{\text{代入式(d)求}}x_1=0.792\xrightarrow{\text{代入式(e)求}}y_2=0.818\xrightarrow{\text{代入式(d)求}}x_2=0.473\xrightarrow{\text{代入式(e)求}}y_3=0.552\xrightarrow{\text{代入式(d)求}}x_3=0.198<x_d=0.350\xrightarrow{\text{改用式(f)由}x_3\text{求}}y_4=0.247\xrightarrow{\text{代入式(d)求}}x_4=0.0616\xrightarrow{\text{代入式(f)求}}y_5=0.0645\xrightarrow{\text{代入式(d)求}}x_5=0.0136<x_W=0.052$。

上述计算过程使用了 5 次相平衡方程式(d)，所以理论板数 $N=(5-1)$块$=4$ 块（不包括再沸器），加料板在第 3 块。

(2) 最佳回流比 R_{opt} 应该用最优化方法确定。定性判断回流比在经济上是否合理主要看其与最小回流比的比值是否在合理范围内，即一般应满足 $R=(1.1\sim2.0)R_{min}$。近年由于能源紧张，特别对易分离物系 R 与 R_{min} 的倍数还可取小至 1.05 倍。本题 $\alpha=5$ 较大，属于易分离的物系。将相平衡线与 q 线联立，即
$$\begin{cases}y=\dfrac{\alpha x}{1+(\alpha-1)x}=\dfrac{5x}{1+4x}\\ y=-x+0.8\end{cases}$$

联立解以上两式得　　　　$x_e=0.218\quad y_e=0.582$

所以
$$R_{min}=\frac{x_D-y_e}{y_e-x_e}=\frac{0.95-0.582}{0.582-0.218}=1.011$$

则
$$R/R_{min}=5/1.011=4.95$$

从上述分析及计算结果可知，本题设计所取回流比太大，在经济上是不合理的。

例 7-7　一连续精馏塔分离二元理想混合液，已知精馏段第 n 块塔板（实际板）的气、液组成分别为 0.83 和 0.70，相邻上层塔板的液相组成为 0.77，而相邻下层塔板的气相组成为 0.78（以上均为易挥发组分的摩尔分数，下同）。塔顶为泡点回流，进料为饱和液体，其组成为 0.46。相对挥发度为 2.5 。若已知塔顶与塔底产量比为 2/3，试求：(1) 精馏段第 n 板的液相默弗里板效率 $E_{ml,n}$；(2) 精馏段操作线方程；(3) 提馏段操作线方程；(4) 最小回流比；(5) 若改用饱和蒸气进料，操作回流比 R 不变，所需的理论塔板数为多少？

解　(1)
$$E_{ml,n}=\frac{x_{n-1}-x_n}{x_{n-1}-x_n^*}$$

上式中 x_n^* 为与 y_n 成平衡的液相组成，即
$$x_n^*=\frac{y_n}{\alpha-(\alpha-1)y_n}=\frac{0.83}{2.5-1.5\times0.83}=0.661$$

所以
$$E_{ml,n}=\frac{0.77-0.70}{0.77-0.66}=0.642$$

(2) 求精馏段操作线方程需知道回流比 R 和塔顶产品组成 x_D。本题是 7.1.3.3 中总结的求 R 的第②类题型，可将题给的 $y_n=0.83$、$x_{n-1}=0.77$、$y_{n+1}=0.78$、$x_n=0.70$ 分别代入精馏段操作线方程式(7-8) 得到两个方程，然后联立解出 R 和 x_D，即
$$0.83=\frac{R}{R+1}\times0.77+\frac{x_D}{R+1}$$
$$0.78=\frac{R}{R+1}\times0.70+\frac{x_D}{R+1}$$

联立求解以上两式得　　　　$R=2.5$，$x_D=0.98$

则精馏段操作线方程为　　$y=\frac{2.5}{2.5+1}x+\frac{0.98}{2.5+1}=0.714x+0.28$

(3) 用两点求直线的方法求提馏段操作线方程比较方便，但必须先求釜液组成 x_W 及两操作线在操作回流比 R 时的交点 d 的坐标 y_d 和 x_d。本题求 x_W 属表 7-1 中总结的题型⑦，即已知 D/W、x_D、x_F，求 x_W。

题目已知
$$D/W=2/3$$

将式(7-4) 除式(7-5) 得
$$\frac{D}{W}=\frac{x_F-x_W}{x_D-x_F}$$

所以
$$\frac{2}{3}=\frac{0.46-x_W}{0.98-0.46}$$

解得
$$x_W=0.113$$

因为饱和液体进料 $q=1$，则　　$x_d=x_F=0.46$

把 x_d 代入精馏段操作线方程求 y_d
$$y_d=0.714x_d+0.28=0.714\times0.46+0.28=0.608$$

把 x_W、y_d、x_d 代入两点求直线的提馏段操作线方程式(7-23) 得
$$\frac{y-0.113}{x-0.113}=\frac{0.608-0.113}{0.46-0.113}$$

化简上式得提馏段操作线方程　　$y=1.427x-0.048$

（4）因为饱和液体进料 $q=1$，所以 $x_e=x_F=0.46$，把 x_e 代入相平衡方程求 y_e，即

$$y_e=\frac{\alpha x_e}{1+(\alpha-1)x_e}=\frac{2.5\times0.46}{1+1.5\times0.46}=0.68$$

则
$$R_{min}=\frac{x_D-y_e}{y_e-x_e}=\frac{0.98-0.68}{0.68-0.46}=1.364$$

（5）若改用饱和蒸气进料，回流比 $R=2.5$ 不变。前面在解析法求 R_{min} 的讨论中已经述及，相同物系，达到相同的分离要求，q 值越小，R_{min} 越大。饱和蒸气进料时 $q=0$，$y_e=x_F=0.46$。

则
$$x_e=\frac{y_e}{\alpha-(\alpha-1)y_e}=\frac{0.46}{2.5-1.5\times0.46}=0.254$$

所以
$$R_{min}=\frac{x_D-y_e}{y_e-x_e}=\frac{0.98-0.46}{0.46-0.254}=2.52$$

因为
$$R=2.5<R_{min}$$

所以即使理论塔板数为无穷多块也不能达到分离要求。

例 7-8　常压连续精馏塔分离二元理想溶液，塔顶上升蒸气组成 $y_1=0.96$（易挥发组分摩尔分数，下同），在分凝器内冷凝蒸气总量的 1/2（摩尔）作为回流，余下的蒸气在全凝器内全部冷凝作为塔顶产品（如图 7-2 所示）。操作条件下，系统平均相对挥发度 $\alpha=2.4$。若已知回流比为最小回流比的 1.2 倍，当饱和蒸气进料时，试求：（1）塔顶产品及回流液的组成；（2）由塔顶第二层理论板上升的蒸气组成；（3）进料饱和蒸气组成。

解　（1）求塔顶产品组成 x_D 及回流液组成 x_0。如图 7-2 所示，对全凝器有：$V_0=D$，$y_0=x_D$。由出分凝器的液气流量比求 R，即

$$R=\frac{L}{V_0}=\frac{L}{D}=\frac{0.5V}{0.5V}=1$$

现在已知 y_1、R、α，求 x_0、x_D（即 y_0），这是 7.1.3.1 中总结的有关分凝器的题型①，可联立式(7-11) 和式(7-12) 求解，即离开分凝器的气液组成 y_0（即 x_D）与 x_0 应满足相平衡关系式(7-12)，$y_1=0.96$ 与 x_0 应满足精馏段操作线关系式(7-11)，故有

$$y_0=x_D=\frac{\alpha x_0}{1+(\alpha-1)x_0}=\frac{2.4x_0}{1+1.4x_0} \tag{a}$$

$$y_1=0.96=\frac{R}{R+1}x_0+\frac{x_D}{R+1}=\frac{1}{2}x_0+\frac{x_D}{2} \tag{b}$$

联立解式(a) 和式(b) 得方程

$$x_0^2+0.509x_0-1.371=0$$

解一元二次方程得　　$x_0=0.944$，$x_0=-1.453$（舍去）

把 x_0 代入相平衡方程式(a) 解得　　$x_D=0.976$

（2）求塔顶第二层理论板上升的气相组成 y_2。离开第一层理论板的液相组成为

$$x_1=\frac{y_1}{\alpha-(\alpha-1)y_1}=\frac{0.96}{2.4-1.4\times0.96}=0.909$$

由精馏段操作线方程得

$$y_2=\frac{1}{2}x_1+\frac{x_D}{2}=\frac{1}{2}\times0.909+\frac{0.976}{2}=0.943$$

（3）求进料饱和蒸气组成 x_F。当饱和蒸气进料时 $q=0$，即 $y_e=y_F=x_F$，于是求 x_F 就归结为求 y_e。而 y_e 与 x_e 成平衡，y_e 与 x_e 也应满足 R_{min} 的计算式。依题意 $R_{min}=R/1.2=1/1.2=0.833$，故本题是表 7-3 中总结的已知 R_{min} 反求 x_F 的题型④，据表 7-3 中的分析即

$$R_{min}=\frac{x_D-y_e}{y_e-x_e}=\frac{0.976-y_e}{y_e-x_e}=0.833 \tag{c}$$

$$y_e=\frac{\alpha x_e}{1+(\alpha-1)x_e}=\frac{2.4x_e}{1+1.4x_e} \tag{d}$$

联立解式(c) 和式(d) 得方程

$$y_e^2-1.611y_e+0.38=0$$

解一元二次方程得 $y_e=0.287$，$y_e=1.324$（舍去）

所以 $x_F=y_e=0.287$

例 7-9 用板式精馏塔在常压下分离苯-甲苯溶液，塔顶为全凝器，塔釜间接蒸汽加热，平均相对挥发度为 2.47。已知为饱和蒸气进料，进料流量为 150kmol/h，进料组成（摩尔分数）为 0.4，操作回流比为 4，塔顶馏出液中苯的回收率为 0.97，塔釜采出液中甲苯的回收率为 0.95 试求：(1) 塔顶馏出液及塔釜采出液的组成；(2) 精馏段及提馏段操作线方程；(3) 回流比与最小回流比的比值；(4) 若塔改为全回流操作，测得塔顶第一块板的气相默弗里板效率为 0.6，全凝器冷凝液组成为 0.98，求由塔顶第二块板上升的气相组成。

解 (1) 求 x_D 和 x_W。

分析：本题是表 7-1 中总结的题型④，即已知进料组成 x_F、塔顶易挥发组分的回收率 η_D 及塔底难挥发组分的回收率 η_W，将它们与物料衡算关系结合即可求出 x_D 和 x_W。

由全塔易挥发组分物料衡算式(7-3) 可得

$$x_F=\frac{D}{F}x_D+\frac{W}{F}x_W \tag{a}$$

由塔顶易挥发组分回收率定义式(7-6) 可得

$$\frac{D}{F}=\frac{\eta_D x_F}{x_D} \tag{b}$$

由塔底难挥发组分回收率定义式(7-7) 可得

$$\frac{W}{F}=\frac{\eta_W(1-x_F)}{1-x_W} \tag{c}$$

把式(b) 和式(c) 代入式(a) 得

$$x_F=\eta_D x_F+\frac{\eta_W(1-x_F)}{1-x_W}x_W$$

即

$$0.4=0.97\times0.4+\frac{0.95(1-0.4)}{1-x_W}x_W$$

解得

$$x_W=0.0206$$

因为

$$\frac{D}{F}=\frac{x_F-x_W}{x_D-x_W}=\frac{\eta_D x_F}{x_D}$$

即

$$\frac{0.4-0.0206}{x_D-0.0206}=\frac{0.97\times0.4}{x_D}$$

解得

$$x_D=0.929$$

(2) 求精馏段及提馏段操作线方程

精馏段操作线方程 $y=\frac{R}{R+1}x+\frac{x_D}{R+1}=\frac{4}{5}x+\frac{0.929}{5}=0.8x+0.1858$

因为饱和蒸气进料 $q=0$，所以 $y_d=x_F=0.4$，把 y_d 代入精馏段操作线方程得

$$0.4=0.8x_d+0.1858$$

解得

$$x_d=0.2678$$

所以由

$$\frac{y-x_W}{x-x_W}=\frac{y_d-x_W}{x_d-x_W}$$

得
$$\frac{y-0.0206}{x-0.0206}=\frac{0.4-0.0206}{0.2678-0.0206}$$

化简上式得提馏段操作线方程　$y=1.535x-0.011$

(3) 求 $R/R_{\min}$

因为
$$q=0,\ y_e=x_F=0.4$$

所以
$$x_e=\frac{y_e}{\alpha-(\alpha-1)y_e}=\frac{0.4}{2.47-1.47\times0.4}=0.2125$$

则
$$R_{\min}=\frac{x_D-y_e}{y_e-x_e}=\frac{0.929-0.4}{0.4-0.2125}=2.82$$
$$\frac{R}{R_{\min}}=\frac{4}{2.82}=1.42\text{（倍）}$$

(4) 全回流操作时求 y_2。这是在 7.1.9.3 中讨论过的单板效率计算题型 (2)。已知 $E_{mv,1}=0.6$，塔顶为全凝器所以 $y_1=x_D=0.98$，全回流时操作线方程为 $y_{n+1}=x_n$，所以

$$y_1^*=\frac{\alpha x_1}{1+(\alpha-1)x_1}=\frac{\alpha y_2}{1+(\alpha-1)y_2}=\frac{2.47y_2}{1+1.47y_2}$$

则
$$E_{mv,1}=\frac{y_1-y_2}{y_1^*-y_2}=\frac{0.98-y_2}{[2.47y_2/(1+1.47y_2)]-y_2}=0.6$$

整理上式得　$y_2^2+0.7507y_2-1.6667=0$

解上述一元二次方程得　$y_2=0.969$，$y_2=-1.7198$（舍去）

所以　$y_2=0.969$

例 7-10　某二元混合液体，重组分为水。设计拟用直接蒸汽加热方式精馏，料液以饱和蒸气状态加入塔的中部。塔顶设全凝器，泡点回流。已知：料液 $F=100\text{kmol/h}$，$x_F=0.4$（摩尔分数，下同），设计回流比 $R=1.5R_{\min}$，要求塔顶 $x_D=0.9$，塔顶易挥发组分回收率 $\eta_D=90\%$，操作条件下相对挥发度 $\alpha=2.5$，且满足恒摩尔流假定。试求：(1) 塔底产品组成；(2) 分别列出设计条件下精馏段与提馏段操作线方程。

说明：以下解题时釜液流量用 W^*、塔底产品组成用 x_W^* 表示，其上标 * 代表直接蒸汽加热的情况以区别于间接蒸汽加热时的 W 和 x_W（后面例 7-11 符号意义与本题相同），读者不要将上标 * 理解为代表平衡状况。直接加热蒸汽流量用 V_0 表示。

解　(1) 本题是直接蒸汽加热已知 η_D、x_D、x_F 求 x_W^* 的题型，由式(7-32) 得

$$\frac{D}{F}=\frac{x_F-qx_W^*}{x_D+Rx_W^*} \tag{a}$$

式(a) 中 x_D、x_F 已知，且已知饱和蒸气进料 $q=0$，要求 x_W^* 还须设法先求出 D/F 和 R 的值。直接蒸汽加热时塔顶易挥发组分回收率 η_D 的定义与式(7-6) 相同，可由该式求得D/F 为

$$\frac{D}{F}=\frac{\eta_D x_F}{x_D}=\frac{0.9\times0.4}{0.9}=0.4$$

题目已知 $R=1.5R_{\min}$，求出 $R_{\min}$后即可求出 R。直接蒸汽加热时 $R_{\min}$仍可用式(7-21) 求，因为 $q=0$，$y_e=y_F=x_F=0.4$，把 y_e 代入相平衡方程求出 x_e 后，再由式(7-21) 求 $R_{\min}$，即

$$x_e=\frac{y_e}{\alpha-(\alpha-1)y_e}=\frac{0.4}{2.5-1.5\times0.4}=0.211$$

$$R_{\min}=\frac{x_D-y_e}{y_e-x_e}=\frac{0.9-0.4}{0.4-0.211}=2.646$$
$$R=1.5R_{\min}=1.5\times2.646=3.969$$

将 $q=0$ 及 x_D、x_F、D/F、R 的值代入式(a) 解得 x_W^* 为

$$x_W^*=\frac{x_F-x_D D/F}{RD/F}=\frac{0.4-0.9\times0.4}{3.969\times0.4}=0.0252$$

（2）求精馏段操作线方程和提馏段操作线方程。精馏段操作线方程为

$$y=\frac{R}{R+1}x+\frac{x_D}{R+1}=\frac{3.969}{4.969}x+\frac{0.9}{4.969}=0.799x+0.181$$

提馏段操作线方程提供以下两种解法

解法一：将 $q=0$、$R=3.969$、$x_W^*=0.0252$、$F/D=1/0.4=2.5$ 代入式(7-34) 并略去式中 y、x 的下标 $m+1$ 和 m 后得

$$\begin{aligned}y&=\frac{R+qF/D}{(R+1)-(1-q)F/D}x-\frac{R+qF/D}{(R+1)-(1-q)F/D}x_W^*\\&=\frac{3.969+0}{(3.969+1)-2.5}x-\frac{3.969+0}{(3.969+1)-2.5}\times0.0252\\&=1.608x-0.041\end{aligned}$$

解法二：直接蒸汽加热时提馏段操作线过（x_W^*,0）及（x_d,y_d）两点，由式(7-35) 得

$$\frac{y-0}{x-x_W^*}=\frac{y_d-0}{x_d-x_W^*} \qquad \text{(b)}$$

因为饱和蒸气进料 $q=0$，$y_d=y_F=x_F=0.4$，把 y_d 代入精馏段操作线方程

$$y_d=0.4=0.799x_d+0.181$$

解得

$$x_d=0.274$$

把 x_d、y_d、x_W^* 的值代入式(b) 得

$$\frac{y-0}{x-0.0252}=\frac{0.4-0}{0.274-0.0252}$$

化简上式得

$$y=1.608x-0.041$$

从解题过程可看出，方法二的公式容易记住，比方法一简便。

例 7-11 试比较连续精馏塔的塔釜用直接蒸汽加热与间接蒸汽加热（在空格处填入>，=，<符号）

（1）x_F、x_D、R、q、D/F 相同，则 N（间接）$\leqslant N$(直接)，$x_W\geqslant x_W^*$；

（2）F、x_F、x_D、R、q、x_W 相同，则 N（间接）$\geqslant N$(直接)，D/F（间接）$\geqslant D/F$（直接）。

解 分析： $\eta=\dfrac{Dx_D}{Fx_F}=\dfrac{Fx_F-Wx_W}{Fx_F}$，$\eta^*=\dfrac{Dx_D}{Fx_F}=\dfrac{Fx_F-W^*x_W^*}{Fx_F}$

（1）因为 x_F、x_D、D/F 相同，所以 $\eta=\eta^*$。又因为 $W^*=L'$，$W=L'-V'$，所以 $W^*>W$，则从 η 和 η^* 的表达式中可看出 $x_W^*<x_W$，说明分离要求变高。从图 7-19(a) 中可

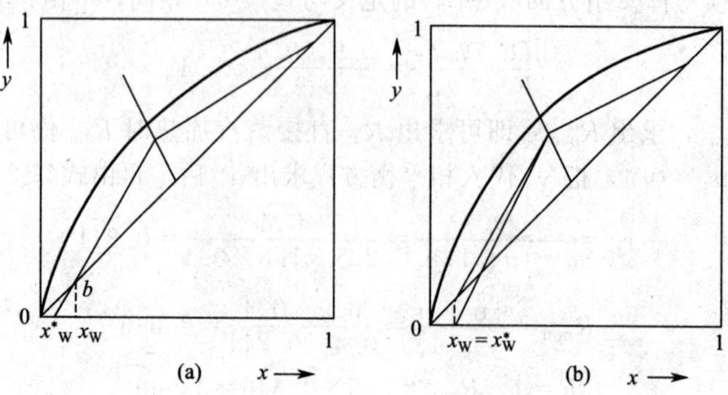

图 7-19 直接蒸汽加热与间接蒸汽加热比较

看出，由于 x_F、x_D、R、q、D/F 不变，此时精馏段操作线、q 线及提馏段操作线位置均不变，但直接蒸汽加热时提馏段操作线交于横轴（x_W^*,0）而不是交于对角线上的点 $b(x_W, x_W)$，故所需的理论板数增加。虽然 N 增加，但省去了造价相当高的再沸器，因而在精馏水溶液且水是难挥发组分时，常用直接蒸汽加热。

（2）因为 F、x_F、x_D、R、q、x_W 相同（即 $x_W^* = x_W$）$W^* > W$，从 η 和 η^* 的表达式中可看出 $\eta^* < \eta$，即 D/F（直接）$<D/F$（间接）。从图 7-19(b) 中可看出，此时精馏段操作线、q 线均不变，但直接蒸汽加热时，提馏段操作线交于横轴其斜率变大，达到相同分离要求 $x_W^* = x_W$ 所需理论板数减少。由于 $W^* > W$，釜液排出时带走的轻组分量也增加使回收率降低，因此直接加热用的饱和蒸汽在进塔釜前应尽可能除去其中所夹带的水分。

例 7-12　某精馏塔操作时，若保持 F、x_F、q、D 不变，增大回流比 R，试分析 L、V、L'、V'、W、x_D、x_W 的变化趋势。

解　(1) L、V、L'、V'、W 变化趋势分析　由 $L=RD$ 及 $V=(R+1)D$ 知当 D 不变、R 增大时，L 和 V 均增大。由 $L'=L+qF$ 及 $V'=V-(1-q)F$ 知当 F、q 不变，L 和 V 增大时，L'和 V'增大。由 $W=F-D$ 知当 F、D 不变时，W 不变。

(2) x_D、x_W 变化趋势分析　采用考察塔板分离能力（详见本章 7.1.8）和全塔物料衡算的方法分析。精馏段液气比 $L/V=R/(R+1)$，因为 $L/V \leqslant 1$，所以 R 增大使 L/V 增大。提馏段液气比 $\dfrac{L'}{V'}=\dfrac{V'+W}{V'}=1+\dfrac{W}{V'}$，由 (1) 知 W 不变，V'增大，所以 L'/V'减小。因为 L/V 增大，L'/V'减小，精馏段理论板数 N_1 和提馏段理论板数 N_2 均不变，所以精馏段、提馏段的分离能力均提高。结合 x_F 不变，可得 x_D 增大、x_W 减小。

物料衡算考察：因为 F、x_F、D、W 不变。所以 x_D 增大，x_W 减小，能满足 $Fx_F=Dx_D+Wx_W$。

结论：x_D 增大，x_W 减小。

例 7-13　某精馏塔操作时，若保持 F、x_F、q、V'不变，增大回流比 R，试分析 L、V、L'、D、W、x_D、x_W 的变化趋势，并将结果与上例比较。

解　(1) L、V、L'、D、W 变化趋势分析　由 $V=V'+(1-q)F$ 可知，当 F、q、V'不变时，V 不变。由 $D=V/(R+1)$ 可知，当 V 不变、R 增大时，D 减小。说明本题 R 增大的代价是 D 减小。由 $L=V-D$ 及 $W=F-D$ 可知，当 F、V 不变，D 减小时，L 和 W 均增大。由 $L'=L+qF$ 可知，当 F、q 不变，L 增大时，L'增大。

(2) x_D、x_W 变化趋势分析　由 $L/V=R/(R+1)$ 可知，当 R 增大时，L/V 增大。由 L'/V'可知，当 V'不变，L'增大时，L'/V'增大。因为 L/V 增大、L'/V'增大、N_1 不变、N_2 不变，所以精馏段的分离能力提高、提馏段的分离能力下降，结合 x_F 不变，可得 x_D 增大、x_W 增大。

物料衡算考察：因为 F 和 x_F 不变、D 减小、W 增大、x_D 增大、x_W 增大能满足 $Fx_F=Dx_D+Wx_W$。

结论：x_D 增大、x_W 增大。

讨论：将本题的结果与上例的结果作一下比较，同样是 R 增大，但由于使 R 增大的手段不一样，操作结果也不一样。本例是通过 D 的减小使 R 增大，但 L'/V' 却增大使提馏段的分离能力下降，x_W 增加；例 7-12 是 D 不变 V'增大使 R 增大，而 L'/V' 却减小使提馏段的分离能力提高，x_W 减小；两例 x_D 均增大，但 x_D 增大的幅度并不相同。

例 7-14　某精馏塔因操作中的问题，进料并未在设计的最佳位置，而偏下了几块板。若 F、x_F、q、R、V'均同设计值，试分析 L、V、L'、D、W、x_D、x_W 的变化趋势（同原设计时相比）。

解 (1) L、V、L'、D、W 的变化趋势分析 由 $V=V'+(1-q)F$ 可知，当 F、q、V' 不变时，V 不变。由 $D=V/(R+1)$ 可知，当 V、R 不变时，D 不变。由 $L=RD$ 可知，当 R、D 不变时，L 不变。由 $L'=L+qF$ 可知，当 F、q、L 不变时，L' 不变。由 $W=F-D$ 可知，当 F、D 不变时，W 不变。

(2) L/V、L'/V' 变化趋势分析 由 $L/V=R/(R+1)$ 可知，当 R 不变时，L/V 不变。由 $L'/V'=1+W/V'$ 可知，当 V'、W 不变时，L'/V' 不变。

(3) x_D、x_W 变化趋势分析 因为 L'/V' 不变，而进料口下移使提馏段板数 N_2 减少，故提馏段的分离能力下降，结合 x_F 不变，可得 x_W 增大。而 $x_D=(Fx_F-Wx_W)/D$，因为 F、x_F、D、W 不变，x_W 增大，从而 x_D 减小。

讨论：本例 L'/V' 不变，是由于进料口下降，提馏段理论板数 N_2 减小使提馏段的分离能力下降，x_W 增大，这与例 7-13x_W 增大的原因不同。总理论板数 N 不变，由于 N_2 减小，尽管精馏段理论板数 N_1 增大，但 x_D 反而减小。对发生这种结果的原因可作出如下分析：在最佳进料位置（详见本章 7.1.7.4）时，每一块板均发挥了其最佳分离能力，而当偏离最佳位置时（其他条件不变），如本题加料位置偏低，则原本在提馏段的板变成精馏段的板，起不到原来的分离作用，从而使精馏塔的整体分离能力下降，导致 x_D 减小、x_W 增大。

例 7-15 某精馏塔，冷液进料。由于前段工序的原因，使进料 F 量增加，但 x_F、q、R、V' 仍不变，试分析 L、V、L'、D、W、x_D、x_W 的变化趋势。

解 (1) L、V、L'、D、W 变化趋势分析 由 $V=V'+(1-q)F$ 可知，当 q、V' 不变且冷液进料 $q>1$ 时，F 增加，V 减小。由 $D=V/(R+1)$ 可知，当 R 不变、V 减小时，D 减小。由 $L=RD$ 可知，当 R 不变 D 减小时，L 减小。由 $W=F-D$ 可知，当 F 增加、D 减小时，W 增大。由 $L'=V'+W$ 可知，当 V' 不变、W 增大，L' 增大。

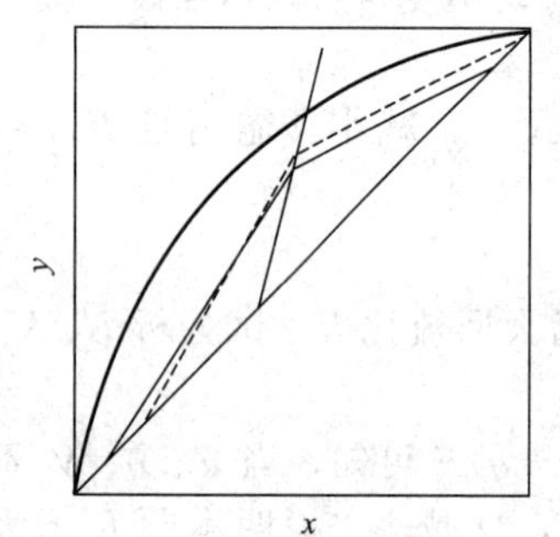

图 7-20 例 7-15 附图

(2) L/V、L'/V' 变化趋势分析 由 $L/V=R/(R+1)$ 可知，当 R 不变时，L/V 不变。由 $L'/V'=1+W/V'$ 可知，当 V' 不变、W 增大时，L'/V' 增大。

(3) x_D、x_W 变化趋势分析 因为 L'/V' 增大、N_2 不变，x_F 不变，所以 x_W 增大。由于 F 增大、D 减小、W 增大，故暂无法从物料衡算关系 $Fx_F=Dx_D+Wx_W$ 确定 x_D 的变化趋势，而需根据 N 不变画出新工况下的二操作线才能定。结合 x_W 增大、L'/V' 增大，L/V 不变、N 不变，画出新工况下的二操作线，如图 7-20 所示，即 x_D 增大。

注意：不能仅从 L/V 不变、N_1 不变、x_F 不变就得出 x_D 不变的结论。由于提馏段塔板分离能力下降，致使加料板上升蒸气组成增大，而精馏段分离能力不变，因此 x_D 增大。一般情况下，若 L/V 有变化，则加料板上升蒸气组成的改变对塔分离的结果影响比不上 L/V 的影响大（如例 7-12），从而可从 L/V 增大、x_F 不变得出 x_D 增大的结论。本题 L/V 不变，则加料板上升蒸气组成的变化对塔顶 x_D 的影响就要考虑。

结论：x_D 增大，x_W 增大。

例 7-16 如图 7-21 所示的精馏塔由一只蒸馏釜及一块实际板所组成。料液由塔顶加入，泡点进料，$x_F=0.20$（摩尔分数，下同），今测得塔顶易挥发组成分的回收率为 80%，且 $x_D=0.30$，系统相对挥发度 $\alpha=3.0$。试求：(1) 残液组成 x_W；(2) 该块塔板的液相默弗里板效率 E_{mL}。

解 (1) 本题求 x_W 仍属表 7-1 中总结的题型②，由回收率定义及采出率的关系可得

$$\eta_D=0.8=\frac{Dx_D}{Fx_F}=\frac{x_F-x_W}{x_D-x_W}\times\frac{x_D}{x_F}=\frac{0.2-x_W}{0.3-x_W}\times\frac{0.3}{0.2}$$

解得　　　　　　$x_W=0.0857$

（2）求 E_{ml}。

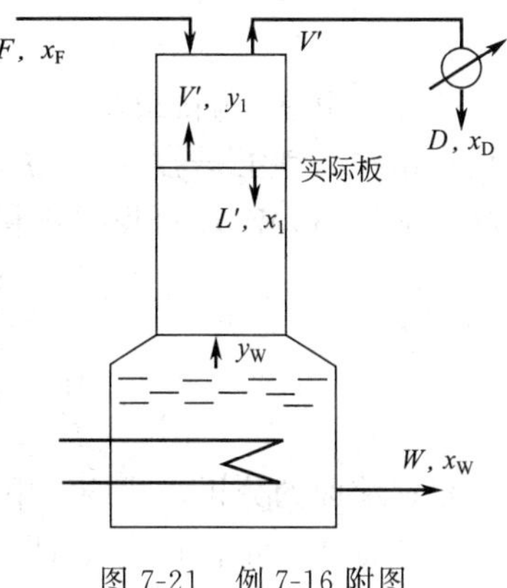

图 7-21　例 7-16 附图

分析：$E_{ml}=\frac{x_{n-1}-x_n}{x_{n-1}-x_n^*}=\frac{x_F-x_1}{x_F-x_1^*}$，$x_F=0.2$ 已知，故求 E_{ml} 的关键是设法求出 x_1 和 x_1^*。由于 x_1^* 是与离开该板的气相组成 y_1 成平衡的，而塔顶为全凝器 $y_1=x_D=0.3$，所以

$$x_1^*=\frac{y_1}{\alpha-(\alpha-1)y_1}=\frac{x_D}{\alpha-(\alpha-1)x_D}=\frac{0.3}{3-2\times0.3}=0.125$$

离开该块实际板的液相组成 x_1 与塔釜上升的气相组成 y_W 符合操作关系，而 y_W 与 x_W 成平衡关系（蒸馏釜视为一块理论板），则

$$y_W=\frac{\alpha x_W}{1+(\alpha-1)x_W}=\frac{3\times0.0857}{1+2\times0.0857}=0.219$$

本题为泡点加料 $q=1$，无回流 $L=0$ 的回收塔，只有提馏段，其操作线方程为

$$y_{n+1}=\frac{L'}{V'}x_n-\frac{W}{V'}x_W$$

因为 $L'=L+qF=F$，全凝器 $V'=D$

所以
$$\frac{L'}{V'}=\frac{F}{D}=\frac{1}{D/F}=\frac{x_D-x_W}{x_F-x_W}=\frac{0.3-0.0857}{0.2-0.0857}=1.875$$

$$\frac{W}{V'}=\frac{F-D}{D}=\frac{F}{D}-1=1.875-1=0.875$$

提馏段操作线方程为　$y_{n+1}=1.875x_n-0.875\times0.0857=1.875x_n-0.075$

x_1 与 y_W 满足操作关系，即

$$y_W=1.875x_1-0.075$$

所以
$$x_1=\frac{y_W+0.075}{1.875}=\frac{0.219+0.075}{1.875}=0.157$$

$$E_{ml}=\frac{x_F-x_1}{x_F-x_1^*}=\frac{0.2-0.157}{0.2-0.125}=0.573=57.3\%$$

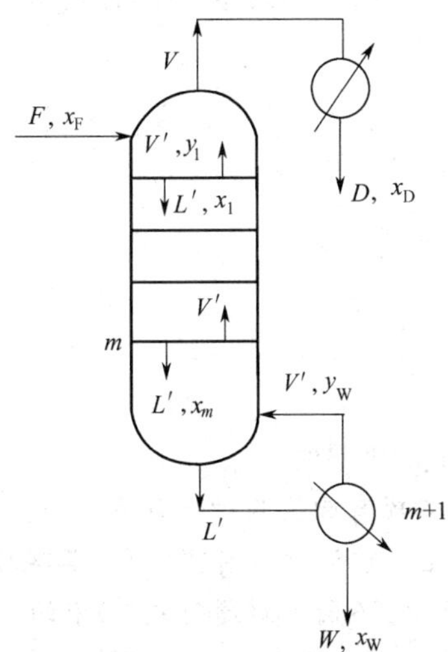

图 7-22　例 7-17 附图

例 7-17　一个只有提馏段的精馏塔（即回收塔）分离双组分理想溶液，组成为 0.5（摩尔分数，下同），流量为 1kmol/s 的原料液在泡点温度下自塔顶加入，塔顶无回流，塔釜用间接蒸汽加热，要求塔顶产品组成达到 0.75，塔底产品组成控制为 0.03，若体系的相对挥发度为 3.4，试求：（1）塔釜上一块理论塔板的液相组成；（2）若理论板数增至无限多，在其他条件不变时的塔顶产品组成极限值。

分析：如图 7-22 所示，本题为塔顶泡点加料，塔顶无液相回流，塔底为间接蒸汽加热的回收塔。全塔只有提馏段，再沸器相当于一块理论板（即第 $m+1$ 块理论板），离开再沸器上升的气相组成 y_W（$y_W=y_{m+1}$）与塔底产品组成 x_W 成相平衡关系，塔釜上一块板（第 m 块理论板）下降的液相组成 x_m 与 y_W 应满足提馏段的操作关系。

解　（1）求塔釜上一块理论塔板的液相组成 x_m。用逆向思维解题，思路比较清晰。提馏段操作线方程为

$$y_{m+1}=\frac{L'}{V'}x_m-\frac{W}{V'}x_W \tag{a}$$

式(a) 中 x_m 为待求量，$x_W=0.03$；由于该塔塔顶无液相回流 $L=0$，$R=L/D=0$，泡点加料 $q=1$，则 $L'=L+qF=F$，$V'=V-(1-q)F=V=L+D=D$，$L'/V'=F/D$，$W/V'=W/D$，F/D 和 W/D 可根据物料衡算得出的塔顶产品采出率的定义式(7-4) 求得，即

$$\frac{F}{D}=\frac{1}{D/F}=\frac{x_D-x_W}{x_F-x_W}=\frac{0.75-0.03}{0.5-0.03}=1.532$$

$$\frac{W}{D}=\frac{F-D}{D}=\frac{F}{D}-1=1.532-1=0.532$$

根据前面的分析，式(a) 中 $y_{m+1}=y_W$，y_W 与 x_W 成平衡关系，将已知的 x_W 代入相平衡关系式(7-1) 可求出 y_W，即

$$y_W=\frac{\alpha x_W}{1+(\alpha-1)x_W}=\frac{3.4\times0.03}{1+2.4\times0.03}=0.095$$

所以，提馏段操作线方程为

$$y_{m+1}=y_W=\frac{L'}{V'}x_m-\frac{W}{V'}x_W=\frac{F}{D}x_m-\frac{W}{D}x_W$$

把 y_W、x_W、F/D、W/D 的值代入上式得

$$0.095=1.532x_m-0.532\times0.03=1.532x_m-0.016$$

解得

$$x_m=0.072$$

(2) 当塔板数为无限多，而其他条件不变时，求塔顶产品组成的极限值 $x_{D,\max}$ 的问题，首先要判断挟点出现在何处。根据 7.1.5.2 中对常规精馏（有精馏段和提馏段）同类问题的分析知，出现挟点的可能有图 7-9 中所示的四种情况，求 $x_{D,\max}$ 和 $x_{W,\min}$ 的解题步骤也在该节中作了介绍。本题是塔顶无液相回流的回收塔，可能出现的挟点，即平衡极限情况有两种，一种是挟点在塔顶即塔顶上升的蒸气组成 y_1 与进料组成 x_F 处于相平衡；另一种是挟点在塔釜即塔釜产品中无轻组分组成 $x_W=0$。求 $x_{D,\max}$ 可采用 7.1.5.2 中介绍的方法，先设挟点在塔顶即塔顶达到平衡，塔顶为全凝器 $y_1=x_D$，则

$$x_D=y_1=\frac{\alpha x_F}{1+(\alpha-1)x_F}=\frac{3.4\times0.5}{1+2.4\times0.5}=0.773$$

依题意理论板数 $N=\infty$ 时塔顶产品采出率 D/F 不变，把 x_D 值及 (1) 中求出的 F/D 代入式(7-4) 得

$$\frac{D}{F}=\frac{1}{F/D}=\frac{1}{1.532}=0.653=\frac{x_F-x_W}{x_D-x_W}=\frac{0.5-x_W}{0.773-x_W}$$

解得

$$x_W=-0.144$$

因为 $x_W<0$，所以挟点不可能出现在塔顶。再设塔底达平衡，即 $x_W=0$

由

$$\frac{D}{F}=\frac{x_F-x_W}{x_D-x_W}=\frac{0.5-0}{x_D-0}=0.653$$

解得

$$x_D=0.766$$

因为 $x_D\leqslant1$,$x_W\geqslant0$,所以设挟点出现在塔底是正确的,塔顶产品组成的极限值 $x_{D,\max}=0.766$。

延伸分析:①塔釜间接蒸汽加热的回收塔分为塔顶无回流与塔顶有回流两种操作方式,这两种操作方式又都有冷液进料与饱和液体(泡点)进料两种进料状况。它们都只有提馏段,其操作线方程均为式(a),但不同的操作方式及进料状况式(a)中的 L' 及 V' 不同。解题时式(a)中的 L' 和 V' 最好先写成通式,即 $L'=L+qF=RD+qF$,$V'=V-(1-q)F=(R+1)D-(1-q)F$，然后根据题给条件确定 L' 和 V' 的简化形式。如无回流则 $L=0$，$R=0$，有回流则 $L\neq0$，$R\neq0$；泡

点进料则 $q=1$，冷液进料则 $q>1$ 。这样又可组合出许多题型，请读者应用收敛思维方法总结、分析这些题型及解法，就可做到举一反三、触类旁通，提高解题思维能力和实战能力。

② 塔釜间接蒸汽加热的回收塔，不管塔顶有或无回流，其全塔物料衡算关系和回收率的定义与常规的精馏塔（既有精馏段又有提馏段）的式(7-2)～式(7-7) 相同，故也有表 7-1 中总结的求 x_D、x_W 和 F/D 的几种题型及求法。

③ 塔釜间接蒸汽加热塔顶有回流的回收塔，若理论塔板数为无限多，可能出现的挟点即平衡极限情况也有两种，一种是在塔顶达到平衡，另一种是在塔底达到平衡。判别在何处达到平衡的方法与本题（2）无回流的回收塔类似，但也有不同点。若是在塔顶达到平衡，则塔顶第一块理论板上升蒸汽的组成 y_1（$y_1=x_D$）与进料和回流的混合液组成 x_0 成平衡（注意无回流时 y_1 是与 x_F 成平衡），另外 y_1（$y_1=x_D$）与 x_0' 也应满足操作关系式(a)，可联立平衡关系和操作关系求出 y_1 和 x_0，此时 $y_1=x_{D,max}$；若是在塔底达到平衡，则挟点出现在 $x_W=0$ 处，即 $x_{W,min}=0$。

④ 若回收塔分离的是水溶液，且水是重组分，釜液接近于纯水，与 7.1.10 中介绍的直接蒸汽加热的常规精馏塔原理类似，亦可采用直接蒸汽加热的回收塔。该塔的全塔物料衡算关系式与式(7-30) 和式(7-31) 一样，塔顶易挥发组分回收率 η_D 的定义与式(7-6) 一样，操作线（该塔只有提馏段）与式(7-34) 一样。该塔也有塔顶无回流和塔顶有回流两种操作方式，又都有冷液进料和泡点进料两种进料状况，理论板数为无限多时亦存在塔顶或塔底达到平衡的问题。上述各种情况又可组合出许多题型，请读者应用收敛思维方法，并参见 7.1.10 及例 7-10 和本例的有关内容，总结、分析这些题型及解法。

例 7-18　在常压精馏塔中分离有两股进料的某种理想溶液。两股料液的摩尔流量相同，组成分别为 0.5 和 0.2（易挥发组分的摩尔分数，下同）两者均为泡点进料，并在适当位置加入精馏塔中。若要求馏出液组成为 0.9，釜液组成为 0.05，试求：(1) 塔顶易挥发组分的回收率；(2) 该精馏过程的最小回流比；(3) 若回流比为最小回流比的 1.2 倍，求该塔的操作线方程。已知塔顶采用全凝器，塔釜为间接蒸汽加热，塔内物流符合恒摩尔流假设，操作条件下平均相对挥发度为 2.5。

解　(1) 求易挥发组分回收率。由式(7-46) 得

$$\frac{D}{F_1}=\frac{F_2}{F_1}\times\frac{x_{F2}-x_W}{x_D-x_W}+\frac{x_{F1}-x_W}{x_D-x_W}=1\times\frac{0.2-0.05}{0.9-0.05}+\frac{0.5-0.05}{0.9-0.05}=0.706$$

由式(7-47) 得

$$\eta=\frac{Dx_D}{F_1x_{F1}+F_2x_{F2}}=\frac{(D/F_1)x_D}{x_{F1}+(F_2/F_1)x_{F2}}=\frac{0.706\times0.9}{0.5+1\times0.2}=0.908$$

(2) 求 R_{min}。本题为两股进料的复杂塔，出现挟点的可能性有两种，故求最小回流比时，应按两种情况分别计算，取先出现挟点时的回流比为最小回流比（或者说按两种情况计算求出的 R_{min} 中取较大的 R_{min} 为最小回流比）。

如图 7-14 所示，先设点 e_1 为挟点。由于两股进料时第Ⅰ段操作线符合普通精馏塔精馏段操作线关系，所以最小回流比可用下式计算

$$R_{min,1}=\frac{x_D-y_{e1}}{y_{e1}-x_{e1}}$$

因为第一股为泡点进料 $q=1$，则 $x_{e1}=x_{F1}=0.5$

所以

$$y_{e1}=\frac{\alpha x_{e1}}{1+(\alpha-1)x_{e1}}=\frac{2.5\times0.5}{1+1.5\times0.5}=0.714$$

$$R_{min,1}=\frac{0.9-0.714}{0.714-0.5}=0.869$$

再设点 e_2 为挟点，则最小回流比可用以下两种方法求出。

① 方法一　根据 F_1 为泡点进料（$q_1=1$）时Ⅱ段操作线方程式(7-40）求。在最小回流比时挟点 e_2 的坐标（x_{e2}, y_{e2}）应满足该式，即

$$y_{e2}=\frac{R_{\min,2}+F_1/D}{R_{\min,2}+1}x_{e2}+\frac{x_D-x_{F1}F_1/D}{R_{\min,2}+1}$$

因为第二股也是泡点进料，$q_2=1$，$x_{e2}=x_{F2}=0.2$，则

$$y_{e2}=\frac{\alpha x_{e2}}{1+(\alpha-1)x_{e2}}=\frac{2.5\times0.2}{1+1.5\times0.2}=0.385$$

所以
$$0.385=\frac{R_{\min,2}+1/0.706}{R_{\min,2}+1}\times0.2+\frac{0.9-0.5/0.706}{R_{\min,2}+1}$$

解得
$$R_{\min,2}=0.486$$

② 方法二　根据第Ⅲ段操作线斜率求。两股均为泡点进料（$q_1=1$，$q_2=1$），由式(7-42）及式(7-43）得

$$L'=RD+q_1F_1+q_2F_2=RD+F_1+F_2$$
$$W=F_1+F_2-D$$

则
$$V'=L'-W=RD+F_1+F_2-F_1-F_2+D=(R+1)D$$

第Ⅲ段操作线斜率为

$$\frac{L'}{V'}=\frac{RD+F_1+F_2}{(R+1)D}=\frac{R+F_1/D+F_2/D}{R+1}$$

第（1）小题已求出 $D/F_1=0.706$，则 $F_1/D=1/0.706=1.416$

将式(7-46）两边乘以 F_1/F_2 得

$$\frac{D}{F_2}=\frac{x_{F2}-x_W}{x_D-x_W}+\frac{F_1}{F_2}\times\frac{x_{F1}-x_W}{x_D-x_W}=\frac{0.2-0.05}{0.9-0.05}+1\times\frac{0.5-0.05}{0.9-0.05}=0.706$$

所以
$$F_2/D=1/0.706=1.416$$

另一方面，在最小回流比（即点 e_2 为挟点）时，第Ⅲ段操作线通过（x_W, x_W）和（$x_{e2}\, y_{e2}$）两点，其斜率为

$$\frac{L'}{V'}=\frac{R_{\min,2}+F_1/D+F_2/D}{R_{\min,2}+1}=\frac{y_{e2}-x_W}{x_{e2}-x_W}$$

把 $x_{e2}=0.2$，$y_{e2}=0.385$ 及 x_W、F_1/D、F_2/D 的值代入上式得

$$\frac{R_{\min,2}+1.416+1.416}{R_{\min,2}+1}=\frac{0.385-0.05}{0.2-0.05}$$

解得
$$R_{\min,2}=0.869$$

可见两种方法求得 $R_{\min,2}$ 均相同。

因为
$$R_{\min,1}=0.869>R_{\min,2}=0.486$$

所以　e_1 点先为挟点（注意 R 从大到小变化，到达 $R=0.869$ 时就是 e_1 点先为挟点）

故
$$R_{\min}=R_{\min,1}=0.486$$

（3）求 $R=1.2R_{\min}$ 时各段操作线方程。当 $R=1.2R_{\min}=1.2\times0.869=1.043$ 时第Ⅰ段操作线方程为

$$y=\frac{R}{R+1}x+\frac{x_D}{R+1}=\frac{1.043}{2.043}x+\frac{0.9}{2.043}=0.511x+0.441$$

第Ⅱ段操作线方程为

$$y=\frac{R+F_1/D}{R+1}x+\frac{(x_D-x_{F1})-F_1/D}{R+1}=\frac{1.043+1.416}{2.043}x+\frac{0.9-0.5\times1.416}{2.043}=1.204x+0.094$$

第Ⅲ段操作线方程为

$$y=\frac{L'}{L'-W}x-\frac{W}{L'-W}x_W=\frac{RD+F_1+F_2}{(R+1)D}x-\frac{F_1+F_2-D}{(R+1)D}x_W$$

$$=\frac{R+F_1/D+F_2/D}{R+1}x-\frac{F_1/D+F_2/D-1}{R+1}x_W$$

$$=\frac{1.043+1.416+1.416}{2.043}x-\frac{1.416+1.416-1}{2.043}\times 0.05=1.897x-0.045$$

习　题

7-1　在常压下用简单蒸馏的方法处理苯-甲苯溶液，已知操作条件下苯对甲苯的平均相对挥发度 $\alpha=2.47$，初始料液含苯 $x_1=0.6$，要求残液含苯 $x_2=0.539$（以上均为摩尔分数）时，停止操作。试求：(1) 馏出液的平均组成；(2) 馏出液占原料液的分率（即简单蒸馏的汽化率）；(3) 若将剩下的残液继续进行简单蒸馏使总汽化率达到 0.3，则两阶段所得的馏出液中苯的总平均组成为多少？

［答：(1) $x_D=0.767$；(2) $W_D/W_1=1-W_2/W_1=0.268$；(3) $x'_D=0.764$］

7-2　苯-甲苯溶液的初始浓度与习题 7-1 相同，在常压下进行平衡蒸馏（闪蒸），试求：(1) 汽化率 $\nu=0.3$ 时离开闪蒸器的汽相组成 y_D 和液相组成 x_W，并与上题 (1) 的结果进行比较，说明什么问题？请简述理由；(2) 定性分析，其他条件不变，操作压力降低时 y_D、x_W、D 及闪蒸后汽液两相的平衡温度 t_e 的变化趋势。

［答：(1) $y_D=0.743$，$x_W=0.539$，说明在汽化率（馏出率）相等的条件下，简单蒸馏所得馏出液的浓度高于平衡蒸馏，理由参见例 7-2；(2) x_W 减小，y_D不确定，D 增加，t_e 不确定］

7-3　今用一连续精馏塔分离苯、甲苯液体混合物，原料液处理量为 100kmol/h，其中苯含量（摩尔分数，下同）为 0.4，塔顶苯的回收率为 99%，塔底甲苯的回收率为 98%。现从精馏段某块板上测得上升蒸汽的组成为 0.784，上一块板流下的液相组成为 0.715。试求：(1) 塔顶及塔底产品的流量及组成；(2) 操作回流比及精馏段操作线方程。

［答：(1) $D=40.8$kmol/h，$W=59.2$kmol/h，$x_D=0.97$，$x_W=0.007$；(2) $y=0.73x+0.26$］

7-4　连续精馏塔分离二元理想混合溶液，已知某塔板的气、液相组成分别为 0.83 和 0.69，相邻上层塔板的液相组成为 0.77，而相邻下层塔板的气相组成为 0.78（以上均为轻组分 A 的摩尔分数，下同）。塔顶为泡点回流。进料为饱和液体，其组成为 0.46。若已知塔顶与塔底产量比为 2/3，试求：(1) 精馏段操作线方程；(2) 提馏段操作线方程。

［答：(1) $y=0.625x+0.349$；(2) $y=1.564x-0.083$］

7-5　用精馏塔分离某二元混合物，已知精馏段操作线方程 $y=0.75x+0.205$；提馏段操作线方程 $y=1.415x-0.041$，试求：(1) 此塔的操作回流比 R 和馏出液组成 x_D；(2) 饱和液体进料条件下的釜液组成 x_W；(3) 饱和液体进料，馏出液量 D 为 120kmol/h 时所需原料液的量 F。

［答：(1) $R=3$，$x_D=0.82$；(2) $x_W=0.099$；(3) $F=319.3$kmol/h］

7-6　拟用一精馏塔分离某二元混合物 A、B，该塔塔顶设一分凝器和一全凝器，分凝器中的液相作为塔顶回流，其气相作为产品在全凝器中冷凝，已知进料处于泡点状态，进料量为 200kmol/h，其中轻组分 A 的浓度（摩尔分数，下同）为 0.5，A、B 间相对挥发度为 2.5，操作回流比为 2.0，现要求塔顶产品中 A 组分浓度为 0.95。塔底产品中 B 组分浓度为 0.94，试求：(1) 分凝器的热负荷为多少？(2) 再沸器的热负荷为多少？(3) 塔顶第一块理论塔板的气相组成是多少？(4) 若将塔板数不断增多，降低回流比且保持产品的组成和流率不变，则理论上再沸器的热负荷可降至多少？(5) 若塔釜汽化量为最小汽化量的 1.5 倍时，操作回流比 R 为多少？(已知塔顶蒸气的冷凝潜热为 21700kJ/kmol；塔釜液体汽化潜热为21800kJ/kmol)

［答：(1) $Q_0=4.3\times10^6$ kJ/h；(2) $Q_b=6.46\times10^6$ kJ/h；(3) $y_1=0.9058$；(4) $Q_{b,\min}=4.525\times10^6$ kJ/h (5) $R=2.15$］

7-7　某 A、B 混合液用连续精馏方法加以分离，已知混合物中含 A 的摩尔分数为 0.5，要求塔顶产品中 A 的浓度不低于 0.9，塔釜浓度不大于 0.1（皆为摩尔分数），原料预热至泡点加入塔内，塔顶设有全凝器使冷凝液在泡点下回流，回流比为 3。试求：(1) 写出塔的操作线方程；(2) 若要求塔顶产品量为

580kmol/h，能否得到合格产品？为什么？（3）假定精馏塔具有无穷多理论板，塔顶采出量 D 为 250kmol/h，此时塔底产品 x_W 能否等于零？为什么？

［答：（1）精馏段 $y=0.75x+0.225$，提馏段 $y=1.25x-0.025$；（2）不能；（3）不能］

7-8 用板式精馏塔常压下分离苯、甲苯溶液，塔顶为全凝器，塔釜用间接蒸汽加热，相对挥发度 $\alpha=2.50$，进料量为 140kmol/h、进料组成（摩尔分数）$x_F=0.5$，饱和液体进料，塔顶馏出液中苯的回收率为 0.98，塔釜采出液中甲苯回收率为 0.95. 提馏段液气比 $L'/V'=5/4$，求：（1）塔顶馏出液组成 x_D 及釜液组成 x_W；（2）写出提馏段操作线方程；（3）该塔的操作回流比及最小回流比；（4）再沸器是釜式再沸器，试求出进入再沸器液体的组成。

［答：(1) $x_D=0.951$，$x_W=0.021$；(2) $y=1.25x-0.00525$；(3) $R=2.77$，$R_{min}=1.107$；(4) $x_n=0.0449$］

7-9 某二元理想气液混合物含易挥发组分 0.44，用常压精馏塔加以分离，要求塔顶产品浓度为 0.96，塔底产品浓度为 0.04（以上均为摩尔分数），进料中蒸气量占 1/3（摩尔比），已知操作条件下相对挥发度为 2.5，回流比为最小回流比的 2 倍，试求：（1）原料中气相与液相组成；（2）操作回流比；（3）塔顶易挥发组分回收率；（4）塔顶采出率，塔底采出率；（5）精馏段操作线方程；（6）提馏段操作线方程；（7）操作时将塔顶第一块理论板产生的蒸气进入分凝器，使蒸气作平衡分凝，将所得到的冷凝液全部作为回流液，未冷凝的蒸气则进入全凝器作为产品，则塔顶第一块理论板上升的蒸气组成为多少？（8）如果分凝器的传热效率下降，对塔产品有何影响？

［答：（1）$x=0.3651$，$y=0.5898$；（2）$R=3.295$；（3）$\eta_D=0.9487$；（4）$D/F=0.4348$，$W/F=0.5652$；（5）$y=0.7672x+0.2235$；（6）$y=1.3686x-0.01474$；（7）$y_1=0.9183$；（8）x_D 减小，x_W 增大］

7-10 在常压连续精馏塔中分离二元理想混合物。塔顶上升的蒸气通过分凝器后，3/5 的蒸气冷凝成液体作为回流液，其浓度为 0.86。其余未凝的蒸气经全凝器后全部冷凝为塔顶产品，其浓度为 0.9（以上均为轻组分 A 的摩尔分数）。若已知回流比为最小回流比的 1.2 倍，当泡点进料时，试求：（1）第 1 块板下降的液体组成；（2）料液的组成。

［答：（1）$x_1=0.828$；（2）$x_F=0.759$］

7-11 一无提馏段的精馏塔只有一层塔板，气相板效率 $E_{mv}=0.84$。进料为饱和气态的双组分混合物，其组成为 0.65。物系的相对挥发度为 2.2，塔顶回流为饱和液体，塔顶产品收率控制为 1/3。试求：（1）当塔顶为全凝器冷凝回流时的产品组成；（2）若塔顶改用分凝器后，回流比不变，产品质量有何影响？

［答：（1）$x_D=0.75$，$x_W=0.6$；（2）$x_W=0.821$，$x_W=0.565$，改用分凝器后相当于增加一块理论板，使产品质量提高］

7-12 在精馏塔内分离相对挥发度为 2.5 的二元理想溶液，组成为 0.3 的料液在泡点温度下加入，若塔顶采出率 D/F 为 0.25，回流比为 3 且塔板数无穷多时，试求塔底残液浓度的极限值并写出此时两段操作线方程。

［答：$x_{W,min}=0.067$，精馏段操作线 $y=0.75x+0.25$，提馏段操作线 $y=1.751x-0.05$］

7-13 连续精馏塔中分离苯-甲苯溶液。塔顶采用全凝器，泡点回流，塔釜间接蒸汽加热. 含轻组分苯为 0.35 的料液以饱和蒸气状态加入塔中部，流量为 100kmol/h。塔顶产品流率为 40kmol/h，组成为 0.8，系统的相对挥发度 2.5。当回流比为 4 时，试求：（1）塔底第 1 块板的液相组成；（2）若塔顶第 1 块板下降的液相组成为 0.7，该板的气相默弗里效率；（3）若塔釜加热蒸汽中断，保持回流比不变，且将塔板数视为无限，塔底残液的极限值。提示：因为是饱和蒸气加料，故塔釜加热蒸汽中断后，精馏段还可正常操作，此时全塔只剩下精馏段，当 $N=\infty$ 时可能出现挟点的位置有挟点在 e 处或挟点在 $x_D=1$ 处两种情况，先判断挟点在何处出现，然后求 $x_{W,min}$ 的值。

［答：（1）$x_1=0.0914$；（2）$E_{mv,1}=0.598$；（3）$x_{W,min}=0.1875$］

7-14 某操作中的精馏塔，有实际塔板 10 块，塔顶设全凝器，用以分离苯、甲苯混合物。已知原料液中含苯 50%，泡点进料，馏出液含苯 0.9，釜液含苯 0.1（以上均为摩尔分数），苯-甲苯的平均相对挥发度为 2.47，回流比 $R=3$。试求：（1）进料流量为 100kmol/h 时馏出液及釜液的流量；（2）用逐板计算法求所需的理论塔板数 N 及总板效率 E；（3）该塔所取回流比在经济上是否合理？简述理由；（4）如果测得塔顶第一层塔板的默弗里单板效率 $E_{ml}=0.60$。试求进入该板的气相组成 y_2。

［答：(1) $D=50$kmol/h，$W=50$kmol/h；(2) $N=6$，$E=0.6$；(3) 不合理，理由参见例 7-6；(4) $y_2=0.848$］

7-15 用一连续精馏塔，在常压下分离乙醇-水混合液 5000kg/h，其中含乙醇为 0.25，泡点进料。要求塔顶馏出液含乙醇不低于 0.83，塔底釜液中含乙醇不大于 0.005（以上均为摩尔分数）。塔顶设全凝器使液体在泡点下回流，取实际回流比为 2.06。常压下乙醇-水溶液的相平衡数据可查教材得到，乙醇相对分子质量为 46。试求：(1) 塔顶及塔底产品流量；(2) 理论板数及进料位置；若塔板效率取 0.7，求实际塔板数；(3) 该塔所取回流比在经济上是否合理？简述理由；(4) 在操作上述所设计塔时，如果提高其再沸器加热蒸汽的压力，塔顶冷凝器应作如何调节？当保持塔顶产品量不变时，则两产品的组成有何变化？为什么？

[答：(1) $D=60\text{kmol/h}$，$W=140\text{kmol/h}$；(2) 理论塔板数 $N=12$，进料板 $N_F=10$，实际塔板数$N_e=16$；(3) 合理，理由参见例 7-6；(4) 答略]

7-16　用精馏塔分离某种水溶液，组成为 0.3，流率为 100kmol/h 的料液由加料口入塔，其热状况参数 $q=1.1$。塔顶设有全凝器，泡点回流，回流比为 2.5，饱和蒸汽直接入釜加热，馏出液组成为 0.85。试求：(1) 当塔顶易挥发组分的回收率为 0.85 时，塔底产品组成；(2) 若回流比及塔顶产品组成不变，饱和蒸汽用量增至多少时可使塔底产品组成为零？(3) 若进料状况、分离要求及回流比均不变，塔釜改用间接蒸汽加热时的提馏段操作线方程

[答：(1) $x_W^*=0.024$；(2) $V_0'=133.53\text{kmol/h}$；(3) $y=1.525x-0.013$]

7-17　一个只有提馏段的回收塔，组成为 0.5 的饱和液体自塔顶加入，若体系的相对挥发度为 2.5，塔底产品组成控制为 0.03，当塔顶回流比为 0.27 时，试求：(1) 塔顶产品组成的最大可能值；(2) 若要求塔顶产品组成达到 0.8，回流比至少为多少？

[答：(1) $x_{D,\max}=0.744$；(2) $R=1.016$]

7-18　用精馏方法分离二元理想溶液，泡点回流，塔釜为蒸汽间接加热，两股加料。第 1 股是组成为 0.6、流量为 1kmol/s 的饱和液体；第 2 股是组成为 0.4、流量为 0.5kmol/s 的饱和蒸气。要求塔顶馏出液组成为 0.99，塔底产品组成为 0.02（以上均为轻组分 A 的摩尔分数）。试求：(1) 若回流比为 1.2，求两加料口间的操作线方程；(2) 若相对挥发度为 3，求最小回流比。

[答：(1) $y=1.11x+0.107$；(2) $R_{\min}=0.773$]

7-19　用精馏塔分离双组分混合液。塔顶为全凝器，泡点回流，回流比为 8，塔上部有侧线产品抽出，其热状况为饱和液体，组成为 0.9，进料为组成 0.5，流量 10kmol/s。系统的相对挥发度为 2.5。工艺要求塔顶产品流量为 2kmol/s，组成为 0.98，塔底釜残液组成为 0.05，试求由第 3 块理论板下降的液体组成（以上组成均指轻组分 A 的摩尔分数）

[答：$x=0.789$]

7-20　一正在运行中的精馏塔，因进料预热器内加热蒸汽压力降低致使进料 q 值增大。若 F、x_F、R、D 不变，则 L、V、L'、V'、W、x_D、x_W 将如何变化？

[答：L 不变、V 不变、L'增大、V'增大、W 不变、x_D 增大、x_W 减小]

7-21　一正在进行中的精馏塔，由于前段工序的原因，使料液组成 x_F 下降，而 F、q、R、V'仍不变。试分析 L、V、L'、D、W、x_D、x_W 将如何变化？

[答：L 不变、V 不变、L'不变、D 不变、W 不变、x_D 减小、x_W 减小]

7-22　一操作中的乙苯-苯乙烯减压精馏塔，因故塔的真空度下降。若仍保持 F、x_F、q、R、V'不变，问 L、V、L'、D、W、x_D、x_W 将如何变化？

[答：L 不变、V 不变、L'不变、D 不变、W 不变、x_D 减小、x_W 增大]

7-23　一分离甲醇-水混合液的精馏塔，泡点进料，塔釜用直接水蒸气加热，如图 6-14（与图 6-1 的基本流程略有不同）。若保持 F、x_F、q、R 不变，增大加热蒸汽量，则 L、V、L'、D、W、x_D、x_W 将如何变化？

[答：L 增大、V 增大、L'增大、D 增大、W 增大、x_D 减小、x_W 减小]

7-24　一操作中的精馏塔，因塔釜再沸器中加热蒸汽压力不够而使 V'下降。若 F、x_F、q、回流量 L 不变，试分析 D、W、x_D、x_W 的变化趋势。

[答：D 减小、W 增大、x_D 增大、x_W 增大]

7-25　精馏是分离液体混合物最常用、最重要的方法，但其能耗很高、热效率很低，据有关文献报道，加入精馏塔釜的热能 95%被塔顶冷凝器的冷却水所带走，能源利用率仅占 5%。因此探索精馏过程的节能途径具有十分重要的现实意义。随着科学技术的不断发展，各种精馏节能新技术不断涌现。本题要求读者

采用联想思维方法，联想教材中介绍且已学过的蒸发节能技术，并查阅相关文献，提出至少一种精馏节能技术，用撰写小论文的形式简论该技术能够节能的理由及用何种思维方法指导提出该技术。

7-26 精馏过程若是在填料塔中进行，与填料塔吸收过程类似，强化传质、提高精馏分离效率的主要途径是采用新型高效的填料或采用新型高效的气液传质设备如旋转填料床。精馏过程若是在板式塔中进行，强化传质、提高精馏分离效率的主要途径则是采用新型高效的塔板。本题要求读者以创造性思维方法为指导，并查阅相关文献，从以下三个问题中任选其一，以撰写小论文的形式完成。

(1) 采用创造性思维方法中的缺点列举法（简言之，该法是在研究对象的缺点的基础上，提出改进方案），列举传统塔板（筛孔塔板，浮阀塔板）存在的缺点，提出改进措施，至少简述一种新型高效塔板的结构及其高效的理由。

(2) 采用创造性思维方法中的组合法（简言之，该法是指按照一定的技术原理或功能目的，将两个或两个以上独立的技术因素通过创造性的组合，而获得具有统一整体功能新技术发明的一个重要途径，组合型发明成果已占全部发明成果的60%～70%以上），将填料塔和板式塔这两个独立的技术通过创造性的组合，彼此间取长补短，发挥各自的优势，克服各自的缺点，创造出新型高效的气液传质设备，如并流喷射填料塔板和复合塔板等，至少简述其中一种新型高效复合塔板的结构及其高效的理由。

(3) 英国帝国化学工业（ICI）公司受美国宇航局在太空失重时传质实验结果（即在零重力时气液不能有效分离，气液间传质不可能）的启发，采用创造性思维方法中的逆向思维方法，反过来思考，超重力的气液传质将得到强化，于20世纪70年代末设计出了在超重力场中的新型传质设备——旋转填料床。简述旋转填料床的结构、强化传质的原理及最新研究进展。

第8章　干　　燥

8.1　干燥知识要点

8.1.1　湿空气性质

湿空气的主要性质有：总压 p、水蒸气分压 p_w、干球温度 t、绝热饱和温度 t_{as}、湿球温度 t_w、露点温度 t_d、湿度 H、相对湿度 φ、焓值 I、湿比热容 c_H 与湿比容 ν_H 共十一个，这些湿空气性质的定义、计算式及单位如表 8-1 所示。

表 8-1　湿空气性质（总压一定）

性质	定　　义	单　位	计　算　式	备　注
p	湿空气的总压	Pa	—	—
p_w	湿空气中水蒸气分压	Pa	$p_w=p-p_a$	—
t	干球温度计测得的温度	℃	—	—
t_{as}	一定状态的湿空气绝热冷却增湿达到平衡状态时的温度	℃	$t_{as}=t-\frac{r_{as}}{c_H}(H_{as}-H)$	$t_{as}=f(t,H)$
t_w	一定状态的湿空气与湿球温度计在绝热条件下达到传热传质稳定时的温度	℃	$t_w=t-\frac{k_H r_w}{\alpha}(H_w-H)$	$t_w=f(t,H)$
t_d	一定状态的湿空气在湿度不变的情况下冷却至饱和状态时的温度	℃	$p_d=\frac{Hp}{0.622+H}\xrightarrow{\text{饱和蒸气压表或安托因方程}}t_d$	$t_d=f(H)$
φ	湿空气中水蒸气分压与饱和蒸气压的比值	—	$\varphi=\frac{p_w}{p_s}$	$\varphi=f(t,H)$
H	以 1kg 绝干空气为基准的湿空气中所含有的水蒸气质量	kg 水蒸气/kg 绝干空气	$H=0.622\frac{p_w}{p-p_w}=0.622\frac{\varphi p_s}{p-\varphi p_s}$	$H=f(t,\varphi)$
H_s	以 1kg 绝干空气为基准的饱和湿空气中所含有的水蒸气质量	kg 水蒸气/kg 绝干空气	$H_s=0.622\frac{p_s}{p-p_s}$	$H_s=f(t)$
c_H	以 1kg 绝干空气为基准的湿空气比热容	kJ/(kg 绝干空气·℃)	$c_H=1.01+1.88H=c_a+c_wH$	$c_H=f(H)$
I	以 1kg 绝干空气为基准的湿空气具有的焓值	kJ/kg 绝干空气	$I=(1.01+1.88H)t+2492H$ $=(c_a+c_wH)t+r_0H=c_Ht+r_0H$	$I=f(t,H)$
ν_H	以 1kg 绝干空气为基准的湿空气比容	m³ 湿空气/kg 绝干空气	$\nu_H=(0.773+1.244H)\frac{273+t}{273}\times\frac{101.3}{p}$	$\nu_H=f(t,H)$

注：p_a——湿空气中干空气分压，Pa；

k_H——以湿度差（ΔH）为推动力的传质系数，kg/(m²·s)；

c_a——纯干空气的比热容，$c_a=1.01$kJ/kg 绝干空气；

c_w——水蒸气的比热容，$c_w=1.88$kJ/kg 绝干空气；

r_0——水在 0℃时的汽化潜热，$r_0=2492$kJ/kg 水；

r_{as}——绝热饱和温度下水的汽化潜热，kJ/kg 水；

r_w——湿球温度下水的汽化潜热，kJ/kg 水；

H_{as}——空气在绝热饱和温度 t_{as} 下的饱和湿度，kg 水蒸气/kg 绝干空气；

H_w——空气在湿球温度 t_w 下的饱和湿度，kg 水蒸气/kg 绝干空气；

p_s——水的饱和蒸气压，Pa，p_s 可查饱和蒸气压表或用安托因方程计算，即

$$p_s=\frac{101.3}{760}\exp\left(18.3036-\frac{3816.44}{273.15+t_2-46.13}\right)\times10^3$$

p_d——与露点温度 t_d 相对应的饱和蒸气压，Pa；

α——空气与湿纱布间的对流传热系数，kW/(m²·℃)。

对湿空气性质的认识与计算必须注意以下几点：

① 由于湿空气在干燥过程中绝干空气流量保持不变，为了干燥过程物料衡算和热量衡算的方便，对湿空气的各种性质均以绝干空气为基准，如表 8-1 中的湿度、饱和湿度、焓值，湿比热容和湿比容。

② 实验表明对于空气-水系统，当空气流速在 3.8～10.2m/s 的范围内时，$\alpha/k_H \approx c_H$，所以湿球温度的计算式又可写成 $t_w = t - r_w(H_w - H)/c_H$，与绝热饱和温度的计算式比较可知 $t_w \approx t_{as}$。虽然对空气-水系统而言，湿空气的湿球温度和绝热饱和温度在数值上相等，但他们的意义则完全不同，湿球温度是由于湿空气与湿球温度间的温度差及湿度差产生传热和传质，并达到动态平衡（即传热传质稳定，仍有净传质）时湿球温度的读数，其间湿空气的状态没有改变；而绝热饱和温度则是在一定条件下，少量湿空气与大量循环水在绝热冷却增湿塔中经历绝热冷却增湿过程，湿度达到饱和时（此时无净传热与传质），湿空气的温度。

③ 对不饱和湿空气（$\varphi<1$），湿空气的干球温度 t、湿球温度 t_w、绝热饱和温度 t_{as} 和露点温度 t_d 的关系为：$t>t_w \approx t_{as}>t_d$；对饱和湿空气（$\varphi=1$），以上四种温度在数值上相等即 $t=t_w \approx t_{as}=t_d$。

④ 绝热饱和温度和湿球温度计算式里的 H_{as}、H_w 分别为绝热饱和温度和湿球温度对应的饱和湿度；故 H_{as}、r_{as} 为 t_{as} 的函数，H_w、r_w 为 t_w 的函数，且均为非线性关系；那么计算绝热饱和温度 t_{as} 与湿球温度 t_w 时无法获得解析解，需要试差计算。而露点温度的计算需根据湿度求得 p_d 后查饱和蒸气压数据或由安托因方程求得 t_d。除此以外，其他湿空气性质均可通过表 8-1 所列的计算式直接计算获得。

⑤ 湿空气性质如湿度、焓、湿比热容、湿比容及 p_d 计算式中的系数，均是针对空气-水系统计算得到的，因此它们只适用于空气-水系统，对非空气-水系统这些计算式中的各系数应作相应改变，如湿度计算式中的系数 0.622 为水与空气摩尔质量的比值，若对空气-乙醇系统，则该系数应为乙醇与空气摩尔质量的比值，即 1.586。

8.1.2 湿度图

当湿空气状态确定时，如已知湿空气的温度和湿度，那么湿空气的性质就可以利用表 8-1 的公式进行计算。但在求湿空气的绝热饱和温度或湿球温度时，由于式中 r_{as}、H_{as} 和 r_w、H_w 分别为 t_{as} 和 t_w 的函数，只能用试差法计算；而且利用表 8-1 中 t_{as}、t_w 计算式难以对 t_{as}、t_w 做出定性分析，所以工程上为了定量计算与定性分析方便，将湿空气的性质计算绘制成图，若湿空气的状态确定就可以直接从湿度图上读出湿空气的其他性质的值，而无需计算。湿度图常用的有 H-t 图（见图 8-1）与 I-H 图（见图 8-2）。

根据相律湿空气的自由度数为 3，一般干燥过程的总压确定，所以在总压一定的条件下，湿空气的自由度数为 2。那么湿空气的状态可以由两个相对独立的变量来确定，但是湿空气十一个性质并不都是相互独立的。如：在湿度图上等湿度线上不同点的温度虽然不同，但它们的露点温度相同，即湿度和露点温度不相互独立；在绝热冷却线或等焓线上，不同状态的湿空气焓值、绝热饱和温度、湿球温度相等，即焓值、绝热饱和温度和湿球温度三个性质不相互对立。因此，在总压一定的条件下，(I,t_{as})、(I,t_w)、(t_w,t_{as})、(H,p_w)、(H,t_d) 等变量组合无法确定湿空气的状态；而 (t,H)、(t,φ)、(t,t_d)、(t,t_{as})、(t,t_w)、(t,I)、(I,H) 等变量组合是相互独立的，可以确定湿空气的状态。由以上分析可知湿度图上的任何一点均代表着一种湿空气状态，由湿空气性质中的两个独立变量就可以确定湿空气的状态，从而在湿度图上确定相应的状态点，通过状态点就能直接读出湿空气其他性质的值。因此，利用湿度图可以十分直观、方便地获得湿空气性质。从湿度图上如何查阅湿空气性质以及如何利用湿度图对湿空气性质作出定性分析与判断，请参见例 8-1。

在湿度图的使用中需要特别注意的是：图 8-1 和图 8-2 的湿度图均是在总压为一个标准

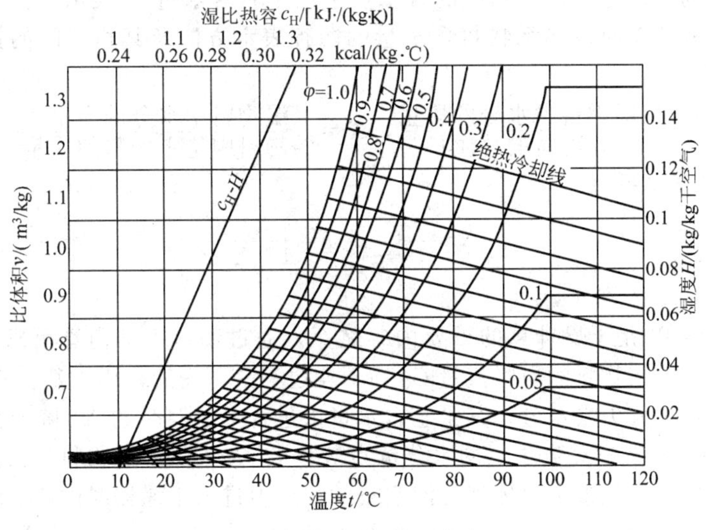

图 8-1　H-t 图

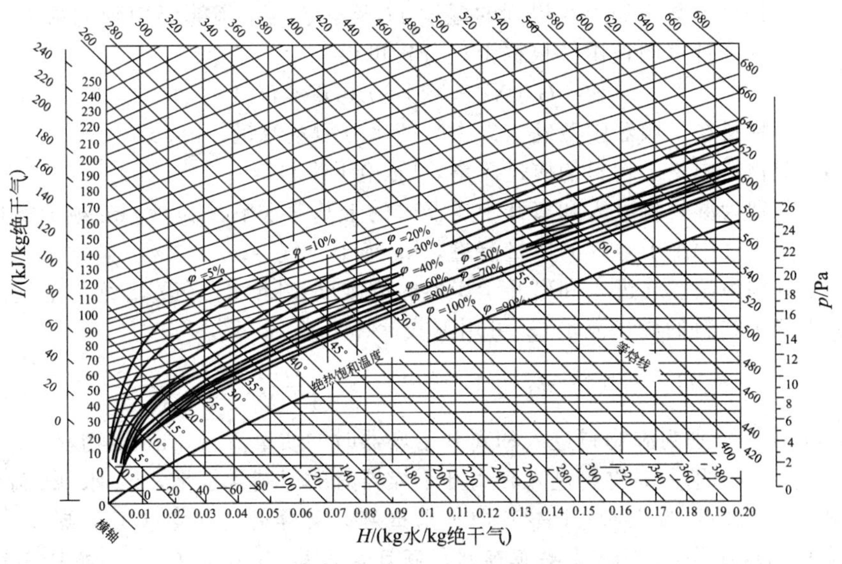

图 8-2　I-H 图

大气压的条件下绘制得到的；根据表 8-1 中等相对湿度计算式和湿度计算式联立得到 $\varphi=Hp/[p_s(0.622+H)]$，由此式可知当湿空气的温度大于 100℃时，由于总压仍为 1atm，所以湿空气温度变化对饱和蒸气压不再有影响，即 p_s 不变；那么等 φ 线在大于 100℃时，湿度不变。在图 8-1 中表示为当湿空气温度大于 100℃时，等相对湿度线为平行横轴的水平线；在图 8-2 中表示为当湿空气温度大于 100℃时，等相对湿度线为平行纵轴的垂直线。

8.1.3　干燥器的物料衡算

通过干燥器的物料衡算，可以求出干燥过程的水分蒸发量 W 和绝干空气消耗量 L。

8.1.3.1　湿物料含水量的表示方法

湿物料含水量的表示方法通常有湿基含水量 w 和干基含水量 X 两种。在题目已知条件中，湿物料含水量习惯上用湿基含水量 w 表示，但湿物料总的质量在干燥过程是变化的，用湿基含水量 ω 计算不方便。而湿物料中的绝干物料质量在干燥过程是不变的，物料衡算时以不变的绝干物料为基准，其相应的含水量采用干基含水量 X 表示，会给干燥器的物料衡算带来方便，故读者应该熟悉物料含水量的两种表示方法及其相互间的换算关系。w 和 X 的定义分别如下

$$w=\frac{\text{湿物料中水分的质量}}{\text{湿物料的总质量}},\ X=\frac{\text{湿物料中水分的质量}}{\text{湿物料中绝干物料的质量}}$$

w 和 X 的相互换算关系为

$$X=\frac{w}{1-w},\ w=\frac{X}{1+X} \tag{8-1}$$

8.1.3.2　水分蒸发量 W

求水分蒸发量 W 是干燥计算的重要内容之一。通过物料水分衡算可求出 W，如图 8-3 所示，因湿物料中绝干物料的质量流量 G_c 在干燥过程是不变的，用干基含水量 X 计算很方便，湿物料在干燥过程失去水分，其干基含水量由进入干燥器时的 X_1 降至离开干燥器时的 X_2，干燥过程湿物料蒸发（失去）的水分量为 $W=G_c(X_1-X_2)$。物料失去的水分以水蒸气的形式被干燥介质湿空气带走，体现为湿空气的湿度由进入干燥器时的 H_1 增大至离开干燥器时的 H_2，湿空气总质量流量在干燥过程是变化的，但其绝干空气的质量流量 L 是不变的，故湿空气得到的水分量为 $W=L(H_2-H_1)$。至此，我们进一步体会到，虽然干燥介质为湿空气，但其许多参数（如上面提到的湿度 H 及下节热量衡算要用到的焓 I 等）为什么要用绝干空气为基准计算的理由。根据上述分析可得

$$W=G_c(X_1-X_2)=L(H_2-H_1) \tag{8-2}$$

式中　W——湿物料在干燥器中蒸发（失去）的水分质量流量，kg/s；

G_c——湿物料中绝干物料的质量流量，kg 绝干物料/s；

X_1，X_2——分别为湿物料进入和离开干燥器时的干基含水率，kg 水/kg 绝干物料；

L——湿空气中绝干空气的质量流量，kg 绝干空气/s；

H_1，H_2——分别为湿空气进入和离开干燥器时的湿度，kg 水蒸气/kg 绝干空气。

湿物料中绝干物料的质量流量 G_c 可用下式计算

$$G_c=G_1(1-w_1)=G_2(1-w_2)=\frac{G_1}{1+X_1}=\frac{G_2}{1+X_2} \tag{8-3}$$

式中　G_1，G_2——分别为湿物料进入和离开干燥器时的质量流量，kg 湿物料/s；

w_1，w_2——分别为湿物料进入和离开干燥器时的湿基含水量，kg 水/kg 湿物料。

由式(8-3) 求出 G_c 后代入式(8-2) 即可求出 W，计算时需注意以下几点。

① 用式(8-3) 计算 G_c 时首先要正确判断题目是已知 G_1 还是 G_2，如题目已知湿物料处理量则是 G_1，已知干燥产品量则是 G_2，初学者经常犯的错误是题目已知条件没弄清楚，G_1 还是 G_2 判断错，G_c 也求错。

② 虽然通常干燥产品含水量很低，但干燥产品流量 G_2 不等于绝干物料流量 G_c，初学者经常犯的另一个错误是将 G_2 当作 G_c，因而 W 求错。

③ 式(8-2) 和式(8-3)［包括后面的式(8-4)］中的 X 和 w 均是质量分数，但有时题目给定 X 和 w 为小数形式，有时为百分数形式，记得要将其化为小数形式后代入计算，否则容易出错。

④ 式(8-2) 中的 X_2 通常较小，故计算时 X_1 的小数点后要多取一两位，否则求出的 W 误差很大。如已知 $w_1=40\%$、$w_2=5\%$时，$X_1=w_1/(1-w_1)=0.4/(1-0.4)=0.6666$（kg 水/kg 绝干物料），$X_2=w_2/(1-w_2)=0.05/(1-0.05)=0.053$（kg 水/kg 绝干物料），则应取 $X_1=0.667$kg 水/kg 绝干物料计算，若取 $X_1=0.67$kg 水/kg 绝干物料，计算误差很大。

教材介绍 W 用式(8-4) 计算

$$W=G_1-G_2=G_1\frac{w_1-w_2}{1-w_2}=G_2\frac{w_1-w_2}{1-w_1} \tag{8-4}$$

建议不用式(8-4) 求 W，理由如下。

① 初学者若不去探究式(8-4) 的来龙去脉，靠死记硬背式(8-4)，则经常会记错该式，如已知 G_1、w_1、w_2 求 W 时，式(8-4) 相应项的分母为 $(1-w_2)$，但初学者经常会记成为 $(1-w_1)$，造成 W 求错，已知 G_2、w_1、w_2 求 W 时存在类似的错［(相应项分母为 $(1-w_1)$，但记成 $(1-w_2)$］。

② 有的题目 W 求出后，还要求进行热量衡算（后面会介绍热量衡算式中 C_M 与干基含水量 X 有关）或要求计算干燥时间 θ（后面会介绍 θ 与 X 有关）。既然后续计算与 X 有关，倒不如开始求 W 时先将已知的 w_1 和 w_2 先用式(8-1) 分别换算为 X_1 和 X_2，再用容易理解记忆的式(8-2) 求 W，而求出的 X_1 和 X_2 在后续的计算中又用得上，这种一举两得的事，何乐而不为呢?

基于上述原因，强烈建议用式(8-2) 而不用式(8-4) 求 W!

8.1.3.3　绝干空气消耗量 L

求绝干空气消耗量 L 也是干燥计算的重要内容之一。由式(8-2) 并应用空气通过预热器前、后湿度 H 保持不变的概念（即 $H_1=H_0$）可得

$$L=\frac{W}{H_2-H_1}=\frac{W}{H_2-H_0} \tag{8-5}$$

式中　H_0，H_1，H_2——分别为新鲜空气、离开预热器（即进入干燥器）空气和离开干燥器空气（即废气）的湿度，kg 水蒸气/kg 绝干空气。

通常 H_0 是已知的，W 用式(8-2) 可求出，为了求 L 还需知道废气的湿度 H_2，而求 H_2 涉及废气的状态如何确定的问题，这将在后面详细讨论。

有时题目要求计算新鲜空气的质量流量 L'，可用式(8-6) 求

$$L'=L(1+H_0) \tag{8-6}$$

式中　L'——新鲜空气的质量流量，kg 新鲜空气/s。

若题目要求计算风机的风量 V_s，可用式(8-7) 求

$$V_s=L\nu_H=L(0.773+1.244H)\times\frac{t+273}{273}\times\frac{101.3}{p} \tag{8-7}$$

式中　V_s——风机的风量，m^3 湿空气/s；

ν_H——湿空气的比容，m^3 湿空气/kg 绝干空气。

提示读者特别注意以下几点。

① 求风机风量 V_s 时，式(8-7) 中的 t、H 应该用风机所在的位置空气的 t、H 代入计算，若风机装在预热器之前，则用新鲜空气的温度 t_0 和湿度 H_0 代入计算；若风机装在干燥器之后，则用废气的温度 t_2 和湿度 H_2 代入计算。另外，一般干燥过程为常压干燥，则式(8-7) 中的 $p=101.3$kPa，若已知为真空干燥，则需将真空度化为绝压后代入式(8-7)，加压对干燥是不利的，故一般没有加压干燥。

② 从式(8-7) 可知风机的风量 V_s 与绝干空气消耗量 L 有关，从式(8-5) 可看出 L 与新鲜空气湿度 H_0 有关，当蒸发水分量 W 及废气湿度 H_2 一定时，H_0 增大，L 变大，V_s 也变大，风机选型时应根据大的 V_s 选型，一般夏季 H_0＞冬季 H_0，故决定风机风量时要用夏季的 H_0。

③ 对纯流体，比容 ν 与密度 ρ 互为倒数，即 $\rho=1/\nu$。对湿空气，比容 ν_H（m^3 湿空气/kg 绝干空气）与密度 ρ_H（kg 湿空气/m^3 湿空气）不是互为倒数的关系，即 $\rho_H\neq1/\nu_H$，$\rho_H=(1+H)/\nu_H$。

8.1.4 干燥系统的热量衡算

通过干燥系统的热量衡算可求出需加入干燥系统的热量，并了解输入、输出热量间的关系，了解输入系统的热量消耗用于做什么，进而为导出干燥器的热效率定义及寻找提高热效率的措施奠定基础，故热量衡算是干燥计算非常重要的内容。衡算时参照图 8-3 所示的流程。

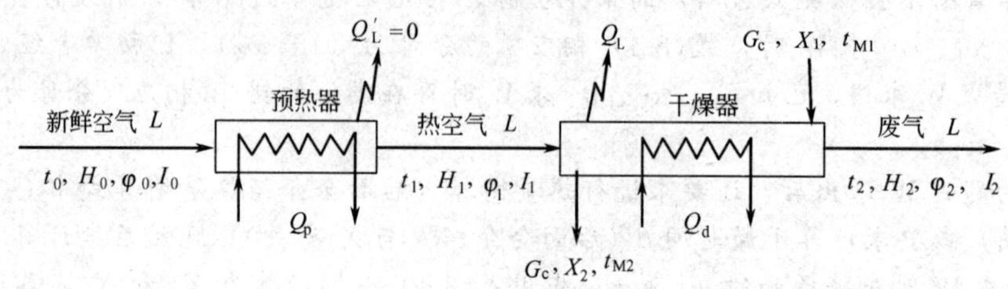

图 8-3 干燥流程示意

8.1.4.1 预热器的热量衡算

通过预热器的热量衡算可求出预热器加入的热量 Q_p。如图 8-3 所示，新鲜空气（温度为 t_0、焓为 I_0、相对湿度为 φ_0、湿度为 H_0，绝干空气流量为 L）经过预热器后，L 不变，H 不变（$H_1=H_0$），c_H 也不变（$c_{H_1}=1.01+1.88H_1=1.01+1.88H_0=c_{H_0}$）；温度由 t_0 升高至 t_1，焓由 I_0 增大至 I_1（$I_0=c_{H_0}t_0+r_0H_0$，$I_1=c_{H_1}t_1+r_0H_1=c_{H_0}t_1+r_0H_0$），$t$ 升高、I 增大有利于空气作为载热体，t 升高还可提高干燥器的热效率 η（后面介绍）；相对湿度由 φ_0 降至 φ_1，φ 降低有利于空气作为载湿体。空气预热后可达一箭双雕的目的，故空气进入干燥器前均需预热，而预热器加入的热量 Q_p 根据上述分析结合预热器的热量衡算（假设预热器的热损失 $Q'_L\approx0$），可得

$$Q_p=L(I_1-I_0)=Lc_{H_0}(t_1-t_0)=Lc_{H_1}(t_1-t_0) \tag{8-8}$$

式中 Q_p——预热器加入的热量，kW；

t_0，t_1——分别为新鲜空气、离开预热器（即进入干燥器）空气的温度，℃；

I_0，I_1——分别为新鲜空气、离开预热器（即进入干燥器）空气的焓，kJ/kg 绝干空气；

c_{H_0}，c_{H_1}——分别为新鲜空气、离开预热器（即进入干燥器）空气的比热容，kJ/(kg 绝干空气·℃)，注意 $c_{H_0}=c_{H_1}$。

8.1.4.2 干燥器的热量衡算

通过干燥器的热量衡算，可了解输入、输出热量间的关系，求出干燥需补充加入的热量 Q_d，进而求出整个干燥系统所需的总热量 $Q=Q_p+Q_d$ 以及了解所加入的总热量用于做什么，最后导出干燥器热效率 η 的定义式。对干燥器进行热量衡算时，湿空气以其中不变的绝干空气为基准，湿物料以其中不变的绝干物料为基准，依据输入的热量等于输出的热量，可得

$$LI_1+G_cC_{M1}t_{M1}+Q_d=LI_2+G_cC_{M2}t_{M2}+Q_L \tag{8-9}$$

式中 Q_d——干燥器补充加入的热量，kW；

Q_L——干燥器的热损失，kW；

t_{M1}，t_{M2}——分别为湿物料进入、离开干燥器时的温度，℃；

C_{M1}，C_{M2}——分别为以绝干物料为基准的湿物料进入、离开干燥器时的比热容，kJ/(kg·℃)；由绝干物料比热容 c_s 及水的比热容 c_1 按加和的原则计算。

其中，C_{M1}、C_{M2}分别为

$$C_{M1}=c_s+c_1X_1 \text{ 和 } C_{M2}=c_s+c_1X_2 \tag{8-10}$$

式中 c_s——绝干物料的比热容，kJ/(kg 绝干物料·℃)；

c_1——水的比热容，可取 $c_1=4.187\text{kJ/(kg 水·℃)}$。

8.1.5　物料衡算与热量衡算的联立求解

8.1.5.1　物料衡算和热量衡算联立求解常遇到的两种情况

对干燥器的设计型计算问题，以下几个设计参数是已知的。

① G_c、t_{M1}、X_1（或 w_1）、X_2（或 w_2）是干燥任务规定的已知值。

② t_{M2}是干燥后期气固两相间及物料内部热、质传递的必然结果，不能任意选择，应在一定条件下由实验测出或用经验公式求出。

③ 空气进入干燥器的温度（预热温度）t_1 可以选定，因而 I_1 已知。

④ Q_L 可按传热公式求或取 $Q_L=(0.05\sim0.10)Q_p=(0.05\sim0.10)L(I_1-I_0)$，则 Q_L 为已知值或 Q_L 与 Q_p 即与 L、I_1、I_0 有关，当 I_1、I_0 为已知值时 Q_L 仅与 L 有关。

干燥器热量衡算式(8-9) 有 L、I_1、I_2、G_c、C_{M1}、C_{M2}、t_{M1}、t_{M2}、Q_d、Q_L 共 10 个变量，现在其中 G_c、I_1、t_{M1}、t_{M2}、Q_L（Q_L 为已知值或取 Q_L 为 Q_p 的某一倍数如 0.05～0.10 倍，当 I_1、I_0 为已知值时 Q_L 仅与 L 有关）、C_{M1}和 C_{M2}（C_{M1}、C_{M2}分别与 X_1、X_2 有关，当 X_1、X_2 已知时 C_{M1}、C_{M2}也确定）共七个变量为已知值，剩下 L、Q_d、I_2 三个未知量。一个方程解不出三个未知量，还可以利用的一个方程是干燥器物料衡算式(8-5)，即 $L=W/(H_2-H_0)$，该式中 H_0 为已知值，W 可由设计参数 G_c、X_1、X_2 用式(8-2) 求出，H_2 是废气的湿度为未知量。现在有两个方程，而未知量有 L、Q_d、I_2、H_2 共四个，但 I_2、H_2 共同由废气状态确定，若废气状态确定（在总压 p 确定的情况下，选定废气的两个独立参数，则废气的状态被唯一确定），I_2、H_2 也确定，则两个方程联立可解两个未知量 L 及 Q_d。于是，干燥过程的物料衡算和热量衡算的联立求解常遇到以下两种情况。

(1) 选择空气出干燥器的状态（即选择废气的状态，在总压 p 确定的情况下，要选定废气的两个独立参数才能确定废气的状态，通常选定 t_2 及 φ_2），求绝干空气用量 L 及干燥器补充加热量 Q_d。

分析：t_2 及 φ_2 均选定，废气状态确定，联立物料衡算式(8-5) 和热量衡算式(8-9) 可求得 L 及 Q_d。具体的求法有两种。

① 解析法。由表 8-1 及其后的注解可知

$$p_{s2}=\frac{101.3}{760}\exp\left(18.3036-\frac{3816.44}{273.15+t_2-46.13}\right)\times10^3 \tag{a}$$

$$H_2=0.622\,\frac{\varphi_2 p_{s2}}{p-\varphi_2 p_{s2}} \tag{b}$$

$$I_2=(1.01+1.88H_2)t_2+2492H_2 \tag{c}$$

将已知的 t_2 代入式(a) 求出 p_{s2}（有时根据 t_2 用内插法查饱和水蒸气表得到 p_{s2}），将 φ_2 和 p_{s2}代入式(b) 求出 H_2，将 t_2 和 H_2 代入式(c) 求出 I_2，将 H_2 代入式(8-5) 求出 L，最后将 L、I_2、H_2 及其他已知条件代入式(8-9) 求出 Q_d。

② 图解法。由选定的湿空气的两个独立参数 t_2 及 φ_2 在湿度图上确定废气的状态点，然后读出 H_2、I_2 的值，将 H_2 代入式(8-5) 求出 L，最后将 L、I_2、H_2 及其他已知条件代入式(8-9) 求出 Q_d。

(2) 选定干燥器补充加热量 Q_d（或有些干燥器不补充热量则 $Q_d=0$）及废气的一个参数（如 t_2 和 φ_2 中的一个），求绝干空气用量 L 及废气湿度 H_2。

分析：只已知废气中的一个参数（t_2 或 φ_2），废气的状态没有确定（废气的状态需已知两个独立参数才能确定），在 Q_d 已知的情况条件下，还剩 L、I_2、H_2 三个未知量，但 I_2 是 t_2 和 H_2 的函数，故在 t_2 已知时实际上剩下 L、H_2 二个未知量，联立物料衡算式(8-5) 和热量衡算式(8-9) 可求得 L 和 H_2。H_2 求出后废气状态也就确定了，所以联立求解式(8-5)

和式(8-9) 实际上就是确定废气的状态，但一方面联立求解以上两个方程的计算比较烦琐，因而常对过程作出简化，以便于初步估算；另一方面，联立求解方程确定废气状态不形象直观，不便于对过程的理解讨论，因而有时常用图解法确定废气的状态，以便于加深对过程的理解和讨论废气状态变化对过程的影响。下面将介绍上述两方面的内容。

8.1.5.2　废气状态的确定及其图示讨论

确定废气（即离开干燥器的空气）的状态，就是联立求解物料衡算式和热量衡算式，为了便于该过程的图示表达，将式(8-5) 代入式(8-9)，经过整理可得

$$\frac{I_2-I_1}{H_2-H_1}=\frac{Q_d}{W}-\frac{G_c}{W}(C_{M2}t_{M2}-C_{M1}t_{M1})-\frac{Q_L}{W} \tag{8-11}$$

令 $q_d=\frac{Q_d}{W}$，$q_M=\frac{G_c}{W}(C_{M2}t_{M2}-C_{M1}t_{M1})$，$q_L=\frac{Q_L}{W}$，$\Delta=q_d-q_M-q_L$，则式(8-11)可写成

$$\frac{I_2-I_1}{H_2-H_1}=q_d-q_M-q_L=\Delta \tag{8-12}$$

式中，q_d、q_M、q_L、Δ 的单位均为 kJ/kg 水。

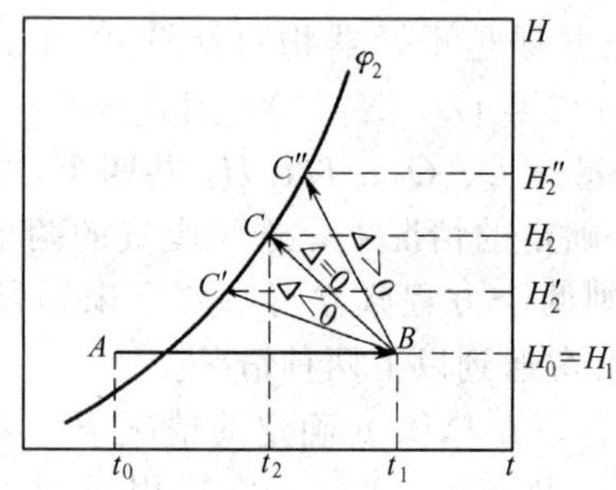

图 8-4　废气状态 H-t 图解法

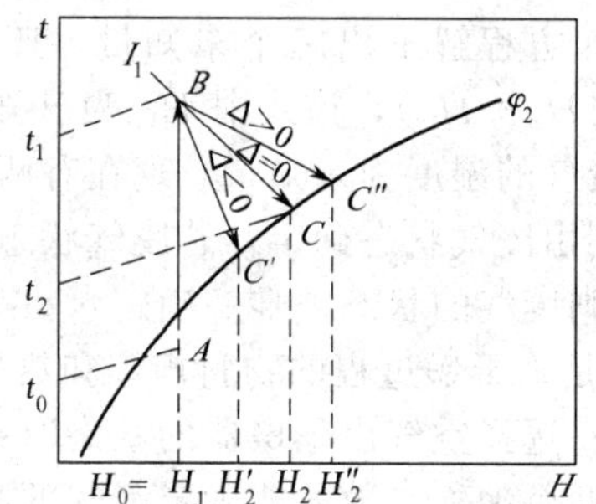

图 8-5　废气状态 I-H 图解法

式(8-12) 中（I_1，H_1）为进入干燥器（即离开预热器）的空气状态点，如图 8-4 和图 8-5 所示的 B 点，该点的状态已确定（因为预热器出口的温度 t_1 已知，由新鲜空气状态点 A 沿等 H 线至 t_1 即可确定 B 点，B 点 $H_1=H_0$）。式(8-12) 中（I_2，H_2）为废气（即离开干燥器）的空气状态点，空气的状态需规定两个独立参数才能确定，仅已知 t_2 或 φ_2 一个参数时，废气状态不能确定。废气的状态必须满足物料衡算和热量衡算，而式(8-12) 就是物料衡算和热量衡算联立的结果，因此，当式(8-12) 中的条件 Δ 已确定后，只需（也只能需）再规定空气的另一个参数，通常是 t_2 或 φ_2 中的一个，废气的状态就被唯一确定。下面阐述废气状态的确定方法及其图示讨论。

8.1.6　理想干燥过程废气状态的确定及其图示

理想干燥（有的书又称为等焓干燥或绝热干燥）过程热损失很小可忽略不计，$Q_L\approx0$ ($q_L\approx0$)，干燥器内不补充热量 $Q_d=0$ ($q_d=0$)，物料升温很小，$t_{M2}\approx t_{M1}$，$G_c(C_{M2}t_{M2}-C_{M1}t_{M1})/W\approx G_cC_{M1}(t_{M2}-t_{M1})/W\approx0$ ($q_M\approx0$)，$\Delta=q_d-q_M-q_L\approx0$，则热量衡算式(8-9) 或式(8-11) 或式(8-12) 均简化为

$$I_1=I_2，即\quad(1.01+1.88H_1)t_1+2492H_1=(1.01+1.88H_2)t_2+2492H_2$$

理想干燥过程空气在干燥器内放出的热量全部用于蒸发水分，这部分热量又由汽化的水分以潜热的形式带回空气，对空气而言失去的显热又全部以潜热的形式得到，故可认为空气的焓值不变（空气得到水分本身所具有的显热，但水的显热与其汽化潜热相比很小可略去，空气的焓值可认为不变），所以又称理想干燥为等焓干燥。理想干燥时，空气与外界没有热交换（过程是在绝热条件下进行），如图 8-4 和图 8-5 所示，空气在干燥器内由进口状态 B 点开

始沿等焓线（$\Delta=0$）变化，放出热量温度 t 降低，得到水蒸气湿度 H 增加，直至废气状态 C 点，即空气状态变化是绝热冷却增湿过程，故又称理想干燥为绝热干燥。

理想干燥在实际操作中难以实现，但有些实际干燥过程很接近理想干燥，将其近似当作理想干燥，会大为简化干燥的计算而误差又不大。另外，理想干燥可作为实际干燥的比较基准，便于实际干燥过程的分析。下面阐述理想干燥过程废气状态的确定方法。

（1）图解法（已知 t_2 或 φ_2 时均可用）　前已述及，废气的状态要由废气的两个独立参数才能确定，另外，废气的状态也要满足物料衡算和热量衡算。式(8-11）或式(8-12）就是物料衡算式(8-5）和热量衡算式(8-9）联立的结果，当条件 Δ 确定，仅需规定废气的一个参数即可确定其状态。对理想干燥 $\Delta=0$ 已确定，只需规定废气温度 t_2 或相对湿度 φ_2，即可确定其状态，其图解法的步骤是：在图 8-4 或图 8-5 中，由新鲜空气状态点 $A(t_0,H_0)\xrightarrow{\text{沿等 }H\text{ 线至}}$进入干燥器（即离开预热器）的空气状态点 $B(t_1,H_1=H_0)\xrightarrow{\text{沿等 }I\text{ 线至}}$废气状态点 $C(t_2,H_2)$，若已知 t_2 就交到 t_2 线，若已知 φ_2 就交到 φ_2 线，故已知 t_2 或 φ_2 均可用图解法确定废气状态点 C。C 点确定后，从湿度图中即可读出废气湿度 H_2 的值。然后将 H_2 代入物料衡算式(8-5）求绝干空气干用量 L，再将 L 代入预热器热量衡算式(8-8）求预热器加入的热量 Q_p，即

$$L=\frac{W}{H_2-H_1}=\frac{W}{H_2-H_0},\ Q_p=L(I_1-I_0)=LC_{H_0}(t_1-t_0)$$

图解法确定废气状态比较直观，但读图可能不准确、误差大，且前提是必须有湿度图，在平时做作业时有湿度图可查问题不大。考试时多数题目是给定废气温度 t_2，但没有湿度图可查，怎么办？我们使用教材（文献[2]）所举的理想干燥且已知 t_2 的例题只采用图解法求解，下面介绍另一种解法——解析法。

（2）解析法（已知 t_2 时强烈推荐用此法）　前已说明，理想干燥即为等焓干燥（或绝热干燥），空气在干燥器内状态沿等焓线变化，即满足 $I_1=I_2$ 的条件，故

$$(1.01+1.88H_1)t_1+2492H_1=(1.01+1.88H_2)t_2+2492H_2$$

式中，$H_1=H_0$、t_1 及 t_2 均为已知值，式中只有一个未知量 H_2 可求出。将 H_2 代入式(8-5）求 L，再将 L 代入式(8-8）求 Q_p。解析法在考试时最常用，望读者重点掌握，解题时需注意 I 的计算式不要记错，且会懂得利用 $H_1=H_0$ 的条件。解析法仅适用于 t_2 已知的情况，若已知 φ_2 但考试时又没有湿度图可查，或有时干燥过程需编程用计算机计算（如干燥器的设计或优化设计时），图不便于编程计算，诸如此类问题，该如何解决？下面介绍的数值法，就是为了解决此类问题。

（3）数值法（已知 φ_2 但不用湿度图时用此法）　由图 8-4 或图 8-5 可知，理想干燥时废气的状态点 C 是等焓线 BC 与等 φ_2 线的交点，H_2 应满足等焓条件即 $I_1=I_2$，H_2 又与 φ_2 和 t_2 有关，而 t_2 与水的饱和蒸气压 p_{s2} 有关（即表 8-1 注解中提到的安托因方程），故数值法确定理想干燥废气状态（已知 φ_2，不用湿度图求 t_2 或 H_2）就是联立求解以下三个方程

$$(1.01+1.88H_1)t_1+2492H_1=(1.01+1.88H_2)t_2+2492H_2$$

$$H_2=0.622\frac{\varphi_2 p_{s2}}{p-\varphi_2 p_{s2}}$$

$$p_{s2}=\frac{101.3}{760}\exp\left(18.3036-\frac{3816.44}{273.15+t_2-46.13}\right)\times 10^3$$

上述三个方程构成一个非线性方程组，其中 $H_1=H_0$、t_1、φ_2、总压 p 四个变量为已知值，剩下 t_2、H_2、p_{s2} 三个未知量，三个方程联立可求出三个未知量，但由于方程非线性的缘故，需用试差法（迭代法）求解。t_2 或 H_2 求出后废气的状态就确定了，将 H_2 代入式(8-5）求 L，再将 L 代入式(8-8）求 Q_p。采用数值法解题时安托因方程不必记，考试需要时会给出该方程。

工程上理想干燥的情况少见，下面介绍工程上常见的实际干燥过程废气状态的确定方法及其图示讨论。

8.1.7 实际干燥过程废气状态的确定及其图示

实际干燥过程有热损失 $Q_L \neq 0$（$q_L \neq 0$），干燥器内有时需补充热量 $Q_d \neq 0$（$q_d \neq 0$）或不需要补充热量 $Q_d = 0$（$q_d = 0$），物料升温较大 $t_{M2} > t_{M1}$、$G_c(C_{M2}t_{M2} - C_{M1}t_{M1})/W \neq 0$（$q_M \neq 0$），$\Delta = q_d - q_M - q_L \neq 0$。确定实际干燥过程废气状态的方法仍然是联立求解物料衡算式(8-5)和热量衡算式(8-9)，但由于式(8-9)不能简化，一方面其求解比理想干燥的求解烦琐，且联立求解不形象直观、不便于对过程的理解讨论；另一方面，当 Δ 确定后，只需规定废气的一个参数（t_2 或 φ_2）即可确定废气状态，实际问题有时规定 t_2 有时规定 φ_2，它们的解法是不同的。基于上述原因，下面将阐述确定实际干燥过程废气状态的不同方法及其图示讨论。

（1）图解法（已知 t_2 或 φ_2 均可用） 与理想干燥过程（$\Delta = 0$）类似，当条件 Δ 确定后，只需规定废气的一个参数（t_2 或 φ_2）即可确定其状态，但实际干燥过程可能出现 $\Delta < 0$ 和 $\Delta > 0$ 两种情况，下面分别讨论。

① $\Delta < 0$ 的情况。若干燥器内不补充热量 $Q_d = 0$（$q_d = 0$）或补充的热量不足以弥补物料升温和干燥器热损失 $Q_d < G_c(C_{M2}t_{M2} - C_{M1}t_{M1})/W + Q_L/W$（$q_d < q_M + q_L$），则 $\Delta = q_d - q_M - q_L < 0$，此时空气在干燥器内于等焓线 BC 下方沿 BC' 线变化至出口（废气）状态 C'，若规定的 φ_2 相同，则 C' 点的 H_2' 小于 C 点的 H_2（$H_2' < H_2$），由式(8-5)计算的绝干空气用量 L 增加；若规定的 t_2 相同，也有同样的结果。

② $\Delta > 0$ 的情况。若干燥器内补充的热量 $Q_d > G_c(C_{M2}t_{M2} - C_{M1}t_{M1})/W + Q_L/W$（$q_d > q_M + q_L$），则 $\Delta = q_d - q_M - q_L > 0$，此时空气在干燥器内于等焓线 BC 上方沿 BC'' 线变化至出口（废气）状态 C''，若规定的 φ_2 相同，则 C'' 点的 H_2'' 大于 C 点的 H_2（$H_2'' > H_2$），由式(8-5)计算的绝干空气用量 L 减少；若规定的 t_2 相同，也有同样的结果。

以上两种情况确定废气状态图解法的第一步是在图 8-4 或图 8-5 中由新鲜空气状态点 $A(t_0, H_0)$ 沿等 H 线至进入干燥器（即离开预热器）的空气状态点 $B(t_1, H_1 = H_0)$ 该步很容易完成。第二步当 $\Delta < 0$ 时由 B 点到 C' 点或当 $\Delta > 0$ 时由 B 点到 C'' 点作图却比较困难，因为根据已确定的 B 点通过直线斜率 Δ 画直线交于已知的 t_2 或 φ_2 才能确定 C' 或 C'' 点，点斜式画直线不准确且难以实现，故有必要探讨易作图且较准确的两点画直线。

点 $B(H_1, I_1)$ 和点 C' 或 $C''(H_2, I_2)$ 连线上的任一点 $P(H, I)$ 符合式(8-12)的关系，即

$$\frac{I_2 - I_1}{H_2 - H_1} = \frac{I - I_1}{H - H_1} = \Delta \tag{8-13}$$

将表 8-1 中焓 I 的表达式代入式(8-13)得

$$\frac{(c_{H_2}t_2 + r_0H_2) - (c_{H_1}t_1 + r_0H_1)}{H_2 - H_1} = \frac{(c_Ht + r_0H) - (c_{H_1}t_1 + r_0H_1)}{H - H_1} = \Delta \tag{8-14}$$

由于 $c_{H_1} = (1.01 + 1.88H_1) = (1.01 + 1.88H_0) = c_{H_0}$ 为已知值，且空气的湿比热容相差不大，故可设 $c_{H_2} \approx c_H \approx c_{H_1}$，下面用 c_{H_1} 计算，式(8-14)简化为

$$\frac{c_{H_1}(t_2 - t_1) + r_0(H_2 - H_1)}{H_2 - H_1} = \frac{c_{H_1}(t - t_1) + r_0(H - H_1)}{H - H_1} = \Delta$$

即

$$\frac{t_2 - t_1}{H_2 - H_1} = \frac{t - t_1}{H - H_1} = \frac{-r_0 + \Delta}{c_{H_1}} = \frac{-2492 + \Delta}{c_{H_0}} \tag{8-15}$$

式(8-15)在实际干燥过程已知 t_2 求 H_2 的近似解法中很有用，这将在后面介绍。此处先介绍该式在已知 φ_2 时用图解法确定废气状态点 C'（$\Delta < 0$ 时）或 C''（$\Delta > 0$ 时）中的应用。

任取一温度 $t(t<t_1)$ 代入式(8-15) 求得与 t 对应的 H（要先根据题目已知条件求出 Δ 和 c_{H_1} 的值)，根据 (t,H) 在湿度图上确定其状态点 P，连接 $B(t_1,H_1=H_0)$ 和 $P(t,H)$ 两点得一直线，将此直线延长至与已知的 φ_2 线相交，其交点就是实际干燥过程废气的状态点 $C'(\Delta<0$ 时）或 $C''(\Delta>0$ 时)，由 C' 或 C'' 读出 H_2' 或 H_2''，将 H_2' 或 H_2'' 代入式(8-5) 求 L，再将 L 代入式(8-8) 求 Q_p。由此可见，已知 φ_2 时用图解法确定实际干燥过程废气状态是很烦琐的。当然已知 t_2 时也可用图解法，因图解法烦琐，已知 t_2 时建议读者用下面介绍的解析法确定废气的状态。

(2) 严格解析法（已知 t_2 时用）　确定实际干燥过程废气状态就是联立求解物料衡算式(8-5) 和热量衡算式(8-9)，导出这两个公式时没有作任何简化，因而联立求解它们的方法称为严格解析法。上述两个计算式的表达式分别如下

物料衡算式
$$L=\frac{W}{H_2-H_1}=\frac{W}{H_2-H_0} \tag{a}$$

热量衡算式
$$LI_1+G_cC_{M1}t_{M1}+Q_d=LI_2+G_cC_{M2}t_{M2}+Q_L \tag{b}$$

因干燥器热损失 Q_L 可能给出两种形式，联立式(a) 和式(b) 的最终结果有所不同，分别讨论如下。

① Q_L 为已知值。先将 $I_2=(1.01+1.88H_2)t_2+2492H_2$ 代入式(b)，然后联立式(a)和式(b)经过整理后可得

$$H_2=\frac{WI_1-1.01t_2W+H_0G_c(C_{M2}t_{M2}-C_{M1}t_{M1})+H_0(Q_L-Q_d)}{2492W+1.88t_2W+G_c(C_{M2}t_{M2}-C_{M1}t_{M1})+Q_L-Q_d} \tag{c}$$

② 已知干燥器的热损失 Q_L 可取为预热器加热量 Q_p 的某一百分数（通常取 5%～10%)，为表达方便起见写成 $Q_L=xQ_p=xL(I_1-I_0)$（其中 $x=0.05\sim0.10$)。先将 $Q_L=xL(I_1-I_0)$ 及 $I_2=(1.01+1.88H_2)\ t_2+2492H_2$ 代入式(b)，然后联立式(a) 和式(b) 经过整理后可得

$$H_2=\frac{(1-x)I_1W+xI_0W-1.01t_2W+H_0G_c(C_{M2}t_{M2}-C_{M1}t_{M1})-H_0Q_d}{2492W+1.88t_2W+G_c(C_{M2}t_{M2}-C_{M1}t_{M1})-Q_d} \tag{d}$$

实际干燥过程已知废气状态的一个参数 t_2，根据题给 Q_L 的形式，分别选式(c) 或式(d) 求出 H_2，则废气状态确定。将 H_2 代入式(8-5) 求 L，再将 L 代入式(8-8) 求 Q_p。

严格解析法没有作任何简化，所求结果最准确，但求解过程烦琐，式(c) 和式(d) 形式复杂记不住。读者千万不要把精力放在去死记硬背式(c) 和式(d) 上，没有必要去记它们，而且花了很多时间也是记不住的！读者应该把精力放在去正确理解严格解析法的方法上，该法实质上是联立式(a) 和式(b) 的结果，且在联立前先将废气焓 I_2 的表达式（因为 I_2 与待求的 H_2 有关）代入式(b)，剩下的就是数学处理的问题，数学处理只用到初等数学知识（如移项、合并项等）并不难，在数学处理时认真细心些就可以得到式(c) 和式(d)，因此，问题的关键是要准确记住式(a)、式(b) 和 I_2 的表达式。式(a) 和 I_2 的表达式比较简单可以而且也应该记住。式(b) 形式稍复杂，但采用正确的方法也能准确记住，紧紧抓住以下两点：一是干燥器热量衡算的原则是输入热量＝输出热量，对照图 8-3 记忆，输入热量有三项，输出热量也有三项；二是衡算时以不变的量作为衡算基准，对湿空气不变的量是其中绝干空气流量 L，对湿物料不变的量是其中绝干物料流量 G_c。抓住以上两点，式(b) 就不难记住了，或者需要式(b) 时自己也可正确导出。我们使用的教材（文献[2]）以湿物料为衡算基准，而湿物料在干燥过程其量是变化的，以变化的量为基准进行衡算，所得计算式复杂，且不便于读者理解记忆。

已知废气 t_2 时实际干燥过程确定废气状态的严格解析法计算结果虽然准确，但计算过程繁琐。有没有计算相对简单结果又较准确方法呢？若有，该法是如何导出的呢？这将在下面介绍。

(3) 近似解析法(已知 t_2 求 H_2,或已知 H_2 反求 t_2 时强烈推荐用此法) 回顾式(8-15)的导出过程:该式实际上是从式(8-12)出发推导,而式(8-12)是联立物料衡算式(8-5)和热量衡算式(8-9)所得的一种形式,在导出过程假设空气湿比热容相差不大,取 $c_{H_2} \approx c_H \approx c_{H_1}$,故式(8-15)可称为近似解析法。下面用式(8-15)计算实际干燥过程已知 t_2 时废气湿度 H_2(即确定废气状态),由该式得

$$\frac{t_2 - t_1}{H_2 - H_1} = \frac{t_2 - t_1}{H_2 - H_0} = \frac{-r_0 + \Delta}{c_{H_1}} = \frac{-2492 + \Delta}{c_{H_0}} \tag{e}$$

将已知的废气 t_2 代入式(e),可很方便求出 H_2(需先求出 Δ、c_{H_0} 值,而 t_1、H_0 是已知值),则废气状态被确定。将 H_2 代入式(8-5)求 L,再将 L 代入式(8-8)求 Q_p。另外,对有一类题型已知废气 H_2,反求废气 t_2,用式(e)也很方便。与严格解析法相比,近似解析法公式简单易记,求解过程也方便,求解结果误差较小(详见例 8-3),故实际干燥过程已知 t_2 求 H_2,或已知 H_2 反求 t_2,强烈推荐用近似解析法。但是,若已知干燥器的热损失 Q_L 占预热器加热量 Q_p 的比例且 H_2 未知时,由于 $Q_p = Lc_{H_1}(t_1 - t_0)$ 与 H_2 有关[因为 $L = W/(H_2 - H_1)$],Δ 无法求得,也就不能采用近似解析法求解。

(4) 数值法(已知 φ_2 但不用湿度图时用此法) 与理想干燥过程类似,实际干燥过程当已知 φ_2 但没有湿度图可查(如考试时),或干燥过程需编程计算(如干燥器的设计或优化设计时),图不便于编程计算时,可采用数值法计算。将 8.1.6 节理想干燥数值法(3)中热量衡算式即等焓式 $I_1 = I_2$ 改为实际干燥过程的热量衡算式(8-9)即可,解法分析与理想干燥数值法类似,请读者自行分析。

至此,为解决干燥物料衡算和热量衡算联立求解(确定废气状态)的问题,对理想干燥过程导出了图解法、解析法和数值法三种方法,对实际干燥过程导出了图解法、严格解析法、近似解析法和数值法四种方法,上述方法对解决不同的问题各有优缺点,各有其适合应用的场合。这是继发散思维在传热、吸收等章节中的成功应用之后,发散思维在干燥中的又一次成功应用。可见,发散思维在化工原理课程教学中的应用甚为广泛。这种思维方法是一种从不同角度、不同途径去探究同一问题的多种解决方法,它要求我们思路开阔,研究的解决办法和答案越多越好,以便分析比较,选优汰劣。发散思维是从事创造性工作的人最重要的素质,在教学中应大力培养学生的发散思维能力,探索一题多解就是培养发散思维能力的有效途径。然而,一个创造性活动过程,要经由发散思维到收敛思维,再从收敛思维到发散思维,两种思维方式多次循环,才能完成,因此,培养收敛思维能力也是至关重要的。前面各章中的解题关系图、题型及解法分析等内容,就是抽象、概括、分析、综合等常用收敛思维方法在化工原理课程教学中的成功应用,它给我们以"回归启发":题目可以千变万化,但万变不离其"宗"。同理,收敛思维在干燥解题过程也有广泛的应用,这将在后面 8.2.2 中详细讨论。

8.1.8 干燥系统的热效率

(1) 加入干燥系统总热量的用途分析 干燥系统是能耗很高的单元操作,因此,了解干燥系统能量利用率即热效率的定义,探讨提高热效率的措施,达到节能的目的,是一件很重要的事情。为此,先了解干燥系统加入的总热量用于做什么,以图 8-3 所示的干燥系统为例,该系统由预热器和干燥器组成,加入系统的总热量 Q 为预热器加热量 Q_p 和干燥器内补充加热量 Q_d 之和。将式(8-8) Q_p 的计算式与由式(8-9)移项得到的 Q_d 计算式相加,并整理得到

$$Q = Q_p + Q_d = L(I_2 - I_0) + G_c C_{M2} t_{M2} - G_c C_{M1} t_{M1} + Q_L \tag{8-16}$$

为了了解总热量用于做什么,先将式(8-16)右侧的 I_2、I_0 按表 8-1 中 I 的定义式展开整理得

$$I_2=(c_a+c_w H_2)t_2+r_0 H_2=c_a t_2+(c_w t_2+r_0)(H_2-H_0+H_0)$$
$$I_0=(c_a+c_w H_0)t_0+r_0 H_0=c_a t_0+(c_w t_0+r_0)H_0$$

以上两式相减，得

$$\begin{aligned}I_2-I_0&=(c_a+c_w H_0)(t_2-t_0)+(c_w t_2+r_0)(H_2-H_0)\\&=c_{H_0}(t_2-t_0)+(c_w t_2+r_0)(H_2-H_0)\end{aligned} \tag{a}$$

再将式(8-16) 中 $G_c G_{M1} t_{M1}$ 项做如下处理

$$\begin{aligned}G_c C_{M1} t_{M1}&=G_c(c_s+c_1 X_1)t_{M1}=G_c(c_s+c_1 X_2-c_1 X_2+c_1 X_1)t_{M1}\\&=G_c C_{M2} t_{M1}+G_c(X_1-X_2)c_1 t_{M1}=G_c C_{M2} t_{M1}+W c_1 t_{M1}\end{aligned} \tag{b}$$

最后将式(a) 和式(b) 代入式(8-16)，并注意到式(a) 中 $c_{H_0}=c_{H_1}$，式(8-16) 中 $L=W/(H_2-H_0)$，整理后可得

$$Q=Q_p+Q_d=W(c_w t_2+r_0-c_1 t_{M1})+G_c C_{M2}(t_{M2}-t_{M1})+Lc_{H_1}(t_2-t_0)+Q_L \tag{8-17}$$

令　$Q_1=W(c_w t_2+r_0-c_1 t_{M1})$，$Q_1$ 代表水分汽化所需的热量，直接用于干燥目的；

$Q_2=G_c C_{M2}(t_{M2}-t_{M1})$，$Q_2$ 代表物料升温带走的热量，是为达到规定含水量 X_2 所不可避免的；

$Q_3=Lc_{H_1}(t_2-t_0)$，Q_3 是废气温度高于新鲜空气的显热，可理解为是废气带走的热量。

于是，式(8-17) 可写成

$Q=Q_p+Q_d=Q_1$(水分汽化所需的热量)$+Q_2$(物料升温带走的热量)$+Q_3$(废气带走的热量)$+Q_L$(干燥器热损失)

至此，从式(8-17) 可知，加入干燥系统的总热量 Q（包括预热器加入热量 Q_p 和干燥器内补充加入的热量 Q_d）用于做四件事情：用于汽化水分所需的热量（直接用于干燥目的）Q_1；用于物料升温的热量（被物料带走）Q_2；用于废气升温的热量（被废气带走）Q_3；用于干燥器向外界损失的热量（热损失）Q_L。

(2) 干燥系统的热效率　干燥系统的热效率 η 尚没有统一的定义，如文献[2] 定义 $\eta=Q_1/Q$，文献 [4] 则定义 $\eta=(Q_1+Q_2)/Q$。从上面的分析可知，加入干燥系统的总热量 Q 直接用于干燥目的的是 Q_1，其他三项 Q_2、Q_3 和 Q_L 均可广义上认为是损失的热量，若 Q_1/Q 值越大，说明加入系统热量的利用率越高，干燥过程越经济，故倾向于按文献[2] 的方法定义热效率 η

$$\eta=\frac{Q_1}{Q}=\frac{W(c_w t_2+r_0-c_1 t_{M1})}{Q_p+Q_d} \tag{8-18}$$

对理想干燥过程：$Q_2=G_c C_{M2}(t_{M2}-t_{M1})=0$(因为 $t_{M2}=t_{M1}$)，$Q_d=0$，$Q_L=0$，由式(8-17) 及 Q_p 的计算式(8-8) 得

$$Q=Q_p=Lc_{H_1}(t_1-t_0)=Q_1+Lc_{H_1}(t_2-t_0)$$

由上式及 Q_1 的定义式可得　　$Q_1=Lc_{H_1}(t_1-t_2)=W(c_w t_2+r_0-c_1 t_{M1})$　　(c)

式(c) 说明对于理想干燥过程，空气在干燥器内放出的热量 $Lc_{H_1}(t_1-t_2)$ 全部用于汽化水分，于是理想干燥过程的热效率 η 为

$$\eta=\frac{Q_1}{Q}=\frac{Q_1}{Q_p}=\frac{Lc_{H_1}(t_1-t_2)}{Lc_{H_1}(t_1-t_0)}=\frac{t_1-t_2}{t_1-t_0} \tag{8-19}$$

(3) 提高热效率的措施　有如下几点。

① 降低废气的温度 t_2。若为理想干燥过程，从式(8-19) 可直接看出 t_1、t_0 不变，t_2 减小，热效率 η 提高。若为实际干燥过程，式(8-18) 分母总热量 Q 与废气带走的热量 $Q_3=Lc_{H_1}(t_2-t_0)$ 有关，其中 $L=W/(H_2-H_0)$；t_2 降低，其他条件不变，不论是实际干燥 $\Delta<0$ 和 $\Delta>0$ 两种情况，还是理想干燥 $\Delta=0$ 情况，将图 8-4 和图 8-5 中的干燥操作线 BC' 和 BC'' 或 BC 沿 t_2 降低的方向顺延，即可看出 H_2 增大，故 L 减小；从 Q_3 的表达式可知，t_2 减

小、L 减小这两个因素均使 Q_3 减小；Q_3 减小使 Q 减小，因而 η 提高。但需注意，t_2 降低使 η 提高的同时，干燥速率也降低，延长了干燥时间，增加了设备容积；另外，t_2 不能过低以致接近饱和状态，使气流易于在设备及管道出口处散热而析出水滴，使干燥产品返潮。通常为安全起见，t_2 需比进干燥器空气的湿球温度 t_{w1} 高 20～50℃，即 $t_2=t_{w1}+(20\sim50℃)$。

判别干燥产品是否会发生返潮现象是干燥计算常见的题型之一，其解题方法是：先根据确定的废气状态（t_2、H_2 确定），由表 8-1 中湿度表达式求出废气的水蒸气分压 p_{w2}，即 $p_{w2}=H_2p/(0.622+H_2)$，再根据 t_2 查饱和水蒸气表得到或用表 8-1 后符号注解中的安托因方程求出 t_2 温度下水的饱和蒸气压 p_{s2}（考试时没表可查通常会给出 p_{s2} 值或安托因方程）。最后判别：若 $p_{w2}<p_{s2}$，干燥产品不会返潮；若 $p_{w2}>p_{s2}$，干燥产品会返潮。

注意：有些干燥器如气流干燥器，干燥产品与温度为 t_2 的出口空气（废气）一起经过管道流进旋风分离器，气固两相在旋风分离器中分离后得到干燥产品，空气在管道和旋风分离器中流动因散热、克服流动阻力等原因温度会由原来的 t_2 下降至 t_2'，与 t_2' 对应的水的饱和蒸气压为 p_{s2}'（$t_2'<t_2$，$p_{s2}'<p_{s2}$），此时应该用 p_{s2}' 而不能用 p_{s2} 来判别干燥产品是否会返潮，即 $p_{w2}<p_{s2}'$ 不会返潮，$p_{w2}>p_{s2}'$ 会返潮。

② 提高空气的预热温度 t_1。如图 8-6 和图 8-7 所示，以实际干燥 $\Delta<0$ 为例分析。由于预热温度由 t_1 提高至 t_1'，达到相同出口温度 t_2 的湿度由 H_2 增大至 H_2'，因此空气用量 L 减少［$L=W/(H_2-H_0)$，W、H_0 不变，H_2 增大，L 减少］，废气带走热量 Q_3 减小［$Q_3=Lc_{H_1}(t_2-t_0)$，c_{H_1}、t_2、t_0 不变，L 减少，Q_3 减小］，Q_3 减小使 Q 减小，因而 η 提高（$\eta=Q_1/Q$，Q_1 不变，Q 减小，η 提高）。

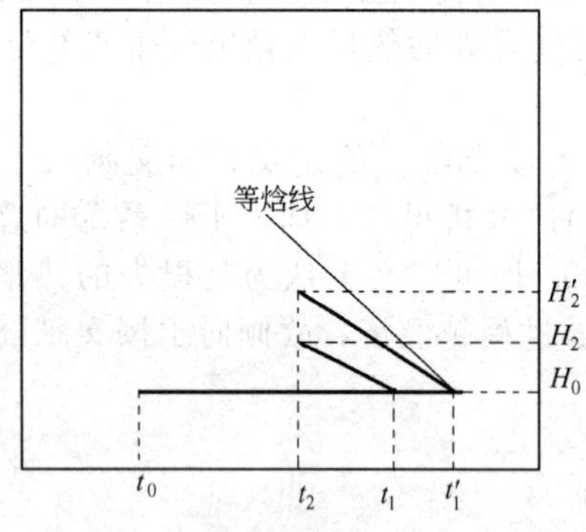

图 8-6　$\Delta<0$ 时提高 t_1 的 H-t 图示

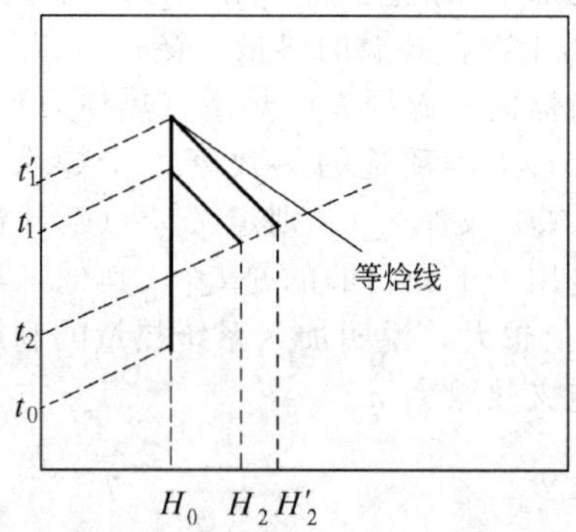

图 8-7　$\Delta<0$ 时提高 t_1 的 I-H 图示

提高 t_1 是提高 η 的有效措施，但 t_1 的提高受到两个因素的制约：一是受热源的限制，预热温度 t_1 不可能提太高；二是对不能承受高温的热敏性物料干燥，t_1 不宜太高。此时，采用中间加热的方法（即在干燥器设置几个中间加热器，补充加入热量 Q_d），与无中间加热干燥相比，采用中间加热干燥因干燥器内空气平均温度低，热损失 Q_L 减小，Q 也减小，因而 η 提高。有关中间加热的更深入分析，详见 8.2.3 节。

③ 减少干燥过程中的各项热损失。如做好干燥设备和管路的保温工作；又如采用两台风机串联使用，送风机在干燥系统之首，而吸风机在干燥系统之末，合理选用风机并调整两台风机的工作点，使操作时干燥器内空气正好处于零表压状态，这样热风不会漏出，冷风也不会漏入，因而热效率 η 提高。

④ 尽量回收利用废气中的热量。如利用废气预热冷空气或湿物料，有助于热效率的提高，但废气 t_2 低、传热推动力 Δt_m 小，气-气换热（指预热冷空气）传热系数 K 很小，使预热器传热面积很大，故经济效益并不明显。若采用热管技术情况有所改善。

此外，湿物料在进干燥器前，应采用其他能耗较小的去湿方法（如机械去湿法），尽可能地减少其含水量。

8.1.9　湿物料中的水分性质

对流干燥是用热空气作为干燥介质，除去湿物料中的水分。因此，对流干燥既与湿空气的性质有关，又与湿物料中水分的性质有关。了解湿物料中水分的性质，有助于研究干燥速率的影响因素及干燥时间的计算。与湿空气的许多性质以不变的绝干空气量为基准计算的道理一样，也以湿物料中不变的绝干物料量为基准（干基含水量 X）表示水分的性质。

（1）平衡水分 X^* 与自由水分 $X_{自由}$　根据湿物料中的水分在特定的干燥条件下能否被干燥除去来划分，湿物料中的总水分 X 可分为平衡水分 X^* 和自由水分 $X_{自由}$ 两大类，即 $X=X^*+X_{自由}$。若将某湿物料与一定状态（t,φ）的空气接触，一定温度下湿物料表面的水蒸气分压 p_e 与湿空气中的水蒸气分压 p_w 相等时（$p_e=p_w$），物料中的水分与空气中的水分处于动态平衡，并保持恒定不变。将动态平衡时的含水量称为该物料在该空气状态（t,φ）下的平衡水分，以 X^* 表示，平衡水分 X^* 是不能被干燥除去的水分，它与物料的种类和空气状态有关，即 $X^*=f$(物料种类，空气状态)。将湿物料中含水量高于平衡水分 X^* 的那部分水分称为自由水分 $X_{自由}$，自由水分 $X_{自由}$ 是能被干燥除去的水分，$X_{自由}$ 与物料总水分 X 和 X^* 的关系为：$X_{自由}=X-X^*$，$X_{自由}=f$(物料种类，空气状态，X)。

（2）结合水分 $X_{结合}$ 与非结合水分 $X_{非结合}$　根据湿物料中的水分在特定的干燥条件下被干燥除去的难易来划分，湿物料中的总水分 X 可分为结合水分 $X_{结合}$ 与非结合水分 $X_{非结合}$ 两大类，即 $X=X_{结合}+X_{非结合}$。结合水分 $X_{结合}$ 是指存在于物料细胞壁内及细毛细管中的水分，这部分水分与物料的结合力较强，所产生的蒸气压 p_e 低于同温度下纯水的饱和蒸气压 p_s（$p_e<p_s$），因而其干燥传质推动力 $\Delta p_{结合}=p_e-p_w$ 小于干燥纯水的推动力 $\Delta p_{纯水}=p_s-p_w$（$\Delta p_{结合}<\Delta p_{纯水}$），故结合水分较纯水更难除去。

非结合水分 $X_{非结合}$ 是指物料中的吸附水分以及存在于粗毛细管的水分，这部分水分与物料结合力较弱，所产生的蒸气压等于同温度下纯水的饱和蒸气压 p_s（$p_e=p_s$），因而其干燥传质推动力 $\Delta p_{非结合}=p_e-p_w=p_s-p_w=\Delta p_{纯水}$，故非结合水分的汽化与纯水的汽化无异，在干燥过程中易于除去。结合水分 $X_{结合}$ 与物料种类有关，与空气状态无关，$X_{结合}=f$(物料种类)，在数值上 $X_{结合}=X^*_{\varphi=1}$（因为 $\varphi<1$ 时，$p_e=p_w<p_s$；$\varphi=1$ 时，$p_e=p_w=p_s$）；非结合水分 $X_{非结合}=X-X_{结合}$，故 $X_{非结合}=f$(物料种类,X)。

8.1.10　恒定干燥条件下的干燥速率与干燥时间

8.1.10.1　干燥速率与干燥速率曲线

（1）干燥速率 U　干燥速率 U 定义为单位干燥时间 $d\theta$ 内，在单位干燥面积 dA 上汽化的水分量 dW。因在干燥器进口与任一截面进行物料衡算有 $W=G_c(X_1-X)$，故 $dW=-G_c dX$；因此干燥速率为

$$U=\frac{dW}{A\,d\theta}=-\frac{G_c\,dX}{A\,d\theta} \tag{8-20}$$

式中　U——干燥速率，kg 水/($m^2\cdot s$)；

W——汽化的水分量，kg；

A——干燥面积，m^2；

θ——干燥时间，s；

G_c——绝干物料的质量，kg；

X——湿物料的干基含水量，kg 水/kg 绝干物料。

将式(8-20) 积分可得到干燥时间 θ 的计算式，积分时必须知道干燥速率 U 和物料干基

含水量X之间的函数关系。由于干燥机理和过程的复杂性，U与X的关系难以从理论上求得，通常是通过实验测定得到。为了简化影响因素，干燥实验一般是在恒定干燥条件下进行的。所谓恒定干燥条件，是指干燥介质热空气的状态（指温度t和湿度H两个独立参数）、流速u及空气与物料的接触方式在整个干燥过程中保持不变。用大量的热空气干燥少量湿物料的间歇干燥实验可接近恒定干燥条件。由恒定干燥条件测定的干燥速率只能用于操作条件与恒定干燥条件相近的干燥器设计与放大，变干燥条件的干燥器的计算不能采用按恒定干燥条件导出的干燥计算方法。

（2）干燥速率曲线　在恒定干燥条件下测定的干燥曲线和干燥速率曲线分别如图 8-8 和图 8-9 所示。图中AB为预热阶段，BC为恒速干燥阶段，CDE为降速干燥阶段。

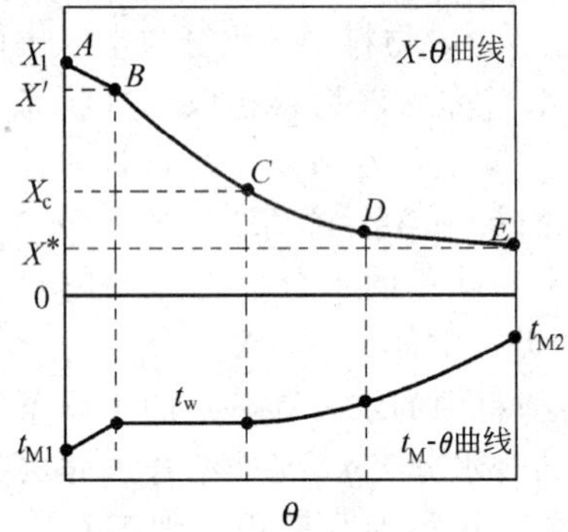

图 8-8　恒定干燥条件下的干燥曲线

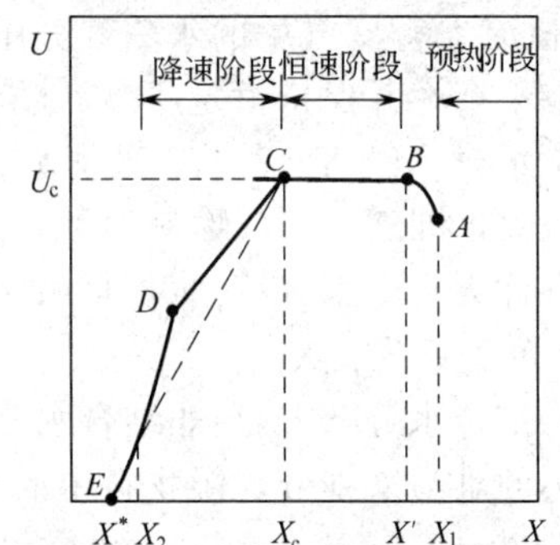

图 8-9　恒定干燥条件下的干燥速率曲线

① 预热阶段　在预热阶段，热空气所放出的显热除用于汽化水分外，还用于加热物料。由图 8-8 可知，随着干燥时间θ的延续，物料的含水量由A点的X_1降至B点的X'，物料表面温度t_{M1}上升至t_w（t_w即恒定干燥条件下温度为t、湿度为H的空气的湿球温度）；由图 8-9 可知，干燥速率U逐渐增大。对于实际干燥过程，预热阶段的时间一般很短，在干燥计算时常将其归入恒速干燥阶段。

② 恒速干燥阶段　由图 8-8 和图 8-9 可知，在恒速干燥阶段，随着干燥时间θ的延续，物料的含水量由B点的X'降至C点的X_c（若将预热阶段归入恒速阶段处理则由A点的X_1降至C点的X_c），但物料的表面温度保持恒定且等于空气的湿球温度t_w，干燥速率保持恒定且为最大值。

图 8-9 中C点称为临界点，C点以后进入降速阶段，C点的含水量称为临界含水量X_c，C点的干燥速率称为临界干燥速率U_c，恒速干燥阶段的干燥速率保持恒定且等于临界点的干燥速率U_c，为方便起见，用U_c代表恒速阶段的干燥速率。为什么U_c保持恒定不变？它与哪些影响因素有关？

为了回答以上两个问题，先导出U_c的计算式。恒定干燥阶段物料表面始终被非结合水分$X_{非结合}$（其性质与纯水一样$p_e=p_w$）所湿润，这使我们马上联想到，此阶段空气与湿物料表面的传热、传质状况与测定湿球温度t_w时空气与湿纱布表面的传热、传质状况相似。空气传给湿物料的显热恰好等于湿物料表面非结合水分汽化所需的潜热，湿物料表面温度保持恒定不变且等于空气的湿球温度t_w，恒速阶段干燥速率U_c的计算式（单位时间单位干燥面积上汽化的水分量）与测定湿球温度t_w时单位时间单位湿纱布表面上汽化的水分量的计算式在形式上是一样的，于是可得

$$U_c=\frac{\alpha}{r_w}(t-t_w)=k_H(H_w-H) \tag{8-21}$$

式中　U_c——恒速干燥阶段的干燥速率，kg 水/(m^2·s)；

α——空气与湿物料表面间的对流传热系数，kW/(m^2·℃)；

t——空气温度（干球温度），℃；

t_w——湿球温度，℃；

r_w——湿球温度下水的汽化潜热，kJ/kg 水；

k_H——以温度差（ΔH）为推动力的对流传质系数，kg/(m^2·s)；

H——空气湿度，kg 水/kg 绝干空气；

H_w——湿球温度下空气的饱和湿度，kg 水/kg 绝干空气。

应用联想思维方法导出恒速干燥阶段干燥速率 U_c 的计算式，这是联想思维方法在吸收、精馏中成功应用之后，该方法在干燥中的又一次成功应用。可见，联想思维方法在化工原理课程教学中有着广泛的应用，它不光对学生加深理解、增强记忆有很大的帮助，而且对学生发散性思维和创新能力的培养，都有积极的意义。虽然恒速干燥与测定湿球温度的机理很相似，但两者并不完全相等，因此，式(8-21) 只是形式上与测定湿球温度的情况一样，两者的差别体现在传热（α）和传质（k_H）情况不同。以传热为例，视空气与物料的接触方式不同，α 有不同的计算式：

对于静止的物料层，当空气流动方向与物料表面平行，其质量流速 G 为 0.7～8.3kg/(m^2·s)（或温度不是很高时，流速 u 约为 0.6～8m/s），α 为

$$\alpha=0.0143G^{0.8} \tag{8-22}$$

对于静止的物料层，当空气垂直于物料表面流动，其质量流速 G 为 1.1～5.6kg/(m^2·s)（或温度不是很高时，流速 u 约为 0.9～5m/s），α 为

$$\alpha=0.0242G^{0.37} \tag{8-23}$$

式(8-22) 和式(8-23) 中，α 的单位为 kW/(m^2·℃)，G 的单位为 kg/(m^2·s)。对于悬浮在气流中的颗粒（如气流干燥器中气体与颗粒间传热），其计算式可查有关手册。

根据式(8-21)～式(8-23) 可知，在恒定干燥条件下，空气的状态不变，即式(8-21) 中 t 和 H 不变，式(8-21) 中 $t_w=f(t,H)$ 不变，而 r_w 和 H_w 均为 t_w 的函数，故 r_w 和 H_w 也不变；其次，恒定干燥条件下，空气的流速 u 和质量流速 G 保持不变，由式(8-22) 或式(8-23) 可知，α 不变，k_H 的计算式未列出，但 k_H 也只与 u 有关，u 不变，k_H 也不变；最后，满足恒定干燥条件，空气与物料的接触方式保持不变，不同接触方式体现在 α 的计算式不同，接触方式不变，所选 α 计算式当然不变。综上分析可知，在恒定干燥条件下，U_c 保持恒定不变；影响恒速阶段干燥速率 U_c 的因素主要是外部的干燥条件，如空气温度 t、湿度 H、流速 u 及空气与物料的接触方式。湿物料本身的性质对 U_c 基本没有影响。要提高 U_c，主要应设法改变外部的干燥条件，如提高空气的温度 t、降低空气的湿度 H 或提高空气的流速或采用更好的气固接触方式，都能使恒速干燥速率 U_c 提高。

在恒速干燥阶段水分由物料内部向物料表面迁移的速率（称为内扩散速率）大于湿物料表面水分的汽化速率，因而湿物料表面能保持润湿状态，此阶段除去的都是物料表面的非结合水分，恒速干燥速率决定于表面水分的汽化速率，亦即决定于外部的干燥条件，所以恒速干燥阶段又称为表面汽化控制阶段。

③ 降速干燥阶段　由图 8-8 和图 8-9 可知，在 C 点以后的降速干燥阶段（$X<X_c$），随时间 θ 的延续，物料的含水量 X 和干燥速率 U 均下降，而表面温度 t_M 上升。

图中的 CD 段称为第一降速段。此时物料的内扩散速率因物料内部水分的减少而下降，并小于物料表面水分的汽化速率，从而使物料表面不能全部维持润湿，即形成部分“干区”，因而干燥速率下降。在这一阶段，物料表面汽化的水分是部分结合水分和在恒速干燥阶段末除完的非结合水分，空气传递至物料的显热大于水分汽化所需的潜热，多余的热量则用于物

料加热，故表面温度 t_M 上升。图中的 DE 段称为第二降速段。此阶段物料表面已不含非结合水，但物料内部含有一定量的结合水分。此时物料表面变干，汽化面逐渐向物料内部移动。由于汽化所需的热量必须通过已被干燥的固体层才能传递至汽化面，汽化所产生的水分也必须通过已被干燥的固体层才能传递至气相主体中，故传热和传质阻力均显著增大，所以干燥速率较第一降速段下降得更快。此阶段除去的水分为可除去的结合水分，较难除去，因而干燥速率较小。此阶段由空气传递至物料的显热主要用于物料的加热，因而物料的表面温度升高较快，直至出口温度 t_{M2}。图中 E 点所对应的干燥速率为零，此时物料所含的水分即为物料在该空气状态下的平衡水分 X^*，X^* 为物料在指定空气条件下被干燥的极限，一般干燥操作达不到 X^*，只能达到 X_2($X_2>X^*$)。

在降速干燥阶段，干燥速率 U 主要由水分在物料内部的迁移速率所决定，所以降速干燥阶段又称为内扩散控制阶段。影响降速阶段干燥速率的因素主要是物料本身的结构、形状和尺寸，而与干燥介质的状态关系不大（但气温高有利于水分内扩散)。因此，要提高降速干燥阶段的速率应从改善物料的内扩散因素入手，如减薄物料厚度、提高物料温度等。

另外，由于不同的物料性质不同，降速干燥阶段中干燥速率曲线的形状有较大的差异，除图 8-9 中所示的降速段干燥速率曲线 CDE 的形状外，有的物料降速干燥速率曲线类似于 CD 的形状，有的类似于 DE 的形状。

④ 临界含水量 X_c　在图 8-8 和图 8-9 中，由恒速干燥阶段进入降速干燥阶段的转折点 C 称为临界点。临界点所对应的干燥速率仍等于恒速干燥阶段的干燥速率，以 U_c 表示；所对应的物料含水量，称为临界含水量，以 X_c 表示。临界含水量 X_c 与物料的性质、厚度及干燥速率等因素有关。无孔吸水性物料的临界含水量比多孔物料的大；干燥条件一定时，物料层越厚，临界含水量越大；同一物料，恒速干燥阶段的干燥速率越快，临界含水量越大。但是，临界含水量越大，干燥过程就越早转入降速干燥阶段，对于特定的干燥任务，更多的水分留在速度较慢的降速干燥阶段除去，干燥时间越长，这无论是从经济的角度还是从生产能力的角度来看，都是不利的。因此，在干燥操作中，采取降低物料层的厚度或对物料加强搅拌等措施，既能降低临界含水量，又能增加干燥面积。气流干燥器和沸腾干燥器等对流干燥设备中的物料具有较低的临界含水量，正是这个原因。

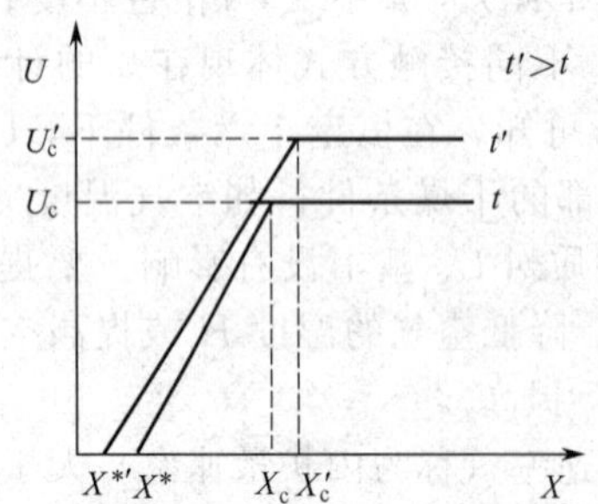

图 8-10　湿空气温度对干燥速率曲线的影响

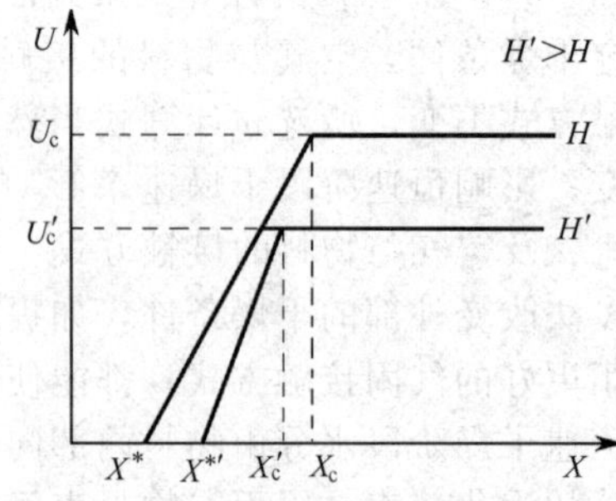

图 8-11　湿空气湿度对干燥速率曲线的影响

⑤ 空气流速、湿度、温度及物料干燥面积对干燥速率的影响　根据以上分析，恒速干燥速率与空气的状态（如温度和湿度)、流速及空气与物料的接触方式有关且 $U_c \propto G^n \propto u^n$ [n 值见式(8-22) 或式(8-23)]、$U_c \propto (t-t_w)$；临界含水量不仅与湿空气的性质有关，而且与物料的性质、分散程度有关；平衡含水量与湿空气的状态和物料的性质有关。下面就以湿空气温度提高为例，说明湿空气温度对恒速干燥速率、临界含水量、平衡含水量的影响。当其他条件不变，提高湿空气温度 t 时，湿球温度 t_w 也增大，但是 t_w 增大的幅度远小于 t 增大的幅度，故它们的差值（$t-t_w$）增大（从湿度图上可以很容易地对此作出判断)，U_c 增

大；由于恒速干燥速率增大，所以临界含水量也增大；同时湿空气温度增大，而湿度不变，故相对湿度减小，从而平衡含水量降低；综上所述，湿空气温度提高对干燥速率曲线的影响如图 8-10 所示（降速干燥曲线近似直线为例作图）。

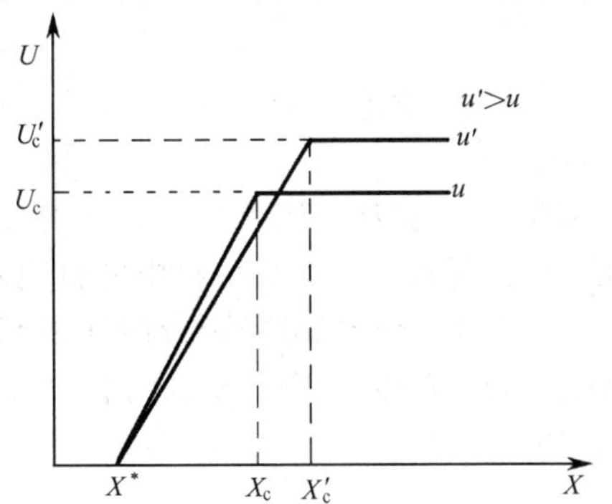

图 8-12　湿空气流速对干燥速率曲线的影响

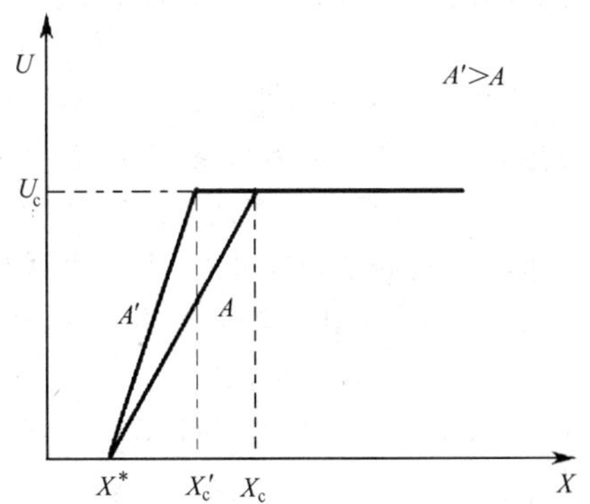

图 8-13　干燥面积对干燥速率曲线的影响

同理，湿空气的湿度、流速和干燥面积对恒速干燥速率、临界含水量、平衡含水量的影响分别如图 8-11～图 8-13 所示，读者可自行分析。总之，湿空气的温度越高、湿度越低，恒速干燥速率越大、临界含水量越高、平衡含水量越低；湿物料的分散程度越高（干燥面积越大），则临界含水量越低，湿物料的分散程度对恒速干燥速率和平衡含水量没有影响；湿空气的流速越高，则恒速干燥速率越大、临界含水量越高，而平衡含水量不受空气流速的影响。这些内容对于解决空气流速、湿度、温度及物料干燥面积等参数对恒速干燥速率、临界含水量、平衡含水量影响的定性分析问题十分有用，所以大家要熟练掌握。但是，由于临界含水量和平衡含水量需要通过实验测定；对许多定量计算的习题，在缺乏实验数据的情况下，常忽略空气流速、湿度、温度等参数对临界含水量和平衡含水量的影响（如习题 8-15）。

8.1.10.2　恒定干燥条件下干燥时间的计算

（1）恒速阶段的干燥时间 θ_1　若将预热段归入恒速段处理，则物料含水量从初始含水量 X_1 降至临界含水量 X_c 所经历的时间为恒速阶段的干燥时间，以 θ_1 表示。θ_1 可由式(8-20）积分求出，积分时注意到恒速阶段的干燥速率用 U_c 表示，则

$$\theta_1=\int_0^{\theta_1}\mathrm{d}\theta=-\frac{G_c}{A}\int_{X_1}^{X_c}\frac{\mathrm{d}X}{U_c}=\frac{G_c}{AU_c}(X_1-X_c) \tag{8-24}$$

式(8-24）中 G_c、A、X_1、X_c 通常为已知值，求 θ_1 的关键是确定 U_c。U_c 可以从实验测定的干燥速率曲线（如图 8-9 所示）上读出，或利用式(8-21）计算。若将图 8-9 中的临界点 $C(X_c,U_c)$ 与横轴上的点 $E(X^*,0)$ 用虚线连接成直线 CE，此直线的斜率 $K_x=U_c/(X_c-X^*)$，则

$$U_c=K_x(X_c-X^*) \tag{8-25}$$

式中　K_x——以 ΔX 为推动力的系数，即直线 CE 的斜率，kg/(m² · s)。

把式(8-25）代入式(8-24）得 θ_1 的另一个计算式为

$$\theta_1=\frac{G_c}{AK_x}\times\frac{X_1-X_c}{X_c-X^*} \tag{8-26}$$

（2）降速阶段的干燥时间 θ_2　当干燥进入降速段（$X<X_c$）后，随着干燥时间的延续，物料含水量 X 减小，干燥速率 U 也减小，如图 8-9 中所示的 CDE 曲线。降速阶段干燥速率 $U=f(X)$，故积分式(8-20）时不能将 U 提到积分号外。另外，干燥时物料含水量一般不能降至 X^*，只能降至 $X_2(X_2>X^*)$。将式(8-20）分离变量、积分，即

$$\theta_2=\int_0^{\theta_2}\mathrm{d}\theta=-\frac{G_c}{A}\int_{X_c}^{X_2}\frac{\mathrm{d}X}{U} \tag{8-27}$$

现在，求 θ_2 的关键是计算式(8-27) 中的积分值。因为 $U=f(X)$，当 $U=f(X)$ 的函数的数学表达式确定时可将 $U=f(X)$ 直接代入式(8-27) 解析积分求 θ_2；否则积分的途径有以下两条。

① 根据干燥速率实验数据，用图解积分法或数值积分法求式(8-27) 中的积分值。这两种积分法都很烦琐，读者可参阅文献［2］介绍的图解积分法。

② 用近似解析法计算式(8-27) 中的积分值。近似解析法就是将图 8-9 中的虚直线 CE 代替降速段的实际干燥曲线 CDE，也就是假定降速阶段的干燥速度 U 与物料中的自由水分 $X_{自由}=X-X^*$ 成正比，即 $U=K_x(X-X^*)$，将其代入式(8-27) 积分，积分时注意到 K_x 可用式(8-25) 计算，即 $K_x=U_c/(X_c-X^*)$，在恒定干燥条件下干燥特定的物料，U_c、X_c、X^* 为常数，故 K_x 也为常数，可提到积分号外，积分得

$$\theta_2=\frac{G_c}{AK_x}\ln\frac{X_c-X^*}{X_2-X^*}=\frac{G_c}{AU_c}(X_c-X^*)\ln\frac{X_c-X^*}{X_2-X^*} \tag{8-28}$$

(3) 总干燥时间 θ　物料经恒速及降速阶段的总干燥时间为 $\theta=\theta_1+\theta_2$，θ_1 若用式(8-26) 计算则与 θ_2 的计算式(8-28) 中第一个等式有公因子 $G_c/(AK_x)$，于是可得

$$\theta=\theta_1+\theta_2=\frac{G_c}{AK_x}\left[\frac{X_1-X_c}{X_c-X^*}+\ln\frac{X_c-X^*}{X_2-X^*}\right] \tag{8-29}$$

式(8-29) 对于求解 G_c 和 A 为未知量，但根据已知条件可求出 $G/(AK_x)$ 的干燥时间计算题很方便（后面例 8-4 就是这种题型，读者需熟练掌握）。

若 θ_1 用式(8-24) 计算，θ_2 用式(8-28) 中第二个等式计算，则总干燥时间为

$$\theta=\theta_1+\theta_2=\frac{G_c}{AU_c}\left[(X_1-X_c)+(X_c-X^*)\ln\frac{X_c-X^*}{X_2-X^*}\right] \tag{8-30}$$

式(8-30) 对于求解 G_c 和 A 为已知量，但用于求解根据已知条件 K_x 无法求出而 U_c 可以求出的干燥时间计算问题时很好用［后面例 8-5 就是这种题型，读者需熟练掌握，此时不能采用式(8-29) 计算］。可见，在解题时要学会根据题目的具体情况，灵活选用合适的公式解题。

8.2　干燥计算典型例题分析

8.2.1　湿空气性质定量计算与定性分析例题

例 8-1　已知湿空气的总压为 101.3kPa、干球温度为 20℃、相对湿度 50%；试求：(1) 计算其他湿空气性质包括湿度、湿球温度、绝热饱和温度、露点温度、湿比热容、焓值和湿比容；(2) 若总压不变，将该状态的湿空气间接加热升温至 50℃，则湿空气的性质将如何变化？(只需定性分析即可，无需计算出具体数值)

解　(1) 有以下两种解法。

解法一：图解法

图解法就是利用湿度图查图获得湿空气的性质，所以首先要在湿度图上确定湿空气的状态点，在压力一定的情况下，湿空气的状态需要有两个相互独立的参数才能确定。由已知条件可知等温线 $t=20℃$ 与等相对湿度线 $\varphi=0.5$ 的交点即为状态点，如图 8-14 和图 8-15 中的 A 点（查图方法参考图 8-14 和图 8-15，具体的数值则需在图 8-1 和图 8-2 中查得）。由 A 点出发，沿等湿度线查得 $H=0.0075\text{kg/kg}$；由 A 点出发，沿绝热冷却线（或等焓线）交饱和

线于 B 点，再沿等温线查得 $t_{as}=t_w=14℃$；由 A 点出发，沿等湿度线交饱和线于 C 点，再沿等温线查得 $t_d=9℃$；由 A 点出发，沿等湿度线交湿比热容线查得 $c_H=1.024\text{kJ/(kg·℃)}$（若湿度图上没有湿比热容线，则由 $c_H=1.01+1.88H$ 计算）；由 A 点所在的等焓线经内插得到 $I=36\text{kJ/kg}$。湿比容虽然无法在湿度图上直接查得，但是在获得 t、H 两参数之后，很容易根据解析法求得（见解法二）。

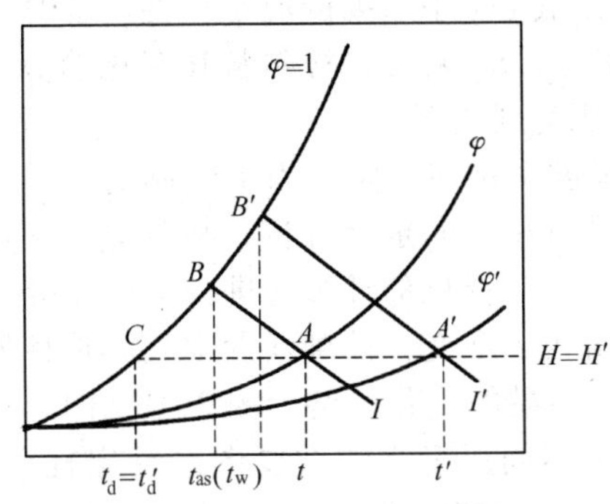

图 8-14　H-t 图的使用

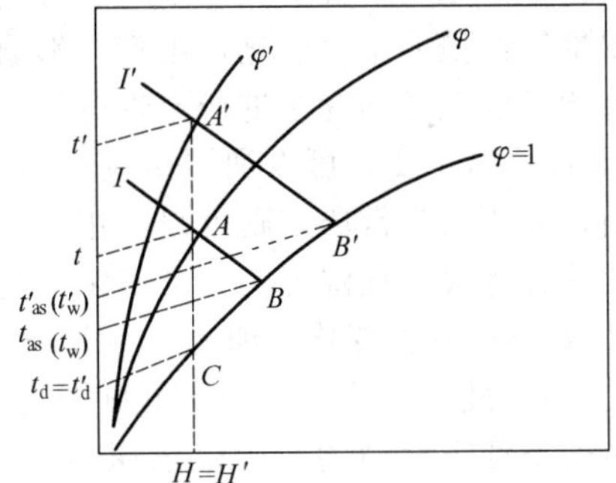

图 8-15　I-H 图的使用

解法二：解析法

如表 8-1 所示，湿比热容、露点温度、焓值、湿比容可表达为 t、H 的函数，湿度为 t、φ 的函数，它们均可由表 8-1 中的公式直接计算，但题给条件是温度和相对湿度，所以计算之前应先查饱和蒸气压求得湿度，而后计算湿比热容、露点温度等参数。

当 $t=20℃$时，查饱和蒸气压表得 $p_s=2.335\text{kPa}$；故

$$H=0.622\frac{\varphi p_s}{p-\varphi p_s}=0.622\times\frac{0.5\times2.335}{101.3-0.5\times2.335}=0.0072\ (\text{kg/kg})$$

$$p_d=\frac{Hp}{0.622+H}=\frac{0.0072\times101.3}{0.622+0.0072}=1.159\ (\text{kPa})\xrightarrow{\text{查饱和蒸气压表或由安托因方程计算}}t_d=9.4℃$$

$$c_H=1.01+1.88H=1.01+1.88\times0.0072=1.024\ [\text{kJ/(kg·℃)}]$$

$$I=c_Ht+2492H=1.024\times20+2492\times0.0072=38.42(\text{kJ/kg})$$

$$\nu_H=(0.773+1.244H)\frac{273+t}{273}\times\frac{101.3}{p}=(0.773+1.244\times0.0072)\frac{273+20}{273}\times\frac{101.3}{101.3}=0.839\ (\text{m}^3/\text{kg})$$

对空气-水系统，其湿球温度与绝热饱和温度数值上相等，以绝热饱和温度的计算为例，其计算公式为

$$t_{as}=t-\frac{r_{as}}{c_H}(H_{as}-H)$$

式中，H_{as}、r_{as}与 t_{as}有关，且为非线性关系，因此绝热饱和温度和湿球温度的计算必须试差。设 $t_{as}=14℃$查饱和蒸气压表得 $r_{as}=2448\text{kJ/kg}$、$p_s=1.614\text{kPa}$

$$H_{as}=0.622\frac{p_s}{p-p_s}=0.622\times\frac{1.614}{101.3-1.614}=0.01\ (\text{kg/kg})$$

$$t_{as}=t-\frac{r_{as}}{c_H}(H_{as}-H)=20-\frac{2448}{1.01+1.88\times0.0072}\times(0.01-0.0072)=13.3\ (℃)$$

计算值与假设值还有误差，故再设 t_{as}重复计算（过程略），直至设 $t_{as}=13.65℃$查饱和蒸气压表得 $r_{as}=2460.7\text{kJ/kg}$、$p_s=1.577\text{kPa}$

$$H_{as}=0.622\frac{p_s}{p-p_s}=0.622\times\frac{1.577}{101.3-1.577}=0.009836\ (\text{kg/kg})$$

$$t_{as}=t-\frac{r_{as}}{c_H}(H_{as}-H)=20-\frac{2460.7}{1.01+1.88\times0.0072}\times(0.009836-0.0072)=13.66\ (℃)$$

此时计算的 t_{as} 值与假设值误差已很小，所以试差结果为 $t_{as}=13.66$℃。

从以上求解过程来看，图解法与解析法相比，读图会产生误差，但是它可以避免解析法中求解 t_{as}、t_w 时烦琐的试差计算，并且在湿度图上可以十分方便快捷地获得湿空气的各个性质，因此，当湿空气性质计算不要求十分精确的情况下，图解法无疑是一个方便快捷的方法；也正因为这一点，图解法在湿空气性质的定性分析中也起着十分重要的作用。

(2) 本小题属于湿空气性质定性分析问题，若采用表 8-1 中所列的湿空气性质计算式来判断湿空气性质的定性变化，不仅不够直观，而且对 t_{as}、t_w 无法直接判断其变化趋势。所以建议读者以湿度图为主进行定性分析。定性分析主要类型如下。

① 若总压不变，可以利用对应压力的湿度图（湿度图是在一定压力下绘制的）进行定性分析，如压力为常压，则可以利用图 8-1 或图 8-2 进行相关的定性分析；某些湿空气性质如湿比热容等没有在湿度图上画出来，此时就需利用表 8-1 提供的计算式进行定性分析。

② 若总压发生变化（如总压 p 变化，湿度 H 和温度 t 不变，试判断湿空气其他性质的变化趋势），此时无法采用一张湿度图定性分析湿空气性质的变化趋势，因为湿度图是在总压一定的条件下绘制的，所以总压 p 变化时需要利用不同压力下的湿度图进行定性分析。但是要在不同压力的湿度图间分析比较某一参数的定性变化较困难，故对此类型的定性分析问题应尽可能采用表 8-1 所列计算式进行分析（如 p_d、ν_H 的变化趋势），只有在利用计算式无法直接判断湿空气性质变化趋势时才利用不同压力的湿度图进行定性分析（如 t_{as}、t_w 的变化趋势）。

本小题湿空气在总压不变前提下间接加热升温至 50℃，则湿空气湿度不变，如图 8-14 和图 8-15 其状态由 A 点变化为 A' 点。从图中可以看出绝热饱和线（或等焓线）与饱和线的交点由原来的 B 点变化为 B' 点，而等湿度线与饱和线的交点即 C 保持不变；因此从湿度图上很容易看出湿空气各个性质的定性变化：湿度不变（$H'=H$），温度升高（$t'>t$），绝热饱和温度与湿球温度提高（$t'_{as}>t_{as}$，$t'_w>t_w$），露点温度不变（$t'_d=t_d$），焓值增加（$I'>I$），相对湿度减小（$\varphi'<\varphi$）；对湿度图上没有的参数，如 ν_H 则利用其计算式进行判断，ν_H 为湿度与温度的函数，因为湿度不变而温度提高所以 ν_H 增大。

8.2.2 干燥物料衡算与热量衡算解题关系图

干燥物料衡算与热量衡算是干燥计算的主要内容。干燥物料衡算与热量衡算的实质与关键是确定废气状态。如何确定废气的状态在 8.1.5～8.1.7 节已经作了详细的论述。对理想干燥过程废气状态的确定主要有解析法、图解法和数值法三种方法；对实际干燥过程废气状态的确定主要有严格解析法、近似解析法、图解法和数值法四种方法。其中严格解析法用于已知废气温度 t_2 的情况，近似解析法用于已知废气 t_2 或 H_2 的情况，图解法用于已知废气 t_2 或 φ_2 的情况，而数值法则用于已知废气 φ_2 且无法采用图解法的情况。虽然干燥物料衡算与热量衡算涉及的参数多，解题方法多，题型千变万化，但是万变不离其"宗"，干燥的物料衡算式(8-5) 与热量衡算式(8-9) 就是干燥物料衡算与热量衡算的"宗"。这个"宗"可以形象地用图 8-16 来表达，以上所介绍的各种废气状态的确定方法均是从这一"宗"出发经过数学处理得到的；并且干燥计算中还常遇到的，如预热器加热量 Q_p、新鲜空气消耗量 L'、空气体积流量 V_s、干燥器热效率 η、返潮校核等也都是基于干燥物料衡算与热量衡算基础之上。因此，将这个"宗"理解透彻并熟练掌握，就可以解决干燥物料衡算与热量衡算的计算问题。

8.2.3 干燥物料衡算与热量衡算题型及解法分析

干燥过程物料衡算与热量衡算的题型主要如下。

(1) 在一定的干燥任务与干燥条件（W、G_c、X_1、X_2、t_{M1}、t_{M2}、t_1、H_1、Q_L 已确定，以下各题型若没有对干燥任务与干燥条件做特别的说明，则与本题型的干燥任务与干燥条件相同）下，已知 Q_d、t_2，试求 L、H_2 及 Q_p、η 等参数。

（2）在一定的干燥任务与干燥条件下，已知 Q_d、φ_2，试求 L、t_2、H_2 及 Q_p、η 等参数。

分析：以上两种题型，Q_d 及废气的其中一个参数 t_2 或 φ_2 确定，属于物料衡算与热量衡算联立求解常见的两种情况中的第(2) 种情况，废气状态的确定方法见 8.16 节和 8.17 节介绍，确定废气状态后根据图 8-16 所示可解 Q_p、η 等其他参数。

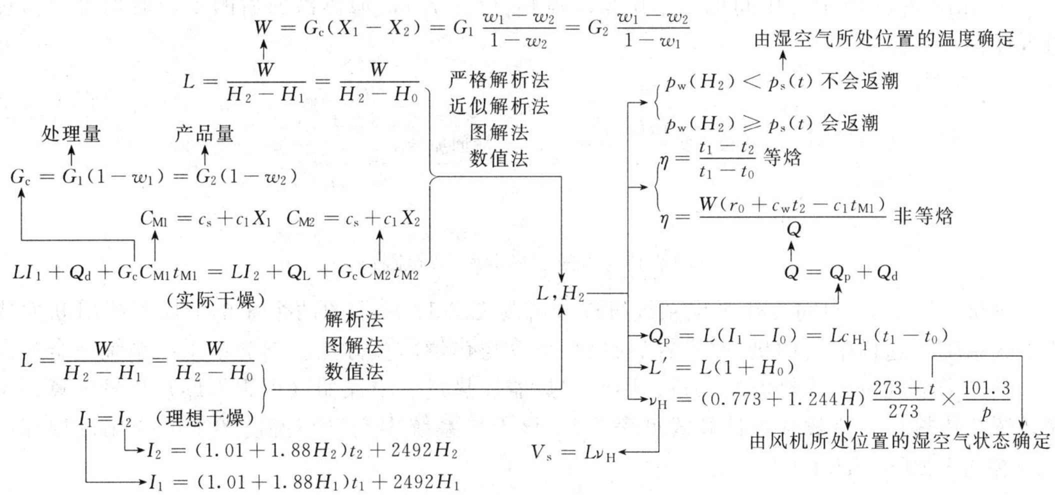

图 8-16　干燥物料衡算与热量衡算解题关系图

（3）在一定的干燥任务与干燥条件下，已知 Q_d、H_2，试求 L、t_2 及 Q_p、η 等参数。

分析：本题型已知 Q_d 和 H_2，实质与题型(1)、(2) 类似，均是已知 Q_d 和废气的一个参数，但是已知的这个废气参数不是 t_2 或 φ_2，而是 H_2；这使得其求解方法与题型(1)、(2) 相比更为简单，无需联立干燥物料衡算方程(8-5) 和热量衡算方程(8-9)；因为将 H_2 代入物料衡算方程(8-5) 可直接求出 L，而后将 L 代入热量衡算方程(8-9) 可求得 t_2(H_2、t_2 确定，则空气状态可确定)；最后根据图 8-16 所示可求解 Q_p、η 等其他参数。

（4）在一定的干燥任务与干燥条件下，已知 φ_2、t_2，试求 H_2、L、Q_d 及 Q_p、η 等参数。

分析：该题型是 8.1.5.1 节中物料衡算与热量衡算联立求解常见的两种情况中的第(1) 种情况，具体求法见 8.1.5.1 节分析。

（5）在一定的干燥任务与干燥条件下，已知 H_2、t_2，试求 L、Q_d 及 Q_p、η 等参数。

（6）在一定的干燥任务与干燥条件（W、G_c、X_1、X_2、t_{M1}、t_{M2}、H_1、Q_L 已确定）下，已知 Q_d、t_2、H_2，试求 L、t_1 及 Q_p、η 等参数。

（7）在一定的干燥任务与干燥条件下，已知 H_2、φ_2，试求 t_2、L、Q_d 及 Q_p、η 等参数。

分析：题型（5）～(7) 虽然与题型(4) 略有不同，但是它们与题型(4) 具有典型的共同点，即废气状态均是确定了的；题型(4) 废气状态由 φ_2、t_2 确定，而题型（5）～(7) 的废气状态是由 H_2、t_2 或 H_2、φ_2 确定。所以题型(5)～(7) 的求解方法与题型(4) 类似且较为简单，读者可自行分析。

（8）在一定的干燥任务与干燥条件下，已知 Q_d、L，试求 H_2、t_2 及 Q_p、η 等参数。

（9）在一定的干燥任务与干燥条件下，已知 L、t_2，试求 H_2、Q_d 及 Q_p、η 等参数。

分析：题型(8) 和(9) 与前面的题型不同，其中绝干空气的消耗量 L 为已知量，所以根据物料衡算式(8-5) 就可以确定 H_2，那么 Q_d 或 t_2 可以由热量衡算式(8-9) 求得，无需联立物料衡算式与热量衡算式；而后依然参照图 8-16 求 Q_p、η 等参数。

注意：虽然以上题型和解法分析均是针对简单干燥系统的实际干燥过程而言的，但是理想干燥过程的解题原理、方法与实际干燥过程类似。不同的是对于理想干燥，$Q_L=0(q_L\approx 0)$，$Q_d=0(q_d=0)$，$q_M\approx 0$，$\Delta=q_d-q_M-q_L\approx 0$，热量衡算式(8-9) 简化为 $I_1=I_2$。

具有中间加热器和部分废气循环干燥系统的求解方法与简单干燥系统类似，所以不再详细讨论；这里只简要介绍理想干燥条件下，中间加热干燥、部分废气循环干燥的流程、特点，如何在湿度图上表示湿空气状态的变化过程以及它们与简单干燥系统的区别。

① 如图 8-17 所示为中间加热干燥系统流程（$t_1'=t_2''$），加热器前后的干燥器均可视为理想干燥器。

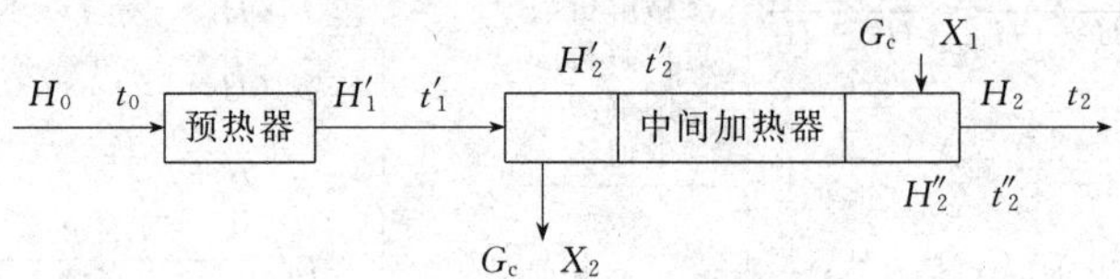

图 8-17 中间加热干燥系统流程

分析：图 8-17 中间加热干燥系统可以分解为图 8-18 所示的两个简单干燥系统串联而成的干燥系统。这样中间加热干燥系统的物料衡算与热量衡算方法就与简单干燥系统完全相同了。其绝干空气量、预热器加热量、中间加热器加热量、干燥器（理想干燥）热量衡算、干燥系统总传热量、热效率等计算式见表 8-2。该干燥系统中空气在湿度图上的变化过程如图 8-19 和图 8-20 中 $AB'CDE$ 所示。

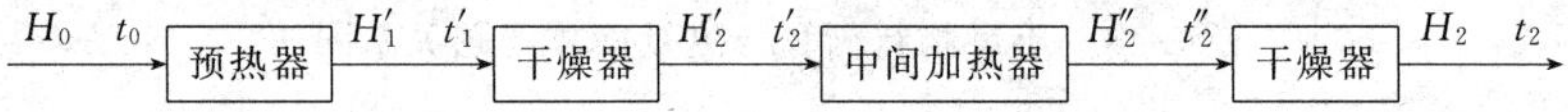

H_0 t_0 → 预热器 → H_1' t_1' → 干燥器 → H_2' t_2' → 中间加热器 → H_2'' t_2'' → 干燥器 → H_2 t_2

图 8-18 具有中间加热器干燥系统分解图

表 8-2 中间加热理想干燥物料衡算与热量衡算

项　目	简单干燥系统(理想干燥)	中间加热干燥系统(理想干燥)
绝干空气量(物料衡算)	$L=\dfrac{W}{H_2-H_1}=\dfrac{W}{H_2-H_0}$	$L=\dfrac{W}{H_2-H_1'}=\dfrac{W}{H_2-H_0}$
预热器加热量	$Q_p=L(I_1-I_0)=Lc_{H_1}(t_1-t_0)$	$Q_p=L(I_1'-I_0)=Lc_{H_1'}(t_1'-t_0)$
中间加热器加热量	$Q_{中间}=0$	$Q_{中间}=L(I_2''-I_2')$
干燥系统总传热量	$Q=Q_p+Q_{中间}=L(I_1-I_0)=L(I_2-I_0)$	$Q=Q_p+Q_{中间}=L(I_1'-I_0)+L(I_2''-I_2')=L(I_2-I_0)$
干燥器热量衡算	$I_1=I_2$	$I_1'=I_2'$、$I_2''=I_2$
热效率	$\eta=\dfrac{Lc_{H_1}(t_1-t_2)}{Lc_{H_1}(t_1-t_0)}=\dfrac{t_1-t_2}{t_1-t_0}$	$\eta=\dfrac{Lc_{H_1'}(t_1'-t_2')+Lc_{H_2'}(t_1''-t_2)}{Lc_{H_1'}(t_1'-t_0)+Lc_{H_2'}(t_2''-t_2')}=\dfrac{(t_1'-t_2')+(t_1''-t_2')}{(t_1'-t_0)+(t_2''-t_2')}$
备注	$H_0=H_1$、$c_{H_0}=c_{H_1}\approx c_{H_2}$	$H_0=H_1'$、$H_2'=H_2''$、$c_{H_0}=c_{H_1'}\approx c_{H_2'}=c_{H_2''}\approx c_{H_2}$

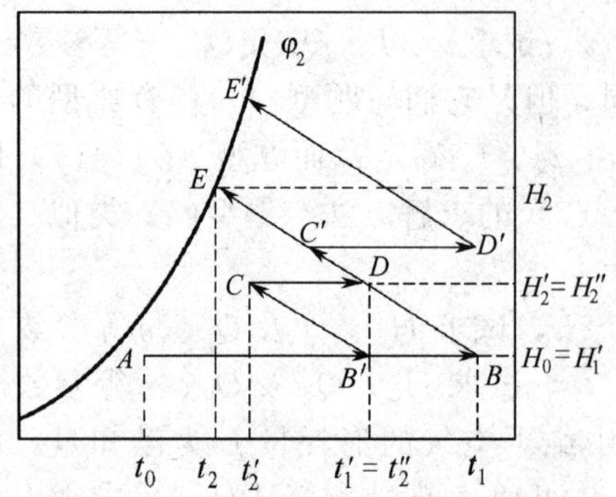

图 8-19 中间加热干燥在 H-t 图上的表示

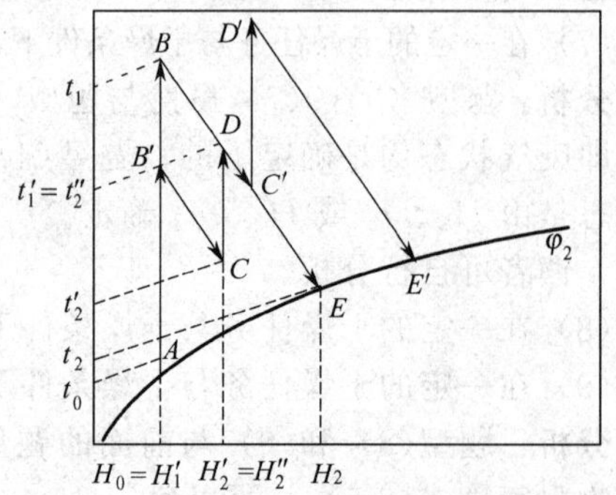

图 8-20 中间加热干燥在 I-H 图上的表示

结合表 8-2、图 8-19 和图 8-20 分析，可得如下几点结论。

a. 在理想干燥条件下中间加热干燥和简单干燥系统，若它们进出口状态即新鲜空气状态（状态点为 A 点）与废气状态（状态点为 B 点）分别相同，则它们所需的绝干空气量、干燥系统总传热量［对中间加热干燥系统而言，$I_1'=I_2'$、$I_2''=I_2$，故 $Q=L(I_2-I_0)$；对简单干燥系统而言，因为 $I_1=I_2$ 故 $Q=L(I_2-I_0)$，所以两种干燥系统的总传热量相同］、热效率［由图 8-19 和图 8-20 结合平行四边形对边相等的原理可知：$(t_1'-t_2')+(t_1''-t_2)=(t_1-t_1')+(t_1''-t_2)=t_1-t_2$，$(t_1'-t_0)+(t_2''-t_2')=(t_1'-t_0)+(t_1-t_1')=t_1-t_0$］均相同。

b. 从图 8-19 和图 8-20 可以看出，若没有采用中间加热器，则湿空气需预热至状态 B 才能使废气状态不变。故采用中间加热器并且维持废气状态不变时，与没有中间加热器的干燥过程相比干燥器中空气的平均温度较低；并且可以通过调节中间加热器设置的位置和加热的最高温度以避免物料温度过高，因此中间加热干燥流程适用于热敏性物料的干燥。

c. 若中间加热干燥与没有中间加热器的简单干燥过程的干燥器入口湿空气的状态不变(温度和湿度均不变)，且设置中间加热器后其湿空气状态如图 8-19 和图 8-20 中的 $ABC'D'E'$所示，则中间加热干燥系统的废气状态点 E'在没有中间加热器简单干燥系统的废气状态点 E 的上方（对 H-t 图而言）或右侧（对 I-H 图而言），也就是说，此时采用中间加热器后废气湿度将增加，从而使绝干空气用量减小，干燥系统所需的总传热量下降，热效率提高。习题 8-10 的计算结果可说明这一问题。

② 如图 8-21 和图 8-22 为具有部分废气循环干燥系统流程，干燥过程均为理想干燥。部分废气循环有两种方式，其一是先混合后预热流程（见图 8-21)，其二是先预热后混合流程(见图 8-22)。

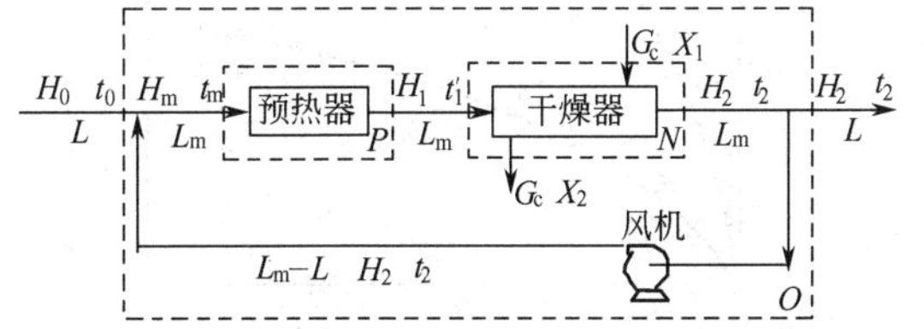

图 8-21　部分废气循环干燥流程（先混合后预热）

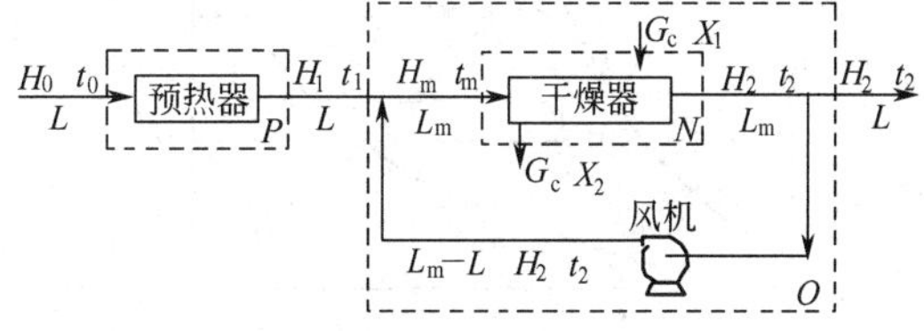

图 8-22　部分废气循环干燥流程（先预热后混合）

分析：对废气循环干燥系统，若废气状态未确定，则以干燥器为衡算范围（即图 8-21 和图 8-22 中的范围 N）进行物料衡算和热量衡算获得绝干空气消耗量、干燥器热量衡算方程，以预热器为衡算范围（即图 8-21 和图 8-22 中的范围 P）进行热量衡算得到预热器的加热量（理想干燥条件下预热器加热量与干燥器总传热量相等 $Q=Q_p$)；结果见表 8-3 解法一。由表 8-2 可以看出，这种方法衡算得到的各个方程与简单干燥系统相比多了两个参数 t_m 和 H_m（I_m 与 t_m 和 H_m 有关)，因此废气循环干燥过程的计算需联立干燥过程物料衡算、热量衡算以及混合点的物料衡算与热量衡算四个方程。

若废气状态已确定时，可以图 8-21 和图 8-22 中范围 O 进行物料衡算与热量衡算得到绝干空气消耗量和预热器加热量（理想干燥条件下预热器加热量与干燥器总传热量相等 $Q=Q_p$)，结果见表 8-3 中的解法二。所以当废气状态确定时，采用解法二可以直接求解得到 L、Q_p 等参数，而无需像解法一那样联立四个方程进行求解，相对于解法一，解法二要简单得多。所以当废气状态确定时，应采用解法二进行部分废气循环干燥物料与热量衡算，比较方便、快捷。

先混合后预热废气循环干燥系统、先预热后混合废气循环干燥系统中空气在湿度图上的变化过程分别如图 8-23、图 8-24（新鲜空气 A 与废气 C 混合后由 M 点预热至 B'点，最后进入干燥器变化至 C 点）和图 8-25、图 8-26（新鲜空气 A 预热至 B 点与废气 C 混合至 M 点，而后在干燥器中变化至 C 点）所示。

表 8-3　具有废气循环理想干燥物料衡算与热量衡算

解法	项　目	衡算范围	简单干燥系统（理想干燥）	具有废气循环干燥系统（理想干燥）先混合后预热	具有废气循环干燥系统（理想干燥）先预热后混合
解法一	绝干空气量（物料衡算）	N	$L=\dfrac{W}{H_2-H_1}$	$L_m=\dfrac{W}{H_2-H_1}$	$L_m=\dfrac{W}{H_2-H_m}$
	预热器加热量（理想干燥 $Q=Q_p$）	P	$Q=Q_p=L(I_1-I_0)$	$Q=Q_p=L_m(I_1-I_m)$	$Q=Q_p=L(I_1-I_0)$
	干燥器热量衡算	N	$I_1=I_2$	$I_1=I_2$	$I_2=I_m$
	混合点物料衡算	—	—	$LH_0+(L_m-L)H_2=L_mH_m$	$LH_1+(L_m-L)H_2=L_mH_m$
	混合点热量衡算	—	—	$LI_0+(L_m-L)I_2=L_mI_m$	$LI_1+(L_m-L)I_2=I_mI_m$
	热效率	N	$\eta=\dfrac{t_1-t_2}{t_1-t_0}$	$\eta=\dfrac{t_1'-t_2}{t_1'-t_m}$	$\eta=\dfrac{t_1-t_2}{t_1-t_0}$
	备注		$H_0=H_1$	$H_m=H_1$、$H_0\neq H_1$	$H_0=H_1$、$H_1\neq H_m$
解法二	绝干空气量（物料衡算）	O	$L=\dfrac{W}{H_2-H_0}$	$L=\dfrac{W}{H_2-H_0}$	$L=\dfrac{W}{H_2-H_0}$
	预热器加热量（理想干燥 $Q=Q_p$）	O	$Q_p=Q=L(I_2-I_0)$	$Q_p=Q=L(I_2-I_0)$	$Q_p=Q=L(I_2-I_0)$

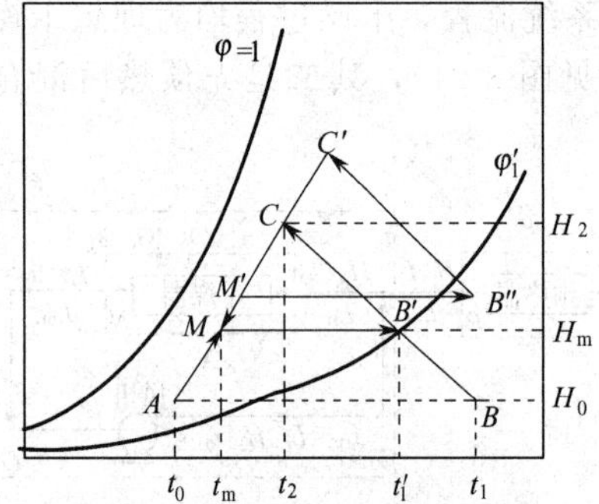

图 8-23　H-t 图上的废气循环干燥（先混合后预热）

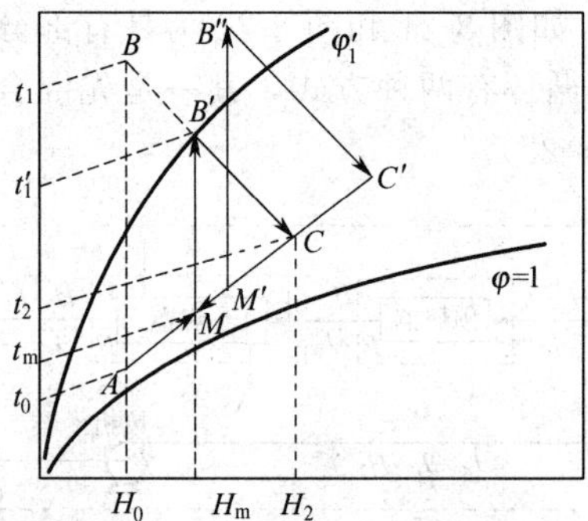

图 8-24　I-H 图上的废气循环干燥（先混合后预热）

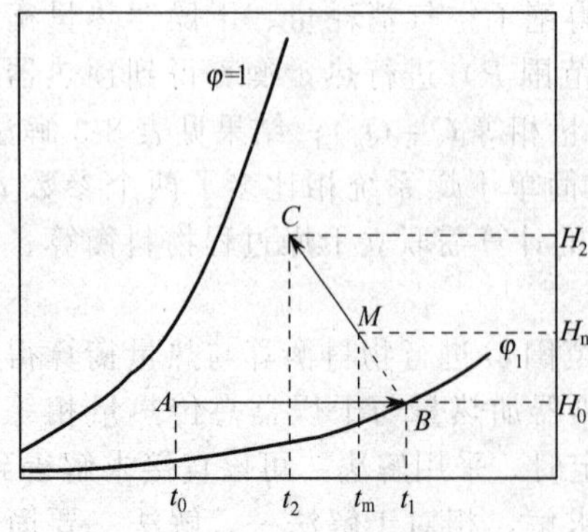

图 8-25　H-t 图上的废气循环干燥（先预热后混合）

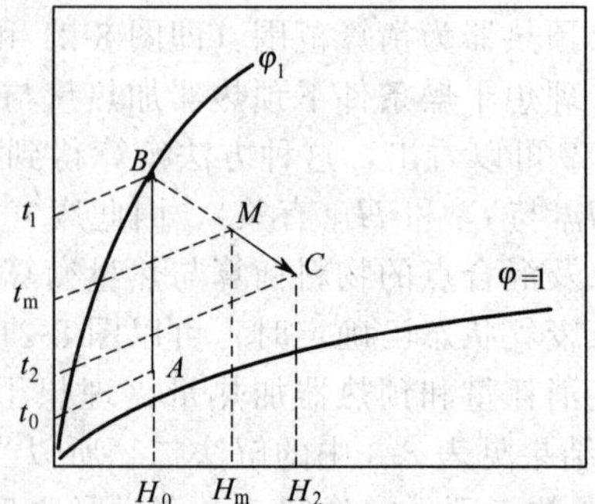

图 8-26　I-H 图上的废气循环干燥（先预热后混合）

结合表 8-3、图 8-23～图 8-26 及以上分析，可以得到如下几个结论。

a. 当简单干燥系统、先混合后预热部分废气循环干燥系统、先预热后混合部分废气循环干燥系统的新鲜空气与废气状态分别相同且均为理想干燥时，从表 8-3 中的解法二可知三种流程所需的绝干空气消耗量、预热器的传热量均相同；所以，绝干空气消耗量、预热器加热量只与干燥过程的始终态（新鲜空气与废气的状态）有关而与过程无关。同样，这三种流程的热效率也相等，从表 8-3 解法一中可知当新鲜空气与废气状态相同且为理想干燥时，先预热后混合流程与简单干燥系统的热效率相等，而先混合后预热流程与简单干燥系统热效率如何相等呢？可根据图 8-23 和图 8-24 并结合三角形相似原理推导。

$$\eta=\frac{t_1'-t_2}{t_1'-t_m}=\frac{t_1'-t_2}{t_1'-t_m}\times\frac{CB/CB'}{CB/CB'}=\frac{t_1-t_2}{t_1-t_0}\left(\text{因为}\frac{t_1'-t_2}{t_1-t_2}=\frac{CB'}{CB},\ \frac{t_1'-t_m}{t_1-t_0}=\frac{CB'}{CB}\right)$$

b. 为使废气状态相同，先预热后混合废气循环干燥系统预热器出口的空气温度与先混合后预热废气循环干燥系统预热器出口的空气温度相比要高得多。也就是说废气状态相同时，先预热后混合废气循环干燥系统需要更大的预热器换热面积或更高的加热蒸汽温度。

c. 由图 8-23～图 8-26 可以看出，当新鲜空气与废气状态分别相同时，具有废气循环的干燥系统与没有废气循环的简单干燥系统相比，干燥器内湿空气的平均温度低，湿度大，所以具有废气循环干燥系统的干燥器内传热传质推动力下降，在完成一定的生产任务时所需要的干燥面积要增大。但是干燥器内湿空气的平均湿度较高，对于内部水分扩散过程控制的物料来说，采用废气循环可以由废气的循环量来调节干燥器内空气的湿度，从而避免由于干燥速率过快（空气湿度低，传质推动力大）而导致物料翘曲或龟裂。

d. 对先混合后预热部分废气循环干燥，如果其湿空气状态变化如图 8-23 和图 8-24 所示，新鲜空气 A 与废气 C' 混合，混合后的状态点为 M'，混合后的湿空气经预热器加热至状态 B''，然后进入干燥器变化至出口状态 C'。此时部分废气循环干燥系统的废气状态 C' 与简单干燥系统的废气状态 C 不同，而且部分废气循环干燥系统的废气湿度大于简单干燥系统的废气湿度。因此，采用部分废气循环，可能使废气湿度增大，从而降低绝干空气消耗量，降低干燥系统的总传热量；此时具有部分废气循环干燥系统的热效率将高于简单干燥系统；这一点读者可通过习题 8-10 加深认识。对先预热后混合的部分废气循环干燥系统废气状态与简单干燥系统废气状态不同的情况读者可自行分析讨论。

8.2.4　干燥物料衡算与热量衡算例题

例 8-2　某常压理想干燥器，处理量为 0.5kg/s，湿物料湿基含水量 5%，产品湿基含水量不高于 1%；新鲜空气温度 20℃，湿度为 0.005kg/kg，空气预热至 150℃后进入干燥器，试求：(1) 当空气出口温度为 40℃时，预热器传热量为多少？(2) 若在预热器入口处安装风机，则所需的风机风量为多少？(3) 出口空气在管路与旋风分离器装置中温度下降了 10℃，是否会发生返潮现象。

解　(1) 本题为干燥物料衡算与热量衡算题型(1)，根据预热器的热量衡算得到预热器所需的热量为

$$Q_p=L(I_1-I_0)=Lc_{H_1}(t_1-t_0)=Lc_{H_0}(t_1-t_0)$$

由于湿空气进出预热器的状态已知，所以要先求出绝干空气的用量 L；由物料衡算可知：$L=W/(H_2-H_1)$，式中，水分蒸发量 W 和湿空气出口湿度 H_2 未知；水分蒸发量可由生产任务确定，根据式(8-2) 计算

$$X_1=\frac{w_1}{1-w_1}=\frac{0.05}{1-0.05}=0.05263,\quad X_2=\frac{w_2}{1-w_2}=\frac{0.01}{1-0.01}=0.01010$$

$$G_c=G_1(1-w_1)=0.5\times(1-0.05263)=0.47368\ (\text{kg/s})$$

$$W=G_c(X_1-X_2)=0.47368\times(0.05263-0.01010)=0.02015\ (\text{kg/s})$$

而空气出口湿度则由理想干燥条件 $I_2=I_1$ 确定；

$$(1.01+1.88H_1)t_1+2492H_1=(1.01+1.88H_2)t_2+2492H_2$$

$$(1.01+1.88\times0.005)\times150+2492\times0.005=(1.01+1.88H_2)\times40+2492H_2$$

解得

$$H_2=0.0487\text{kg/kg}$$

$$L=\frac{W}{H_2-H_1}=\frac{0.02015}{0.0487-0.005}=0.4610\ (\mathrm{kg/s})$$

$$c_{H_1}=c_{H_0}=1.01+1.88\times0.005=1.019\ [\mathrm{kJ/(kg\cdot ℃)}]$$

$$Q_p=Lc_{H_1}(t_1-t_0)=0.4610\times1.019\times(150-20)=61.07\ (\mathrm{kJ/s})$$

(2) 风机风量 $V_s=L\nu_H$，其中 $\nu_H=f(t,H)$，所以风机风量与风机在干燥系统中的安装位置有关。本题风机安装于预热器入口，故其所输送湿空气的温度和湿度分别为 t_0 和 H_0，即 $\nu_H=f(t_0,H_0)$，$V_s=L\nu_{H_0}$，所以有

$$\nu_{H_0}=(0.773+1.244H_0)\times\frac{273+t_0}{273}=(0.773+1.244\times0.005)\times\frac{273+20}{273}=0.8363\ (\mathrm{m^3/kg})$$

风机风量为

$$V_s=L\nu_{H_0}=0.4610\times0.8363=0.386\ (\mathrm{m^3/s})$$

若风机安装于干燥器出口，则 $\nu_H=\nu_{H_2}=f(t_2,H_2)$，$V_s=L\nu_{H_2}$。

(3) 干燥器出口温度 t_2 为 40℃，经过管路和旋风分离器后温度下降为 30℃，查饱和水蒸气压表或利用安托因方程计算均可得 $t_2'=30℃$时，$p_{s2}'=4.25\mathrm{kPa}$；因为湿空气出口湿度为 0.0487kg/kg，所以其水蒸气分压为

$$p_{w2}=\frac{H_2p}{0.622+H_2}=\frac{0.0487\times101.3}{0.622+0.0487}=7.36\ (\mathrm{kPa})$$

因为 $p_{w2}>p_{s2}'$；所以会发生返潮现象。

例 8-3 用连续并流干燥器干燥含水 2%物料，质量流量为 2.5kg/s，物料进出口温度分别为 25℃、35℃，产品要求含水 0.2%（湿基，下同），绝干物料比热容 1.6kJ/(kg·℃)；空气干球温度为 27℃，湿球温度 20℃，预热至 90℃，空气离开干燥器时温度为 60℃；干燥器无额外补充热量，热损失为预热器加热量的 7%；求：(1) 产品质量流量 G_2；(2) 绝干空气用量；(3) 预热器耗热量；(4) 热损失及废气带走的热量；(5) 热效率；(6) 返潮校核；(7) 为提高热效率，将空气预热温度提高至 100℃后进入干燥器，此时热损失增加为预热器加热量的 8.5%，其他条件均不变，那么空气预热温度提高后废气湿度、绝干空气消耗量、预热器传热量、废气带走的热量、热效率将如何变化？

解 (1) 产品量根据物料衡算式(8-3) 可直接计算

$$G_2=G_1\frac{1-w_1}{1-w_2}=2.5\times\frac{1-0.02}{1-0.002}=2.455\ (\mathrm{kg/s})$$

(2) 绝干空气用量 L　计算绝干空气用量及第 (4) 小题的预热器耗热量均要确定空气出口状态，根据本题题意可知，本题的干燥过程为实际干燥，并且空气出口温度 t_2 已知，为干燥过程物料衡算与热量衡算题型 (1)，下面采用解析法、近似解析法及图解法确定空气出口湿度，说明各种方法的适用场合。

解法一：严格解析法

解析法确定干燥器出口空气的状态的实质是联立物料衡算式(8-5) 和干燥器的热量衡算式(8-9)，即

$$\begin{cases}W=L(H_2-H_1)\\LI_1+Q_d+G_cC_{M1}t_{M1}=LI_2+Q_L+G_cC_{M2}t_{M2}\end{cases}\tag{a}$$

根据 8.1.7 节关于实际干燥过程废气状态确定的严格解析法的分析，干燥器的热损失 Q_L 占预热器加热量 Q_p 的比例为已知条件时，8.1.7 节中的式(d) 即为干燥器物料衡算与热量衡算联立求废气湿度的结果。

$$H_2=\frac{(1-x)I_1W+xI_0W-1.01t_2W+H_0G_c(C_{M2}t_{M2}-C_{M1}t_{M1})-H_0Q_d}{2492W+1.88t_2W+G_c(C_{M2}t_{M2}-C_{M1}t_{M1})-Q_d}\tag{b}$$

式中，水分蒸发量与绝干物料量等由物料衡算得到。

$$W=G_1-G_2=2.5-2.455=0.045\ (\mathrm{kg/s})$$

$$G_c=G_1(1-w_1)=2.5\times(1-0.02)=2.45\ (\mathrm{kg/s})$$

为求以绝干物料为基准的进出口物料比热容，要先将湿基含水量转化为干基含水量

$$X_1=\frac{w_1}{1-w_1}=\frac{0.02}{1-0.02}=0.0204,\quad X_2=\frac{w_2}{1-w_2}=\frac{0.002}{1-0.002}=0.002004$$

根据式(8-10) 以绝干物料为基准的物料比热容定义，有

$$C_{M1}=1.6+0.0204\times4.2=1.6857\ [\mathrm{kJ/(kg\cdot ℃)}]$$

$$C_{M2}=1.6+0.002004\times4.2=1.6084\ [\mathrm{kJ/(kg\cdot ℃)}]$$

预热器进出口的焓值分别为

$$I_0=(1.01+1.88\times0.012)\times27+2492\times0.012=57.78\ (\mathrm{kJ/kg})$$

$$I_1=(1.01+1.88\times0.012)\times90+2492\times0.012=122.83\ (\mathrm{kJ/kg})$$

将 $Q_d=0$（干燥器无额外补充热量）及以上结果代入式(b) 得

$$H_2=\frac{(1-x)I_1W+xI_0W-1.01t_2W+H_0G_c(C_{M2}t_{M2}-C_{M1}t_{M1})-H_0Q_d}{2492W+1.88t_2W+G_c(C_{M2}t_{M2}-C_{M1}t_{M1})-Q_d}$$

$$=\frac{[(1-0.07)\times122.83+0.07\times57.78-1.01\times60]\times0.045+0.012\times2.45\times(1.6084\times35-1.6857\times25)}{2492\times0.045+1.88\times60\times0.045+2.45\times(1.6084\times35-1.6857\times25)}$$

$$=0.01983\ (\mathrm{kg/kg})$$

确定了湿空气出口状态即可由物料衡算计算绝干空气

$$L=\frac{W}{H_2-H_1}=\frac{0.045}{0.01983-0.012}=5.75\ (\mathrm{kg/s})$$

解法二：近似解析法

近似解析法是由解析法假设 $c_{H_1}\approx c_{H_2}$ 简化得到，即 8.1.7 节中的式(8-15)

$$\frac{t_2-t_1}{H_2-H_1}=\frac{-r_0+\Delta}{c_{H_1}} \tag{c}$$

式中，$H_1=0.012\mathrm{kg/kg}$（同解法一），湿比热容 c_{H_1} 为

$$c_{H_1}=1.01+1.88\times0.012=1.033\ [\mathrm{kJ/(kg\cdot ℃)}]$$

根据式(8-12) 对 Δ 的定义有

$$\Delta=q_d-q_M-q_l=\frac{Q_d}{W}-\frac{G_c}{W}(C_{M2}t_{M2}-C_{M1}t_{M1})-\frac{Q_L}{W} \tag{d}$$

式中，热损失 Q_L 为预热器加热量 Q_p 的 7%，而 Q_p 与 L 和 H_2 有关，所以已知热损失 Q_L 占预热器加热量 Q_p 的比例时，不能用近似法确定废气状态；要采用近似法确定废气状态就必须已知热损失 Q_L 或 $q_L(Q_L=q_LW)$，若本题已知热损失为 26.2kW，则由式(d) 得

$$\Delta=\frac{0}{0.045}-\frac{2.45}{0.045}(1.6084\times35-1.6857\times25)-\frac{26.2}{0.045}=-1352.69\ (\mathrm{kJ/kg\ 水})$$

将 H_1、c_{H_1}、Δ、t_2、t_1 代入式(c)

$$\frac{60-90}{H_2-0.012}=\frac{-2492-1352.69}{1.033}$$

解得 $H_2=0.02\mathrm{kg/kg}$。同理，绝干空气用量为

$$L=\frac{W}{H_2-H_1}=\frac{0.045}{0.02-0.012}=5.63\ (\mathrm{kg/s})$$

由此可见，近似解析法与严格解析法的计算结果相差较小，故 $c_{H_1}\approx c_{H_2}$ 的简化是合理的，也是符合工程实际的。

解法三：图解法

本题若湿空气出口温度 $t_2=60℃$ 未知，而是出口相对湿度 $\varphi_2=0.016$ 已知，则必须采用图解法确定湿空气出口状态（当然已知 t_2 时，也可采用图解法）。图解法的公式［见 8.1.7 节式(8-15)］为

$$\frac{t-t_1}{H-H_1}=\frac{-r_0+\Delta}{c_{H_1}} \tag{e}$$

将已知数据 $c_{H_1}=1.033\text{kJ/(kg·℃)}$，$\Delta=-1352.69\text{kJ/kg}$，$H_1=0.012\text{kg/kg}$，$t_1=90℃$ 代入式(e) 得到

$$\frac{t-90}{H-0.012}=\frac{1}{1.033}(-2492-1352.69)$$

为在湿度图上作出干燥过程湿空气状态的变化曲线（直线），采用两点画直线的方法任取温度 $t=70℃$ 代入上式求得相应的湿度 $H=0.0174\text{kg/kg}$，在湿度图上连接（70，0.0174）和（90，0.012）两点，并延长与等相对湿度线 $\varphi_2=0.016$ 相交得到交点（61，0.02），即湿空气的出口温度 $t_2=61℃$，湿度为 $H_2=0.02\text{kg/kg}$。同理由物料衡算式(8-5) 得 $L=5.63\text{kg/s}$。

(3) 预热器耗热量（以解析法结果为例）

$$Q_p=Lc_{H_1}(t_1-t_0)=5.75\times1.033\times(90-27)=374.2\ (\text{kW})$$

(4) 热损失及废气带走的热量　依题意热损失为预热器传热量的 7%，故

$$Q_L=0.07Q_p=0.07\times374.2=26.2\ (\text{kW})$$

废气带走的热量为

$$Q_3=Lc_{H_1}(t_2-t_0)=5.75\times1.033\times(60-27)=196\ (\text{kW})$$

(5) 热效率（以解析法结果为例）　本题的干燥过程为实际干燥过程，所以其热效率的计算应采用式(8-18) 计算

$$\eta=\frac{Q_1}{Q}=\frac{W(c_w t_2+r_0-c_1 t_{M1})}{Q_p+Q_d} \tag{f}$$

本题干燥器无额外补充热量 $Q=Q_p$，所以干燥热效率为

$$\eta=\frac{W(c_w t_2+r_0-c_1 t_{M1})}{Q_p}=\frac{(1.88\times60+2492-4.2\times35)\times0.045}{374.2}=29.6\%$$

(6) 返潮校核（以解析法结果为例）　因为废气状态为 $t_2=60℃$、$H_2=0.01983\text{kg/kg}$，所以其水蒸气分压

$$p_{w2}=\frac{H_2 p}{0.622+H_2}=\frac{0.01983\times101.3}{0.622+0.01983}=3.13\ (\text{kPa})$$

同时查饱和水蒸气压表或由安托因方程计算得 $p_{s2}=19.92\text{kPa}$；可见 $p_{w2}<p_{s2}$，所以不会发生返潮现象。

(7) 为提高热效率，空气预热温度提高，此时废气湿度、绝干空气消耗量、预热器加热量、热效率等参数的求解方法仍与 (1)～(6) 小题相同，因此本小题不再写出其求解过程，只将求解结果比较如表 8-4 所示。

表 8-4　求解结果比较

项　目	数　值		项　目	数　值	
空气预热温度/℃	90	100	热损失/kW	26.2	28.1
绝干空气用量/(kg/s)	5.75	4.36	废气带走的热量/(kJ/h)	196	148.7
废气湿度/(kg/kg)	0.01983	0.02234	热效率/%	29.6	33.7
预热器加热量/kW	374.2	328.6			

该小题的计算结果表明提高预热温度 t_1，在废气温度 t_2 不变的情况下，完成同样的干燥任务（水分蒸发量不变）所需的绝干空气量减少，预热器加热量、废气带走的热量减小，热效率提高，这与 8.1.8 节中的分析一致。但是受热源限制，预热温度 t_1 不能太高，且对热敏性物料预热温度也不允许太高，在这种情况下适宜采用中间加热干燥。

8.2.5　干燥时间计算问题解题关系图

干燥时间计算及干燥速率的影响因素较多，虽然干燥时间计算问题的题型可以千变万化，但万变不离其“宗”；恒定干燥条件下，干燥时间的计算式(8-29) 和式(8-30) 就是干燥时间计算问题的“宗”，它可形象地概括成图 8-27 所示的解题关系图，从图中干燥时间计算的一个关键知识点（干燥时间的计算）可联想到其他与干燥时间相关的知识点以及这些知识点之间的相互关系，这对熟练掌握干燥时间知识点与提高解题能力将有很大帮助。在干燥时间的计算中主要涉及绝干物料量 G_c、干燥面积 A、恒速干燥速率 U_c（或降速干燥曲线斜率 K_x）、物料进口干基含水量 X_1、物料出口干基含水量 X_2、临界含水量 X_c、平衡含水量 X^*、恒速段干燥时间 θ_1、降速段干燥时间 θ_2 和总干燥时间 θ 等参数；这些参数的影响因素及它们相互之间的关系已在 8.1.10 节中作了详细的介绍。因此，紧紧抓住图 8-27 这个“宗”，理解好式(8-29) 和式(8-30) 的来龙去脉，掌握好其中恒速干燥速率 U_c、临界含水量 X_c、平衡含水量 X^* 等参数的影响因素，就能做到举一反三、触类旁通，解决各种各样的干燥时间计算问题。

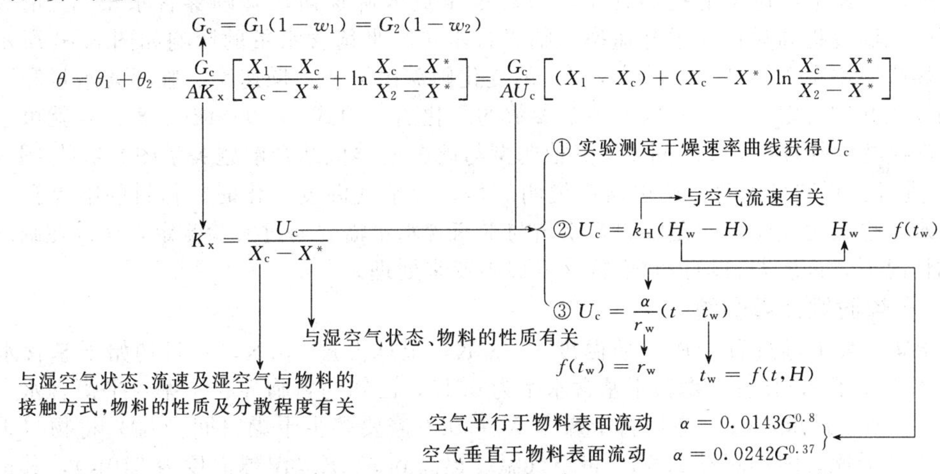

图 8-27　干燥时间计算问题解题关系图

8.2.6　干燥时间计算问题题型及解法分析

干燥时间计算问题的常见题型主要如下。

(1) 已知湿空气与物料的接触方式、G_c、A、U_c（或 K_x）、X_1、X_2、X_c、X^*，求 θ_1 或 θ_2 或 θ。

(2) 已知湿空气与物料的接触方式、G_c、A、U_c（或 K_x）、X_1、X_c、X^*、θ（或 θ_1 或 θ_2），求 X_2。

(3) 已知湿空气与物料的接触方式、G_c、A、U_c（或 K_x）、X_1、X_2、X_c、X^*，求湿空气温度、湿空气湿度、湿空气流速等参数之一或湿空气与湿物料的接触方式变化时所需的干燥时间 θ'（或 θ_1' 或 θ_2'）。

(4) 已知湿空气与物料的接触方式、G_c、A、U_c（或 K_x）、X_1、X_2、X_c、X^* 以及当湿空气流速变化或干燥面积变化（物料量不变）时所需的干燥时间 θ'，求临界湿含量 X_c'。

不论何种题型，其求解始终围绕干燥时间计算式(8-29) 或式(8-30) 进行。但要掌握好其中各参数相互之间的关系以及各参数的影响因素，才能对各种题型进行正确的求解。在以上题型中(1) 和(2) 题型较为简单，直接利用式(8-29) 或式(8-30) 就可求解。

题型(3) 和(4) 虽然也是基于干燥时间计算式(8-29) 或式(8-30) 进行相关的计算，但是在这些题型中均有一个参数发生变化，所以要求解这类问题首先要弄清楚变化的参数与其他参数是否有联系？如果有，那么变化的参数将对其他参数产生什么样的影响？第一个问题见干燥时间计算问题解题关系图 8-27 即可解决，第二个问题则已经在 8.1.10.1 节中做了详细的说明。现以题型(3) 中湿空气温度升高为例分析该类型问题的求解方法，即：已知湿空气与物料的接触方式、G_c、A、U_c（或 K_x）、X_1、X_2 及湿空气温度为 t 时的 X_c、X^*、θ，求湿空气温度升高为 t' 时所需的干燥时间 θ'。由于湿空气的温度变化，所以湿空气的状态也发生变化，故其恒速干燥速率为

$$U_c'=\frac{\alpha}{r_w'}(t'-t_w')$$

式中，对流传热系数与空气流速及空气与物料的接触方式有关，依题意 α 不变；汽化潜热 r_w' 均为湿空气温度的函数，湿球温度 t_w' 为温度及湿度的函数，所以由湿空气性质可确定 t_w' 和 r_w' 的变化，从而确定湿空气温度升高后的恒速干燥速率。从湿度图上可以看出湿球温度的变化量小于干球温度的变化量，所以湿空气的温度升高，则恒速干燥速率将提高；同时湿空气的温度提高使空气的相对湿度下降，从而与湿空气状态成平衡的物料平衡含水量 $X^{*\prime}$ 下降；恒速干燥速率的提高使干燥过程提早进入降速阶段，临界含水量 X_c' 增大。所以，湿空气温度提高对恒速干燥速率、临界含水量、平衡含水量的影响如图 8-10 所示，而降速干燥阶段斜率 $K_x'=U_c'/(X_c'-X^{*\prime})$ 的变化则需由恒速干燥速率、临界含水量和平衡含水量的变化共同决定。确定了以上各个参数的变化后，由式(8-29) 或式(8-30) 就可求解湿空气温度提高后所需的干燥时间 θ'。其他题型与此题型类似结合解题关系图 8-27 与图 8-10～图 8-13 进行分析即可求解。这里需要说明的是，湿空气温度变化时，物料的临界含水量和平衡含水量也随之变化，但是临界含水量与平衡含水量需要通过实验测定，所以在缺乏实验数据的情况下，许多题目均把它们视为近似不变来处理。

8.2.7 干燥时间计算例题

例 8-4 某干燥过程干燥介质温度为 363K，湿球温度 307K，物料初始干基含水率为 0.45，当干燥了 2.5h 后，物料干基含水率为 0.15，已知物料临界含水率、平衡含水率分别为 0.2、0.04，试求：(1) 将物料干燥至 $X_2'=0.1$ 需要多少干燥时间？(2) 将物料干燥至 $X_2'=0.1$ 且干燥时间不超过 2.5h，将空气温度提高到 373K（湿球温度为 310K），其他条件包括空气流速、临界含水量、平衡含水量等不变，能否达到要求？

附：恒速段对流给热系数关联式

$$Nu=CRe^{0.5}(T/T_w)^2$$

式中　C——常数；

T，T_w——单位为 K。

解 (1) 根据题意，这是一个恒定干燥条件下干燥时间的计算问题即干燥时间计算题型(1)。因为 $X_2'<X_c$，所以干燥过程包括恒速段与降速段，相应的干燥时间包括恒速干燥时间和降速干燥时间，本题 G_c、A 未知，根据已知条件可求出 $G_c/(AK_x)$，故选式(8-29) 计算

$$\theta=\theta_1+\theta_2=\frac{G_c}{AK_x}\left[\frac{X_1-X_c}{X_c-X^*}+\ln\frac{X_c-X^*}{X_2-X^*}\right]$$

式中，X_1、X_c、X^* 均已知，$G_c/(AK_x)$ 未知，但可以通过题给条件，干燥至 $X_2=0.15$ 时，干燥时间为 2.5h 求得

因为 $X_2<X_c$，所以 $2.5\times3600=\frac{G_c}{AK_x}\left[\frac{0.45-0.2}{0.2-0.04}+\ln\frac{0.2-0.04}{0.15-0.04}\right]\Rightarrow\frac{G_c}{AK_x}=4644$

当物料干燥至 $X_2'=0.1$，干燥仍由恒速和降速两阶段组成，由于干燥操作条件不变，即 $G_c/(AK_x)$ 值不变，所以干燥时间 θ' 为

$$\theta'=\frac{G_c}{AK_x}\left(\frac{X_1-X_c}{X_c-X^*}+\ln\frac{X_c-X^*}{X_2'-X^*}\right)=4644\times\left(\frac{0.45-0.2}{0.2-0.04}+\ln\frac{0.2-0.04}{0.1-0.04}\right)=11808\ (\mathrm{s})$$

（2）由（1）小题可知，在（1）小题的干燥条件下物料干燥至 $X_2'=0.1$，所需的干燥时间大于 2.5h；为使干燥时间不超过 2.5h，（2）小题将湿空气温度由 363K 提高到 373K 以缩短干燥时间，是否可以实现干燥时间不超过 2.5h 这一目的，只需计算出湿空气温度提高后所需的干燥时间即可判断；因此该小题即为干燥时间计算题型（3）。但本题比题型（3）来得简单，因为湿空气温度提高，U_c（或 K_x）、X_c、X^*、t_w 等均发生变化，而依题意 X_1、X_c、X^* 等其他条件不变且 t_w 已知，那么影响干燥时间的参数只有 K_x

$$K_x=\frac{U}{X-X^*}=\frac{U_c}{X_c-X^*}$$

式中，$U_c=\frac{\alpha}{r_w}(T-T_w)$，由该式可以看出，干燥介质温度提高，使得干燥速率提高从而缩短干燥时间；又因为 $Nu=CRe^{0.5}(T/T_w)^2$，所以

$$K_x\propto U_c\propto\alpha\ (T-T_w)\ \propto Nu\ (T-T_w)\ \propto\ (T/T_w)^2\ (T-T_w)$$

那么假设湿空气温度提高后的降速段斜率用 K_x' 表示，有

$$\frac{K_x'}{K_x}=\left[\left(\frac{T'}{T_w'}\right)^2(T'-T_w')\right]\Big/\left[\left(\frac{T}{T_w}\right)^2(T-T_w)\right]$$

$$=\left(\frac{T'}{T}\right)^2\left(\frac{T_w}{T_w'}\right)^2\frac{T'-T_w'}{T-T_w}=\left(\frac{373}{353}\right)^2\left(\frac{307}{310}\right)^2\frac{373-310}{353-307}=1.5$$

$\theta'=\frac{K_x}{K_x'}\theta=11808\div1.5=7872\mathrm{s}=2.19\ (\mathrm{h})<2.5\mathrm{h}$，即把空气温度提高到 373K 可以满足要求。

例 8-5　某湿物料 10kg，均匀地平摊在长 0.8m、宽 0.6m 的平底浅盘内，并在恒定的空气条件下进行干燥，物料的初始含水量为 17%，干燥 4h 后含水量降为 9%，已知在此条件下物料的平衡含水量为 1%，临界含水量为 6%（均为干基），并假定降速阶段的干燥速率与物料的自由水分含量成线性关系，试求：（1）将物料继续干燥至含水量为 2%（干基），所需总干燥时间为多少？（2）现将物料均匀地平摊在两个相同的浅盘内，并在同样空气条件下进行干燥，只需 4h 便可将物料的水分降至 2%（干基），则物料的临界含水量为多少？恒速干燥时间为多少？

解　（1）根据题意，本小题为干燥时间计算题型（1）；物料的最终含水量低于临界含水量，所以其干燥过程包括恒速干燥与降速干燥两个阶段，故其干燥时间为

$$\theta=\theta_1+\theta_2=\frac{G_c}{AK_x}\left(\frac{X_1-X_c}{X_c-X^*}+\ln\frac{X_c-X^*}{X_2-X^*}\right)$$

式中，K_x 未知，但干燥 4h 后含水量降为 9%，此时含水量高于临界含水量，所以在这 4h 的干燥时间内，干燥过程为恒速干燥。所以

$$\theta_1=\frac{G_c}{AK_x}\times\frac{X_1-X_2}{X_c-X^*}$$

其中绝干物料量

$$G_c=G_1(1-w_1)=\frac{G_1}{1+X_1}=\frac{10}{1+0.17}=8.55\ (\mathrm{kg})$$

将已知数据代入得到

$$\frac{8.55}{0.8\times0.6K_x}\times\frac{0.17-0.09}{0.06-0.01}=4\times3600$$

解得 $K_x=1.979\times10^{-3}\text{kg}/(\text{m}^2\cdot\text{s})$

因此物料干燥至干基含水量为2%时，总干燥时间为

$$\theta=\frac{8.55}{0.8\times0.6\times1.979\times10^{-3}}\left(\frac{0.17-0.06}{0.06-0.01}+\ln\frac{0.06-0.01}{0.02-0.01}\right)=34272\ (\text{s})$$

其中恒速干燥时间 $\theta_1=\dfrac{G_c}{AK_x}\left(\dfrac{X_1-X_c}{X_c-X^*}\right)=\dfrac{8.55}{0.8\times0.6\times1.979\times10^{-3}}\times\dfrac{0.17-0.06}{0.06-0.01}=19800\ (\text{s})$

降速干燥时间 $\theta_2=\dfrac{G_c}{AK_x}\ln\dfrac{X_c-X^*}{X_2-X^*}=\dfrac{8.55}{0.8\times0.6\times1.979\times10^{-3}}\ln\dfrac{0.06-0.01}{0.02-0.01}=14472\ (\text{s})$

(2) 将物料平摊在两个相同的盘内，其干燥面积增加一倍，此时的总干燥时间为4h要求临界含水量，故本小题为干燥时间计算题型(4)。

分析：物料平摊在两个相同的盘内，干燥面积增加一倍 $A'=2A$，料层厚度减薄使临界含水量 X_c 减小；A 增加、X_c 减小均使干燥速率 U 变大、干燥时间 θ 变短；空气的状态、流速及空气与物料的接触方式不变，故恒速干燥的干燥速率 U_c 不变；空气的状态及物料不变，则平衡含水量 X^* 不变；根据 $U_c=K_x(X_c-X^*)$，U_c、X^* 不变，X_c 变，K_x 必变，如图8-13所示。故本题为已知 G_c、A，但根据已知条件 K_x 无法求出（K_x 与 X_c 有关，X_c 为待求量）的情况，选式(8-30)计算 X_c 较方便。因 U_c 不变，可利用(1)小题中的 K_x、X_c、X^* 等参数值用下式先求出 U_c，然后再用式(8-30)求 X_c。

$$U_c=K_x(X_c-X^*)=1.979\times10^{-3}\times(0.06-0.01)=9.89\times10^{-5}\ [\text{kg}/(\text{m}^2\cdot\text{s})]$$

假设此时的干燥过程也包括恒速干燥阶段和降速干燥阶段。将 $K_x=U_c/(X_c-X^*)$ 代入干燥时间计算式得

$$\theta=\frac{G_c}{A'U_c}\left[X_1-X_c'+(X_c'-X^*)\ln\frac{X_c'-X^*}{X_2'-X^*}\right]$$

$$4\times3600=\frac{8.55}{0.8\times0.6\times2\times9.89\times10^{-5}}\left[0.17-X_c'+(X_c'-0.01)\ln\frac{X_c'-0.01}{0.02-0.01}\right]$$

求解以上非线性方程得 $X_c'=0.03707$，因为 $X_c'>X_2$，所以以上假设正确。

其中恒速段干燥时间

$$\theta_1=\frac{G_c}{A'U_c}(X_1-X_c')=\frac{8.55}{0.8\times0.6\times2\times9.89\times10^{-5}}(0.17-0.03707)=11971\ (\text{s})$$

降速干燥时间

$$\theta_2=\frac{G_c}{A'U_c}(X_c'-X^*)\ln\frac{X_c'-X^*}{X_2'-X^*}=\frac{8.55}{0.8\times0.6\times2\times9.89\times10^{-5}}(0.03707-0.01)\ln\frac{0.03707-0.01}{0.02-0.01}$$
$$=2428\ (\text{s})$$

从计算结果可以看出，减小物料的厚度不仅可以增加干燥面积，而且可以降低物料的临界湿含量，使恒速干燥段延长、降速段缩短；从而缩短整个干燥过程所需的时间。

习　题

8-1　为保证产品质量，物料温度不允许超过80℃，当物料始终保持充分湿润时，可否采用温度为600℃，湿度为0.015的高温空气作为干燥介质，请计算说明常压干燥。

[答：可以]

8-2　在氮-苯蒸气系统中，已知相对湿度为30%，露点温度为18℃，求常压下系统的温度，苯的饱和蒸气压与温度的关系为：$\lg P_s=6.898-1206.35/(t+220.24)$，式中，$t$ 的单位为℃，p_s 的单位为mmHg。

[答：45.4℃]

8-3　总压为 1atm、温度为 40℃的湿空气，含水量为 20×10^{-3}kg/m^3 湿空气，求：(1) 湿空气的相对湿度；(2) 将湿空气的相对湿度降至 10%，应将湿空气温度上升至多少？(3) 总压保持不变情况下，要求湿空气的相对湿度为 10%，但湿空气温度最高只能升至 50℃，计算说明能否办到？并在湿度图上画出湿空气状态的变化过程。

[答：(1) 38.7%，(2) 67.8℃，(3) 能，略]

8-4　某干燥过程如图 8-28 所示，温度为 30℃，露点温度为 20℃，流量为 1000m^3 湿空气/h 的湿空气在冷却器中除去水分 2.5kg/h 后，在预热器中预热到 60℃，再进入干燥器，操作在常压下绝热进行，试求：(1) 离开冷却器的湿空气温度和湿度；(2) 出预热器的湿空气相对湿度；(3) 在湿度图上示意画出该干燥过程空气状态的变化。

[答：(1) 湿度：0.013；温度：17℃；(2) 10.1%；(3) 略]

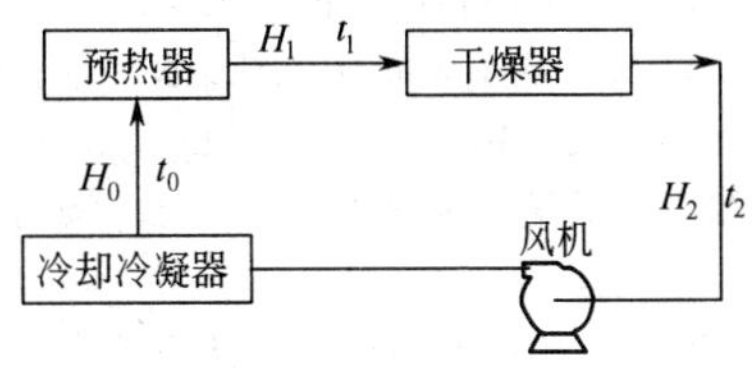

图 8-28　例 8-4 附图

8-5　某湿物料在常压气流干燥管中进行干燥，湿物料的处理量为 0.5kg/s，湿物料的含水量为 5%，干燥后物料的含水量不高于 1%（均为湿基），空气的初始温度为 20℃，湿含量为 0.005，若将空气预热至 150℃进入干燥器，并假设物料所有水分皆在表面汽化阶段除去，干燥管本身保温良好，试求：(1) 当气体出口温度选定为 70℃，预热器所需提供的热量及热效率；(2) 当气体出口温度选定为 42℃，预热器所需提供的热量及热效率；(3) 若气体离开干燥管后，因在管道及除尘设备中散热温度下降了 10℃，试分别判断以上两种情况是否会发生返潮现象。

[答：(1) 86.3kW，61.5%；(2) 62.7kW，83%；(3) 不会返潮，会返潮]

8-6　在某干燥器中常压干燥砂糖晶体，处理量为 0.125kg/s，要求将湿基含水量由 42%减至 4%。干燥介质为温度 20℃，湿度为 0.0043kg/kg 的湿空气，经预热器加热至一定温度后送至干燥器中，空气离开干燥器时的温度为 50℃，湿度为 0.049kg/kg。若空气在干燥器内为理想干燥变化过程。试求：(1) 水分汽化量；(2) 湿空气用量；(3) 预热器向空气提供的热量；(4) 分析说明当干燥任务及出口废气湿度一定时，是用夏季还是冬季条件选用风机比较合适。

[答：(1) 0.0495kg/s；(2) 1.11kg/s；(3) 0.162kW；(4) 略]

8-7　某非理想干燥过程，新鲜空气的温度为 20℃，湿度为 0.01kg 水蒸气/kg 干气；空气离开干燥器时的温度为 60℃，湿度为 0.028kg 水蒸气/kg 干气。湿物料的处理量为 0.3056kg/s，湿物料进入干燥器的温度为 23℃，湿基含水量为 0.03；湿物料离开干燥器的温度为 45℃，湿基含水量为 0.001。绝干物料的比热容为 1.5kJ/(kg·℃)，干燥器不补充热量。干燥过程的热损失为 5kW。试求：(1) 绝干空气消耗量；(2) 预热器热负荷；(3) 空气出预热器的温度；(4) 干燥系统热效率。

[答：(1) 0.493kg/s；(2) 56.3kW；(3) 131.1℃；(4) 39.5%]

8-8　某干燥系统操作压强为 80kPa，出口气体的温度为 59℃，相对湿度为 72%，将部分出口气体送回干燥器入口与预热器出口空气相混合，使进入干燥器的空气温度为 92℃，相对湿度为 11%，已知新鲜空气的质量流量 0.49kg/s，温度 18℃，湿度 0.0054。试求：(1) 空气的循环量；(2) 新鲜空气经预热器后的温度；(3) 预热器需提供的热量；(4) 若流程改为先混合后预热，所需热量如何变化？

[答：(1) 0.576kg 绝干空气/s；(2) 140.1℃；(3) 60.7kW；(4) 没有变化]

8-9　在常压下以温度为 20℃、湿度为 0.01kg/kg 绝干气的新鲜空气为干燥介质干燥某物料。空气在预热器中被加热至 110℃后送入干燥器，离开干燥器的废气温度为 70℃，其中的水蒸气分压为 7.5kPa。进入干燥器湿物料的温度为 20℃，含水量为 10%（干基），干燥后产品在 50℃离开干燥器，干燥产品的干基含水量为 0.03kg/kg 绝干物料，物料的处理量为 50kg 绝干物料/h，绝干物料的比热容为 1.5kJ/(kg·℃)。干燥装置的热损失可忽略不计。试求：(1) 离开干燥器废气的体积流量；(2) 预热器的加热量；(3) 需向干燥器额外补充多少热量？

[答：(1) 0.0257m^3 湿空气/s；(2) 2.27kW；(3) 2.01kW]

8-10　用热空气干燥某种湿物料，新鲜空气的温度为 20℃，湿度为 0.008kg 水蒸气/kg 干气，为保证干燥产品质量，要求空气在干燥器中的温度不能高于 100℃。空气离开干燥器时的温度设为 60℃，干燥可采用以下三种流程：(1) 单级加热方式，将空气预热至最高允许温度 100℃后，进入干燥器；(2) 中间（多级）加热方式，先在预热器中加热至 100℃，在干燥器中适当位置设置中间加热器，再将已降至 60℃的空气重新加热到100℃；(3) 部分循环方式，将干燥器出口的废气部分循环与新鲜空气混合，进入预热器加热至100℃后再送入干燥器，设循环比为0.6（循环空气与总废气量的比值，以干空气为基准）。设所有干燥过程均为理想干燥过程。试求：(1) 在 H-t 或 I-H 湿度图上示意画出以上三种流程中空气状态的变化；(2) 通过计算比较三种流程每汽化1kg水分所需的新鲜空气质量、供热量及干燥系统的热效率。

［答：(1) 略；(2) 64.2kg/kg，5210kJ/kg，50%；31.6kg/kg，3888kJ/kg，67%；24.5kg/kg，3601kJ/kg，72%］

8-11 某湿物料在恒定干燥条件下干燥，湿物料含水量由0.6kg水/kg干物料降至0.05kg水/kg干物料。已知临界含水量为0.2kg水/kg干物料，平衡含水量为0.02kg水/kg干物料，降速段干燥速率曲线可近似为直线，其斜率 $K_x=10\text{kg}/(\text{m}^2\cdot\text{h})$，若物料处理量为500kg，干燥面积为38m²。试求：(1) 水分蒸发量与产品量各为多少？(2) 总干燥时间及恒速干燥阶段与降速干燥阶段干燥时间之比。

［答：(1) 171.9kg，328.1kg；(2) 5.28h，1.24］

8-12 一批湿物料置于盘架式干燥器中，在恒定干燥条件下干燥，盘中物料的厚度为25.4mm，空气从物料表面平行掠过，可认为盘子的侧面和底面是绝热的。已知单位干燥面积的绝干物料量 $G_c/A=23.5\text{kg/m}^2$，物料的临界含水量 $X_c=0.18$kg水/kg干料。将湿物料干基含水量由 $X_1=0.45$ 干燥至 $X_2=0.24$ 需时间1.2h。试求在相同的干燥条件下，将厚度为20mm的同种物料由 $X_1'=0.5$ 干燥至 $X_2'=0.22$ 所需的干燥时间为多少？

［答：1.26h］

8-13 在一常压绝热干燥器中干燥湿物料，干燥器的有效传质面积为5m²。温度为30℃，湿度为0.01kg/kg的湿空气经预热器升温至120℃后进入干燥器，干燥500kg的湿物料，使其含水量由10%降至2%（均为湿基含水量），空气出口温度为70℃，干燥过程可近似为理想干燥过程。试求：(1) 干燥过程蒸发的水分量；(2) 绝干空气的用量；(3) 在恒定干燥条件下干燥该物料，已知恒速干燥阶段所用的时间为7200s，干燥速率为 $2.5\text{kg}/(\text{m}^2\cdot\text{h})$，求临界含水量及减速干燥阶段的水分蒸发量。

［答：(1) 40.8kg；(2) 2081.7kg；(3) 0.056kg/kg，15.8kg］

8-14 现将某固体颗粒物料平铺于盘中，在常压恒定干燥条件下进行干燥实验。温度为50℃，湿度为0.02kg水蒸气/kg干气的空气，以4m/s的流速平行吹过物料。设对流传热系数可用 $\alpha=0.0143G^{0.8}\ \text{kW}/(\text{m}^2\cdot℃)$［$G$为质量流速，单位 $\text{kg}/(\text{m}^2\cdot\text{s})$］，试求恒速阶段的干燥速率及当空气条件发生下列改变时该值的变化：(1) 空气的湿度、流速不变，而温度升高至80℃；(2) 空气的温度、流速不变，而湿度变为0.03kg水蒸气/kg干气；(3) 空气的温度、湿度不变，而将流速提高至6m/s。

［答：(1) $7.84\times10^{-4}\text{kg}/(\text{m}^2\cdot\text{s})$；(2) $2.86\times10^{-4}\text{kg}/(\text{m}^2\cdot\text{s})$；(3) $5.01\times10^{-4}\text{kg}/(\text{m}^2\cdot\text{s})$］

8-15 欲将某种非多孔性的固体物料在恒定干燥条件下进行间歇干燥。空气以1m/s的流速平行吹过静止的物料表面。每个周期的生产能力为1000kg绝干物料，干燥面积共50m²。已知在此条件下，物料的临界含水量为0.125kg/kg干物料，平衡含水量为0.002kg/kg干物料，开始时的干燥速率为 $3.0\times10^{-4}\text{kg}/(\text{m}^2\cdot\text{s})$，降速干燥阶段的干燥速率曲线为直线。空气平行吹过物料表面时，对流传热系数计算式为 $\alpha=0.0143G^{0.8}$，单位为 $\text{kW}/(\text{m}^2\cdot℃)$［$G$为空气质量流速，单位 $\text{kg}/(\text{m}^2\cdot\text{s})$］。试估计：(1) 将此物料从0.15kg/kg干物料干燥至0.005kg/kg干物料时需要多少时间？(2) 若将空气速度提高至3m/s，其他条件不变（包括临界含水量、平衡含水量等均不变），则将此物料依然从0.15kg/kg干物料干燥至0.005kg/kg干物料需要多少时间？

［答：(1) 3.21×10^4s；(2) 1.33×10^4s］

8-16 在某干燥条件下，将湿物料由 $X_1=0.5$ 干燥至 $X_2=0.1$ 需时间2000s，求在同样条件下将物料由 $X_1=0.5$ 干燥至 $X_2=0.2$ 所需时间，由实验测得 $\frac{\text{d}X}{\text{d}\theta}$ 与 θ 的关系为直线，且平衡含水率可忽略不计，即 $-\frac{\text{d}X}{\text{d}\theta}=K_xX$。

［答：1139s］

参 考 文 献

[1] 谭天恩，窦梅，周明华．化工原理（上册）．第三版．北京：化学工业出版社，2006.
[2] 谭天恩，窦梅，周明华．化工原理（下册）．第三版．北京：化学工业出版社，2006.
[3] 陈敏恒，丛德滋，方图南．化工原理（上册）．第二版．北京：化学工业出版社，1999.
[4] 陈敏恒，丛德滋，方图南．化工原理（下册）．第二版．北京：化学工业出版社，2000.
[5] 天津大学化工原理教研室．化工原理（上册）．天津：天津科学技术出版社，1990.
[6] 天津大学化工原理教研室．化工原理（下册）．天津：天津科学技术出版社，1990.
[7] 匡国柱．化工原理学习指导．大连：大连理工大学出版社，2003.
[8] 范文元．化工单元操作节能技术．合肥：安徽科学技术出版社，2000.
[9] 陈世醒，张克铮，郭大光．化工原理学习辅导．北京：中国石化出版社，1998.
[10] 何洪潮，窦梅，钱栋英．化工原理操作型问题的分析．北京：化学工业出版社，1998.
[11] 姚玉英．化工原理例题与习题．第二版．北京：化学工业出版社，1990.
[12] 丛德滋，方图南．化工原理示例与习题．第二版．上海：华东化工学院出版社，1990.
[13] 张言文．化工原理 60 讲（上册）．北京：中国轻工业出版社，1997.
[14] 张言文．化工原理 60 讲（下册）．北京：中国轻工业出版社，1997.
[15] 王志魁．化工原理．第二版．北京：化学工业出版社，1998.
[16] 陈海辉，曾莹莹．旋转填料床的研究应用．长沙：国防科技大学出版社，2002.
[17] 王勇，阮奇．计算管内湍动流体摩擦因数的显式新方程．中国工程科学，2006，8（6）：83-88.
[18] 钱匡武．创造力开发．福州：福建人民出版社，1999.